戰爭憑什麼

從靈長類到機器人的衝突與文明進程

Ian Morris

伊安・摩里士 —— 著
袁曼端、高振嘉、王立柔 —— 譯
陳榮彬 —— 審定

War! What Is It Good For?

CONFLICT AND THE PROGRESS OF CIVILIZATION FROM PRIMATES TO ROBOTS

各界推薦

「也許你自認為了解過去一萬五千年來各大洲所有民族的歷史，即使如此，這本發人深省的歷史著作能提供令你耳目一新的視角。透過本書與前作《西方憑什麼：五萬年人類大歷史，破解中國落後之謎》，伊安・摩里士將重大歷史化為有趣易懂的章節，確立了自己的大師地位。」

——賈德・戴蒙（Jared Diamond），《槍炮、病菌與鋼鐵：人類社會的命運》（*Guns, Germs, and Steel: The Fates of Human Societies and Collapse: How Societies Choose to Fail or Succeed*）作者

「上流社會鮮少有人敢否認：戰爭就是現代文明所珍視的一切事物的對立面。但本書作者伊安・摩里士可不這麼認為。這部妙趣橫生、博學多聞且發人深省的著作，挑戰了人們的核心思想。摩里士的論據相當有說服力，他認為戰爭是現代文明的主要動力，遠非其對立面，我們也遠遠還未迎來戰爭打造的歷史終章。本書將使你感到驚訝、增廣見聞、深受娛樂，但最重要的是，本書將挑戰你的認知。」

——戴倫・艾塞默魯（Daron Acemoglu），《國家為什麼會失敗：權力、富裕與貧困的根源》（*Why Nations Fail: The Origins of Power, Prosperity, and Poverty*）共同作者

「這部博學且令人難以抗拒的戰爭史採取了挑釁性的立場，隨著時間的推移，戰爭的價值，儘管它恐怖，卻是讓人類更加安全和富裕。本書涵蓋了廣泛的跨度，從原古時期一直到近代。摩里士證明，戰爭在死亡人數（占全國人口的百分比）方面的影響已經減弱，而且正如他所說的，其長期影響是『富有成效的』。簡而言之，『戰爭成就了國家，國家成就了和平。』本書融合了學術研究、驚人的洞察力和風趣機智，是少有的傑作，摩里士引用了歷代學者與哲學家廣泛而大相逕庭的觀點，並提出獨特且令人信服的論點。摩里士的見解頗能令人信服，未來（此處的未來出於我的預測）的學生、讀者和評論家想必會持續討論他在本書中提出的迷人論證。那些奉賈德・戴蒙的《槍炮、病菌與鋼鐵：人類社會的命運》為現代經典的眾多讀者群，想必也會受本書吸引，甚至擴大到其他受眾。《戰爭憑什麼》書中大量引用了戴蒙的經典之作，是值得與之並陳於個人書庫和圖書館架的書籍。」

——馬克・列文（Mark Levine），《書單》（*Booklist*）星級評論

「伊安・摩里士宣稱戰爭使人類受益（儘管益處只是意外造成），他的證據啟發人心、扣人心弦，而且大膽無畏。本書內容是如此可怕卻啟迪人心，詳盡又包羅萬象，輕鬆又極其嚴肅。對於視戰爭為普世災難的人而言，本書將顛覆他們對歷史進程的思考方式。」

——理查・藍翰（Richard Wrangham），《雄性暴力：人類社會的亂源》（*Demonic Males: Apes and the Origins of Human Violence*）、《生火：烹調造就人類》（*Catching Fire: How Cooking Made Us Human*）作者

「現代人們生活在比我們祖先更安全、健康且繁榮的世界，伊安・摩里士從古文字學、人類學、歷史學、心理學和政治學中汲取多項驚人的數據，證明一項難以下嚥、不可忽視的事實：人類生存至今，必須歸功於幾世紀以來被視為最大禍害的戰爭本身。這部歷史傑作體現摩里士的敘述才華，必將永久顛覆大眾思考人類衝突的方式，預示我們未來應當嘗試的改變。」

——安東尼・派格登（Anthony Pagden），《兩個世界的戰爭：二五〇〇年來東方與西方的競逐》（*Worlds at War: The 2,500-Year Struggle Between East and West*）作者

「摩里士的行文步調完美，內容令人驚豔，措辭流暢、幽默感十足……是一本絕佳好書。」

——菲利浦・費南德茲—阿梅斯托（Felipe Fernández-Armesto），《華爾街日報》（*Wall Street Journal*）

「本書涵蓋歷史學、考古學、人類學、地理學、演化生物學、技術與軍事學說，是一部熱情洋溢、妙趣橫生的傑作。雖看似不可能，但摩里士巧妙結合了中堅知識分子的嚴謹態度，以及典型英國男性的輕快語調。本書在《瘋狂汽車秀》這類娛樂節目受歡迎的程度，肯定不亞於在史丹佛大學。」

——大衛・克蘭（David Crane），英國《旁觀者》（*The Spectator*）週刊專欄作家

「摩里士的論點相當出色，論證的跨度相當龐大……這是一本宏偉、啟發人心的優秀讀物，任何參與過戰爭與和平事業，或影響人類命運任何層面的人都該讀這本書。本書也已晉升為年度選書。」

——羅伯・福克斯（Robert Fox），《標準晚報》（*The Evening Standard*）

「摩里士在本書的成就非同凡響……與多數作家相比更機智、更懂得自嘲，他對事實真相和軼事具有敏銳洞察力，從不流於自滿的夸夸其談……摩里士展現清晰、敏銳、挑戰直覺的調性，使他的書引人入勝。」

——多明尼克・桑德布魯克（Dominic Sandbrook），《星期日泰晤士報》（*The Sunday Times*）

「《戰爭憑什麼》的每一頁都洋溢著宏大思想，這是最不可多得的好書，娛樂性十足且勇於提出挑戰。」

——艾倫・凱特（Alan Cate），Cleveland.com

「一部令人不安、充滿變革性的文本，將會是必讀之作。」

——《柯克斯書評》（*Kirkus*）星級評論

「這是一部充滿野心、綜觀今古的暴力史研究，橫跨不同時間及地理位置……這部引人入勝、啟發人心的著作將吸引人類學、考古學、歷史學及未來世代的讀者。」

——《出版者週刊》（*Publishers Weekly*）

「這本書詳盡且有趣地敘述自有人類以來，競爭就一直伴隨著人們的生活；隨著人類社會的組織化與使用工具的進步，競爭逐漸發展成各種形式的鬥爭，而鬥爭最直接的方式即為戰爭。一七六〇年代工業革命之後，人類逐漸掌握了大規模毀滅性的武器，第一次與第二次世界大戰，見證了人類利用武器來攫取資源的殺戮行為；未來的戰爭型態將進一步結合科技、價值與制度，而成為綜合性戰爭（comprehensive war）或超限戰（unlimited war）。雖然人類一直嚮往和平，但歷史不斷提醒我們一個極為弔詭的邏輯：『在人類社會中，唯一能阻止戰爭的是有效備戰、嚇阻或戰爭本身。』」

——宋學文（中正大學戰略暨國際事務研究所兼任教授）

目次

第六章 大自然中的血戰：貢貝黑猩猩為何要打仗？ 327

第七章　世間僅存的最大希望：美利堅帝國（一九八九—？）

推薦序

一種戰爭史觀下的帝國與國際關係

侍建宇（台灣國防安全研究院國安所副研究員）

一、摩里士的戰爭史觀

摩里士同意戰爭對任何參與其中的人來說都是可怕的，但從長遠大歷史來看，他認為戰爭帶來和平。只有藉由戰爭，人類才會逐漸反省。也因此，在歷經兩次世界大戰的痛苦後，摩里士認為今後可能永遠不會發生另一場世界大戰；甚至如果數十年前，就算第二次世界大戰由希特勒的納粹德國取得勝利，也會追求和平云云。

以下是摩里士的主要論點。

（一）戰爭帶來新的技術創新

戰爭帶來死亡、破壞、絕望，甚至帶給千百萬人無法估量的苦難，像是被征服、掠奪、奴役。但戰爭也與創新息息相關，為求戰勝必須獲得技術優勢。歷史上常見因為戰爭而創造軍事技術，技術優勢才能結束戰爭，取得最後的勝利。例如火藥由中國煉金術士發明，並未用於軍事，但因為戰爭需要而開發更強的爆炸威力，才得以進一步發展和傳播。又如敵對國家和海盜開發出小而快捷的船來搶劫大商船，而使得造船技術演進。戰爭帶來競爭，競爭帶來技術更新。

（二）戰爭讓社會團結合作

暴力和戰爭是人類的本性，戰爭帶來死亡和破壞。國家總是在歷經慘痛戰爭的教訓後才互相合作，似乎沒有其他方法可以取代戰爭。人類學家研究土著社會，發現他們不僅不能和平相處，暴力反而更是社會驅動的手段，進而獲取資源和領土。現代強國合作或容忍往往是一種「策略」，目的是對付更強大敵人潛在的威脅。自由經濟也不是純粹依賴「無形之手」的市場供需機制，必須有更大的權威，也就是國家或國際組織來確保或規範市場運作的規則。市場經濟或許會帶來共同的社會利益，但前提是要能確保透明，沒有惡意干預，自由貿易的市場經濟才能發揮作用。國家間的暴力威脅作為「無形的拳頭」，才能確保市場機制「無形的手」有效運作。

（三）戰爭迫使國家有效動員與促進社會轉型

戰爭威脅迫使國家領導人改進他們的組織和管理。專業軍隊需要大量資源與訓練，國家組織結構在有效運作之下才能籌集資金，這需要一個有效率的官僚機構來進行複雜的管理。反過來說，如果國家無法有效組織與管理軍隊，國家面對戰爭就會失敗。

摩里士認為戰爭不是「紅皇后效應」（Red Queen Effect）。在《愛麗絲夢遊仙境》（*Alice's Adventures in Wonderland*）描述愛麗絲遇見紅心皇后後，兩人一起賽跑。當愛麗絲事後回想，卻不太記得她們是怎麼開始比賽的，但她注意到，即使她們都拚命地跑，四周的樹木和其他東西似乎都沒有改變過位置；不管她們跑得多快，都沒有超越過任何東西，風景也沒有改變。最後，紅皇后喊暫停。愛麗絲十分驚訝地看著四周說：「為什麼我們一直都在這棵樹下？一切都與原來一模一樣！」她接著說：「在我們的國家裡，如果妳像我們剛才那樣，跑得很快、很久的話，你通常會看到別的東西。」皇后說：「在這裡，妳拚命快跑，目的是留在原地。」

「紅皇后效應」意指為了維持原有的地位，而必須不斷地向前跑。也就是說，物種之間為搶奪資源，必須有不停歇的最佳化才能抗衡競爭者。摩里士認為，從短期看戰爭可能是原地踏步，但長期來看卻能帶動社會轉型。戰爭在本質上是人類創造這些更複雜社會的唯一途徑。這些複雜的社會使他們的臣民更安全、更富有。

（四）戰爭創造帝國與全球秩序

當人類從狩獵傳統轉向農業定居，政權的領土界線變得明確了，同時開始競逐耕地，因人口增長而爭奪資源。戰爭使得國家型態進一步穩固，降低暴力出現並增進貿易，而使得社會平穩發展。大國或強國也可能失敗，地方小勢力也可能合縱聯合，找到機會打敗大國或強國。但不論如何，敵對的雙方最後總有一邊變得比以前更強大；於是，帝國出現，國家擴張，把征服的敵人納入並同化，擴大原有國家文化的內涵。

帝國是透過戰爭形成的，羅馬帝國、漢唐帝國、古印度的孔雀王朝都有廣土眾民。現代的大英帝國藉由殖民戰爭而打造了日不落帝國。戰爭促使國家動員且完善組織，並極大化自己的能力來競爭。競爭促進巨大的發展。人類歷史就是一場接著另一場戰爭，國家動員並進行軍事創新。歐洲大陸不斷爭戰，也就是創新，因此隨著帝國主義與工業革命向全球殖民擴張，而發現自己擁有無比的軍事優勢。

（五）帝國霸權導致暴力減少

戰爭最終帶來和平福祉，以戰止戰無可避免。國家間的戰爭暴力帶來經濟繁榮，戰爭提升國家的統籌能力。例如羅馬帝國筆直的道路系統，至今歐洲仍可看到遺跡，條條大路通羅馬，連接整個帝國，快速運兵、旅行和貿易。貿易帶來機會、財富與繁榮昌盛。帝國與強國有能力將所有的經濟與貿易運作標準化，讓大家更有利可圖，並減少發動暴力的動機。換句話說，戰爭是一種悖論：戰爭暴力擴大國家能力，為了求存，也迫使國家組織動員；同時，有組織管理能力的國家才可能維護秩序，促進經濟，平息暴力。

（六）戰爭短期對人類社會帶來破壞，但長遠來看，戰爭是有益的。

從大歷史的角度進行長期評估，戰爭產生更強大的社會，減少其內部的暴力。當然，並非所有的戰爭都是有成效的，像是第二次世界大戰造成數千萬人死亡和流離失所。事實上，「有害／負面效果」和「有益／建設性」的戰爭不斷循環。有害的戰爭通常取得以小搏大的軍事勝利，而導致羅馬、漢唐等帝國的毀滅，而帝國的失敗帶來混亂。有害的戰爭通常是一種戰術上的勝利。戰勝方並不會建立宏圖大業，帶來和平繁榮的新帝國，他們只能暫時獲勝、掠奪一番，也沒有能力打造新秩序。有益的戰爭就像二戰國家組成盟軍，團結起來打敗共同的敵人，並創造生產力，帶來近一世紀沒有重大戰爭的和平。即使當時希特勒所領導的納粹德國與其他軸心國成員贏得戰爭，他們也要選擇開放邊界、調整貿易準則、尋求維護和平的方式。雖然有害的戰爭屢屢出現，但長遠來看，有益的戰爭才是主流。

（七）戰爭暴力已大幅減少

檢視歷史記載，暴力有減少的趨勢。一二五〇年，平均每一百人有一人死於暴力。到了一五九〇年，每三百人有一人死於暴力，可見比例下降了。到一九五〇年，比例下降到每三千人有一人死於戰爭暴力。從歷史來看，以戰止戰是有效的，也是有益的，因為戰爭帶來更高度的組織化、有秩序和繁榮的社會。帝國衰亡後被另一個更有能力的帝國所取代，建立霸權秩序，從而減少暴力。戰爭創造有組織管理能力的國家，帶來創新，使得暴力變得不必然。帝國霸權可以藉由貿易合作來進行獎懲，發動戰爭的機率就會減少。若有其他方式可以取代戰爭暴力，並推動創新、動員與組織管理，戰爭和暴力的規模就會遞減。

（八）戰爭可能已經終結

研究戰爭是為了避戰，或設想未來戰爭的型態與後果。或許未來可透過新科技或大數據演算，計算出戰爭的成本和收益，來推估戰爭是否依舊可行，並根據這些感知結果而做出戰或不戰的決定。一般咸認，因為核戰將帶來人類的滅絕，大戰不會再出現。在未來地緣政治仍然可能劇烈變化，這個變化過程也會驗證戰爭的暴力是否會消失。

從大歷史的角度來看，以戰止戰的定律已被改寫；大戰帶來毀滅，即使是小型「平定叛亂式的」、或強權代理人的戰爭，或許仍會發生。傳統戰爭不再重要，因為傳統戰爭所帶動的競爭已喪失原有的意義。人類可以更有效率地維持秩序，建立一個沒有戰爭暴力的社群。全球核武在過去大半世紀的競逐之後，將對抗的潛在成本推向無窮大，熱戰變得更不可能，競爭變成了冷戰，和平解決爭端成為唯一的選項。

摩里士認為，有建設性、有益的戰爭必須將失敗方納入戰勝方的體系，從而形成更複雜的政治實體，建立和平與秩序；戰勝方的資源進一步得到擴充，使得經濟更加繁榮。摩里士反對無政府狀態，因為國家權威會壓制暴力。放寬解釋，國際體系出現以國家作為的霸權，就可以減少暴力，並促進全球繁榮，過去兩百年就表現在大英帝國與二戰後的美國所扮演的全球警察角色上。

二、戰爭、帝國、國際關係

戴蒙（Jared Diamond）的《槍砲、病菌和鋼鐵》（*Guns, Germs, and Steel: The Fates of Human Societies*）檢討全球各個區域的環境對文明的發展，並嘗試回答：為什麼是西歐——而不是其他歐亞大國，如中國——成為近現代帝國殖民擴張的發動力量。他認為孤懸海角一方，帝國領土毗鄰的「大陸帝國」，已經達到區域或內部平衡，競爭壓力小，因此錯誤的政策容易持續。然而，近代西歐內部分立，競爭使得各地政府無法長期壓制經濟和技術進步，因此透過戰爭的競爭與征服，創新突破，甚至向全球擴張，成為各個「海洋帝國」。或許我們可以把摩里士這本《戰爭憑什麼：從靈長類到機器人的衝突與文明進程》當成戴蒙一書的續集，或追加讀物。

國際關係就是因為第一次世界大戰而出現的學科。戰後威爾斯大學設立國際政治學伍德羅．威爾遜教席，國際關係正式成為一門大學教授的學科。歐美大學開始有系統地研究戰爭，尤其是檢討一戰的起因，希望在未來免於重複浩劫。由於國際關係研究開始懷疑權力平衡、以戰止戰、秘密外交相關的概念與實務，因而特別關注預防國際衝突。換個角度看，百年前國際關係的研究都集中在一戰的戰勝國的大學校園裡，他們研究與思考都圍繞在如何建立一個「避戰」的國際秩序。當時認為戰爭是政治家誤解、誤判和魯莽的結果，肇因於「國際無政府狀態」。因此認為如果讓外交精英對公眾輿論負責，並將國際關係「民主化」，建立一個「國際政府」，就可能建立一個和平的世界秩序。

「國際聯盟」就是建造「國際政府」的一次嘗試，但其過於「理想主義」，陳義過高的結局就是帶來第二次世界大戰。換句話說，當時將國內政治秩序的概念轉移到國際安全上，秉持自由主義信念，認為人類可以透過理性辯論來發展共同的利益，從而取得政治進步，透過「集體安全」制度就能帶來和平。當時卡爾（E.H. Carr）在《二十年危機：戰間期的國際關係》（*The Twenty Years' Crisis, 1919-1939*）裡清楚批評並認為，戰禍無法透過戰勝國或大國間的「集體安全」制度來避免，滿足大國只是滿足「富國」而非「窮國」，那不是公平正義，只會帶來反抗，這成為國際關係「現實主義」的開端。

摩里士認為戰爭結局不斷更新國際霸權或帝國能力，帝國帶來和平，但並未細究帝國或國際關係的本質；國際霸權、帝國、全球治理等概念混在一起。華爾茲（Kenneth Waltz）在《人、國家與戰爭》（*Man, the State, and War: A Theoretical Analysis*）一書中，認為戰爭的起因可以有三個不同層次的分析：人性、國家政治制度結構、國際體系的性質。華爾茲認為第一層次可用物種與生俱來的攻擊性來解釋戰爭，在第二層次上，戰爭也可以被分析為某些政治制度的產物。自由主義者認為戰爭是專制政府的結果，馬克思主義者視戰爭為資本主義的副產品。若戰爭事出有因，就可以被解決；自由主義藉由建立自由主義政權，馬克思主義藉由建立社會主義形式的政府，就可以解決戰爭。如果從第三層次國際體系來分析，戰爭是國際政治無政府性質造成的，對權力和安全無休止的競爭。華爾茲主張戰爭在無政府狀態的背景下是不可避免的，大國間權力平衡，或者核武相互毀滅的恐怖平衡，可以帶來對峙的和平狀態，但他並不認為因戰爭而出現的贏家或帝國能帶來世界和平。國際關係學科不把戰爭當成一種競化過程，這是與摩里士最不同的地方。

另外值得一提的是，在過去一段時間有很多帝國研究的出版品出現，討論如帝國如何延續，新帝國仍然會承擔舊帝國作為世界霸權的責任嗎？帝國型態的變遷，如果美國是一種現代形式的「帝國」，作為大英帝國這種「海洋帝國」的繼承者，未來如何與中國這種歷史上傳統的「大陸帝國」現代版進行爭鬥，而爭鬥的邏輯與假想又是什麼？兩者有何不同？又或者是摩里士所論述的技術創新與經濟發展？摩里士提出一種戰爭帶動進化的文明史觀，但並未進一步著墨戰爭帶動帝國的演化，以及帝國內部與全球治理能力的變動等問題。

波本可（Jane Burbank）與庫克（Frederick Cooper）的《帝國何以成為帝國》（*Empres in World History: Power and Politics of Difference*）檢討帝國跨越空間行使權力與侷限。帝國統治廣土眾民本來就耗費力量，以夷制夷間接統治是常態，因為這樣只須一群精英就能統治大片疆土百姓。少數治理多數帶來帝國保守，傾向維持現狀，必須容忍社會多樣差異的特性。也因此，如何應對「差異」成為帝國治理的主軸或重點，帝國可以透過武力、宗教、政治意識形態、市場機制等不同的手段來進行維繫與治理。古代中國在邊疆進行一定程度的「差異政治」，有時羈縻或朝貢、有時和婚、甚至改土歸流。但古代中國在直接控制的地區，自秦漢以來就廣泛運用郡縣制與科舉來一統天下廣土眾民，因此頗多漢學研究者並不以為古代中國可以用「帝國」來定義。古代中國的核心治理區過於廣袤，超過其他歐亞帝國實踐差異政治的規模。

「差異政治」不僅強調文化與價值多樣，還意涵著在帝國結構內部權力分享的差異，也就是地位不同。如果統治者強調少數統治多數，不要求強勢有效率的「同化」，被統治的群體只要不過分要求介入國家事務，爭取自治或政治獨立，帝國內部就可相安無事。帝國內部各個地方的權力代理人只要表現忠誠與有效率的治理，就可維持帝國系統的穩定運作，而不崩潰。過去的「大陸帝國」總是被認為穩定有餘，靈活應變與效率不足。

中共統治下的中國作為一個當前正在崛起的中華帝國，是否能更動或跳脫「大陸帝國」的結構，則有待觀察。現代中國的政治疆域內部似乎依然依循舊路徑進行「同化」，這個情況在習近平統治下特別明顯，針對香港的國安法設計、新疆與西藏的再教育營與宗教中國化策略，基本上都是「大陸帝國」擴張與鞏固內部核心的作為，也符合福山（Francis Fukuyama）在《國家構建》（*State-Building: Governance and World Order in the 21st Century*）的論點，傳統帝國的政權力量無法滿足現代世界環環相扣專業化的需求；換句話說，鬆散又效率差的帝國體制無法見容於現代國際關係。於是，帝國政權往往以提高執法效率、民族統一為名，對核心地帶進行強制同化。然而，現代中國的企圖似乎不止於此，不僅是要建立一個中華民族或中華族國。現代中華帝國的富強必須靠全球支撐，而「一帶一路倡議」向西往歐亞大陸擴張，是否在進行一種新帝國邊疆版圖的擴張？現代版的中華帝國結構為何？支撐的權力系統又如何配置？仍有待跨領域的研究者予以釐清。

在過去帝國沒有足夠的動員力，動員帝國廣大臣民來進行世界大戰。結果是，作為殖民母國的歐洲，各個帝國核心區都產生重大損傷，帝國控制力銳減，也帶動海外殖民地分崩離析。美國是不是帝國有很多爭議，但美國以軍事為基礎，對全球投射影響力，並容忍各種不同意識形態的政治實體，再透過金融與市場自由貿易機制一併規範全球經濟秩序，似乎出現了一種2.0版的「海洋帝國」。作為一個優化的帝國版本，美國運用新的方式，解決過去帝國無法動員與衰敗的問題。對於美國作為一個帝國的討論，佛格森（Niall Ferguson）在《巨人》（*Colossus: the Rise and Fall of the American Empire*）一書裡論證美利堅帝國是否有意願介入世界各處的爭端與問題，自覺地承擔帝國責任，維護世界秩序與和平，其實充滿了疑問。同時，像是聯合國、世界貿易組織等全球治理體制功能不彰，當然也使得國際社會仍充滿了紛亂。

國際關係學科的英國學派（the English School）不否認權力平衡的重要，但更強調建立國際秩序，國家所組成的「國際社會」（international society）必須考慮公平正義。延伸分析，強調促進世界各地間的經濟和社會相互依賴，讓新型的國際社區更加團結，或挑戰各種概念的文化優勢，有利於國際和平。進一步推論，國際關係的真實狀態在於人們對現實認知的信念。國際關係是一種探究「共同認知」的過程。現實很可能是由不同論述與話語習慣所產生或構建，從來都不是一個完整的、一致連貫的事實或事物，而總是模稜兩可、不統一、不一致、甚至矛盾的呈現。也就是說，討論戰爭與國際關係必須先尋找，或界定理論與實務對這些概念的「共同認知」。國際關係的基本組成單位是民族國家（nation-state）嗎？民族與國家又如何相互作用？國內和跨國力量、國家、國際組織機構如何結合形成全球秩序？這些不同的國際行為體彼此之間又有什麼操作實務上被認可的模式？全球霸權或某種帝國型態可以凌駕在這些國際行為體之上並完全掌控嗎？摩里士並未對這些國際行為體進行細緻的分辨與討論，隨著時間過去，戰爭的功能很可能還會出現很多變異。

三、結語

戰爭可能是現實的，甚至是歷史上必須的，但戰爭並不正當，更是犯罪。摩里士描述戰爭不可預測，並認為戰爭的長遠功效是正面的。在本書第七章〈世間僅存的最大希望：美利堅帝國（一九八九—？）〉裡，他預測美國霸權和未來的歷史進程。摩里士在該章第五節〈突破島鏈〉詳細預測美國在一場假想的對華戰爭取得勝利。但摩里士誤把「預防性的戰爭」和「先發制人的戰爭」混為一談（此處不贅）。更重要的問題是，摩里士憑什麼認為美國有意與中國全面開戰？美利堅帝國與中華帝國是否必須一戰，可能取決於兩個帝國體制的結構，兩個結構是否處於一種完全不相容、必須進行取代的決戰。

i 對英國學派全面的討論，可參考Robert W, Murray ed. *System, Society and the World: Exploring the English School of International Relations* (e-International Relations, 2015)，或Andrew Linklater and Hidemi Suganami, *The English School of International Relations: A Contemporary Reassessment* (Cambridge University Press, 2010。

摩里士強調長期趨勢不應與目前眼花撩亂的趨勢相混淆。他敘述戰爭與人類進化間的關係，暴力與遺傳、生物學和社會物種環境之間潛在的連繫。雖然本書的長處不在於討論以戰止戰與國際關係的細部操作，但作為一本歷史讀物，本書內容的寬廣與深度依舊十分有趣，值得一讀。

推薦序

烏克蘭反侵略戰爭憑什麼？

黃創夏（自由評論工作者、前《新新聞》總編輯）

「全面電腦化的速度越快，『美利堅治世』就越有可能在世界警察因衰弱而帶來新的鋼鐵風暴之前轉變成『科技治世』。」

——《戰爭憑什麼》第七章

在冷戰終結和兩次波斯灣戰爭之後，中國尚未大規模填島造陸經略南海、俄羅斯的普丁尚未揮軍克里米亞、美國也尚未察覺自己應盡世界警察義務「重返亞太」之前，二〇一〇年代初，知名歷史學家伊安·摩里士以其深邃的歷史洞察力和智慧，從系統整合的角度爬梳人類自蒙昧以來，一萬五千年間所有的戰爭帶來的影響和變動的軌跡。在《戰爭憑什麼》第七章，摩里士以「世界僅存的最大希望：美利堅帝國」遠眺人類與戰爭未來的可能關係，這一章也是對未來的期許。

千古以來，戰爭一直是人類文明中最核心的課題，利維坦巨靈的起源和戰爭有關；英勇反抗的高潔情操和戰爭有關；深閨夢裡人的哀怨和戰爭有關；力拔山河氣蓋世的英雄也和戰爭有關。摩里士在《戰爭憑什麼》裡卻以越來越進化與龐大的「社會治理系統」概念，爬梳了從靈長類到現代長達一萬五千年的戰爭模式，斷言戰爭本質可以是人類創造更複雜社會的唯一途徑，而且複雜的社會使人類更安全、更富有。戰爭當然會造成死亡、破壞、痛苦、暴行的征服、奴役和掠奪，但透過大量的分析，摩里士卻發現現代化的繁榮和社會的受控制暴力也是戰爭的產物。

透過摩里士充滿智慧的整合與透視的眼光之引導，我們可以看到未來四、五十年間，將可能是人類透過又一新型態戰爭的發展，再度面臨衝突與文明進程的十字路口。在書中，摩里士有段警惕之語特別發人深省：「整體而言，美國維持全球秩序的努力將直接使許多海外盟友受益，但無可避免的，有時也不會使它們受益——這意味著這些盟友也將在死亡賽局的終局裡發揮重要作用。他們有時會需要對強權說真話，向世界警察說一些不中聽的意見，其他時候則需要用民主、資金甚至武力來支持世界警察。最重要的是，他們需要以智慧分辨何時該把地域性議題擺在全球戰略之下，並認知到自己各地區加起來也沒有世界大局來得重要。」

二〇二二年，當全世界正從肆虐兩年多的新冠肺炎中迎向復甦，俄羅斯普丁卻突然以「特別軍事行動」的自創名詞進軍烏克蘭，也讓二〇一九年被法國總統評為「腦死」的「北大西洋公約組織」，在美國這個一度氣衰的「世界警察」動員合作之下「對強權說真話」，其中也包含著如波蘭、瑞典這些對烏克蘭處境特別有唇亡齒寒感受的國家「向世界警察說一些不中聽的意見」，讓原本表達「我和吉兒（拜登夫人）將為烏克蘭祈禱」的美國總統拜登更積極地行使「世界警察」的義務和能力。

這場戰爭的模式再度改寫世界對戰爭的既有認知。在過去，人們對於戰爭有一種「戰爭之霧」（Fog of war）理論，戰場情勢詭譎多變，對戰雙方虛虛實實相互試探，甚至是欺敵或誘敵，因此戰場的狀況可以被掌握媒體的邪惡所壟斷，而成為侵略者欺騙世界的工具。

戰場上所有的資訊都在「機密」考量下，多數被封鎖而釋放出來的都是別有目的的宣傳。平心而論，在普丁入侵烏克蘭之前，不只普丁，連西方主流國家都傾向預判俄羅斯可以快速占領基輔，因此高估了俄羅斯而低估了烏克蘭，並錯估了科技和新媒體將帶來的戰爭情勢之轉變。

現代無遠弗屆的網際網路科技和社群軟體，透明地呈現出烏克蘭人抵抗的意志，讓北約和歐盟都感到意外，更透過烏克蘭人在各地自動自發地將反抗意志和抗爭行動與世界接軌，粉碎了侵略者的謊言，這場戰爭因此變成了一場「透明的戰爭」，「紅色滲透」洗不了腦，「大內宣」也無法化解內部的疑慮和憤怒。

然而，在歐美的新科技無人機和 SpaceX 星鏈介入之下，戰爭又有了新的形態：「透明化的戰爭」，這樣的戰爭變成透明的改變，不僅戰場資訊不再被重霧包圍，在戰場實務上也再度有了根本性的轉化，直到二〇二二年九月，綜合國際媒體統計，美國及北約支援烏克蘭的飛彈與砲彈數量約「八十萬發」，而俄羅斯卻已消耗掉超過「七百萬發」，庫存彈藥不足且規格非世界通用，一度還想嘗試請同源的北韓支援一百萬發同口徑砲彈……，正是因為烏克蘭可以透過無人機精準打擊，彈無虛發。

千機騰空、萬炮齊發的「紅色暴風雨」不再完全奏效；山搖地動、驚心動魄的「鋼鐵洪流」坦克變成無人機的活靶……，烏克蘭戰爭讓戰爭模式再度發生史無前例的轉變，短兵相接變成視距外作戰，從靈長類到無人機的模式轉變，都可以在摩里士這本《戰爭憑什麼》中「如履薄冰的年代」及「融為一體」兩個章節裡預先看到脈絡與先見，也再度提醒世人應該重新思考「戰爭」到底是什麼。

基本上，摩里士對戰爭的分析是根據他所說的「生產性戰爭模式」，從羅馬帝國的戰爭開始，廣泛地分析亞洲的古中華帝國、印度帝國與波斯帝國，直到「鋼鐵時代」的西方大殖民時代與第一次、第二次世界大戰，摩里士認為：生產性戰爭往往發生在兩個差距巨大的社會之間，統治者必須在被擊敗對手之上確立自己的地位，並將對手納入自己的體系，從而形成更複雜的政治體制、以及更專注於社會安定與控制暴力的秩序方案。

摩里士也指出：從石器時代開始的實際數字可看出，人類處於爭鬥不休的生活當中，社會上約有五分之一到十分之一是死於彼此間的暴力；在二十世紀兩次慘絕人寰的世界大戰中，每一百人當中卻不到一人是死於暴力，只有因為戰爭打造出的利維坦巨靈，才能確保社會進入一種更穩定的形式，而現在這樣的巨靈責任，就是美利堅帝國是否能更稱職地扮演起世界警察的角色。

至於這個世界警察的對手，摩里士坦言不再是冷戰期間的蘇聯遺緒俄羅斯，而是正在摩拳擦掌的中國，他也擔憂各國將如何因應？此時此刻，世界主流國家更應該對摩里士這番語重心長的警語深思熟慮：「以智慧分辨何時該把地域性議題擺在全球戰略之下，並認知到自己各地區加起來也沒有世界大局來得重要。」

前言
喪葬業者的好夥伴

二十三歲時，我差點死於戰爭。

一九八三年九月二十六日，大約晚上九點半於英國劍橋，我待在租來的房間裡，正用打字機啪啪啪寫著考古學博士論文的第一章。我剛從希臘群島結束四個月的田野調查回來，工作很順利，我也戀愛了，日子相當美好。

我完全不知道兩千英里之外，史坦尼斯拉夫．彼得羅夫（Stanislav Petrov）正在考慮要不要把我殺掉。蘇聯紅軍上校彼得羅夫在「謝爾普霍夫—十五」基地（Serpukhov-15）擔任戰鬥演算法的副參謀長，那裡是早期預警系統的總部。而且我很走運，他是做事有條不紊的電腦工程師，不太容易驚慌失措。但莫斯科的午夜剛過，警報響起，就連彼得羅夫都從椅子上跳了起來。占滿控制室整面牆的北半球地圖上，紅色燈泡開始閃爍，顯示有一顆導彈已經從美國蒙大拿州射出。

地圖上方的紅色字母亮了起來，拼出他所認識最恐怖的詞彙：「發射」。

幾台電腦反覆核對數據，但紅燈再次閃爍，這次看來更堅定了：「發射——高可信度。」可以說彼得羅夫一直等待這天的到來，因為六個月前，當時的美國總統雷根（Ronald Reagan）才譴責彼得羅夫親愛的祖國是邪惡帝國，並揚言要打造太空飛彈防禦系統，終結美蘇之間持續近四十年和平的恐怖平衡。雷根也宣布將加速部署新一批導彈，這些導彈發射五分鐘後就可擊中莫斯科。接下來，彷彿在嘲笑蘇聯的脆弱，一架南韓客機誤入西伯利亞上空，顯然是迷路了，蘇聯空軍花了好幾個小時才找到這架飛機，但就在客機終於要飛回中立國際空域之際，卻遭蘇聯戰鬥機擊落。機上人員全部罹難，其中包含一名美國眾議員。而現在，彼得羅夫眼前的螢幕顯示，這些美帝分子已跨越紅線。

不過，彼得羅夫知道第三次世界大戰不會是這副模樣。美國的第一擊照理會出動一千顆義勇兵洲際彈道飛彈，呼嘯穿越北極後帶來熊熊燃燒的輻射煉獄。照理美國一出手就會使出渾身解數，狂暴地摧毀躺在發射井裡的蘇聯導彈，讓莫斯科無法還擊。只發射一枚導彈根本不合理。

彼得羅夫的工作是遵守流程，進行所有規定的測試來檢查系統是否故障，但已經沒時間了。他現在就必須決定要不要迎來世界末日。

他拿起電話，盡量以平順鎮靜的語氣對電話另一頭的值班軍官表示：「報告，這是假警報。」[1]

對方什麼都沒問，不露出一絲焦慮，只說：「知道了。」

過了一會兒，警報器關掉了。彼得羅夫和基地裡的其他人都鬆懈下來，技術人員開始做他們分內的例行工作，有系統地搜尋迴路裡出錯的地方。但接著——

「發射。」

紅字又回來了，地圖第二次出現燈號，另一枚飛彈又在路上了。

接著另一枚燈泡亮了。然後是另一枚、又一枚，直到整面地圖都呈現燃燒般的火紅。彼得羅夫曾參與創造的演算法已接管大局，有那麼一會兒，地圖上方的面板暗了下來，但接著又閃爍起新的警告，宣告世界末日的降臨。

「導彈攻擊。」

蘇聯最大的超級電腦自動將這個消息往上呈報給指揮體系的高層，從現在開始每一秒都是關鍵時刻。很快地，年邁體衰的蘇共總書記安德羅波夫（Yuri Andropov）就必須做出有史以來最重大的決定。

據說，參與創建蘇聯的革命領袖托洛斯基（Leon Trotsky）曾表示，你或許對戰爭興致缺缺，但戰爭對你可是興致勃勃。[2] 英國劍橋一直都是懶洋洋的大學城，離權力中心很遠，一九八三年卻被眾多空軍基地所環繞，高居莫斯科當局攻擊目標的前幾名。如果當時蘇聯參謀總部相信了彼得羅夫的演算法，我就會在十五分鐘內一命嗚呼，從一團比太陽表面更滾燙的火球中蒸發。倫敦國王學院和學院的合唱團、在河上漂蕩的一艘艘平底船、吃草的牛群和校內高桌邊喝著葡萄酒的長袍學者們，全都會被炸成輻射塵。

要是當時蘇聯發射了那些瞄準軍事目標的飛彈，也就是進行戰略家所謂的「核戰略反擊」（counterforce strike），假設美國也同樣的方式回應，我就會與大約一億人一起被炸得粉身碎骨、燒毀和中毒而死，成為開戰首日的亡魂。不過，這種情形不太可能發生。就在彼得羅夫面對這個關鍵時刻的三個月前，美國戰略概念發展中心（U.S. Strategic Concepts Development Center）便針對核戰爆發初期的局勢進行了一場戰爭推演，發現沒有任何一方真能守住分寸，將攻擊限縮於軍事目標。各種模擬狀況都顯示，這些攻勢會逐漸升級，最後波及平民，不只是飛彈發射井會被炮轟，連城市也會遭殃。當事態演變至此，開戰頭幾日的罹難人數會高達五億左右，而接下來幾週和幾個月內，輻射落塵、饑荒與後續交火又會置五億人於死地。

但事實上，彼得羅夫還真的成功守住分寸。他日後坦承自己當時非常害怕，雙腿都不聽使喚，但他仍然相信自己對那套演算法的直覺。他聽從直覺，對執勤人員表示這次也是假警報。這讓飛彈攻擊的消息沒有往上呈報到高層，於是一萬兩千枚蘇聯的核彈頭仍然留在發射井裡，十億人得以續見天日。

然而，彼得羅夫拯救世界的回報並不是掛滿胸膛的獎章。他遭到軍方懲戒，理由是他的書面報告亂七八糟，而且沒有照章行事（決定要不要摧毀地球應該是總書記的工作，不是他的）。他被晾在冷板凳上，換到一個較不機密

的職位。接著他便提早退役，還曾一度精神崩潰，而且因為蘇聯解體而失去老年年金，陷入貧困。[i]

像這樣粗糙的電腦技術差點釀成世界末日，必須仰賴電腦工程師的倉促判斷才能阻止，我們的世界的確是瘋了。冷戰時期也有許多人這樣認為。美國陣營的民主國家有數百萬計民眾上街遊行，呼籲禁止核武並抗議政府的侵略行為，或投票給承諾單方面裁減核武的政治人物。而蘇聯人民沒有抗議的自由，因此只有為數比平常多一點的異議分子站出來表態，隨即有人告密，把他們出賣給秘密警察。

但這些行動並未帶來太大改變。西方領袖獲得更多選票而成功連任，還採購比原本更先進的武器。蘇聯領袖則打造更多飛彈。一九八六年，全世界總共有七萬多枚核彈頭，數量之多前所未見，但這一年蘇聯車諾比核災卻讓世人稍稍體會了未來可能的遭遇。

人們高聲呼喊，希望得到當局的回應。鐵幕兩邊的年輕世代都與老一輩的鄉愿政客分道揚鑣，用更大聲量表達己見。黑人靈魂歌手艾德溫・史塔爾（Edwin Starr）摩城唱片公司時期的經典作品〈戰爭〉（War）曾經是越戰時期最偉大的示威歌曲，這時由屬於戰後嬰兒潮世代的搖滾歌手布魯斯・史普林斯汀（Bruce Springsteen）翻唱，他在唱片封面上看來熱力四射，而這首歌也再度榮登排行榜前十名：

戰爭！
哼，天啊。戰爭好在哪？一點都不好。說，說，說啊……
哦，戰爭！我好厭煩
它代表無辜生命被摧殘
戰爭代表淚水
成千上萬的母親哭喊，當她們的兒子死於征戰
戰爭！

它只會令人心碎。戰爭！
它只是喪葬業者的好夥伴……[3]

一、屬於我們這個時代的和平[ii][4]

在這本書中，我將會針對上述歌詞提出反對的看法。不過，僅在一定程度上反對。我認為對於喪葬業者而言，戰爭並非一直都是好夥伴。這是史上最矛盾的事：「戰爭既是大屠殺，也一直是喪葬業者最強勁的敵人。」與上述這首歌的內容剛好相反。一直以來，戰爭確實對某些方面相當有益：「長期來看，戰爭讓人類過著更安全、更富裕的生活。」戰爭是煉獄，但我要再強調一次，長期來看，要是沒發生戰爭，其他事態發展可能更糟。

由於這個論點會引起爭議，且讓我細細說明。

我的主張分成四個部分。首先，打仗讓人創造出更龐大、更有組織的社會，民眾死於暴力的風險因而降低。這項觀察奠是基於上個世紀的考古學家和人類學家最重大的發現：「石器時代的社會規模往往很小，主要是因為覓食不易。人類會以數十人為單位共同生活，或形成幾百人的村落，偶爾也出現數千人的市鎮。這些社群都不需要什麼內部組織，也往往不信任甚至敵視外人。」

人與人之間的歧異通常都能和平化解，但如果有人（通常是男性）決定動用蠻力，所受到的約束則是遠遠少於

i 到了二〇〇四年，總部設於舊金山的世界公民總會（Association of World Citizens）才頒發紅木匾額與一千美元的支票給彼得羅夫，感謝他拯救世界。他也於二〇一三年獲得德國的德勒斯登獎（Dresden Prize）與兩萬五千歐元的獎金。捐款網站網址為：www.brightstarsound.com。

ii 一九三八年，時任英國首相的張伯倫（Neville Chamberlain）於簽訂《慕尼黑協定》後的說法是，他為國民帶來了「屬於我們這個時代的和平」，而非「在我們的時代帶來和平」——不過，這真是只有我這種大學教授才會在乎的細節。

現代國家對於公民施加的束縛。在那個時代，殺戮規模大都很小，都是部族之間的仇殺和屢見不鮮的突襲洗劫，不過每隔一陣子就會有聚落或村莊遭暴力侵擾，損害嚴重到所有的居民都死於疾病與饑餓。但因為這些聚落的人口都很少，定期發生的輕微暴力事件造成的死傷相當慘重。生存於石器社會中的人類，一般估計有百分之十到二十死於其他人類的手中。

二十世紀則形成鮮明的對比。經歷了兩次世界大戰、一連串的大屠殺與好幾次因為政府而造成的饑荒，罹難人數高達一億至兩億。投在廣島和長崎的原子彈造成逾十五萬人死亡，這可能比西元前五萬年的全球人口還多。一九四五年，地球上大約有二十五億人，而且整個二十世紀，曾生活在地球上的人類為數大約有一百億（意思是，活過又死掉，加上仍存活的人口有一百億）：「這意味著，二十世紀與戰爭有關的一至二億死亡人口，僅占全球人口的百分之一到二。」如果你運氣夠好，出生在工業化的二十世紀，那麼比起生在石器時代的社會，你直接或間接死於暴力的機率只有十分之一。

這項數據或許令人驚訝，但背後的成因更出人意料。讓世界變得更加安全的因素正是戰爭本身。我會在本書一到五章解釋來龍去脈，說明從大約一萬年前的某些地區到後來全世界皆然，戰爭的勝利方把失敗方整併到更大的社會裡，而要讓這些大型社會運行的唯一方法，就是統治者要發展出更強大的政府，而政府若要繼續掌權，當務之急就是壓制社會中的暴力。

當權者之所以追求和平政策，往往不是出於純然的善念。他們嚴防殺戮，是因為比起憤怒暴戾的人民，循規蹈矩者更易於管理和徵稅。不過，這倒是帶來意外的結果：「死於暴力的人口從石器時代的高點往下降，到了二十世紀的比例已經減少了九成。」

但這過程不太好看。無論是統治不列顛的古羅馬人或殖民印度的英國人，雖然都設法鎮壓各種殘忍暴行，但採用的手法可能同樣殘暴。人類暴力死亡率下降的過程也不太順利，一些地方的暴力死亡率可以在短期間猛然竄升回石器時代的水平。例如，一次大戰期間（一九一四—一八年），大約六個塞爾維亞人裡就有一個死於暴力、疾病或饑餓。當然，也不是所有的政府都同樣善於帶來和平。民主國家可能很混亂，但多半「虎毒不食子」；獨裁政權則有較高的執政效率，但往往會射殺、餓死及以毒氣戕害大量人民。然而，儘管上述各種變數、限制與例外狀況的確存在，但在一萬年的時間裡，戰爭終究創造了政府，而政府創造了和平。

我的第二個主張是，若要創造更龐大、更和平的社會，戰爭雖是人類能想像到的方式裡面最糟的一種，但大概也是唯一成功找到的方式。史塔爾唱著：「天啊，一定有更好的方法吧。」[5] 但顯然沒有。如果羅馬人沒有屠殺數百萬高盧人和希臘人就能創造出大一統帝國；如果美國沒有屠殺數百萬北美原住民就能建國……在這些數不盡的例子中，如果化解衝突的方式是討論而非蠻力，人類就可以藉由形成大型社會獲益，也不必付出昂貴的代價；但這些都只是如果而已，實際上並未發生。這種想法讓人灰心，但證據血淋淋地擺在眼前。人們很少會放棄自由（包括殺人與搶奪財富的自由），除非是因為某股力量而被迫放棄。而且，可以說只有戰爭的影響力才大到足以迫使人們放棄這種自由：「因為戰敗，或是因為害怕戰敗而放棄。」

如果我說的沒錯，政府的確讓我們更安全，而且迄今我們幾乎只發現了戰爭這種能夠創造出政府的方式，那麼我們就必須得出一個結論：「戰爭確實於某些方面有益。」不過，我還有更進一步的第三個結論。除了帶來更安全的生活，我會說，戰爭所創造的大型社會也讓我們變得更富裕——再次強調，這是長期而言。和平創造出經濟成長的條件，也提升了生活水準；但這個過程也同樣混亂失衡。戰爭的勝利方往往肆意姦淫擄掠，將成千上萬的倖存者賣為奴隸並竊占其土地，而失敗方則可能有好幾個世代陷入窮困潦倒；戰爭這檔事可怕且醜陋。然而，當時間推進，或許過了幾十年，甚至幾百年，戰爭所創造出的大型社會往往讓每個人都過得更好，不論是贏家或輸家的後代；這再次證明了我所說的長期模式。戰爭催生了大型社會、更強大的政府和更安全的社會，滋養著這個世界。

當我們把三個論點並列來看，只有一個可能的結論。戰爭催生了由強大政府所統治的大型社會，這些政府帶來和平，創造經濟繁榮的先決條件。一萬年前，地球上大約只有六百萬人口，當時人類的平均壽命為三十年，每日生活所需物資若換算成金錢，相當於不到今天的二美元。如今，地球人口已是當時的一千多倍，精確來說是七十億人，平均壽命則翻倍（全球平均為六十七歲），收入多了十幾倍（目前的全球人均收入是每日二十五美元）。

可見戰爭在某些方面相當有益。事實上，就是因為太有益了，我的第四個論點是：「戰爭正在功成身退。」數千年來，戰爭創造了和平，破壞也帶來財富，但就在我們這個時代，人類已變得太過精於廝鬥，武器的殺傷力之大，組織效率之高，導致這類戰爭開始讓戰爭不可能繼續出現。假設一九八三年那夜的事態轉了彎，假設彼得羅夫一時驚慌，假設蘇共總書記真的按下按鈕，假設十億人在後續幾週罹難，那麼二十世紀的暴力死亡率就會飆回石器時代的水平。而假設核彈頭真如科學家所擔憂的那樣，足以遺毒萬年，現在恐怕早就已經沒有人類了。

好消息是這些狀況不但沒有發生，而且坦白說，很可能永遠不會發生。我在第六章會再說明原因，但重點是，事實已證明人類極能適應不斷變動的環境。我們曾因為戰爭會帶來好處而屢動干戈，但到了二十世紀，暴力行徑漸漸不再獲得回報時，我們也找到各種不必召來世界末日就能解決問題的方法。當然，誰也不能保證未來的事，但我會在本書末章指出，我們仍有理由冀望人類繼續避免世界末日。凡事在二十一世紀都會出現驚人的變化，暴力的功能也會改變，世界和平的古老夢想仍有可能成真。至於，戰爭若真有一天在這世上絕跡，我們的世界會是什麼模樣，那就是另一個問題了。

如此赤裸裸地揭露這些論點，大概已讓人心生警戒。你可能會想，我所謂的「戰爭」是什麼，如何能確知死亡人數？怎樣才叫「社會」，又要怎麼判斷社會正在擴大？另外，構成政府的元素是什麼，如何衡量政府強大與否？這些都是很好的問題，隨著本書開展，我會盡量給出答案。

無論如何，我的中心論點是戰爭讓世界更安全了，這可能是讓最多人不以為然的一點。這本書在二〇一四年出版，正好是一九一四年一戰爆發一百週年，以及一九三九年二戰驟起七十五週年。兩次大戰總計造成一億人死亡。鑑於死亡人數之多，用一本宣稱戰爭帶來和平的書來紀念戰爭，儼然是個噁心的笑話。但二〇一四年也是冷戰結束二十五週年，一九八九年冷戰告終，讓全世界不必重溫彼得羅夫的夢魘。我將在本書中說明，從上次冰河時期結束一萬年來，戰爭的意義始終如一：「如今的世界能夠比以往更安全、更富裕，戰爭發揮了關鍵的影響力。」

這聽起來很弔詭，但理由在於：「關於戰爭的一切本來就都很弔詭。」美國的軍事戰略學家愛德華・魯瓦克（Edward Luttwak）把這個議題總結得很好。他在日常生活中觀察到：「就不矛盾的線性邏輯規則而言，其本質只是常識。不過，在戰略領域……另一套迥異的邏輯才是主宰，並總是違反一般的線性邏輯。」[6] 他表示，在戰爭中「採取弔詭的行動往往會有所收穫，進行合乎邏輯的直白行動卻會一敗塗地，產生各種充滿諷刺意味的後果。」

戰爭充滿矛盾。英國戰略學家李德哈特（Basil Liddell Hart）是二十世紀坦克戰術的發明人，他認為最重要的事實是：「戰爭永遠是為了行善而作惡。」[7] 戰爭催生和平，損失的同時也帶來收穫。戰爭讓我們穿越鏡子，進入一個顛三倒四的世界，那裡的一切都不能眼見為憑。這本書的論點是一種兩害相權取其輕的論述，也是構成悖論的典型要素。要列出戰爭的壞處很容易，殺戮必定排在首位。然而，戰爭仍然是相對較小的惡，歷史已說明戰爭不像別的事態那麼糟糕，如石器時代的那種持續性的日常暴力，既奪走許多人命也造成貧困。

對於兩害相權取其輕的論點，最明顯的反對理由是：「這種論點有被濫用的記錄。」喜歡空談理論的人最愛這種兩害相權的論點，曾有許多極端分子接連向追隨者保證，如果他們燒死女巫、把猶太人送進毒氣室或將圖西族人（Tutsi）分屍，他們就能讓世界變得更純淨、更安全；但這些凶殘的主張也可以翻轉過來，如果你可以回到過去把希特勒（Adolf Hitler）勒死，你會這樣做嗎？如果你採納兩害相權取其輕的做法，這一丁點殺戮就可能阻止後來的大規模殺戮。一想到是「兩害相權取其輕」，人們就能取其輕，即使那是讓人感到煎熬的選擇。

道德哲學家特別熱中兩害相權論點的複雜性。我聽過我大學的哲學系同事對著演講廳裡滿座的學生提問，如果你抓到一名恐怖分子，他在某處安裝了炸彈卻拒絕說出地點，刑求可能讓他招供並拯救數十條人命，你會拔掉他的指甲嗎？如果學生猶豫了，教授就會加碼假設他們的家人也會死。那麼現在，你會伸手去拿鉗子嗎？如果恐怖分子還是不開口，你會不會乾脆把他的家人也抓來刑求呢？[8]

這些令人煎熬的問題揭示出相當嚴肅的重點。在現實世界中，我們總是做出兩害相權取其輕的決定。這些決定可能讓人撕心裂肺，近年來心理學家也漸漸發現兩難會對人產生什麼影響。如果實驗者要把你綁起來塞進一台核磁共振的想像機，然後問你一些道德兩難的問題，你的大腦就會以驚人的方式運作。當你想像自己在刑求恐怖分子時，機器螢幕上的眼窩額葉皮質會亮起來，因為血液衝進了掌管不愉快念頭的腦迴路。但當你計算可能拯救多少人時，卻會促使另一套腦迴路活躍起來，而這次在螢幕上發亮的換成背外側前額葉皮質。隨著內心劇烈掙扎，你會體驗到情緒的衝動和理智的念頭相互衝突，而這也會刺激前扣帶迴皮質。

由於兩害相權取其輕的論點太過令人煎熬，這本書讀起來可能也不太舒服。畢竟，戰爭就是大屠殺，什麼樣的人會說戰爭可以帶來好處？事實是，我對自己的研究結果也深感震驚。如果十年前有人說我會寫出這本書，我覺得我應該不會相信。但我已發現歷史、考古學和人類學有著確鑿的證據。事實令人不自在，但長期來看，戰爭的確讓世界變得更安全富裕了。

我不是第一個意識到這點的人。七十五年前，德國社會學家諾伯特．愛里亞斯（Norbert Elias）寫過兩冊艱深的理論著作《文明的進程》（*The Civilizing Process*），主張歐洲在他那個時代以前的五百年間，已變為更加太平的地方。他認為從中世紀開始，歐洲的上層階級就漸漸放棄使用武力（而原本行徑殘暴者主要就是上層階級），整體的暴力程度也下降了。

愛里亞斯指出的證據長久以來俯拾皆是，只是人們視而不見。與很多人一樣，我早就碰到某些證據了。一九七四年，高中英文老師要求我們把莎士比亞的某部劇本讀得滾瓜爛熟，那時吸引我注意的不是莎翁語言之美，而是劇中人物多麼易怒。他們翻臉和翻書一樣，暴怒之餘用刀互捅。一九七〇年代的英國必定也有這種人存在，但他們通常會去坐牢或接受心理治療，不像莎士比亞筆下的暴徒還常常因為不分青紅皂白砍人而獲得讚揚。

但有沒有可能愛里亞斯說對了，我們的世界比起早年已更為和平？這才是問題所在——容我引用一下莎翁名言。而愛里亞斯的答案是，到了一五九〇年代，當莎士比亞寫下《羅密歐與茱麗葉》（*Romeo and Juliet*）時，凶神惡煞的蒙特鳩家族與卡帕萊特家族已不合時宜。一個人是否值得尊敬，標準已從會不會暴怒變成能不能自制。

愛里亞斯這種論點照理會造成轟動，但就像出版社常告訴作者的那句老話：「時機決定一切。」愛里亞斯的時機糟透了。《文明的進程》於一九三九年面世，當時歐洲人正展開為期六年的暴力盛宴，最後導致五千多萬人死亡，愛里亞斯的母親也在罹難之列，死於納粹的奧斯威辛集中營。到了一九四五年，沒有人聽得進「歐洲人越來越文明和平」這種話。

到了一九八〇年代愛里亞斯快退休時，大家才還他公道。那時，社會史領域的學者已苦心孤詣地研究了好幾十年，翻閱陳舊斑駁的法庭檔案，也漸漸得出一些肯定愛里亞斯論點的統計資料。他們發現在一二五〇年，大約一百個歐洲人裡就有一個可能會死於凶殺。到了莎士比亞的時代，也就是十六至十七世紀，這項數據已經變成三百個裡才有一個，一九五〇年則是三千個裡有一個。而且正如愛里亞斯所主張的，上層階級是主導這些變化的因素。[iii]

一九九〇年代的情況更複雜了。與愛里亞斯《文明的進程》一樣驚人，美國伊利諾大學的人類學家勞倫斯・基利（Lawrence Keeley）在其著作《文明前的戰爭》（*War Before Civilization*）列舉大量數據，說明二十世紀尚存的一些原始石器社會異常殘暴。部族仇殺與突襲通常會消滅十分之一或甚至五分之一的人口。如果基利所言無誤，就代表石器時代社會比動盪的中世紀歐洲還要暴力十到二十倍，也比二十世紀中葉歐洲糟糕三百到六百倍。

史前時代石器社會的暴力死亡率很難估算，當時基利研究這段遙遠的歷史，看著各種謀殺、屠殺和廣義的騷亂的證據，發現遠古人類的殺人傾向看起來至少和人類學家研究的當代人類差不多。插在肋骨之間的石箭矢、被鈍器砸爛的頭顱和墳墓裡堆著的武器都是沉默的物證，揭示文明的進程比愛里亞斯所理解的更為漫長、遲緩與不穩定。

基利認為世界大戰已讓現代變得和石器時代一樣危險，而一九六〇年起也有第三個學術機構支持他的觀點。另一部極為晦澀的巨作《致命衝突之統計》（*Statistics of Deadly Quarrels*）出版了，作者是離經叛道的數學家路易斯・

iii 犯罪學家通常以每年每十萬人中的死亡人數來估算暴力死亡率。我個人很難想像這在實際生活中代表的意義，所以我會使用百分比來表示，計算方式是把每年每十萬人中的死亡人數乘以三十（因為一個世代有三十年），接著再除以一千。或者，我會用一個人將死於暴力的機率來表示。

理查遜（Lewis Fry Richardson），他是一位和平主義者，同時也是氣象學家，但有天發現氣象學讓空軍大大受惠之後，他便棄這門學問而去。

理查遜在他人生最後二十幾年，一直忙著從混亂殺戮的統計資料中找出背後模式。他從一八二〇年到一九四九年之間發生的三百場戰爭與血洗事件中抽樣，研究的對象包括美國南北戰爭、歐洲的殖民征服和兩次世界大戰等，出乎他意料的是，「從小規模謀殺到世界大戰，因致命衝突所導致的死亡人數占這個時期所有死亡數的百分之一點六。」[9]如果把現代社會的各種戰事也都算進來，那麼在一八二〇年到一九四九年之間，似乎每六十二點五人裡面只有一人會死於暴力，與石器時代的狩獵採集社會相較，這樣的暴力死亡率大約是十分之一。

他的發現不只如此。理查遜表示：「相較於一八二〇年到一九四九年之間世界人口的增加幅度，戰爭導致的死亡頻率與人數之增加似乎不成比例。照理說，若戰爭不斷發生，兩者應該要成比例。」言下之意是，「人類自從一八二〇年之後，就變得沒有那麼好戰了。」

理查遜這本書出版五十幾年後，死亡人數資料庫的建立已經發展成一個小型學門。新資料庫比理查遜的統計更精密也更有野心，統計年代擴展成一五〇〇年到二〇〇〇年。這個學門與其他任何學門一樣不乏爭議，就算是有史以來記載最詳盡的戰爭，亦即二〇〇一年起美國對阿富汗的占領，死亡人數的計算方法也眾說紛紜。但儘管有這些問題，理查遜的主要發現仍不受影響：「死亡人數已跟不上世界人口增長的速度。於是，我們任何一個人死於暴力的機率已經掉了十倍。」

二〇〇六年，戰略學家阿扎爾．蓋特（Azar Gat）的《人類文明進程中的戰爭》（*War in Human Civilization*）一書出版，為知識巨塔造就新的頂峰。蓋特運用了許多學術領域的知識，範圍之廣令人驚豔，可能也參考了他在以色列國防軍擔任少校的經驗，把許多新論點融會成一套完整而有說服力的論述，說明數千年來人類如何抑制了自身的暴力行徑。如今若要嚴肅地思考戰爭，很難不提到蓋特的思想。如果你讀過他的書，將會看見我這本書從頭到尾都受他影響。

人們對於戰爭的看法經歷了思想上的巨變。僅僅三十年前，暴力式微的假設仍被視為年邁社會學家愛里亞斯的胡亂推測，所以在我高中深受莎士比亞困擾之際，壓根就沒聽過他的主張。如今這個假設還是有人反對，例如克里斯多福·萊恩（Christopher Ryan）和卡西爾妲·潔塔（Cacilda Jethá）合著，於二〇一〇年出版的暢銷書《樂園的復歸》（*Sex at Dawn*），就堅決否認早期人類社會很暴力。美國記者約翰·霍根（John Horgan）多年來也在《科學人》雜誌屢屢發表類似觀點，二〇一二年更彙整成冊，出版了《戰爭的終結》（*The End of War*）一書。二〇一三年，美國人類學家道格拉斯·弗萊（Douglas Fry）編輯的《戰爭、和平與人性》（*War, Peace, and Human Nature*）一書集結三十一位學者的論文，質疑長期以來暴力死亡率是否真的下降了。儘管這些書都很有趣、資訊豐富也值得閱讀，我認為它們都選擇性地使用證據（本書接下來幾章將會說明這一點），也已經被後來的研究超越了。新一波研究強化了愛里亞斯、基利、理查遜和蓋特的論點。在我為此書撰寫第一版的前言時，光是一個月裡就有兩部關於暴力衰退的重要作品問世，一是美國政治學家約書亞·葛登斯坦（Joshua Goldstein）的《贏得反戰之役》（*Winning the War on War*），二是哈佛大學心理學教授史蒂芬·平克（Steven Pinker）的《人性中的良善天使》（*The Better Angels of Our Nature*）。一年後，曾獲普立茲獎的美國地理學家賈德·戴蒙（Jared Diamond）也在《昨日世界》（*The World Until Yesterday*）裡面用最長的一章表達相同看法。雖然大家仍然爭論不休，但針對根本問題，已有越來越多人達成共識，認為暴力死亡率真的已經下降了。

二、戰爭創造國家，國家創造和平

關於暴力是否衰退，大家的意見嚴重分歧，而且已吵了很長一段時間，事實上可追溯至一六四〇年代。當時幾乎沒人認為暴力有何衰退可言。但正是這時期發生在歐亞的血腥殺伐促使英國哲學家霍布斯（Thomas Hobbes）拋出這個關鍵問題。霍布斯在家鄉陷入內戰[iv]時逃至巴黎，後來他有十萬同胞遭到屠殺，帶給他重大的領悟：人類會不擇手段，包括使用暴力，來得到自己想要的東西。

霍布斯自問，如果英格蘭王國的中央政府垮台導致那麼多人死去，連政府都還沒出現的史前時代又是何等慘況？他在政治哲學經典巨作《利維坦》（*Leviathan*）中回答了這個問題。

根據霍布斯的推斷，在創建出政府之前的時代，人類活著就是會互相為敵，彼此爭鬥。他的思考已成經典：「那種環境沒有工業立足之地，因為工業的成果並不穩定，於是地球上沒有文化，沒有航行，也無從使用由海運進口的民生用品，沒有寬敞的建築，沒有需要很大力量的遷移或搬運工具。人類對於地球的面貌一無所知，不會記錄時間，沒有藝術，沒有字母，沒有社會。最糟糕的是，人類有無盡的恐懼和死於暴力的危險，過著孤獨、貧窮、骯髒、野蠻和短暫的人生。」[10]

霍布斯認為，除非出現強勢政府，否則凶殺、貧窮和無知永遠都會是家常便飯。他心目中的強勢政府就和令人敬畏的利維坦一樣，利維坦在《聖經》中是貌似哥吉拉的怪物，把約伯嚇個半死。（約伯說：「在地上沒有像他造的那樣……凡高大的，他無不藐視；他在驕傲的水族上作王。」）[v][11]這類政府可能由君王一人乾綱獨斷或一群人共同決策，不管哪一種，這類被霍布斯稱為「利維坦」的政府都必須徹底恫嚇他的臣民，讓他們選擇屈從法律，而非互相殺掠。

然而，無法無天的人類如何順利創造出利維坦，擺脫暴力橫行的無政府狀態呢？一六四〇年代幾乎沒有人類學可以用來討論這問題，考古學更少，但這不影響霍布斯堅守己見。他宣稱「美洲很多地方的野蠻人」都能印證他的觀點，但他總是更著迷於抽象臆測而非實證。他推斷：「取得主權有兩種方式，一是透過自然的力量，就像一個人生下孩子時，讓自己和孩子服從他的政府，如果他們拒絕，就可以摧毀他們；或者經由戰爭，令敵人降服於自身意志，否則不容活命。還有一種取得主權的方式是達成共識，自願聽從某一個人或某一群人。」[12]以暴力手段打造的利維坦稱為「取得的國家」，和平手段則是「建立的國家」。[vi]但霍布斯的結論是，不管哪一種，讓我們更安全富裕的關鍵都是政府。

這種觀點引發一片譁然。收容霍布斯的巴黎人非常討厭《利維坦》，討厭到他必須逃回英格蘭，但回國後又面臨鋪天蓋地的批評。到了一六六〇年代，若某個想法被稱為「霍布斯主義」，就代表只要是正派人士都該放棄這種想法。一六六六年，只有剛復辟的英王查理二世介入，才讓霍布斯免因「異端邪說」被起訴。

巴黎的知識份子趕走霍布斯後仍不滿意，很快開始反駁他那灰暗的學說。一六九〇年代起，法國思想家紛紛宣稱霍布斯顛倒是非，接著到霍布斯辭世七十五年後，瑞士哲學家盧梭（Jean-Jacques Rousseau）整理所有的評論，總結表示政府不可能是解藥，因為自然狀態下的人類「既不懂戰爭也不知何謂社會連結，對於同胞沒有任何需求，也沒有傷害他人的欲望」。[13] 巨獸般的政府並未馴服人類好戰的靈魂，甚至還腐化了原有的質樸個性。

但事實證明，盧梭比霍布斯更惹人嫌。他被迫從瑞士的法語區逃往德語區，抵達時卻只迎來一群暴民朝他的房子扔石頭。他接著逃到英格蘭，但他不喜歡那裡，又悄悄溜回巴黎，雖然他已經被法國驅逐出境了。儘管幾經風雨，盧梭仍是霍布斯學說的強勁挑戰者。十八世紀晚期，盧梭對於人類內在神性的樂觀主義讓許多讀者認為霍布斯保守反動，但霍布斯在十九世紀晚期又躍回檯面，因為比起達爾文的演化論，他那狗咬狗的冷酷世界看來更合乎自然。但霍布斯又在二十世紀失去地位，這時流行的是史塔爾〈戰爭〉一曲中的理想主義，而我將會在第一章說明原因。到了一九八〇年代，霍布斯的嚴酷學說徹底退散，再也沒有人認為強勢政府是福國利民的力量。

對霍布斯提出批評的人分布於意識型態光譜的各處。一九八一年，雷根在第一次就職演說中向美國人保證：「政府不是問題的解藥，政府本身就是問題。」[14] 雷根擔憂權力過大的政府會扼殺個人自由，而這些有關「大政府

iv 譯註：此指英國內戰（1642-1651），是查理一世與議會決裂後，英國議會派（圓顱黨）與保皇派（騎士黨）之間的一系列武裝衝突。

v 譯註：出自《聖經》中文和合本的〈約伯記〉（41:34）。

vi 譯註：此處參考臺灣商務印書館兩個版本（一簡一繁）的翻譯方式。簡體版：以力取得的國家vs按約建立的國家；繁體版：建立的國家vs取得的國家。最後採用繁體版譯法。

或小政府」的討論也顯示世界早已不像霍布斯所擔心的那樣混亂恐怖。對我們這個時代以前的人而言，現在的爭論一點道理都沒有。在他們看來，唯一重要的爭論是「極小政府或無政府」。極小政府意味著至少有某些法律和秩序，無政府則是完全沒有。

雷根有次開玩笑：「最嚇人的十個字是『嗨，我來自政府，我來幫忙』。」但實際上，最嚇人的十個字應該是「我們沒政府，我來殺你了。」[15] 我覺得雷根搞不好還會認同後者的看法，他在另一個場合說過：「有議員指控我的法治觀停留在十九世紀，這完全是子虛烏有。我抱持的是十八世紀的法治觀……我國的開國先烈早已表明，保護守法公民的安全是政府的首要任務。」[16]

一九七五年，就在雷根發表第一次總統就職演說的幾年前，美國社會學家查爾斯．提利（Charles Tilly）就已經說過，即使歐洲史充滿混亂的日期和細節，我們還是可以描繪出故事的梗概：「戰爭創造國家，國家創造戰爭。」[17] 他表示，戰爭催生強大的政府，政府又運用自身力量而打仗打得更勤、更凶。我非常欣賞提利的研究，但我認為他這裡沒抓到重點。事實明擺著與霍布斯的理解一致：「過去一萬年來，戰爭創造國家，國家創造和平。」

雷根演說後的三十多年來，學界又往霍布斯的學說靠攏，擁抱更古早的十七世紀法治觀。近期大多數著作都引用霍布斯來佐證暴力的式微，蓋特在《人類文明進程中的戰爭》中表示：「比起盧梭式的伊甸園，霍布斯的學說更接近真相。」[18]

不過，霍布斯的新擁護者並非全盤信任霍布斯的嚴酷論點，認為政府的權力讓人類更安全繁榮。人類學家基利顯然較認同霍布斯而非盧梭，卻又覺得「如果說盧梭的原始美好時代只存在於想像中，霍布斯的永劫地獄根本不可能成真。」[19] 基利總結，石器時代各民族並不像霍布斯說的那樣，人與人彼此交戰，而且政府的興起雖然帶來和平，也帶來同等的苦難。

德國社會學家愛里亞斯選擇的是另一條路線，在《文明的進程》中未曾真正提過霍布斯，儘管他和霍布斯有著同樣的直覺，認為政府是遏止暴力的必要關鍵。不過，比起霍布斯視利維坦為主動懾服臣民的一方，愛里亞斯認為臣民才是主體，他說臣民之所以對暴力失去胃口，是因為他們採取了較溫和的禮節以融入優雅的王室宮廷。據霍布斯揣測，遠古社會曾發生過一次大和解；相較於此，愛里亞斯則是主張，一五〇〇年以後才出現暴力趨緩之勢。

心理學家平克則在二〇〇二年的著作《白板》（*The Blank Slate*）中直言不諱，宣稱「霍布斯是正確的，盧梭錯了。」[20]但在更近期的著作《人性中的良善天使》中，平克又拉開一點距離，淡化了利維坦理論。他認為，暴力衰退的論述不僅與強勢政府有關，「這故事有六大趨勢，五種內在惡魔，五種歷史驅力。」[vii][21]平克說，想正確地理解暴力衰退的論述，需分成多個時期來看，如「文明的進程」、「人道主義革命」、「長平時代」與「新和平」，[viii]也要認識到每個時期有自己的成因，有些因素可追溯至數千年前，有些因素在一九四五年甚至一九八九年之後才開始形成並發揮影響力。

美國政治學家葛登斯坦走得又更遠了。他認為重大的改變全發生在第二次世界大戰之後，要理解這些改變，就必須比霍布斯更霍布斯。他主張，對於暴力行徑的最大程度壓制，並不是像霍布斯所說的那樣來自於政府的誕生，而是聯合國這個超級政府的崛起。

顯然，關於戰爭和政府是否造就和平及富裕，專家學者的意見相當分歧。在我的經驗裡，這往往代表我們用錯誤的方式看待問題，才只找到不完整或矛盾的答案。我們需要換個視角。

三、戰豬

在某種意義上，我最不可能提供不同的視角。先撇開彼得羅夫的小插曲，我從來沒有打過仗，也不曾近距離目

vii 譯註：「六大趨勢」、「五種內在惡魔」、「五種歷史驅力」出自《人性中的良善天使》前言（二〇一六，遠流出版，譯者為顏涵銳、徐立妍）。

viii 譯註：時期名出自《人性中的良善天使》。

睹屠殺事件。硬要說最接近的經驗，是我二〇〇一年在以色列的台拉維夫碰到自殺炸彈客炸掉一個狄斯可舞廳，造成二十一名青少年粉身碎骨。舞廳離我住的飯店相隔數百碼，雖然很難確定，但我應該聽到了爆炸聲。我當時坐在飯店的酒吧，一群命大的高中生正在開畢業派對，大家都嗨翻天，但誰都不可能沒聽到救護車的聲音。

我也並非出身於顯赫的軍人世家。我的父母一九二九年在英格蘭出生，二戰時還太年輕，沒有參戰；我爸後來又因採礦而沒有參加韓戰。我的爺爺早在二戰爆發之前就已死於採煤，外公則因為是鋼鐵工人而沒有上戰場（他的另一身分是共產黨員，不過蘇聯在一九四一年遭德國入侵後成為同盟國成員，這身分變得無傷大雅）。我的舅公佛瑞德確實跟隨英軍名將蒙哥馬利（Bernard Law Montgomery）到北非參戰，但從未開過步槍，甚至連半個德國人都沒看到。據他的說法，戰爭就是跳進卡車，穿越沙漠追逐看不見的敵人，然後再跳進另一輛卡車被追回原來的地方。他每次都說，他最千鈞一髮的時刻是在沙塵暴中掉了假牙。

我沒有報效祖國，而是浪擲青春，組團玩搖滾樂。比起和我一樣成長於一九七〇年代的同輩人，我沒有那麼「愛與和平」[ix]，但我難以言喻的本能仍強烈認同〈戰爭〉那首歌。事實上，我最早上手的一段吉他，就是英國樂團「黑色安息日」（Black Sabbath）的神作〈戰豬〉[x]中的精采重複樂段，這首歌有著不朽的嗆辣開場白：

「將軍聚集在群眾裡，就像女巫聚集在黑彌撒。」[22]

過了幾年歡樂但賺不了什麼錢的日子，我擠出一首首與〈戰豬〉相仿到簡直像抄襲的曲子，最終發現比起擔任重金屬搖滾吉他手，當一名歷史學家和考古學家對我來說比較簡單。

古希臘的希羅多德、修昔底德和古中國的司馬遷是「歷史之父」，他們的記錄都聚焦於戰爭。假如你只看過美國歷史頻道（History Channel）播放的紀錄片或機場書報攤販售的讀物，理應認為後來的歷史學家都像他們一樣。但其實在過去五十年，專業的歷史學家和考古學家大都不再重視戰爭了，原因我會到第一章再談。

我在一九八六年拿到博士學位，成為歷史學家的頭二十年，我幾乎都在效仿前輩的學術典範，直到撰寫《西方憑什麼：五萬年人類大歷史，破解中國落後之謎》（*Why the West Rules—for Now: The Patterns of History, and What*

They Reveal About the Future），才終於察覺戰爭曾帶來的好處。我太太凱西通常都看現代小說而非歷史書籍，但她一直幫我看每章草稿，而我有次遞給她一疊特別厚的稿件時，她終於坦承，「嗯……我是喜歡啦……但戰爭的篇幅好多。」[23]

在那之前，我從未意識到書中談了很多戰爭。真要說的話，我還以為我只是暗暗提及戰爭故事。但當凱西指出這點，我立即發現她說得沒錯，書中有大量關於戰爭的內容。

我對此非常煩惱。該砍掉戰爭的部分嗎？該花力氣解釋為何書中一直打來打去嗎？還是我根本就搞錯了？左右為難之際，我發現會寫成這樣是必然的結果，因為戰爭就是歷史的核心。當我寫完全書，我也領悟到未來還是一樣，戰爭仍然會是歷史的核心。我不但沒有談太多戰爭，根本是只沾到一點皮毛。

於是我也明白，我下本書的主題一定是戰爭。

但我幾乎瞬間就怯場了。「火之繆思啊」，[24]莎士比亞要描寫戰爭時這樣祈求，[xi]而我很快就懂得他的意思。如果連他都沒信心在鄙陋的台上演出如此宏大的戲碼，我又有什麼希望呢？

有一部分的問題是，許多人早已思考過也寫過戰爭了。雖然專業的歷史學家漸漸不再談論戰爭，但數百萬計的書籍、論文、詩作和歌曲中都有戰爭的存在。基利表示，截至一九九〇年代中期，已經有超過五萬本關於美國南北戰爭的書。沒有人能駕馭戰爭這股狂潮。

但在我看來，這些文本抽絲剝繭到最後，歸納出的其實就是看待戰爭的四大視角。第一種近年來流傳最廣，我

ix 譯註：「愛與和平」（Love and Peace）是一九六〇與一九七〇年代美國嬉皮的反戰精神口號。

x 譯註：英國樂團「黑色安息日」成立於一九六八年，一九七〇年的專輯《偏執狂》收錄〈戰豬〉一曲，當時正值美國越戰期間，有人認為歌詞內容批評了政治和政府，但貝斯手二〇一〇年受訪表示此曲旨在批評邪惡。（資料來源：NOISECREEP網站文章“BLACK SABBATH BASSIST GEEZER BUTLER GETS 'PARANOID'”）

xi 譯註：「火之繆思啊」與下句「在鄙陋的台上演出如此宏大的戲碼」皆出自莎劇《亨利五世》。

稱之為「個人視角」，它喚起個人的戰爭經驗，包括站在前線、遭受或對人施加強暴和酷刑、為死者悲慟、負傷，甚或在大後方忍耐物資匱乏的種種感受。無論是以報導、詩歌、日記、小說或影像的形式呈現，發自肺腑的切身體驗都是最精采的地方，既令人震撼、激動和心碎，也帶來感動和啟發，往往讓人五味雜陳。

個人視角想告訴大家戰爭是什麼感覺，而我已承認自己從未真正體驗這種暴力，對這部分無話可說。但這種視角沒有揭示戰爭所有的必知資訊，到頭來對於「戰爭好在哪」的問題只提供了片面的回答。戰爭的內涵不只是熬過來的感受，第二種視角正是要解決這種落差，我姑且稱之為軍事史。

對戰爭的個人描述和軍事史之間的界線可以很模糊。至少從一九七六年英國軍事史學家約翰・基根（John Keegan）另闢蹊徑的著作《戰爭的面貌》（*The Face of Battle*）誕生以來，參戰士兵的個人經驗一直都是軍事史最歷久不衰的熱門領域。但軍事史學家也會談論大局，包括所有的戰役、軍事活動和各種衝突。眾所皆知，戰爭的迷霧很濃，沒有人能看見正在發生的一切，或理解各事件的完整含義。

為了解決這個問題，歷史學家除了軍人和平民的個人經驗之外，也運用官方統計數據、軍官的行動後報告、戰地踏查及無數資料來源，為的就是要讓戰爭的輪廓不會局限於個人。

軍事史通常會延伸至第三種視角，或許就是所謂的「專業技術研究」。數千年來，職業軍人、外交官和戰略家往往大量運用自身經驗和對歷史的詮釋，從實際戰爭中找出抽象原則，試著說明何時應該動武解決爭端與如何有效用兵。專業技術視角幾乎站在個人視角的對立面，前者是由下而上、由小而大地直視暴力，看不出戰爭有什麼意義，後者則由上到下俯瞰戰爭，往往認為戰爭富有意義。

然而，第四種視角離個人視角又更遠了，把戰爭當成更宏觀的演化模式之一環。生物學家早就發現，生物在爭奪資源和繁衍後代時可能會施暴。許多考古學家、人類學家、歷史學家和政治學家得出結論，認為這顯然代表唯有確認暴力的演化功能，才能解釋人類的暴力行徑。他們希望藉由比較人類和其他物種的行為模式，找出戰爭背後的邏輯。

從來沒有人能夠把這四種視角都摸透，可能永遠沒有人做得到。在花費多年研讀資料、請教專家之後，我也深深意識到我自身背景的缺角。儘管如此，我寧願認為，在積滿灰塵的圖書館與塵土更多的考古場址中的三十年並非虛擲歲月，而是至少讓我打下一些基本功，讓我可以整合這四種視角來解釋戰爭的好處。你必須自行判斷我說的對不對，但就我看來，最能理解戰爭的方式，就是從全球和長期的角度下手，然後再聚焦某些重點並檢視細節。看待戰爭就像看待任何龐然大物，站得太近會見樹不見林，若站得太遠，它又會消失在地平線上。我認為關於戰爭的個人描述和軍事史記載多半都站得太近而錯失全貌，而演化論視角和專業技術研究又往往站得太遠了，看不見暴力的細節。

這個遠近移動的過程顯示，各種短期行為可以與其造成的長期結果多麼不同。英國經濟學家凱因斯（John Maynard Keynes）說得好：「長遠看來，凡是人都會死。」[25]而從我們實際在世的短期來看，戰爭只是讓我們更早翹辮子而已。但一萬年來，戰爭的累積效應是人類活得更久了。就像我先前說的，戰爭總是充滿矛盾。

凱因斯的生涯幾乎都忙著在世界大戰中為英國融資，但一九一七年仍然寫下：「我替我所鄙視的政府工作，為了我認為是犯罪的目的。」[26]他可能比大多數人都更明白，許多政府實際上就是在犯罪。然而矛盾依舊存在：利維坦似的政府一萬年來的累積效應是創造出更和平繁榮的社會。我們可能會說，那要怎麼解釋希特勒？或史達林（Joseph Stalin）、毛澤東、阿敏（Idi Amin）……？（例子多到不可勝數）。[xii]令人髮指的納粹政權對於屠殺國民和保護國民的興趣不相上下，怎麼還會有人主張政府在整體上讓我們變得更安全富裕？我們幾乎可以拍板定案，說霍布斯被希特勒打臉了。

然而，「那要怎麼解釋希特勒」的質疑本身也有問題。不是只有霍布斯的論點被希特勒打臉，我之前提過，希特勒似乎也讓愛里亞斯冤枉了好幾十年，直到事實證明愛里亞斯沒錯。一九三三年到一九四五年年中，利維坦似的

xii 譯註：作者此處列舉的都是曾施行恐怖獨裁、迫害人民的統治者，包括蘇聯前領導人史達林、中共前領導人毛澤東和烏干達前總統阿敏。

宗主國政體	自身利益目標	公共財	統治手段	經濟制度	獲益者	社會特徵
暴政制	安全	和平	軍事	種植園經濟	統治菁英	種族滅絕型
貴族制	溝通	貿易	官僚政治	封建經濟	都會人口	階級分化型
寡頭制	國土	投資	殖民	重商經濟	殖民地移民	轉化型
民主制	原物料	法律	非政府組織	市場經濟	地方菁英	同化型
	珍貴資源	治理	公司	混合經濟	所有的居民	
	人力	教育	地方菁英代表	計畫經濟		
	地產收益	文化轉化				
	稅款	健康				

表 1　排列組合千百種：英國歷史學家弗格森的政府形式之「菜單」[xiii]

納粹政權吞噬了年輕人，也讓暴力死亡率衝到高得恐怖的水平。但若稍微拉長一點來看，到了一九四五年夏天，納粹就被其他巨獸國家打敗，暴力死亡率又恢復了下降的趨勢。

我將在第五章更詳細地說明「那要怎麼解釋希特勒」，但現在我只想指出，之所以不能用希特勒的例子否定霍布斯，是因為挑出最邪惡或最高尚的極端樣本，都永遠無法證明或反駁「戰爭有何好處」的龐大理論。事實是，沒有哪兩個政府會完全一樣（當然，也沒有哪個政府本身會一直一樣，看看那充滿政策髮夾彎的不光彩歷史就知道了），我們只能盡可能拉長時間觀察政府和戰爭，藉此理解利維坦般的強大政府帶來什麼影響。

思考這點時，英國歷史學家尼爾．弗格森（Niall Ferguson）設計的表格（表 1）相當好用。他說明：「讀這張表格不要把它當成格子，要像讀菜單一樣。」[27]每個社會都從每一欄裡挑出一個或好幾個選項，邊挑邊混搭，總共可以得出成千上萬種排列組合。例如希特勒的德國是暴政統治，其選項包括安全、原物料、珍貴資源，尤其還有國土（惡名昭彰的「生存空間」[xiv]）。看不太出來它提供了什麼公共財，但可能促進了國民健康。納粹政府基本上採用軍事統治和計畫經濟（雖然很糟），主要獲益者是統治菁英，社會特徵很顯然是會進行種族滅絕。

每個社會的選擇都不盡相同。從希特勒時代倒推兩千年，羅馬共和國正受到貴族統治，最感興趣的是盡可能壓榨軍事人力。國家提供的公共財主要是貿易和法律，而且以地方菁英組成的代表團來統治，獲益者是大多數居民，社會特徵也漸漸從階級分化型轉變為同化型社會。

對歷史愛好者而言，把各種社會填入弗格森的菜單可能很好玩，但也有更累人的事情要做。有文字史料的五千年來，某些政府表現得像霍布斯的利維坦，有些更像希特勒的納粹德國，但本書指出的整體趨勢，在光譜上一向都接近霍布斯那端，這也是為什麼暴力死亡率下降了這麼多。

要看懂暴力死亡率下降的模式，以及我將在書中探索的成因，唯一的方式是退後幾步，離細節遠一點，研究長期以來到底發生什麼事，而不是聽理論家和一些大頭症的人說發生過什麼，或應該會發生什麼。我會在第六章再談到原因，但基本上，政府追求的是它們眼中的最佳利益，而非哲學家為它們畫出的藍圖。希特勒不需要偽科學家來說服他向歐洲宣戰和殲滅他所謂的「次等人種」。相反地，他自己決定要打仗，然後才找偽科學家幫他背書。當希特勒和史達林簽署條約，[xv] 法西斯主義和共產主義結為同盟，歐洲那群意見很多的中產階級人士簡直三觀崩毀，英國外交部有些機智的傢伙耍嘴皮嘲弄：「所有的主義都沒有意義了。」[28] 但他們不該這麼說，因為事實上，各種主義向來都不斷喪失主要的意義。一直以來，艱深矛盾的戰略邏輯凌駕了一切。

因此，我這本書用許多篇幅談論普通人，包括工人、軍人、經理，而不是談思想家和理論家。我們將會發現，男男女女為之獻出生命、殘殺無辜的偉大理念，從來都只是海浪表層的泡沫，實則有更深層的力量在推動它們。唯有理解這點，我們才能看出戰爭曾帶來的好處，以及此事又將如何轉變。

xiii 譯註：部分表格翻譯參考《巨人：美國帝國如何崛起，未來能否避免衰落？》（2020，廣場出版，譯者為相藍欣、周莉莉、葉品岑）。

xiv 譯註：生存空間（Lebensraum）源自德國地理學家拉采爾（Friedrich Ratzel）提出的學說，他將國家比喻為擁有生命的有機體，如同生物一樣，需要一定的生存空間。此學說日後被希特勒當作向外擴張、侵略的合理依據。

xv 譯註：指一九三九年德國與蘇聯簽訂的《德蘇互不侵犯條約》，雙方秘密協議瓜分波蘭。

四、進攻計畫

這本書的前五章講述戰爭的故事，從人類既暴力又貧困，而且還在狩獵採集的史前時代，一路講到彼得羅夫那個年代。這個故事相當雜亂，畢竟埋首細節時，歷史總是如此，但歷史也總是會揭露出強大的趨勢。在第一章和第二章討論的某些狀況下，戰爭深具生產力，因為戰爭會催生利維坦似的強大政府，讓大家變得更安全富裕。第三章會討論到另外一些狀況，戰爭可能適得其反，將原本較大、較富裕也較安全的社會，打散成較小、較貧窮和較暴力的社會。但在第四章和第五章的狀況中，戰爭又變得比過去任何時候都成效卓著，不僅催生強大政府，還會出現積極干預國際事務的「世界警察」，像龐然大物一樣橫跨世界，用以前的人會覺得是魔法的方式改變生活，但它們也具有強大的破壞力，大到可能會消滅所有的生靈。

我會在第六章改變框架，從更宏觀的演化論視角來理解戰爭，接著在第七章追問這一切究竟顯示出二十一世紀的世界會走向何方。我認為答案讓人憂喜參半：「憂的是接下來四十年將是有史以來最危險的時期；喜的是我們有理由認為，我們不僅會撐過去，還會高唱凱歌。」漫長的戰爭故事越來越接近精采不凡的高潮，但要瞭解正在發生的事情，我們必須開始深入回顧人類暴力的歷史——而這就是我現在要開始做的。

第一章
不毛之地？古羅馬的戰爭與和平

一、世界邊緣的戰爭

有史以來，各部落間首次得以和平共處，包括瓦科馬吉人（Vaxfcomagi）與泰扎里人（Taexali）、德坎泰人（Decantae）與盧基人（Lugi）以及凱雷尼人（Caereni）與卡諾納凱人（Carnonacae）都能同心協力，所有能夠提刀握劍的部落成員都湧入格勞庇烏山山區（Graupian Mountain）。各部落的酋長均認為羅馬人將由此攻入。從該高地往下走即是冰冷的北海（圖1-1），而喀里多尼亞人（Caledonians）英勇抵抗羅馬人的事蹟將會透過詩歌流芳百世。

史詩早已失傳，一頭長髮的凱爾特（Celtic）吟遊詩人是如何歌頌當日戰士亦不得而知，只有羅馬著名歷史學家塔西佗（Tacitus）筆下的記載得以保留，記錄了當時所發生的事。塔西佗沒有跟隨軍隊前往格勞庇烏山山區，但率隊出征的將領，的確是他的岳父。若比照他對戰爭的描述、考古學家的研究以及其他羅馬人的著作，就能得知兩件事：「一是充分理解約兩千年前軍事衝突的情況；[i] 二是清楚點出了本書所探討的問題。」

i 對歷史學家而言，以易於理解的方式描述古代戰爭是個棘手難題。我在本書最後的「註釋」和「延伸閱讀」談到不少詮釋戰爭的議題。

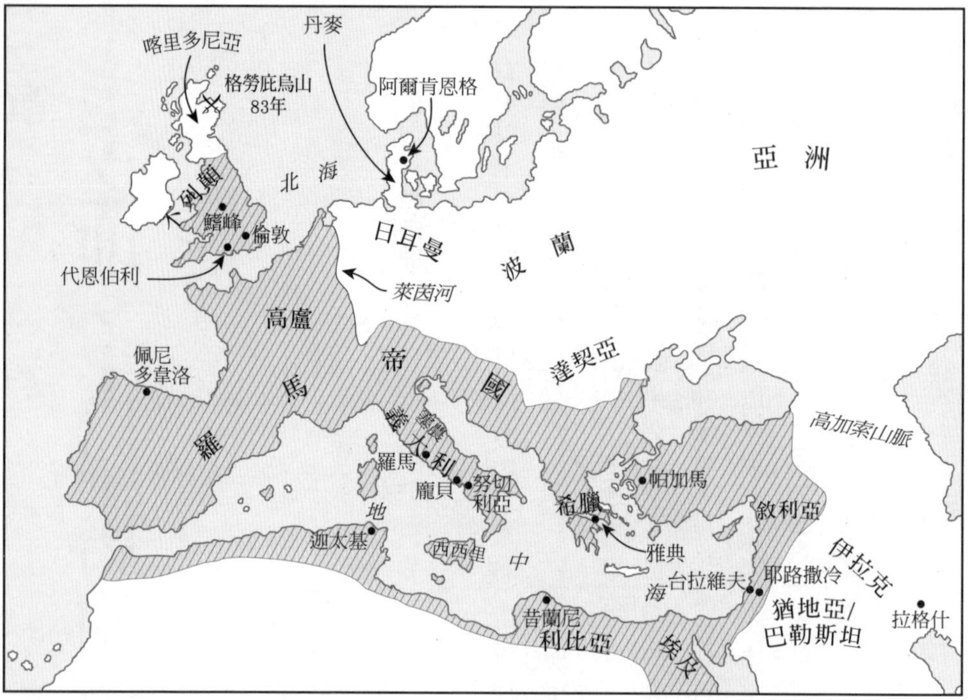

圖1-1 不毛之地？格勞庇烏山山區爆發戰爭時的羅馬帝國（83年）

「北方之士！」[1]

卡爾加庫斯（Calgacus）[ii]全力嘶喊，以蓋過山谷下軍團的吟唱、紅銅號角的鳴叫以及戰車的碰撞聲。他眼前有三萬名擁擠無序的戰士，如此多人聚集在這片北方荒野也是史無前例。卡爾加庫斯舉手示意大家安靜下來，卻毫無效果。

「大家聽我說！」[2]一時之間，人們開始高呼卡爾加庫斯之名，叫嚷聲愈加響亮，隨後才稍微收斂。卡爾加庫斯在數十名喀里多尼亞部落首領中最為剽悍，眾人靜了下來，是為了對這位偉大戰士表示敬意。

「北方的戰士們！此刻是不列顛自由的開端，我們即將同心合力出戰，迎來屬於英雄的一天。就算你是懦夫，戰鬥也是現在最安全的選擇。」[3]一瞬間，晨曦劃破灰濛濛的北方上空，歡呼聲再度打斷他的話，於是他仰天長嘯。

「聽著！我們生活在世界的盡頭，是世上僅存的自由人，我們身後無人支撐，只有岩石和海浪，那裡也還是充滿了羅馬人，我們避無可避。他們在各處掠奪，已經把陸地上的一切洗劫一空，如今連海洋也不放過。若你身上有財富，他們便出於貪婪之心襲擊你；若你已一無所有，他們便憑著自傲之意攻擊你。羅馬人已搜刮西方及東方所有的土地，但並不會滿足於此。無論貧富，都會遭羅馬人搶奪，世上唯有他們會這樣。他們仗著政府之名姦淫擄掠、大開殺戒，所到之處只剩不毛之地，竟然還稱此為和平！」

一陣聲嘶力竭的叫嚷聲、跺腳聲以及刀劍盾牌的敲擊聲吞沒了卡爾加庫斯後面說的話。不需任何指示，軍團開始向前推進，有的是百人或以上自成一隊，跟在一位頭目後面，有的則是自行亢奮地往前衝。卡爾加庫斯披上鎖子甲，緊隨於後，戰爭正式開打。

羅馬大軍正在半英里之外的地方守候著。過去六年內，羅馬將領阿古利可拉（Agricola，塔西佗的岳父）每年都利用夏天尋釁叫戰，步步往北推進，焚毀不列顛人的居所和莊稼，迫使他們反抗。直到八三年，隨著秋天來臨，阿古利可拉終於如願以償，迎來一場戰爭。他的部下以寡敵眾，與堡壘相隔甚遠，甚至處於供給線的邊緣，但他還是為這場戰爭感到興奮。

阿古利可拉讓部下分成兩列，不顧腳下崎嶇，像尺一般筆直地向前跑。打頭陣的是傭兵，他們為了金錢而戰（薪水不錯），也為了掠奪的心而戰（搶來的東西更值錢），更為了服役二十五年後成為羅馬公民的承諾而戰。傭兵大部分都是日耳曼人，僱自萊茵河沿岸。當中有人騎著馬包圍兩側，但一般都以步行為主。他們不像揮舞著長劍的部落成員那樣並肩而站，而是配戴標槍和短劍，大汗淋漓地背負著三十磅的鎖子甲、鐵頭盔和盾牌。（圖1-2）

第二列士兵為羅馬公民軍團，是全世界戰力最強的菁英士兵，因此武裝更加精良。阿古利可拉叫手下把坐騎拉走，與旗手一起站在軍團前方。

一如阿古利可拉所料，戰爭沒有持續很久。喀里多尼亞人湧進山谷間，盡可能接近羅馬人後丟擲長矛，再迅速退回安全的地方。羅馬士兵四處倒下，有些人的大腿因沒有保護而受傷，有的更是當場死亡。然而，阿古利可拉選

ii 譯註：卡爾加庫斯是喀里多尼亞人的首領。

圖1-2 為羅馬帝國服役：一世紀時為羅馬而戰的日耳曼傭兵

擇等待，直到他認為敵方大都已湧入山谷，變得難以隨意移動，便向傭兵下令前進。

有些喀里多尼亞人轉頭就跑，也有些站在原地，找機會用雙手緊握長劍，揮動動作幅度之大足以擊穿盔甲、肉體和骨頭，把人砍成兩半。然而，傭兵穩步前進，他們身披沉重的金屬盔甲，一排一排地逼近，導致分布零散的高地人無法使用手上笨重的武器。羅馬人近距離把鑲上鐵邊的盾牌砸向敵方的鼻子和牙齒，用短劍刺穿肋骨和喉嚨，以及在濕漉漉的草地上踐踏敵人。濺出的鮮血在羅馬士兵的鎖子甲和面罩上凝結成塊，但他們繼續前進，把昏厥和受傷的敵人留給後面的隊伍解決。

俗語有云，所有的作戰計畫遇到敵人後都會陣亡。[2]隨著羅馬的傭兵推進至上坡，原本讓他們勢如破竹的整齊隊伍開始瓦解：「士兵都累透了，揮灑著汗水與血水，腳步逐漸放慢，到最後停滯不前。喀里多尼亞戰士三三兩兩地轉過頭來，並在巨石和大樹間站穩了腳步。在數小時般漫長的幾分鐘裡，他們朝羅馬人大聲辱罵，並丟擲石頭和剩下所有的長矛。接下來，喀里多尼亞的隊伍漸漸變得堅固，最勇敢的戰士徐徐靠近入侵者，越來越多人回頭跑往下坡，他們鼓足勇氣，衝到羅馬士兵的兩側，讓傭兵停止前進。察覺到情勢逆轉後，喀里多尼亞的騎兵騎著滿身泥漿的小馬來到日耳曼傭兵身後，用長矛刺穿他們的腿，並緊緊包圍他們，以致這群士兵無法反擊。」

在山谷另一邊的阿古利可拉一直沒有動作，現在終於發出一個訊號，並吹響小號以發令。他的僱傭騎兵喀噠喀噠地前進，整齊得像是在閱兵場般，一列一列隊伍排開成一條寬闊的直線。小號再次響起，士兵紛紛放下長矛。小號第三次響起，騎士們兩腳往馬腹一收，讓馬匹跑起來，並用膝蓋夾緊馬的腹部（五個世紀後才有馬鐙問世），感受迎面而來的風，當中參雜著血腥味，到處都充斥著如雷貫耳的馬蹄聲，士兵也憤怒地咆哮著。

由於羅馬士兵從後方攻來，在各處集結的喀里多尼亞戰士相繼轉身應戰。羅馬人衝過去後，與敵方互相以長矛比試，掀起一陣狂刀揮舞。在某幾處，馬匹互相朝對方衝撞，以致坐騎和騎兵雙雙摔倒在地，不是折斷腿就是摔斷背，地上處處傳來慘叫聲。然而，北方戰士們大都落荒而逃，沒有因由的恐懼讓他們腦袋中只剩下逃亡的想法。至於那些少數堅守陣地的戰士，眼看著身邊的同胞一個個倒下，心中的鬥志逐漸消耗殆盡，於是他們也拋下武器跟著逃跑。

大軍瞬間化成三萬烏合之眾。當時喀里多尼亞仍有充足人數反抗羅馬士兵，但隊伍秩序蕩然無存，心中的希望也一同消逝。羅馬騎兵穿過金雀花叢與溪流，攀越格勞庇烏山，凡見移動之物，便以長矛刺穿，其餘的則統統踐踏於腳下。喀里多尼亞人則是一起躲在大樹下，以樹蔭掩護，希望能躲過席捲而來的羅馬大軍。然而，羅馬騎兵在混亂中還是有條不紊地跳下坐騎，把敵人趕至空地後繼續追擊。

羅馬軍持續殺戮，直到夜幕降臨才停下來。根據最合理的推測，他們屠殺了約一萬名喀里多尼亞人。由於我們再沒有從資料中看到有關卡爾加庫斯的記載，他很可能也遭遇不測。相較之下，阿古利可拉則是毫髮無傷，羅馬總共也就死了三百六十名傭兵，而羅馬人軍團更是全身而退。

史家塔西佗記載了當時的夜晚：「不列顛人各奔東西，男女一起哀嚎，並抬走傷員和呼喚倖存者。有的人逃離家園，甚至一股腦兒把家燒毀，有的選好了藏身之處，卻又馬上棄之離去。某一刻人們開始制訂計畫，不久又停止商討。有時，看著心愛之人使他們心碎，卻有更多人是氣得發瘋。明確證據指出，有人『為了妻兒好』，而親手了結他們的生命。」[3]

塔西佗繼續描述日出之時的情況：「四處陷入可怕的寂靜，山嶺一片荒蕪，遠方的屋子煙霧瀰漫，我們的斥候也沒有看到任何人。」卡爾加庫斯說得沒錯：「羅馬人所到之處皆成不毛之地，他們卻稱之為和平。」

二、羅馬和平[iii]

寒冬將至，阿古利可拉見敵方崩潰，加上羅馬大軍也兵疲馬困，便留下喀里多尼亞人繼續受苦，並領兵返回基地。

他們越往南前進，越深入羅馬盤據幾十年的土地，就越能看到繁盛的樣貌。那裡沒有焚毀的不毛之地，也沒有饑餓的難民，有的是井井有條的田地、繁華城鎮以及積極營商的商人。富裕農夫用精美的進口酒杯喝著義大利葡萄酒。不列顛的軍閥們也不再像以往那樣粗鄙野蠻，住處從過往的山丘碉堡變成豪華別墅，以托加長袍[iv]覆蓋身上的刺青，並把子嗣送去學習拉丁文。

如果卡爾加庫斯還活著，可能會因為戰爭的弔詭之處而深感困擾：「羅馬帝國為何沒有變成不毛之地？」但對於帝國邊界上住在羅馬境內的大多數居民來說，答案不言可喻。早在一個半世紀前，大演說家西塞羅（Marcus Tullius Cicero）在一封寫給弟弟昆圖斯（Quintus Cicero）的信中解釋得很清楚。當時昆圖斯正治理著希臘富裕的亞細亞地區（Asia，現代的土耳其西部）[v]，這是一個很好的職位，但西塞羅的脾氣不太好，以致省民抱怨連連。

在信中，身為兄長的西塞羅花了幾頁嚴肅地給予建議，然後語氣一變，開始解釋不能把全部錯誤歸咎於昆圖斯，希臘人也需要面對現實。他寫道：「讓亞細亞自行考慮吧。如果亞細亞沒有服從於我們的政府之下，就不可能逃過任何一場與外國的戰爭或內亂所帶來的災難。由於只有徵稅才能養活政府，亞細亞應該樂意以少部分產物換得永久的和平。」[4]

卡爾加庫斯與西塞羅孰對孰錯？戰爭帶來不毛之地還是仙境？早在兩千年前，關於戰爭結果的觀點便是如此兩極化，這些看法也是本書的主軸。

若計算數字就能在這場辯論中得出結論的話，自然是最理想不過。如果在羅馬征服後，暴力死亡率下降，而地區逐漸變得繁榮昌盛，那麼西塞羅說得沒錯，戰爭的確是件好事。倘若結果相反，就證明卡爾加庫斯對自身時代的瞭解更為透澈，戰爭只會留下不毛之地。在接下來的第二至五章裡，只要把這條公式套入不同時期的戰爭，便能總

iii 譯註：羅馬和平（Pax Romana）是指羅馬帝國前兩百年比較興盛的時期。
iv 譯註：托加長袍是古羅馬男人穿著的衣服，也是羅馬人的身份象徵，又稱羅馬長袍。
v 譯註：羅馬帝國晚期在馬格尼西亞戰役（Battle of Magnesia）中勝出後併入的行省。

結戰爭到底能否帶來任何好處。

然而，現實從來不是如此簡單。我在前言中提到，建立戰爭中死亡人口的資料庫已發展成一個小有規模的學門，但即使在歐洲，也沒多少可靠資料庫追溯至一五〇〇年以前。唯一的證據就是人類遺骸，它們有機會跨越不同時期，追溯到人類本身的起源，而這些遺骸大都都帶有致命爭鬥的明顯痕跡。也許在未來某天，會有可靠的資料庫是建立在這些資源之上。然而，由於研究遺骸的過程複雜，而且在技術上也相當有挑戰，目前對此做大規模研究的學者並不多，即使有人嘗試，成果也不太明朗。

例如特拉維夫大學（Tel Aviv University）在二〇一二年發表了對一批顱骨所進行的研究，發現過去六千年中，遺骸所顯示的暴力衝突程度只有些微差異。然而，根據秘魯在二〇一三年對骨骼的分析，較大規模國家紛紛形成時（大約在西元前四〇〇年至西元一〇〇年、一〇〇〇至一四〇〇年），暴力衝突激增，這與本書論點基本一致。對於一五〇〇年之前（以及當今部分地區）的研究，在找到更多證據前，我們只能把現有各類型證據串連在一起，包括考古學、軼事記載、人類學比較以及不常蒐集到的確實數據。

這項工作相當複雜，羅馬帝國的龐大規模更讓工作難上加難。在卡爾加庫斯的時代，羅馬帝國遍布的面積相當於半個美國大陸，人口約為六千萬，其中大概四千萬人（希臘人、敘利亞人、猶太人、埃及人）住在東半邊複雜的都市化社會，另外兩千萬人則生活在西部的單純部落社會。

在羅馬出征前，西塞羅對於希臘亞細亞衝突的看法十分明確，其他作家把西方的野蠻人（羅馬人對亞細亞人輕蔑的稱呼）[vi]說得更難堪，認為打鬥、突襲以及戰爭對這些人來說是家常便飯，所以每個村落都有設防。若說羅馬紳士沒穿托加袍，就會覺得自己穿著不夠得體，那麼日耳曼人則是沒有盾牌和長矛便會覺得自己赤身裸體。羅馬人堅稱這群野蠻人會祭祀砍下來的頭，並把頭掛在門外（塗上雪松油預防腐臭），也會用人獻祭，奉獻給憤怒的神祇，有時甚至把人放到柳枝編製的神像裡活活燒死。塔西佗更是直言不諱：「日耳曼人對和平毫無興趣。」[5]

正因如此，西塞羅和身邊的人均認為羅馬征服鄰邊地區是在幫他們的忙。此外，一些歷史學家認為，近代古羅馬文化研究在十八世紀形成時，許多高知識份子都認同羅馬人的觀點。這是理所當然的，歐洲人總認為自己征服世界是在造福人群，當然自覺與羅馬人英雄所見略同。

不過，到了二十世紀後期，隨著歐洲各個帝國紛紛瓦解，古羅馬文化研究者開始懷疑：「在被羅馬征服的那些地區，居民真有羅馬人描述的那樣殘暴嗎？」一部分學者認為，古今的帝國主義者如出一轍，希望把受害者描述為落後與腐敗，因此有必要受到征服。西塞羅想為剝削希臘人一事找藉口；凱撒（Julius Caesar）[vii]想讓征服高盧（現在法國一帶）看起來有其必要；塔西佗則想歌頌岳父阿古利可拉。

凱撒聲稱征服高盧人有其必要，若給這番話說服，就與全盤相信吉卜林（Rudyard Kipling）[viii]現在廣受詬病的主張一樣不智（我會在第四章詳細說明他的主張）。吉卜林認為，對慍怒的俘虜進行管理，實際上是白人的重責大任。[ix]幸好，如今不同聲音得以共存，我們不須把羅馬人的話照單全收。

在地中海東部，上流社會的希臘人文化水平高，會各自寫下有關當時的敘述。有的大力讚揚羅馬征服者，也有的猛烈批評帝國主義。然而，兩者筆下所呈現征服前的淒慘世界不約而同，均充斥著敗壞國家、邪惡海盜及盜匪，還有不斷惡化的戰爭、暴動和叛亂。

以下就是一例。帕加馬的菲利浦（Philip of Pergamum）名氣沒那麼大，但有一尊紀念他的雕像豎立於西元前五八年，雕像底座刻有一段文字（帕加馬位於亞細亞行省，而昆圖斯正是在五七年結束亞細亞的總督任期；昆圖斯和菲

vi 「野蠻人」（Barbarian）是羅馬人從希臘人那裡學來的詞彙，以示對外族的藐視。希臘人認為其他語言聽起來都是「吧吧吧」個不停。諷刺的是，許多希臘人也把羅馬人視為「野蠻人」，只是羅馬人懵然不知。

vii 譯註：凱撒是羅馬共和國末期的軍事統帥，曾用八年時間征服高盧全境。

viii 譯註：吉卜林（Rudyard Kipling）是英國十九世紀至二十世紀中有名的散文作家，曾獲的諾貝爾文學獎，筆下部分作品帶有明顯的帝國主義和種族主義色彩，評價兩極。

ix 譯註：出自他的詩作〈白人的重責大任〉（The White Man's Burden）。

利浦應該相識，這幾乎是可以確定的）。那段文字列出菲利浦的各種善舉，包括寫下歷史記錄，旨在「敘述近來的事件——在現今世代，亞細亞、歐洲、利比亞部落和島民所在地持續發生的各種災難和互相殘殺的情況」。[6] 菲利浦顯然支持西塞羅兄弟的觀點，認為多虧了羅馬人，鄰近的亞細亞地區才沒有變成一場糊塗。

在西方，被征服者鮮少有文字書寫的能力，我們也就無從得知他們的想法。然而，從考古學的研究看來，羅馬人真的也不是胡說八道。在遭羅馬帝國征服之前，不少（或是大部分）地區的人民的確住在被高牆和壕溝包圍的碉堡裡。雖然出土文物無法反映當時的男人是否習慣攜帶武器，但可以看出送葬者在埋葬父親、兄弟、丈夫及兒子時，會連武器（有時還有盾牌和胸鎧，甚至會有整輛雙輪戰車）一起下葬，希望藉此銘記死者的戰士身分。

特別的是，凱爾特人和日耳曼人的神祇確實喜歡人祭，數百萬名到訪大英博物館的遊客就看到了最著名的例子。一九八四年，在英國柴郡的沼澤中發現一具兩千年前的屍體（立即就被暱稱為「沼澤裡的彼特」（Pete Marsh）」，最匪夷所思的是那具屍體竟然完好無缺。羅馬人踏足英國的十幾二十年前，在三月或四月的某天，這孤立無援的男人受到兩記頭部重擊後昏倒，胸部遭刺穿後絞死，最後被丟到沼澤裡淹死，以確保他已斷氣。後人在他積水的腸道發現槲寄生，得知他死於什麼月份（但難以確定年份）。根據塔西佗和凱撒所說，德魯伊（Druids）[x] 專門從事人祭。對他們而言，槲寄生是神聖的植物，因此許多考古學家都認為沼澤裡的彼特是某種殺生儀式中的受害者。

當時在沼澤共挖到幾十具屍體，看起來都是用來獻祭的（也發現人們敬奉顱骨的遺址）。二〇〇九年，考古學家在丹麥阿爾肯恩格（Alken Enge）一個沼澤裡找到兩千具屍體，令人震驚不已。其中不少遭砍成碎屍，骨頭也摻雜在斧頭、長矛、劍和盾牌之中。關於他們死因的意見紛紜，有的說是戰死，有的說是在戰後死於獻祭。

當然也有可能是我們誤讀當中訊息。把武器和死者埋在一起，或是在沼澤進行人祭均不代表戰爭無處不在。這些出土文物也可能意味著藉由儀式來驅逐暴力。此外，高牆壕溝也許是身分象徵，而非用來禦敵，如同維多利亞時代的豪門貴族喜歡在莊園建造陰森森的城堡。

然而，這些說法都不太有說服力。當時的人之所以花幾千小時來挖掘壕溝和建造城牆，顯然是因為這關乎他們的性命。英國南部的代恩伯利（Danebury）要塞是考古挖掘非常完整的遺址，要塞的巨大木門和部分村莊曾遭燒毀兩次，第二次大火約發生在西元前一〇〇年，當時有大約一百具屍體被棄置坑裡，許多還帶有金屬武器所留下的明顯傷痕。

代恩伯利並非唯一的證據，駭人的新發現陸續出現。二〇一一年，英國考古學家發現德比郡鰭丘（Fin Cop）的大屠殺遺址，並在該處一段段壕溝中找到九具屍體（其中一具為孕婦），它們同時在西元前四〇〇年埋於倒塌的堡壘城牆之下。挖掘者推測還會發現幾十到幾百名遇難者。

西塞羅所言無誤：「羅馬時代以前的世界非常危險。」而且，卡爾加庫斯大概也會同意；只是，他認為遭羅馬人出征會導致更糟的情況。

沒有人知道羅馬在軍事擴張時實際殺害的人數。這些戰爭始於西元前五世紀和四世紀的義大利，然後在三世紀蔓延到地中海西部，又在二世紀往東部擴散，並在一世紀伸延至歐洲西北部。羅馬人並沒有實際計算（圖1-3），但遇害者總數可能超過五百萬人，更多人遭擄走當奴隸。卡爾加庫斯的主張值得認真研究。

衝突強度取決於羅馬內部政治以及敵方反抗程度。最極端的情況下，羅馬軍隊會徹底破壞敵方領土，以致該處往後數十年都荒無人煙，西元前二八三年的義大利部落塞農族（Senones）[xi]就是個例子。希臘歷史學家波利比烏斯（Polybius）所在陣營戰敗，便到羅馬成為戰俘。他說，西元前三世紀末與迦太基（Carthage）的戰爭後，羅馬「對敵人趕盡殺絕、一個不留的做法已成常態……在羅馬人占領的地方，屍橫遍野不在話下，甚至還能看到砍成兩半的狗

x 譯註：德魯伊（Druid）是在凱爾特文化中占據統治地位的宗教組織，宣揚靈魂不滅和輪迴轉世等教義，在社會中的地位非常崇高，甚至可與王權匹敵。在德魯伊教派中，他們的神職祭司也稱德魯伊（Druids）。

xi 譯註：塞農族是古凱爾特高盧文化的部族，曾在阿里亞之戰擊敗羅馬，後來遭羅馬軍隊平定逐出。

圖1-3 計算人頭：110年代，為羅馬而戰的蠻族傭兵向國王展示他們在達契亞（Dacia，現在的羅馬尼亞）一戰中殺掉的敵方總人數，人頭數量多得可怕。

屍，或是其他動物遭肢解後的殘軀」。[7]

沒有激烈反抗就投降者，下場會比較好，但羅馬人絕不輕饒那些決定投降後又反悔的人，而且這種情況並不罕見。例如西元前五八到五六年間，羅馬占領了高盧大部分地區，其中殺戮人數相對較少，後來凱撒大帝卻又花了六年時間來鎮壓叛亂。據古代作家記載，高盧有三百萬名可以戰鬥的青壯年男子，凱撒大帝共殺了其中一百萬人，並將另外一百萬人當成奴隸販售。

最難以饒恕的罪人（在羅馬人眼裡）就是猶太人。猶太將領約瑟夫斯（Josephus）在六六年至七三年間的猶太戰爭[xii]中戰敗。據他所言，羅馬士兵不單燒毀耶路撒冷的聖殿、奪取當中的聖物，更殺害一百多萬名猶太人以及奴役十萬人，而且暴行還不只如此。一三二年，猶太人再度起義，羅馬人也變本加厲。一位猶太人聲稱他們「不停殺戮，直到鮮血淹過馬匹的鼻孔」。[8] 這顯然是誇大其詞，但當時的確又死了五十萬人。甚至，原本根據猶太人命名的猶地亞行省（Judea）還被重新命名為巴勒斯坦行省（Palestina）——因為當地在更早的時代是非利士人（Philistines）的居住地。倖存的猶太人也全數遭驅逐出境，流落於歐洲和中東地區，每年只有一天可以回到耶路撒冷。

西塞羅想到的是羅馬出征結束後的畫面，所以和卡爾加庫斯持相反觀點。西塞羅身處有利的羅馬統治階級，所以他看到的是羅馬軍團離開前以鮮血澆熄叛亂之火，和平隨即降臨。勇士的墳墓和嗜血的神靈逐漸消失，不再值錢的古城高牆也瓦解倒下，新興城市如雨後春筍般湧現，而且不再設防。

卡爾加庫斯認為羅馬不斷製造廢墟，西塞羅或許也能認同。儘管西塞羅對開化羅馬滿懷熱情，但他還是明白侵略這件事有多醜陋，對出征者和受害的一方而言皆然。順利的戰爭可以帶來巨量掠奪品。西元前八〇年代到三〇年代間，羅馬因為爭奪戰利品而引發內戰，甚至導致各個政治機構屢屢崩潰。有幾年在義大利街道上，任何腦筋正常的商人都會佩帶武器。另外，在長達好幾個月的時間裡，暴民在羅馬街道上橫行無忌，連民選執政官也忌憚他們三分，嚇得躲在（有設防的）豪宅裡不敢出門。

西元前一世紀的羅馬貴族如常人般暴躁，只要有人瞧不起他們，就會以暴力方式報復對方（莎士比亞把許多劇作的故事背景設定在羅馬不是沒有原因）。公開指控多名惡貫滿盈的惡棍後，西塞羅名聲大噪，最後還是死於非命：「一名將領的黨羽將其頭顱和雙手砍下，掛在廣場上以儆效尤，警告其他人不要隨便發表反對權威的文章或言論。」

xii 譯註：猶太戰爭（the great Jewish revolt）是一場大規模的起義，地中海東岸黎凡特（Levant）的猶太人為對抗羅馬帝國而引起一連串的戰爭。

克拉蘇（Marcus Licinius Crassus）[xiii]是西塞羅眾多敵人裡的其中一位，據說他當時曾表示：「除非你可以擁有自己的軍隊，不然就別自稱富有。」[9]西元前三〇年代，有人反映這邏輯不全然正確，他就是凱撒的甥孫屋大維（Octavian）。屋大維努力掙脫貴族之間的紛擾，成為羅馬首位君主。雖然他已是世界上最富有的人，天底下最強的軍隊也完全在他股掌之間，但為了平息反對者，聰明如他堅稱自己只是個普通人。

屋大維唯一接受的榮譽是改名為奧古斯都（Augustus），意即「最具威望的人。」當時，大部分貴族馬上會意過來，正如塔西佗所言：「人越是富貴榮華，就越容易成為奴隸。在革命的衝擊下，他們只想享受片刻的安逸，不願反思過往的危機。」[10]貴族不再像克拉蘇那樣說話，認清只有奧古斯都能使用具殺傷力的武力，並使用較低調的方式來解決分歧。利維坦般的政府最終使貴族徹底失勢。

如我在前言所述，愛里亞斯於《文明的進程》一書中表示，歐洲在一五〇〇年後變得比較和平，原因是狂暴的貴族階級不再以殺戮來解決紛爭。愛里亞斯在論證過程中多次提及羅馬，但他似乎沒有意識到，羅馬人早在一千五百年前就預料到歐洲近代早期的和平時代。富裕的羅馬人把自己重新塑造成和平愛好者，並以西元頭兩個世紀所謂的「羅馬和平」（Pax Romana）為榮。

舉國上下都似乎鬆了口氣，詩人賀拉斯（Horace）欣喜寫下：「牛隻安全地漫步於田野間，克瑞斯（Ceres，農業女神）與繁榮財富滋潤大地，水手自由航行於平靜的海面。」[11]對於這個時代的興盛，博學多聞的作家們罕見地達成共識。愛比克泰德（Epictetus）本來是奴隸，後來成為斯多葛派（Stoic）[xiv]的哲學家，他認為羅馬「為我們帶來偉大的和平，以後不會再有戰爭、廝殺、盜匪以及海盜，我們可以隨時旅遊，不論晝夜都能出行。」[12]

這種歷歷如繪的詩歌唾手可得，像是愛德華．吉本（Edward Gibbon）在一七七〇年代寫下第一本像樣的現代羅馬史，他在書中總結：「如果要從世界史上找出人類最繁榮無憂的時期，任何人都會毫不猶豫地說是圖密善（Domitian, 51-96）[xv]去世到康茂德（Commodus, 161-192）[xvi]稱帝這段時間。」（九六年至一八〇年）[13]

儘管吉本這麼說，但他知道羅馬是個粗暴的國度。一、二世紀是角鬥士[xvii]的黃金時期，大量民眾聚集觀看他們互相殘殺（單是羅馬競技場就坐滿五萬人），就連競技場外也會發生衝突。以五九年為例，盛大的角鬥士表演賽在龐貝（Pompeii）舉辦，幾英里外努切利亞（Nuceria）的運動迷也前來湊熱鬧。溫文儒雅的塔西佗寫下：「角鬥士比武期間，這些鄉村鎮民如常吵鬧，辱罵漸漸發展成丟砸石塊，最後拔劍相向。」[14] 要是在喀里多尼亞，這種事對當地人而言再平常不過，但接下來的事情非常詭異。努切利亞人沒有要求血債血還，反而去找皇帝告御狀。隨後，幾個委員召開會議並提交數份報告，決定流放龐貝角鬥士表演賽的主辦人，以及禁止龐貝在十年內再舉辦這種活動，這事就此結案。（誰都沒想到這會變成重懲：二十年後維蘇威火山爆發導致龐貝灰飛煙滅，因此當地的角鬥士比賽只剩十年光景。）

一九九〇年代，波士尼亞（Bosnia）爆發種族衝突，一名克羅埃西亞人（Croat）指出，在南斯拉夫（Yugoslavia）解體前，「我們曾經和樂融融地過活，那時每一百公尺就會有警察，確保人民相親相愛。」[15] 然而，龐貝在一世紀時，並沒有這樣的警察維護和平。事實上，一八二八年倫敦才出現了首支現代警隊，是全世界前所未見的。那麼，在沒有警察的狀況下，古代人為何停止殺戮呢？

答案似乎是：「羅馬統治者的手段厲害，讓民眾知道只有政府有權力動武。」如果龐貝人在五九年繼續殺害努切利亞人，就會有更多人向皇帝告御狀。羅馬皇帝手上有三十支軍團，專門處理滋事分子，他們的目標包括私自動

xiii 譯註：克拉蘇是古羅馬軍事家和政治家，也是羅馬共和國末期聲明顯赫的首富。

xiv 譯註：斯多葛派（以倫理學為重心，秉持泛神物質一元論，強調神、自然與人為一體。

xv 譯註：圖密善（是弗拉維王朝的最後一位羅馬國王，西元八十一年至九十一年在位，執政中後期曾嚴酷處決許多元老以及迫害基督徒，後世評價普遍不佳。

xvi 譯註：康茂德（是二世紀末的羅馬帝國國王，一八〇年至一九二年在位，執政的十二年期間普遍不得元老院與一般人民的喜愛，同時代的史學家狄奧將其視為暴君典範，他結束了過去帝國五賢君時代的繁華。

xvii 譯註：角鬥士（gladiators）是古羅馬競技場上的鬥士，是身份特殊的奴隸，通常都是戰俘或其他犯法的人，專門在競技場上進行殊死搏鬥，娛樂大眾。

武滋事的人，還有因為殺人而害皇帝稅收減少的傢伙。這個充滿矛盾的暴力邏輯確實獲得成效，所有的人都知道國王可以（而且受到刺激時確實會）派出軍團。不過他很少有必要這麼做，因為大家都很聽話。

在前言中，我提到霍布斯習慣區分「取得的國家」和「建立的國家」[16]，前者指的是透過武力迫使民眾屈服法律，後者則是與人民建立信任，與之約法三章。事實上，這兩者是共存的。龐貝人在五九年願意放下手中的劍，是因為先前戰爭持續好幾個世紀後，利維坦似的強大政府應運而生，這讓龐貝人相信自己不須動手，國家有能力威懾所屬臣民。吉本指出，帝國已用法律取代了戰爭，在一、二世紀，也許還是有人會以武力化解衝突，但至少大家都認為那是不可取的作法。

當然，政府和法律也會造成問題。塔西佗筆下的一位人物戲稱：「以前我們因有人作奸犯科而受苦，現在則因法律受罪。」[17]帝國的人民深知，強大的政府足以杜絕不法，卻也能犯下更可怕的罪行。

某些羅馬官員把這種「州官放火」的行徑表現得淋漓盡致。羅馬史上吏治最差的時候是西元前一世紀，當時的中央政府處於最脆弱的時期。西元前七三年到七一年間，維勒斯（Gaius Verres）負責治理西西里行省（Sicily），他曾戲稱自己要在這個職位待上三年才能撈個夠：「第一年要貪汙貪到發財，第二年要貪到可以請個好律師，第三年則要貪到可以賄賂法官與陪審團。」為了達成這些目標，維勒斯毆打和監禁人民，甚至把不願掏錢的人釘在十字架上。[18]

然而，他所做的一切都徒勞無功。西塞羅在起訴維勒斯的過程中一舉成名，他最後為了躲過定罪而逃之夭夭。接下來兩個世紀裡，許多年輕律師紛紛對貪官汙吏提出控訴，希望以此成名。雖然有高官當靠山的惡棍屢屢逃過一劫，但日新月異的法律越來越嚴厲，讓人難以透過施暴來魚肉鄉民。

羅馬以戰爭打造的帝國並非烏托邦，但若從大量現存資料看來（這些資料由羅馬人或外族所寫），帝國政府的確讓民眾過得更安全，而且明顯變得富裕。鎮壓海盜和盜匪後，貿易也隨之蓬勃發展。為了方便軍隊和艦隊活動，政府更興建了最先進的道路和海港，連商人也可以使用，但必須繳稅作為回報，而政府則把大部分稅收給武裝部隊當糧餉。

軍隊集中駐紮在邊疆的各行省，這些地方的土地大都不夠肥沃，沒辦法養活不事農耕的大批士兵（一世紀時約有三十五萬名），因此軍隊把大部分經費花在糧食上，由商人把糧食從國內生產力較高的地中海行省運到生產力較低的邊疆地區。此舉為商人帶來更多利潤，政府的稅收也跟著提高，從而增加投放在軍隊的金額，繼續為商人創造更多利潤。周而復始，形成良好的循環。

稅收和貿易的金流使地中海的經濟前所未有地產生連動關係。每個地區都以最符合成本效益的方式生產貨物，再把貨物賣到能高價出售的地方。國內每個角落都充滿商機，金錢四處流通。

正因市場變大，大船獲利隨之增加；全賴這些大船，運輸成本得以下降，接著越來越多人有能力遷居大城市。政府的經費投資最多在軍力上，其次就是這些大城市。在一、二世紀中，羅馬城共有一百萬居民，超越過往任何一地的人口量，至於安提阿（Antioch）和亞歷山大港（Alexandria）兩個大城，人口可能各有五十萬。

這些大城市簡直是世界奇觀，擁擠不堪、臭氣熏天、嘈雜喧囂，又到處都是慶典、儀式以及閃亮發光的大理石——這一切都需要大量人手、食物、磚頭、鐵釘、鍋子和葡萄酒，也意味著將帶來更多稅收、貿易和各方面的增長。

這種熱熱鬧鬧的活動增加了流通商品的數量。據估計，在剛建立帝國的頭兩個世紀，人均消費最多增加約五成，當中的增長卻不成比例，只有富者越富。雖然如此，考古學家計算了每個階級的物品，包括房子大小、宴會上的動物殘骸、硬幣以及人類骨骼的高度，這些都反映當時還是有幾千萬平民受益。（圖1-4）

格勞庇烏山戰役發生前四年，羅馬地理學家普林尼（Pliny，最有名的事蹟是在維蘇威火山爆發時站太近而喪命）[xviii]曾問道：「現在還有誰不承認，全賴羅馬帝國之威嚴，世界各地才得以互相通訊、人民的生活水平才得以大

xviii 譯註：普林尼（Plinius）又稱老普林尼（Pliny the Elder），以《博物志》（*Naturalis Historia*）一書留名後世。

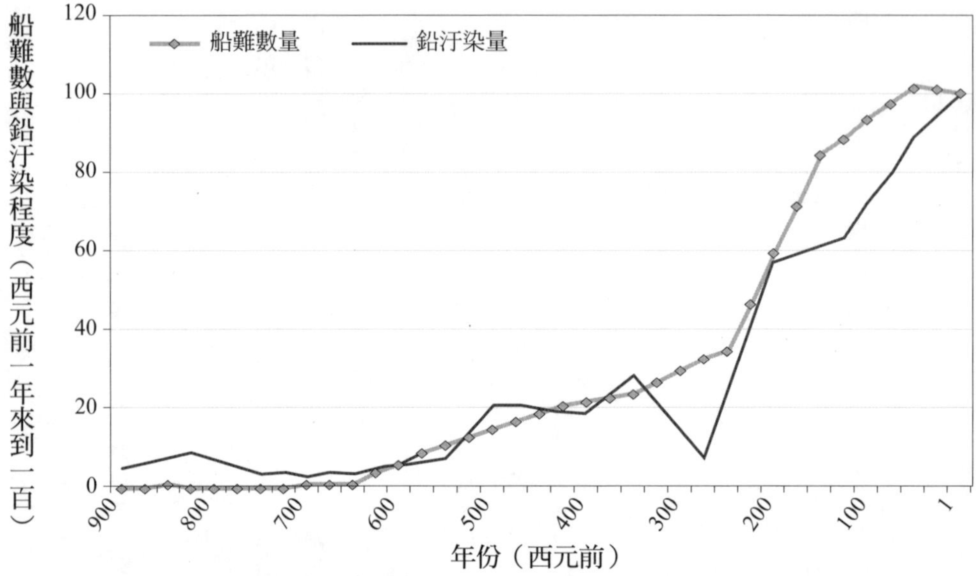

圖1-4 富裕時代：地中海沉船數量代表了當時的貿易量；西班牙考古地點佩尼多韋洛（Penido Vello）的沼澤鉛汙染量則反映工業活動量。兩者都出現數量上升的情況。沉船量和鉛用量都已標準化，所以可以放在同一縱座標圖表上比較，而到了西元前一年，兩者的數量都來到一百。

步前進？還有人否認這一切都要歸功於貿易以及和平共處的福祉嗎？」[19]羅馬帝國絕非不毛之地。

三、「坐寇」[xix]

吉本認為，羅馬國民之所以過得很快樂，是因為有幸在明君的治下過活，而羅馬的統治者也都自認他們「只要能讓國泰民安就必然可以獲得龐大酬勞，因為品德高尚而由衷自豪，也因為造福人民而感受到無上喜悅，但這一切回報都太多了」。[20]

吉本這種菁英論（a-few-good-men theory）[xx]非常直白易懂，有一定的感染力。若羅馬成功的關鍵純粹是因為歷代皇帝都是英主，那我們何必做出討人厭的結論，說古代的戰爭有其好處了？菁英論彷彿主張，一個單位只要有還像樣的老闆，就能度過任何難關。如此一來，古代世界就並非因為戰爭而變得更安全富裕，而是儘管戰亂不斷，卻仍然因為有英明的統治者而越來越安全富裕。

然而，吉本這種菁英論也有漏洞。首先，古時皇帝能做到的事有限。羅馬統治者的確滿腔熱沉，他們破曉前早早起床，一直到深夜還在回覆信件、審理訴訟以及制訂決策。不過，無論什麼事想要拍板定案，還是必須與各級官僚、許多律師以及學者合作，而這群人又各有自己的盤算。這種情況下，就連活力最為充沛的君王（例如奧古斯都）也都必須殫精竭慮才得以改變現狀。

其次，帝國雖有仁君如奧古斯都，卻也有像卡里古拉（Caligula）[xxi]和尼祿（Nero）[xxii]之流的皇帝。他們的喜悅並非源自人民的幸福，而是來自火燒羅馬時獨自拉奏小提琴[xxiii]、與手足亂倫並任命馬匹為執政官[xxiv]。根據撰寫歷史的官僚、律師和學者所言，在一世紀，羅馬的暴君比仁君常見多了。提貝里烏斯（Tiberius）、卡里古拉、尼祿以及圖密善都臭名昭彰，他們在位時間共計五十六年。雖然如此，這幾百年之間羅馬帝國還是繁華與和平，治績突飛猛進，超越過往任何時期。

整體而言，黎民百姓過得更安逸富裕，但功勞並不屬於明智的領袖。很多時候，羅馬的統治菁英也只是追求個人利益，並沒有什麼遠大抱負。只不過，在追求私利的同時他們也讓許多人的生活隨之改善，但這並非他們的本意。

世界上像奧古斯都那樣的統治者，都必先擊敗對手才能稱帝，也因為手握最多兵力才能維持大權。然而，統治者也得為那樣的兵力付出代價。雖然他們可以用前述的「不毛之地」模式來行事，直接侵吞臣民的財產來支付軍費，但下場會是掏空全國。事實上，貧苦的人民不會等到所有的財產都遭剝削一空才起身造反，他們絕對會更早行

xix 譯註：相較於「流寇」而言，是「據地為王」的概念。
xx 譯註：“a few good men”源自於一九八〇年代美國海軍陸戰隊的募兵標語，意思是「我們只要菁英」。
xxi 譯註：好大喜功，導致帝國財政急劇惡化的昏君，最後遇刺身亡。
xxii 譯註：據說尼祿曾縱火焚燒羅馬城，但是否屬實仍有爭議。
xxiii 譯註：據說西元六十一年羅馬發生大火時，尼祿在一旁拉小提琴並嘲笑人民。
xxiv 譯註：據說卡里古拉曾經想任命愛馬為執政官，但並無史料根據。

動，而這也是羅馬各地貪官汙吏都嚐過的教訓。

長遠而言，統治者必須學會及時停止掠奪，甚至適時回饋百姓，政府才得以存活。經濟學家曼瑟・奧爾森（Mançur Olson）曾把統治者和盜匪進行精采的比較：「他主張，在一般人心目中，盜匪會闖入某個地區，把所有搬得動的東西統統偷走後揚長而去，他不在乎這為當地帶來多少損傷，重要的是盡可能多偷點東西後繼續前進。」

奧爾森認為統治者也會搜刮民脂民膏，但利維坦似的強勢政府還是異於那些姦淫擄掠的盜匪，關鍵差異在於：「統治者是據地為王的『坐寇』（stationary bandits；譯按：作者將在第三章說明這概念）。」[21] 他們掠奪過後從不匆匆離開，反而堅守原地。這樣除了能確保抓緊每個壓榨人民的機會，還可以全力促進社會繁榮，進而榨取更多財富。

統治者通常都願意花點時間、金錢來杜絕其他潛在土匪，畢竟那些漂泊不定的匪賊不管偷了什麼，國家都無法對他們徵稅。鎮壓各地區的內部衝突也很合理，因為人民若遭殺害，就無法服役或繳稅，村民間的鬥爭也會導致農事荒廢，結果就是顆粒無收。只要能在合理時間內獲得更大回報，就算要把皇家貴族的收益花在修建道路、海港以及人民福利上，統治者也會認為是明智之舉。

雖然利維坦般的政府到頭來還是以搾取財富為本質，卻依然是人民最好的依歸。統治者以武力維持和平，然後藉此向人民收費，統治者越是有效率地施行這種策略，獲利就越高。於是，歷代羅馬政府面對競爭壓力，都必須持續想出更有效率的政策，像是縱容徵稅者壓榨納稅人。此一手法卻又導致民眾隔年無法繳稅，影響國家收入，所以羅馬政府又制止了這種情況。更重要的是，在那些最具生產潛力的城市絕對不能任由居民餓死，所以政府又建造港口，還免費發放食物。上位者追求個人利益時意外建立了更安全富裕的帝國，戰爭的矛盾確實深深影響了大局。手握兵權的人能建立王國，但他們必先成為管理者才可治理國家。

一如往常，凱撒大帝就是最佳例子。他筆下有一名句：「我來，我見，我征服。」[22] 其實更好的說法是：「我來，我見，我征服，我治理有方。」凱撒進行多項改革，而沿用至今的儒略曆（Julian calendar）就是其中一例。「七月」一詞就是源自於他的名字。

古代國王並非凱因斯學派的經濟學家，不會坐在那裡計算花一個塞斯特烏斯[xxv]維持和平後，日後能否換來兩個塞斯特斯的稅收。但是，這些君王大都是勤勉聰敏之士，他們都深知強勢國家與臣民之間必須維持互利的關係，也認為有必要讓人民知道統治者充分理解這種關係——從世上現存最古老政治文本的措辭看來，文本就是想要充分傳達這個訊息。西元前二三六〇年代，拉格什[xxvi]的烏魯伊寧基那王〔King Uru'inimgina，又名烏魯卡基那（Urukagina）〕，西元前二三八〇年至二三六〇年在位）在當今伊拉克南部宣布他「讓拉格什的居民不再苦於高利貸、高壓控制、飢餓、偷竊、謀殺、與強奪。他建立了自由。寡婦與孤兒再也不需受到權貴欺壓：烏魯伊寧基那為了他們而與寧吉爾蘇（Ningirsu，蘇美人的神明）訂約。」[23]就算是奧古斯都，應該也想不出比這番話更好的說辭了。

烏魯伊寧基是個神祕的人物，幾乎淹沒在時間的迷霧中，但他顯然瞭解自己有必要傳達這個訊息。這又是治國與經商之間的另一相似之處：「表露自信是不容小覷的權術。」如果人民認為統治者狂暴、腐敗、糊塗，就會抵抗命令；相反地，若治理者看似經驗老到和公平公正，甚至是神明的寵兒，民眾謀反的意欲自然下降。

根據平均法則（law of averages）[xxvii]，狂暴、腐敗、無能的統治者在古代必然也是屢見不鮮。那些官僚、律師和攀附權貴者才是故事的真正主角：「有了他們國家才能運作。」此外，一絲不苟和小裡小氣的官員雖讓奧古斯都般的明君處處掣肘，卻也令卡里古拉之流的昏君無法對國家造成太大傷害。

現存資料中充滿皇帝大發雷霆的故事，遭殃的人無非是那些妨礙議事的元老或受過高等教育、負責管理大多數宮廷事務的奴隸。類似事件中的群臣官僚大都下場悲慘。不過，在這些光榮事蹟的背後，我們不難想像有千千萬萬其他人只是卑官末吏。從不列顛島到敘利亞一帶，到處都立滿了墓碑，上面寫滿人們引以為傲的事蹟，包括他們在

xxv 譯註：塞斯特斯（sestertius）是古羅馬銅幣。
xxvi 譯註：Lagash，蘇美文明的城邦。
xxvii 譯註：平均法則（law of averages）表明大量重複試驗之下，不同事件發生的頻率會變得平均。

委員會工作或負責徵稅時獲得的榮譽、曾擔任的職位、如何從較低的官階的下位一路爬到上位。例如，一位最初在田間工作的北非人大肆吹噓：「我，就連我這種人也曾是城裡的市議員，獲選在議會中占有一席……我度過的年華裡，留下了榮耀的職涯功績，也從未遭受讒言指責……正直如我，雖死猶榮。」[24] 大量資料證明，帝國的中階官員與統治者一樣自私自利，一逮到機會就中飽私囊和任用親屬。不過，另有大量證據顯示，其實很多人行事認真、勤奮、刻苦。他們讓建造高架水渠（aqueduct）[xxviii]、維護道路以及傳遞郵件等工作得以確實地順利運行，使羅馬和平得以持續下去。

羅馬政府隨時可能犯下足以滅國的大錯。儘管一路走來跌跌撞撞，但帝國還是度過了一個又一個危機。長期來看，羅馬仍不免面對各種壓力。戰士征服小國後，逼不得已坐上治國的職位。管理良好可以讓國家提高效率以及更安全富裕，繼而讓治理者有本錢與敵國競爭。但是，這又迫使治理者重拾戰士身分，以武力消滅敵人。

四、我們可以和睦共處嗎？

一九九二年四月，美國洛杉磯郊區小城西米谷（Simi Valley）的一個陪審團做出了驚人判決。他們先觀看了一段錄影帶，影片中警察高速驅車追趕犯人，順利逮捕了羅尼・金恩（Rodney King），隨即用警棍毆打他五十六次以及猛踢他六次。據醫生們所言，金恩的面部和腳踝骨折，還有幾位護士出庭作證，指稱把金恩帶來醫院的警員曾拿毆打他的事來開玩笑。最後，陪審團宣告三名被告無罪，對第四位被告則是無法達成一致判決。

洛杉磯在當晚爆發暴動，抗議在隨後幾天內蔓延至美國各州，其中五十三人死亡，超過兩千人受傷，共造成十億美金的財物損失。到了暴動的第三天，金恩在電視上提出那個年代最為人所知的問題：「同胞們，我只想問，就是啊，難道我們不能好好相處嗎？可不可以？我們能不能別再讓，別再讓情況惡化下去了？」[25]

這是個好問題，古時候的人也必定這樣問過。若要實現和平，與其在戰爭中生死搏鬥以及到處搞破壞，何不一起坐下來，共同創建一個更大的組織並約法三章，各自拿出稅收維持運作，然後和睦共處？

答案顯然是不可以。英國前首相邱吉爾說過：「開罵總比開戰好。」[26] 然而，眾多古代歷史檔案顯示，若當時沒有戰爭，也沒有爆發衝突的危機，幾乎不會有人願意共組更大的社會。

以帕加馬的菲利浦為例，我在前面提到他描述了戰爭、海盜及盜匪如何毀掉西元前一世紀的希臘，他曾表示：「我以虔誠的雙手把這〔段歷史〕交給希臘人，如此一來……他們觀察他人受苦的模樣後，便能以正確的方式生活下去。」[27] 然而，希臘人卻不以為然，繼續互相殘殺。最終，他們之所以停下來，不是因為菲利浦「開罵」，而是因為羅馬對他們「開戰」。

西元前六七年，羅馬元老院指派龐培（Gnaeus Pompey，因其功勳又稱「偉大的龐培」）把大批出沒於希臘海域的海盜一舉殲滅。一如往常，他們這麼做並非出於善心，而是為了個人利益。海上襲擊越趨嚴重，某夥海盜在西元前七七年綁架了年幼的凱撒（他對綁架犯戲稱，若他能獲救，必定回來把他們統統釘在十字架上，而凱撒後來也的確做到了）。到了前西元前六〇年代初，就連義大利港口也失守，遭其他海盜洗劫。

希臘各城無力鎮壓肆虐的海盜，而龐培則帶來羅馬的管制方針以及意料之外的現代策略。二〇〇六年，美軍在伊拉克傷亡慘重，便決定採用鎮壓方針，也就是「肅清、控制、建設」。[28] 士兵不再全力殺害或捉捕鬧事者，轉而把這些人從當地趕出去，確保該區安全後重新建設，最後才有條不紊地移往一下個區域。到了二〇〇九年，暴力死亡率下降了八成以上。早在兩千年前，龐培就想到同樣的方法。他先是把地中海分成十三個區域，再花一個夏季的時間逐一肅清、控制以及建設（圖1-5）。龐培沒有把捕獲的兩萬名海盜釘在十字架上，而是教化他們。為龐培立傳的作家寫道：「野生動物過上平和的生活後，往往會喪失凶猛野性；因此，龐培決定把海盜帶上陸地，讓這些人習慣待在城市裡耕作，嚐一嚐文明生活的滋味。」[29]

xxviii 譯註：古代文明使用的引水工具，在古羅馬時代廣泛使用。

圖1-5 掃蕩海盜：西元前一世紀的浮雕，上面刻畫羅馬海軍的步兵隊伍準備登上敵艦。

龐培在海上獲勝後，便轉戰陸地。在五次大戰中，他帶領羅馬軍隊穿越敘利亞城鎮，到達高加索山區諸多要塞以及埃及邊境，一路上剿滅了外族國王、反叛將領以及暴亂的猶太人。龐培再一次肅清、控制以及建設，他還制訂了法條、建立羅馬駐守軍隊以及整頓財務狀況。除此以外，龐培嚴厲打擊貪汙敲詐，同時降低徵稅，提高羅馬收益，帶來了和平安穩。當時包括雅典在內的幾個希臘城市，人人皆稱龐培有如天神下凡。

龐培使用武力的原因並非羅馬人缺乏「開罵」的本領，當時羅馬不缺西塞羅那樣雄辯的演說家。理由在於龐培和其他羅馬人的想法一致，認為「開戰」後再「開罵」，效果最好。正如塔西佗所說，不列顛人是「與外界隔絕以及活在無知中的人，因此常起衝突」，而阿古利可拉在不列顛度過的第一個夏天期間（七七年），便以武力恫嚇當地人。後來，阿古利可拉花了一整個冬季「在該地興建生活設施，致力讓當地人習慣和平安寧的日子。除了提供政府補貼，他還提供私人贊助，幫忙興建寺廟、公共廣場及品質良好的房舍。」[30]

不列顛人樂見其成，塔西佗說：「結果他們不再對拉丁語感到厭惡，反而盡力學習使用它。同樣的，我國的衣服也大受歡迎，到處都有人穿托加長袍。」美國政治學家奈伊（Joseph Nye）把這種策略稱為「軟實力」，意思是利用「制度、意識、價值觀、文化、政策等無形因素所賦予的正統性」來贏得民心，而非依賴戰爭和經濟這類高壓的「硬實力」。[31]

塔西佗深知軟實力的魅力，他說：「人們慢慢陷進拱廊、浴場及盛大宴會等令人喪志的誘惑中。毫無戒心的不列顛人以為新奇事物就是『文明』，殊不知這些只是他們為奴的象徵。」但他也知道有了硬實力，軟實力才會奏效——就像一千九百年後美國人在越南說的：「先把他們的要害抓在手裡，自然能擄獲他們的心思。」[32]就這方面來說，羅馬人在不列顛的表現顯然比越南的美國人更勝一籌。他們在贏得人心前，先奪走不列顛人反抗的自由。包括卡爾加庫斯在內的不列顛人曾經有辦法自由地起身反抗阿古利可拉，那時可沒有不列顛人說自己想穿托加長袍。

經過考古學家查證，確定羅馬商品在國境外也大受歡迎，其中葡萄酒（以非常獨特的容器裝運）尤為有名。據說高盧酋長為了換取一大罐酒，不惜把一個族人當奴隸賣掉。羅馬作家一致認同，靠近邊境的蠻族已經習慣了這種軟實力攻勢，戰力大幅下降，而住在遠方的野蠻人則是殘暴如昔。

最能魅惑人心的軟實力就是智慧。西元最初幾個世紀，羅馬人完整地建立了一系列備受關注的思想系統。其中最成功的包括斯多葛主義（Stoicism）以及基督宗教，雖然兩者在最初形成時都不是羅馬帝國的軟實力。事實上，當初這些思想的創建人旨在批評當下狀況，他們分別是身無分文的希臘哲學家以及猶太木匠，只能站在社會底層以及地域邊緣，向在位者直言進諫。幾個世代過去後，嚴厲、聰慧的帝國統治者面對這兩種思想體系的方式，還是採用統治階級的一貫伎倆：「他們顛覆了非主流勢力，但並不是採用對抗的手段，而是把年輕有為的激進分子納為統治集團成員，讓他們抒發己見。這些曾是激進分子的人若提出合乎統治階層心意的意見，便能得到獎賞，要是不合乎上意就一律遭忽略。」就這樣，他們漸漸不再批評帝國，轉而為國家護航。耶穌敦促虔誠基督徒，「凱撒的歸凱撒。」[33]此外，聖保羅也進一步表示：「因為沒有權柄不是出於神的。凡掌權的都是神所命的。」[34]

斯多葛主義和基督宗教向帝國臣民強調，私下發生衝突是邪惡的。這種思想對當權者來說是件好事，國家隨即致力於把這些思想體系輸出到鄰近地區。然而，儘管這些新觀念具有感染力，卻無法說服任何人投向羅馬帝國，始終只有戰爭或對戰爭的恐懼才能做到這一點。先要征服人民，軟實力才能發揮作用，讓被征服的人民全都心向帝國，使帝國獲得某種程度上的統一。

能夠證明這個「先剿後撫」原則沒錯的，往往是那些看來不符合這個原則的例外。例如，古希臘有個小城邦，有太多理由能讓當地人放下彼此間的分歧，共組更大的社群。一般來說，各個城市內的希臘人都非常平和：「到了西元前五〇〇年，人們平常出門時不再隨身帶著武器。西元前四三〇年左右，某位雅典上層階級人士甚至抱怨自己再也不能隨意在街上毆打奴隸（其實這本來就不合法）。」若城市之間能和平共處，暴力死亡率照理會是自古以來最低的；不過，大多數城市還是每隔一年就會爆發戰爭。據柏拉圖（Plato）所言：「大部分人口中說的『和平』根本只是幻想，實際上所有的城市都對其他城市不宣而戰。」[35]

西元前四七七年，數十個希臘城邦同意向雅典交出大部分主權，這也是意料之內。各城邦這麼做的原因並非為了追求和平或欽佩雅典，只是出於對波斯帝國的恐懼。波斯帝國曾經在西元前四八〇年試圖征服希臘，希臘人知道孤軍奮戰的結果便是遭到併吞。西元前四四〇年代，波斯人大勢已去，幾個城邦重新考慮後，決定不再臣服於雅典，希望重奪主權，但雅典人事先用武力制止了他們。

在西元前三世紀和二世紀，新一波城邦合併的浪潮席捲希臘。這次，許多城邦共組為一個個「城邦聯盟」（希臘文為koina，字面上的意思是「社群」），並建立代議政府，將國安和財政政策予以整併。此舉的主要動機一樣是出於恐懼：「希臘人深知孤軍奮鬥難以戰勝——一開始他們要對抗的是馬其頓亞歷山大大帝崩殂後的幾位繼承人，接下來則是必須面對入侵的羅馬大軍。」

說到最奇特的故事，一定要談談埃及國王托勒密八世（Ptolemy VIII，綽號「胖子」）以及帕加馬國王阿塔羅斯三世（Attalus III）。西元前一六三年，托勒密八世遭哥哥（也叫托勒密）驅逐出埃及。西元前一五五年，曾遭奪走王位的托勒密擬下遺囑，聲明若自己死後沒有子嗣，就把他後來統治的昔蘭尼王國（Cyrene）贈予羅馬。[xxix]阿塔羅斯三世更離譜，他死於西元前一三三年，當時膝下無子，人民在他死後才赫然發現自己的國家已被贈予羅馬帝國，非常震驚。

我們無從得知羅馬人對托勒密八世的遺囑有什麼看法，畢竟這位肥胖的國王又多活了四十年，而且還勾引自己的繼女，留下為數不少的繼承人。不過，對於阿塔羅斯三世把國家贈予羅馬一事，我們知道羅馬人和帕加馬人一樣驚訝。此外，元老院中互相競爭的派系為了捍衛自身利益，激烈地爭論阿塔羅斯三世是否有權把帕加馬送給羅馬。托勒密和阿塔羅斯決定把國家送給羅馬，並不是因為他們熱愛羅馬，只是認為戰爭比羅馬還要可怕。[xxx]由於還沒有繼承人，兩人都懼怕內戰爆發。早在托勒密八世立下遺囑前，就曾與哥哥互相殘殺。阿塔羅斯的情況更加慘烈，有人假冒自己是阿塔羅斯同父異母的兄弟，聲稱自己也能繼承王位，在窮人間煽動叛亂（差點在阿塔羅斯死前就展開內戰），此時還有四個鄰國國王一直在等待機會瓜分帕加馬。難怪兩位國王都寧願讓羅馬接管，這樣最起碼不用爆發流血衝突。

以上就是古希臘和古羅馬世界對金恩的答覆：「不，我們沒辦法和睦共處。唯一能讓人民停止互相殺戮和搶奪財物的力量，就是暴力，或對暴力的畏懼。」

要理解箇中理由，我們必須放眼世界的另一個角落。

xxix 譯註：原本埃及由托勒密八世與兄姐各一人共治，但托勒密八世發動政變，成功獨攬大權。不過，他的統治不受亞歷山卓人歡迎，一年後人民便召回其王兄托勒密六世，將他逐出埃及。後來，羅馬把托勒密八世分配到昔蘭尼當國王。

xxx 據我們所知，托勒密和阿塔羅斯真正愛的，是身邊那些女人。托勒密在勾引繼女前，就已經先娶了姐姐（所以繼女就是他的外甥女）。阿塔羅斯則是對母親情不自禁，就連尺度很開放的希臘人都認為他傷風敗俗。（阿塔羅斯生活中另一個喜好是種植有毒植物，而且他顯然很有天分。）

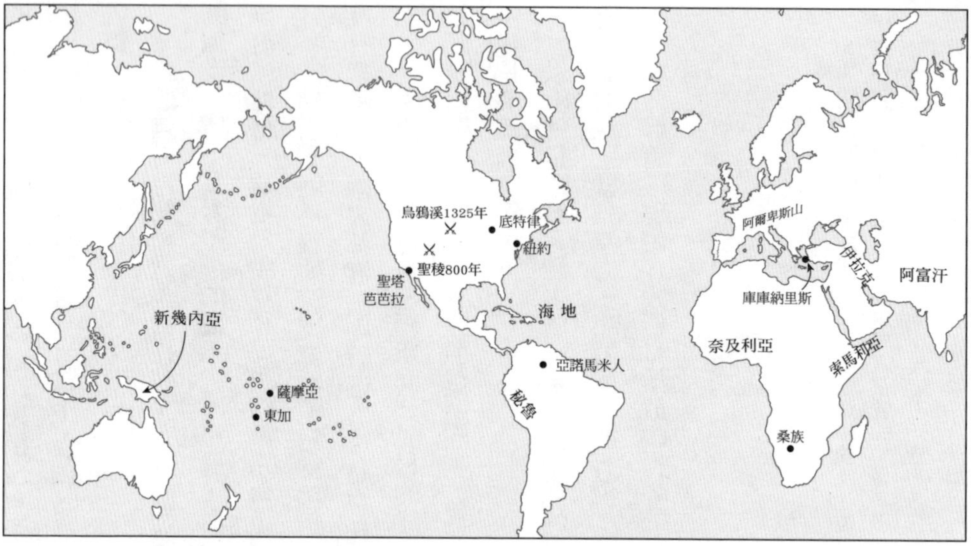

圖1-6　野獸和高貴野蠻人的所在地：本章提到羅馬帝國以外的地點

五、野獸

在南太平洋島國的一片叢林空地裡，名為賽門（Simon）的男孩正在與插在棍上的死豬豬頭爭論不休。

豬頭說：「真以為野獸是你們能殺害的東西嗎！」[36]

賽門沒有回答，他此刻口乾舌燥，感覺到頭顱裡血管跳動著，身體即將痙攣。

在海灘上，他的夥伴們載歌載舞。這群男學生發現自己流落到島上時，興致勃勃地盡情玩樂：「他們優游海上、吹響海螺並在星空下入睡。」但是，這個小團體在不知不覺中逐漸瓦解。一抹陰影悄悄在大夥兒的關係中滋生，活像一隻徘徊於森林間的邪惡野獸。

就這樣來到今天，一陣嘶叫聲中，一隊少年獵人刺死一頭正在哺育幼崽的母豬，男孩們興奮地歡呼，互相用血塗抹身體，計劃籌辦一場盛宴。這時，他們的隊長想到一件必須要做的事。他砍下屍體上齜牙咧嘴的頭，把它插在削尖的棍子上，而棍子正是殺死母豬的凶器。隊長向著森林喊道：「這個頭是獻給野獸的供品。」

接著，男孩全都拖著那頭豬往海灘跑去。只有賽門留在原地，他獨自蹲在光線斑駁模糊的空地上。

豬頭問道：「你心知肚明，你明知我是你的一部分，不是嗎？過來，過來，再過來一點！會有這糟糕的狀況不是都要怪我嗎？事情走到這個地步，我不是罪魁禍首嗎？」

賽門是知道的。他的身體拱了起來，全身僵硬。他的癲癇發作了。

他向著不斷張大的豬嘴，止不住地往下墜落。牙縫中的鮮血逐漸變得汙黑，蒼蠅紛紛圍在那裡打轉，形成黑壓壓一團蔓延開來。賽門知道：「野獸是殺不死的，我們就是野獸。」

以上是威廉．高汀（William Golding）經典小說《蒼蠅王》（*Lord of the Flies*）的內容。幾十個男孩流落至太平洋，遠離學校，不再有規矩，在那瞭解到現實的黑暗：「人類殺戮成性，殘暴是我們體內的本能。我們就是野獸，必須將野性壓抑在名為文明的脆弱外殼裡，只要有一道細微的裂縫，野獸就會掙脫逃出。」這就是高汀認為沒有希望的理由，這也就是卡爾加庫斯與阿古利可拉選擇開戰而非對話的理由。

確實如此嗎？離高汀所寫的小島不遠處，有另一個南太平洋島嶼，該地反映截然不同的觀點。年紀輕輕的瑪格麗特．米德（Margaret Mead）一心想成為人類學家，與小說家高汀一樣，她認為在如此淳樸的環境中，四處微風溫和吹拂，棕櫚葉也親吻著海浪，人類褪去文明的外衣，露出曲木[xxxi]般的人性。但是，與高汀不同的是，米德曾親身到訪太平洋（雖然高汀在二戰結束時，也差點就要調往太平洋管理一艘登陸艇），她在一九二五年從紐約悄悄前往南太平洋的薩摩亞（Samoa）（圖1-6）。

米德在她的人類學經典之作《薩摩亞人的成年》（*Coming of Age in Samoa*）裡寫道：「曙光初照，戀人在棕櫚樹下或停泊的獨木舟陰影下溫存耳語後，各自靜靜地回到家中。太陽出來了，照耀著每個在熟悉位置上沉睡的人。」[37]

在薩摩亞，豬頭並非什麼可怕的事物。「太陽高掛於天空時，茅草屋頂下的陰影隨之加深……今天要做飯的家

xxxi 譯註：「曲木」一詞出自哲學家康德（Immanuel Kant）所說：「人性這根曲木，絕然造不出任何筆直的東西。」

庭辛勤地工作；人們從內陸帶回芋頭、山藥和香蕉；孩子來回奔跑，取來海水或餵豬用的葉子。」傍晚時分，一家人齊聚一堂，享受平靜滿足的盛宴。「有時，人們一直到午夜時分才乘興而散，這時只剩下海潮柔和的拍擊聲和戀人的輕柔絮語，直到隔天黎明村莊才再次甦醒過來……」

米德總結道：「在薩摩亞，沒有人孤注一擲，沒有人甘冒巨大的風險，沒有人深受信念所苦，也沒有人為了特定目的而鬥到你死我活。」[38] 在薩摩亞，野獸與我們一點兒也不近。

高汀和米德都認為暴力是一種疾病，但兩人在其成因上則有分歧。在高汀看來，暴力是遺傳病，從我們祖先流傳下來，文明是唯一療法，但是治標不治本。米德的觀點恰好相反，她認為南海的例子反映暴力只是傳染病，文明則是疾病的源頭，而非治療手法。兩千年前，卡爾加庫斯與阿古利可拉發生衝突，原因是兩人好戰的文化背景。到了二十世紀，人們還是因為好戰文化而繼續戰鬥。

一九四〇年，法國落入希特勒手裡，倫敦也被炸彈密集轟炸，亂葬坑裡堆滿了遭殺害的猶太裔波蘭人，當時米德想到一種新的比喻。她說：「戰爭只是一種發明。」[39] 她也承認戰爭明顯是「流傳於大多數人類社會的發明。」即使如此，「對許多人來說，戰爭似乎已經成為一種根深柢固的習慣。我們可能為此感到絕望，但我們也能感到安慰的是，糟糕的發明往往會由更好的發明取代。」

米德並非唯一提倡這種觀念的人，但她很快就成為最具影響力的那位。一九六九年，她從美國自然史博物館（the American Museum of Natural History）的職位上退休，當時她是全世界最有名的社會科學家，也證明了人類在自然狀態下能和平共處，這讓數百萬名讀者感到滿意。在這種共識的支持下，人類學家一個接一個地從田野回來，說明他們的人民也非常和平（人類學家習慣把自己田野調查的對象稱為「我的人民」）。這是反戰歌曲〈戰爭〉廣受歡迎的時代、充斥著嬉皮式和平聚會的時代，也是反戰示威者高呼「抬起五角大廈」[xxxii] 的時代。不出所料，盧梭和霍布斯的學說歷經數百年的針鋒相對後，盧梭的樂觀主義此時終於勝出。

人類學家拿破崙．沙尼翁（Napoleon Chagnon）[xxxiii] 最初的想法和米德一致。一九六四年，他還在密西根州安娜堡

（Ann Arbor）讀研究所時毅然輟學，前往巴西和委內瑞拉交界處的熱帶雨林。當時他研究亞諾馬米人（Yanomami）[xxxiv]的婚姻模式，而且「在田野調查前，把當地人想像成『原始人』，非常符合『盧梭式』觀點所述」。沙尼翁滿心期待事實和他想的一模一樣，但亞諾馬米人並非如此。

沙尼翁寫道：「我躡跚地鑽進〔周邊具有防禦功能的〕低矮通道，來到村裡的空地。那時我遇到了第一個亞諾馬米人，心中激動得不能自已。」他汗流浹背，手和臉都被蟲子咬得到處是包。接著他寫道：

「我一邊喘氣一邊抬起頭，看到十幾個魁梧、赤裸、大汗淋漓、面目猙獰的男人，這群人正用搭上弓弦的箭瞄準著我們！……他們鼻孔掛著長長的深綠色黏液，而且還流到胸肌上，或是沿著下巴往下滴。我們到達村莊時，他們正往鼻孔吸入迷幻藥劑[xxxv]……然後，我驚覺十幾隻凶猛饑餓的狗在我腳邊亂吠，牠們圍著我打轉，看起來是一副準備享用佳餚的模樣。我只能拿著筆記本呆站，既無助又可憐。後來，一陣腐爛蔬菜的惡臭味撲鼻而來，我快要吐了……」

我們到達前一天，這裡剛發生一場激烈的衝突，附近一群人綁架了七名亞諾馬米婦女。我們抵達的那天早上，當地男人和其他賓客經過一陣激烈的棍棒鬥毆後，救回其中五名女人。我也不怕承認，若當時有好藉口離開的話，我絕對會立刻結束田野調查。[40]

但是，沙尼翁留下來了，還在隨後三十年裡再度回訪三十五次以上，並瞭解到亞諾馬米人的聚落與米德口中的

xxxii 譯註：一九六七年的一場反戰示威中，反戰示威者聲稱要抬起美國國防部所在的五角大廈。

xxxiii 譯註：沙尼翁是美國知名人類學家，曾在多家大學任教，以觀察亞諾馬米人幾十年而著稱。

xxxiv 譯註：沒有多少東西比術語更能讓人類學家感到激動。一份研究調查了沙尼翁作品的爭議，指出：「沙尼翁將這群人叫為Yanomamö，若有人稱亞諾馬米人為Yanomamö，那他應該是沙尼翁的支持者。如果有人採用的是Yanomami或Yanomamo，那麼立場則是傾向中立或反對沙尼翁。」[41]我永遠都喜歡保持中立態度，因此採用Yanomami。

xxxv 譯註：亞諾馬米的薩滿教巫師主要透過致幻劑來進行各種儀式。

圖1-7 不高貴的野蠻人：1970年代初，一群亞諾馬米人為了一個女人起衝突。照片中間偏左方的男子胸腹側邊有一條黑線，那是從他頭頂流下來的鮮血。

薩摩亞截然不同。他說自己目睹「許多事情，一方面反映個人報復心態，另一方面則反映了集體的好戰文化……由日常毆打妻子、互相捶胸以及決鬥[xxxvi]，到有計畫的突擊……目的是埋伏和殺死敵方村落的人。」（圖1-7）[42]

沙尼翁研究幾十年前的數據後，發現約有四分之一的亞諾馬米人因為暴力而死去，而且每五人中，就有兩人在生前參與過至少一次殺人事件。更糟糕的是，他斷定使用暴力還會帶來好報。平均而言，比起那些從不殺人的男人，曾經殺害他人的男性所生的孩子多了足足三倍。看來，高汀所說的野獸正在奧里諾科河（Orinoco）上游活蹦亂跳著。

不像盧梭和霍布斯，沙尼翁未曾被迫流亡，他在美國聖塔芭芭拉（Santa Barbara）度過了大部分教學生涯，這可是所有的教授夢寐以求的輕鬆職位，但他在學界的對手並不打算放他一馬。他們先是挑戰沙尼翁蒐集數據的方式，因為比起其他人類學家，沙尼翁更積極面對田野調查的難處。他坦承剛到比薩西—特里村（Bisaasi-teri）就惹上麻煩：「他發現大部分亞諾馬米人都認為，大聲喊出別人的姓名是非常不敬的行為（足以成為使用暴力的正當理由），於是研究家庭族譜變成一項特別棘手的任務。但是，沙尼翁並沒就此氣餒，反而堅持繼續調查。亞諾馬米人對他的無禮感到冒犯，便各自取了滑稽至極的名字作為報復。在所有的人嘲笑聲中，這個傻呼呼的外國人堅持不懈地把名字記錄下來。」

五個月後，沙尼翁才恍然大悟。某次到訪別的村落時，他無意中講出一個在比薩西—特里記下的名字。他表示：「全場突然陷入一陣沉默，隨後爆發失控的笑聲、哽咽、喘氣以及喧鬧，聲音響遍整個村落。似乎在我的記錄中，比薩西—特里的酋長叫『長屌』、他的兄弟叫『鷹屎』、兒子叫『混蛋』、女兒叫『口臭』。」[43]

進行田野調查時，最好事先想好備案。這時，沙尼翁原本的策略失效，於是他馬上著手後備方案。雖然亞諾馬米人不願透露自己的名字，卻很樂意說出自己仇家親屬的姓名。沙尼翁也發現，只要稍加賄賂或勒索，就能套出所需資料。

後備計畫奏效了，但這並不是與其他文化交流的好範例。二〇〇二年，美國人類學會（American Anthropological Association）的執行委員會正式接納一則舉報，譴責沙尼翁的田野調查手法——這是史無前例的譴責宣言。到了二〇〇五年，委員會又舉辦一次全體會員投票，結果將先前的譴責聲明撤銷（而這又是另一個先例）。不同意見的聲浪持續高漲，部分人類學家質疑，如果沙尼翁對「他的」人民如此狡猾，學者還能相信他所說的話嗎？一些曾在亞諾馬米族聚落工作的人並不支持沙尼翁的話，堅持亞諾馬米人一點也不暴力。他們說沙尼翁偽造資料，以此引起注意。

事情越演越烈，某些批評者指責沙尼翁串謀巴西人，企圖把亞諾馬米人的聚落分割成許多塊小面積的保留地，讓金礦礦工得以恐嚇當地部族，方便開採資源。二〇一二年，委內瑞拉的社運人士指控金礦礦工謀殺八名亞諾馬米

xxxvi 互相捶胸是指兩個憤怒的男人輪流捶打對方左邊胸膛，直到某一方無法承受為止。至於決鬥，則是指兩個盛怒的男人用木樁（有時會把木頭削尖）擊打對方頭部，直到其中一人倒下。

人，但政府派出的調查人員並沒有發現任何屍體。某位批評者甚至聲稱沙尼翁是麻疹疫情擴散的幫凶，導致數百名亞諾馬米人死亡。

對於學術界來說，這是一段不太光彩的歷史，但因為樹大招風而倒楣的不是只有他。就在抨擊沙尼翁以及其「人性本惡」觀點的聲浪越來越大之際，米德和她的著作《薩摩亞人的成年》也遭受同樣對待。紐西蘭人類學家德瑞克．費里曼（Derek Freeman）自一九四〇年開始就在薩摩亞做田野調查，他在一九八三年出版了一本書，駁斥米德徹底誤解薩摩亞。

米德聲稱自己「說他們的語言、吃他們的食物、赤腳盤腿坐在卵石地上」[44]，但費里曼從她未曾公開發表的幾篇論文發現，事實與她的描述相差甚遠。其實米德對當地語言只是略知皮毛，住在薩摩亞的時間也只有幾個月。她為自己打造了一個虛假形象，實際上與一位美國藥劑師以及他的家人同住一間平房，也曾與美國太平洋艦隊的司令共進晚餐。費里曼認為，米德的物質生活讓她忽略一九二〇年代警方在薩摩亞的記錄，當中清楚表示：「薩摩亞的暴力死亡率高於美國——別忘了，在那個黑幫大亨卡彭（Al Capone）橫行無阻的時代，美國的暴力死亡率本來就很高，可見薩摩亞的治安有多惡劣。」

更糟的是，在一九八七年的訪談中，法阿姆（Fa'apua'a Fa'amu，當時已是一位老奶奶，但在一九二六年是米德在薩摩亞最主要的報導人[xxxvii]）坦承，自己和女性朋友佛佛亞（Fofoa）覺得米德非常滑稽。這就像亞諾馬米人對沙尼翁的看法，但當中有個很大的區別，就是米德從頭到尾都不知道有人在唬弄她。法阿姆說米德對性的執著讓她感到不自在，「我們一直在說瞎話。」[45]《薩摩亞人的成年》只是青少年誇大失實的性愛故事。

到了一九九〇年代，學界互相指責的聲音紛至沓來。大眾傾向認為，人類學依然停留在盧梭以及霍布斯的爭論上。情況糟糕到部分人類學家甚至開始大肆宣揚人類學根本無法得出結論。新一代學者聲稱，田野調查之目的並非蒐集資料，而是一種藝術表演，從中編造自創的虛構故事，希望透過調查建立「論據」的人才是忽略了重點。

所幸這些說法大錯特錯。在一片誹謗謾罵聲中，幾百名人類學家花了幾十年時間默默工作與研究，逐步建立一個規模龐大的資料庫，內容與小型社會的衝突有關。他們的研究橫跨全世界，從非洲一直延伸至北極地區。經過長期研究後，學者得出關鍵結論：「在各地的小型社會中，暴力死亡率高得驚人。」

二十世紀，工業世界發生了兩場世界大戰，也進行多次種族屠殺。多虧理查遜的《致命衝突之統計》（我曾在前言提過這本書）以及後來建立的所有資料庫，我們現在才能有把握地說，在過去幾百年中，共有約一百億人口，當中大概有一億到兩億人在戰爭、長期鬥爭以及凶殺事件中因為暴力而死去，占總數的百分之一至二。根據人類學家和考古學家的研究，小型社會中因暴力而喪命的人數比例為百分之十到二十，是上述數字的十倍之多。

這不代表亞諾馬米人和薩摩亞人符合十九世紀對野蠻人的刻板形象，會一天到晚隨意殺戮傷人。此外，人類學家還發現就算是最殘暴的文化，人們也會互相建立親密關係、交換禮物以及舉辦宴會，期望以此和平解決大多數紛爭。儘管如此，一個鐵錚錚的事實是：「他們的確常常訴諸暴力。」二〇〇八年，生物學家兼地理學家賈德．戴蒙在新幾內亞的高原一帶進行田野調查，他說當時有一位「快樂、熱情、擅於交際」的司機，若無其事地聊起自己過去曾在三年之間參與周而復始的殺戮活動，當時死了三十人，戴蒙對此大為震驚。[46] 更令他震驚的是，由於他在書裡披露這件事，那名司機後來還將他告上法院，索償一千萬美金。案件最後被駁回。

人類學家花了很長一段時間後，才發現「他們的」人民很像《蒼蠅王》裡的角色，這原因很簡單：「他們的觀察時間不夠長。」以伊莉沙白．湯瑪士（Elizabeth Marshall Thomas，如今以《狗兒的秘密生活》（*The Hidden Life of Dogs*）一書聞名）為例，她在卡拉哈里沙漠（Kalahari Desert）度過了二十歲以前的幾年時光，跟著人類學家父母一起與桑族[xxxviii]的狩獵採集者生活。她對於桑族的生活有著敏銳的觀察，據此寫成《無害的人》（*The Harmless People*）

xxxvii 譯註：報導人（informant）是人類學與民族誌學的專有名詞，指參與研究的當地人，接受人類學家與民族誌作者的訪談，提供研究所需資訊。

xxxviii 與之前亞諾馬米人的例子一樣，有人可能會覺得這個術語不妥。一九九六年，桑族代表在會議中同意使用San來代表全體桑族，而非以往所用的「布希曼人」（Bushmen）。然而，有人認為San帶有貶義，因為它在納馬語（Nama）中的意思是「外來者」。

一書——儘管桑族在一九五〇年代互相殘殺，暴力死亡率甚至高過底特律市中心古柯鹼問題最嚴重的時候。

伊莉沙白・湯瑪士以《無害的人》為書名，並非因為她不擅觀察，而是她以數據為依歸。如果在某個狩獵採集者社會的暴力死亡率為百分之十，那麼每二十五年，十幾人的群體中就會發生一起謀殺事件。很少人類學家有資金或毅力待在田野二十五個月，更別說是二十五年了。研究過程需要反覆回訪，最好涵蓋多個群體（像是沙尼翁在亞諾馬米的研究），以揭示多不勝數的人會遭遇不測。

高強度暴力的證據確鑿，但成因卻複雜難解。若《薩摩亞人的成年》的理論正確，戰爭確實是文明下的傳染病，那麼桑族很可能從西方人身上染疫，才會導致暴力行為出現頻率那麼高。這個概念為一九八〇年的經典喜劇《上帝也瘋狂》（*The Gods Must Be Crazy*）帶來靈感，但也有針對沙尼翁的批評家帶著惡意眼光，指責他以鋼斧換取情報，親自把戰爭（以及麻疹）傳染給亞諾馬米人。

解決這個問題最好的方法就是回顧過去，看看小型社會接觸到較複雜的社會前，衝突是否普遍存在（《蒼蠅王》一書認為本來就存在），抑或是與複雜社會來往後才開始發生衝突（《薩摩亞人的成年》主張是接觸後才發生）。可是，一旦這麼做，我們就會遇到因果難定的問題：「在接觸複雜社會前，大部分小型社會都沒有文字記錄。」

米德最愛的地方薩摩亞就是個好例子。英國傳教士約翰・威廉斯（John Williams）最先對該地島嶼進行詳細記錄，他在一八三〇年代前往島上時，首先目睹了阿阿納村（A'ana）的熊熊烈火。威廉斯寫道，那是一場「災難般的戰爭，村民激戰了快九個月。我們許多人民遭殃，每天都有死傷者被送回來。」[47] 戰後當地淪為不毛之地，「阿阿納（威廉斯的拼法為AAna）每個角落都渺無人煙，沿著美麗的海岸線航行十到十二英里，也看不到半個人影。」[48]

深怕阿阿納村的事件不足以讓威廉斯相信薩摩亞人很強悍，薩摩亞酋長們更向他展示祖先所砍下的人頭，並熱情地向他敘述過往的戰爭和大屠殺。在某個村落裡，村民每打一場戰爭，就會往籃子裡放一顆石頭：「威廉斯數到一百九十七顆。」

還有個問題，雖然威廉斯是第一個詳細記錄薩摩亞的歐洲人，但並非首位到訪該地的歐洲人。荷蘭探險家雅各・羅赫文（Jakob Roggeveen）在一七二二年抵達，其他人也在隨後一百年陸續到達。因此，或許有人會說，威廉斯看到的每一顆人頭、石頭以及每段故事都是在一七二二年以後累積起來的，是感染文明病而留下的惡果。

然而，考古學並不支持這種說法。薩摩亞島內陸有許多古代丘堡，有一部分確定是在一七二二年以後才興建的。根據碳十四定年法[xxxix]的測定，也有一部分的歷史可以追溯到六百至一千年前。這證明早在歐洲人到達前，薩摩亞人就有建造堡壘，也可能會發動戰爭。許多薩摩亞民間傳說中，均描述了約八百年前對抗東加（Tonga）入侵者的偉大戰役。在這種背景下，建造堡壘就變得非常合理。歐洲人到島上時看見薩摩亞人使用的木棒和戰鬥用的獨木舟，似乎也是根據戰役時東加人留下來的原型所建造，反映當地一直流傳著使用致命武力的傳統。

《薩摩亞人的成年》所主張的理論似乎在薩摩亞也行不通，不過解讀考古研究結果的方式其實有很多種。考古學是個較新的領域，儘管到了一九五〇年代，培養考古學家的研究所還是少之又少。研究考古學的人往往是誤打誤撞，從其他領域轉行過來，當中還有為數不少的退伍軍人，他們自然到哪都能找出戰爭和破壞的痕跡。到了一九六〇和七〇年代，新一代的年輕男女進入考古領域，他們都在大學專攻人類學或考古學，而且大都深受《薩摩亞人的成年》影響，所以在哪都看不到戰爭和破壞的痕跡，這也同樣不足為奇。

對中年人來說，年少時的魯莽行為大都不堪回首。一九八〇年代，我還是研究生（《薩摩亞人的成年》的輝煌時代），曾在史前希臘遺址庫庫納里斯（Koukounaries）度過幾個夏天，遺址位於童話仙境般美麗的帕羅斯島（Paros）。首次到訪時，負責人說明該遺址在西元前一一二五年遭到暴力襲擊而摧毀，其防禦城牆倒塌，建築物也遭燒毀。防禦者在城牆邊堆放彈石[xl]，後來也從衛城的狹巷中挖掘出幾頭驢子的骸骨，牠們都是最後決戰的受害者。不過，我堅決認為這些都不是戰爭證據（在此要趕快澄清一下，我的研究所同學們也都這麼認為）。一旦我們把戰爭的可能

xxxix 譯註：有機材料中含有碳十四（carbon 14），可以據此確定考古學、地質學和水文地質學樣本的大致年代。

xl 譯註：彈石是古代軍器，削尖兩端後放在投石器上丟砸敵人。

性排除在外，任何荒謬的解釋聽起來都言之有理。

正是這種思維，導致許多考古學家忽略眼前鐵一般的證據，堅稱在羅馬時期以前，本章前面提到的那些西歐丘堡只是慶典中心和地位象徵，反正絕對不是軍事基地。與人類學家一樣，考古學家在一九九〇年代才開始意識到《薩摩亞人的成年》理論根本無法套用在這些證據上。

促成此一轉變的推手之一，是新的科學研究方法。一九九一年，幾位登山客在義大利境內的阿爾卑斯山區發現著名的冰人[xli]，該具冰凍的屍體可追溯到西元前三三〇〇年左右。考古學家原先判斷他在一場暴風雪中喪命。二〇〇一年，透過掃描技術，學者發現冰人左腋下插著一個箭頭。這時，部分考古學家還是認為是古人精心舉辦一場葬禮，並把這具屍體帶到山上。到了二〇〇八年，最新的免疫組織化學技術顯示，冰人至少遇襲兩次。第一次的攻擊在他右手留下很深的傷口，幾天後便發生第二次，他後背遭鈍器擊中，而且中箭導致某條動脈斷裂。二〇一二年，學者利用奈米級掃描的原子力顯微鏡，在冰人身上發現完整紅血球，證明他中箭後幾小時內因失血過多而死。

若非冰人保留得如此完整，我們就無從得知這些資訊。可是，有系統地研究大量骨骸時，也可能得出令人厭惡且殘忍的結果。例如在一三二五年，至少有四百八十六人遭到屠殺，那些屍體全都丟在美國南達科他州烏鴉溪（Crow Creek）的壕溝裡。九成（甚至是全部）死者的頭皮都遭剝去，而且挖去眼球、打碎牙齒、割斷喉嚨，有的甚至被斬首。當中有些人已經多次喪失頭皮或中箭〔那時候北美應該還沒有槍，所以翻譯成中箭〕，他們骨頭上均有清晰的舊傷或部分癒合的傷口。

烏鴉溪的挖掘工作始於一九七八年，美洲原住民遭遇大屠殺的證據隨即大量出土。最近的例子（在我寫這本書時）就在科羅拉多州聖陵（Sacred Ridge），那裡有個村落在八〇〇年遭燒毀，至少三十五名男女與孩童遭受折磨及殺害。敵方以鈍器、棍棒或石頭把他們的腳和臉槌成肉醬，並把所有人的頭皮剝去、割下耳朵以及把部分屍體剁成碎片。與一千年前波利比烏斯筆下的羅馬人一樣，他們甚至連村裡的狗也不放過。

對羅馬人來說，烏鴉溪、聖陵以及薩摩亞都不算什麼。西塞羅和塔西佗兩人與霍布斯及高汀同樣清楚，野獸離我們很近、很近、很近，而且只有更凶猛的野獸鎮得住牠，那就是像利維坦般強大的政府。

六、通往羅馬之路

政治學家福山（Francis Fukuyama）在《政治秩序的起源》（*The Origins of Political Order*）一書中提出發人深省的問題：「怎麼才能通往丹麥？」

福山發問的原因並非他不懂得買機票，而是據福山所言，社會科學家已普遍認為丹麥是「神話般的地方，眾所周知，丹麥有良好的政治及經濟體制，國家穩定、民主、和平、繁榮、包容度高，而且極少出現政治腐敗的情況。每個人都希望知道如何把索馬利亞、海地、奈及利亞、伊拉克以及阿富汗變得和丹麥一樣。」[49] 如果兩千年前就有政治學家，他們就會改問怎麼才能通往羅馬。羅馬帝國不太民主，但的確非常和平。若按照當時的標準而言，羅馬也稱得上穩定、繁榮、包容度高（是否腐敗則很難說得準）。羅馬之外的古代社會則是更接近現代的索馬利亞、海地、奈及利亞、伊拉克以及阿富汗，但比這些地方更危險。

我在本章提到，羅馬人成功打造帝國的過程非常矛盾。一方面，利維坦強權能壓制暴力，而壓制暴力就是羅馬人（或當今的丹麥人）最成功之處。另一方面，利維坦最初也是利用暴力才能順利走下去。總而言之，戰爭似乎是有好處的。然而，並非所有的戰爭都能通向羅馬。在地中海盆地，戰爭的確帶來和平及繁榮，但也有不少地方是反例。考古學家在波羅的海沿岸、澳洲沙漠以及非洲中部的森林發現持續戰爭的證據，但這些地方都沒有向羅馬帝國看齊。

---

xli 譯註：德國科學賽門（Helmut Simon）與妻子在義大利北部阿爾卑斯山的一條冰川裡，發現了一具穿著整齊、帶著弓箭、身體上部裸露在冰層外的木乃伊。專家們認為，這是一具青銅器時代武士的屍體，並以發現的地點命名為「奧茲」。

為什麼？為什麼野獸沒有在各地變成坐寇統治者？看來，戰爭只能在某些時候帶來好處。我們要釐清造成這個差異的關鍵。

第二章 囚禁野獸：具有建設性的戰爭之道

一、異於西方戰爭方式

俗語有云：「無論關於什麼，希臘人總有一套說法。」——他們貢獻的其中一種說法是「混沌」。[1] 希臘神話中，混沌是眾神創造宇宙前混亂無序的時期；若是在希臘戰史上，「混沌」則是指西元前四七九年八月某天破曉時的混亂場面：「希臘聯軍在鄉間小鎮普拉蒂亞（Plataea）迎戰波斯指揮官馬鐸尼斯（Mardonius）。大批希臘裝甲步兵滿布丘陵，眺望馬鐸尼斯的軍營，長達一週之久。開戰前一晚，希臘聯軍決定撤退，但過程亂成一團，有的打死不撤，堅稱退卻是懦夫所為；有的聽令棄守，卻走錯方向；也有的完全消失無蹤。」

斯巴達（Spartan）分遣隊[i]和其餘希臘聯軍之間相隔一座陡峭山脊。馬鐸尼斯當機立斷，帶領菁英部隊直衝斯巴達陣地。頃刻間，其他波斯部隊也散開往前衝，以絕對的人數優勢淹沒了斯巴達部隊。五世紀的希臘史家希羅多德（Herodotus）記載了接下來的狀況：「雖然與希臘人一樣英勇強悍，但波斯人缺乏盔甲及訓練，戰技遠比不上敵

i 普拉蒂亞之戰中，希臘聯軍由雅典、斯巴達等城邦組成。

圖2-1 真正的戰士：在西元前470年左右繪製的雅典紅彩花瓶上，一名希臘裝甲兵持矛刺向沒有裝甲的波斯戰士。

方。波斯士兵衝往斯巴達陣地時，有時是孤軍一人，有時大約十人一群。然而，不論波斯士兵人數多寡，下場是一律遭到砍殺。」[2]

希羅多德指出：「馬鐸尼斯總是騎著白馬，身邊由千人精銳部隊簇擁著，到哪都發起猛烈攻擊。馬鐸尼斯還活著時，波斯部隊勢不可擋，激戰中殺死許多斯巴達人。後來，馬鐸尼斯倒下了，護衛他的親兵部隊也遭消滅，剩下的波斯部隊隨之瓦解，紛紛轉身逃忙。」此外，不堪的事實是：「波斯部隊……有不少士兵，但沒幾個稱得上是戰士。」[3]（圖2-1）

專治軍事史的學者維克多．戴維斯．漢森（Victor Davis Hanson）認為，將領可以左右戰鬥風格，繼而影響後續歷史發展。漢森表示：「過去兩千五百年裡，西方人作戰時具有某種特殊的風格，軍隊持續共享相同理念，這讓歐洲人成為人類文明史上最令人生畏的士兵。」[4]

漢森把歐洲人別樹一幟的戰爭風格稱為「西方的戰爭之道」，他認為是希臘人在西元前七〇〇到五〇〇年間創造出這種戰爭方式，開始透過重裝長矛兵方陣[ii]之間的正面衝突來解決分歧。漢森總結表示：「正是因為西方人渴求步兵壯烈地衝鋒陷陣，在戰場上自由人之間以利刃武器殘酷互殺，過去兩千五百多年來，才會讓非西方國家倍感頓挫與恐懼。」[5]

已逝的史家約翰・基根（John Keegan）堪稱是二十世紀軍事史的翹楚，他根據以上論點進一步指出：「從馬鐸尼斯的時代開始，西方戰鬥傳統便與歐亞草原、近東以及中東地區特有的戰爭風格形成涇渭分明的發展，非西方人習慣間接、迴避和對峙的戰鬥風格。在歐亞草原東部和黑海東南部，戰士持續與敵方保持距離；但歐亞草原西部和黑海西南部的戰士卻開始不再謹慎小心，選擇與敵方近身搏鬥。」[6]由此可見，驍勇的馬鐸尼斯反而更接近斯巴達人的戰鬥傳統。

我在上一章結語曾經提問：「古時許多人沒能成功打造出帝國，那麼為什麼羅馬人能成功？」如果漢森和基根說得沒錯，那麼答案不言而喻：「以他們的論點為依據，羅馬人成功打造帝國，是因為他們承繼了希臘人的『西方的戰爭之道』。」只有經過血戰的正面衝突，才能打造出利維坦般的強國。我們可以由此進一步推論：「我說戰爭曾帶來某些好處，實際是指『西方的戰爭之道』曾帶來某些好處。」

要驗證上述推論，唯一方法就是擴展視野。我們先要知道希臘人在普拉蒂亞之役是否只遵循了西方的戰爭方式。此外，還要確認是否只有西方國家想要打造安全繁榮的龐大社會。

在本章，我會試著證明兩件事：「首先，前面兩個問題的答案皆為否定。第二，兩個問題的有趣之處，就是在

ii 譯註：古希臘作家以「方陣」（phalanx）形容戰爭中所有的大型步兵陣法，一般是由重裝步兵手持長茅或類似武器所構成的長方形大規模軍事陣法。

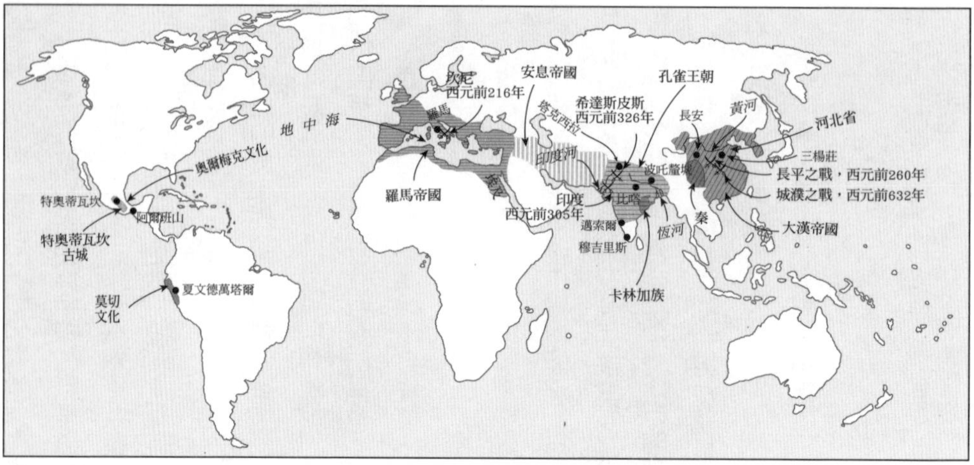

圖2-2　古代帝國：西元前250年左右的孔雀王朝；100年左右的羅馬、安息帝國、大漢帝國；300年左右的特奧蒂瓦坎。

於答案皆為否定。」若我們把視野從地中海盆地擴大至全世界，羅馬人成功打造帝國的真正原因便會慢慢浮現，真相大白後就能輕易理解戰爭到底如何帶來好處。

二、帝國並立的時代

我想先討論第二個問題：「想要打造安全繁榮的龐大社會，真是西方獨有的特色嗎？」

答案是否定的，從一張地圖（圖2-2）就能讓人一目了然。普拉蒂亞之役以後的兩三個世紀裡，在舊世界[iii]的地中海到中國一帶，崛起了一群相當類似的帝國，全都是龐大、和平又繁榮。在大西洋彼岸，中美洲和安地斯山脈（Andes）一帶有許多規模小但依舊強盛的國家統治當地。

在眾多帝國中，最為興盛的莫過於西方的羅馬帝國、如今名為中國的大漢帝國及位於現代印度和巴基斯坦的孔雀王朝（Mauryan Empire）。三大帝國的領土都在一百五十萬至兩百萬英里之間，治下臣民三千到六千萬人，而且大致上都結束了軍事衝突不斷的時代，國泰民安。三個帝國的暴力死亡率均大幅下降，人民得以好好發揮生產力，成功打造出相對來講還算祥和富足的黃金時代。

整體而言，我們對大漢帝國和孔雀王朝的了解遠低於羅馬帝國，對於新世界[iv]的認識就更少了。另外，能在美洲搜集到的證據少得可憐，就連利維坦強國的起源地，專家們也無法達成一致看法。一部分考古學家認為，墨西哥的奧爾梅克文化（Olmec culture）以及秘魯的夏文德萬塔爾（Chavín de Huantar）[v]是建立強國的先驅。不過，主流意見仍然認為是一千年後，秘魯的莫切文化（Moche culture）[vi]以及位於墨西哥阿爾班山（Monte Albán）與特奧蒂瓦坎（Teotihuacán）的城邦崛起後，美洲才出現了第一個能發揮功效的政府，繼而以強權統治幾千平方英里的領土和最多幾百萬人口。美洲強國建造宏偉的紀念碑、精心規劃貿易網路、設法提高人民生活水平，卻仍未創造文字。

對歷史學家來說，沒有文字記載真是不妙。就算考古學研究達到了最高境界，能提供關於美洲強國的訊息也很有限。在特奧蒂瓦坎出土的人祭遺跡證明，古時美洲比舊世界的古老帝國更為殘暴。可是這也不一定正確，因為羅馬人的確曾一窩蜂去觀看角鬥士互相廝殺（後來有大量支離破碎的角鬥士肢體出土）。八〇〇年左右，舊世界的各大帝國早已沒有活人獻祭或角鬥士相殘的文化，因此從當時在瓦里（Wari）出土的安地斯王國（Andean kingdom）王室陵墓六十具屍體看來，得以印證新世界的確比舊世界更為暴力。然而，只要更深入研究，就會發現證據不足，難以有系統地進行比較。若是中美洲有塔西佗那樣的人物就好了，只有這樣我們才能釐清真相。

我們知道當時沒有這一類人物，未來應該也不會發現有這種人存在——但光憑這點，就足以說明一個道理：「一般來說，國家越強大，留給歷史學家和考古學家的證據就越多，這是因為強大的政府必須進行許多建設，而且要留下更多記錄。」新世界的利維坦政府或許還沒有發展到非有文字不可的地步，而這可能也意味著這些中美洲政府還沒辦法做到像羅馬人那樣，已經足以逼近現代丹麥的水準。

iii 譯註：舊世界（Old World）指的是歐亞非三洲。

iv 譯註：新世界（New World）指的是美洲大陸，因此前述曾經強盛過的中南美古國皆屬新世界。

v 譯註：夏文德萬塔爾是位於秘魯境內的考古遺跡。

vi 譯註：莫切文化依據其發源地莫切河谷命名，分布於秘魯沿海。

安息帝國（Parthian Empire）位於現今伊朗和伊拉克之間，發展水平則是低於羅馬，高於新世界。安息帝國傳承了幾千年前西亞的文字傳統，而且必定有擅於讀寫的統治者和官員，但存世文本稀少，部分原因為技術不足。當代官員原本在烤過的泥板上書寫，能夠永久保存，但他們後來改用羊皮紙和莎草紙，反而無法好好流傳下來。另外，在伊拉克總統海珊（Saddam Hussein）以及伊朗歷任領袖的統治之下，兩地的考古進程大受阻撓。不過，這兩個理由也不足以解釋安息帝國流傳下來的文獻數量為何如此稀少。安息帝國的政府軟弱無能，根本管不住貴族的行為，這點讓羅馬作家大吃一驚（換作是愛里亞斯肯定也大為不滿）。這些貴族大多據地自治，形成彷彿小國林立的局面，而且不斷交戰。根本不把國王當成一回事。

中國和印度的情況則是截然不同，羅馬帝國與中國漢朝（西元前二〇六年至西元二二〇年）的相似程度讓人難以忽略。從戰國時代到秦末（西元前四世紀到三世紀），中國處於兵連禍結的狀態，及至大漢興起，建立了可以媲美「羅馬和平」的「中華治世」（Pax Sinica），為廣袤領土帶來一片昇平景象。迄至西元前三世紀，兵塚依然到處可見，但到了西元前二世紀便幾乎絕跡了。從那時開始，遠行者不再佩帶武器，各大城也不再整修夯土城牆，而且凡事訴諸法律而非武力。

與羅馬一樣，漢朝朝廷打壓盜匪和海盜，官員若是濫權亂法也必須被追究責任。西元前一世紀西漢酷吏尹賞就是個好例子：「他在長安令任內盡捕奸徒，留下輝煌紀錄後才轉任江夏郡太守。但在那之前，尹賞其實曾任頻陽[vii]縣令，卻因為整飭治安的手段太過殘酷而遭到免職。」

中國漢朝還有一點和羅馬很相似，就是兩地都不是什麼天堂，而且比所有穩定的現代國家更為暴力。當時的官員常常抱怨人民私下解決恩怨，甚至會有人僱用黑幫殺害死對頭，害這些官員也飽受責備。漢朝人民並沒有權利保持緘默。官方所訂的斷案指南《封診式》裡規定各級司法官員調查凶殺案時，必須找來多個證人、進行交叉盤問以及蒐集實質證據，但這名為〈訊獄〉的段落在結尾處卻以漫不經心的口吻補了一句：「其辭已盡書而毋解……其律當笞掠者，乃笞掠。」[viii]

雖然如此，比起前朝，漢朝還是順利走在前往丹麥的路上。漢朝以前的法條規定，輕微暴力罪行的刑罰是砍下鼻子、耳朵和四肢，嚴重的則會在犯人的頭骨上鑽洞、切除不同數量的肋骨、斬首、活埋和腰斬。在某些司法官員墳塚發現的裁決記錄表明，這些並非用來嚇唬人們的空話，而是確實執行的刑罰。

我已經多次提到愛里亞斯在經典《文明的進程》裡的論點：「要獲得和平就必須好好安撫富人，而中華治世在這方面或許勝過羅馬和平。」就在其他各個帝國都設法靖綏國內各省之際，漢帝國卻把軍隊調往邊境。當時，羅馬持續在帝國各地招募士兵，高風亮節者如地理學家普林尼和歷史學家塔西佗等人除了寫作以外，也曾屢屢擔任律師和軍隊統帥等職務。相比之下，中國的做法更高明，招攬罪犯或帝國外的傭兵加入軍隊，如此一來漢朝的賢士只需致力於法律和寫作等行業。除此之外，羅馬人崇尚斯多葛主義，主張他們必須和不喜歡的人事物共處，不應易怒或殺害他人；而大漢帝國則推崇各種形式的儒家思想，提倡重文輕武的概念。相較於羅馬，大漢帝國能走向富強更是靠教育與文化。

當時南亞的情況也是大同小異，只是相較於中國和羅馬，印度和平（Pax Indica）比較難以詳細說明。俗語有云：「不會駛船嫌溪彎」——才疏學淺的歷史學家總把責任推卸給資料來源不足。不過這一次，我們對印度孔雀王朝的認識確實不如羅馬或漢帝國。古印度流傳下來的文獻很少，其中八百頁的治國聖經《政事論》（*Arthashastra*）[ix]最為重要，卻在多個世紀前遺失了。到了一九〇四年，《政事論》才再次出現，當時一位印度學者（官方並沒有公布他的名字）把最後一份寫在棕櫚葉上的手稿夾在胳膊下，並把它帶到位於印度西南部的邁索爾東方圖書館（Mysore Oriental Library）。

vii 譯註：位於今陝西省。

viii 譯註：意思是，「偵訊到極限也無法結案時……若受偵訊者是法規規定可以鞭笞的人，就鞭笞之。」

ix 後來翻拍成三十小時（極度）戲劇化的印地語電視影集，附有英文字幕（http://intellectualhinduism.blogspot.com/search/label/Chanakya）。

《政事論》的內容涵蓋所有的問題，大至建造堡壘，小至國王應雇用幾名理髮師。此外，書中還詳盡描述了司法系統，更制訂了地方官員在審理凶殺和傷害案件時必須遵循的法規。若醫生懷疑患者死因是他殺，便要提送報告書。同樣的，若村長目睹村民虐待動物，也必須呈上報告。法律對所有可能會發生的暴力罪行都制訂了懲處規定，例如：把對他人吐痰和嘔吐這兩種襲擊行為區分開來，罰款更是進一步細分，其依據為涉案液體擊中遇襲者的身體位置，包括肚臍以下、肚臍以上以及頭部。

從《政事論》便可看出孔雀王朝對鎮壓暴力有多麼認真。照理來說，作者考底利耶（Kautilya，另有夏納加（Chanakya），或是毗溼奴笈多兩個別名）應該非常了解自己所寫的內容。他曾帶頭起義，最後在西元前三二〇年促成孔雀王朝的建立，並擔任開國君主「月護王」（Chandragupta）的宰相。

考底利耶的身分非常適合描述孔雀王朝的制度，但這也是問題所在。考底利耶所寫的到底是現實還是規範理想君主該做的事，學者對於這個問題無法達成一致意見，部分人甚至懷疑《政事論》根本就不是考底利耶所寫。一些書中提到的物品（例如中國絲綢）顯然在後來才出現在印度。此外，人們分析書中語言後，認為《政事論》或許是在考底利耶去世很久後，有人根據幾個世紀累積的各種資料撰寫而成。

雖然我們可以拿其他資料與《政事論》比較，但那些文獻也有各自的問題。西元前三〇〇年左右，希臘外交官麥加斯蒂尼（Megasthenes，此人必定曾經會晤考底利耶）曾到訪孔雀王朝的首都波吒釐城（Pataliputra），他寫道：「印度人非常奉公守法，就連月護王出征時，他的軍隊也從未摧毀過任何鄉村，殘殺農民就更不可能了。」不過，麥加斯蒂尼的可信度也令人質疑，因為他說某些印度人的腳掌前後長反了，而且印度的狗咬人非常用力，以至於眼球都掉出來。

後來，印度的阿育王（Ashoka）在西元前二五〇年代征服古國羯陵伽（Kalinga），在各處留下總計三十九篇銘文，其重要程度與《政事論》不相上下。典型的御令詔書都華而不實，阿育王的銘文風格卻截然不同，他表示：「朕幸獲眾神眷顧，但征服羯陵伽後懊悔不已，只因征服該國時曾大開殺戒，致黎民流離失所，想必皆非眾神所樂見。」[8]

阿育王成功「征服方圓十五英里內的所有的疆土」，不久後卻宣布他將追隨佛陀教法（dhamma）。佛陀教法單純是佛教概念，還是阿育王的個人想法？印度學家對於這個問題有所爭議。根據阿育王自己的說法，佛陀教法是「端正行為……服從……慷慨……以及戒絕殺生。不論是父子、兄弟、主人、朋友、故舊、親戚抑或鄰居，都應該對彼此說：『佛陀教法甚善，應為吾人圭臬。』」[9]

阿育王在城市和鄉村廣設「佛陀教法官員」[10]，專責落實一系列新法。此外，阿育王又派出御史監督新法是否真獲落實，隨後甚至屢屢親赴各地視察。孔雀王朝與羅馬一樣，霍布斯於後世提出的「取得的國家」和「建立的國家」明顯共存。阿育王發現「立法已經不怎麼有效，更別說是教化人民了」[11]，他認為重要的是：「自從推崇佛陀教法後，藏身於人民之中的邪魔已大大減少。苦海眾生不再遭邪魔纏擾，世間變得法喜與祥和滿盈。」[12]

與之前一樣，我們需要關於古印度暴力死亡率的可靠統計，以便解讀上述文獻資料。可是，相關統計依舊並不存在。這樣一來，考古學能發揮的作用也不大。由於已知的古印度墳墓很少，我們無從得知男性是否普遍會隨身攜帶武器。西元前六世紀，防禦工事沿著恆河流域建設，反映當時戰事增加。在羅馬帝國，大多城市在最初的征服之戰結束後，都不會再維護城牆。但是，整個孔雀王朝時期，印度的防禦工事都維護得當，而背後原因依然是個謎。或許孔雀王朝不如羅馬般安穩，也可能是孔雀王朝存活的時間太短（約在西元前三二〇年建國，並在西元前一八五年一場政變中滅亡），人們根本沒時間淘汰無用的城牆。若無法挖掘更多證據，這些問題都無法解答。

考慮到考底利耶、麥加斯蒂尼以及阿育王的一致說辭，加上印度和中國法治的情況大致相似，我推斷孔雀王朝和漢朝以及羅馬一樣，為臣民帶來更安全的日子。雖然現在我的想法還無法得到證實，但這三個帝國確實讓人民的生活更富足，這點幾乎沒有爭論的餘地。

文獻和考古結果都印證了，古中國擴張帶動了國內經濟增長，渠道、灌溉水渠、水井、肥料以及牛隻成為田間常見景象，鐵製工具也大量湧現，錢幣在各城市之間流通，商人把小麥、大米和奢侈品運到能高價出售的地方，政府大幅削減關稅以及投資興建道路海港。在漢代，不論是住了五十萬居民的繁盛首都長安，還是最簡樸的村落，市集都擠滿窮人和富人，全都在販賣自己能夠以低成本生產的東西或購買自己無法生產的商品。哲學家對此感到擔憂，懷疑商人變得如此富有是否合理。

中國考古學家手上還沒足夠量化數據，無法做出圖1-4的中國版本，以圖表反映不斷升高的生活水平。但是，自二〇〇三年開始，河南省小村落三楊莊的挖掘工程不斷發現近乎完美的證據。

一一年的某天，黃河沿岸的防洪堤破裂，想必是連續多日大雨滂沱，連上游也出現洪水。但是，三楊莊的農夫依然在肥沃的土地上耕作，希望還是有豐富收成。兩千年過去，現在很難判斷大災難發生前第一個警訊是什麼。可能只是先看到堤防崩塌，無數加侖的泥水傾瀉而下，洪水從遠方傳來低沉怒吼。不過，最有可能的跡象是雨水打在瓦片屋頂上，慢慢淹沒房子。不過，據我推測，要等到泥水開始從家門下滲出時，那些農民才會意識到這不僅僅是風暴，驚覺災難已經來臨。從未料到的事情發生了，他們這才拋棄一切逃命。三楊莊已在這片土地上扎根上千年，卻在幾小時間不復存在。

考古學家是一個殘酷的職業，他們把一一年的悲劇變成科學的勝利。漢朝村落三楊莊完美地保留下來，記者更稱它為「中國版龐貝」[13]。挖掘人員小心翼翼地把洪水帶來的泥土和一般村落都有的泥土分開後，便發現村民和馬匹逃離村落時，在耕地上留下的腳印和馬蹄鐵痕跡。

這些證據確實引人入勝，但比起古人的生活插曲，考古學家對農民留下的乏味遺物更感興趣。漢朝村民住在堅穩的泥磚房子，與西邊四千英里外的羅馬帝國驚人地相似。此外，兩國均使用瓦片屋頂，而且同樣有著大量各種各樣的鐵製工具和精製陶器。

兩國當然也有差異之處。在三楊莊仔細的挖掘工程中，發現泥土上有餵蠶用桑葉的壓印，這是羅馬人當時缺乏的技術。西元七〇年代，博學多聞卻非常刻薄的羅馬地理學家普林尼曾抱怨說，淑女為了在大眾前賣弄姿色，花費數百萬塞斯特斯去購買薄如蟬翼的中國絲綢。[14]但整體來說，三楊莊和羅馬村落（或說是龐貝）的文物非常相似。

在印度找到的證據依舊是非常不充，但仍然指向大致相同的結果。與大漢與羅馬一樣，孔雀王朝統一了度量衡、大規模鑄造硬幣、公布明確的商業法規、興建道路、幫助村民開墾新的土地。此外，孔雀王朝還推行貿易工會，在商業活動中發揮了重大作用。

印度給希臘大使麥加斯蒂尼的印象為繁榮之地，考古學也證明了這一點。印度次大陸沒有像龐貝或三楊莊那樣的地方，孔雀王朝最大的房屋樣本依然是在英國殖民統治時期，從塔克西拉（Taxila）和比嗒（Bhita）挖掘到的文物。雖然那些文物遠低於標準（就算在殖民時期也已經過時），但還是可以提供足夠訊息，反映西元前三世紀的房子相較於過去更為寬大舒適，而且傢俱也更齊全。與漢朝和羅馬一樣，古印度的房屋也有磚牆和瓦片屋頂，裡面幾個房間圍繞著院子，而且大多都有水井、排水管、設有烤箱的廚房和儲藏室。

對考古學家來說有個壞消息，就是當地沒有發生過災難，居住者在離開前還有時間好好整理屋子。好消息則是孔雀王朝的人民沒有整理東西的習慣，他們留下了充足的陶器碎片、煮食器具、鐵器，甚至還有少量珠寶，證明印度人在孔雀王朝過的生活遠比以前好。

到訪印度的希臘和羅馬遊客看到許多驚奇動物（會說話的鸚鵡！紅尾蟒！當然還有大象！），但讓他們最印象深刻的還是地中海和印度次大陸在約西元前二〇〇年後建立的大規模貿易。普林尼寫道：「印度每年都從我們國家榨取五億五千萬塞斯特斯（足以養活一百萬人整整一年），我們得到的印度的貨物售價是生產成本的一百倍！」[15]

普林尼的算法不可能正確。根據他的數字，幾千名商人就帶來了五百五十億塞斯特斯的利潤，幾乎是羅馬帝國年產量的三倍。因此，不少古羅馬文化研究者認為文獻抄寫錯誤，普林尼原本記錄與印度的貿易額是五千萬塞斯特斯，而不是五億五千萬塞斯特斯。最近的研究表明，五千萬塞斯特斯應該很接近實際金額，雖然這也是個驚人的數目。一九八〇年，奧地利國家圖書館（Austrian National Library）取得一份掠奪而來的莎草紙捲軸，該文物原本從某個位於埃及的羅馬時代遺址出土，年代約為一五〇年。研究發現，捲軸內容描述一艘船隻從印度穆吉里斯〔Muziris，現在是喀拉拉邦的帕特南村（Pattanam）〕返回埃及時的財務安排。船艙裡的象牙、高級布料和香水價值近八百萬塞

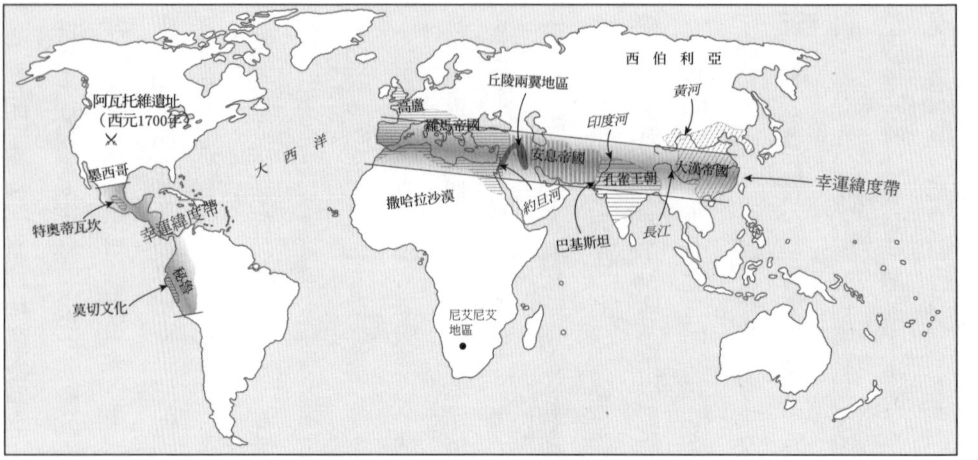

圖2-3 農民和戰士：幸運緯度帶

斯特斯（以羅馬的市價計算），足以讓至少一萬五千人吃上一年。羅馬對船上的進口商品徵收百分之二十五的稅，五百艘這樣的船就能支付羅馬帝國一整年的軍事開支。

我們還沒發現關於印度一方的文獻記錄，但在穆吉里斯的挖掘工程從二〇〇七年開始，單單一年間所挖到的羅馬葡萄酒容器就比羅馬以外任何遺址都來得多，反映古印度顯然是個繁榮國度。

在西元前一千年紀晚期，羅馬、中國和印度這些大國都看似讓國民過得更安全富有。安息帝國有個龐大卻相對不安全的帝國；在中美洲和安地斯山脈地區，一些比較小的國家也不見得很安全；遠離這一帶緯度區，在舊世界赤道以北二十至三十五度，也就是新世界赤道以南十五度至以北二十度的地方有些小型社會，當地的暴力死亡率大概維持在百分之十至二十之間。

這種模式背後的原因為何？為什麼只有住在特定緯度的人這麼幸運，得以走上向丹麥看齊的路？為什麼某些人在這條路上走得比較長遠？

三、囚籠

另一張地圖可以解答這個問題。圖2-3和圖2-2所顯示的古代帝國相同，只是多加了一些細節。灰色陰影的區域代表農業中心地帶，約西元前一萬至五千年間，人類首度在這些農業中心開始從事農耕。人類歷史上有兩三個重大轉折點，開始農耕就是其中一個，我在著作《西方憑什麼》裡曾對相關議題加以詳述。我在此再度提起，原因是農業中心地帶和幾千年後古帝國出現的地方恰好有關聯。在幸運緯度帶，戰爭催生了利維坦般的強國，但與此同時，其他地方的生活依然貧窮、骯髒和野蠻，這背後的原因正是農業催生了具有建設性的戰爭之道。

故事大約始於波斯人和希臘人在普拉蒂亞爆發戰爭的九千年前，當時世界剛歷經冰河時期最後階段[x]，正開始慢慢回暖，包括人類在內所有的動植物都瘋狂繁衍。在冰河時期最冷的時候，也就是兩萬年前，地球上只有五十萬人，卻在回暖後一萬年間激增至一千萬人。

當時無異於現代，世界各地都受到全球暖化的影響，而且在個別地區特別嚴重，這也是幸運緯度帶特別走運的原因。嚴重受影響地區的氣候和生態剛好適合穀物顆粒較大的植物和大型哺乳類動物生長進化。因此，這些區域的狩獵和覓食活動比其他任何地方都要來得發達。西元前八〇〇〇年的地球有一千萬人口，其中超過一半都居住在幸運緯度帶。

冰河時期期間，人類組成小規模團體一起覓食。稀奇的是，就連在冰河時期結束前，幸運緯度帶部分地區（特別是約旦河谷）的採摘成果也非常可觀。有鑑於此，人們在此建立村莊定居下來，每年都有豐足的食物來源。這樣一來，神奇的事情發生了。栽培和照料動植物時，人類不知不覺地施加選擇壓力[xi]，改變了這些食物來源的基因結

x 嚴格來說，古代氣候專家把冰河時期結束的時間定在約西元前一萬二千七百年，但一般人所說的冰河時期最後階段，指的是歷經兩百年的迷你冰河時期，也就是新仙女木期（Younger Dryas，西元前一萬零八百年至九千六百年）。

xi 譯註：選擇壓力（selective pressure）又稱進化壓力，指的是外界施予生物進化過程的壓力。任何自然環境下的生物都可能受到方向不同、大小不同的選擇壓力，從而走向不同的最終效果。

構，這個過程稱為馴化[xii]。馴化最先發生在幸運緯度帶，因為那些地區在當時擁有世上最多有可能會馴化的動植物。

關於這一點，賈德・戴蒙在其經典著作《槍炮、病菌與鋼鐵》裡解釋得很好。戴蒙指世上大概有二十萬種植物，而人類能吃的只有約兩千種，基因具有受馴化潛質的則有兩百種。眾多植物中，五十六種的種子重量為十毫克或以上，其中五十種原生於幸運緯度帶，只有六種生於其餘地方。二十世紀科學出現之前，人類馴化了十四種重量超過一百磅的哺乳類動物，其中九種是生長在幸運緯度帶的原生物種。

因此，馴化起源於幸運緯度帶並不奇怪，而有可馴化的生物大量集中在幸運緯度帶的亞洲西南部，所以當地最先出現馴化也是很自然的事。丘陵兩翼地區（Hilly Flanks）最先出現馴化的跡象〔演化成異常巨大的種子和動物，考古學家一般把這過程稱為培育（cultivation）〕，時間為西元前九五〇〇至九〇〇〇年間，而完整的馴化過程則出現在西元前七五〇〇年前。

在我們現今稱為中國的地區，曾經有大量集中的可馴化動植物，但數量仍不如丘陵兩翼地區多。西元前七五〇〇年稻米開始在黃河和長江之間栽種，並在西元前五五〇〇年馴化。小米和豬也在接下來一千年裡受到馴化。在巴基斯坦，大麥、小麥、綿羊和山羊也約莫在同一時間點培育和馴化。南瓜、花生和大芻草（玉米的祖先）於西元前六五〇〇年開始在墨西哥種植，並在西元前三二五〇年馴化。在秘魯，藜麥、駱馬和羊駝在西元前六五〇〇年種植，並在西元前二七五〇年馴化（請參閱頁一一六表2-1）。可馴化種植物的密度和馴化開始的日期幾乎完美地吻合。

馴化是個漫長的過程。每一年過去，就會有多一點被人類栽種的野生植物，也會多了些已經除草、鋤地、開犁、灌溉和施肥的田地。耕作是有代價的，比起覓食者，農夫的工作更忙碌，也吃得比較單調和不健康，但這工作還是有吸引人的地方：「同為一英畝地，農耕的收穫比較豐富。」隨著食物供應增加，幸運緯度帶的居民做了任何動物在這種情況下都會做的事，就是將多餘卡路里用於繁衍後代，這些地區也隨之變得越來越特別。四處流浪的獵人和覓食者零散分布在世界其餘地方，通常每平方英里能找到的獵人和覓食者都不到一人。然而，到了西元前一

○○○年，在幸運緯度帶的某些地區，每平方公里就聚居了數百名農民。

人口爆炸引發了一連串意想不到的後果，其中一個是農業擴散：「由於原先農業核心區域裡最好的土地全被霸占，農夫大膽地去了還沒開發的地方，尋找視線範圍外的肥沃土地。」不出四千年，史前拓荒者的蹤跡便從最靠西邊的丘陵兩翼地區往東擴展，最遠到法國的大西洋沿岸地區，也從最東邊的黃河和長江流域間谷地往南擴展到婆羅洲。

另一個意料之外的後果是，人口數量隨著農業發展上升，人們繼而找到更多鬥爭的理由。但是，其實農業本身並沒有直接引發更多戰爭。從木馬屠城記（Helen of Troy）到「詹金斯的耳朵戰爭」（War of Jenkins's Ear）[xiii]，人們互相殘殺的理由有千百萬種，其中最常爭奪的是財物、聲望和女人。越多人擠在同一地方，帶來的只是更多衝突對象，以及更多發生衝突的理由（就像把很多白老鼠塞到同一個籠子裡，這就是我馬上要提及的「囚籠現象」）。

本書敘述了人口密度上升所帶來的後果，但其實最重要的是，戰敗對這些農民來說有了特別意義。在人口流動高、人煙稀少的覓食帶輸掉衝突，往往不會怎樣；但經過千年演化後，若是在定居人口眾多的農業地帶輸掉衝突，後果卻很嚴重。

撒哈拉沙漠的桑族（San）獵人高（≠Gau）[xiv]便是個好例子。一九二〇至三〇年代，高與另一名獵人德比（Debe）為了叢林中的食物而鬧翻，結果急躁的高用矛把德比刺死。後來，德比憤怒的家人襲擊了高並與他發生爭鬥，期間高用毒箭射中其中一人的背部，再一次殺害他人。高意識到自己做得太過火，「便帶著追隨者遠走高飛。」（某位桑

xii 嚴格來說，馴化是指改變某個物種的基因，使其在其他物種的持續干預下存活下去。例如在人為干預後，狼變成狗、野牛變成畜牛，而馴化後的稻米和大麥則要依賴人類收割和移植才能生長。

xiii 我認為這是史上名字最奇特的軍事衝突。事件源於一七三一年，一名西班牙海岸警衛把英國商人詹金斯（Robert Jenkins）的左耳割掉。接下來的八年，英國政府都無動於衷，但在一七三九年，英軍以此事為由發動戰爭。

xiv 桑語中有許多哢嗒聲、喉塞音以及各種各樣英語中沒有的發音，所以人類學家記錄時會在人名前加上≠、！、/、//。

人在一九五〇年代說出這故事時的用語。）[16]可是，當時有一群人對高窮追猛打，而且在某次小規模衝突中又有三人喪命。這位說故事的桑族人接著表示：「高一行人落跑了。」對獵人和覓食者來說，處境越是嚴峻，越能激發強者前進。因此，只要還有路可逃，沒人可以讓高為他的罪行付出代價。（不過，高終究還是惡有惡報，某位追隨他的年輕人用矛刺穿他的心臟。）

那麼，在衝突中戰敗的農民又會面對怎樣的命運？凱撒曾經說過，在西元前五八年有個農耕部落赫爾維蒂（Helvetii）放棄現今在瑞士的家園，遷移到高盧尋找更好的土地。他們已經知道高盧住滿了人，所有好的田地早就被人霸占了。但是，赫爾維蒂人對此絲毫不在意，打算直接搶奪想要的，而第一個目標就是艾杜伊部落（Aedui）的土地。

艾杜伊人可以如何應對？第一個選項是坐以待斃，祈禱能有最好的結局，但看來「最好」也好不到哪裡去。凱撒說，赫爾維蒂人一到，艾杜伊人就看到「敵方燒毀自己的土地、奴役孩子、攻占城鎮。」[17]若選擇束手就擒，等著他們的便是死亡、毀滅和奴役。

第二個應對選項是反擊，但是「赫爾維蒂人的凶殘程度遠超其他高盧人，因為他們整天都在和日耳曼人交戰」（也是凱撒所說）。許多艾杜伊人都認為這種情況讓人擔憂，他們深知必要的經驗或組織不可能憑空出現。但是，一部分艾杜伊人卻熱中於戰爭。當時有個艾杜伊人名為杜諾列克斯（Dumnorix）。根據凱撒的說法，他「極為大膽和富有影響力……而且對革命雄心勃勃」，就像是高盧版本的高。杜諾列克斯私下組織了一支騎兵部隊，計劃利用赫爾維蒂人帶來的危機，推翻無所作為的艾杜伊貴族，並自立為王，把艾杜伊變成地區強國。

第三個選項是投靠強大盟友，這也是艾杜伊人實際的做法，但這並非易事。大部分艾杜伊人首先想到的是凱撒，他是鄰近羅馬行省的新任總督。然而，杜諾列克斯卻使出兩面手法，不但沒有重組艾杜伊社會來對抗赫爾維蒂，還準備投靠他們，藉此拉攏赫爾維蒂人，協助他登基為王。杜諾列克斯希望兩個部落共同主宰高盧，將羅馬拒之門外。

艾杜伊人沒辦法像高和他在撒哈拉沙漠的追隨者一樣逃往他方重新開始。對高一行人而言，逃跑的代價並不高，但艾杜伊人卻會失去一切。他們的農舍、田地和儲備的糧食將遭沒收。此外，艾杜伊幾代人持續挖鑿溝渠和水井、打造梯田和清理灌木叢，這些努力都會化為烏有。而且，他們能逃往何方？艾杜伊周圍有不少農業團體，像是波伊（Boii）、阿爾維尼（Arverni）和阿洛布羅熱（Allobroges），若他們決定移居，就必須與赫爾維蒂人一樣，為了侵占土地而攻擊其他部落。

農業為幸運緯度帶帶來的群居模式是人類史上最重要的事情，甚至有兩位充滿野心的社會科學家為此事命名，希望把這觀點歸功於自己。早在一九七〇年，人類學家勞勃・卡內羅（Robert Carneiro）就在《科學》（*Science*）期刊上發表過相關論文，並把這種現象稱為「隔絕」（circumscription）。[18]到了一九八六年，另一位社會學家麥可・曼（Michael Mann）將其重新命名為「囚籠」（caging）。[19]

無論稱之為隔絕或囚籠，卡內羅和曼認為這件事之所以重要，是因為無論身處其中的人怎麼想，他們都必須建立更大、更有組織的社會。由於面對敵人入侵時無法逃走，他們只能建立更有效的組織來反擊，否則就是束手就擒，加入敵方較有能耐的組織。

艾杜伊就是個完美例子。西元前五八年，當地人無處可逃，有可能發生的結局只有三種。第一種是臣服於赫爾維蒂；第二種是艾杜伊和赫爾維蒂統一成單一社會，共同統治高盧；第三種是羅馬人征服艾杜伊、赫爾維蒂和其他高盧人（現實的確如此）。從艾杜伊人的角度來看，三種結果各有不同層面的優點。但是，如果從更廣泛的觀點來說，三種結果所帶來的局面幾乎是一樣的。不論是赫爾維蒂貴族[xv]、杜諾列克斯，還是凱撒，總有一個人會成為坐寇統治者。當地將會建立一個更大型的社會，還有比以往部落貴族更強大的政府，而統領政府的可能是一個國王、

[xv] 赫爾維蒂最初決定入侵艾杜伊時，一位名為奧傑托里克斯（Orgetorix）的人試圖稱王，與杜諾列克斯在艾杜伊的行為一樣。在奧傑托里克斯猝死之前（死因可疑），赫爾維蒂已經處於內戰邊緣。

一群戰士，或者是羅馬的統治者。最重要的是，為了擁有一批優良端正的納稅人，利維坦般的強國也會壓制部落之間的爭鬥，以免高盧繼續成為暴力橫行之地。

麥可．曼稱這現象為「囚籠」，我認為這是最貼切的說法。自從人類演化以來，就不斷在衝突中互相殘殺。短期而言，像高這種人會從鬥爭中獲得可觀利益。但長遠來說，此類暴力行徑百害而無一利，只有《蒼蠅王》的故事背景才會那樣。不過，當氣候變遷，農業應運而生，並把人類引進幸運緯度地帶這條通往囚籠的道路，這時戰爭才變成具有建設性，讓贏家把輸家納入更大的社會。

本書提到許多案例時的用詞也許會令人感到不悅，其中最極端的例子可能就是在這裡，我把幸運緯度帶的戰爭貼上「具有建設性」的標籤，而其他地方的戰爭則是「毫無建樹」。若說只有幸運緯度帶的戰爭「是好的」，其他地區的統統都不好，這樣的標籤帶有道德判斷的意味——不過，從很多觀點看來，我的說法只是一派胡言而已。以死亡人數為例，我所謂「具有建設性」的戰爭遠遠超越了毫無建樹的戰爭。按照我的定義，「具有建設性」的戰爭都能加快利維坦強國的崛起，但這類戰爭在歷史上也不乏殘酷至極的案例。不論我們對於亞諾馬米人有什麼看法，他們的確從未像羅馬人那樣常把敵人釘在十字架上。

儘管我的定義在道德上或許說不過去，卻似乎是無法否定的事實。具有建設性的戰爭在幸運緯度帶崛起後，我們心中的野獸便開始被關入囚籠中，而且這過程漫長、緩慢且還在持續當中。

四、利維坦遇上紅皇后

一九九一年二月二十七日午夜，當時的美國總統老布希宣布在中東地區停火。以美國為首的聯軍只用一百小時，便殲滅了占領科威特的伊拉克軍隊。聯軍的八十萬人部隊僅有兩百四十名士兵捐軀，但伊拉克守軍卻有兩萬名左右戰死，可謂現代史上結果最為一面倒的一場戰爭。

隨後一系列的訪談和專欄文章裡，政治專家逐漸把美國在伊拉克的勝利歸功於意想不到的因素，就是軍事事務變革。根據著名分析師安德魯．克雷皮內維奇（Andrew Krepinevich）所言：「如果新技術大量應用在軍事系統，並結合創新的作戰策略以及組織調整，以致從根本上改變了衝突的特點和行為，就會發生軍事事務變革」，這種變革「包括四種要素，分別是技術改變、系統開發、作戰創新和組織調整」，而且會導致「武裝部隊的戰力和軍事效能激增，增幅一般都是至少十倍」。[20]

克雷皮內維奇指出，在過去七百年裡，西方曾發生十次這樣的變革，但事實上這十次也只是冰山一角。《聖經》有言：「日光之下，並無新事。豈有一件事人能指著說『這是新的』？哪知，在我們以前的世代早已有了。」[21] 軍事事務變革也是如此。經歷一萬年後，最初在幸運緯度帶的暴力和貧困農民變成了羅馬、大漢和孔雀王朝的和平以及富貴臣民，這些變化基本上就是一長串軍事事務變革的結果。事實上，我們可以把種種變革看作單一長期軍事演化中變化特別快速的瞬間。

在生物學界，漸變論和反對這理論的陣營之間的爭論持續最久。漸變論者主張演化過程是穩定而持續進行，而反對者則認為演化過程主要有一長段平凡無奇的時期，中間穿插著短期的急速變化事件（所謂短期與急速都是相對而言）。毫無疑問，雙方還會繼續爭論。在我看來，對於冰河時期結束以來的軍事演變，變化事件穿插其中的間斷模式是個很貼切的描述。一方面，微小變化在幾萬年間逐漸累積。另一方面，少數劇烈變革中途打斷演化過程。不同考古學家或許會點出不一樣的細節，但我會強調的發展包括防禦工事、青銅武器和盔甲、軍紀、雙輪戰車以及組成大規模前鋒部隊（一般佩帶鐵製武器）。（譯按：shock troops在維基百科被翻譯為突擊隊，但容易與commando搞混；其實其精確定義是帶領大軍發動攻擊的先遣隊，所以改譯為前鋒部隊。）

如同二十世紀末的軍事事務變革，所有變化背後的直接因素都在於技術、組織和後勤的相互作用。不過，在任何情況下，導致變化的最終原因都是我所謂的「囚籠」。所有的變革都是為了適應擁擠的全新地貌，而且均以同樣順序出現在舊世界幸運緯度帶的大部分地區（並沒有出現在新世界，我將在第三章加以解釋）。這個答案已經回答了我在本章開頭所提出的兩個問題：「無論是希臘人在普拉蒂亞的戰鬥方式，還是打造大型、安全的社會都不是西方特有的現象。根本就沒有所謂西方的戰爭之道。」

西元前九五〇〇年左右，人們開始在亞洲西南部的丘陵兩翼地區種植大麥和小麥，他們顯然是低技術和缺乏組織的戰士。考古學家從這群古人的墳墓和居所發現的一切證據都表明，他們的戰鬥方式基本上與人類學家於二十世紀觀察到最簡陋的農業社會相同。他們最具殺傷力的武器是削尖的石頭刀片，而且隨心所欲地出現於某地或逃往他方。此外，戰事進行才幾天之久，他們往往就已耗盡所有的糧食了。

基於這些原因，人類學家首次與現代石器時代的社會相遇時，往往會得出與米德相同的結論，認為居於該地的人並非戰士。人類學家在新幾內亞和亞馬遜雨林地區發現的幾場戰爭都毫無條理可言：「散漫的隊伍由幾十人組成，雙方站在弓箭射程外互相嘲弄。每隔一段時間，就會有一兩個人衝往前方射箭，然後又衝回隊伍。」雙方有可能一整天僵持不下，然後休息吃晚飯，隔天早上再次集合對峙。若中途有人受傷，戰事便會戛然而止。有時下雨也足以讓戰事中止。這一切都與《薩摩亞人的成年》所描述的吻合：「所謂戰爭其實是成為男子漢的儀式，讓血氣方剛的年輕人展示自己有多強壯，就算輸了也不會付出很高代價（如同米德所說）。」

大部分人類學家的觀察時間都不夠長，所以也沒幾個能發現，石器時代真正的打鬥都發生在戰爭當中，而戰爭終究還是很危險的。箭矢飛來時，如果待在原地不動就注定受傷，更不用說那些拿著石斧衝向敵方進攻的人了。在這種情況下，比較安全的做法是先藏起來，再突擊毫無防備的敵人……人類學家發現，到了二十世紀，那些仍活在石器時代社會的戰士們最喜歡採取這種突擊攻勢。一小撮勇士會潛入敵方陣營，若抓到一兩個敵對部落的男人，勇士便會殺死他們；若抓到的是一兩個女人，便會把她們強暴後拽回家；若遇到人數足以反擊的一群敵人，這些勇士便會躲起來。

然而，比伏擊更高明的是黎明突擊。這類可怕事件經常出現在人類學文獻中，頻率高到讓讀者因習以為常而對那些恐怖情節感到麻木。在突襲中，十多名戰士匐匍前進到敵方村莊，這項工作讓人神經緊繃，不少突擊行動在殺手到達目的地前便半途而廢。儘管一切順利，襲擊者成功在黑夜中抵達敵營，並在破曉之際發起攻擊，他們一般也只能殺死一兩個人（通常是在清晨先出去小便的人），然後就驚慌失措地逃跑。不過，襲擊者偶爾也會走運，例如美國亞利桑納州原住民霍比族（Hobi）前往阿瓦托維（Awatovi）洗劫的傳說，事件發生在西元一七〇〇年左右。

> 在天空染成一片金黃，也就是黎明將至之時，基瓦[xvi]屋頂上的塔帕洛（Ta'palo）站了起來，在空中揮舞毯子。這時，襲擊者已經爬上平頂山山頂，並開始發動攻擊……他們在基瓦上點燃木堆後，將火堆從活板門往下丟，然後把箭射向敵方……他們不論在哪裡看到敵人，也不管對方的年齡，一概格殺勿論。另外，攻擊者也會把敵人抓來丟進基瓦，敵方陣營的男性無論老少都不能脫身。
>
> 牆上掛著一捆捆乾辣椒……襲擊者把辣椒弄碎……將粉末撒進基瓦的火焰上，然後關上基瓦的活板門……辣椒粉著火後，與濃煙混在一起，燒起熊熊烈火。基瓦裡的嚎哭、尖叫和咳嗽聲此起彼落。過沒多久，就連屋頂上的橫樑也著火了，熾盛火勢之下，橫樑開始一根接一根掉下。尖叫吶喊聲慢慢消失不見，到處悄然無聲。最後，屋頂終於塌下，把死者掩埋，剩下一片寂靜。[22]

突擊非常適合石器時代的社會。他們的生活相對平等，也意味著當地無法執行嚴厲軍紀，當地人並不會像斯巴達士兵一樣，在波斯人向他們射箭時依然站在原地。不過，在進行突擊時，沒有人需要把自己暴露在那種程度的危險之中，直到結束之前，如果遭敵人發現，襲擊者隨時都可以逃之夭夭，實在是毫無危險可言。唯一的風險就是敵方反擊——除非襲擊者把敵人一舉殲滅，不然這風險幾乎是無可避免的。

到了現代，那些石器時代社會的暴力死亡率仍高得駭人，主要是針鋒相對的突襲和反突襲所致，而考古學的史前證據也與這種突襲模式互相吻合。例如，在二十世紀的亞諾馬米部落和新幾內亞的大片高地上，由於突襲狀況過於嚴重，人們必須預留幾英里寬的大塊土地當成緩衝區，而且緩衝區內危險到無法住人。而且還是一樣，太陽底下

xvi 基瓦（kiva）是一種房間，透過屋頂上一扇活板門進出。

沒有新鮮事：「無論是凱撒筆下前羅馬時期的高盧、塔西佗所描寫的日耳曼地區，還是考古學家記錄的史前時代北美洲和歐洲，各地都大同小異。」

建立緩衝區的戰略顯然有效，但卻浪費土地，古人肯定很早就想到替代方案。與其放棄上好的土地，倒不如建造高牆來阻擋襲擊。但問題是，設防需要的是軍紀和後勤，這正是石器時代最薄弱的地方。更糟的是，若甲村落籌備妥當，成功建出穩固高牆，那麼乙村落也很有可能會馬上發展出大規模包圍行動所需的軍紀和後勤。

在路易斯．卡洛爾（Lewis Carroll）的著作《愛麗絲夢遊仙境》裡，有一個備受喜愛的場景，就是紅皇后拉著愛麗絲在山谷間瘋狂往前衝，兩人跑了又跑，「飛快得似乎兩腳騰空，像在空中滑行一樣。」不過，愛麗絲發現自己還在起點旁的大樹之下，便不耐煩地告訴皇后：「在我住的那個世界裡，任誰只要飛快跑了一陣子，就會到另一個地方了。」皇后很訝異，向愛麗絲解釋：「你瞧，在我們這裡，即使你拚命跑，還是在原來的地方。」[23]

生物學家把這種「紅皇后效應」昇華為進化原則。根據生物學家的觀察，假設狐狸為了抓更多兔子而進化為跑得更快，那麼只有跑得最快的兔子才能活得夠久，從而繁殖下一代跑得更快的兔子。當然，在這種情況下，只有跑得最快的狐狸才能抓到足夠的兔子，從而茁壯成長並把基因遺傳到下一代身上。儘管兩種物種都在拚命地跑，還是一直在原地打轉。

冷戰期間，蘇美兩國的科學家發明出越來越多大規模的高殺傷力武器。紅皇后效應很常延伸用作戰爭紛亂的隱喻。批評軍備競賽的人都認為，瘋狂的戰爭中，沒有人能獲得任何好處，而且最終所有的人都會變得更窮。對此，我將在第五、六章加以敘述，我只想在此點出一個顯然易見的觀點，就是在史前時期，紅皇后效應隨處可見。

防禦工事就是個明顯的例子，雖然各方對其開始發展的時間有所爭論。早在西元前九三〇〇年，約旦河谷古城耶利哥（圖2-4）的居民就建造了一座可畏的高塔，但許多考古學家對它是否具有軍事功能都有所懷疑。就算這座塔真的能運用在軍事上，也沒有給人留下深刻印象，因為隨後的歷史出現了五千年的空白期。直到西元前四三〇〇年，才有另一項防禦工事的記錄，那就是梅爾辛（Mersin，位於今土耳其境內）的城牆。

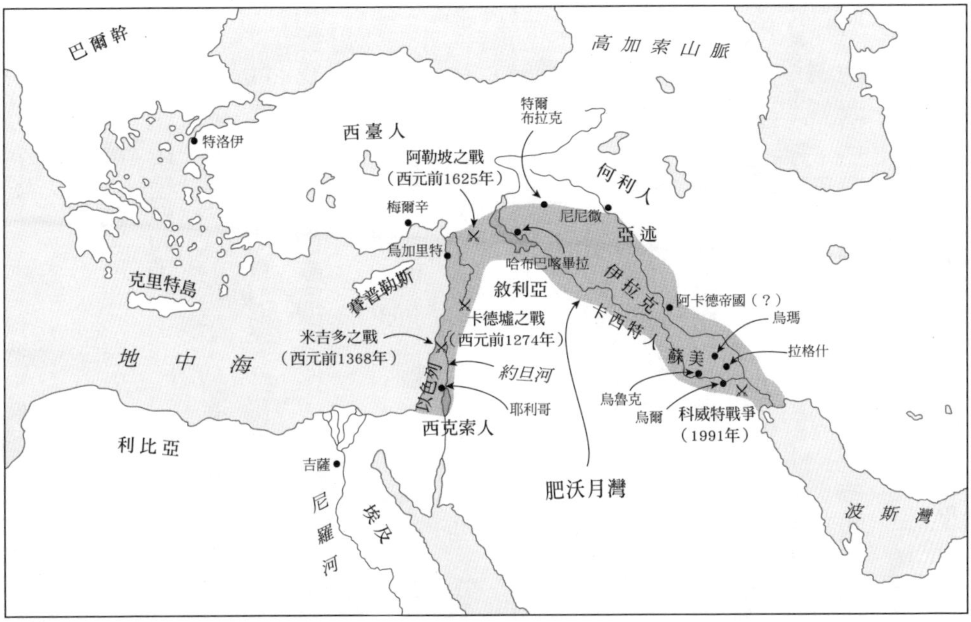

圖2-4 核心地帶：最早發生軍務革命的地點（約在西元前9300-500年）

從此以後，西亞的防禦工事紛至沓來。到了西元前三〇〇〇年，蘇美烏魯克（Uruk，位於今伊拉克南部）已經有六英里長的壯觀城牆。雖然當地居民築建起城牆，但他們的居所還是遭到摧毀，這印證了無論是攻陷防禦工事，還是建造防禦措施，兩者發展所需組織能力的速度一樣飛快。我們可以就此得出結論，蘇美人無異於紅皇后，也是拚命往前跑，但只能留在原地。

然而，這還不是故事的全貌。經過長時間的奔跑後，幸運緯度帶核心地區的農業社會的確來到另一個境地。在我們可以察覺到的大型軍事事務變革中，西元前四〇〇〇年的防禦工事是第一個具革命意義的大躍進。這些農業社會成功建造城牆，並把一樣築牆的敵人擊潰，意味著戰爭也許在那時開始變得具有建設性。利維坦強國的人民大展拳腳，建出更大、組織更好、也許更祥和的社會（但在找到更多骸骨證據前無法證實真的更祥和），他們能夠完成以往無法達成的任務。戰爭不再是針鋒相對的突擊，勝利的一方開始將敗者納入自己的社會，導致社會規模擴大。

不過，這個擴張過程慘不忍睹。西元前三〇〇〇年，文字已經發展到可以寫詩的地步，有一份當時的蘇美文獻讓我們看出數以千計黎民慘遭施暴，敢怒不敢言。文中哀嘆：「唉！正是這天，我慘遭摧殘的這天！」[24]

仇敵踩著馬靴踐踏我的居所！
用那雙髒手伸向了我！
……仇敵剝去我的袍子，披在妻子身上。
仇敵割斷我的珠寶項鍊，掛在孩子身上，
我將踏上走往仇敵家園的路。

不過，暴力帶來的結果使國家數量減少，統治的人民卻增加。西元前三一〇〇年，烏魯克建造長達六英里的城牆時，似乎已經掌控蘇美大部分地區，最北延伸至如今的敘利亞，當地某些遺址看似曾被烏魯克征服或殖民，尤其是在約西元前三八〇〇年發生過激烈戰爭的特爾布拉克（Tell Brak）[xvii]。

擴張後的烏魯克開始建立更複雜的內部結構，有了名副其實的城市，而且統治人口增多為數萬名，還有自稱神明後裔的國王。最後，這些坐寇統治者制訂法典，下令官員用白紙黑字記錄一切，並設法加徵重稅。套一句他們最愛說的話，就是要成為人民的牧羊人。

在第一個像利維坦般強大政府的監督下，社會不像以往平等，卻變得更富有，可能也更安全。在缺乏數據的情況下，我們也就只能推測當時的狀況。不過，尼羅河谷所擁有的富裕安穩是無庸置疑的。那裡周圍都是沙漠，農民困居狹長的土地上，可謂與世隔絕。歷經數個世紀的戰爭後，在西元前三三〇〇年，尼羅河上游出現了三個小國。到了西元前三一〇〇年，當地只剩下一個國家，而國王納邁爾（Narmer）則是首任統一整個埃及的法老。在納邁爾和後續接班人的統治下，全長五百英里的王國再也沒發生過戰爭，把坐寇政權提升到全新境界。西元前三〇〇〇年，別的國王自稱有如神祇，法老則乾脆說自己就是神；別的國王建造塔廟，法老則修築金字塔（吉薩的大金字塔重達一百萬噸，迄今仍是地球上最重的建築物）。

對現代人而言，君權神授也許是狂妄自大的行為，但這對實施中央集權非常有效。據目前所知，埃及貴族開始在國王面前爭寵後，便放棄了彼此間的激烈競爭，情況與愛里亞斯所描述約四千五百年後的歐洲大致相同。透過西元前三千年紀流傳至今的藝術和文學作品，我們只能大概想像當時的情形。不過，大量作品一致反映，按照古時的標準，古埃及帝國確實是個非常和平的地方。利維坦成功打破了紅皇后效應。

五、站穩立場

西亞和埃及（考古學家通常把兩地通稱為肥沃月灣地區）率先建立利維坦般的強國。但就在隨後幾個世紀內，幸運緯度上的其他農業社會也紛紛走上同一條道路。正如我們所想，人類開始務農的時間，恰好與城市、利維坦強國和防禦工事發展起來的時期互相吻合。冰河時期結束時，可馴服的動植物越多，人類就會越早開始務農，那麼各地發展出的囚籠現象也能更快讓戰爭變得具有建設性。

我認為好的圖表最能精準呈現一個模式，而表2-1就清晰地顯示幸運緯度帶的發展過程。一般來說，當人類開始在某地耕種的兩三千年後，該地的動植物也會跟著馴化，然後再過三四千年，圍有城牆的城市、神一般的國王、金字塔形狀的紀念建築、文字記載以及官僚體制也會隨之誕生（現今的巴基斯坦大概在西元前二八○○年完成整個過程，中國是西元前一九○○年，秘魯和墨西哥則是西元前二○○○年）。

另外，表2-1還揭示了各領域的發展大多會集中在同一時間出現。在舊世界，青銅製的武器和盔甲正是遵循這套發展模式，屬於廣泛軍事事務變革裡的第二個重大改革。青銅製盔甲和武器出現的時間與防禦工事、城市和政府發

xvii 譯註：位於敘利亞東北部，是羅馬行省美索不達米亞最早的城市遺址之一。

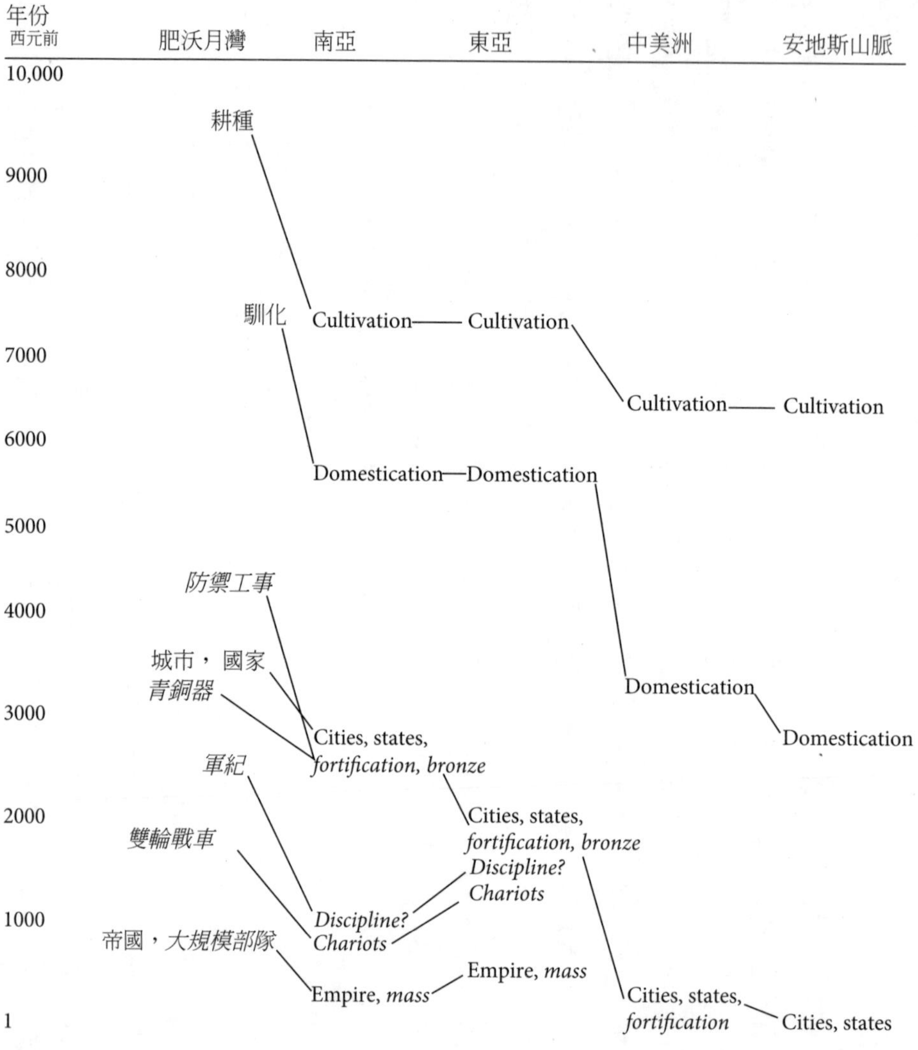

表2-1 從西元前10000年至西元前1年「囚籠現象」的發展與軍事演變。軍事發展以斜體字表示，社會發展則以正體字表示。圖中用直線連起不同發展事項，為的是清晰呈現所有的階段，並非暗示各領域間有所關聯。

展起來的時期大致相同。早在西元前七〇〇〇年起（僅僅是馴化真正發展起來後的五千年），西亞工匠便開始用銅來打造精美絕倫的裝飾品。不過，直到西元前三三〇〇年，這群工匠才學會把錫或砷熔入銅中，從而製造出硬度夠高的青銅器，並應用在盔甲武器上。就在利維坦強權扎根於烏魯克之際，肥沃月灣的製銅業也開始起飛。這兩者之間或許有關聯，因為與此同時，青銅器也出現在東亞的城市和國家。然而，美洲的情況有些不同，我會在第三章加以論述。

把金屬應用在戰場上的做法似乎直接引發了第三次軍事事務變革，這次變革也是最先出現在肥沃月灣地區。不過，手持青銅矛是一回事，鼓起勇氣走到敵人面前，再把矛刺入對方身體又是另一回事了，尤其是對面幾百個敵軍也想用矛刺死你。想要把金屬製品發揮得淋漓盡致，就必須建立軍紀，也就是教育士兵緊守崗位和服從命令的技術。

建立軍紀可謂是古代軍事事務變革中最重要的一環。一支軍紀嚴明的軍隊和一群毫無軍紀可言的烏合之眾可是有很大區別，前者像是「馬尼拉之戰」（Thrilla in Manila）[xviii]，後者則是兩名醉漢在酒吧互毆。有的士兵收到指令便會停火或進攻，有的不顧熱油、落石和箭雨，也要衝進高牆，這類士兵一般都能擊敗那些不願意這麼做的。這種軍事事務變革改變了一切，例如出現了比較可靠的指揮與控制體系，軍隊陣形多少變得更有組織，士兵也逐漸遵照上級指令執行任務。

可惜的是，軍紀不像別的文物，考古學家無法把它挖掘出來。雖然實際證據表明軍紀嚴明的軍隊在幾個世紀後才出現，但我們有理由懷疑，這些軍隊其實與中央政府同期開始發展，而且在同一時間（肥沃月灣大約是西元前三〇〇〇年，印度河谷大約是西元前二八〇〇年，中國則是約西元前一九〇〇年），戰爭形式不再侷限於突襲和圍

xviii 這麼說可能會暴露我的年紀。但在我看來，若要舉例說明上戰場時的軍紀，最好的例子就是拳王阿里與弗雷澤在一九七五年強迫自己重回拳擊館，頂著腦震盪和半失明的身軀，進行一輪又一輪的惡鬥。阿里將這場比賽形容為「瀕死體驗」。[25]

攻，會戰也開始變得十分普遍。利維坦強國起初達成不少偉大功績，例如讓年輕士兵在生命受到威脅時依然服從命令。但由於實際資料少得可憐，沒人知道史前時代的部落如何做到這一點，這個問題至今還是考古學一大謎團。

首先發現的實質證據來自藝術品。石器時代留下了一些洞穴壁畫，其中歷史最悠久的可追溯至一萬年前。這些壁畫常出現團體互相射箭擲矛的情境（圖2-5）。然而，西元前二四五〇年的蘇美石灰岩壁畫《鷲碑》（*Vulture Stele*，圖2-6）則迥然不同：「壁畫上拉格什（Lagash）的國王恩納圖姆（Eannatum）率領著密集且軍紀嚴明的隊伍，隊中的步兵都有佩帶頭盔、長矛和大盾牌。拉格什士兵把死去的敵人踩在腳下，壁畫的銘文說明烏瑪（Umma）霸占了拉格什部分農田，於是恩納圖姆在會戰中把對方擊敗，並將烏瑪和蘇美餘下大多地區納入自己的王國。」

蘇美人顯然向自家士兵灌輸了不少軍紀和團隊精神的觀念，他們不再像從前般突襲後逃跑，而是改用一戰定生死的形式，不顧風險一律採取近距離作戰。西元前二三三〇年代，阿卡德（Akkad）國王薩貢（Sargon）曾自誇：「我每天都命令五千四百人在我面前吃飯。」[26]這些人指的就是常備軍隊，阿卡德人民獻上食物、羊毛和武器，以支持常備軍接受全日制訓練。

野蠻的戰士被訓練成嚴守軍紀的士兵。現代軍事專家把忠誠、榮耀和責任感昇華成軍人的基本武德，與一般平民生活中卑微自私的態度相去甚遠。雖然薩貢的士兵在凱撒麾下的百夫長眼裡可能沒有多了不起，但是這種士可殺不可辱的精神卻首度在西元前兩千多年的蘇美和阿卡德首度萌芽。

結果顯而易見，阿卡德征服現今伊拉克大多數地區，在戰爭中擊敗拉格什、烏爾（Ur）和烏瑪，並把三地的城牆拆毀。薩貢隨後設立總督一職，加強敘利亞的防禦能力以及遠征高加索和地中海一帶。薩貢的孫子甚至跨越了波斯灣，當地有銘文寫道：「大海另一端的二十三個城市聯手出戰，但他還是戰勝了，並把戰敗城市統統吞併，更把各地王子置於死地。」

與兩千年後的羅馬一樣，薩貢的阿卡德城與印度之間貿易來往頻繁，如果印度河谷在西元前二三〇〇年以前的軍隊還是毫無軍紀可言，與阿卡德城交涉時或許就會學到教訓了。事實證明，在西元前三千年紀的南亞，要記錄軍

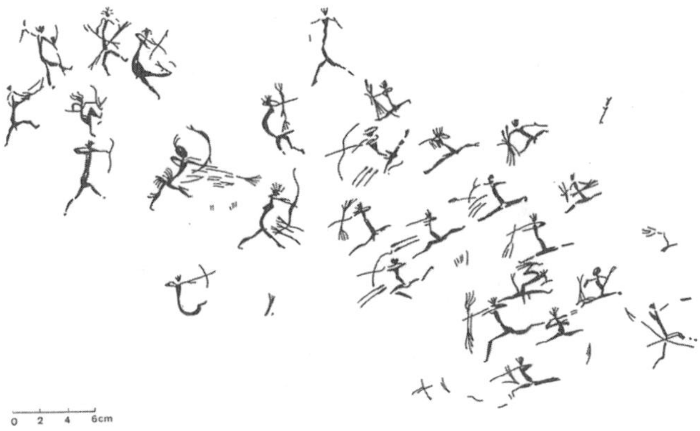

圖2-5 一團混戰：西班牙多格斯岩洞（Les Dogues）裡的一幅史前壁畫，描繪一場混戰，壁畫的時間在西元前10000至西元前5000年之間。

圖2-6 軍紀的誕生：圖中的壁畫名為《鷲碑》，約西元前2450年在拉格什（位於今日伊拉克境內）完成，是目前已知最古老的一般軍隊編制。

隊發展軍紀的過程特別困難。表2-1的下半部分顯示，當時南亞的發展狀況甚至更複雜。西元前三千年紀，印度河谷是全世界第二個發展出城市、政府、防禦工事和青銅武器的地區，比肥沃月灣晚了幾世紀，卻比東亞早了幾世紀。不過，到了西元前一千年紀，南亞的發展程度已經跌至第三位，遠遠落後於東亞。

表面上看來，我們知道事情緣由。印度河谷的文明在西元前一九〇〇年瓦解，當地的城市遭到棄置，人們背棄利維坦強國，打破了表2-1裡的平穩發展。將近一千年後，南亞也再度出現城市和政府，不過這次的地點是在恆河平原，而非印度河平原上。同一時期，中國在沒有經歷過瓦解的情況下遙遙領先。

不過，我們並不知道印度河文明瓦解的原因。我們暫時還無法解讀流傳下來的少數文獻，加上在巴基斯坦的挖掘工作不斷面臨各種挑戰，目前搜集到的證據仍然很薄弱。在一九四〇年代末期，考古界由軍人掌控，當時人們普遍認為，是後代印度史詩裡描述的雅利安人（Aryan）入侵後摧毀了印度河一帶的城市。到了一九八〇年代，也就是《薩摩亞人的成年》的輝煌時代，大多數人又覺得雅利安人並沒那麼做，轉而把矛頭指向氣候變遷、內部叛亂以及經濟蕭條。現在來到開明的二〇一〇年代，我們只能承認自己毫無頭緒。

我將會在後面的內容繼續談到利維坦強國崩潰的緣由，但我想先探討四千年前印度河文明瓦解一事。若我此刻不是坐在二〇一三年位於加州的辦公桌前，而是在西元前一五〇〇年的南亞寫這本書，得出的結論很可能是戰爭毫無好處。環顧四週，我看到印度河文明的失落城市化為塵土，只剩統治者及人民的鬼魂四處遊蕩。我得出的結論也許是，短期內戰爭或能為我們帶來富有安全的生活，但只是曇花一現。

然而，如果我身處於西元前五〇〇年的南亞寫作，也知悉印度河文明沒落的話，或許會得出截然不同的結論。到了西元前五〇〇年，恆河流域的國家均以獨特方式崛起，無異於一千五百年前印度河的城市。這種模式明確反映，具有建設性的戰爭確實存在，只不過必須歷經一番循環才會出現。利維坦強國於混沌中建立秩序，卻引發了反作用，使世界再次變得一片混亂。不過，這種情況又換來了另一個利維坦。世界將無止境地在匡亂反正以及動盪不安間搖擺不定。

話說回來，西元前二五〇年左右是阿育王的全盛時期，如果我在當時寫這本書，而且對過去發生的事瞭如指掌，一定會覺得自己領悟深刻。我會對那時的自己承認，沒錯，具有建設性的戰爭的確是歷經一番循環才會出現，而且是一波接一波地發生，每次都比前一回更有建設性。我會接著說，沒錯，印度河文明非同凡響，而它在西元前一九〇〇年後的沒落也慘不忍睹。不過，後來的孔雀王朝也確實更優秀。這種戰爭真的具有建設性。

若我帶著此一認知，最後轉世來到西元前二五〇年，就不會對阿育王的做法感到絕望了。與先前的印度河谷文明一樣，孔雀王朝瓦解，王子爭相搶奪並瓜分了遼闊的領土。儘管如此，我對未來依然充滿希望。利維坦後退一步，但就像孔雀王朝填補了沒落的印度河文化般，它很快又會往前邁出兩步。

我們可以從以上的思想實驗學到什麼？比較淺顯的解釋是所有的事物都是相對的，具有建設性的戰爭是否存在？如果存在，它是保持固定規律，還是隨時間不斷發展？無論答案為何，這完全取決於我們看待問題的角度。不過，我認為這個結論過於草率。西元前最後幾個千年紀以來，南亞歷史給我們的真正教誨是，具有建設性的戰爭之功效神奇，能讓人類過上更富有安全的生活，只是實現所需的時間非常久而已。對於在南亞互相殺戮和死去的人來說，從理論角度說明戰爭如何在幾千年內發揮作用，絕對是個殘酷的玩笑。長久以來戰爭的道德意含都會令人不安，但證據一再把我們帶回同一個悖論假說：「那就是戰爭的確為人類帶來繁榮安定。」

六、火戰車

世界史上並非只有南亞曾因文明瓦解而導致具有建設性的戰爭中斷。其實早在西元前三一〇〇年，蘇美地區就發生過類似的事。雖然證據不明顯，但當時烏魯克城所建立的掌控權統統遭到粉碎，城市也遭焚毀殆盡。在往後幾個世紀，西亞分割成多個敵對的城邦。約西元前二二〇〇年，一場更大動盪來襲，粉碎了薩貢的阿卡德帝國以及古埃及帝國，災難般的漣漪甚至波及整個地中海。同一時間，中國或許也在經歷類似的崩解，只是規模較小而已。這些地方崩潰的確切原因引起熱議，從西元前二〇〇〇年始，事情緣由就逐漸變得清晰。此時此刻，我們開始發現，軍事事務變革本身也許就是造成局勢極度不穩的原因。

第四次軍事事務變革並非始於肥沃月灣或印度河谷等地區的輝煌城市，而是發源自現今烏克蘭的乾旱大草原。約西元前四〇〇〇年，那裡的獵人成功把野馬馴化成坐騎。與在幸運緯度帶馴化牛、羊和豬的人一樣，當時烏克蘭牧民的原意只是獲得穩定肉類供應。不過，在西元前三三〇〇年左右，他們想到個聰明的點子。在大草原上，能否在不同水源之間快速移動往往是生死存亡的關鍵，於是牧民把小馬拴在馬車上，大大提升機動性和生存機會。

通過不斷累積的改良，到了西元前二一〇〇年，現今哈薩克地區的牧民成功培育出體型更大、腿更長的馬匹，並訓練牠們拉動比較輕的馬車。比起現代品種，當時馬匹的體型還是要小得多，牠們所拉動的小型雙輪戰車卻大受歡迎。西元前一九〇〇年，一群商人或移民者〔可能是鮮為人知的何利人（Hurrians）〕買下這些小馬，帶著牠們跨越高加索山脈來到肥沃月灣。起初小馬只是用於運輸，但在一兩個世紀間，小馬開始投入戰爭，並為具有建設性的戰爭帶來劇變。

雖然這些雙輪戰車經常出現在刀光劍影的史詩裡，但牠們並不是衝鋒陷陣的坦克。馬匹除了很難駕馭之外，還十分脆弱（到了十四世紀，牠們的重量可能還不到一百磅）。此外，馬匹再怎麼樣還是會懼怕軍紀嚴明而且從不退縮的步兵。雙輪戰車的優勢不是數量，而是以速度取勝（圖2-7）。輕型雙輪戰車可載兩三位裝甲兵，包含馬伕和弓箭手各一名，偶爾會再加一名盾牌手。這時，腳步緩慢的步兵很容易便淪為敵人的箭靶。古印度史詩《摩訶婆羅多》（*Mahabharata*）寫道，空中瀰漫著敵方的戰火，「太陽也消失在來回飛射的箭矢之中。」[27]

在南非各地洞穴裡發現的尖銳箭鏃印證了人類在六萬多年以前已知使用弓箭。但據我們所知，現代專家所謂的單弓（self bow）要到西元前二〇〇〇年左右才出現，而且只是串上動物腸子的一根木棍。由於木弓難以保留，考古學家無從考究，有關細節也就比較模糊。不過，到了某段時期，弓箭手開始把兩根以上不同的木頭壓製在一起，以增加武器威力，這種做法或許源自中亞大草原。接下來，弓箭改良速度加快，到了西元前一六〇〇年，肥沃月灣的

圖2-7 速度之王：埃及法老拉美西斯二世（Ramses II, 1303-1213 B.C.）在卡德墟騎著雙輪戰車攻擊敵人。在歷史上涉及戰車的戰爭中，這場發生在西元前1274年的卡德墟戰役（Battle of Kadeshxs

弓箭手已在使用一種新型的複合弓。當時的工匠也不再製造簡單的木棍，而是開始將弓梢往前折彎，讓弓箭手放出去的箭更有利。大部分單弓的有效射程都少於一百碼，但複合弓可以射出四倍遠的距離，使箭鏃足以射穿任何金屬盔甲以外的東西。

複合弓也有可能源自大草原，甚至可能與雙輪戰車一起傳入到幸運緯度帶。不管詳細經過為何，複合弓和戰車這個組合改變了戰場的面貌。起初，戰車只是配角，作用是在長矛兵發動最後一擊之前，向敵對步兵射箭以擾亂敵軍陣形。統治者漸漸發現雙輪戰車如此厲害，便不再部署大量步兵。《摩訶婆羅多》裡也寫道，這麼一來，戰爭勝負幾乎完全取決於「雙輪戰車上的士兵，他們在車上繞著彼此，敏捷地射箭，箭如雨下。」

西元前十七世紀以前的戰場已經夠可怕了，成千上萬名手持銅矛的步兵往前推推搡搡，把矛頭從敵陣盾牌上方刺進對手的喉嚨和臉龐，或是繞到盾的下方刺進敵人的大腿或鼠蹊部。大型戰爭往往導致千百人喪命，還有千百名傷兵慢慢死去。莎士比亞這麼寫道：「有的在咒天罵地，有的在高喊軍醫，有的在哭他拋下了苦命的妻，有的高嚷他的欠債未還，也有的一聲聲叫著他自己撒手不管的孩子。恐怕戰場上沒幾個人死得比較像樣。」[28] 然而，到了西元前一六〇〇年，戰場的恐怖提升到全新層次，各軍隊的主要攻擊目標不再是士兵，而是沒有裝甲的馬匹。最快讓雙輪戰車停下的方法有兩種，第一是直接射殺馬匹，第二則是派出勇氣可嘉的士兵，在戰車飛速經過時，跳出從後將馬匹勒死或剖腹。為了達成此目的，不在隊伍裡的散兵會攜帶鐮刀形的銳利刀具。在隨後三千五百年裡，一直到二十世紀為止，歐亞的戰場充斥著沉默無聲、血流不止的馬匹[xix]，還有放聲尖叫、血流如注的戰士，場面令人窒息。

歷經幾個世紀後，到了西元前一二〇〇年左右，雙輪戰車才從哈薩克大草原傳入中國，並於西元前六〇〇年輸入印度，當時的印度還未從印度河文明崩潰中完全恢復過來。與肥沃月灣一樣，歐亞大陸所有幸運緯度帶的雙輪戰車都是由中亞移民和商人帶來，證據是從地中海一直延伸到中國領海的雙輪戰車設計幾乎相同，反映它們有共同發源地。這些地方透過雙輪戰車解決了軍事需求，包括提升機動力和火力，卻也不約而同地亂成一片。

任何組織只要習慣了一種不錯的行事方式，便會抗拒新嘗試，這或許就是人性的特色，而戰車的的使用情況就是如此。在肥沃月灣，最初運用雙輪戰車的並不是埃及和巴比倫這種大國，而是較小型的邊緣群體，像是卡西特人（Kassites）、西臺人（Hittites）以及西克索人（Hyksos）。從西元前一七〇〇年，這些群體開始擊敗和掠奪大國，偶爾甚至會推翻較富有國家的統治者。同樣的，中國的周氏族比起商朝皇帝更重視戰車的重要性，因此得以於西元前一〇四六年推翻商朝，建立周朝。不過，等到最強大富有的國家願意嘗試時（肥沃月灣的大國在約西元前一六〇〇年接受，中國是約西元前一〇〇〇年，印度則是約西元前四〇〇年），雙輪戰車的黃金年代就此到來，因為只有富有國家才有資源把雙輪戰車運用得淋漓盡致。

雙輪戰車相當昂貴，根據《聖經》記載，以色列國王所羅門（Solomon）[xx]在每輛雙輪戰車上花了六百舍客勒[xxi]銀子，每匹馬則花了一百五十舍客勒，而當時一個奴隸也才值三十舍客勒而已。十四世紀一份西臺帝國的文獻透露了雙輪戰車如此昂貴的原因，當中逐日記錄了戰車馬匹所需長達七個月的訓練。

要發揮最大效能，雙輪戰車最好以大規模作戰，以百輛戰車湧向戰場空曠的側翼，弓箭手萬箭齊發。敵方的戰車越多，己方就越需要添置更多戰車，而當時戰車部隊的數量也在成倍地增長。約在西元前一六二五年，西臺人只用了一百輛戰車攻擊阿勒坡（Aleppo），但在西元前一二七四年的卡德墟（Kadesh）戰役中，西臺人集結三千五百輛戰車以及十倍數量的步兵，與敵方埃及的軍力不分上下。

若要培育、訓練和養活這種規模的軍隊，官僚組織和軍需部門的規模和能力都必須大步躍進。此外，軍官的本領也要隨之提升，才能在擁擠不堪、塵土飛揚的戰場上管理大量戰車。到了西元前倒數第三個千年紀，肥沃月灣面臨一項巨大的軍事挑戰，就是如何訓練步兵進行近距離作戰。到了西元前倒數第二個千年紀，難題變成怎麼讓戰車在適合的時機往正確方向前進，而答案就是更精細的軍階制度、更多官員和更巨額的開支。

在這雙輪戰車時代，坐寇統治者硬起心腸，對臣民加重徵稅，用來組建規模更大的軍隊，以跟上鄰國的腳步。軍力不敵他國的國家眼看著己方戰車崩潰，步兵也遭敵人追殺，只好把希望寄託在城牆上。因此，城牆塔樓的規模和精密程度也不斷提升。這正好符合紅皇后效應，各國也不斷改良更具威力的攻城槌和挖掘更深的隧道（荷馬史詩《伊里亞德》寫於西元前七五〇年的希臘，其中所記載跨越十年的特洛伊之戰發生在西元前一二〇〇年左右，內容

xix 在馬匹慘遭屠殺三十八個世紀後，倫敦公園路（Park Lane）上終於有表彰戰死動物的紀念碑出現，於二〇〇四年揭幕，樸素的銘文上寫道：「牠們別無選擇。」

xx 譯註：根據聖經記載，所羅門是古國以色列第三位國王。

xxi 譯註：舍客勒（Shekel）是古希伯來的重量單位，約相當於十一點二五克。

或許有失實之處）。

到了戰車時代，利維坦強國必須變得更大、更凶猛，需要更嚴謹的行政管理，軍隊和其餘政府機構也要變得更專業。不過，根據我們已經熟知的悖論，結果可能反而是減少暴力。隨著國家互相併吞，還能反抗的國家數量穩步下降。戰爭真的爆發時，大型戰役倒是出奇地少。據目前所知，西元前十三世紀肥沃月灣的國王和西元十八世紀歐洲各國統治者對自己軍隊的看法大同小異。他們都認為培養專業軍隊所費不貲，但一上戰場就馬上會大量耗損，所以有腦袋的人都不會輕易把軍隊送上戰場去硬碰硬。在已知戰役中，最大型的戰車戰鬥發生於西元前一三六八年的米吉多（Megiddo）和西元前一二七四年的卡德墟，兩次戰役中都有一方被殺個措手不及，甚或雙方都是。

一如往常，我們手上並沒有暴力死亡人數的官方資料。但根據間接證據，隨著戰車黃金時代的來臨，幸運緯度帶國家的整體暴力致死率都下降了，如西元前一六〇〇年至一二〇〇年的肥沃月灣、西元前一〇〇〇年至六〇〇年的中國，還有西元前四〇〇年至一〇〇年的印度。在這麼大的區域內，各地模式自然大不相同，但戰士的墓地確實變少，當代高級藝術品也大多強調和平，而防禦工事漸漸變得大多只出現在有駐軍的邊疆地區。

與此同時，各地貿易活動擴張，帶動財富增長，不過各地在這方面的情況還是有差異。舉例來說，位於敘利亞海岸的烏加里特（Ugarit）和克里特島（Crete）上的邁諾安（Minoan）等各個城市，均為商業活躍地帶，到處都有舒適的大房子，反映中產階級的繁榮生活。從地中海一艘沉船上的驚人發現，我們得以一窺當地金屬、葡萄酒和奢侈品的貿易網絡。此外，皇宮和商人辦公室裡的文獻也有提及木材、食物和紡織品在大國內部和各國之間的流動。在那段期間，戰爭比起任何時刻都要來得更具建設性。

直到某一刻，戰爭突然變得毫無用處。邊緣地區帶頭使用戰車，也率先淘汰戰車。不過，這次的次要地區在歐洲，而非中亞。西元前四五〇〇年，農業從肥沃月灣傳播到歐洲各地，接下來三千年間，歐洲人口不斷增加，囚籠現象穩定發展。這三千年來，歐洲一直採用突擊後逃跑的經典作戰模式，武器多為弓箭和匕首。到了西元前一四五〇年左右，現今義大利北部和奧地利的鐵匠想到新方法來滿足本地戰士的需求。早在此時的一千年前，肥沃月灣的鬥士就已摒棄突襲模式，開始採取會戰，當時的銅合金還有點粗糙，工匠所打造最好的武器是沉重的長矛，而相對較軟的青銅也只能做成匕首或笨重的鐮刀形短劍。真正的劍[xxii]應該是長而堅硬，可以砍斷或刺穿一切，得以保護士兵的性命，但卻沒有一個工匠做的出來。

然而，到了西元前一四五〇年，銅匠已經能合成足夠堅硬的金屬來打造直刃長劍，劍身和劍柄一體成形。因此，無論戰士多用力把劍揮向敵人的盔甲，劍柄都不會脫落。戰士還能用這把劍來刺殺敵人。大多數劍的刀刃上，都有兩道與劍身一樣長的凹槽，考古學家稱之為血槽，雖然聽起來很恐怖，但也或許這名稱是精確的。

西元前一四五〇年後的兩三個世紀裡，這種全新打造的劍便傳遍整個北歐和西歐。考古學家通常在貯藏室或墳墓裡找到這種劍，而且旁邊都有一大堆矛頭（應為標槍的矛頭，用於投擲而非刺擊），有時還會有胸甲和盾牌。若只是要在黎明突擊時殺死沉睡的村民，根本不需用到這套配備，這些武器必然是應用在凶殘的會戰中。一小群穿戴盔甲的人在五十步以內的距離向敵人投擲標槍，以擊傷對方或刺穿他們的盾牌，使其失去保護作用。待雙方近身纏鬥時，閃閃發亮的青銅劍便能把敵方置於死地。

歐洲戰士有了新的殺人武器，但肥沃月灣老練的士兵根本不屑向未開化的北方佬學習，他們肯定很納悶：「既然有數以千計的戰車兵，射出的箭足以鋪天蓋地，為什麼需要那些攜帶標槍和長劍的廢物？」

肥沃月灣的士兵在西元前一二〇〇年左右終於領教了這種長劍的厲害。當時劍客開始進入地中海東部，其中有孤身一人的亡命之徒和小群的盜匪，也有人是為了加入法老的傭兵而來，還有一大群移民以船或馬車帶著整個部落抵達。氣候變遷也是一個原因，天氣越加乾燥使巴爾幹、義大利和利比亞的生活變得更加艱辛。不管這些劍客遷移的原因為何，他們所造成的場面確實十分壯觀。

xxii 嚴格來說，短於十四英寸的刀就是匕首，十四到二十英寸的是短刀，二十到二十八英寸的算是短劍。符合規格的長劍應超過二十八英寸。著名的羅馬短劍（gladius）就是典型的二十四至二十七英寸劍身。

起初，要專業軍隊認真看待這群烏合之眾並非易事。某種程度來說，戰車手傲慢一點也不無道理。西元前一二〇八年，埃及法老麥倫普塔（Merneptah）擒獲一支來自利比亞沙漠的遷移大隊，殺光總計九千兩百七十四名戰士（藉由屍體上切下的陰莖而得到的數字）。埃及人更從中奪取九千一百一十一把長劍，但戰車就只有十二輛。這強而有力的證據表明，外來者當時正採用全新戰術。為了防患未然，埃及隨後也組建了一支自己的劍客團（可能是僱用了外來者），並在西元前一一七六年的戰爭裡大獲全勝。那麼，這些劍客有什麼好怕？

怕就怕在這群外來者學會了出奇制勝。據我們所知，這群劍客避免大規模會戰，以零星戰鬥和當地統治者耗上幾十年。分散且沒有固定形式的威脅不時冒出頭來，又迅速消失。戰車部隊某天為了趕抵戰場而使馬匹疲於奔命，會赫然發現部隊身陷重圍。這時，廉價標槍擊倒名貴馬匹，士兵慘遭野人劍客砍殺。

下錯一步棋則滿盤皆輸，貿易之城烏加里特的陷落就是範例。當時烏加里特派出軍隊協助西臺帝國對抗突襲者，另一批突襲者卻趁機將烏加里特焚城。西元前一二二〇至一一八〇年間，外來者擊敗了一個又一個國王，範圍從希臘一直延伸到以色列，他們擊潰各國軍隊，更把宮殿洗劫一空。埃及在戰爭中獲勝，得以逃過一劫，卻無法阻止外來者一點一滴的滲透。到了西元前一一〇〇年，這群外來者已經成功拿下尼羅河三角洲。

肥沃月灣各地的官僚體制崩潰，識字率也隨之下降。沒有人再繼續繳稅，在缺乏資金的情況下，政府無法支撐軍隊運作，突襲者從此橫行無忌。結果貧窮率逐漸上升、災難惡性循環、人口急遽下降，新的黑暗時代正式降臨。

七、通往長安（以及波吒釐城）之路

後來的情況變得更糟。沒了利維坦強國的庇護，長程貿易逐漸衰落；沒了貿易，很少銅匠能找到錫來打造青銅武器，所以僅剩的士兵也缺乏利器，利維坦禍不單行，而中央組織也進一步崩潰。

不過，到了西元前一〇五〇年，賽普勒斯（Cyprus）精明的金屬製造工人想到方法解決青銅短缺問題，雖然起初也只是越幫越忙。鐵這種礦石外表普通，好在供應非常充足。幾世紀以來，賽普勒斯的工匠都熟知如何對鐵加工，卻不怎麼使用這門手藝，因為優良青銅在各方面都勝過不好看又易碎的鐵。直到貿易通路崩潰、錫礦耗盡，這些工匠才重新想起鐵，並研究怎麼把碳加工到鐵裡。不久後，他們便打造出可以派上用場的武器和工具。雖然比不上最優質的青銅器，但起碼便宜得多，當時幾乎所有的人都買得起鐵。鐵製長劍相當於古代版的AK-47衝鋒槍，現在每一名血氣方剛的年輕人都能像法治人員一樣手握生殺大權。

西元前一〇五〇年至一〇〇〇年期間，各地陷入混亂的速度加快，當時肥沃月灣幾乎沒有任何文物或書面記錄，但隨後又從谷底站了起來。突襲者沒有必要橫跨沙漠或海洋發動攻擊，因為富國所剩無幾，無利可圖。隨著形勢穩定，酋長紛紛開始重建破碎的國家。到了西元前九五〇年，所羅門已經在以色列建立了一個新的國家，該國後來在西元前九二〇年左右一分為二，但當時亞述人（Assyria）正在現今的伊拉克北部建立帝國。西元前九一八年，埃及法老時隔三個世紀再次發起大型軍事行動，在境外燒殺擄掠，最遠甚至到了黎巴嫩。雙輪戰車重新在敘利亞平原上的戰場揚起滾滾沙塵。

然而，西元前二千年紀中葉的歷史到了西元前一千年紀初期並未重演，雙輪戰車沒有像從前般主導戰場，當中原因有二。第一，草原上的養馬人並沒有偷懶，一千年來，草原上的牧民一直鞭策馬群，讓牠們拉著貨運馬車到處尋找水源地。我在幾頁前就提過，對於在草原上散落各地的人來說，機動性極為重要。為了活下去，當地人必須能在牧場間快速移動，速度之快好比野草發芽後枯萎。自然而然的，高挑強壯的馬匹變得非常搶手。到了西元前九〇〇年左右，在草原西端（現今烏克蘭），養馬人培育出高大威猛的馬匹，可以讓人騎在馬背上一整天。看到這種景象，有志於騎術的人發明了韁繩和馬轡，以便控制馬匹。馬鐙在很久之後才會面世，當時的騎師會用膝蓋緊緊夾住馬匹，並坐在精心設計的木製帶角馬鞍上。他們學會了如何在胯下坐騎馳騁之際射箭，甚至能在馬上安穩地用長矛刺擊，不會落馬。

一次全新軍事事務變革開始了。如同後面第三章所述，再過一千年，農業帝國才會體會到這場變革的意義所在，但在大草原上，其重要性立即彰顯出來。騎上馬匹後，在肥沃牧場之間來回的時間可從幾週縮短至幾天。只要當地的男女老少都學會騎馬和射箭，他們就能像羊群般快速穿梭於平原上，並在有需要時出戰。古希臘神話裡亞馬遜人（Amazons）[xxiii]是一群來自中亞的女戰士，很可能代表那些攀山越嶺前往戰場的婦女。考古學家發現有一段時期，草原上的墳墓裡有兩成武器都屬於婦女。

西亞新崛起強國的統治者很快就察覺到，騎兵比戰車便宜、快速和可靠。西元前八五〇年，亞述人開始招募牧民加入軍隊和進口馬匹。西元前四〇〇年，在中國擴張的各個邦國做出相同舉動。到了西元前一〇〇年，儘管印度已經有喜馬拉雅山和興都庫什山（Hindu Kush）庇護，當地國王還是紛紛採取同樣策略。

雙輪戰車在西元前一千年紀沒落，還有一個更重要的原因，就是人們發現了鐵製武器的優點。鐵製的矛頭、長劍和鎖甲非常便宜，人們能輕易大量購入這類武器。此外，雖然騎兵花費比戰車低，但手持鐵製武器的步兵比手持青銅武器的又要便宜更多。根據皇室記錄，亞述率先在西元前八七〇年代訓練了五萬名步兵，到了西元前八四五年已經培養超過十萬名。西元前一千年紀，歷代亞述國王在戰場上持續投入的騎兵，比法老於西元前兩千年紀所投入的戰車還要多。不過，有了這麼龐大的步兵軍隊，這時期的騎兵就很難再像戰車部隊那樣在西元前二千年紀稱霸戰場。要擋住一列列密集的步兵，唯一方法就是建立一支規模和性質相同的軍隊。

這場新型軍備競賽的秘密由一位篡位者成功破解。西元前七四四年，這個人以提格拉－帕拉薩三世（Tiglath-Pileser III）之名奪走了亞述王位。這位篡位君主面對強敵環伺，別無選擇，只能跳脫傳統封建制度，而且他很快就意識到建立比以往更強大的中央政府才是唯一生路。歷代先王能力不足，不但無法建立有效的官僚制度或提高稅收，對不願屈服的上層階級也無計可施，只好與好戰的貴族達成協議，以此逃避問題。若當地領主願意在自己的土地上籌集軍隊，國王就會召集這些軍隊，帶領他們獲得勝利，再把戰利品大量賞賜給各地領主。這是最常見的情況，不需花費太多就能籌集大量士兵。不過，提格拉－帕拉薩不能依靠這些不太受控的亞述領主，於是他想到另一個解決方法，就是直接和農民達成協議，攜手把貴族排除在外。雖然僅存的文獻沒有明確記錄實際做為，但他設法讓農民不再以租客身分向領主借地，而直接擁有土地。為了報答國王，農民便向國家繳稅並加入軍隊服役。有了源源不絕的稅收，提格拉－帕拉薩開始僱用管理官員，並向下屬發放薪資。這麼一來，國王不僅可以更加嚴格地規管官員，還能獨占戰利品，不用再與權力過剩的領主分享。

集合所有的因素，奇蹟便在利維坦強國誕生了。西元前七世紀和八世紀，許多人在戰爭中遭尖木樁穿刺而死（亞述人的特長）。不過，花錢如流水的亞述政府管理了多個繁榮城市，這些地方不僅以休閒的花園和圖書館著稱，其野蠻行為同樣名聞遐邇。與先前埃及貴族和後世文藝復興時期的朝臣一樣，亞述社會菁英發現比起在尼尼微街頭進行決鬥，以文化修養打動國王更有好處。

一如往常，亞述歷史上並沒有關於謀殺率或貴族世仇的統計數據，卻有強而有力的間接證據。提格拉－帕拉薩想到讓貴族臣服的新方法，如同愛里亞斯在《文明的進程》裡所說，兩千多年後的早期現代歐洲也以同樣方式走向和平。他和後代繼任者共同擴大亞述的版圖，併吞小國的同時，也防止了這些小國之間挑起戰爭。亞述帝國大規模擴張，使得鄰國不是歸順，便是效法亞述採取類似的中央集權政策。

擴張過程一旦開始，便再也沒有回頭的餘地。隨著亞述崛起，邊境民族紛紛組織起政府發動反擊，從而催生了幾十個小國，他們除了提高稅收，也訓練自己的軍隊。西元前六一二年，這群小國聯合推翻了亞述。各國隨後在瓜分帝國上產生爭執，開展了長達六十年的爭鬥，在波斯帝國阿契美尼德（Achaemenid）王朝崛起後才告一段落。雖然波斯帝國統治的大部分地區都渺無人煙，國家人口量也只是日後羅馬帝國或漢帝國所擁有的一半左右，但仍是迄今世上最大的國家。

波斯的發展導致領土外圍小國紛紛崛起，並在西元前三三〇年代遭遇與亞述相同的命運。在波斯人眼中，亞歷山大大帝不過是西北邊疆一個落後國家的統治者，但他只花四年便拿下了波斯帝國。然而，當時還是有新的邊疆國

xxiii 譯註：古希臘神話裡的亞馬遜民族由金髮碧眼、身材高大的女戰士組成，全都能騎擅射。

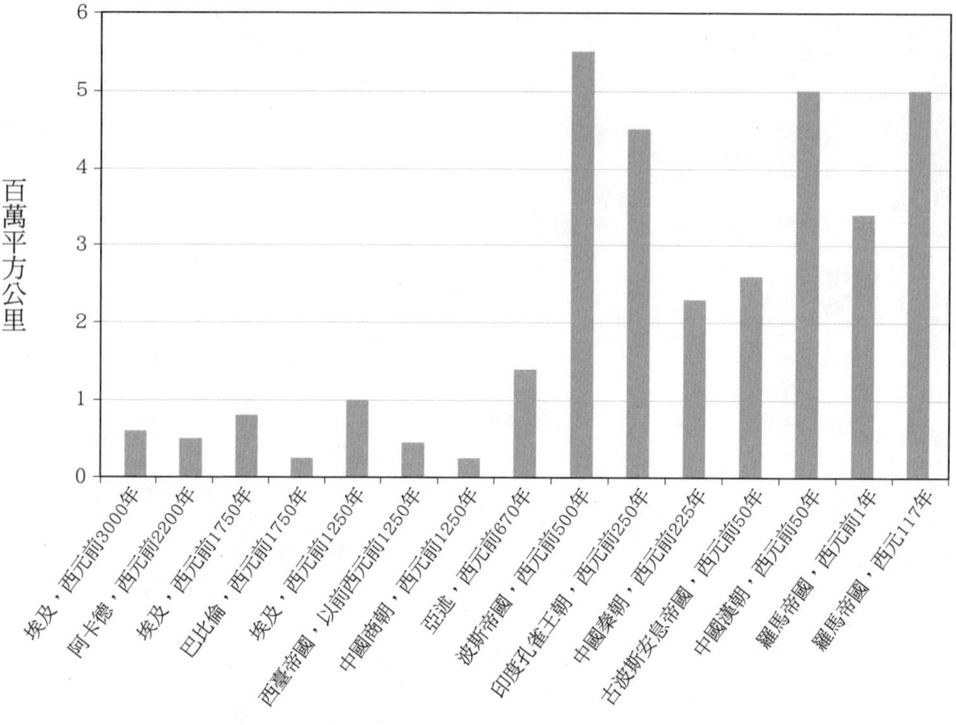

圖2-8 規模至關緊要：歐亞帝國的比較（西元前3000年至西元117年）。

家持續出現。到了西元前三世紀，羅馬和迦太基展開了史上最大規模、爭鬥最激烈的戰爭。迦太基在西元前二〇二年投降時，羅馬已經建立起全世界最強大的戰爭機器，並在隨後一個世紀裡吞噬了整個地中海盆地。接下來的一千年裡，幾個強大帝國主宰著肥沃月灣和地中海，由此管控了當地幾千萬人口，用鎮壓換來祥和社會（圖2-8）。

根據漢森和基根所言，這就是西方戰爭方式的由來。不過，只要觀察西元前一千年紀歐亞大陸的其他幸運緯度帶地區，便能發現非常相似的模式。冰河時期結束後，中國和印度都在地中海的文明世界出現後幾個世紀才發展農耕和出現囚籠現象，但兩國各自發現了亞述、雅典和羅馬成功的秘訣，那就是藉著雄厚政府的資助，建立大規模軍隊，並在大型正面衝突中以突擊戰術取勝。雖然各個地區的故事都有不同插曲，但從大西洋到太平洋一帶所有的故事還是大致相同。

一如既往，這點在中國體現得淋漓盡致。中國比肥沃月灣更晚採用雙輪戰車，而戰車在戰場上的主導地位一直到西元前六世紀才結束（有歷史記錄以來，中國最大的戰車之役是西元前六三二年的城濮之戰[xxiv]）。到了西元前五〇〇年，各國國王都與提格拉─帕拉薩三世一樣想出有效的策略，他們把貴族排除在戰爭以外，賜予農民土地權，代價是農民必須繳稅和入伍。

西元前四〇〇年，大草原中高大的馬匹抵達中國，當時的戰場已經充斥大量揮舞鐵製劍矛和和使用十字弓的步兵。雖然十字弓的裝填時間比複合弓要久，射程也較短，但使用起來較為簡單，所射出的鐵製弩箭還能穿透較厚的盔甲，非常適合龐大軍隊在近戰時使用，發明十字弓可謂是古中國對軍事技術的巨大貢獻。

中國在西元前八〇〇年左右開始學會冶鐵，鐵匠則在西元前五世紀成功製造出真正的鋼鐵，這比起肥沃月灣的任何武器都更為堅硬。不過，鐵製武器的傳播緩慢，直到西元前二五〇年以後才完全取代青銅武器。然而，歐亞大陸兩端的戰鬥方式在這之前已經極為相似。

與肥沃月灣和地中海一樣，如利維坦般強大的中國也不斷超越紅皇后，並統一相互鬥爭的小國，實現和平。中國文獻顯示，黃河流域在西元前七七一年有一百四十八個獨立邦國，各國之間紛爭不斷。到了西元前四五〇年，當地只剩下十四國，而且只有其中四國稱得上真正的國家。隨著這些小國之間的爭鬥，又有新國家在黃河流域的南方和西方崛起，但在西元前三世紀，位於西方的秦帝國一舉併吞了所有的小國。

在歐亞大陸西部，羅馬和迦太基於西元前二六〇年代爆發戰爭，把當地的暴力推到頂峰，歐亞大陸東部的時間線也大致相同。西元前二六二年至西元前二六〇年的長平之戰[xxv]，或許是古代規模最大的單一戰役，秦趙兩國共動員五十萬人參與這場壕溝戰。白天時，雙方軍隊在敵方防線底下挖掘地道，並在晚上潛入突擊，並直攻戰略要點。秦國派遣細作范雎遊說趙王，讓他相信將軍廉頗年事已高，其做法過於謹慎而無法取勝，於是趙王派出年輕氣

xxiv 譯註：城濮之戰是春秋時期諸侯國之間的一場戰役，當時晉國派出七百乘戰車應戰。

xxv 譯註：長平之戰是戰國時代秦國進攻趙國的大規模戰役，也是戰國形勢轉折點。經此一役，六國皆不再有力單獨對抗秦軍，四十年後，秦滅六國。

盛的將領趙括，取代廉頗成為長平前線最高統帥。戰爭局面也終於出現變化。現今的文獻主要源自於司馬遷《史記》。司馬遷認為，趙王改派趙括出戰是個天大的錯誤，就連趙母也出面反對。但是，趙括還是迅速帶兵發動正面攻擊，這也剛好稱了秦國的意，三萬名秦國騎兵隨即擺陣設陷，從兩側包圍趙軍。就像考古學家把三楊莊稱為「中國版龐貝」一樣，軍事史家也常稱長平之戰為「中國版坎尼戰役[xxvi]」，因為迦太基著名軍事家漢尼拔（Hannibal）也在西元前二一六年出其不意地圍擊羅馬軍隊。趙軍糧道被斷，只能藏進山裡等待支援，但救兵遲遲未到。四十六天後，輕率的青年將領趙括死去，食物和水也沒了，趙軍只好投降，但全遭秦軍坑殺。只有最年輕的二百四十名士兵被饒過一命，讓他們回報全軍覆滅的消息。

秦國發明了殺戮戰略，不再出奇制勝，而是直接透過大屠殺來贏得戰爭，使敵人失去反抗機會。我們無從得知遭秦軍斬首、肢解和坑殺的人數總計多少，但肯定有幾百萬人。接下來的四十年裡，秦國讓敵國血流成河。

西元前二二一年，秦國君主嬴政接受齊國的投降後統一中原，自封稱號為「始皇帝」，至今以皇陵的八千兵馬俑聞名。卡爾加庫斯曾說羅馬所到之處盡成不毛之地，而秦始皇似乎也鐵了心要做到這一點。他非但沒有遺散軍隊，讓臣民享受和平的成果，還濫用民力大興土木。為了建造道路、運河和長城，數以十萬計人民因繁重徭役而死。與羅馬一樣，秦帝國以法律取代了戰爭，不同之處在於秦律比戰爭更糟糕。司馬遷寫道：「行之十年，秦民大悅，道不拾遺，山無盜賊，家給人足。民勇於公戰，怯於私鬥，鄉邑大治。」[29]但這背後的代價非常沉重。西元前二一〇年，秦始皇逝世，秦二世胡亥在繼位後一年內就遭推翻。經歷短暫的激烈內戰後，漢朝接管了帝國，並防止國內滋生過多暴力。大漢帝國定都於繁華的長安，並在一個世紀內締造本章稍早提到的中華治世。

類似的情節也在印度上演，只是證據一如既往較為雜亂。鐵製武器在西元前五世紀大量取代了青銅武器，騎兵在西元前四世紀崛起，不過戰車仍在此後經歷三百年才被淘汰，印度國王也在西元前三世紀就組建了幾十萬人的軍隊。不過，中印兩地也有差異之處。在本章前面提到的治國聖經《政事論》某段落中，把身穿鎖子甲的步兵評為迎戰整支敵軍的最佳部隊。但是，大多印度士兵都是沒有盔甲的弓箭手，他們也不像亞述、希臘、羅馬和中國士兵般手持長劍或長矛。最精銳的印度步兵是世襲正規軍摩羅（maula），他們全都嚴守軍紀且意志堅定，卻是印度軍隊四個等級中的最下階，這或許是因為最高階級部隊成員比任何步兵都要來得大，而且戰力更強：「那就是戰象[xxvii]。」《政事論》直截了當地寫道：「國王主要靠戰象取勝。」但裡面沒有寫出戰象有多不可靠。即使歷經多年訓練，戰象還是表現得驚慌失措，常在戰爭最危險關頭受驚狂奔。若大象往錯誤方向橫衝直撞，馭象人便會用錘子把刃鑿子敲進象的脊骨，以阻止牠傷害友軍。這麼一來，戰勝方也經常失去花費大量資源來訓練的戰象。雖然缺點不少，一旦戰象朝正確方向進攻，沒幾個軍隊能抵擋牠的攻勢。《政事論》冷靜分析道：「戰象的作用應該是：『無論敵方採取集中或分散陣形，都要摧毀他們的四級兵種；衝向敵軍中心、側面或兩翼。』」[30]

遇到戰象衝入陣中可謂古代戰爭最恐怖的經驗，牠們每隻體重高達四至五噸，大多身披著至少一噸重的盔甲。數百甚至上千隻戰象在平原上橫衝直闖，在震耳欲聾的咆哮聲中撼動大地。防衛方會設法砍斷象腿、用長矛割除戰象的生殖器和用箭把牠們射瞎。攻擊方則會往下投擲標槍、突刺長矛和刺激坐騎踐踏敵人，藉此壓碎對方的骨頭和內臟器官，像馬這麼聰明的動物絕不會靠近招惹大象。

就算是亞歷山大大帝也得承認，裝甲戰象是強大且難對付的突擊部隊。他僅花了八年就推翻整個波斯帝國，隨後又在西元前三二六年抵達位於現今巴基斯坦的希達斯皮斯河（Hydaspes River），卻發現普魯國王（King Puru）擋住去路，希臘文獻也稱他為波羅斯（Porus）。面對馬其頓方陣，普魯的數百輛雙輪戰車顯得毫無用處，但普魯戰象卻完全是另一回事。為了取勝，亞歷山大必須使出征戰生涯中最精明的妙計。不過，他隨後得知普魯不過是個二流國王，而真正主宰恆河流域的難陀國（Nandas，孔雀王朝的前身）[xxviii]有更多戰象，便決定折回。

xxvi 譯註：坎尼戰役（Cannae）發生於西元前二一六年，參戰方為羅馬和迦太基。
xxvii 印度軍隊的第二等級是雙輪戰車，第三等級是騎兵。
xxviii 譯註：應是摩揭陀國（Magadha）的難陀王朝。

西元前三〇五年，亞歷山大剛去世不久，他的將領塞琉古（Seleucus）回到印度河，並在河岸某處迎戰孔雀王朝的創立者月護王〔希臘語稱其為桑德拉科托斯（Sandrakottos）〕，這次馬其頓人沒能獲勝。比起亞歷山大，塞琉古對戰象的印象更為深刻，答應把位於現今巴基斯坦和伊朗東部的富裕行省割讓給月護王，以換取五百隻戰象。乍看之下，塞琉古的決定不太明智，但事實證明他沒錯。四年後，他的手下把這群厚皮野獸引領到兩千五百英里外的地中海沿岸地區後，牠們在伊普所斯（Ipsus）之戰中發揮關鍵作用，保住塞琉古在西亞的領土。戰象這種全新的突擊武器讓地中海的君王大吃一驚，紛紛在西元前三世紀購入、討來或借來戰象編入軍隊。西元前二一八年，迦太基將軍漢尼拔甚至拉著幾十頭大象跨越阿爾卑斯山。

事實證明，那些年在南亞發生的戰爭與東亞和歐亞大陸西部的一樣具有建設性。西元前六世紀，在恆河平原上形成的幾十個小國之間不斷發生衝突。到了西元前五〇〇年，摩揭陀（Magadha）、憍薩羅（Kosala）、迦師（Kashi）和跋耆（Vrijji）四大國併吞了其他國家。印度偉大史詩《摩訶婆羅多》甚至稱這段過程為「魚的法則」（the law of the fishes），亦即大魚會在乾旱時吃掉小魚。[31]

隨著恆河各國擴張，全新小國又在當地邊緣的印度流域和德干高原（Deccan）崛起。但到了西元前四五〇年，恆河流域就只剩下摩揭陀國這條大魚，該國首都波吒釐城築滿高牆，當地連續三代王朝奮力把國家勢力深植入印度這塊土地，直到孔雀王朝擊敗所有的國家。孔雀王朝建立軍隊，當中有戰象幾千頭、騎兵幾千名與數以萬計的步兵，他們進行了大規模會戰，並發起複雜的圍城攻勢。

西元前二六〇年，孔雀王朝發起的戰爭到達白熱化的地步，同時期羅馬和秦帝國也各自陷入激戰。我稍早前就提過，阿育王對戰羯陵伽時大獲全勝，他自己記錄：「十五萬人遭流放，十萬人被殺害，還有比這多上好幾倍的人喪生。」[32] 他感受到唯有勝者才能體會的懊悔之情，也開始以佛陀教法治國。

光看西元前一千年紀的局勢，很難看出西方戰爭之道有何特別——並非只有歐洲人才會近身戰鬥，而亞洲人也不一定就習慣和敵方保持距離。在這個千年紀之間，從中國到地中海都有更強大的利維坦崛起。與以往比起來，利維坦更直接地操控持續膨脹的人口以及對其徵稅。這些國家的統治者都是殺人魔，願意犧牲一切來守住最高權位。他們徵召幾十萬人民入伍，嚴厲訓練士兵，再派軍隊四處出戰，進行血腥殘忍的正面突擊，直到贏得各場關鍵戰役。在亞述、希臘、羅馬和中國，重裝步兵大多負責發起致命一擊。在波斯帝國和馬其頓，騎兵的作用更大。至於印度，戰象擔起大多責任。西元前一千年紀期間，同樣的劇本在幸運緯度帶所有的區域再次上演。

在西方，這個故事把羅馬人帶到羅馬；在東方，它把中國人帶到長安，也把印度人帶到波吒釐城。這些地方都有共同點，雖然稱不上民主，但起碼和平、穩定和繁榮；「囚籠」不是一種文化，而是驅動力，推動人們創造出具有建設性的戰爭方式，而不是漢森口中的西方戰爭之道。

八、寬闊之後，還要更寬闊

羅馬、長安和波吒釐城要達到丹麥的水平，還有一大段距離要走。羅馬人把罪犯釘在十字架上，更以讓角鬥士自相殘殺為樂；中國人和印度人蜂擁圍觀公開杖刑及斬首。酷刑在世界各地都符合法律，而奴隸制度也非常普遍，這些都是暴力之地。

儘管如此，第一、二章裡的證據印證了，古代帝國已經距離薩摩亞很遠了。從人類學和考古學資料看來，石器時代社會大概有百分之十至二十的人死於暴力之下；歷史和統計資料顯示，二十世紀世界的暴力死亡率，只有百分之一至二。在孔雀王朝、漢朝和羅馬帝國，死於暴力的風險可能介於現代世界（百分之一至二）和史前世界（百分之十至二十）之間，而據我揣測，實際數據更接近數字較低的一邊（幾乎完全沒有可量化資料，只能靠猜了）。

我會這麼說，是因為我在最近兩本書裡做了數值模擬（《西方憑什麼》和《文明的度量》）。我粗略計算了社會發展指數，衡量世上各個社會的組織和辦事能力。雖然社會發展不完全等同於利維坦的力量，但兩者還是非常接近。

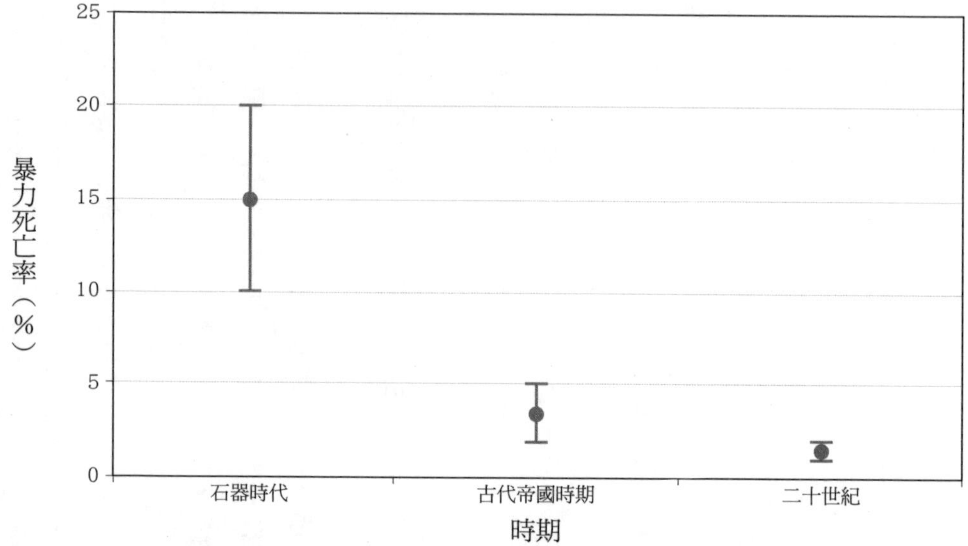

圖2-9 距離丹麥有多遠？我估計的暴力死亡率，顯示每個時期的百分比（石器時代為10%至20%；古代帝國時期為2%至5%；二十世紀的世界為1%至2%）。

根據這個指數的數值，八三年的格勞庇烏山戰役之際，羅馬的社會發展程度與西歐在十八世紀早期的水平差不多。當時中國漢帝國的發展比較緩慢，大概落在西歐西元十六世紀末的水平，也就是莎士比亞開始成名之際。孔雀王朝則是發展較晚，只有西歐在十五世紀所達到的社會發展程度。

我認為這些數值的意義是：「雖然古代帝國向丹麥看齊，但確實達到西歐在一四五〇至一七五〇的水平。」如果我的假設成立，那麼羅馬、漢和孔雀王朝時期的暴力死亡率也可能與十五到十八世紀的西歐相同，意味著數字高於百分之二，但低於百分之五（圖2-9）。

當然，這只是個粗略的估計，當中堆積了一層又一層的假設。至少我們知道，古代帝國內部和各國之間，一定都有巨大差異。西元前三世紀，羅馬和迦太基交戰時，暴力死亡率可能更接近百分之五，而非百分之二。到了西元前一世紀的動盪時期，暴力死亡率可能攀升到百分之五。不過，在西元二世紀，也就是吉本所說的羅馬黃金時代，數字接近百分之二的機會比較大。

漢帝國和孔雀王朝都沒有達到這個水平，文獻記載較少的安息帝國也很可能一直保持在百分之五以上。不過整體而言，在西元前一千年紀期間，所有的古代帝國都一定走在通往丹麥的路上。自幸運緯度帶開始出現囚籠效應以來，暴力死亡率可能已經下降了四分之三。

可以確定的是死亡率降幅非常劇烈，不過卻花了將近一萬年的時間。對於羅馬挑起戰爭所帶來的後果，西塞羅和卡爾加庫斯二人的分歧極大，暴力死亡率大幅下降正好解釋了其中的原因。卡爾加庫斯的身分是一名戰士，而他身處的社會還沒有文字，自然只會知道當代發生了什麼事，眼中看到的只有死亡、破壞和不毛之地。但是，西塞羅是一名知識份子，而且生活在擁有悠長歷史的偉大帝國，他能回顧七個世紀以來的帝國擴張，看到戰爭漸漸變得更有建設性，讓征服者和被征服者的生活都變得更安全富有。

八三年年底，阿古利可拉帶領軍隊返回營地時，他確信自己發動了一場具有建設性的戰爭。格勞庇烏山戰役結束後，或許會留下一片不毛之地，但他會回到該地，隨後農夫、建築工人和商人也會陸續到來。他們會耕犁土地、鋪設道路和進口義大利葡萄酒。帝國的邊界會越來越寬闊，而和平與繁榮也會散播得越來越遠。

至少，阿古利可拉是這麼盤算的。

第三章
蠻族的反擊：帶來反效果的戰爭之道（一一四—一一五）

一、帝國的局限

計畫沒有如期實現，阿古利可拉再也沒回到喀里多尼亞，而是在陽光普照的義大利安享退位後的生活。他把手下精銳再次部署在巴爾幹，也將其餘士兵撤到英格蘭北部的一個個堡壘裡。他們不再踏上征途。

自一九七三年以來，考古學家在羅馬時代的文德蘭達要塞（Vindolanda）[i]遺址費盡心力地挖掘出一個個噁心的垃圾堆。其中有一個坑洞被屎尿徹底浸透，就連氧氣也無法滲透進去。考古學家在這個洞裡發現數百封士兵的信件，全都是用墨水在木板上寫的，最早那封可以追溯到西元九〇年代，也就是阿古利可拉剛結束四處征戰後的時期。有幾封信還挺特別的，例如生日派對的邀請函，其餘內容大多非常無聊。西元一世紀駐不列顛的羅馬士兵腦袋

i 譯註：文德蘭達（Vindolanda）是位於英格蘭北部的一處羅馬要塞。

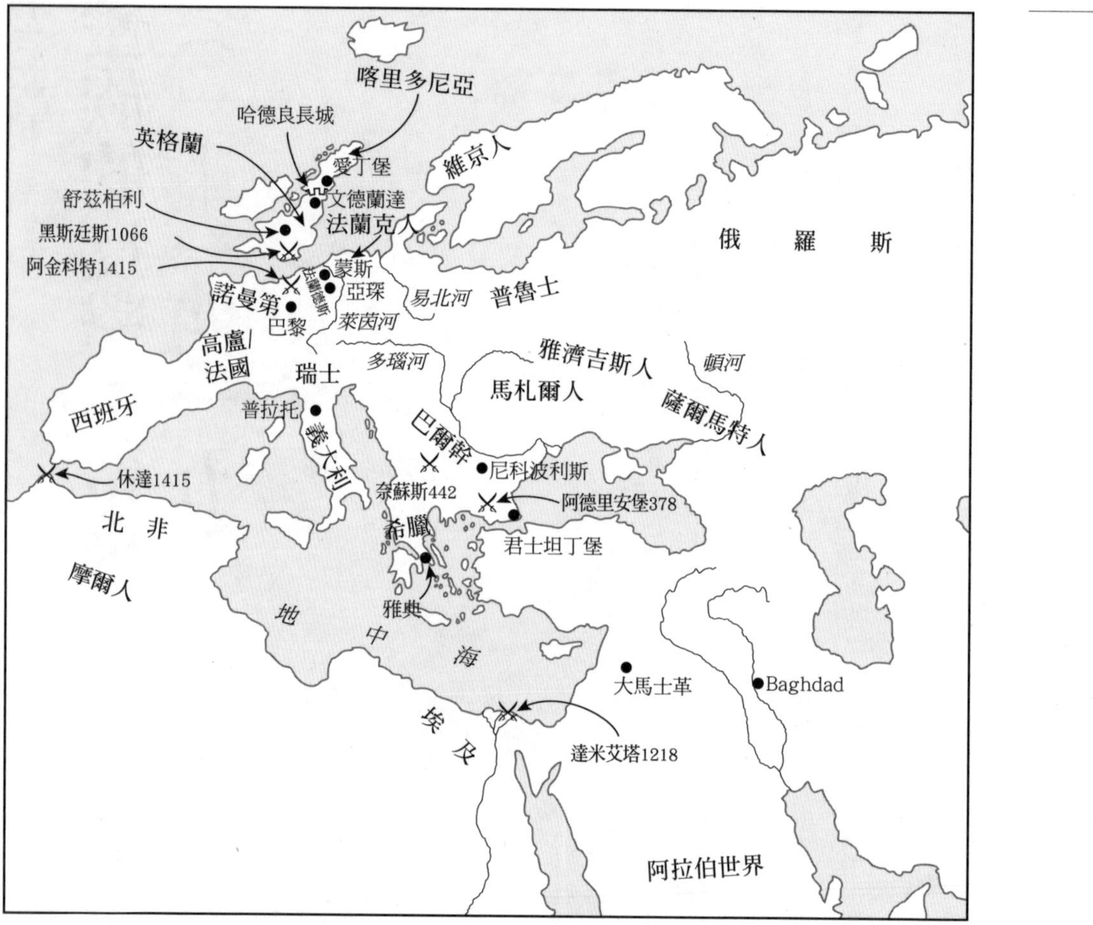

圖3-1　西方帝國的局限：本章提及的歐亞大陸西部地點

裡想的事情，與二十一世紀駐阿富汗美軍所想的顯然差不多，都是圍繞著家中消息、惡劣天氣以及對啤酒、暖襪和美食的渴求。過去兩千年裡，從古到今的駐軍生活都沒有太大轉變。

阿古利可拉餘部又在這些堡壘中待了四十年，他們做的事情包括寫信回家、與喀里多尼亞人在小規模衝突中殊死戰鬥（文德蘭達要塞有一份沾滿尿液的備忘錄出土，上面寫著：「敵方有很多騎兵。」[1]）。除了這些，士兵最常做的事就是等待。直到西元一二〇年代，他們才離開駐地，但目的並非出征得勝，而是承哈德良皇帝（emperor Hadrian）之御命，建造一條以哈德良為名、圍繞不列顛的長城。這時，羅馬已經放棄征服北方（圖3-1）。

在塔西佗看來，這一切之所以會發生，都是因為圖密善國王嫉妒阿古利可拉的戰功。他也許是對的，但看清大局應該是統治者的職責，而西元八〇年代的大局明顯走向黑暗。在格勞庇烏山戰役結束之前，圖密善就已經從阿古利可拉的軍隊中調動人手，派一些分遣隊來到萊茵河沿岸加強防禦。八五年，圖密善更從不列顛調走最精銳的部隊以支援隨時會失守的多瑙河邊境。這個戰略確實發揮了作用，成功保住了河岸邊境。不過圖密善從中得出極端的結論：「具有建設性的戰爭再也不會為羅馬帶來好處。」

羅馬人花了將近一個世紀的時間才漸漸得出圖密善的這個結論。西元前一一年至西元九年之間，奧古斯都謹慎且縝密地發動了羅馬史上最有建設性的戰爭，讓國家往東北方易北河（Elbe River）擴張領土，欲併吞現今的荷蘭、一小部分捷克領土和幾乎整個德國。但這場戰爭以災難告終，羅馬人進入黑暗的森林，沿著十英里長的蜿蜒小徑前進，弓弦和盔甲在暴雨下淋濕，一行人還被帶路的當地嚮導背叛，遇襲後約有兩萬名羅馬人在隨後三天的戰爭中喪生，更讓羅馬軍方震驚的是，其中三支軍旗被敵方奪走。接下來十年，羅馬人為了報仇雪恨而肆意姦淫擄掠和殺戮。但到頭來，這場災難也促使他們重新思考帝國的總體戰略。出征的代價很大，收穫卻不成正比。奧古斯都在一四年去世時，遺囑中只有一項戰略建議，那就是「留守在帝國的邊境以內」。[2]

大多數從奧古斯都登基前就一路追隨著他的人都採取他的建議。不過，四三年羅馬皇帝克勞狄烏斯（Claudius）打破規則，入侵不列顛，直到西元八〇年代才由圖密善終止了征服行動。一〇一年後，後來的皇帝圖拉真（Trajan）更加明目張膽地打破常規，占領了如今的羅馬尼亞和伊拉克。但一一七年圖拉真崩殂，哈德良繼位後做的第一件事就是放棄先王征服而來的領土。

關於戰略，羅馬歷代君王漸漸摸索出一套深刻的見解。克勞塞維茨（Carl von Clausewitz）稱得上是史上最偉大的軍事理論家，他在一千七百年後把羅馬君王的見解納為戰爭的基本格言，在著作中寫道：「就算是勝利也有頂點。」[3]他還說：「一旦達到這個頂點，繼續進攻往往會導致攻守逆轉，敵人通常都會加倍反擊。」[4]克勞塞維茨的祖國普魯士被法國擊敗後，他便為帝俄而戰，並在一八一二年親眼目睹拿破崙到達軍事成就巔峰後的悲慘經歷。

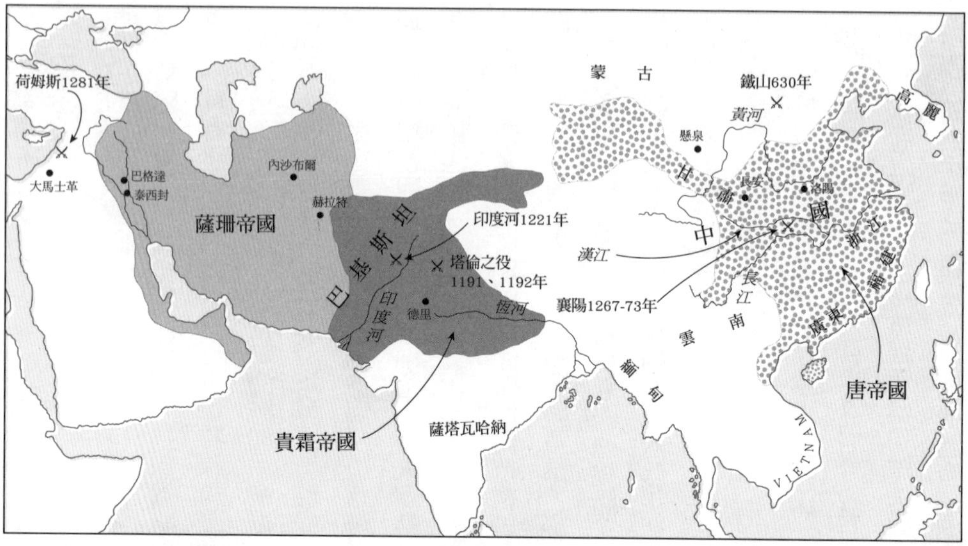

圖3-2 亞洲帝國的局限：本章提及的地點，還有薩珊（約550年）、貴霜（約150年）和唐（約700年）三大王朝極盛時期的領土範圍。

不過，克勞塞維茨對戰爭的見解究竟是源自這段軍事生涯或對羅馬戰爭史的深入研究，至今仍無定論。現代戰略家魯瓦克（Edward Luttwak）也寫了一本關於羅馬總體戰略的巨著。魯瓦克也十分重視此一充滿矛盾的「頂點理論」，這或許並非巧合。他指出：「在整個戰略領域，行動策略不會永恆不變，反而往往會演變成相反的策略。」[5]

從長遠來看，幾世紀以來的征服戰爭都具有建設性，創造出更大的帝國，為人們帶來更安全富裕的生活。但是，古代帝國主義靠近頂點時，戰略方針反轉的定律使一切都發生逆轉。戰爭不但變得毫無成效，甚至造成極端的反效果，使大型社會瓦解、讓人們的生活變得貧困危險。

古代帝國正在接近勝利頂點的第一個徵兆是，出征的獲利開始減少。只要羅馬人留在地中海附近，水路運輸相對便宜和快捷，戰利品的尺寸就不是個大問題。但如果要向德國、羅馬尼亞和伊拉克等內陸推進，運輸成本自然就會上升，因為在那個年代，軍隊移動的速度和牛車一樣慢。若要運送一噸穀物，用馬車沿陸路拖行十英里和用船從埃及運到義大利的成本相同。雖然羅馬的陸路非常發達，但在西元一世紀，出征的成本無論是與實際收益或獲得的帝國榮光相較，幾乎都會顯得太高而不合理。

在歐亞大陸的另一端，中國的統治者也苦於應付同樣的成本問題（圖3-2）。西元前一三〇年至西元前一〇〇年，漢軍四處擴張版圖，納入了現今中國的甘肅省、福建省、浙江省、雲南省和廣東省，也納入中亞的大片土地、朝鮮大塊領土和越南部分地區，更深入塞北地區（今蒙古）討伐匈奴。西元前一〇〇年後，長安朝中越來越多人認為付出的鮮血和財富並不值得。軍隊離黃河和長江越遠，所需成本就越高，收益也越低。西元前八〇和西元前七〇年代，中國再度進軍中亞和緬甸，然後又是一陣沉寂。二三年至二五年發生可怕的內戰後[ii]，帝國擴展也就差不多結束了。

到了一世紀，羅馬帝國和漢帝國已經征服的疆域，都分別達到約兩百萬平方英里，統治的人口也分別都是五、六千萬人口，就連兩個統治者所面臨的問題也很類似。兩位君主最後做出一致的決定：「召回雄心勃勃的將軍，沿著日益穩固的國界築起城牆，並派出數十萬名士兵到類似文德蘭達的堡壘。」事實上，在中國西北的乾旱邊疆，某些地方的堡壘比文德蘭達更是固若金湯。自一九九〇年代起，考古挖掘人員便在漢朝驛站遺址懸泉[iii]發現兩萬三千封未送出的信件，全都是在西元前一一一年至西元一〇七年之間製成的墨書竹簡，其中不少都在抱怨驛站有多不可靠。

一世紀的君主都很清楚，戰爭不再像以往般有利可圖，但他們不知道的是，具有建設性的戰爭成功後，也改變了他們所處的大環境。平心而論，要這些君主知道何時該適可而止，本來就很困難。克勞塞維茨貼切地說道：「如果我們還記得要多少因素才能共同促成勢力平衡，就會明白在某些情況下，要判斷哪方占上風是相當困難的事。」[6]不過，在接下來幾個世紀，哪一方占上風會漸漸變得明朗。

ii 譯註：指王莽死後歷時兩年的內戰，戰後東漢建立。

iii 譯註：懸泉位於中國甘肅省西北部敦煌市絲綢之路上，是絲路上首個出土的驛站遺址。

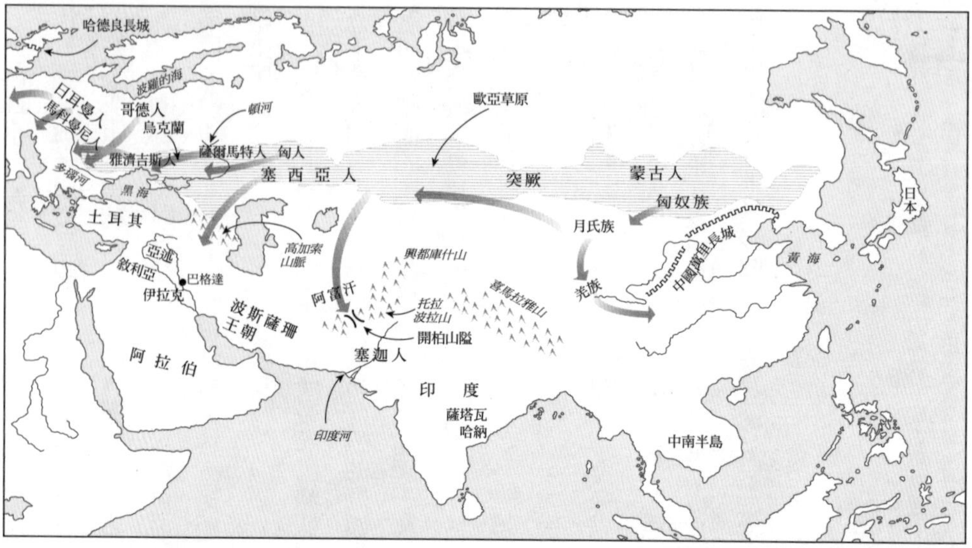

圖3-3 歐亞草原上的風暴：持續千年的不對稱戰爭（約西元前700年至西元300年）

二、戰馬

在西元一世紀之前，古代帝國就紛紛到達且超越了自身的勝利頂點；具有建設性的戰爭讓這些帝國的命運變得與歐亞草原騎兵糾纏不清。這個漫長過程持續了很久，令各國君主更難以判定當時的情勢。我們在第二章看到，雙方的糾葛早在西元八五〇年展開，當時歐亞草原上的養馬人成功培育出大型馬匹，亞述帝國便開始購入新品種的馬，牠們高大強壯，可以成為坐騎。在接著幾世紀裡，各個帝國不斷擴張，農民在草原邊際耕犁土地來種植穀物，商人也深入中亞購買牲畜。對生態影響最小的牧民原本只把乾旱的草原當成耕地使用，但他們發現了新的生機。比起遊走於不同綠洲，為了幾口髒水與其他騎兵打起來，把馬匹賣給帝國代理商輕鬆多了。這群牧民甚至發現，如果帝國主義者不接受自己的開價，他們大可強行闖入帝國邊疆，盡情洗劫手無寸鐵的溫順農民。

西元前七〇〇年以前的亞述文獻首次提到帝國和歐亞草原遊牧民族之間的瓜葛，那時亞述帝國已擴張至草原邊緣的高加索山脈（圖3-3）。塞西亞（Scythia）[iv]騎兵開始威脅邊疆地區時，亞述歷代國王都只是雇來一批牧民代表國家出戰。但他們很快就發現，塞西亞人的機動很強且生性剽悍，非常適合成為傭兵，但也正是這些特性讓他們不太受控。此時已埋下災難的種子。

西元前七世紀，塞西亞人開始結夥為匪，無論是誰遇到他們都會被搶劫，他們也成功控制如今伊拉克北部、敘利亞和土耳其東部的大片土地。希臘歷史學家希羅多德寫道：「他們的侵略和暴力讓人們的生活陷入混亂。他們騎著馬到各地掠奪一切。」[7]西元前六一〇年代，反亞述的叛亂勢力也僱用了塞西亞人。在六一〇年代結束前，亞述帝國便成了廢墟。不過，造反者勝利後還是要處理塞西亞人的問題。根據希羅多德記載，西元前五九〇年，一群塞西亞人的頭目遭灌醉後被殺光，這個問題終獲解決。

隨著歐亞大陸的帝國變得壯大，他們發現自己正面臨了一個現代獨有的問題，那就是如何在中亞邊緣地區進行不對稱戰爭[v]。一九九〇年代末，蓋達組織首領賓拉登（Osama bin Laden）進行他最早的一系列大屠殺行動，當時美國發現若想把躲藏在阿富汗老巢的賓拉登「清除」（美國人偏好用neutralize一詞），就得把價值百萬的巡航導彈射向僅價值十美元的恐怖組織帳篷。[8]同樣的，古代帝國的步兵軍隊龐大遲緩，難以在曠野中追趕成群騎兵。

這並不是西方與非西方戰爭之道的較量，而是農耕戰爭方式或遊牧戰爭方式的對決。從歐洲到中國，所有富裕帝國的統治者都要面對差不多的問題，就是如何對付草原騎兵。到了阿古利可拉時期，各國君主都已經研究出發動不對稱戰爭的各種可能方案。與現在一樣，最好的策略當然是先發制人。波斯國王派軍到大草原上追趕塞西亞人，但波斯士兵發現，若把這群牧民一路逼回他們的藏身處，效果與不開戰沒什麼兩樣。如果遊牧騎兵刻意避戰，波斯步兵也束手無策。先發制人的策略有時會很快見效，例如西元前五一九年，波斯人擊潰了他們稱為「尖帽塞西亞人」的聯盟，但這種情況很少。西元前五三〇年，牧民殺死了創建波斯帝國的居魯士大帝（King Cyrus），並殲滅了他的軍隊。西元前五一四年，波斯國王大流士大帝（Darius）花了幾個月在草原上追趕塞西亞人，卻還是未能抓住他們，

iv 譯註：古代塞西亞人（Scythian）在東歐大草原至中亞一帶居住與活動，是好戰的遊牧民族或半遊牧民族。

v 譯註：「不對稱戰爭」指避開對方相對優勢，採取己方相對優勢來作戰。

後來他摸黑渡過多瑙河，在夜幕的掩護之下逃了回去，才免於落得與居魯士大帝一樣的下場。

最早開始與歐亞草原命運交織的帝國是亞述和波斯。到了西元前三世紀，中國也走上同一條路。西元前二一三年，秦始皇先行發動戰爭，併吞草原上大片土地，試圖把遊牧民族匈奴驅趕至塞外，但此舉並沒有為中國帶來任何喜訊。西元前二〇〇年，匈奴把一支中國軍隊引入草原深處並殲滅了他們。

西元前一三四年之後十五年間，漢武帝再次試著採用先發制人策略，把數十萬士兵派往歐亞草原，對匈奴開戰七、八次以上。很少人能活著回來，戰爭的開支也耗盡了先前文景之治靠「與民休息」而積攢下來的國庫盈餘，使朝廷負債累累。儘管斥資巨額，漢武帝還是與大流士一樣，無法在決定性戰役中一舉殲滅遊牧民族。

從雅典到長安的知識份子紛紛痛斥先發制人的戰爭是場災難。不過，與這種戰爭同樣奇特的是，如果從長遠來看，很難斷定到底是誰贏得這些先發制人的戰爭，或何時是確切的停戰時刻。為了戰爭所付出的鮮血和財富非常驚人，但塞西亞人在西元前五一三年後再也沒有對波斯人造成威脅，匈奴的突襲行動在西元前一〇〇年之前大幅減少。

各國君主最終得出的結論是，若要對歐亞草原進行成本高昂的遠征，這種「硬實力」最好與「軟實力」結合才能得到最佳效果，儘管「軟實力」也所費不貲。最多國家採用的是牽制策略，這往往意味著要築起城牆來抵擋遊牧民族，最有名的是中國在西元前二一〇年代建造的萬里長城，異曲同工的還有西元一二〇年代建造的哈德良長城（本章開頭已提過）。雖然城牆不能完全阻擋遊牧民族，但起碼可以限制騎兵攻入的途徑。

最成功（或是說最不算失敗）的策略是賄賂。遊牧民族在突襲行動中屠殺大量人民，導致帝國稅收減少，那何不直接以金錢收買牧民，讓他們不要突襲呢？只要賄賂金額低於先發制人的成本，付保護費的策略便能換來三贏局面——各國君主幫國庫省錢、邊疆農民保住小命、遊牧民族也省了不少麻煩。兩千年過去了，賄賂策略在不對稱戰爭中依然奏效，二〇〇一年，美國中央情報局付了七千萬美金給阿富汗軍閥，保住大量金錢人命也免卻不少麻煩。

芝加哥有一句諺語：「正直的政治人物一旦接受賄賂，就會一直接受賄賂。」但不對稱戰爭中，甚至連這種期待都算太高了。二〇〇一年，某位阿富汗部隊指揮官拿了美國一萬美金，負責看守托拉波拉山（Tora Bora Mountains）的幾條逃跑路線。但遇到蓋達組織（al-Qaeda）給更多錢時，他還是把人給放走了——這件事也貼切反映出古代歐亞草原的情況。塞西亞人和匈奴人不斷接受賄賂，卻照樣發動突襲。事實證明，賄賂與其他方法一樣，都是對付遊牧民族的最糟策略。波斯和中國的戰略家發現，只有靠棒子與胡蘿蔔雙管齊下，胡蘿蔔才能發揮最大效用。透過一連串好處，加上偶爾發動大規模、殘暴以及先發制人的戰爭，多少可以協助維護和平。

結合所有的策略，西元前最後幾世紀的統治者終於悟出管理邊疆地區的方式。他們與草原遊牧民族之間的關係就像不和夫妻，雙方雖不能和諧相處，卻也不能失去彼此。帝國強盛時，可以與歐亞草原部分地區制訂協議，把暴力控制在容忍範圍內。但當帝國處於衰弱時期，付出的代價和遭受的苦難都會增加。

大概西元前五〇〇年至西元五〇〇年間，各個帝國都分別發現，如果想取得對抗遊牧民族的優勢，唯一能成功的方法就是以子之矛，攻子之盾。為此，君王必須在龐大的步兵軍隊裡加入越來越多的騎兵。那些認為西方戰爭之道始於古希臘文化的歷史學家，常把騎馬打仗看作東方人避戰的象徵，而步兵出戰則標誌著西方價值觀。但實際來說，西元前五〇〇年至西元五〇〇年間開始大量採用騎兵，這種轉變是基於地域因素而非文化因素。西元前五〇〇年後，疆域直達歐亞草原地區的帝國相對快速地改用騎兵戰術，但是以山脈森林為天然屏障的帝國則動作較慢。不過，無論舊世界幸運緯度帶的帝國是否情願，各國都朝著同一方向邁進。

率先改用騎兵的，當然是最常遭受遊牧民族突襲的波斯。西元前五一四年，大流士在烏克蘭一帶追趕塞西亞人時，率領的幾乎全是步兵。但到了西元前四七九年，波斯人在普拉蒂亞與希臘人作戰時，步兵和騎兵扮演的角色已經一樣重要。西元前三三四年，亞歷山大大帝入侵波斯，也是全靠騎兵才獲得勝利。至於中國，遇襲的頻率僅次於波斯，也是下一個改用騎兵的帝國。漢武帝在採用先發制人的戰略之前，建立了一支龐大的騎兵部隊。西元前一一〇年，中國已有十八萬名騎兵，占整支軍隊的三分之一，每年所需糧餉開支也是全國稅收的兩倍。印度有喜馬拉雅山和興都庫什山作屏障，較不易受到突襲。西元前五世紀至西元前二世紀間，印度君王十分安心地沿用一貫以來的戰略，以裝甲戰象的正面衝擊獲勝，就算騎兵只是在旁掩護，裝甲戰象仍然能在戰爭中不斷取勝，直到現代發展出另一種詭異的情況才改變了印度的局勢。

一九五四年，面對共產主義在東南亞的擴張，美國艾森豪總統越來越覺得美國該有所作為，他還警告美國人：「局勢走向可能會遵循所謂的骨牌效應。當你設置了一排骨牌，敲倒第一塊骨牌後，可以確定的是最後一塊骨牌很快也會倒下。一旦開始瓦解，其中產生的影響將會非常深遠。」[9]

不論這番言論是否恰當分析了中南半島（Indochina）的局勢，都貼切地描述了西元前一世紀的歐亞草原。隨著漢朝龐大的騎兵部隊開始壓制匈奴，大批遊牧民族向西遷徙，前往月氏人[vi]自古以來過著放牧生活的土地，驚恐的月氏人又進一步向西移動，前往塞西亞人的領土，成為第二塊倒下的骨牌。隨後，塞西亞人〔在印度被稱為塞迦人（Shakas）〕也往南遷徙，穿過現今的阿富汗，越過開柏山隘（Khyber Pass），來到印度河流域。到了西元前五〇年，塞迦人已經占領印度西北部大多地區。

一個世紀後，歐亞草原上發生許多如今已快被遺忘的騎兵戰爭，隨後月氏人也來到塞迦人所在的興都庫什山，迫使塞迦人遷往更接近印度更深處，而月氏人則征服了大量土地，範圍從現今土庫曼伸延到恆河中游，歷史學家稱其為貴霜帝國（Kushan Empire）。貴霜國繁榮昌盛，擁有數一數二強大的騎兵部隊。到了二世紀，貴霜帝國那些令人生畏的騎射手已經控制著連結羅馬和中國的絲路，如今有無數座騎射手的紀念雕像位於阿富汗、巴基斯坦和印度北部。貴霜人甚至會採取先發制人戰略，包括為了阻止漢人遠征阿富汗而率先發起的戰爭。

印度的經驗揭示了鐵一般的事實：「軍事事務改革無可遏止。」隨著骨牌倒下，農業帝國飽受壓力，如果不與波斯和中國一樣改為發展騎兵部隊，就要像印度一樣，遭騎兵勢力茁壯的遊牧民族占領，這群入侵者自然會把征服的社會打造成騎兵大國。統治者的選擇會影響一個社會變成騎兵大國的速度，但到頭來主宰一切的仍是充滿矛盾的戰爭邏輯。

同一時期，大漢帝國已經推倒了歐亞草原骨牌，導致印度同樣陷入困境，更領略到一個不容置疑的事實：「各個帝國與歐亞草原之間的漫長糾纏已經靠近頂點。」自西元前二〇〇年開始，中國一直在塞北對抗遊牧民族匈奴，而西邊有綿延一百英里的山脈森林作為天然屏障，把大草原隔絕在外，所以長久以來都十分平靜。但匈奴在大約西元前五〇年展開遷徙後，這一切都改變了。當匈奴其中一個分支往西遷徙，骨牌便開始倒塌，導致月氏和塞迦人隨之遷往印度。接著，另一支匈奴分支則向南移動，搶掠中國西部邊境的羌族農民。

幾十年來，羌族在邊塞與遊牧民族不斷進行著激烈的游擊戰，因而讓中國也受到了保護。但在一世紀時，困在遊牧民族和大漢帝國之間的羌族建起自己的政府。井然有序的一批批羌人為了擺脫匈奴人而進入漢朝國境，必要時還會與漢軍開戰。羌族對中國而言從盾牌變成長劍，直刺漢帝國的要害。

不少中國的邊塞官員都看得出接下來會怎麼發展。其中一位官員在西元前三三年承蒙皇帝垂詢邊塞局勢時表示：「近西羌保塞，與漢人交通，吏民貪利，侵盜其畜產妻子，以此怨恨，起而背畔，世世不絕。」[10][vii]

在一世紀時，漢朝已喪失了對西部邊塞的控制權。在九四年、一〇八年和一一〇年，四處爆發大規模的叛亂，或也可稱作入侵（很難劃分這兩種情況而導致局面失控），邊疆地區捲入暴力活動，官員鄭泰（字公業）感嘆道：「婦女載戟挾矛，弦弓負矢。」[11]

而在歐亞大陸的最西端，很快就會出現一連串類似的事件，終結了阿古利可拉發動的那種具有建設性的戰爭，羅馬也會因此邁向勝利頂點。長久以來，日耳曼牧民和農民所在的區域都掩護著羅馬帝國，比起羌族在中國西部邊境的領土，日耳曼人的占地還要更多一點。不過，就算在歐亞大陸，大草原上的遷徙也讓遊牧民族的作用從盾牌變成瞄準帝國心臟的長劍。

vi 譯註：月氏為西元前七世紀至西元一世紀的民族，始見於先秦史籍，早期以遊牧為生，從事玉器貿易。

vii 譯註：這番話來自西漢郎中侯應，通稱〈侯應論罷邊十不可〉。

圖3-4　勤奮不倦的皇帝：騎著馬的奧理略青銅雕像

這個過程或許因為薩爾馬特人（Sarmatians）[viii]而加速了，他們居住在頓河沿岸，從一世紀開始往西遷徙。薩爾馬特人生性剽悍，據希羅多德所說，他們是亞馬遜人的後裔，而且女性族人必須在戰鬥中殺死一名男子才可以結婚。薩爾馬特人的軍隊由輕裝和重裝騎兵組成，弓箭騎兵首先擾亂敵方陣線，再由手持長矛的裝甲騎兵衝鋒陷陣，非常有殺傷力。在西元八〇年代初，薩爾馬特的部族雅濟吉斯人（Iazyges）來到多瑙河北岸，促使圖密善把阿古利可拉的軍隊從不列顛召回來，而其他部落也席捲東歐，在所經之地造成不少混亂。

一至二世紀，氣候變暖使歐洲人口上升，因此在日耳曼農民之間也漸漸發展出囚籠現象。因此，任何希望避開薩爾馬特人的部落都紛紛與決心保衛家園的鄰國開展激烈戰爭。緊鄰歐亞草原生活的日耳曼人也效法薩爾馬特人，開始在馬背上作戰，就連那些遠離歐亞草原的日耳曼人也採用了更好的武器與戰術。面對戰爭的壓力，部落酋長轉變成集權國王，向人民徵稅並組織真正的軍隊。

大約在一五〇年，日耳曼民族的分支部族哥德人（Goths）放棄了他們在波羅的海附近的舊農地，開始向南遷至黑海。他們長途跋涉，一路上驅趕了不少其他部落，直到一六〇年代，一個龐大聯盟開始向多瑙河推進，羅馬人稱他們為馬科曼尼人（Marcomanni，字面意思為「邊疆民族」）。幾個世紀以來，日耳曼人都在羅馬邊境徘徊，通常都是一群群年輕人晃來晃去找工作或盡量偷點什麼之後再逃回家園。但這次與以往不同，成千上萬的家庭正在遷徙，並計劃著要留下來。

對抗馬科曼尼人的是羅馬皇帝奧理略（Marcus Aurelius），在位期間為一六一至一八〇年。奧理略比任何人都更博學多聞、有修養以及仁慈善良，他可能也是最徹底的坐寇政權，吉本將二世紀稱為人類史上最幸福的時期，他腦海中浮現的大概就是奧理略治下的羅馬。可以選擇的話，奧理略會與大鬍子希臘教授討論斯多葛哲學的精髓，無奈帝國在歐亞草原上頻頻遭突襲，他必須把時間花在作戰計劃上，率軍穿越多瑙河對岸的森林。然而，在戰爭中的空檔，他還是不眠不休，擠出時間完成了斯多葛哲學省思經典《沉思錄》（*Meditations*）。若要說哪位古代皇帝稱得上是「偉人」，那奧理略絕對是不二人選。

如同美國總統艾森豪在一九六〇年代的幾位繼任者，奧理略為了阻止骨牌倒下，捲入了一場本人不想加入的戰爭，以從未料到的方式戰鬥。曾任陸軍上校的美國越戰史專家哈瑞．桑摩斯（Harry Summers）說過一個故事：「一九七五年，艾森豪的預言成真且南越的骨牌倒下不久後，桑摩斯就參加了某個前往河內的代表團，在機場遇到一位通曉英語的北越徐姓上校[ix]，兩人很自然地聊起最近美越之間的緊張關係。」

桑摩斯對徐姓上校說：「你也知道的，越南從未在戰場上打贏我們。」

徐上校沉思片刻才說：「也許你說的話沒錯，但那根本不重要。」[12]

一六〇年代的羅馬軍隊與駐越南的美軍一樣，通常都能指望在一對一的較量中取勝，[x]而且就像北越人民，日

viii 譯註：薩爾馬特人（Sarmatians）是上古時期位於塞西亞西部的一個遊牧部落聯盟。

ix 譯註：這位上校姓Tu，「徐」為音譯。

x 以角鬥士為主題的電影《神鬼戰士》（*Gladiator*，二〇〇〇年上映）以激動人心的戰爭場面開場，重現西元一八〇年馬科曼尼戰爭（Marcomannic War）的最後一場大戰。

4905 – ROMA – Dettaglio – Colonna Antonina – L'Imperatore arriva in un villaggio mentre questo è saccheggiato – Anderson

圖3-5 以縱火來「拯救」村落：180年代建成的奧理略皇陵圓柱，上面刻有羅馬軍隊燒毀村屋、拖走婦孺的場景。

耳曼人也試著讓這些戰爭變得根本不重要。結果，羅馬人引以為傲的軍團被迫使出不入流的戰術，後來我們知道美軍在越南也是一樣。一八〇年，奧理略崩殂，皇陵圓柱上的浮雕如實描繪的場景有羅馬軍隊焚燒村落、偷竊牲畜以及讓罪犯拿起武器互鬥至死，令人怵目驚心（圖3-5）。

更糟糕的是，羅馬人實際展開會戰後，才發現所面對的戰爭與預想中並不一樣。舉例來說，羅馬軍隊首次遇到雅濟吉斯人的騎兵時，就受到意料之外的衝擊。雅濟吉斯人使用典型的遊牧民族戰術，把羅馬軍隊引到結冰的多瑙河上。羅馬追兵在冰上滑行時，敵方騎兵原路折返，在包圍羅馬軍隊後準備要大開殺戒。

不過，羅馬士兵因軍紀良好而得以自救。古羅馬歷史學家狄奧（Cassius Dio）寫道：「當時羅馬士兵保持冷靜。」[13]

他們排成方陣面對攻擊者。大部分士兵把盾牌放在地上，然後用一隻腳踩著以避免滑倒。接下來，他們奪回主控權，一手拉著敵方騎兵的韁繩、盾牌和長矛，藉此往前滑行，並把敵方士兵和馬拽過來。羅馬士兵若往後摔倒，就會把敵人也扯到自己身上，接著像摔跤手那樣用雙腿把敵人翻過來，再跳到馬背上。如果羅馬士兵往前仆倒，就會咬住薩爾馬特人……野蠻人不熟悉這種戰略，而且身上的盔甲較為單薄，因此鬥志盡失，最後只有幾個人能死裡逃生。

那天，羅馬步兵擊潰了敵方騎兵。但在接下來的一百年間，騎馬的日耳曼人不斷增加，而且越來越多薩爾馬特人和其他遊牧民族的突襲範圍延伸到帝國邊境。除此以外，新崛起的薩珊也加深了羅馬的困境，這個野心勃勃的新王朝在二二四年拿下波斯帝國，並開始部署重甲騎兵，這是一支超重型騎兵部隊，無論是戰馬還是騎兵都穿戴著鎖子甲和鋼製護具。在四世紀一名目睹當時狀況的羅馬人寫道：「騎兵的金屬盔甲非常合身，連不易彎曲的關節處都很貼合，頭盔與臉部特徵吻合，士兵全身都包覆著盔甲，箭矢能穿進的地方只有眼睛和鼻孔處的小洞，讓士兵能看見一點亮光，稍微能呼吸。」[14]

何時羅馬人才認清自己需要更多騎兵？歷史學家為此展開了激烈的爭論，能確定的是，大約在二〇〇至四〇〇年間，羅馬走上和波斯、中國和印度相同的道路。羅馬軍隊裡騎兵的比例從大約十分之一上升至三分之一甚至二分之一。在五〇〇年之前，距今最近一次的軍事事務改革已經告一段落了，戰馬都有著至高無上的地位。

基於地理環境不同，各國運用騎兵的方式也有所差異。漢人和貴霜人主要依賴輕騎兵，他們能在廣闊的歐亞草原上迅速出擊；薩珊人則依靠手持長矛的裝甲騎士出戰；而羅馬是多兵種協同作戰，潛入蠻族所在的森林，燒毀村落並伏擊騷亂分子，各國的戰術都能有效對付鄰近地區的敵人。在西元後最初幾個世紀，鮮有明顯跡象顯示古代帝國的勝利已經來到頂點，戰爭的建設性開始下滑。

直到完全出乎意料的敵人殺了出來，上述的跡象才出現。

三、帝國的葬身之地

古代帝國的貴族相當厭惡遊牧民族。希羅多德認為，從塞西亞人剝頭皮的習俗就能看出他們有多令人討厭。他寫道：「塞西亞人首次殺人後，會先喝一些死者的血，再把人頭帶回去給國王，接下來繞著頭顱上的耳朵切一圈，然後握緊頭顱抖動，直到頭皮掉落為止，再用牛肋骨把裡面刮乾淨，並徒手把頭皮弄軟，最後將那塊頭皮當成餐巾。」[15]一千年後，羅馬作家馬切林奈斯（Ammianus Marcellinus）對於匈人的描述更是單刀直入，他堅稱：「他們體型矮胖、四肢發達、脖子粗壯，外型畸形醜陋，像極了用雙腿站立的野獸。」[16]

然而，這群文明紳士真正該畏懼的不是騎馬而來的遊牧民族，真正可怕的是依附在遊牧民族身上的細菌。

在二十世紀以前，戰爭中最強大殺手一向都是疾病。軍隊就像細菌瘋狂增生的培養皿，成千上萬的人擠在狹小的空間裡，伙食很糟，環境也滿是汙垢。軍隊形同培養皿，細菌得以在裡面瘋狂繁殖。在擁擠且不衛生的軍營，即使外來病毒害死了人類宿主，還是能茁壯成長，因為總能附著在別的宿主身上。士兵都逃不過罹患痢疾、腹瀉、傷寒或結核病的命運。

但在一六一年，也就是奧理略在羅馬登基那一年，更糟的事情即將發生。首先遭殃的是中國西北邊塞，那裡常有龐大軍隊與歐亞草原上的遊牧民族作戰，但有情報顯示當地出現了一種令人束手無策的新疾病，軍營有三分之一的士兵在幾週內病發死亡。四年後，同樣可怕的疫病在駐敘利亞的羅馬軍營肆虐，並在一六七年傳播至羅馬城，害死不少居民，奧理略為此推遲御駕親征多瑙河的計畫，以舉行儀式為城市祈福。羅馬軍隊出發時，也帶著疾病離開了。

根據當時羅馬人的描述，瘟疫聽起來有點像天花病毒。遺傳學家尚未從古人的DNA中證實這一點，但可以肯定的是，歐亞大陸兩端之所以同時爆發疫情，是因為歐亞草原上的骨牌一個接一個倒下。幾千年來，所有偉大的歐亞文明都各自演化出獨有的病毒庫。根據完美的紅皇后效應，致命病原體和具保護作用的抗體互相競爭，兩者越跑越快，卻久久拉不開距離，在無益的平衡中並駕齊驅。四分之一到三分之一的嬰兒會在出生後約一年內死去，很少有成年人可以活超過五十歲，就算是最健康的人也無法做到百病不侵。

各地的病毒庫曾井水不犯河水，但具有建設性的戰爭獲得成功後，情況便有所改變。隨著帝國擴張，移民也在各國之間來回流動，而且不斷經過歐亞草原。人們四處流動，病毒庫因此合併，像調製雞尾酒一樣，把各種可怕的流行病混合成一種全新病毒。沒幾個人生來就幸運擁有這種病毒的抗體，等到強大的抗體基因在倖存者之間傳播開來前（可能要花上幾個世紀），瘟疫都會不斷找上門。

埃及的記錄最為完整，清晰顯示一六五至二〇〇年間，人口減少了四分之一。至於其他地方，我們只能從考古遺跡推測，從這些遺跡可以看出各地與埃及的經歷相同。由於周邊人口越來越少，帝國難以招募士兵加入軍隊，也無法提高稅賦來養兵。再也無法阻止歐亞草原邊境的骨牌倒下。羅馬和漢帝國的統治者眼睜睜看著邊境崩潰，大遷徙也加快了瘟疫散播速度，兩國君主均驚恐不已。嫌這一切還不夠似的，就連氣候變遷也在那幾年加快腳步。從南極洲的冰芯到波蘭的泥炭沼澤，氣候學家都看到世界變得更寒冷乾燥的跡象。全球降溫使農作物的生長季變短及產量下降，氣候變化也導致更多移民穿越歐亞大陸。

幾個世紀以來，複雜的稅制和貿易網絡在具有成效的戰爭中建立起來，但受到移民、疾病和作物產量下跌的打擊後，這些成果開始瓦解。在中國，隨著稅收縮減以及邊疆防衛成本上升，從二世紀開始，部分朝臣認為，雖然羌族叛軍（或入侵者）在西方邊疆造成大量破壞，但那些疆域與首都洛陽相距甚遠，所以最明智的做法就是停止支付那些叛軍的軍費。如果政府讓軍隊自生自滅，情況會變得多糟糕？

答案是非常糟。西羌士兵變成土匪，劫掠他們本應保護的農民，而將領也變成軍閥，只服從對他們有利的命令。東漢官員鄭泰把八個西羌部族稱為「天下之權勇」、「皆百姓素所畏服」。[17] 一六八年，瘟疫四處肆虐，軍隊四分五裂，年方十二歲的漢靈帝在位期間，宮廷宦官發動政變扳倒皇帝的外戚。朝廷隨著這場災難瓦解，數以千計的朝臣在隨之而起的黨錮之禍中互相廝殺，法治也蕩然無存。在一七〇至一八〇年代，叛兵奪走了無數條人命。各地軍閥中向來以駐守西疆的董卓最為駭人，他在一八九年獲大將軍何進之命帶兵入首都洛陽平亂，後來在挾持年僅八歲的幼主漢獻帝遷都長安之際，放火燒了洛陽。

接下來三十年裡，一個又一個強人打著光復大漢的名號在中國四處掠奪。直到二二〇年，大漢帝國終於分裂成魏蜀吳三國，邊疆的國界隨之消散，數十萬名羌人和中亞遊牧民族遷往中國北部，數以百萬計的中土人士從北方逃至南方。死亡人數之多讓官員也不再計算。

羅馬的情況同樣惡劣，隨著國內人口、農業收成以及貿易數量驟降，拮据的皇帝扣減軍費，或是鑄幣時減低其中的白銀成分，希望能讓庫存的白銀撐久一點。不出所料，此舉導致硬幣變得毫無價值，並引發了嚴重通貨膨脹，使經濟更加蕭條。

怒不可遏的士兵不再坐以待斃。一九三年和二一八年，皇家衛隊兩度把王位出售給出價最高的買家。二一八至二二二年間，羅馬帝國落入狂妄少年艾拉加巴魯斯（Elagabalus）手中。我們姑且說他的確是羅馬的統治者，但他倒行逆施，腐敗、殘忍和無能的程度讓歷任羅馬皇帝都望塵莫及。二三五年至二八五年間，羅馬的皇帝算來有四十三位（根據對皇帝的不同定義，這數字會有所改變），他們大部分都是軍人，而且只有一位是染疫而死。其他四十二位都死於暴力，一位在哥德人入侵時戰死沙場。此外，薩珊王朝也曾把一位羅馬皇帝擄走後丟到籠子裡，以此羞辱和折磨他，感到無趣之後便了結其性命。而剩下四十名國王全都是死於羅馬同胞之手。

面對各種軍事威脅，各國君主別無選擇，只能把龐大軍隊交託給下屬將領。儘管這些將領一再發動叛變（將領篡位上台後幾乎都撐不過幾個月就遭殺害），辜負國君信任，但統治者還是別無他選。將領一旦發動叛變，他麾下的軍隊通常會離開邊疆的駐地，以發起內戰。這時的帝國門戶大開、任人進出。

哥德人造船越過黑海後，抵達希臘大肆搶掠。法蘭克人（當時以現今德國為根據地）在高盧和西班牙橫衝直撞。其餘日耳曼人襲擾義大利。與此同時，摩爾人占領了北非，薩珊人則焚毀了敘利亞的繁榮城市。羅馬帝國東部和西部各省意識到中央政府已無法保護他們，便建立起自己的政府。到了二六〇年，羅馬和大漢一樣，龐大的帝國也是一分為三。

各大帝國腥風血雨的分裂情況慢慢變成常態。薩珊軍隊和塞西亞突襲者擊敗印度的貴霜帝國後，當地也在二三〇年代一分為二。二四八年，波斯人最終戰勝西部貴霜王國後將其併吞，而東部貴霜王國則是在二七〇年代喪失對恆河流域諸城的控制權後，領土已所剩無幾。在更遠的南邊，第二世紀的貿易大國薩塔瓦哈納（Satavahana）也在奮力對抗塞西亞人，最終還是在二三六年崩潰。

本書第一章提到的「坐寇」，是由美國經濟學家曼瑟．奧爾森提出的，他喜歡把較為良善的「坐寇」和毫無善意的「流寇」做比較。坐寇是「我來，我見，我征服，我治理」，流寇則是「我來，我見，我偷搶，我離開」。在西元前一千年紀期間，各個帝國之所以欣欣向榮，主要是因為坐寇足夠強大，能把流寇隔絕在外。但好景不常，到了三世紀，幾乎整片歐亞大陸上的戰爭都帶來反效果，使龐大、和平和繁榮的古代帝國四分五裂。

事實上，也不全然是所有的地方都四分五裂。在三世紀，各個帝國都逃不過瓦解定律，但波斯帝國是一大例外。二二四年，波斯打倒安息帝國後，新的薩珊王朝日益壯大，後來薩珊人擊潰了貴霜和羅馬軍隊，也壓制了歐亞草原上的遊牧民族，最後建立中央集權。偉大的征服者沙普爾一世（Shapur I）在二七〇年逝世時，薩珊王朝的首都泰西封（Ctesiphon）已成為世上最宏偉的城市。

不過，只要仔細觀察，就會發現薩珊的情況根本不是特例，因為多年來的定律不只是帝國瓦解。大約在二〇〇至一四〇〇年間，具有建設性和帶來反效果的戰爭不斷循環上演。如同第一、二章所述，二〇〇年之前的幾千年來，利維坦強國不斷擴張勢力，各地越來越繁榮，暴力死亡率也持續下降。本書第四章至第七章描述了一四〇〇年之後幾個世紀，當時情況就更為明顯了。但介於這兩段時期之間的是漫長的中世紀，形成一段複雜、混亂和暴力的過渡期。

這個歷史故事可謂錯綜複雜。三世紀末的某段時期，帝國復興成為新趨勢，興盛的薩珊王朝只是首例而已。經過半個世紀的混亂狀態，羅馬在二七四年重新控制了整個地中海盆地，西晉王朝則在二八〇年一統中國。到了三二

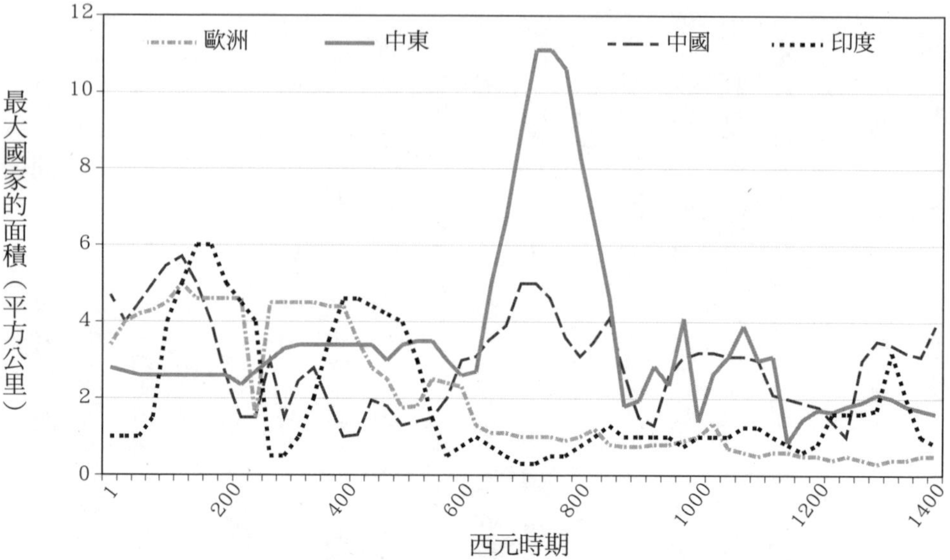

圖3-6 接踵而來的鳥事？這張圖顯示1-1400年歐亞幸運緯度帶最龐大國家的面積，以反映各區利維坦勢力的興盛與衰落（然後再興盛、衰落）。

○年代，笈多王朝（Gupta）也在印度建立統一帝國，與此同時，歐亞大陸其他地區的復興期又來到了尾聲。五胡亂華期間，匈奴等遊牧民族燒毀許多中國古城，晉懷帝與晉愍帝相繼死於外族毒手，數百萬難民也遭屠戮。隨後六十年間，戰爭紛至沓來，一直到三八三年肥水之戰，前秦出兵侵略東晉，眼看新王朝要再次一統中國時，軍隊卻在稍稍受挫後不知為何慌亂地潰散了，新一輪殺戮即刻席捲東亞。

羅馬的局勢也在四世紀末重新陷入一團混亂。三七八年，哥德人在阿德里安堡（Adrianople）摧毀了羅馬的軍團，邊境隨之崩潰。匈人（古時最可怕的遊牧民族）西遷時推倒了更多骨牌，四○六年新年前夕，成千上萬名日耳曼人趁著萊茵河河面冰封而大量湧入帝國境內。西歐頓時陷入暴力和混沌之中。四七六年，當時距離萊茵河邊境失守也不過七十年，一位日耳曼國王便宣布西羅馬帝國已經不復存在。

四八四年，匈人的另一個部族殲滅了薩珊軍隊和殺死當地國王，薩珊王朝似乎即將面臨同一命運。不過，薩珊人堅持了下來，當時中國也重新朝著統一的方向出發。到了五世紀，又有新王朝再度統一黃河地區，在五八九年，隋朝讓中國再次回歸大一統的局面。

五二○年代好幾年之間，地中海也走在重新統一的路上，各種發展令人感到興奮目眩。舊羅馬帝國分治後的東半部稱為拜占庭帝國，其偉大的皇帝查士丁尼（Justinian）奪回了義大利以及西班牙和北非部分地區。不過，到了五五〇年，拜占庭帝國的擴張停滯不前，至六世紀末出現新的入侵者，結果帝國危如累卵。印度也經歷了同樣艱苦的時期。四六七年後，笈多王朝遭受匈人另一分支攻擊後瓦解，儘管其後在五二八年對抗遊牧民族時大獲全勝，卻還是在五五〇年徹底走入歷史。就這樣，歐亞的幸運緯度帶度過了一個又一個混沌世紀。

我並未試著整理這段雜亂無章的敘述，而且圖3-6也為這段混亂的時期下了很好的註腳，這張圖把幸運緯度帶劃分成歐洲、中東、中國和印度四個區域，標記了一至一四〇〇年間每個區域最龐大帝國的地理規模。無可否認，單單用國家面積來衡量利維坦的勢力（指中央集權政府的力量）確實會有各種技術問題。圖表中最明顯的是，代表中東的曲線在六五〇年至八五〇年間達到高峰，代表阿拉伯人所建立的兩個哈里發國（caliphate）[xi]，也就是伍麥葉王朝（Umayyad）和阿拔斯王朝（Abbasid）。理論上來說，統治大馬士革和巴格達的哈里發（caliph）[xii]掌控著四百三十萬平方英里的土地，是史上數一數二大的國家。但實際上，敘利亞和伊拉克以外的人幾乎都沒有注意到這兩個國家。印度在一五〇年到達高峰，代表的是貴霜帝國，這也延伸出另一個問題：「貴霜人統治著兩百三十萬平方英里的土地，但國內大部分地區都杳無人煙。」

撇除種種問題，這個雜亂的圖表還反映出一個大重點：「二世紀至十四世紀期間，位於幸運緯度帶的各個地區很少會往同一個方向發展。」每當有一個帝國崛起，就會有另一個衰落。每當一個社會享受著黃金時代時，就會有另一個社會在度過黑暗時代。

這意味著什麼？一九五〇年代，博學多才的英國史家湯恩比（Arnold Toynbee）為此提出最直接、也是史學家最

xi 譯註：哈里發國是由最高宗教和政治領袖哈里發領導的伊斯蘭國。

xii 譯註：穆罕默德逝世（西元六三二年）後，伊斯蘭教國家政教合一的領袖稱便為哈里發。

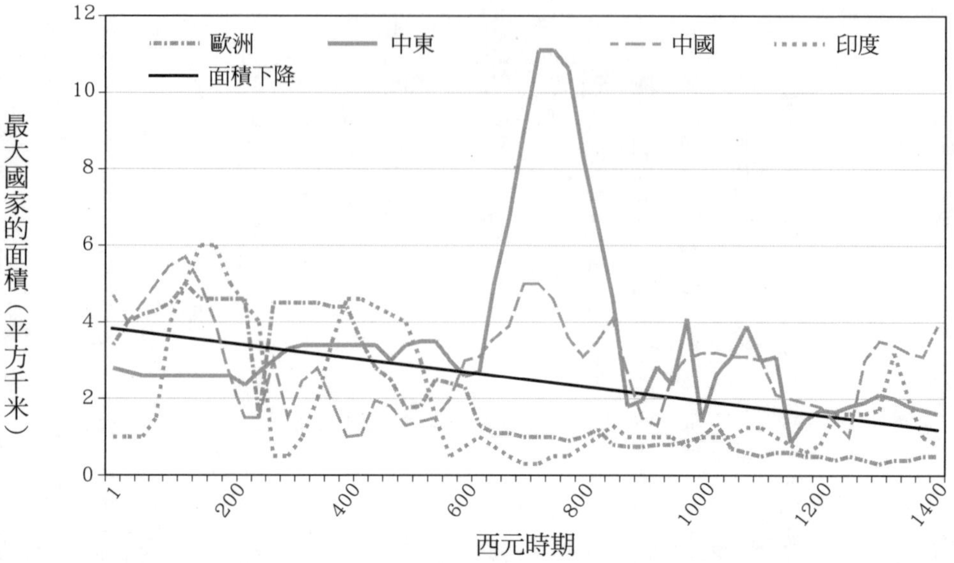

圖3-7 亂中有序：黑線代表1-1400年歐亞幸運緯度帶上，各國領土面積的平均下降值〔使用杜凱氏確實差異檢定法（Tucky method）計算：y^ = 3.83 - .047x〕

喜歡的解釋。他認為歷史「混亂且無法用科學解釋，由連續發生的無意義事件構成——就像某位二十世紀小說家兼桂冠詩人所說的，是『接踵而來的鳥事』（Odtaa）[xiii]」。[18]乍看之下，圖3-6就像這些鳥事的典型代表。帝國經歷興衰、戰爭有輸有贏，但一切幾乎沒什麼改變。任何事對於其他事而言都是例外。

然而，湯恩比提出了「接踵而來的鳥事」的理論後卻又將其推翻。他花了幾十年研讀世界歷史，很清楚歷史不只是「接踵而來的鳥事」，而是有著各種更大的模式。他應該能從表中找出幾個模式。首先，他或許會觀察到一個明顯的趨勢，圖3-7也將說明這一點。撇開種種因素，可以看到一年至一四〇〇年的帝國面積持續縮小，幸運緯度帶已成各個帝國的葬身之地。

第二，湯恩比一定會察覺到，國家面積劇烈波動不單純是「接踵而來的鳥事」，而是代表繁榮與衰敗的交替循環模式。帶來反效果的戰爭導致帝國面積持續縮小，緊接著具有建設性的戰爭又重新使面積增加，隨後帶來反效果的戰爭再次回歸，利維坦強國又一次崩塌。與其說這些是「接踵而來的鳥事」，不如說是幸運緯度帶陷入可怕的循環裡。

要解釋這些現象並不困難。由於具有建設性的戰爭已經超越頂點，歐亞草原和農業帝國已變得密不可分。從那開始，每次行動都會帶來對等和相反的效果。在某個時刻，帝國會因為瘟疫、叛亂和侵略而在帶來反效果的戰爭中瓦解，造成數百萬人死亡。下一刻，地方軍閥或入侵者又會發起下一輪具有建設性的戰爭，藉機創造另一個利維坦強國，國王也在盛世中登基，並竭力恢復法治以及從臣民手上榨取稅收。不過，富有的新國家引來更多襲擊者和叛民，隨後又捲入全新一輪帶來反效果的戰爭……就這麼一直循環下去。

在幸運緯度帶，每個地區都按照各自進度來回於具有建設性和帶來反效果的戰爭之間，主要是因為某個國家成功擊退襲擊者後，鄰國就會備受壓力。歐亞草原上，有一些民族遷徙時來勢洶洶，好像一下子就能掃遍各地。例如，匈人在五世紀從印度一路掠奪到義大利，蒙古則在十三世紀從日本進攻至日耳曼。儘管如此，意料之外的勝負還是讓結果看起來毫無規律可言，造成圖3-6的一片混亂。

在這之前，也不是沒有發生過帶來反效果的的戰爭，但無論再怎麼糟，這些戰爭只是暫時性的崩潰，具有成效的戰爭仍是歷史發展的主要基調。有些大規模的崩潰持續了很久，像是阿卡德帝國和古埃及帝國在西元前二二〇〇年左右滅亡，印度河流域的城市在西元前一九〇〇年瓦解，地中海東部各王國在西元前一二〇〇年左右的國際化時代衰敗，但歐亞幸運緯度帶不斷朝著羅馬、長安和波吒釐城前進，這些地區每後退一步，也會前進兩三步。

二〇〇年至一四〇〇年間的情況有所逆轉。歐亞草原的騎兵實在是太強大了，或許會有某個國王能擊退他們，暫時扭轉混亂局勢，但從未有人能徹底終止草原上的民族大遷徙。流寇回歸只是遲早的事，除非有人找到一勞永逸的方法，否則歐亞幸運緯度帶的戰爭終究還是逃不過具有建設性和帶來反效果的殘忍循環。

xiii 譯註：Odtaa 代表 One damned thing after another。這裡所謂的小說家兼桂冠詩人是英國作家約翰・麥斯菲爾（John Masefield），他在一九二六年出版的冒險小說就是以*Odtaa*為書名。

四、軍事事務革命的倒退

帶來反效果的戰爭使第一、二章裡描述的一切發展倒退。面對敵方壓迫，政府無法履行基本職責來守衛國家安全。商人留在家園，君王無法向他們徵稅，大眾也無從購得商品，造成災難般的結果。由於統治者無力供養軍隊，軍隊為了補足經費，只好搶掠農民，農民便紛紛尋領主的庇護。於是，這群地方頭人把歸順的村民集結起來，組成日益壯大的民兵，以抵抗入侵者和徵稅人，他們一般都覺得沒有必要向位居遠方的君主繳納賦稅。

西元前第五到第一千年紀期間，具有建設性的戰爭推動了一系列軍事事務改革，把毫無組織的烏合之眾轉化成紀律嚴明、領導有方的軍團。不過，帶來反效果的戰爭又引發了軍事事務改革的倒退。國王、將領和步兵都沒有忘記大規模部隊、軍紀和規律用餐所帶來的好處。畢竟已經創造的事物不可能瞬間瓦解，但隨著歐亞大陸的利維坦失去利齒，政府也不再負擔得起這些好東西。

隨之而來的是陸軍規模萎縮、海軍腐敗、供應鏈斷裂、指揮和控制體系瓦解。早在西元前八世紀，亞述國王提格拉－帕拉薩三世就把貴族排除在戰爭之外，組織了只對他效忠的軍隊，並支付軍隊的開支，以此打響了名聲。在那之後的一千年裡，君王開始反其道而行，既然無法從難以管束的大亨身上搜刮金錢來支付軍費，不如直接與他們做交易。

以前，君王和領主從農民的微薄收入裡分一杯羹，君王把自己那份稱作稅收，領主則把自己那份叫作租金。如今，各國君王發現自己的勢力太薄弱，已經無法徵稅，便放棄搜刮，把華而不實的頭銜和特權發給擁有武裝軍隊的各地惡棍。這些惡棍獲得加冕為貴族後便能返回自己的土地上，管治自己的迷你王國。作為回報，這些已經封侯拜爵的惡棍就承諾，只要君主想出戰，他們便會帶領在各自土地上招募的軍隊前去支援。

貴族要招募士兵，最簡單的方法就是沿用君王的策略，往下將土地和工人分封給騎士，藉此把他們納入旗下，在有需要時出戰。然後，這些騎士又重施故技，再把自己的土地和工人往下分封給更低階的人，依此類推。最後，從城堡裡的君主到實際幹活的貧苦農民，權利和義務的網絡把全國上下連成一體。

對於這些因為戰爭的反效果而地位一路下滑的國王而言，這樣的安排有個明顯的好處：「他們不必再負擔專業軍隊支出，也不用支薪給徵稅官員。」不過，以這種方式組織軍隊也有其弊端。首先，君主對追隨者的影響力下降，全國上下關心的只有自己的名聲和榮譽，無暇顧及其他更遠大的計畫，大家一般都只是隨興決定出戰或逃跑。一〇六六年的黑斯廷斯戰役（Battle of Hastings）就是個好例子。這是中世紀最為有名的戰爭，諾曼第大軍當時正從右側攻擊英格蘭哈洛德國王（Harold）的軍隊，卻在關鍵時刻轉身逃跑。這時，哈洛德之弟李奧夫溫（Leofwyne）和葛思（Gyrthe）把命令、軍事理論和常理拋諸腦後，帶著咆哮歡呼的軍隊追了下山。在山腳下，諾曼第士兵再次集結成軍，並轉頭砍倒了隊伍凌亂的追兵。團結力量瓦解，英軍陣形分崩離析，國家也隨之失守。

據說，哈洛德國王在戰役中遭諾曼第人的箭射穿眼睛而崩殂。但就算他大難不死，也逃不過當代戰爭的第二大問題：「戰敗的國王沒有機會掠奪，也無法帶回戰利品，在這種情況下，儘管追隨者曾經立下誓言和有責任效忠國王，他們的忠誠度也會變得非常低。」

另一方面，來自諾曼第的征服者威廉（William the Conqueror）得以將英格蘭的廣闊土地獎賞給追隨者。但是，就連威廉一世和他的繼任者也很快遇到難題，全因這種策略造成第三個問題。一代接一代，國王和騎士之間的責任與義務網絡越來越錯綜複雜。聰明或幸運的領主以繼承、嫁妝和收購的名義來擴展村莊領土，但新的義務也會隨之而來。不久後，人們發現自己要對許多主人效忠。

這也是法蘭德斯[xiv]伯爵羅伯二世（Count Robert II）的命運。一一〇一年，他對英格蘭國王亨利一世（Henry I）宣誓效忠，並依照慣例承諾為主人「對付所有人，殺敵致勝」。[19]但是，羅伯又補充說這不包括亨利國王的心腹大患——法王菲利浦一世（King Philip）。羅伯無法承諾與菲利浦對戰，因為他已經獲得菲利浦的敕封，但他答應亨利

xiv 譯註：法蘭德斯（Flanders）是一個位於現今的荷蘭比利時的中世紀國家。

國王，若菲利浦決定進攻英格蘭，自己會試著說服菲利浦放棄計劃。但是，若遊說失敗，菲利浦堅持大舉入侵，羅伯還是要履行義務，跟隨法軍出戰。但他堅稱自己只會派出必要的軍力，避免菲利浦認為他懷有二心。

反之，如果英格蘭國王亨利想對法國以外的地區開戰，並希望伯爵羅伯二世協助他的話，羅伯會二話不說提供支援，除非他身體不適，或是法王請他到另一場戰役幫忙，又或是日耳曼大帝（羅伯的另一個主人）召見他。好像這一切還不過複雜似的，羅伯最後還承諾，若法國入侵諾曼第，英法兩國也免不了會開戰的命運，屆時他只會派出手下二十個騎士協助法國，而其他九百八十名都會代表英格蘭出戰。

極度混亂交錯的從屬關係是幾個世紀下來的衰退結果。幾頁前提到，拜占庭帝國的國王查士丁尼試圖在六世紀時重新統一地中海盆地，在那失敗後，利維坦才正式開始崩潰。自六三〇年代開始，阿拉伯人帶著從沙漠誕生的全新伊斯蘭教義，擊潰了當時只能負擔小規模部隊的拜占庭帝國。六五〇年代，阿拉伯人又推翻了薩珊王朝的統治者，看來拜占庭人也將在往後半世紀面對同樣命運。

到了七五〇年，從摩洛哥到巴基斯坦，穆斯林戰隊已在各地大獲全勝，他們一路攻入法國深處，又圍攻君士坦丁堡，但歷任哈里發從未設法為他們的利維坦建立穩固的基礎。伊斯蘭國家建立初期，哈里發的地位十分模糊，角色介於先知穆罕默德的神權繼承人和傳統國王之間。沒有任何哈里發有能力把宗教上的至高地位轉化成政治上的權威，因此只能統治小部分地區，而非整個龐大帝國。九世紀時，許多蘇丹[xv]都成為獨立統治者，他們互相鬥爭，也對哈里發或任何前來的人開戰。

在遙遠的西北方，占領了西羅馬帝國的日耳曼人建立了新王國。當他們有強大的國王時，就會發起具有建設性的戰爭；若國王軟弱無能，便會發動帶來反效果的戰爭。其中法蘭克國王查理曼（Charlemagne）帶來了最多成效，在七七一年到八一四年間征服了歐洲西部和中部的大部分地方。在法蘭克首都亞琛（Aachen）的木製大廳裡，官員壓榨當地領主，從他們身上搜刮稅款，同時提升識字率，甚至為了強迫國民聽從指令而無所不用其極。八〇〇年，一名教皇因為懾於查里曼的淫威，在加冕儀式上甚至稱他為「神聖的羅馬國王」。但光復羅馬的夢很快就破滅了，主因是查理曼的後代都疲於互相爭鬥，無暇管治難以控制的貴族。一位當代編年史家慨嘆道：「這導致巨大的戰爭，不是因為法蘭克沒有偉大、強悍和聰慧的王子來治國安邦，而是因為各個王子都同樣慷慨沉穩，權勢也旗鼓相當，以致他們之間的紛爭越來越多，但由於勢均力敵，誰也不願意臣服於誰的腳下。」[20]

然而，在查理曼逝世前，又有新的襲擊者開始掠奪法蘭克透過有建設性的戰爭而累積的財富，他們分別是從北方坐著大戰船到來的維京人（Vikings）和從東方策馬而至的馬札爾人（Magyars）。亞琛離邊境太遠了，無法迅速對應敵方的突擊戰術，地方領主便再次出面填補防禦空缺。當時，就連查理曼大帝也無法阻擋帶來反效果的戰爭爆發。八八五年，當巴黎伯爵奧多（Count Odo）延緩維京人的圍攻之際，不怎麼偉大的法蘭克國王「胖子查理」[xvi]（Charlie the Fat, 819-888）顯然沒有出現在法國，當時法蘭克已是名存實亡。

在那個混沌的新世界裡，所有的人都自私自利。根據史料，一人效忠多位主人的現象始於奧多保衛巴黎後十年，在接下來幾個世紀，這種情況越來越普遍。到了一三八〇年代，奧多已過世五百多年，那時的情況極度糟糕，一位法國教士便提出一個萬全之策。他建議立下過多誓言的戰士只需為第一個領主而戰，至於第二個或以後的領主，則另聘他人來代替自己履行義務。

教士提出的方法並未被採納，或許是因為聘請代理人所費不貲。一三六九年，貴族昂蓋朗．德．庫西（Enguerrand de Coucy）的主人（英格蘭國王）召喚他，協助向他另一個主人（法國國王）開戰，而德．庫西的處理方法正是當時最廣泛的做法。德．庫西未選邊站，而是宣布與兩位國王簽訂個人和平協定，更為自己找到第三個主人，到義大利為教皇的軍隊而戰。一三七四年，教皇的戰役結束，德．庫西又帶領一萬人在瑞士發動戰爭。

一七七〇年代，愛丁堡經濟學家亞當．史密斯（Adam Smith）在安全開明的環境下撰寫《國富論》（*The Wealth*

xv 譯註：蘇丹（Sultan）是伊斯蘭國家的統治者頭銜。由蘇丹統治的國家則稱為「蘇丹國」。

xvi 譯註：即查理三世（Charles III）。

圖3-8 無政府的封建時代：1218年分別為基督徒和穆斯林的菁英騎兵在埃及達米艾塔陷入一團混戰（摘自某本在1255年左右問世的書）

of Nations），他把當時井然有序的世界與德・庫西、伯爵羅伯、亨利國王和菲利浦國王身處的動盪時代進行比對。史密斯感傷地總結表示，那是個「無政府的封建時代」（「封建」一詞源自於拉丁文的feoda或feuda，意即「封地」，這種授予土地的做法導致主僕關係極為複雜），[21]「勢力龐大的領主繼續按照自己的心意開戰，他們幾乎不停息地襲擊他人，也常常攻打國王。在原野上，暴力、掠奪和混亂場景還屢見不鮮。」（圖3-8）[22]

自史密斯的年代起，各個學者都無法斷定「無政府的封建時代」有何意義。愛里亞斯正是在一九三〇年代試著解讀這段混亂時期之際，才認定歐洲必然經歷過文明的進程，使暴力死亡率下降。但愛里亞斯只對了一半，他並沒有從長遠角度分析，就逕自認定封建時期的紛亂只是人類的自然狀態。但事實上這個時期所代表的是古代帝國瓦解後，帶來反效果的戰爭在千年之間不斷重新上演，最後才有如此混亂的局勢出現。

無政府的封建時代：「一二一八年，分別為基督徒和穆斯林的菁英騎兵在埃及達米艾塔陷入一團混戰（摘自某本在一二五五年左右問世的書）。」

然而，到了一九六〇年代，越來越多學者受《薩摩亞人的成年》影響，相信人類天生愛好和平，許多歷史學家開始思考：「用『無政府的封建時代』來形容德．庫西身處的世界是否恰當？」每當有征服者威廉之類的暴君砍掉人頭時，都會有像聖方濟各（Francis of Assisi）的聖人同時在照顧蒼生，而且歐洲人解決紛爭時大多不會訴諸暴力。當然，二十世紀的亞諾馬米人也是如此，但他們之中卻還是有四分之一死於暴力。「無政府的封建時代」之所以很適合用來形容十四世紀的歐洲，是因為當時許多人都極度隨意使用暴力，在這方面很像亞諾馬米人。

得以流傳的故事數以千計，我最喜歡的故事是——「一個騎士到鄰國城堡拜訪用餐，他寒暄問道：『殿下，這瓶醇厚的酒花了您多少錢？』」

國王親切地回應說：「啊，從來沒有活人向我要過一分錢。」[xvii][23]

對我而言，「無政府的封建時代」一詞不但精確地形容九〇〇年至一四〇〇年的西歐，還貼切描述了同期大部分歐亞幸運緯度的狀況。從英格蘭到日本，隨著各地利維坦政府自行瓦解，這些社會都一步步走向「無政府的封建時代」。文獻提到「部曲」[xviii]在三、四世紀於中國北方崛起，他們是跟隨軍閥出戰以分得戰利品的私兵。至於在印度，笈多王朝在六世紀開始衰落，各地的「薩曼塔」（samanta，封建首領）在政府崩塌時提供士兵，統治者漸漸承認他們已完全獨立。在中東，哈里發有種土地政策叫「伊克塔」（iqta'），把土地授予各地蘇丹，但他們卻不一定會組建軍隊作為回報。到了九世紀，阿拉伯世界靠著伊克塔政策的微薄力量，才能維持團結。到了一〇〇〇年，拜占庭帝國走上同一道路，君主透過授予土地來換取軍事服務，這種制度稱為「普羅諾埃」（pronoia）。各地的古代帝國君主都在走進自己的墳墓。

xvii 譯註：意思是向他要錢的人沒有一個活下來。

xviii 譯註：中國魏晉南北朝的一種社會階級，主要指家兵、私兵。

五、喪屍帝國

古代帝國的君主並沒有停下腳步，反而像現代好萊塢電影裡的喪屍一樣，一而再，再而三地起死回生。以中國為例，楊衒之[xix]在五四七年到訪故都洛陽，當地荒涼的景象讓他大感震驚地寫下：「城郭崩毀，宮室傾覆。」十三年前，高歡發動政變時曾率軍把京師洛陽洗劫一空，不但擄走城內百姓，還直接促成了東西兩魏的分裂，結束北魏對中國的短暫統一。楊衒之認為從那時起，「野獸穴於荒階，山鳥巢於庭樹。游兒牧豎，躑躅於九逵；農夫耕老，藝黍於雙闕。」[24]

但就在楊衒之到訪後的三十年，中國北方再度統一。然後又過了十二年，來到五八九年，中國大部分地區都歸順於隋朝的統治之下。如同圖3-6顯示的，中國重新爬了起來。

與具有建設性的戰爭一樣，帶來反效果的戰爭也有頂點，一旦越過頂點，古代帝國君王等擅長暴力的人會減少殺戮，開始花更多時間在會談上。一〇八〇年，安息帝國某位王子告訴他兒子：「記得這個真理，軍隊能掌控王國，黃金可以收買軍隊，而發展農業便能得到黃金。要發展農業，必須先建立公平公正的社會。因此，你要成為正直公正的人。」[25]

抗拒這則真理的征服者都無法撐很久。隋朝在五八九年統一中國後，不斷擴大軍隊，並派兵攻打高句麗，幾次戰爭下來損失慘重。六一〇年代，隋朝臣民已忍無可忍。有一段時間，中國似乎又回到無政府的封建時代，當時盜匪活動增加，繳稅的戶口下跌百分之七十五，大部分農村都落入軍閥手中，其中包括數以千計的願意動刀動槍的佛教僧侶，他們顯然沒有服從禁武的佛教戒律。不過，後來內戰勝利的一方又建立了唐朝，而且具有建設性的戰爭讓開朝君王謹記教訓。唐太宗寫道：「君依於國，國依於民。刻民以奉君，猶割肉以充腹，腹飽而身斃，君富而國亡。」[xx][26]

唐朝皇帝言而有信，不論官員以前效忠於誰，只要是人才就會獲得特赦和提拔。於是，唐朝重建政權，朝廷上盡是能臣。據說，唐太宗以身作則，請文武百官把奏摺掛在他寢室的牆上，好讓他每晚就寢前研讀一番。他甚至拉攏反抗的佛教徒，僱用那些投降歸順的僧侶，請他們在新蓋的寺院裡為戰爭死難者（不論敵我）祈福，而寺院都是建於發生最大型戰役的地點。

唐朝統治者並沒有止步於此。他們是遊牧民族入侵者的後代，對大草原上的權術瞭如指掌，非常清楚要如何在長城另一頭的突厥部落撒下不和的種子。六三〇年，唐朝派出一萬名騎兵在清晨裡乘霧前進，在陰山之戰剷除東突厥的營地。接下來半世紀中，中國邊境終於變得安全。

唐朝統治者讓文官重新掌控軍隊，此舉使他們真正地超越封建國君。這些務實派的統治者在必要關頭與權高位重的貴族達成協議，但堅拒以土地換取軍事支援。與以往不同，唐朝皇帝建立《元和國計簿》，藉此記錄政府收支，甚至會收回前朝分配的土地。此外，他們建立將領輪調的制度，以防止將領擁兵自重。若有官員未經許可就私下調兵，哪怕只調動了十支部隊，也可能要坐牢一年；如果調動的是一整個軍團，則可能遭處以絞刑。

基本上，唐朝每件事都做對了，而七世紀也是東亞的黃金時期。國內恢復和平，經濟蓬勃發展，中國詩歌也發展到鼎盛，唐軍屢屢擊敗高句麗和中亞各個綠洲的國家；中國思想也深深影響著日本和東南亞。然而，儘管創下這些豐功偉績，唐朝的戰爭還是無法打破具有建設性和帶來反效果的循環。

八世紀中葉，中國變得繁榮昌盛，以致歐亞草原上的突厥牧民紛紛組建新的聯盟，準備大肆搶掠一番。為了抵擋攻擊，唐朝把最龐大的軍隊派往邊境。七五五年，歸順唐朝的胡人將領安祿山發動安史之亂，唐朝朝廷為了鎮壓動亂，賦予國內其他藩將巨大權力，也聯合突厥等民族組成軍隊，讓他們代表唐朝出戰對抗同族，這種做法導致更大的災難。雖然希望之火短暫燃起，但在接下來一個半世紀裡，帝國一直處於急遽衰落的狀態。當時，國防幾乎徹

xix 譯註：楊衒之是佛教史籍《洛陽伽藍記》的作者，書城於東魏孝靜帝在位期間。

xx 譯註：唐太宗論「止盜」，出自司馬光《資治通鑑》。

底崩潰，犯罪勢力日益壯大，足以在會戰時擊敗國軍。八八三年，最為強大的惡人黃巢（友稱「沖天大將軍」，敵稱「狂寇」[xxi]）發起黃巢之亂，並把長安洗劫一空。在狂寇出現前，長安是世上最大的城市，可容納一百萬人。詩人韋莊在黃巢之亂期間身處長安，後來在唐詩〈秦婦吟〉裡寫道：

長安寂寂今何有？
廢市荒街麥苗秀。……
含元殿上狐兔行……
天街踏盡公卿骨！[27]

傳聞在八八三年許多人餓得奄奄一息，每天都有一千個農民遭殺害，被用來填飽肚子，狂寇黃巢的手下甚至會用鹽巴醃製部分屍體，以留待日後食用。九〇七年，唐朝最後一位皇帝遭廢，中國重新分裂成五代十國，似乎無人能打破具有建設性和帶來反效果的戰爭循環。

六、無路可出

西元前五〇〇年到西元五〇〇年間，軍事事務革命促使幸運緯度帶出現騎兵戰爭，但這次改革有別於以往。一般而言，更早期的變革都能利用幸運緯度帶的優勢，向利維坦強國提供鎮壓內部衝突和征服鄰近地區的工具，使社會規模越來越大。舉例而言，西元前四三〇〇年的變革使防禦工事和圍城戰爭興起；西元前三三〇〇年後，青銅武器和盔甲出現；從青銅器出現到西元前二四五〇年，軍紀得以發展；西元前九〇〇年左右，穿戴鐵製盔甲的大型步兵崛起。比起大草原上的入侵者，各大帝國總能更有效地運用戰爭工具，就連西元前二〇〇〇年左右發明的雙輪戰車也不例外，原因是只有帝國才有能力建造戰車和訓練成千上萬匹戰馬。

然而，隨著騎兵的到來，幸運緯度帶上的國家再也無法依靠財富、組織和人數優勢來戰勝遊牧民族，理由在於遊牧民族腳下的土地非常適合養馬。大部分部落的馬匹比人還多，族人也從小騎馬生活。即使是最富有和有智慧的農業國家（其中以中國的唐朝為代表），也只能暫居上風，一旦運氣不好、判斷失誤或有某個特別強大的遊牧民族聯盟崛起，這些農業國家就會從上位殞落。因此，幸運緯度帶需要的是另一場軍事事務革命，重新扭轉天秤，成為占據優勢的一方，但這場變革一直沒有出現。每當發展出有利於幸運緯度帶的技術進步（像是改良的船隻、城堡和基礎建設），就會有另一項讓遊牧民族扭轉乾坤的技術出現（例如馬鐙或更強壯的馬匹品種）。

最後，火藥改變了這種定律，但除非擁有神奇的預言能力，否則很難想像火藥會在一四〇〇年之前問世。最早提及火藥的文獻可追溯回九世紀，當時中國道士四處尋找長生不老藥，他們點燃了硫磺和硝石的混合物，發現這種物質會發光燃燒且嘶嘶作響，相當新奇有趣。這群道士很快便創造出兩種用法：「第一是煙火，這與長生不老毫無關係；第二種則是火器，只能用來減短壽命。」

現存最古老的火藥配方可追溯至一〇四四年，當時所用的硝石分量還不足以讓火藥爆炸。中國的工匠沒有製造出槍枝，所以並非把火藥製成球狀或子彈，然後從槍管中發射出來。他們設計的武器是突火槍，可以把燃燒中的火藥從竹筒中噴出，或是用投石機把裝滿化學爆炸物的紙製炸藥包發射出去。總的來說，火藥對使用者造成的風險可能比對目標造成的還高。

要說有什麼變化的話，蠻族的軍事勢力還是持續增強，情況持續到十四世紀才有所改變。蠻族能撐這麼久，全因他們擅於學習對手。三七八年，哥德人大肆湧入羅馬帝國時，發現自己雖能連戰皆捷，卻無法攻克城市。哥德首領對他們提出忠告：「不要去招惹那些城牆。」[28] 但就在六十幾年後，匈人領袖阿提拉王（Attila the Hun）來襲，入

xxi 譯註：出自〈秦婦吟〉的「一從狂寇陷中國，天地晦冥風雨黑」。

侵羅馬帝國邊境，但攻打場面卻截然不同。四四二年，阿提拉發現奈蘇斯（Naissus，即現今塞爾維亞的南部大城尼什（Nis））的大型防禦工事阻擋了前路，便叫匈奴人把樹木砍下，製造出幾十根攻城錘。羅馬外交官普里斯庫斯（Priscus）寫道：「守衛兵卒從城牆上往外推下與馬車一樣大的巨石，壓扁了城外部分木錘和敵人，但羅馬人無法抵擋這麼多器械。後來，敵人搬來了梯子……城市終於淪陷。」[29]

阿提拉用戰利品僱來羅馬最好的工程師，這群人為了回報新主子，便針對弱點專攻自己一手建造的防禦工事。五世紀的某位作家說，結果匈人「占領了超過一百座城市，幾乎讓君士坦丁堡陷入危機，大部分人都紛紛逃離當地，就連僧侶也起了出走耶路撒冷的念頭」。[30] 位於現今保加利亞的尼科波利斯（Nicopolis）就是一座遭敵人洗劫的城市。透過大規模的現代考古挖掘活動，我們可以發現匈人的破壞程度令人吃驚，之後再也沒有人重建當地房屋。

幾世紀以來，遊牧民族在幸運緯度帶越戰越勇。到了一二一九年，成吉思汗（Genghis Khan）入侵位於伊朗東部的花剌子模帝國（Khwarizmian Empire），該帝國雖曾盛極一時，目前卻已幾乎遭世人遺忘。成吉思汗的蒙古軍隊僱用了一隊固定的漢人工程師，負責指揮戰俘挖掘地道、疏導河流、建造投石器、攻城錘和塔樓，還要向守軍大量丟砸燃燒中的火藥。柏郎嘉賓（Giovanni da Pian del Carpine）[xxii] 是首位住在蒙古宮廷的歐洲人，據他所說，那群工程師不斷改良他們可怕的技術。他寫下：「他們甚至會從遇害者體內取出脂肪，將其融化後丟到房子上，只要火種落在脂肪上，便幾乎無法熄滅。」[31]

巴格達是最富有的伊斯蘭城市。一二五八年，蒙古人用投石器把火藥集中投向某一座塔樓，只用三天便將它擊倒。蒙古人先是嘲笑巴格達的統治者只會囤積財富，卻不把錢用於防禦，然後把他捲在地毯裡活活壓死，意味著哈里發國的統治正式結束。

一二六七年，蒙古人的戰略到達巔峰，他們決定圍攻襄陽，當時襄陽是世界上最固若金湯的城市、最堅固的堡壘，也是南宋的國防重鎮。六年來，襄陽一直堅守陣地。無論是攻城錘、火器，還是梯子，任何工具都起不了作用。但是，應變能力極佳的遊牧民族靈機一動，決定以船隻取代馬匹。蒙古人先是把南宋水軍趕離漢江，然後用新式投石器在樊城城牆上炸出一個個洞。襄陽與樊城隔水相對，一旦樊城的設防失守，襄陽也必然淪陷，而襄陽一旦淪陷，宋朝也就道盡途窮了。一二七九年，忽必烈率軍追殺南宋末代皇帝懷宗，丞相陸秀夫背著年僅八歲的懷宗跳海自殺，忽必烈自此奪取了中國的「天子」大位。

事實證明，遊牧民族在打野戰時也相當有應變能力。舉例來說，一一九一年廓爾王朝（Ghurid Empire）的草原騎兵首次在印度遇到戰象時嚇得狼狽逃竄，所幸他們的將領幸運地逃過一劫。不過，同一位將領在隔年再次回到位於塔倫（Tarain）的戰場，面對的還是恆河國王的聯軍，唯一不同的是那位將領改變了戰術。這次，四側都有一萬名騎射手，他們輪流擾亂印度軍隊，並避免與恐怖的戰象直接接觸。然後，待夜幕降臨時，後備的一萬兩千名廓爾裝甲長矛騎兵猛攻敵方基地，藉此打擊士氣低落的印度軍隊。

廓爾帝國龐大的軍隊有超過五萬名騎兵，他們見證了遊牧民族日益壯大的最後一個原因，也是最重要的原因。除了學會好好利用城牆、船隻和戰象以外，遊牧民族學會了後勤概念。十三世紀之前，遊牧民族已經持續採用類似廓爾帝國的方法組建和培養軍隊，每個騎兵通常都會帶上三到四匹備用坐騎。歐亞草原上的軍隊為了爭奪幸運緯度帶的領土而開戰時，可能有為數高達五十萬匹馬擠在一平方英里布滿箭矢和沙塵的土地上，把周圍數百英里所有的牧草吃個清光。例如一二二一年成吉思汗在印度河岸殲滅花剌子模帝國，或是突厥後裔馬穆魯克人[xxiii]（Mamluks）於六十年後在荷姆斯阻止蒙古部隊入侵敘利亞，都是如此。這一切行動都需要縝密規畫，因此，身為征服者的遊牧民族往往得集合龐大的人力，這些人通常是從他們劫掠過程裡抓來的俘虜。

大型戰役裡人類和動物的大屠殺非常驚人，但與日後的平民大屠殺相比，就顯得微不足道了。一位波斯歷史學家說，蒙古人在內沙布爾（Nishapur）殺了一百七十四萬七千人和所有的貓狗。另一位則說他們在赫拉特（Herat）殺

xxii 譯註：一二四六年柏郎嘉賓奉教宗諾森四世派遣，攜國書前往蒙古帝國。

xxiii 譯註：馬穆魯克最早起源於阿拔斯王朝，他們由各地買賣的奴隸組成，主要來自於中亞的突厥部落。

了兩百四十萬人。兩人的資料來源都是由倖存者所記錄的數字，但完全不可信，因為死亡人數遠超過全城人口。不過，就算這些荒謬的說法未可盡信，還是可以推論草原騎兵每次進攻幸運緯度帶時，都會屠殺數以十萬計、甚至是數百萬人口。光是成吉思汗就可能殺掉幾千萬人了。此外，一四〇〇年左右，帖木兒（Tamerlane）[xxiv]為了復興蒙古，領軍發動第二次侵略，掃掠了德里、大馬士革和數十個城市，他所殺戮的人數也許已經非常接近當時的記錄。如果帖木兒沒有在一四〇五年進攻中國明朝時死於風寒，或許會有更多人死在他手下。

雖然這些血腥記載駭目驚心，軍隊在歐亞大陸四處破壞、搶掠、殺戮和造成饑荒，但我們要謹記這些只是當代一部分暴力活動而已。那時候還有其他不定期的小規模殺戮，像是謀殺、世代仇殺、私下鬥爭和內亂等。當王國瓦解並進入無政府的封建時代，這些問題就會變得更加嚴重，但只要具有建設性的戰爭發揮作用，就又會消失。

西歐的謀殺案審判記錄是史上首批有關特定殺戮事件的記載，不過當中只有部分統計資料可信。這些記錄可追溯至十三世紀，雖然內容難以詮釋且錯漏百出，有很多扭曲史實之處（為了避禍，自然有很多人撒謊），但還是與成吉思汗的故事同樣驚人。一二〇〇年到一四〇〇年間，在英格蘭、低地國家[xxv]、日耳曼和義大利，大約每一百人就有一人遭謀殺。英格蘭是最安全的地方，每一百四十人才有一人遇害。而義大利是最危險的，每六十人左右就有一人死於凶殺。相比之下，二十世紀西歐的比例是每兩千三百八十八人只有一人遇害。

西歐只是歐亞幸運緯度帶的一小部分，而謀殺只是暴力手法之一，十三到十四世紀也只是這裡審視的其中一段時期。這意味著：「單靠個別數字斷定二〇〇年至一四〇〇年歐亞幸運緯度帶的暴力死亡率，就像碰運氣一樣不可靠。」我們無從衡量謀殺、世代仇殺、私鬥、內亂和各國戰爭的各自占比。若只是為了論證，可以先假設五種暴力形式的占比平均，那麼西歐的暴力死亡率便是百分之五，英格蘭為百分之三點五，義大利則是百分之八點五。

百分之五這個數字或有機會接近實際數據（個人認為低於真實狀況），但不論西歐的情況能否套用於歐亞大陸其他地區，這數字都反映了當時的混亂程度。假定西歐暴力死亡率與質性證據所指向的結論相同，就是二〇〇至一四〇〇這一千兩百年間，具有建設性和帶來反效果的戰爭不斷循環，使古羅馬帝國、孔雀王朝和大漢帝國所累積的許多成果都化為烏有。

二〇〇年至一四〇〇年間，中國唐朝等帝國最為成功，從這些國家現存文獻的基調看來，古代帝國也許讓暴力死亡率降至百分之二至五（如同第二章所述），但遊牧民族入侵和無政府的封建時代又使數字再度回升。不過，除非遊牧民族的極端屠殺數據屬實，不然暴力死亡率不可能回升到人類學家在石器時代社會中發現的百分之十至二十。如果沒有推論錯誤，二〇〇年至一四〇〇年歐亞幸運緯度帶的暴力死亡率高於同期的古代帝國，但低於石器時代，那麼這個數字必定在百分之五至十以內。

單靠中世紀文獻很難判定這數字對當代人有何種意義。我必須坦承，一種非常獨特的文學體裁形塑了我對當代的個人感覺，那就是偵探推理故事。英國女性作家伊蒂絲・派加特（Edith Pargeter）以男性筆名艾理斯・彼得斯（Ellis Peters）寫了二十部小說和一本短篇小說集，內容講述在中世紀，卡達菲修士〔Brother Cadfael，後來在影劇裡由德瑞克・傑寇比（Derek Jacobi扮演）〕從天主教僧侶化身為偵探。卡達菲過著平淡的生活，在英格蘭舒茲伯利（Shrewsbury）集鎮外的本篤會修道院裡照料藥草園。根據我的統計，在小說所涵蓋的八年裡（一一三七至四五年），卡達菲一共遇到三十三起謀殺案，舒茲伯利遭圍攻時有九十四人被絞死，有人數不詳的民眾在另一次圍攻和兩次戰爭中遇害。另外還有一宗溺水意外、各式各樣的傷害案件、鞭打，還有強暴未遂案。

派加特筆下的角色都很謹慎，他們知道犯錯很容易招來殺身之禍，例如向上級頂嘴會招致一頓痛打，獨自走在森林裡隨時會遭搶劫或殺害，蜂蜜酒下肚後，就連老朋友也會瞬間變成殺手。然而，儘管暴力死亡率至少有百分之五，派加特小說裡的人並沒有提心吊膽地生活、畏縮地等待死神降臨。畢竟，二十個人裡面就只有一個人會遭殺害；更重要的是，在這殘酷無情的世界上，暴力只是生活中的一部分而已。他們就連娛樂活動也非常殘暴。根據一

xxiv 譯註：帖木兒是突厥化的蒙古人，堪稱十四世紀伊斯蘭世界最強大的統治者。

xxv 譯註：低地國家（Low Countries）指荷比盧三國。

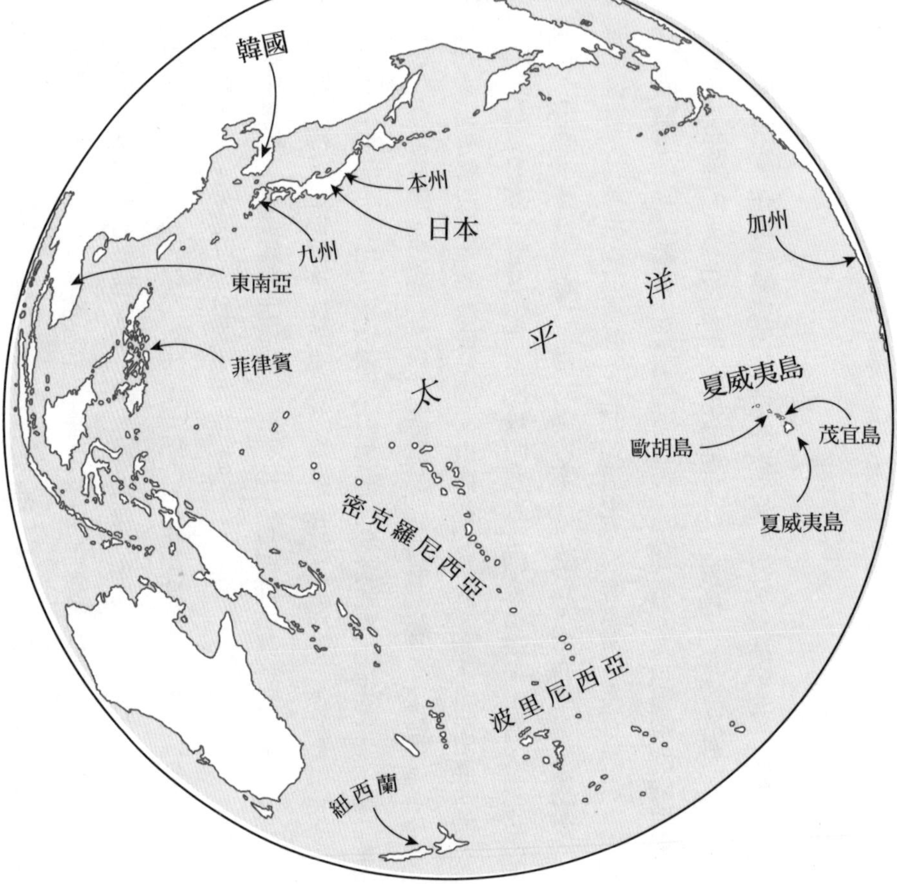

圖3-9 中世紀的環太平洋區：本章提及的東亞和大洋洲地點

位編年史家的描述，在義大利北部的小鎮普拉托（Prato），他的夥伴把一隻活貓釘在柱上，這群剃光頭的人把雙手綁在背後，競相用頭撞貓，看誰能先把牠撞死，「撞擊聲如雷貫耳。」[32]此外，比利時的蒙斯人（Mons）因閒來無事，便決定從鄰鎮買來一個搶匪（他們手上沒有任何犯人），在他的腳踝和手腕處各綁一隻馬，將其「四馬分屍」。「這時，所有的人都歡呼鼓舞，猶如有個全新且神聖的肉體死而復生。」[33]這位編年史家還說，在這起事件裡唯一讓人遺憾的是，蒙斯的好公民花了太多錢來買那個搶匪。

在這種世界裡，就連卡達菲也無法把人類心中的野獸關入囚籠。

七、將世界關入囚籠

雖然危機四伏，但十二世紀的西歐還是比地球上大多地方來得安全。不過，情況開始改變，由於歐亞草原及帝國都困在血腥的戰爭循環中，囚籠現象開始擴散到全球各地，使暴力死亡率下降。

雖然世上不少地方的氣候土壤都很適合耕種，但由於可馴化的野生動植物分布不均，冰河時期結束後五千年內，地球上只有幸運緯度帶開始進行農業活動。不過，到了卡達菲的年代，三種力量的介入導致農業傳到幸運緯度帶以外很遠的地區。在那之後，囚籠現象和具有建設性的戰爭把利維坦帶到幾乎每片土地上。

第一種力量是遷徙。農業活動使人口量上升，人們為了找尋更多田地來耕種，更不斷往外擴張。只要邊境保持開放，早期的農民便能避開囚籠現象所帶來的大多影響。然而，一旦最有利的地點塞滿了人，囚籠現象便會迫使這些人走上具有建設性的戰爭之道。

廣闊無垠的太平洋就是最佳例子（圖3-9）。農民從現在的中國往南遷徙，到了西元前一五〇〇年的石器時代已經在菲律賓建立起殖民地。在接下來兩千年裡，他們的後代在船舶上展開漫長的航海之旅，並在遠離陸地後發現構成密克羅尼西亞（Micronesia）的數百座小島，那裡荒無人煙且土地肥沃，這些農民便在當地定居。他們在島上種植芋頭（來自東南亞的多纖維根莖類植物）、建立大家庭和互相鬥爭。後來，小島再次住滿了人，又會有更多人搭乘獨木舟離開。

到了西元後一千年紀期間，這群太平洋上的阿爾戈英雄（argonauts）[xxvi]遍布波里尼西亞，並在一二〇〇年到達遙遠的紐西蘭。少數英雄或許一路航行到美國西岸再沿路折返（雖然沒有直接證據，但美洲甘薯的確在同一時期抵達波里尼西亞，目前尚未有其他說法能解釋這一點），但夏威夷距離加州有兩千多英里之遙，對一般的遷徙活動來

xxvi 譯註：阿爾戈英雄是希臘神話中為了尋找金羊毛而搭乘阿爾戈號出海遠航的人。

說實在太遠了。這也代表在一二〇〇年，太平洋的已經逐漸出現囚籠現象。

我們這一行都很熟悉夏威夷的歷史故事（我猜是因為考古學家都願意到當地工作）。人類在八〇〇年至一〇〇〇年間抵達夏威夷，當地人口隨之在一二〇〇至一四〇〇年間激增。十九世紀蒐集到的口述傳統以及近年發現的出土文物均反映當時的鬥爭加劇了。到了十五世紀，強大的戰士更將所有的島嶼結合成一個王國。

第一位建立王國的就是瑪伊利庫卡西（Ma'ilikukahi），他在歐胡島（Oahu）把所有的敵人殺光後據地為王（應該是在一四七〇年代），並修建灌溉渠道和寺廟，更集大權於一身。根據民間說法，當地人民過著非常富裕的生活。隨後一個世紀內，夏威夷其他島嶼陸續出現更值得欽佩的國王。傳說中，茂宜島（Maui）的統治者基哈阿皮拉尼（Kiha-a-Pi'ilani）在一五九〇年左右稱王，不只是個偉大的統治者，還是強悍凶猛的戰士、優秀的衝浪好手和絕世大帥哥。基哈阿皮拉尼也是個農業改革者，他開墾森林後在大片土地種植甘薯。此外，他還常主持公道，為當地人民進行公平的裁決。

然而，夏威夷和歐亞大陸一樣，具有成效的戰爭之道無法一帆風順地推進。英俊的基哈國王之所以能成為統治者，全因他和哥哥鬧翻（據說哥哥曾把一碗魚和章魚砸向基哈的臉），兩人在內戰時把國家一分為二。雖然如此，國家在瓦解時卻有了進一步發展。全賴「夏威夷大島國王烏米」（Umi），基哈才贏得戰爭，著名的烏米也大量種植了甘薯，他渴望讓影響力擴展到茂宜島，便派兵協助基哈篡位。

從各方面來看，夏威夷的統一戰爭很像二〇〇〇年以前長達幾千年內，發生在歐亞大陸具有建設性的戰爭。但歐亞大陸的戰爭在二〇〇年至一四〇〇年間陷入具有建設性和帶來反效果的循環，夏威夷則沒有發生這種狀況。顯然易見，造成這種差異的原因是夏威夷並沒有草原和馬匹。因此，每當夏威夷後退一步（例如發生茂宜島內戰時），當地具有建設性的戰爭就會接著前進兩步。到了一六一〇年代，統治者不斷嘗試控制多個島嶼，而威基基海灘（Waikiki Beach）則成為入侵歐胡島的熱門登陸地點。幾百年後第一次有旅客來這裡伸懶腰、曬太陽之際，肯定沒想到茂宜島的國王、歐胡島的大祭司和幾千名士兵曾在這片海灘上血戰至死。

十八世紀，戰爭把八個島嶼融合成三個王國，各自能派出多達一萬五千人的強大軍隊，其中一國還有自己的艦隊，擁有一千兩百艘獨木舟。夏威夷頂尖的考古學家派崔克．克許（Patrick Kirch）推斷：「如果夏威夷再晚一世紀才接觸西方國家，其中一個政體就會獲勝，得以控制所有的群島。」[34]這是極度具有建設性的戰爭之道。

然而，大多離開幸運緯度帶尋找新土地的農民都運氣不佳，無法搬到像太平洋這種杳無人煙卻有肥沃土壤的島嶼，他們找到的地方一般都有人居住。有時，當地的覓食者會在農民抵達後逃跑，卻發現更多的農民陸續到來，而且會不斷開墾森林來耕種，一直持續到當地人無處可逃為止。囚籠現象達到飽和狀態時，採獵者便會面臨艱難的抉擇。

作戰是第一種選擇，採獵者可以發動跨越幾代人的激烈游擊戰，並燒毀邊遠農地。納瓦荷人（Navajo）就在美國西南部發起了一場斷斷續續的戰爭，自一五九五年開始對抗西班牙人，後來又反抗墨西哥政府，直到一八六四年，美國對納瓦荷人使用壓倒性武力，摧毀他們的家園和驅逐倖存者，這場戰爭才得以結束。這只是成千上萬場獨立戰爭中的一個例子，還有許多已淹沒在歷史洪流中，但它們都有相同的結局。奮戰到底的覓食者最終遭敵方殲滅、奴役或趕到保留地，他們唯一剩下的選擇就是「同化」（assimilation），透過模仿新住民的行為，把自己變成農民的一份子。同化成為第二大傳播力量，把農耕、囚籠現象、具有建設性的戰爭以及利維坦強國擴散至世界各地。

日本是最特別的同化例子。起初，遷徙比同化來得重要，西元前二五〇〇左右，原本住在朝鮮半島的人帶著稻米和小米來到日本最南端的九州，當時的九州是採獵者天堂，當地豐富的野生食物養活了成千上萬名覓食者。正因如此，在將近兩千年的時間裡，農耕都沒什麼進展。直到約西元前六〇〇年，來自朝鮮半島的新移民帶著金屬武器抵達，農業範圍才擴大至本州主島。

日本的島嶼比夏威夷的大很多，因此過了比較久，囚籠現象才發揮神奇的作用。不過，到了四〇〇年至六〇〇年間，又有三批朝鮮半島移民到達，這些新移民最有名的事蹟就是把文字和佛教帶到日本，但其實更重要的是他們傳入了十字弓、騎兵和鐵劍。農地邊界在本州從南向北四處擴張，但隨著農業發展，同化現象的效用又把這邊界往回逼退。朝鮮移民成就了軍事事務革命後，日本的首領紛紛把握機會，藉此建立出土生土長的利維坦，也就是大和國。到了八〇〇年，大和國已經征服九州和本州大部分地區。

接下來的八個世紀期間，具有建設性的戰爭統一了所有的群島。與夏威夷一樣，融合過程相當坎坷，但每次利維坦倒下後，都會以更強大的姿勢回歸。大和國在九、十世紀分裂，到了一一〇〇年，農村已落入各地軍閥手中，他們麾下的部隊就是所謂的武士（samurai）。一一八〇年代，軍閥源賴朝打敗了所有的對手，控制住武士，並自立為鎌倉幕府將軍。

理論上，日本是由神的後裔「天皇」所統治，但實際發號施令的卻是幕府將軍。這些硬漢都是從軍隊底層一路打拚上來，才獲得那樣的成就。這種做法看似混亂，效果卻意外地好。幕府將軍征服了如今名為日本的大部分地區後，便著手監督農業投資，成功讓生產力和人口大幅成長，日本甚至在一二七四年和一二八一年擊退了入侵的蒙古人。

接著，幕府將軍和許多幸運緯度帶的統治者一樣，深知遊牧民族一旦介入，具有建設性的戰爭會有多麼容易變成帶來反效果的戰爭。為了調動對抗蒙古人所需的資源，幕府將軍必須與武士和地方領主打交道，導致這群勢力過甚的臣民不再畏懼利維坦政府。隨後三百年間，就是日本版的無政府封建時代。到了十六世紀（黑澤明著名的電影《七武士》就是以這段時期作為背景），村莊、城市各區和佛教寺院都雇用了自己的武士，軍閥在鄉村建滿城堡，當時的暴力事件激增，程度遠超卡達菲時期。

情況一直持續到一五八〇年代才恢復正常。基哈控制著茂宜島和統一夏威夷的同一時期，一位名為織田信長的日本軍閥攻陷敵方城堡後廢除了幕府將軍，繼任者豐臣秀吉更進一步發布「刀狩令」，推行史上最大規模的解除武裝政策，宣布他希望「以此事為後代子孫安居樂業之本」。[35] 他強迫臣民交出武器，把它們熔化後做成釘子和螺栓，用以建造比自由女神像高出一倍的佛像。政府軍隊出動四處「狩刀」（繳收武器），以確保所有的人都享受到政策的成效。

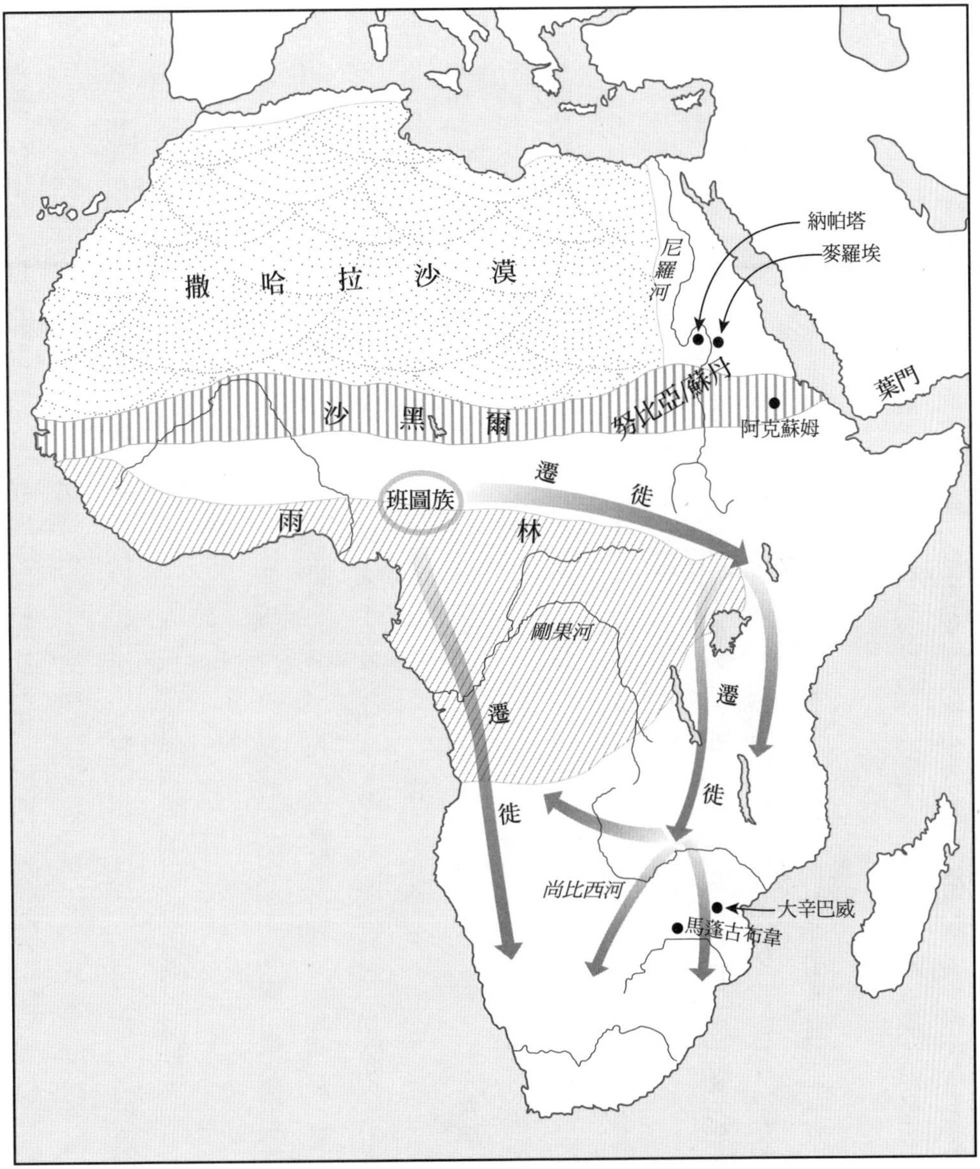

圖3-10　不太黑暗的大陸：本章提及的非洲地點

然而，豐臣秀吉也並非全然正直。他解除臣民的武裝後入侵朝鮮，發起一場極具建設性的戰爭，想藉此併吞朝鮮和中國，建立單一的大東亞帝國。此舉帶來了巨大損傷，豐臣秀吉在一五九八年去世後，他的併吞計畫也隨之瓦解，各個將軍更發起內戰。雖然如此，日本政府還是沿用了豐臣秀吉實行的綏靖政策，還拆除了國內大部分城堡，例如備前國在一五〇〇年建好的城堡有兩百座，到一六一五年只剩一座。豐臣秀吉逝世後二十五年裡，日本成為全球暴力程度最低的國家，就連描述武器的書籍也成禁書。

到了一五〇〇年，遷徙和同化把農業、囚籠現象、具有建設性的戰爭和利維坦遠遠帶到發源地幸運緯度帶之外，但在某些地方還有第三種力量介入，那就是獨立發明。在幸運緯度帶以外的某些地方，至少還有少量可馴化的動植物，該區的覓食者最後會發展出自己的農業革命和軍事事務革命。雖然有幾千年時差，但他們還是開始沿著幸運緯度帶居民的步伐走上同一條路。

非洲是個特別突出的例子，在農業傳播至非洲大陸的過程中，遷徙和同化發揮了很大作用。當地第一批農民是來自丘陵兩翼地區的墾拓者，他們在西元前五五〇〇年左右帶著小麥、大麥和山羊到達尼羅河谷（圖3-10）。隨著埃及農民散播到現今蘇丹，努比亞的覓食者便效仿這群農民，主動開始發展農業。到了西元前二〇〇〇年，埃及軍隊向南推進時，努比亞人終於發現具有建設性的戰爭，並隨之成立自己的王國。西元前七世紀，納帕塔（Napata）的努比亞國王塔哈爾卡（Taharqa）更成功征服埃及。

埃及邊境具有建設性的戰爭和別處的同樣混亂，經常帶來反效果和造成崩潰，然而卻扭轉了局面，創造出更強大的利維坦。到西元前三〇〇年，納帕塔不斷衰落，一個龐大的新城市麥羅埃（Meroë）正在崛起。到了五〇年，麥羅埃的輝煌時代已經結束，同時另一個強大城市阿克蘇姆（Aksum）的統治者正在建造高達一百英尺的石柱，也派軍跨越紅海進入今日的葉門。

假以時日，遷徙和同化或許能把囚籠現象和具有建設性的戰爭一路帶到非洲東岸，但發源自非洲本土的囚籠現象卻占了上風。沙黑爾（Sahel）位於撒哈拉沙漠南端和雨林北端之間，是個跨越非洲且塵土飛揚的草原，到了西元前三〇〇〇年，沙黑爾的居民已經種植了高粱、山藥和油棕。接下來的歷史備受爭議，部分考古學家認為東部和南部的非洲人也接著開始獨立發明農業，但大部分學者認為西元前一〇〇〇年後，來自非洲西部和中部且說班圖語的農民遷往東部和南部，把牧場、農業和囚籠現象也帶往當地，並在途中以鐵造武器作戰。班圖族的冶鐵術到底是從地中海世界學來或自行發明，至今還是充滿爭議。

無論細節如何，到了卡達菲修士的時代，從剛果河口到尚比西河（Zambezi）河畔，各處具有建設性的戰爭都催生了利維坦強國，也引發了當地的軍事事務革命。例如：考古學家發現，剛果盆地在十三世紀發現新的戰爭模式，當中涉及更龐大的軍隊、更強力的指揮和控制體系、用於戰爭的大型獨木舟以及用於徒手搏鬥的新型鐵製刺矛。與過往一樣，要發展出更大、更安全的社會，便要經歷顛簸血腥的過程。例如在十二世紀，非洲東南部的人口激增，一個名為馬蓬古布韋（Mapungubwe）的王國隨之誕生，其後在一二五〇年沒落，並由宏大的新城市大辛巴威（Great Zimbabwe）取而代之。到了一四〇〇年，大辛巴威已經征服了周邊講紹納語（Shona）的各個部落，人口也增加到一萬五千人。大辛巴威的防禦城牆和塔樓令人嘆為觀止，以至於日後第一批目睹遺址的歐洲人都無法相信它們出自非洲人之手。

當然，十五世紀的夏威夷、日本和非洲及這些地方之間的任何一處都不一樣，而每個地區在遷徙、同化和獨立發明的結合方式都獨一無二。但只要抽身環顧大局，就能察覺幾乎所有地方的模式都不謀而合。當時利維坦正占據地球每一角落，只要證據足以反映細節，我們就會發現更大的政府隨戰爭面世，從而降低了暴力死亡率，使國家更繁榮富裕。比起幸運緯度帶，世上大部分地方都晚了幾千年才開始走上群居和富成效戰爭的道路，所以在一四〇〇年，就發展程度而言，歐亞大陸核心地區的利維坦強國還是超越各國。但自二〇〇年來，大草原邊緣的戰爭形成具有建設性和帶來反效果的循環，因此各地和歐亞大陸之間的差異漸漸縮小。

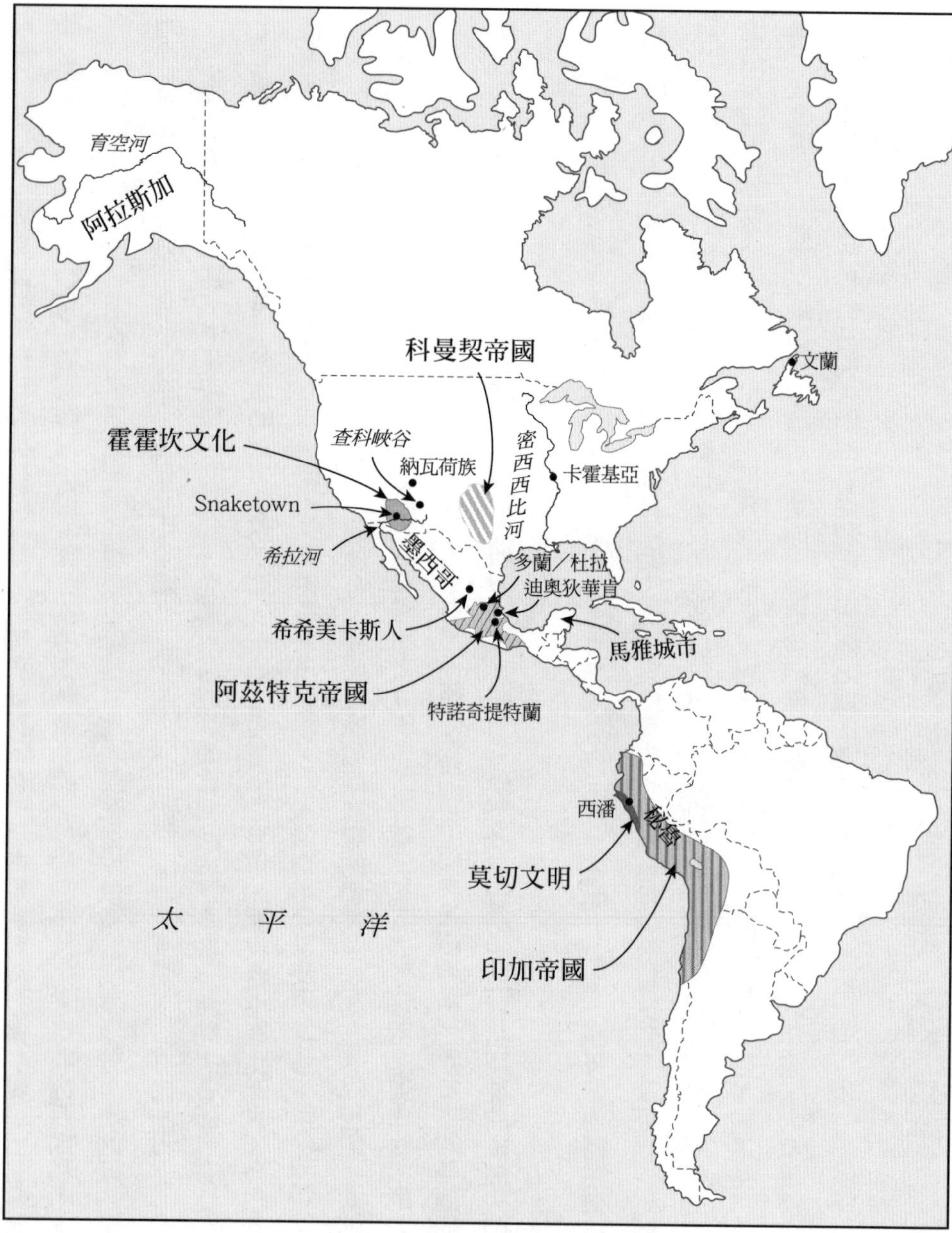

圖3-11 本章提及的美洲地點

八、自然實驗

我把最有意思的案例留到最後，那就是美洲（圖3-11）。來自歐亞幸運緯度帶的移民大大影響了日本、太平洋島嶼和非洲，但美洲並不一樣。來自西伯利亞的移民在大約一萬五千年前殖民美洲後，該地便幾乎與舊世界失去聯繫。少批勇於冒險的人成功突破障礙，像是在一〇〇〇年定居文蘭（Vinland）的維京人（Vikings）以及隨後抵達西岸的波里尼西亞人（Polynesians），這些移民並沒有為美洲帶來太多影響——但其中有一個特例，我稍後會再詳述。因此，我們可以把新舊世界視為兩個獨立的自然實驗，比較新、舊世界的歷史可以真正驗證這個理論：「具有建設性的戰爭和利維坦並不是源自於獨樹一格的西方戰爭之道（或甚至歐亞戰爭之道），而是人類對囚籠現象的普遍因應方式。」

一五一九年，西班牙征服者科爾特斯（Hernán Cortés）抵達墨西哥時，中美洲人已發展農業六千年左右。歐亞大陸的丘陵兩翼地區在西元前七五〇〇年左右開始農耕，從那時算起的六千年後，也就是西元前一五〇〇年，埃及法老已能派數以千計的雙輪戰車出征，而且車上還載著身穿銅甲的弓箭手，以複合弓不斷射箭。但是，阿茲特克人的特諾奇提特蘭城（Tenochtitlán）[xxvii]守軍在對抗科爾特斯時卻沒有戰車或銅器。他們徒步作戰、身穿棉甲、頭戴木製頭盔、手持簡陋弓具，最具殺傷力的武器是橡木棒，上面鑲滿一種叫黑曜石的尖銳火山玻璃。顯然，軍事事務在新舊世界的發展進程並不一致，這對本書論點很不利，無法支持我的立論：「人類用具有成效的戰爭來針對囚籠現象做出回應。」

不過，其中某些差異很容易解釋。阿茲特克人沒有發明戰車，是因為他們毫無辦法，西元前一二〇〇〇年左右，野馬便在美洲絕跡了（可疑的是時間剛好是人類抵達後不久）。沒有馬來拉車，自然不會有戰車。那麼銅製矛

xxvii 譯註：今墨西哥城。

頭和盔甲呢？在舊世界，這些銅器與第一批城市和政府同期出現（美索不達米亞約為西元前三五〇〇年；埃及約為西元前三〇〇〇年；印度河谷約為西元前二五〇〇年；中國約為西元前一九〇〇年），卻沒有出現在新世界。美洲人最早嘗試製造金屬的時間可追溯至西元前一〇〇〇年左右，而首個利維坦強國則在一千年後誕生，當時莫切（Moche）製金工人已能製造出西潘王（Lords of Sipán）墓室裡精緻的陪葬金飾品，但美洲原住民從未想過用銅合金或其他金屬來做銅製武器，又或者一些積極進取的鐵匠曾經有這種想法，但並未得到重視。

美洲人接觸弓箭的經過更加奇怪。第二章提及箭頭可追溯至六萬多年前的非洲，但在一萬五千年前，人們從西伯利亞跨越陸橋抵達美洲時，並沒有傳入或重新製造弓。第一批美洲箭頭發現於阿拉斯加育空河畔，可追溯至西元前二三〇〇年，考古學家把那種箭頭的製造方式稱為北極小工具傳統（Arctic Small Tool Tradition），並由來自西伯利亞的新一波移民引進美洲。隨後，射箭在北美洲緩慢地傳播，花了三千五百年才傳至墨西哥。科爾特斯抵達時，中美洲人使用弓具的時間只有大概四個世紀，在埃及法老眼裡，阿茲特克人簡陋的單體弓只是可笑的古老弓具。

這個案可說是一目了然，其中的文化差異決定一切，證明了歐亞大陸的人要麼媲美洲原住民理智（也因此比較好），要麼媲美洲原住民殘暴（也因此比較糟糕）。究竟是理智或殘暴，不同政治立場的觀點各異。不過，這類型的說法也有問題，中美洲人發展出解決問題的技能，從而創造了偉大的曆法、培高田地農技（raised-field farming）和灌溉設備。要說這群人並不理智，或比歐亞人不理智，並沒有什麼說服力。

美洲原住民文化的殘暴程度比歐州人低這種論點也說不通。多年來，考古學家都把古代馬雅人看作愛好和平的典型代表，堅稱儘管在他們的城市周圍發現少許防禦工事，也不代表他們一定是以暴力解決爭端。但自成功解讀馬雅文字起，這種論點便不攻自破，馬雅文獻內容主要圍繞戰爭，當地國王就與歐洲人一樣經常打仗。

一些歷史學家提出阿茲特克人口中的榮冠戰爭（Flower Wars），這是參戰雙方都會盡力減低傷亡的戰事。這群學者指出，榮冠戰爭反映美洲原住民把戰爭視為一種表演，而歐洲人則把戰爭看作勝負關鍵，兩者之間形成反差。但是，這種說法存有誤解，其實榮冠戰爭更像是有限和儀式性的戰爭，目的是以低廉成本告知敵方反抗只是徒勞無功

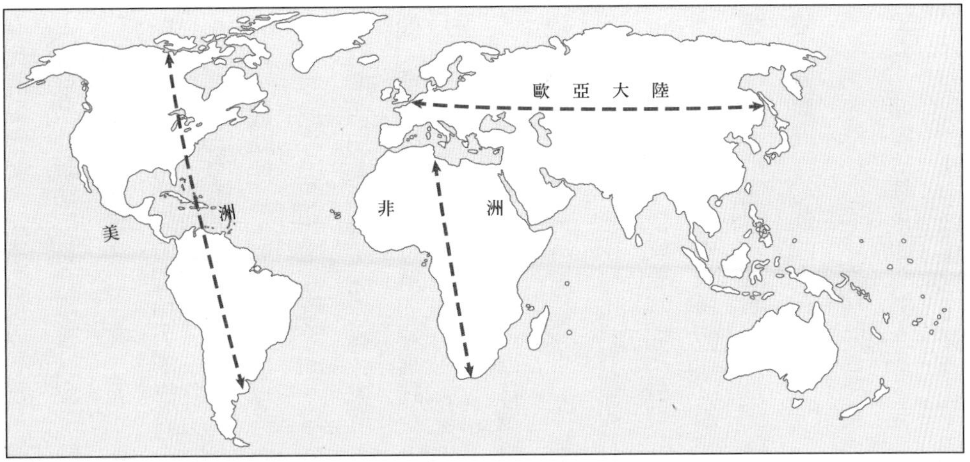

圖3-12 地理即命運：美洲的南北走向與歐亞大陸的東西走向

之舉。阿茲特克戰事的主要專家羅斯・哈辛（Ross Hassing）表示：「如果失敗了，榮冠戰爭的規模便會升級……從展現實力轉向消耗戰。」[36] 阿茲特克人和歐洲人一樣，希望以低成本贏得戰事，一旦這種方式不奏效，便會不惜代價地設法獲勝。

那麼，為什麼新舊世界的軍事手段會有如此不同的發展？老實說，我們無從得知，因為歷史學家很少花時間去探討這種重大的比較問題。但就目前的爭論結果而言，最可信的解釋應該是《槍炮、病菌與鋼鐵》裡一個看似簡單的想法，而這本書的作者則是戴蒙（Jared Diamond），他本是一名生物學家，後來轉為地理學家。

戴蒙指出，美洲基本上以南北走向橫跨地球，而歐亞大陸則是東西走向（圖3-12）。歐亞大陸的居民可以沿著幸運緯度帶來回移動，不必離開環境大致相似的生態區（地理學家稱之為生物群落）就能互相分享想法和制度。相反的，在美洲大部分地區，人們都無法在同一個生物群落內向東或西移動很遠，若要沿著美洲大陸的長軸分散到各地，便要往北或南走，穿過令人生畏的沙漠或茂密叢林。

戴蒙認為，這種地理因素會造成兩個結果。首先，以南北走向跨越生物群落比東西走向困難很多，所以在新世界，能分享想法和制度的群體會比舊世界來得少。既然歐亞大陸的金屬工匠群體媲美洲的大，而且還擁有較大的市場，那麼就算歐亞人媲美洲人更快想出青銅器這種好主意，我們也不必感到太驚訝。其次，戴蒙指出當人們想出有用的點子後，比起新世界，它在舊世界的生物群落中可以傳播得更遠和更快。

戴蒙的說法很符合現實狀況。西元前四千年紀前期間，美索不達米亞人發明青銅武器時，他們對外聯繫的範圍已延伸至印度和地中海。在十五世紀印加帝國建立前，美洲所有的關係網絡都比不上美索不達米亞。隨後一千五百年內，現今所稱的中國和英國也有了青銅武器。

美洲原住民沒有發明青銅武器的原因至今還沒有定論，但戴蒙的理論似乎是最合理，它也更能解釋弓箭在美洲的奇特發展模式。雖然不知道實際原因，但史前獵人向北跨越分隔非洲和西伯利亞的生物群落時，已經丟棄了弓具，然後再由北往南穿越美洲。幾萬年後，弓具才傳到西伯利亞的東端。西元前二三〇〇年，弓具跨越白令海峽傳入阿拉斯加，那時美洲人終於獲得這項工具。不論是歐亞的青銅武器從美索不達米亞跨越幾個生物群落傳到英格蘭，還是弓具從阿拉斯加穿越許多生物群落傳到墨西哥，兩者所經過的距離相差無幾，但弓具的傳播時間足足多了兩倍。

如果戴蒙的論點沒錯，也就是傳播想法和制度時，地理比文化因素更容易造成各地差異，那麼我們應該還會發現另一種特定模式。雖然美洲發生變化的速度比歐亞大陸慢，但當地整體的發展方向一致，都是先發展農業，然後出現囚籠現象，再來發生具有建設性的戰爭，到最後便有利維坦誕生。

總體而言，這就是我們所發現的現象。西元前四五〇〇年，存在於現今墨西哥和秘魯的各國就開始馴化不同動植物。起初，新世界改變的速度幾乎與舊世界一樣快。西元前三五〇〇年，中東出現了第一批農民和首個利維坦，歷經約四千年後傳入當地。至於在新世界，迪奧狄華肯（Teotihuacán）和莫切文化在西元前一〇〇年左右開始發生改變，傳播過程約為四千五百年。

東半球和西半球都經歷過所謂「後退一步就會前進兩到三步」的過程，並進行了一連串的軍事事務改革。在中美洲，迪奧狄華肯顯然引入了首支正規且軍紀嚴明的編隊，也大幅擴大了軍隊規模。到了一五〇年，沒有頭盔、盾牌和盔甲的小型隊伍已不復存在，由上萬名強悍士兵組成的軍隊取代，其中至少有一些人開始戴上棉布夾層的頭盔，雖然聽起來也不大安全，但對付石斧還是相當有效。四五〇年，軍隊規模可能已達到原來的兩倍，精銳部隊不但頭戴棉盔，還身穿棉甲。與西元前一千年紀歐亞大陸的軍事事務改革相比，美洲的進程顯得相當普通，但迪奧狄華肯還是和舊世界的利維坦強國朝著同一方向前進，而且與歐亞帝國一樣走上滅亡之路。六五〇年，迪奧狄華肯的城市核心區域慘遭洗劫和縱火，犯人很可能是來自墨西哥西部的入侵者。接下來，中美洲的軍事組織崩潰，與東半球的情況也十分相似。迪奧狄華肯衰落後，壁畫再沒有出現盔甲，而丘堡的數量也大幅上升，顯示當時的法治和秩序已經瓦解。

十世紀時，中美洲的戰爭又再變得具有建設性。一群托爾特克人（Toltecs）創立了龐大王國，並在城市多蘭城〔Tollán，又稱杜拉（Tula）〕進行統治。托爾特克戰士穿的棉甲比迪奧狄華肯人穿的更多，還引進一種新武器，它是以橡木製成的棒子，上面鑲滿黑曜石刀片，考古學家稱之為弧形棒。托爾特克帝國大概從未達到迪奧狄華肯的規模，統治時間也比較短。十二世紀時，來自更北邊的移民擊倒了托爾特克帝國，並於一一七九年燒毀杜拉。這群入侵者中包括了希希美卡斯人（Chichimecas），他們有可能在這段時期把弓箭傳進墨西哥。隨後，中美洲的小城鎮之間又回到不斷鬥爭的狀態，直到十五世紀，同樣來自北方的阿茲特克人遷徙至此，具有建設性的戰爭才再次開始。

我們對阿茲特克人的了解程度比任何早期美洲社會都來得高。他們之所以成功，全賴高明的外交政策、聯姻手段和戰略。阿茲特克人的戰鬥表現比迪奧狄華肯人出色，阿茲特克軍隊會分成多支隊伍行進，每支大概有八千名強悍精兵，能像拿破崙的菁英軍團一樣，在不同戰線上推進和攻擊，然後迅速集合起來。此外，軍隊後勤支援的進展更是驚人，因為阿茲特克人會要求戰敗一方提供補給。一個專業的軍官團隊逐漸成形，而就連普通士兵也能得到基本訓練。

戰爭爆發時，阿茲特克軍隊會先從戰場兩側以石弩和弓箭攻擊敵方，然後再由突擊部隊發動近身作戰，士兵都會穿上厚厚的棉甲、手持大型盾牌以及戴上以羽毛覆蓋的木製頭盔。突擊部隊都以散開的隊形攻擊，以便士兵揮舞手中的「闊劍」[xxviii]，那是一根四英尺長的橡木棒，兩側各自鑲嵌著一排黑曜石刀片。此外，部隊又分成兩種級別，一是貴族階級的菁英戰士，二是富有軍事經驗的平民，兩支隊伍在指揮官的指派下輪流出戰，以免耗盡體力。另外，指揮官也會準備好龐大的後備軍隊，隨時在關鍵時刻投入作戰，以延長戰線以及從側翼包圍敵軍。

阿茲特克軍隊建立了中美洲有史以來最大的帝國，而且人口激增至約四百萬人，其中二十萬都居於首都特諾奇提特蘭，而當地的農業發展獲得突破，貿易網絡也比以往延伸至更遠的距離。我們無法得知阿茲特克到底有多安全，但現存的少量詩歌足以反映當地人的確認為國家相當可靠，其中一首詩歌是這麼唱的：「我們為特諾奇提特蘭城深感驕傲，這裡沒有人害怕在戰爭中死去，這就是我們的榮耀！」[37]

在舊世界，移民、同化和獨立發明把農業和群居現象從幸運緯度帶傳播到原本家園以外的地區。如果戴蒙的論點沒錯，那麼新世界應會有一模一樣的發展，但要越過新世界的生物群落極具挑戰，所以過程也會比較緩慢。這種假設仍是與考古證據相符，舉例而言，一直到了五〇〇年，玉米、南瓜和豆子才從墨西哥向北傳入河谷地區，途中必須跨越美洲西南部熾熱的沙漠。雖然那些地區當時比較濕潤一點，但降雨量還是不足，若想在如此乾枯的土地上耕作，就只能挖掘灌溉渠道。水源匱乏最容易導致囚籠現象發生，因此到了七〇〇年，已經有數以百計居民聚集在最佳地點，人口不斷上升時，鬥爭也隨之而來。八、九世紀的考古遺址中，到處都充斥著被石斧砍碎的顱骨、插著箭頭的肋骨和燒成灰燼的村落。

但是，過了九〇〇年後，戰爭顯然停止了。在美國新墨西哥州查科峽谷（Chaco Canyon），考古學家曾發現驚人的考古遺址，他們一般稱之為「查科現象」（Chaco Phenomenon）[xxix]，但「查科治世」（Pax Chacoa）或許是個更適合的說法。當時的人們聚集成龐大的群體（查科峽谷也許有一萬人之多），建起更大的房屋以及更多儲藏室，還會和更遙遠的地區進行貿易來往。

查科治世一直持續到一一五〇年左右也結束了，也許是氣候不斷惡化，導致人們拋棄了龐大的群落，例如查科峽谷和亞利桑那州希拉河（Gila River）的蛇鎮（Snaketown）。衝突次數隨之上升，人們無法再維護灌溉渠道，也放棄了長途貿易。這種狀況不斷延續，到了十三世紀，希拉河甚至出現了更多讓人嘆為觀止的城鎮，而且大多建有用來舉辦儀式的古球場，這與中美洲的例子驚人般相似，但此一霍霍坎文化（Hohokam culture，上述遺址的總稱）還是在一四五〇年瓦解了。

我們可以舉出更多例子，像是密西西比卡霍基亞（Cahokia）曾有個非常了不起的美洲原住民城市，而我希望這些地方足以說明我的論點。每個地方發生改變的過程都不一樣，其中的關鍵就是地理差異。二〇〇至一四〇〇年間，世上所有能發展農業的地方都不再歡迎新住民，並開始了具有建設性的戰爭。

如我們所見，歐亞幸運緯度帶是這種發展模式裡的一大例外，當地的地理位置改變了它在一〇〇〇年早期的意義，因為農業帝國與大草原遊牧民族互相糾纏，兩者之間的戰爭繼而陷入具有建設性和帶來反效果的循環裡，最後變得不再幸運。

二〇〇年至一四〇〇年間，歐亞大陸上有馬匹、大草原和農業帝國，可謂是獨一無二的組合。如果時間充足，這種組合以及糟糕的戰爭循環本來有可能複製到其他地方。十八世紀，歐洲馬匹抵達類似大草原的北美大平原（Great Plains）時，科曼契印地安人在當地創建了一個遊牧帝國，雖然美洲原住民和蒙古人之間有不少文化差異，但歷史學家還是不斷把大平原的遊牧帝國比作縮小版的蒙古帝國。或許，阿根廷和南非的大草原原本終究也會出現類似的遊牧帝國。

事實上，二〇〇年至一四〇〇年間，世界各地也在經歷具有建設性的戰爭，而歐亞大陸也陷入了兩種戰爭的循環並為此付出高昂代價。在那之前的一萬年間，歐亞居民深深建立了發展上的領先地位，但也在循環中不斷消逝。舉例來說，十五世紀時，中國明朝和印加帝國之間的差距依然很大，但如果二〇〇年至一四〇〇年間的狀況持續得

xxviii 譯註：即「馬夸威特」（Macuahuitl）。

xxix 譯註：查科現象是指在文化方面有迅速且大幅度的躍進。

夠久，情勢或許會有所改變。所有的條件都一致的話，二十一世紀可能會是這麼一個世界：「大辛巴威（Great Zimbabwe）的繼承人統一了撒哈拉以南大部分非洲地區，以騎兵在尼羅河展開激烈戰爭，同時朝著地中海推進；或是配備鐵製武器的墨西哥軍隊將控制北美最後一批自由農民，並同時打造艦隊，準備與波里尼西亞帝國著名的海軍作戰；至於歐亞幸運緯度帶，眾多帝國不斷經歷跌宕興衰，卻從未成功壓制遊牧民族。」

如果再多半個世紀，世界其他地方便有可能追上歐亞大陸的步伐，但歐亞並沒有給予各地這半世紀的機會。

九、幸福的少數

一四一五年，一些歐洲人提醒了世界各地，時間快耗盡了。

那年十月，一支飢寒交迫的英軍可憐地蜷縮在法國北部阿金科特附近兩座潮濕的森林之間。兩個星期以來，部隊都在泥濘中拖著馬車前行，試圖避開規模比自己大四倍的法軍，最終卻陷入困境。

按照慣例，英格蘭國王會在士兵出戰殺戮前站出來鼓勵士氣。莎士比亞想像著英王對將士兵卒說：「今天是聖克里斯平節[xxx]。」[38] 亨利五世（Henry V, 1386-1422）說，他們將在這天打一場有史以來最偉大的勝仗，偉大到有如詩歌描述：

凡是今天不死能夠活到老年的人，
每逢這個節日的前夕就會宴請鄰人，
說：「明天是聖克利斯平節。」
然後捲起袖子露出他的疤痕，
接著說：「這些是我在聖克利斯平節留下的傷疤。」

……

這好人會把這一段故事傳授給他的兒子；
從今天起到世界末日，每逢聖克利斯平節，世人就會回想起我們；
我們這幾個人，我們這幸福的少數人，我們這一群袍澤。

結果確實如亨利五世所說，到了午間，英軍已經殺死了一萬名法國人，而且只犧牲了二十九名自家士兵。編年學家表示，法國人的屍體堆積如山，以致無人能越過他們，不少當天早上才剛獲封爵位的貴族也淹沒在如山屍堆下的血泊裡。

身為一名土生土長的英格蘭人，我不得不承認，那個好人真正該傳授給兒子的故事並非亨利口中那一個，而是發生在一四一五年關於另一群士兵戰爭的故事，他們沒有頂著法國下個不停的細雨進攻，而是在地中海的烈日之下作戰。那年夏天，一支小型艦隊駛離葡萄牙里斯本（Lisbon），穿過狹窄的水道後抵達摩洛哥，並迅速攻入休達（Ceuta）。比起阿金科特戰役，這場戰鬥呈現更加一面倒的局勢，幾千名非洲人陣亡，而葡萄牙軍隊只有八名士兵死亡，但這並非其獨特之處。很久以後，人們才明白休達之所以重要，是因為自羅馬帝國以來，這是歐洲具有建設性的戰爭首次延伸到其他大陸。

歐洲戰士以前也曾飄洋過海，包括從維京到美洲以及在十字軍東征期間到達聖地（Holy Land），但目的都是逃離主人身邊，開闢屬於自己的小王國，並獨立於所有大規模的利維坦強國。休達的情況恰好相反，當時葡萄牙國王若昂一世（King John）正在把里斯本的統治擴展到非洲。這只是剛開始的一小步，在接下來五百年間，歐洲人將打破戰爭循環，統治地球上四分之三的土地，並成為世界上幸福的少數。

xxx 譯註：每年十月二十五日是克里斯平（Crispin）與克里斯皮尼亞（Crispinian）這兩位皮匠守護聖人的節日。

第四章
五百年戰爭（一四一五—一九一四）：歐洲（幾乎）征服世界

一、將要當國王的人

一八八〇年代某個週六夜晚，「那是漆黑的夜晚，是六月你所能感受到最窒息的夜。」據說書人講述，英國人丹尼爾・德拉沃（Daniel Dravot）和皮奇・卡內罕（Peachey Carnehan）大步走進印度北部一間報社。兩人對大家說：「你們對我們的職業知道得越少越好。」[1]他們眼下唯一在乎的事只有如何到達卡菲爾斯坦（Kafiristan）。（圖4-1）

德拉沃表示：「據我估計，卡菲爾斯坦位於阿富汗國土右上角，距離白沙瓦（Peshawar）[i]不超過三百英里。那裡有三十二個異教徒偶像，我們也將成為第三十三和三十四個……我們只知道沒人去過那裡，還有當地正在打仗。而只要是在打仗的地方，懂得訓練部下的人就能成王。」

[i] 譯註：巴基斯坦西北部城市，鄰近阿富汗邊界。

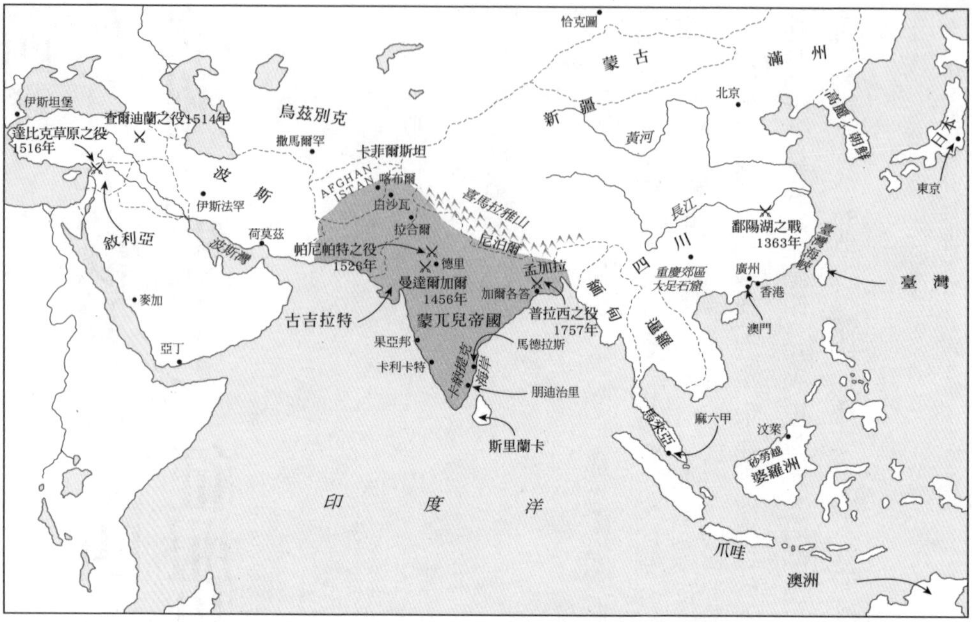

圖4-1 本章提及的亞洲地點

他們偽裝成一名瘋狂的穆斯林神職人員及其隨從，牽來的兩頭駱駝身上還藏著二十把馬提尼—亨利步槍。兩人一路上挺過無數沙塵暴與暴風雪，在滿布冰霜的平坦谷地裡，他們偵察到兩隊人馬正以弓箭互相廝殺。德拉沃說道：「這是稱王的第一步。」接下來的故事是：「他先後用兩支步槍對二十個人開槍，擊斃一人，那個人的位置與德拉沃所坐的石頭相距兩百碼。其他人開始逃竄，但德拉沃和卡內罕坐在（彈藥）箱子上，將山谷上下逃竄的敵人一一解決。」

倖存者躲在他們所能找到的掩蔽物後發抖，但德拉沃「走過去踢他們一腳，將他們拉起來後逐個握手，讓兩方友好相處。他將這群人叫來搬箱子，並向四處揮手，好似自己是國王一般。」

德拉沃開始從流寇轉為坐寇統治者。首先，「他和卡內罕拉著兩個村子的大頭目到山谷中，告訴他們如何用長矛在山谷中劃出一條線，並分別把那條線兩側的地盤分給兩位頭目」，接著他們召集起村民，「德拉沃說道：『你們要挖掘這塊地，並生養眾多[ii]。』村民便一一照做。」

接著，「德拉沃領著兩村的祭司到異教徒偶像前，規定祭司坐在這裡審判人民、確保事情不會出差錯，否則就要槍斃他們。」最後，「他和卡內罕選出二十名精銳，教導他們如何操作步槍，並組成四人一列的軍隊陣形，這群人也樂意照辦。」德拉沃和卡內罕每進到一座村子，「這支軍隊就會警告村民，除非有人不想活了，否則收好他們的小火繩槍。」他們很快就平定了卡菲爾斯坦全境，德拉沃也計劃將這裡獻給維多利亞女王。

英國作家吉卜林在他一八八八年的短篇故事《將要當國王的人》（*The Man Who Would Be King*）中編造了德拉沃、卡內罕、卡菲爾斯坦及當地三十二個異教偶像的故事，藉此滿足讀者渴望以英勇行徑奉獻帝國的熱情。但這篇故事之所以如此受歡迎，而且至今仍值得一讀之處，在於十九世紀的真人實事竟與吉卜林的小說情節同樣光怪陸離。

以詹姆斯・布魯克（James Brooke）為例，這位狂放不羈的年輕人在十六歲時加入英國東印度公司的步兵團，在緬甸作戰時身負重傷，之後他買了一艘船，在上面裝了幾門大炮，在一八三八年航向婆羅洲。日後，他幫助汶萊蘇丹平定了當地暴亂，蘇丹為表達謝意而任命他為砂勞越（Sarawak）總督。到了一八四一年，布魯克已將此地納入他的王國版圖。他所建立的布魯克王朝由他的後人延續了三個世代，最終在一九四六年將砂勞越獻給英國政府來換得巨額補貼。如今，砂勞越當地最著名的酒吧「皇家號」（the Royalist）就是以布魯克的船命名的。

吉卜林筆下的德拉沃和卡內罕曾說，他們正是為了效法布魯克，才動身前往卡菲爾斯坦──「最後一個光憑兩名壯漢就能據地稱王的地方。」但他們並非想在中亞稱王的第一人。一八三八年，也就是布魯克抵達汶萊那年，一名美國探險家約賽亞・哈倫（Josiah Harlan）就已早一步完成同樣壯舉。失戀後不久，哈倫獲英國東印度公司聘為外科醫師，並與布魯克在同一場緬甸戰爭服役過。戰後他輾轉來到印度，最終說服拉合爾（Lahore）的統治者讓他掌理兩個省。當時阿富汗古爾省（Ghor）有一位王公是個惡名昭彰的的奴隸販子，結果遭哈倫帶著自己的軍隊將其罷

ii 譯註：此處取自《聖經・創世紀》：「你們要生養眾多，在地上昌盛繁茂」（"And you, be ye fruitful, and multiply; bring forth abundantly in the earth, and multiply therein."）。

點。另一位古爾省王公對哈倫紀律嚴整的軍隊深感佩服，因此與他立下約定：「只要哈倫願意訓練軍隊來確保古爾的獨立自主，並且讓該位王公擔任重臣，哈倫將能永遠保有『古爾王公』（Prince of Ghor）之頭銜。」（此段根據維基百科更詳細的敘述改寫。）

哈倫眼見機不可失，讓祖國的星條旗在中亞高山上飄揚，但他的任期卻和德拉沃在卡菲爾斯坦建立的王朝同樣短暫。在他成為王公後短短幾週內，英國便占據阿富汗全境，將他驅逐出境。哈倫回到美國後，幾乎成功說服時任美國戰爭部長的傑佛遜．戴維斯（Jefferson Davis）派他回阿富汗為軍隊購買駱駝。哈倫的如意算盤是，一抵達當地，他就要重新當起古爾王公。願望破滅後，他轉而進口阿富汗葡萄到美國，並為南北戰爭中的美國北軍籌建一支部隊，但他在捲入一場軍事法庭審判後狼狽退伍。哈倫於一八七一年病逝於舊金山。

在十九世紀以前，我們很難想像會有布魯克、哈倫、德拉沃和卡內罕這種人物出現，而他們會崛起都是拜世界局勢全然改觀之賜。在葡萄牙占領非洲休達（Ceuta）的一四一五年後，一直到布魯克、哈倫這群「將要當國王的人」大行其道之間，歐洲對世界其餘各地發動了一場「五百年戰爭」。

五百年戰爭一樣有其醜惡的一面，使戰爭下的人民流淚、土地荒蕪。全球各地都有人像當年卡爾加庫斯痛批羅馬發動的戰爭那樣，強力譴責這場五百年戰爭。但就像西塞羅一樣，也有許多學者不斷點出這場戰事的重要性：「五百年戰爭是歷史上最具建設性的戰爭。歐洲人及殖民開拓者在一九一四年以前已經掌控了世界上百分之八十四的陸地及整個海洋。位於北大西洋沿岸的殖民帝國心臟地帶，暴力致死率比以往任何時候都要低，人民生活水準也有所提升。當然，被殖民勢力擊垮的一方通常生活條件較差，而且許多地方在武力侵略下遭受到毀滅性破壞。但倘若我們跳脫這些細節，將目光拉遠，就能找到一個普遍模式。整體而言，外來征服者的確有效遏止了當地戰事、搶劫、私人動用致命武器的發生，使該地人民生活更安穩富足。具有建設性的戰爭繼續向我們展現有悖常理的魔力，而這次範圍涵蓋了全世界。」

二、頂級火力

讓歐洲人由占領休達進展到據地稱王的關鍵，在於兩項新發明出現後推動了軍事事務革命。然而，這兩項發明皆非源自歐洲。

第一項發明是火器。我在上一章提到，中國煉丹師在九世紀就不斷做實驗，但這時火藥的破壞力較小，只能製造出煙火和燃燒物。到了十二、十三世紀，某位如今名字已經不可考的修補匠想到加入硝石成分，製作出真正的火藥。改良過的火藥並不會持續燃燒，而是在一瞬間爆炸，只要放進足夠堅固的彈膛中，就能快速發射槍管內的彈丸或弓箭，致人於死地。

世上最早的火器記錄，竟是出現在一座佛教寺院中，這座佛寺不遠處就是重慶——如今中國發展最快的城市之一。約一一五〇年當地信徒在這座聖地的石窟牆上鑿出雕像。當時的石匠根據佛教傳統刻出這種石雕像，其中有一排排站在雲層上的惡鬼，手中拿著各式武器，有一個惡鬼握弓，一個持戟，另外四個仗劍。但還有一名惡鬼手中武器看來卻像某種粗糙的管形火器，射出一小顆炮彈的槍口還冒出白煙與火星。

這幅石刻引起相當大的爭議。有些歷史學家認為這證明十二世紀的中國軍隊會使用火器，有人同意火器當時已經存在，但由於產量稀少，因此這些石匠並未親眼目睹過——理由在於，如果石像中的惡鬼真的以那種方式發射火器，手掌勢必會遭到燙傷。另外，也有其他學者認為惡鬼手中拿的是一種樂器，而火器當時仍未發明出來。無論事實為何，我們都同意人類在約一世紀後開始使用火器，因為考古學家發現掩埋於滿州戰場附近的一尺長銅炮管，而且其年代應該不晚於一二八八年（圖4-2）。

一二八八年的火器不僅常有突發狀況、裝填速度令人折騰，而且相當不準確，但隨後就有更大更好的火器問世。這些火器流行於華南地區，當地人民到了一三三〇年代已經群起反抗元朝的蒙古統治者，整個長江流域陷入兵戎之禍。火器革新在當時極為迅速且普遍，僅在一、二十年之間，起義軍就通曉如何有效運用這種新式武器。他們

圖4-2 重大突破：現存最古老的火器，1288年被遺棄在滿州戰場上。

首先大量生產火器，當時由吳天寶[iii]率領反抗的省分在一三五〇年以前生產了數百門鑄鐵大炮，其中幾十門仍留存至今。其次，起義軍的制敵方式是冷兵器及火器並用。一三六三年，與蒙古部隊在鄱陽湖決戰前夕，起義軍領袖朱元璋曾對麾下將領傳達明確步驟：「近寇舟，先發火器，次弓駑，近其舟則短兵擊之。」[2]部下聽命行事，五年後朱元璋成為明朝開國皇帝。

領教過新式武器威力的國家，通常會開始仿造這些武器，火器也不例外。早在一三五六年以前，高麗王朝就已在各個要塞配置火器。再過一世紀，火器才經喜馬拉雅山傳入印度，但火器肯定在一四五六年圍攻曼達爾加爾（Mandalgarh）的戰事中派上了用場。到了一五〇〇年，緬甸和暹羅已在鑄造青銅大炮，日本則是遲至一五一二年才取得火藥技術，或許是由於朝鮮政府從中作梗。

但最令人吃驚的是，火器在遙遠的歐洲迅速流傳開來。一三二六年（距中國已知首次製造火炮的案例不到四十年後，高麗王朝開始傳入火炮三十年前），位於中國以西五千英里外的佛羅倫斯，有兩名官員領命前往東方取得火器與彈藥。（圖4-3）次年，一名牛津插畫家在手稿中繪製了一幅小型火炮。從未有任何發明傳播得如此迅速。

火器在歐洲迅速盛行與其供應鏈密切相關。十三世紀以殘酷手法東征西討後，蒙古族在廣大的歐亞草原上創造了蒙古和平（Pax Mongolica），商人便藉此機會在歐亞大陸上進行貨物往返，馬可．波羅（Marco Polo）只是這眾多商人中最出名的一位罷了。透過貨物與理念的交流，東西方世界緊密連結在一起，其中絲綢和基督宗教尤其重要。但黑死病這類微生物病菌的傳播，也在東西網絡下造成莫大衝擊。不論蒙古和平為世界帶來多少災難與奇蹟，火器的傳播無疑更為重要。

除了火器的供應鏈外，需求端也扮演著重要角色。歐洲人比其他國家都更熱中於這項發明，他們迅速將火器投入應用並加以改良。一三三一年，在佛羅倫斯人達取得火藥技術的五年後，其他義大利人就開始利用大炮圍攻城市。一三七二年，法國火器的威力已大到足以轟垮城牆。

驚人的事情正在發生。東亞對火器的革新已在一三五〇年後趨緩，但在歐洲卻與日俱進。隨著需求日增，歐洲人發明新的方法開採硝石，一四一〇年代前就將硝石的生產成本減半。金屬工因此製造出更大、更便宜的鍛鐵炮，能夠用更多火藥發射更重的炮彈。阿金科特（Agincourt）戰役七年後，英國炮手成功轟垮諾曼第石牆，展現出重型火炮在戰場上的價值。

不過，大型火器的缺點也在這些戰爭中凸顯了出來。大而笨重的射石炮雖然能夠攻城，但因其移動緩慢、裝填耗時的特性，這種大炮在野戰時卻毫無用武之地。即使軍隊能將大炮拖至定點，敵方的騎兵隊會在你下一發準備好前就來到眼前。因此，儘管英王亨利五世在一四一五年借助幾十門大炮的火力迫使阿夫勒（Harfleur）投降，在阿金科特戰役中卻未將大炮帶上戰場。

iii 譯註：又名吳天保，元朝瑤族人，率眾於湖南省各城市起兵反抗政府。

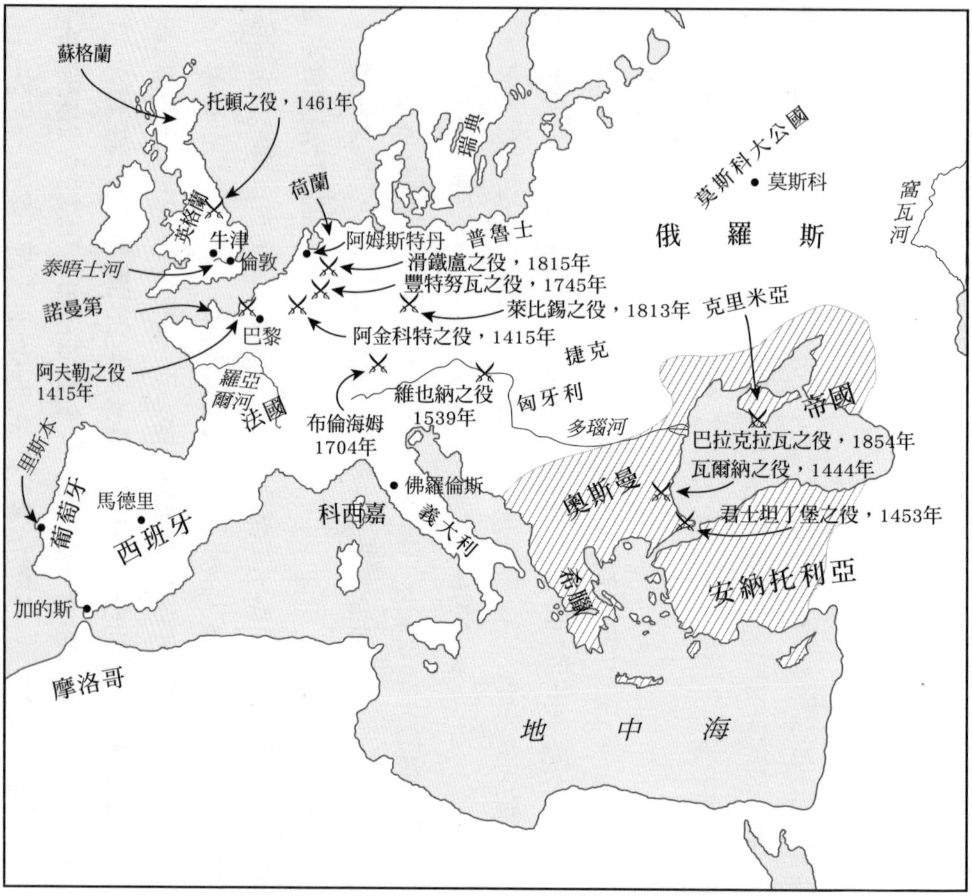

圖4-3 本章提及的歐洲地點（深色部分為1500年奧斯曼帝國版圖邊界）

僅僅二十年內，炮兵不安分的腦袋就想到了簡單出色的解決方案。捷克宗教改革領袖揚·胡斯（Jan Hus）的追隨者們建造了數十門小型火炮繫在馬車上，他們將馬車帶至戰場並用鎖鏈栓在一起，形成小型移動堡壘（常以荷蘭語laager稱之，意即「車堡」）。大炮的裝填速度還是一樣慢，但現在馬車後面有長矛手和劍士可以擋住衝鋒的騎兵，直到大炮可供再次射擊。

在一四四四年，車堡戰術幾乎重挫敵軍。鄂圖曼人是中世紀移居到幸運緯度帶的眾多突厥草原戰士分支之一，他們在短短一個半世紀的時間裡就將領土擴張至安納托利亞（Anatolia）。在占領了巴爾幹半島大部分地區後，鄂圖曼人的騎射手也馬上威脅到附近的匈牙利。教宗遂宣布發動十字軍東征，一個基督宗教同盟在位於現今保加利亞境內的瓦爾納（Varna）阻擋了這支突厥民族的來路，同盟當中一支外西凡尼亞（Transylvanian）分遣隊的元帥，就是「穿刺公」弗拉德三世（Vlad "the Impaler" Dracul）[iv]的兄長。

突厥族擁有歐洲最精良的士兵，而且人數比對方多一倍，戰事理應勢如破竹。然而，隨著一波又一波騎兵在試圖衝撞車堡時被射倒，重挫鄂圖曼部隊的士氣。戰局曾在短時間內僵持不下，要不是年輕的匈牙利國王決定衝進鄂圖曼防線中心，害自己及其他五百名騎士喪生，鄂圖曼帝國的侵略也許真能就此止步。

後來，鄂圖曼人不僅侵吞匈牙利全境，也從這次險象環生的經驗中吸取到寶貴教訓。他們開始雇用基督徒炮兵，到了一四四八年，鄂圖曼人已經準備好用車堡來對付匈牙利人了。五年後，鄂圖曼帝國雇用一位匈牙利火器專家部署了幾十門中型大炮，轟垮君士坦丁堡的城牆，拜占庭王朝自此覆滅。

火炮的革新還沒完，歐洲人學會將火藥沾濕，乾掉後呈現顆粒狀（俗稱「玉米粒」），爆炸威力極強。起初大炮普遍無法承受顆粒火藥的爆炸威力，但到了一四七〇年，炮筒粗短的大炮在法國與勃艮第之間的軍備競賽下誕生，能夠以顆粒火藥發射鐵製炮彈，而非石製炮彈。匈牙利人則為顆粒火藥找到不同用途：「他們將少量火藥放入手持的火繩槍中，這種槍又稱『鉤槍』，因其槍管上有個用來減少後座力的鉤子。」

新式武器在一四九四年初試啼聲就令人眼界大開。該年法王查理八世（Charles VIII）執意發動十字軍東征奪回聖地，他認為入侵義大利是合理的第一步。就幾乎各方面而言，查理八世的東征都是一場災難，但若論他所使用的新式火器，卻讓人見識到火器已徹底革新戰爭。憑藉著幾十門新式輕型大炮，法王查理清除了征服路上的一切阻礙。幾個世紀以來，戰場上敗陣的一方總能選擇撤回堡壘，設法等到圍城結束。然而，正如親歷過這場戰爭的馬基維利（Machiavelli）[v]所言：「無論牆有多厚，沒有城牆抵擋得了大炮數日的狂轟濫炸。」[3]

iv 譯註：即吸血鬼傳說「德古拉男爵」的原型人物。

v 譯註：義大利文藝復興時期重要思想家，代表作是《君王論》。

火器革新首先造成各地戰事激增，因為任何在野戰戰場上吃了敗仗、退守堡壘的軍隊這時都已必敗無疑。在一四九五至一五二五年之間，西歐人發動十多場重大戰爭，這個頻率在過去前所未見。但在接下來幾十年間情況發生了變化，由於進攻方面的躍進，導致防守方面進一步加強。歐洲人放棄了史前時代就已在約旦河谷古城耶利哥築起，用來阻擋入侵者的高大石牆，轉而建造低矮傾斜的土堤，反而能讓敵人的炮彈打偏，或吸收炮彈的衝擊力。新的城牆對步兵來說更容易翻越，但要解決這個問題輕而易舉。馬基維利在約一五二〇年時指出：「我們的首要任務是建造出有稜角的城牆，如果敵人試圖接近，就能由側面及正面擊退敵人。」[4]

在接下來的一個世紀裡，這些建造費用高昂的新城牆遍布歐洲各地。新城牆的外觀有如海星，四周建有突出的半月堡（ravelin）、稜堡（bastion）和角堡（hornwork）。隨著戰敗的軍隊再次能夠撤回堅不可摧的堡壘，戰場對抗頓時失去了吸引力。一五三四至一六三一年之間，西歐人鮮少冒險與敵人正面衝突，即使發生戰事也通常是因為其中一方試圖解除圍城封鎖。一位英格蘭軍人說：「我們打仗更像狐狸，而非獅子。」「你會為了一場戰爭圍城二十次之多。」[5]

這聽起來像第二章提過的紅皇后效應，歐洲人之間的競爭越演越烈，到頭來依舊原地踏步，在越發可怖但最終毫無意義的戰爭中傾盡鮮血與黃金。然而，正如同我們在第二章看到的防禦工事、金屬武器及盔甲，還有其他古代軍事事務革命一樣，沒有什麼情況比這更真實了。西歐人雖然無法超越彼此，但他們確實領先了全世界。

幾個世紀以來，歐洲人一直在抵禦蒙古、突厥及其他民族的入侵。一四五三年，君士坦丁堡的陷落震驚全歐；一五二九年，一支土耳其軍隊更直抵維也納城門。一個世代過後，歐洲的前景更加黑暗。歐洲駐君士坦丁堡的主要談判代表臉色陰沉地自問：「我們能夠懷疑眼前的結果嗎？」比起基督宗教世界「國庫空虛、奢侈成性、資源耗盡及精神頹敗」，土耳其人卻擁有「未受損耗的資源、熟練使用武器的能力、豐富經驗的老兵，和不曾間斷的凱旋勝利」。[6]

令多數人驚訝的是，這些問題的答案都是肯定的。不過，就在這位大使提出這些疑問的當下，雙方的軍事力量開始失衡，歐洲逐漸獲得優勢。到了一六〇〇年，土耳其駐匈牙利的指揮官用憂鬱的語氣在報告中寫道：「這些受詛咒的民族（即基督徒）大部分的部隊都是步兵與火槍手，而多數伊斯蘭部隊都是騎兵，不僅缺乏步兵，懂得使用火繩槍的專家更是少之又少。這會讓我們在戰鬥和圍城時陷入苦戰。」[7]

一個世紀以來，歐洲人一直穩定增加軍隊中的火槍手數量。這一趨勢在一五五〇年代後加速發展，當時西班牙人引進一種名為滑膛槍的新式手槍，能夠射出兩盎司的鉛彈，威力足以貫穿一百步外的鋼製盔甲。在一五二〇年代，使用長矛、劍、戟等利刃武器的步兵數量是火槍手的三倍，但一個世紀過後，兩邊的比例已經反轉了。騎兵在中世紀的統治地位宣告結束，其職責降為偵查、前哨戰和側翼護衛。在十七世紀的軍隊裡，騎兵數量的占比鮮少超過十分之一。

在此我們又觀察到一個非常弔詭的情況。一四一五年左右，蒙古人和明朝還擁有世上最強大的軍隊，亨利五世和歐洲各國國王則遠遠落後。然而，到了一六一五年，或甚至最早能追溯至一五一五年，這樣的國際態勢正在翻轉，歐洲的軍事威力已經強大到世上幾乎沒有軍隊能抵禦。到頭來，歐洲人取得了頂級火力，而發明火器的亞洲人卻沒有。

為什麼中國沒能維持早期在火器上的領先地位，並轉而向世界發動五百年戰爭呢？這可能是整個軍事史上最重要的問題，但人們在答案上卻鮮少取得共識。

根據目前最盛行的理論，我們在前面的章節也看到過，歐洲人的崛起可能是受益於西方獨特的戰爭之道。他們從希臘繼承了這種戰爭方式，進而促成火藥革命的發生。專治軍事史的史家漢森認為「武器與炸藥的關鍵之處，並不在於幫助歐洲軍隊迅速取得霸權地位，而是比起其他國家，歐洲人更致力於大量生產高品質的武器，這是立基於西方長期以來對理性主義、自由探索以及知識傳播等文化立場的影響，而這種文化立場能追溯至古典時代。」最後他總結，歐洲的飛躍式發展實屬「合情合理，追本溯源，是因為歐洲文明的濫觴在希臘」。[8]

閱讀本書至此，你一定可以想像我並沒有被說服。我在第二章試圖向各位說明，古代並沒有什麼「西方的戰爭之道」，因為希臘和羅馬人的戰爭方式並非西方特有的。整個歐亞大陸幸運緯度帶上，都維持著一種具有建設性的戰爭方式，希臘羅馬只是其中一個地中海的版本而已。我在第三章繼續論證，一〇〇〇年以後這種具有建設性的古老戰爭方式早已在騎兵的崛起下分崩離析。如果這些說法屬實，那麼漢森透過西方戰爭之道的連續性來解釋歐洲火藥革命的論點，就是謬論。當我們仔細觀察十六世紀歐洲發生的事，有太多情況無法用漢森的理論來解釋。

其他史家已經詳細討論過漢森的理論，所以我在這裡只會聚焦在幾個議題上。根據漢森的敘述，「正是因為西方人渴求步兵壯烈地衝鋒陷陣，在戰場上自由人之間以利刃武器殘酷互殺，過去兩千五百多年以來，才會讓非西方國家倍感頓挫與恐懼。」若真如漢森所言，為什麼歐洲新式戰爭風格都是站在遠處開槍，而非近距離利刃相向？如果西方的戰爭方式一直秉持漢森所謂「在戰場上殲滅敵人部隊」、「給敵人致命一擊的同時，忍受任何反擊而不為所動」[9]的精神，為何歐洲人在一五三四至一六三一年這一百年間少有戰事發生？依照漢森的說法，「過去兩千五百年裡，西方人作戰時具有某種特殊的風格，軍隊持續共享相同理念，這讓歐洲人成為人類文明史上最令人生畏的士兵」[10]，那麼為何在五〇〇年左右至一五〇〇年的一千年間，歐洲人在抵禦亞洲、北非的掠奪者和入侵者時，卻總以敗北撤退收場？

一些歷史學家對上述問題的解答相當簡單直白。他們認為，歐洲的火器革新與文化傳統無關，歐洲人擅長火器純粹只是因為經常打仗。該理論認為，歐洲過去多國並立，各國常有戰事發生。相對地，中國在一三六八至一九一一年間大部分時候都是大一統的帝制時代。因此，中國人很少打仗，也沒必要投資在火器改良上。然而，對互相爭鬥的歐洲人而言，投資火器革新是攸關生死的大事。因此，最終讓火器更臻完美的是歐洲人，而非中國人。

但這個說法仍有無法解釋之處。雖然中國大體維持統一，但中國軍隊在一三六八至一九一一年之間打了不少仗，其規模往往使歐洲的小規模戰役相形見絀。中國皇帝分別在一四一一年和一四四九年派出五十萬大軍征討蒙古，十六世紀多數時候則與海盜對抗，一五九〇年代與日本的一場可怕戰爭席捲了朝鮮半島，[vi]一六〇〇年則動員了二十五萬部隊入四川平定叛亂。為何這些戰役沒有在中國造成如歐洲般的火器革新呢？

後來轉行當律師的史學家肯尼斯・卻斯（Kenneth Chase）在其歷史巨作《火器：一七〇〇年前的世界史》（*Firearms: A Global History to 1700*）中提出解釋：「真正的問題不在於歐洲與亞洲發動了多少場戰爭，而是雙方戰爭型態的差異。最初發明的火器使用起來笨拙且緩慢，當時的發射速度還是以每發所需時間來估算，與現在大大相反。那時的火器只對同樣笨拙緩慢的目標起作用，城牆就是一例，因此第一次火器革新就是針對攻城炮的改良。」

最初的火器革新熱潮出現在華南地區。十四世紀中葉，中國起義軍與元朝軍隊在長江流域對戰，勝利關鍵取決於攻打敵方堡壘，並擊沉狹窄水道上的大型敵艦。早期的火器能夠完美勝任上述兩項任務，但隨著戰爭於一三六八年結束，主要戰場也轉移到中國北方的大草原上。那裡沒有堡壘需要轟炸，而且發射緩慢的火器對快速移動的騎兵毫無用處。精明的中國將軍知道他們該投注在擴增騎兵、興建長城，而非對火器進行逐步改良上。

至少在火器方面，歐洲與華南（而非華北）有許多共同之處。舉例而言，這兩地皆充斥著軍事堡壘，破碎地形也限制軍隊的行進。另外，兩地皆與草原地形相隔遙遠，因此軍隊多數由行進緩慢的步兵組成，騎兵則成了奢侈品。在這種環境下，一步步改造火器便具有重大意義，這些微小的革新逐漸積累下，也使得歐洲軍隊在一六〇〇年搖身一變成為世上最精良的軍隊。

假如當時明朝皇帝能透過水晶球，親眼目睹火器是如何在十七世紀成功擊退遊牧民族騎兵，他們肯定會用更長遠的目光看待火器革新的優勢，進而在往後發明出顆粒火藥、滑膛槍和鍛鐵炮。但在現實世界中，沒有人能預見未來，各種嘗試都是徒勞，我們所能做的只有應對迎面而來的挑戰。在當時的時空背景下，歐洲人基於合理的理由投資火器改良，而中國人之所以放棄火器改良，也很合理。由於這樣的時空脈絡，使得歐洲在往後幾乎稱霸了全世界。

vi 譯註：此處戰役指的是萬曆朝鮮之役。日本統治者豐臣秀吉於一五九二年入侵朝鮮，中國以抗倭援朝的名義兩次派兵進入朝鮮半島，歷時六年，最後以豐臣秀吉的病逝告終。

三、回報

十四世紀，旅人、商人與士兵將火器傳至歐亞大陸西方，歐洲人才習得火炮技術。十六世紀，改良後的火器同樣由這一群人傳回東方，使亞洲人瞭解新式火器的威力。某種程度上，這算是一種回報。

鄂圖曼人的領土橫跨歐亞兩洲，是首批習得歐洲新式火器技術的民族。他們的火藥革命速度雖然往往落後歐洲人，但其火器技術仍遠遠凌駕於遠東及非洲國家。一五一四年，鄂圖曼人正是靠著車堡戰術在查爾迪蘭（Chaldiran）戰役屠戮波斯最精良的騎兵，並於兩年後在達比克草原（Marj Dabiq）的戰役摧毀埃及的精銳騎兵。自此，鄂圖曼人稱霸了中東地區。

一個世代過後，領土同樣橫跨歐亞兩洲的莫斯科大公國（Muscovy）習得新式火器技術。自十三世紀開始，俄羅斯人每年都會向蒙古進貢以換取和平，但到了十六世紀，人稱「恐怖伊凡」的沙皇伊凡四世（Tsar Ivan the Terrible）對蒙古霸權展開報復。俄羅斯人已在和瑞典、波蘭的血戰中學到基本的火器觀念，於是伊凡四世帶兵順著窩瓦河橫掃而下，用大炮炮擊任何擋在軍隊前面的蒙古營寨。伊凡四世於一五八四年逝世前，已將莫斯科帝國的版圖擴張至兩倍大，但這只是個開始。一五九八年，配備新式滑膛槍的俄羅斯毛皮獵人穿越了烏拉山脈（Ural Mountains），並在一六三九年抵達東岸的太平洋。

在條件相同的情況下，商隊也許會透過絲路將先進的歐洲火器傳入中國，但隨著遠洋船隻（這個時代的第二大發明）出現，絲路商隊也被取代了。

與火器的情況相同，亞洲人開創了遠洋船隻的基本技術，傳到歐洲人手中時則獲得進一步完善。舉例而言，中國船長早在一一一九年就會使用磁羅盤導航。後來，阿拉伯商人於印度洋取得這項發明，並在一一八〇年傳至地中海的義大利人手中。在接下來的三個世紀裡，東亞造船工匠在索具、操舵和船體結構上取得近一步突破。一四〇三年，中國建造了世界上第一座乾船塢，容納著有史以來最大的帆船。這些船艦擁有水密隔艙，外頭漆上防水漆，另外配有水船運送淡水補給，能夠將中國水手帶向任何地方。在一四〇五至一四三三年間，有名的三寶太監鄭和率領幾萬名水手，駕駛數百艘帆船航向東非、麥加和爪哇。

與此相比，西方船隻技術看起來則相當粗糙，但就像火器技術一樣，歐洲人將亞洲的這項發明帶往截然不同的方向。驅使歐洲人創新的動力也非常基本，因為歐洲環境帶來了有別於亞洲的挑戰，在試圖應對這些挑戰時，歐洲人在相對落後的情況下反而掌握了巨大優勢。

十五世紀的西歐落在歐亞大陸幸運緯度帶上最差的位置，一位經濟學家稱其為「一個遙遠又邊緣的半島」[11]，因其遠離南亞、東亞這兩個真正的地理活動核心。敏銳的歐洲商人察覺到中國和印度的富足，幾個世紀以來，他們一直在尋求通往東方繁榮市鎮的便捷通道。然而，一四〇〇年情況漸趨惡化，蒙古帝國正面臨解體，使得穿越大草原的絲路更加危險，但若要透過陸路，從敘利亞走替代路線到波斯灣，鄂圖曼人徵收的通行費卻會讓商人損失慘重。最好的解決對策似乎是繞過非洲最南端，避開鄂圖曼帝國的介入直達亞洲，但沒人知道這方法是否可行。

葡萄牙在地理位置上比歐洲其他國家都更清楚意識到這一點，在占領休達的幾年後，葡萄牙的船隻就開始沿著西非海岸蜿蜒前行。這是一個艱難的過程，以船槳為動力的大帆船在地中海地區占主導地位，然而大帆船難以適應大西洋的風向遠距離航行。這種情況相當嚴重，以至於同為休達征服者、葡萄牙王位第三繼承人的亨利王子（Infante D. Henrique）[vii]親自負責推動船隻革新。

船隻革新很快就獲得成果，葡萄牙開發出了卡拉維爾帆船（caravel），這種小船通常只有五十至一百英尺長，排水量不到五十噸。鄭和對這種小船或許會嗤之以鼻，但新帆船順利完成任務。卡拉維爾帆船的吃水線較淺，方便駛進充滿淤泥的非洲河口，這種帆船混合使用橫帆和三角帆，前者提升速度，後者提升靈活度。葡萄牙船隊在一四二〇年發現馬德拉群島（Madeira），並在一四二七年發現亞速群島（Azores），群島各地幾年內就滿是繁榮的莊園。一

vii 譯註：葡萄牙國王約翰一世的四子，普遍被認為是地理大發現的開啟者。

四四四年，葡萄牙船員抵達塞內加爾河，幫助他們深入非洲礦區取得黃金。葡萄牙船隊接著在一四七三年航行過赤道，並在一四八二年直抵寬闊的剛果河口（圖4-4）。

一切都進行得很順利，但才剛航行過剛果，卡拉維爾帆船和克拉克帆船（carrack，一種新式大帆船）卻碰上逆風的強勁吹襲。航程進展停滯不前，直到無所畏懼的歐洲船員想到兩個解決方案。首先於一四八七年，巴塞洛．迪亞士（Bartolomeu Dias）突發奇想地提出「將船駛回大海」（volta do mar）的主意。這代表將船隊投入未知的大西洋，期望借助海風的推力將他們送往非洲最南端。最終，這支葡萄牙船隊成功繞過現今的好望角，但迪亞士當初將此地命名為「暴風角」，我認為迪亞士的名字取得很好——因為我自己就曾親身經歷那裡的狂風吹襲，結果徹夜難眠。但無論我們如何稱呼這個海角，葡萄牙船員最終因不願在如此惡劣的天氣中航行而陸續叛變。因此，一四九八年由達．伽馬（Vasco da Gama）率領船隊進行第二次遠征，繞過非洲最南端，終於進入印度洋。

第二個解決方案由哥倫布（Christopher Columbus）提出，而且更加大膽。每個受過教育的歐洲人都曉得地球是圓的，因此理論上，從葡萄牙一路向西航行就能抵達東方。不過，多數受過教育的歐洲人也清楚，地球圓周約為兩萬四千英里，這表示向西航向印度的路線太長，不可能有利可圖。然而，哥倫布偏偏不信，他堅持認為三千英里的航程能讓他抵達日本。一四九二年，他終於募集到資金來證明自己的論點。

一直到死前，哥倫布都深信自己抵達的是印度可汗的領地，但人們逐漸意識到，哥倫布意外發現的新大陸更加激勵人心。只要將美洲豐富的黃金、白銀、菸草和巧克力運回歐洲，並將非洲人運至美洲進行開採及生產，就能為歐洲商人賺進大把銀子。在歐洲航海家的努力之下，大西洋從過去的交通屏障成為往來熱絡的康莊大道。

不過，這條大道上也充滿凶險。如同羅馬人統治前的地中海，或是蒙古人征服前的大草原一樣，大西洋在當時是利維坦的律法無法管轄之地。一旦船隻離開了加的斯（Cádiz）或里斯本的視線範圍，就是法外之徒的天堂。任何人只要有艘小船，配備幾門大炮，就能劫掠世界各地，海盜的黃金時代到來了。

十六世紀在全球掀起的海盜戰爭，範圍橫跨加勒比海至台灣海峽，但這是場不對稱的戰爭。利維坦只要有心，

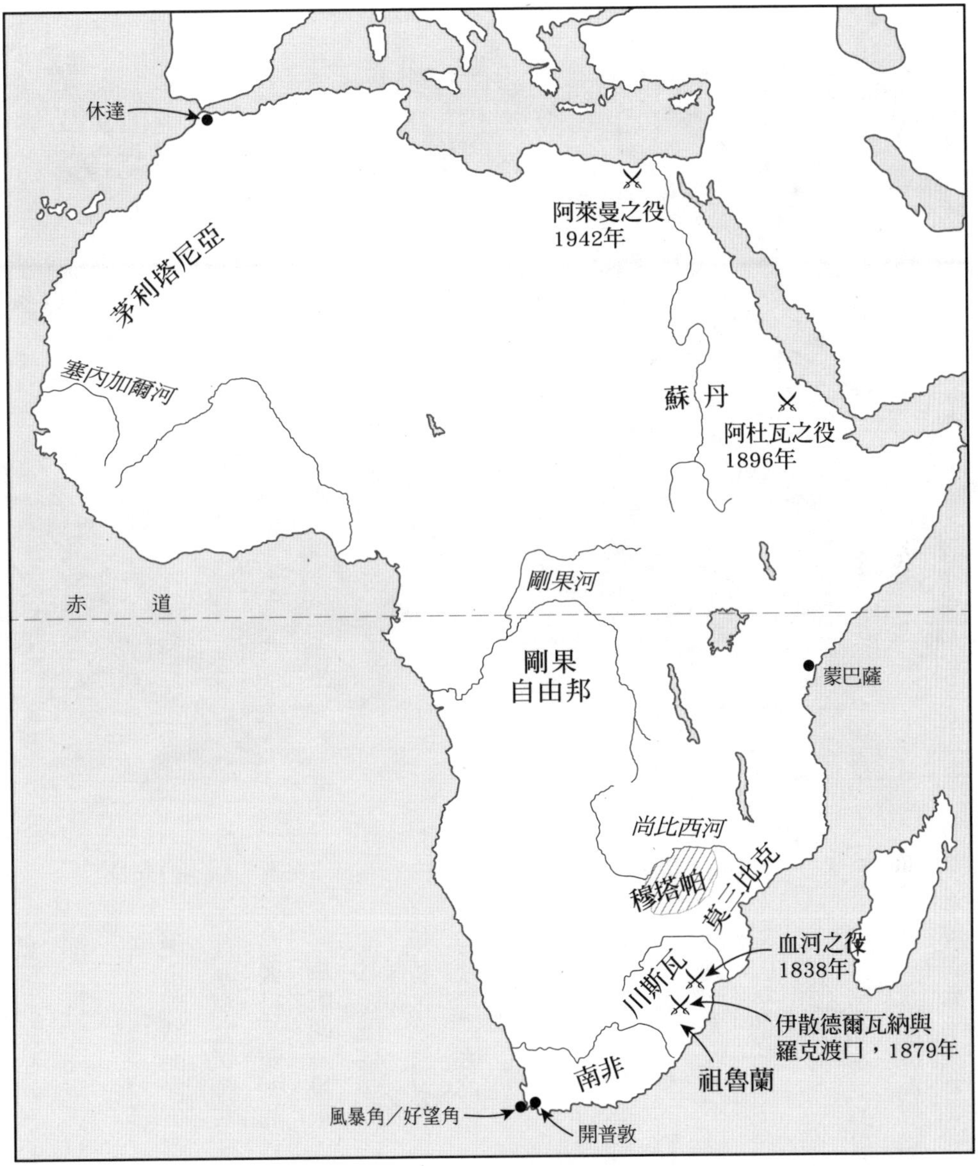

圖4-4 本章提及的非洲地點

圖4-5 水上射擊平台：法國與葡萄牙的蓋倫帆船在巴西海岸交戰，大約在1562年。

就能將這些法外之徒繩之以法，但西元前一世紀由羅馬政治家龐培在地中海實行的策略（奪取、控制和建設）耗資甚鉅。總體而言，政府發現向海盜開戰比起承受商業損失還花錢，所以這仗又何必要打？聰明的官員甚至對海盜犯罪睜一隻眼閉一隻眼，以此收取豐厚賄賂，或甚至讓這些海盜船取得「私掠船」的地位，合法劫掠別國船隻。不知情的航海家可能因此被海盜扔下海，但這是相對較小的代價。

受到劫掠的航海家損失慘重，因此他們做了理所當然的事：「武裝自己的船。」卡拉維爾帆船和克拉克帆船能裝載幾門大炮，不過葡萄牙造船商於一五三〇年就開始生產新式帆船：「蓋倫帆船」（galleon）。基本上，這種新式帆船就是浮在水上的射擊平台（圖4-5）。船商刻意把蓋倫帆船設計成船身狹長、有四根桅杆和小型艏樓、艉樓，使其速度更快。但船隻革新真正的成果來自於船身兩側的大炮，炮手能透過船身水線以上的炮口進行射擊，將八磅重的鐵製炮彈射向五百碼外的敵船。

兩千年來，船長一直透過合圍、衝撞和登船來進行作戰，但現在他們學會與敵船並排航行，在刺鼻的煙幕後方向敵船炮擊。彎刀與匕首依舊能在近戰中有所發揮，但現在船員更容易被「木頭碎片」殺死。這個利器乍聽下相當無害，但每當炮彈貫穿船體，一英尺長的鋸齒狀橡木碎片會向各處噴飛，力道之大足以切斷手臂和頭顱。一位經歷碎片屠殺的目擊者描述，甲板上「血跡斑斑，桅杆和釣具上沾滿了腦漿、毛髮和顱骨碎片」。[12]

火器不只遏止了海盜的猖狂行徑，其本身也成為利潤來源，因為亞洲人願意高價購買這些邪惡的武器。達・伽馬船隊上就有幾名船員下了船，成為卡利卡特（Calicut）[viii]蘇丹手下的軍械製造商，並在一年內賣給他四百門大炮。一五二一年，首批抵達中國的葡萄牙人也開始為當地市場鑄造火器，到了一五二四年，中國工匠已經著手製造他們自己的大炮及顆粒火藥。

最極端的例子非日本莫屬。一五四二年，三名葡萄牙人被風暴吹上日本海岸，他們立即將最先進的滑膛槍賣給了當地領主，並教導他的金屬工匠如何製造更多軍火。到了一五六〇年代，日本的火器已能和歐洲並駕齊驅，並且同樣淘汰掉了傳統的防禦工事。不過，與歐洲相比，日本的防禦建設趕不上武器的進展速度，或許因為先進的火器出現得如此突然，而不像歐洲經歷過兩個世紀的演變。但不論原因為何，一五八〇年代出現單一政府統治了整個日本群島。

歐洲的新式火器如此受歡迎，以至於亞洲的軍事家紛紛將現代武器貼上「法蘭克」（Frankish）的標籤。波斯人稱其為 farangi，印度人稱其為 firingi，中國人稱其為佛朗基（folangji），這些都是法蘭克發音的誤讀。他們也採用歐洲戰術，發現馬車搭配現代滑膛槍及大炮能夠擊敗草原騎兵。

viii 譯註：印度城市科澤科德（Kozhikode）的舊稱，為鄭和與達・伽馬兩位航海家共同的登陸地點與去世地點。

巴布爾王子（Zahir al-Din Muhammad Babur）的經歷相當具有代表性。在一五〇一至一五一一年之間，面對烏茲別克騎兵的來襲，巴布爾在阿富汗的部下用弓箭和長矛應戰，但最終未能守住撒馬爾罕（Samarkand）和喀布爾（Kabul），巴布爾不得不出逃印度。到了印度當地，巴布爾聘請了鄂圖曼顧問，並照著他們的建議購買火器與馬車。這些裝備幫助他在一五二六年的帕尼帕特（Panipat）戰役取得壓倒性勝利並重新掌權，而他日後所建立的蒙兀兒帝國（Mughal Empire）是印度史上版圖最大的帝國。

中國軍隊則似乎靠一己之力發現車堡的功用。曾任京城禁軍神機營副將的戚繼光[ix]在一五七〇年代的著作《練兵實紀》中指出所謂車營（即車堡）：「……一則可以為營壁。一則可以代甲冑，敵馬擁眾而來，無計可逼，誠有足之城，不秣之馬也。但所恃全在火器，火器若廢，車何能禦？」[13]

有時，火器與馬車也無法成功抵禦敵人來襲。遲至一七三九年，阿富汗騎兵曾擊敗蒙兀兒火槍手，在德里（Delhi）境內大肆劫掠，並帶走皇宮中鑲有藍寶石的孔雀寶座。但總的來說，約略在一五五〇至一七五〇年間發生了一件驚人的事。在新式火器的武裝下，幸運緯度帶的帝國終於掌握了草原地區，打破了戰爭具有建設性與帶來反效果的循環。

這些帝國成功的方式並非派步兵追趕荒野深處的草原騎兵（這麼做依然代價高昂），而是派農民去開墾草原邊境。這些農民挖溝渠、建欄柵，並用火槍對付草原民族。在農民逐步牽制及圍困下，這些草原騎兵最終無處可躲。直到這時，帝國才動用他們的新式大炮，這些大炮重量夠輕，能夠在草原上長途拖行。

炮火在他們右邊，
炮火在他們左邊，
炮火在他們前面，
萬彈齊發炸雷轟天……[14]

英國詩人丁尼生（Tennyson）寫下了巴拉克拉瓦（Balaclava）之戰中馬匹與火器之間最著名的戰爭場景。但在十七、八世紀的大草原上，宛如詩中輕騎兵衝向死亡的場景就上演了無數次。槍炮猛擊猶如暴雨，草原民族向前進入地獄之口，鮮少有人生還。

在一五〇〇年至一六五〇年間，俄羅斯人和鄂圖曼人掌控了歐亞草原的西端；在中亞，蒙兀兒和波斯人在一六〇〇至一七〇〇年間成功擊退烏茲別克和阿富汗人；而在草原東方，中國也成功併吞了新疆綿延不盡的荒漠。到了一七二七年，俄羅斯與中國官員在恰克圖（Kiakhta）會面，透過合約確立兩方在蒙古的邊界。自此，火藥帝國有效封鎖了歐亞草原的往來道路。

隨著草原民族敗下陣來，具有建設性的戰爭又再次捲土重來。從土耳其到中國，這些帝國清除來自草原民族的重大威脅後開始蓬勃發展。隨著中亞邊境得到保障，鄂圖曼人征服了北非並向多瑙河進逼；俄羅斯人將西伯利亞納入版圖，薩法維王朝（Safavid dynasty）則建立了波斯千年以來版圖最大的帝國；蒙兀兒王朝幾乎統治了整個印度，而清朝則不斷向外擴張，其版圖更勝現今的中國領土。

各國在統治細節上天差地別，但儘管征服者手下不乏酒鬼、毒蟲和自甘墮落者，他們依然被迫遵循古老的劇本，由流寇轉為坐寇統治者。這些國王開始雇用官僚，給軍隊發工資，而非放任他們四處劫掠。由於國家在軍火（更別提後宮和鴉片）上開銷巨大，國王必須找到促進農業及貿易的方法，因為這兩者都是稅收的主要來源。一名道地的鄂圖曼官員就敦促過蘇丹：「要善待商人，永遠施予關心並確保他們不受騷擾，因為土地是通過貿易繁榮起來的。」[15]

多數官僚仍不斷收受賄賂、壓迫窮人，但也有少數官員致力於解決產權糾紛、制訂合理稅收，並鼓勵投資。他們大力推廣馬鈴薯、地瓜、花生、南瓜、玉米等來自美洲的新奇作物，使這些作物產量大幅提高。政府透過投資建

ix 譯註：明朝將領，祖籍山東，擔任薊州總兵十四年間，多次防範蒙古突襲。著有兵書《紀效新書》與《練兵實紀》。

造道路及橋樑、逮捕強盜，並通過保障商業的法律，促使農民更願意種植棉花、咖啡等經濟作物和生產絲綢。到了一六〇〇年，長江三角洲的農民生產量可能已高居世界第一，印度南部和孟加拉農民則緊跟在後。

新的規則對於蘇丹和沙阿（Shah）[x]而言很有效，使他們能夠建造自己的陵墓（如泰姬瑪哈陵）和清真寺，但這些治理政策給亞洲平民帶來多少好處尚不清楚。有跡象表明，工資隨著利維坦擴張而上升，隨著政府瓦解而下降。但在我們能夠確定以前，還需要跑遍伊斯坦堡到北京的檔案館，對所有晦澀難懂的資料進行研究。

相對而言，我們能肯定政府的施政確實減少了暴力發生。最糟糕的情況發生在十六世紀前的波斯，當時部落間的衝突使國家面臨癱瘓。薩非王朝的沙阿塔赫馬斯普一世（Shah Tahmasp）曾於一五二四年哀嘆道：「多年來，我被迫耐心看待部落間的流血衝突，並試圖從中找尋阿拉的意志。」[16]但在七十年後，沙阿阿拔斯一世（Shah Abbas）採取更加強硬的立場。他的傳記作者記載道：「他一登基，就要求查明各省分主要道路上的匪徒，並著手消滅他們。」[17]阿拔斯常對國家安全親力親為，他曾於一五九三年執行某名匪徒的處刑，這也發揮了作用。在一六七〇年代，一位法國旅人就曾讚嘆道：「整個亞洲的道路都如此安全無虞，尤其是在波斯。」[18]

在中國，我們實際上握有一些統計數據。在一三六八年至一五〇六年的前半段歷史中，明朝建立起利維坦，這段期間僅有一百零八起強盜及叛亂事件記錄在案。然而，自一五〇七年至一六四四年間，明朝官員逐漸喪失掌控權，前述記錄也膨脹到五百二十二起。同樣引人注目的是，一五〇六年前的強盜往往在燒殺擄掠之後，趁著政府軍隊趕來前溜之大吉。但在一五〇六年之後，他們更傾向堅守陣地與軍隊抗衡，而且經常獲勝。

一六四四年，明朝的統治最終全盤瓦解。然而，儘管數百萬人（或甚至數千萬人）在隨後明清的改朝換代中死亡，這次的朝代交替卻有別於先前情況。明朝的滅亡並沒有伴隨著大批草原騎兵趁國家動亂進入中原，中國也沒有陷入反覆上演的血腥危機。反之，新建立的清朝著手收復邊疆、擊潰叛軍，並建立更加強盛的利維坦。

對生活在一六五〇年至一七〇〇年的人來說，從最早火器發明以來，亞洲一直被認為是大贏家。首先，亞洲人向歐洲提供火器和遠洋船隻，歐洲人改良船隻後將新式武器運回亞洲，以回報這份禮物。亞洲人利用歐洲火器迅速恢復具有建設性的戰爭、趕走草原民族，建立起更加雄偉、安穩且富有的帝國。然而在歐洲，即使是鄂圖曼帝國也沒能在不斷加速的軍備競賽中取得領先優勢，征服其他國家，歐洲大陸在國王、王子、沙皇和共和國的割據下依舊維持著爭鬥不休的混亂局面。凝視著東方的輝煌，多數人都認為歐洲當時大幅落後。

四、「訓練啊，寶貝，訓練吧！」

然而，他們錯了。歐洲非但沒有落後，實際上反而大大超前，而這一切都歸功於歐洲國家的原地踏步。這個說法或許很難懂，我指的是歐洲國家學會將士兵和船員排成一排堅守崗位，使他們能夠最大限度地發揮火力這項事實。到了一六五〇年，歐洲人已經發現了機械化戰爭來臨前，傳統火藥戰爭的基本原則，並在接下來的一百五十年內將其予以完善。亞洲帝國可能已經恢復了具有建設性的戰爭，但歐洲人正徹徹底底地重塑戰爭型態。

截至一五九〇年，歐洲軍隊和艦隊最大的弱點，在於他們的火槍及大炮依然非常緩慢不準確。只要抓準時機、運氣夠好，騎兵和海盜就能趁火槍手重新裝填彈藥前突擊成功。解決方法是由拿騷（Nassau）的威廉伯爵（William Louis）於一五九四年發現。威廉伯爵時任荷蘭軍隊副指揮官，正在與西班牙長期抗戰以爭取荷蘭獨立，根據傳說，他是在閱讀古羅馬標槍最佳使用方式的記載時想到的。

威廉伯爵匆忙寫了封信給表弟毛里茲（Maurice de Nassau）（圖4-6），在信中指出：「優秀的火槍手每三十秒能發射一槍，但如果他們不是同時射擊，而是像羅馬標槍手一樣形成六排橫隊，每排按順序發射呢？第一排在發射後，可以轉身穿過其他隊伍向後行進，讓第二排緊接著發射。第二排結束後向後行進，換第三排發射，以此類推。等到六排士兵都發射完並回到隊伍後方時，第一排士兵已經準備好再次開火。火槍手現在不是進行每次三十秒的全面射

x 譯註：波斯語中的古代君主頭銜。

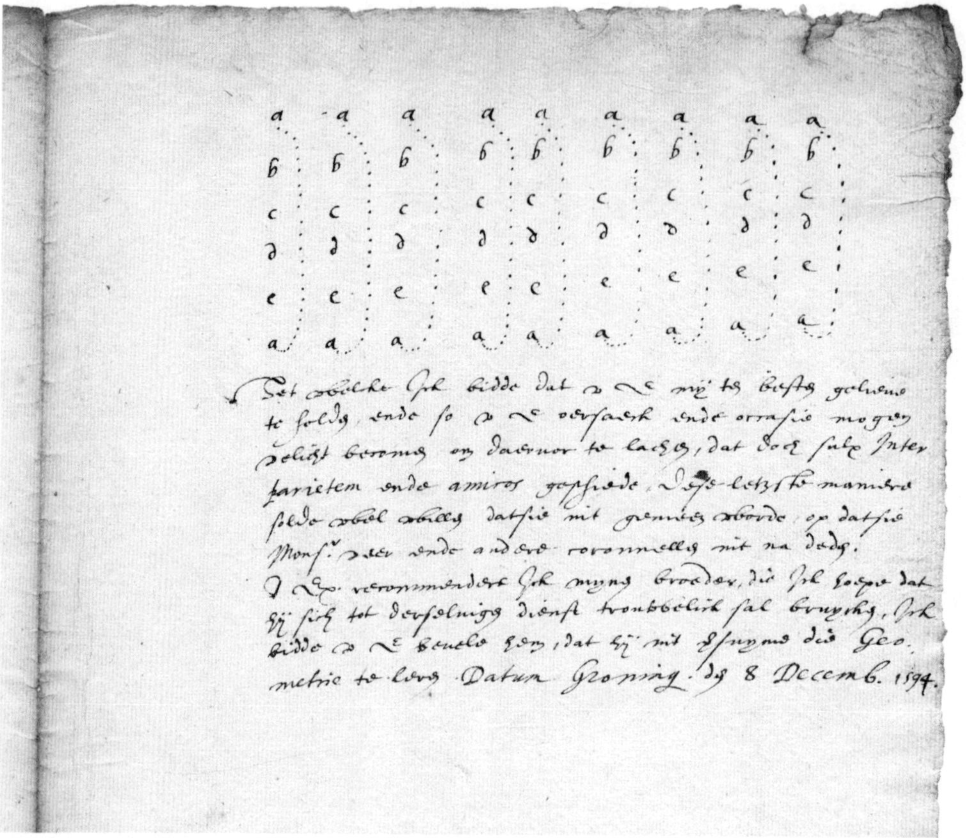

圖4-6 歐洲的致勝秘訣：1594年12月，拿騷的威廉伯爵寫給表弟毛里茲的知名信件中，解釋了火槍陣的射擊規則。

擊，而是每次五秒的小範圍射擊，如此一來，綿密的彈雨就能阻擋騎兵與海盜的攻勢進逼。」

然而事實證明，這個理論實際操作上相當困難，特別是對付同樣持槍的敵人。但在一六二〇年代，瑞典士兵終於根據威廉伯爵的做法順利地演練出火槍陣的射擊攻勢。瑞典國王古斯塔夫二世（Gustavus Adolphus）顛覆了這位荷蘭伯爵最初的構想，並取得突破性進展。古斯塔夫沒有讓手下的士兵在射擊完回到隊伍後方，而是讓他們向前走十步後開槍，並留在原地裝彈。接下來，如同古斯塔夫軍隊中一名蘇格蘭軍官的解釋，位於後排的「士兵越過前排行進，並以同樣的模式開火，直到隊伍發射完畢，下一輪攻勢又緊接著開始……就這樣向敵人步步進逼，在中槍倒下或贏得勝利前絕不回頭。」[19]

古斯塔夫也發現，要想讓火槍陣步兵發揮最大效用，勢必也需要對其餘軍隊進行重組。這時軍隊應該動用大量野戰炮兵並搭配移動炮台，以加強步兵火槍彈如雨下的威力。另一方面，騎兵則應該放棄使用火器。十六世紀的騎兵通常雙手各持一把手槍，騎到敵人面前近距離射擊後揚長而去。然而，若敵人派出的是火槍陣，這麼做無異於自殺。古斯塔夫讓騎兵拿回冷兵器，並盡可能讓騎兵遠離敵陣的步兵，等到粗心的敵軍側翼毫不設防，或是有士氣低落的軍團轉身逃跑時，就派出騎兵手持軍刀殺入敵陣。

古斯塔夫意識到，要達成這些任務就必須進一步擴編軍隊。一四一五年的阿金科特戰役中，法國人出動了約三萬人，但隨著古斯塔夫對軍隊的改革在歐洲推廣，軍隊人數也隨之爆炸性增長。一六四〇年代，歐洲大國都在籌建十五萬人的軍隊，大約是阿古利可拉時代羅馬軍隊規模的一半。法國在一六七〇年代召集了二十萬人的軍隊，一六九一年這個數字增長到二十七萬三千人，到一六九一年又上升為三十九萬五千人。一七〇一至一七一三年間，又有六十五萬法國人加入軍隊，隨著軍隊編制不斷擴大，法國士兵最終超過了天主教神職人員的人數。

當歐洲將軍研究出如何在陸地上最大限度地發揮火力時，海軍將領也在海上解決了同樣的難題，其目標是盡可能發揮船舷炮擊的威力。十六世紀的艦隊傾向於直接駛向敵船發動攻勢，但由於蓋倫帆船大部分火炮都裝備在側舷，因此炮擊通常都發生在兩支艦隊接近後。其後，戰鬥則陷入一片混亂，炮兵被硝煙阻擋住視線，因此射擊時根本分不清眼前的是敵船還是友軍。

在一六三〇至五〇年代間，荷蘭海軍將領構想出「縱隊射擊」的陣法（line-ahead formation），就像是海上的「火炮陣」。自此，船艦不再直駛向敵船，而是形成首尾相連的陣形與敵船並肩航行，透過側舷向敵軍進行連續炮擊。英國人、法國人和西班牙人也很快學會了這種做法。兩支艦隊可能會並肩航行數小時，直到夜幕降臨或其中一名海軍將領下令撤退。又或者，如果敵軍陣線出現缺口，一支艦隊可能會駛過缺口，利用側舷炮擊兩側敵船脆弱的船首及船尾。

海軍將領也依照這個原則重新設計艦隊陣形。那些足夠堅固、能在縱隊陣形中承受衝撞的大型戰艦擔綱海軍艦隊骨幹，較小的船艦則負責掩護、偵查，或充當火攻船。這種船會被故意點燃並駛入敵陣以造成混亂，約一七〇〇年以前都還有海軍以火攻船對付敵人。

無論是陸地還是海洋，這種槍炮陣形的關鍵就在於軍備標準化。早在一五九九年，荷蘭軍需官就為每名士兵配備同款火槍，以便他們用同樣的時間重新裝彈。古斯塔夫將十六世紀各式各樣的大炮縮減至三種類型，分別是能夠擊發三磅、十二磅和二十四磅重炮彈的大炮。另外，通過法國針對「七十四門炮」船艦的設計，將七十四門大炮分布在兩層或三層甲板上，海軍將領也更信心滿滿，相信每艘船艦對風的微弱變化能有同樣反應，保持陣形一致。

可想而知，戰爭機器中最難標準化的是人員。根據一六〇七年的一本荷蘭手冊記載，火槍陣包括四十三個獨立步驟，火槍手必須記住這些步驟並在開火時完美執行。大炮在使用上也有複雜的程序，而船隻要在火炮陣形中保持迎風行駛是最困難的。幾千名能幹的船員必須在正確的時刻爬上纜繩，在漫天煙幕和槍林彈雨中進行收帆、捲帆、迎風轉向、搶風航行、側風航行和之字形航行。人必須變成一個個可供替換的部件。

在這場軍事革命的四個世紀後，美國共和黨代表大會在二〇〇八年提出了一個響亮的口號，總結了共和黨對汽油價格急遽上漲的反應。他們高喊著「開採吧，寶貝，開採吧」（Drill, baby, drill）[20]，敦促美國在自家領土抽取更多石油。如果要描述古斯塔夫那一代人將人員標準化的做法，沒有其他流行用語比這句口號更適合：但在這脈絡下，“drill”的意思改為「操練」，而就是操練能夠使人成為可供替換的部件。嚴厲無情的軍官會反覆訓練士兵將火藥、填充物和火槍子彈塞進槍口，直到他們蒙著眼都能準確執行，船員則必須不斷練習繩結直到手指發疼。這種教官在英文中被稱為“martinet”，源自於一位以紀律嚴格聞名的法國教官尚・馬蒂內（Jean Martinet）。人從未被完全訓練為機器上的齒輪，但十七世紀的教官卻幾乎達成。

其中，最難標準化的人員種類是軍官。新的軍事系統需要大量軍官，在一五九〇年代，荷蘭軍隊的連隊配置從兩百五十名士兵、十一名軍官改成一百二十名士兵、十二名軍官，十比一的比例至今仍是標準配置。上層階級明顯是符合軍官職位的人選，然而比起機器上的齒輪，他們往往更在意自己的貴族身分。一位法國軍官寫道：「我們的生命財產屬於國王，我們的靈魂屬於上帝，我們的榮譽屬於自己。」[21]初級軍官經常因為千奇百怪的禮儀問題而與上級決鬥，而對他們來說，套上制服就等同於將個體納入標準化的等級制度，是對他們的重大侮辱。

早在十八世紀，軍官會像參加舞會一樣為戰鬥著裝，頭戴撲粉的假髮，腳穿有扣環的鞋子和緞面馬褲，身上縈繞著撲鼻的香水。一部十八世紀的喜劇女主角評論道：「我的老天，想想這些可人兒是如何睡在地上，或穿著絲襪和帶有蕾絲荷葉邊的衣服作戰。」[22]在一七四五年的豐特努瓦戰役中，有名法國軍官一口氣帶上七雙備用絲襪以備不時之需。直到一七四七年，一群年輕英國海軍軍官在某家咖啡館密會時，才有人提出：「應該規定少尉以上的軍官穿制服，這不但有用，而且必要。」[23]

撇開軍服的亂象不談，新成立的軍事學校確實在一六〇〇年後開始打造專業的軍官班。曾有許多風流韻事的英格蘭政治家佩皮斯（Samuel Pepys）不僅是《佩皮斯日記》的作者，更是優秀的海軍大臣。他在一六七七年針對英格蘭[xi]海軍培訓進行重大改革，並訂定明確目標：「培養『不酗酒、勤奮、服從命令且致力於研究和實踐航海技術』的軍官。」[24]除了很難讓軍官不酗酒，他其餘的目標都非常成功，迫使每位軍官無論出身高低都必須通過天文學、射擊技術、航海及打信號的測驗。

到了一七〇〇年，歐洲人在陸地及海洋部署著無疑是有史以來最凶猛的火網。佩皮斯指出：「軍隊缺錢使所有事情都亂了套，海軍尤其如此。」[25]要想趕上人員、大炮標準化軍備競賽的步伐，費用高得驚人。即使是最富有的國家也永遠沒有足夠金源，手段與目的如何搭配很快成為政府面臨的最大挑戰。

[xi] 按史學慣例，史家向來認為，在《聯合法案》（Act of Union）於一七〇七年通過前，英格蘭和蘇格蘭是各自獨立的國家，法案通過後則合稱為不列顛。愛爾蘭則是在一八〇一年納入不列顛王國的領土範圍內。

最粗糙的解決辦法就是做假帳。政府輕率地拖欠債務，放任通貨膨脹惡化，當所有方法都失敗時，政府乾脆不付錢給軍隊。然而，這種做法的後果通常不堪設想。領不到工資的英國船員發明了罷工（strike）這個概念，他們降下船帆（strike的另一個字義就是「降下」），使艦隊無法航行，直到政府付清款項為止。一六六七年，由於艦隊罷工且「可憐的船員因缺錢挨餓倒在地上呻吟」[26]，導致佩皮斯無法發號施令，一支荷蘭艦隊駛入泰晤士河，將英國最精良的船艦燒毀或拖走。船員的妻子在倫敦的街道上對國會議員動粗，尖叫大喊：「這就是不發薪水給我們丈夫的後果！」[27]

比起減少戰爭支出，國家也能增加收入以支付戰爭費用，這也是政府更積極追求的目標。實施專制主義能幫助君主清除貴族、城市和神職人員在過去一千年裡積累的各種特權，並允許君主對境內所有事物徵稅。這自然對君主有莫大吸引力，但那些特權被剝奪的階級可不這麼認為，因此後果往往是引發內戰。

當專制主義導致事態惡化時，如同一六四九年的英國和一七九三年的法國那樣，國王可能最終走上斷頭台。但即使事情進展順利，錢也永遠不夠用。法王路易十四（Louis XIV）是最偉大的專制主義君主，「朕即國家」據說就是他的名言[28]，但即使是路易十四也無法籌集足夠資金，將所有反對他的王國打得落花流水。他在一七一五年過世時，法國幾乎宣告破產。

第三種方法是有效調動資金。荷蘭人在這方面帶頭執行，為政府債券創造了一個二級市場。資本家能夠買下國債的一小部分，然後將債券連同利息賣給其他投資人，就像現今的銀行發放抵押貸款一樣。政府也透過法律保障投資人，緩解資本家對違約的擔憂，這使荷蘭政府能夠比其他對手更快更輕易地籌集到資金。荷蘭在十七世紀戰事連連，國內債務由一六三二年的五千萬荷蘭盾膨脹到一七五二年的兩億五千萬荷蘭盾。但由於投資者信心不減，政府支付的利息得以穩定下降，一七四七年就已降到百分之二點五以下。

一六九四年，英國進一步開設國家銀行來處理公共債務，並撥出特定稅收來支付債券利息。健全的公共財政為政府帶來非比尋常的資金來源，雖然僅僅一次重大失敗就會使信用不佳的國家陷入困境，位於阿姆斯特丹和倫敦的政府卻能隨意組建、操練並指派新的艦隊和軍隊。對英國小說家笛福（Daniel Defoe）[xii]而言，這就如同「信貸制度讓士兵願意沒拿軍餉就上場作戰，使軍隊願意在缺乏物資的情況下衝鋒陷陣」。[29]

各國政府對於現況似乎相當滿意，但多數人對新機構抱持著矛盾立場。過去的情況就與現在一樣，銀行家眼中美好的金融工具在其他人看來卻驚恐萬分，而且包括銀行家在內，幾乎沒有人真正瞭解新工具的運作方式。一七二○年，英國的南海泡沫事件（South Sea Bubble）和法國的密西西比泡沫事件導致銀行破產，投資人身敗名裂。民眾發起了波士頓茶黨式[xiii]的集體反彈，儘管十八世紀還沒有華爾街與一般投資大眾之間的對立，但在英國卻已有針線街（Threadneedle Street，英格蘭銀行[xiv]所在地）與鄉村莊園的對抗。主宰政治舞台好幾世代的貴族，懷疑政府商業寬容的政策不利於他們的處境（他們的懷疑很有道理），各國領袖則發現他們很難放棄過往相當管用的策略：「巧取豪奪以應付國家開銷。」

然而，解決戰爭經費問題最有建設性的方法不是做假帳、增加收入或更有效地調動資金，而是善加利用戰爭的矛盾之處。各國國王相繼削減他們開銷龐大的軍隊，轉而建立跨國聯盟來共同分擔戰爭經費。歐洲各國進入均勢局面，這有兩項好處。首先，軍事侵略的代價提高，如果一個政府破壞均勢，其他政府會聯手加以恢復。其次，維持國家生存的代價降低，如果一個國家遭受毀滅性威脅，其他國家會伸出援手以確保均勢狀態的延續。

矛盾的是，隨著軍事武力變得更加致命，所造成的死亡人數卻逐漸下降。為避免激怒他國組成敵對同盟，統治者有限度地發動戰爭，而且在確立目標和使用武力上更謹慎斟酌。戰爭的過程還是相當可怕（英格蘭伯靈頓伯爵次

xii 譯註：英國小說家、新聞記者，被視為英國小說的其中一名開創者，著有《魯賓遜漂流記》。

xiii 譯註：美洲殖民地人民為抗議英國於一七七三年推行的《茶稅法》，銷毀了東印度公司船上的一整批茶葉，這起事件也引發美國獨立脫離英國統治。

xiv 譯註：Bank of England，英國的國家銀行。

子就曾於一六六五年登艦隨同約克公爵出征[xv]，結果身首異處後頭顱掉在公爵身上，將他嚇得半死），但戰爭也漸漸變得更有紀律，歐洲作家開始稱其為「部長間的戰爭」。一位法國政治家在一七八〇年代指出：「相互作戰的不再是國家，而是軍隊和專業人員。戰爭就像靠運氣取勝的遊戲，極少人願意全盤押注，過去對戰爭的狂熱現在看來愚蠢至極。」[30]

西班牙王位繼承戰就是經典案例。一七〇一年，包括英國、荷蘭等七個國家組成反法大聯盟，攜手阻止法國與西班牙的王冠落在同一位貴族頭上。如果巴黎與馬德里結盟，所形成的超級大國將會打破歐洲的均勢局面，因此往後的十年間，七國聯軍自布倫海姆（Blenheim）到巴貝多（Barbados）進行輪番轟炸，試圖阻止西法兩國合併。到了一七一〇年，聯軍顯然占了上風，但有些成員國開始擔心擊潰法國和西班牙勢力會使權力天秤過度傾向英國，因此轉換陣營來平衡局勢。這場王位繼承戰最終在一七一三至一四年逐漸平息。

僅從西歐發生的情況來看，火器的傳入和草原民族的衰落並沒有使歐洲整體發展更具有建設性。雖然歐洲國家取得趕走草原民族的武器，結束了戰爭具有建設性和帶來反效果的長久循環，歐洲卻沒有像一五〇〇年建立起新大陸帝國的亞洲一樣，恢復過往具有建設性的戰爭。西歐人似乎陷入了缺乏建設性的戰爭中，歐洲國王和其朝臣下令圍攻堡壘、互相攻占邊境省分，但這些作法既不像具有建設性的戰爭那樣建立更大型的社會，也不像適得其反的戰爭那樣瓦解社會。

五、席捲世界的戰爭

自一四一五至一七一五年間，這三百年的戰事對西歐各國的版圖影響不大，卻將全球其他地區攪得天翻地覆。歐洲列強的衝突擴散至海洋另一頭，歐洲人也開始發動席捲世界的戰爭。從葡萄牙到荷蘭，這些地處大西洋邊緣地帶的歐洲統治者越來越熱中於海外活動，他們四處殖民徵稅，並將收益用於歐洲戰事。這些湧入的資金促成歐洲軍事改革，軍事改革則進一步提供歐洲人武器，使海外擴張成為可能。

大炮讓十五世紀的歐洲船員所到之處都握有海上軍力優勢，而且對不情願配合的貿易夥伴發揮了警告作用。一四九八年，當達．伽馬發現討價還價無法說服莫三比克和蒙巴薩的商人向他出售物資時，大炮發揮了奇效。兩年後，當航海家佩德羅．卡布拉爾（Pedro Álvares Cabral）抵達印度時，他對卡利卡特的轟炸造成五百人死亡，卻也迅速為他開啟了當地市場。卡布拉爾也被認為是最早到達巴西的探險家，他當時試圖繞過非洲時在大西洋航行得太遠，誤打誤撞抵達了巴西。

到了一五〇六年，葡萄牙制訂了一個野心勃勃的計畫，將海盜行徑升級為國家的遠大戰略。每艘從事香料貿易的船隻都會停泊在幾個關鍵港口，因此葡萄牙船員推斷，只要以火力奪取荷莫茲島（Hormuz）、亞丁（Aden）、果亞邦（Goa）和麻六甲，就能將印度洋變成葡萄牙專屬海域，對往來的船隻隨意徵稅。葡萄牙的富裕程度將遠超貪婪者的幻想。

這計畫幾乎奏效了，但仍未達到預期成果。部分原因在於軍事上，葡萄牙從未成功奪取亞丁，因此阿拉伯商人能繼續往返印度洋而無須支付關稅。但更重大的問題在於，海外擴張不僅僅是戰勝敵人而已，除了毀滅性的火力外，其他因素如距離、疾病、人口和外交都會影響海外擴張的成果。歐洲國家對世界各地的統治成功與否，端看他們如何在這些因素中取得平衡。

在美洲，平衡的結果對歐洲人相當有利，因此出現了最極端的結果。遙遠距離與當地人口數量都不利於入侵者，所以比起美洲原住民，僅有少數歐洲探險家成功抵達新大陸。然而，歐洲人一抵達美洲，就用鋼劍、馬匹和火器的武力優勢對付原住民的石刃、棍棒和棉甲。哥倫布抵達美洲四十年後，僅一百六十八名西班牙人就擊潰了印加帝國數萬名士兵，並在卡哈馬卡（Cajamarca）俘虜了該國末代皇帝阿塔瓦爾帕（Atahuallpa）。（圖4-7）在十六世紀的

XV 譯註：此次戰役是第二次英荷戰爭的洛斯托夫戰役（Battle of Lowestoft）。

圖4-7 本章提及的美洲地點

墓地中曾挖到滿是彈孔的頭骨，生動說明了火力如何勝過距離及人口兩大因素。

然而，如同印度洋上的葡萄牙人一樣，美洲的西班牙征服者知道僅靠火力還不夠。一五二〇年，科爾特斯（Hernán Cortés）手下的征服者們遇上阿茲特克人叛亂，差點無法逃脫；隔年，他們在洗劫特諾奇提特蘭時，靠的也不僅是火器威力，還用上外交手腕。科爾特斯自己也遇過外交難題：「他曾經不得不與同為征服者的對手進行內戰，但這些都比不上美洲原住民之間的分歧。在中美洲，特拉斯卡拉部落（Tlaxcalans）和其他阿茲特克帝國的受害者都很樂意群起造反；而在祕魯，殖民者皮薩羅（Francisco Pizarro）所面對的印加帝國才因最近一次內戰而分崩離析。事實上，當時攻占特諾奇提特蘭和庫斯科的都是當地原住民的部隊，而非西班牙殖民軍。」

不過，西班牙殖民成功的主要因素是疾病傳播。幾千年來，歐洲與亞洲農民都習慣畜養動物，身上也開始出現第三章提過可能導致流行病的微生物群。美洲原住民馴養的動物非常有限，因此對諸如瘟疫、天花等流行病毫無抵抗力，儘管美洲原住民也將梅毒等可怕疾病傳染給歐洲人，但以結果來看，歐洲人仍是占盡優勢的一方。

親身經歷過疫情的阿茲特克人描述道：「我們的臉上、胸部和腹部布滿膿瘡，無可救藥的病人只能躺在床上……他們沒辦法起身尋找食物，其他人又虛弱到無法提供照料，病人最終餓死在床上。」[31]確切的數字仍存在爭議，但最近的一項DNA研究顯示，美洲原住民在十六、十七世紀人口驟減了至少一半。

這場人口災難使入侵者更能盡情為所欲為，包括大肆劫掠阿茲特克和印加文明，在安地斯山脈的波托西挖掘出世界最大的白銀礦床，並引進非洲奴隸來替代失去的原住民勞動力。殖民者與美洲原住民間的野蠻鬥爭持續了好幾世紀，但西班牙人面臨的最大威脅並非來自原住民的反抗，而是從一六〇〇年開始就試圖介入分一杯羹的其他歐洲國家。

這些新的外來殖民者主要來自英國、荷蘭及法國，但他們要面臨的是嚴峻鬥爭。少數樂觀派認為還有更多阿茲特克和印加帝國等著他們去打劫，因此窮盡心力去找尋傳說的黃金城，但多數人相信所有值錢的東西都已遭西班牙洗劫一空。有一份報告總結道，新墨西哥除了「裸體人群、假珊瑚碎片和四塊鵝卵石」[32]以外什麼都沒有。致富的途徑若非尋找貴重金屬的新礦脈（照亞當・史密斯的說法，這是「世上得獎機率最低的彩券」[33]），要不就是去掠奪將白銀運回西班牙的船隻。

英格蘭當時肯定打著劫掠西班牙的如意算盤。一五八五年，英格蘭探險家雷利（Walter Raleigh）[xvi]曾在羅阿諾克島上建立海盜巢穴，但他派往島上殖民的手下卻離奇失蹤。一六〇七年，定居在詹姆斯鎮（Jamestown）的英格蘭人則將希望寄託在尋找黃金珠寶上，但飢寒交迫的他們很快就失去希望了。考古團隊從一個垃圾坑中挖掘出一名十四歲女孩的遺骨，上面的切痕表明，這群人在一六〇九至一〇年的冬天只能以屍體為食。但在一六一二年，這些憔悴的倖存者卻有了重大發現：「菸草奇蹟似地能夠在這個沼澤遍布、瘧疾橫行的新家園茁壯成長。這裡的菸草葉並不像西班牙人在古巴栽種的品種略帶甜味，但相對便宜得多，英國人也很樂意購買。」

當時，法國人和荷蘭人分別移居至魁北克和曼哈頓進行墾拓，相繼為美國毛皮開拓出廣大的歐洲市場。一六二〇年代，從英國逃往麻薩諸塞的清教徒難民，也很樂意將船桅的木材出售給過去迫害他們的英格蘭人。一六五〇年代，清教徒也出口食物至加勒比海地區，那裡的甘蔗園主人都將每一塊土地拿來生產蔗糖，蔗糖在當時可是比菸草還暢銷的神奇產品。商品由大西洋西岸運往東岸，歐洲移民則朝著反方向遷移，史家尼爾・弗格森稱這股移民潮為「白色禍患」[34]。

然而除了美洲，歐洲對世界其餘各處的戰事起初並不順利，各種因素如距離、疾病、人口、外交及火力的平衡使歐洲國家處於不利位置。西非一直是美洲礦產及農業莊園奴隸的來源地，歐洲人雖然在當地擁有壓倒性的軍事優勢，但由於黃熱病與瘧疾的肆虐，殖民者不斷在與非洲的微生物戰爭中敗下陣來。只有在疾病難得帶給歐洲人優勢的環境（如開普敦附近），歐洲人才得以遂行其意。荷蘭墾拓者於一六五二年登陸後，就將當地的科伊科伊族（Khoekhoe）農民驅趕到五十英里以外，而一七一三年的一場天花疫情幾乎終結了當地原住民的反抗。

但一般而言，上述情況純屬例外，歐洲人除非碰巧在外交上取得突破，否則幾乎毫無進展。以非洲東南部為例，尚比西河上游的穆塔帕（Mutapa）王國是由一四四〇年代走向衰亡的大辛巴威王國獨立出來的國家，一五三一年葡萄牙商人開始沿著尚比西河向內陸探索，穆塔帕王國卻刻意與歐洲人保持距離。直到一六〇〇年左右，葡萄牙人才迎來轉機：「穆塔帕國王當時正因一場叛亂擔憂自己王位不保，因此請來葡萄牙士兵和傳教士提供協助。等到一六二七年國王過世時，這些歐洲顧問的影響力已經大到能親自為他挑選繼任者了。」

遲至一七〇〇年，多數歐洲人不得不在非洲沿海建立小型據點，商人在此建造堡壘，並積極與當地部落談判達成協議。據說一位非洲酋長曾告訴歐洲商人：「你們有三樣我們要的東西——『火藥、火槍和子彈』；而我們有三樣你們要的東西——『男人、女人和小孩』。」[35]在此基礎上，在一五〇〇至一八〇〇年間，歐洲人從交戰的非洲酋長手中購買了約一千兩百萬名土著，運往大西洋彼岸。

歐洲人在亞洲的立足點更加不利，因為疾病絲毫沒有帶給歐洲任何優勢。自十四世紀流行的黑死病以來，歐洲與亞洲的疾病庫已大幅合併，產生一種唯獨不利於歐洲人的平衡，歐洲人即使在熱帶地區仍飽受瘧疾所苦。

歐亞兩洲遙遠的距離也是殖民者的一大阻礙。從里斯本到卡利卡特要航行八千英里，到麻六甲和更遠的廣州還要各航行兩千英里。一六一一年，荷蘭船員找到了一條捷徑，將當初葡萄牙人前往東南亞的沿海路徑縮短了整整兩千英里，方法是先讓船隊在好望角附近搭上西風，船隊靠著風力最遠能航行到澳洲，接著往北航行。但即使在一六二〇年，人數僅兩萬左右的歐洲探險者卻要面對印度洋沿岸近兩億亞洲人，以及另外一億中國人。

亞洲人無法阻止歐洲船隻到來，但進入十七世紀以前，他們倒也沒有特別在意。印度古吉拉特邦（Gujarat）的蘇丹曾評論道：「海上戰爭是商人的事，與國王聲望無關。」[36]這個觀點基本上沒有錯。葡萄牙人的克拉克帆船會對麻六甲這樣的小城邦構成生存威脅，但對土耳其、波斯、印度、中國和日本這些大國而言只算是沿海的小麻煩。歐洲人與海盜在帝國眼中都是寄生蟲，兩者都可能會殺害沿海城鎮居民、害帝國稅收減少，但只要他們不超出限度，忽視他們比起討伐他們更省錢。有時向歐洲人獻殷勤甚至還有好處，皇室需要購入槍炮時尤其如此。

xvi 譯註：英國伊莉莎白時期的探險家，曾編纂《世界史》一書。

印度洋的經濟成長速度開始走向兩種體制。各大帝國仍主宰著龐大的內部市場，歐洲人則在帝國邊緣參上一腳，只要帝國持續忽視他們，歐洲各國就會為國際貿易豐厚的利潤你爭我奪。

葡萄牙在這場爭鬥中處於下風。早在達．伽馬的時代，葡萄牙王室就對商人活動嚴加管束，因此當倫敦、阿姆斯特丹和巴黎分別於一六〇〇年、一六〇二年和一六六四年[xvii]建立起東印度公司這類獨占企業，在里斯本卻完全看不到。原則上，這些私營東印度公司必須承擔所有在印度洋的生意費用，實際上也往往如此。荷蘭東印度公司的總督顧恩（Jan Pieterszoon Coen）在一六一四年寫給公司董事的信中明確指出：「東印度貿易的追求與維繫必須受到自身武力的保護，而且武器必須由貿易賺進的利潤提供資金。簡言之，沒有戰爭的貿易或是沒有貿易的戰爭都無法長久持續。」[xviii37]

在這種商業模式下，財力不堪負荷的葡萄牙政府根本無法與歐洲列強抗衡。到了一六五〇年代，葡萄牙人已經撤離麻六甲和斯里蘭卡的據點。隨著葡萄牙從貿易戰退出，荷蘭將矛頭轉向對手英國。一名英國船員表示：「全球的貿易不夠我們兩個國家分，因此兩方勢必得分出勝負。」[38]在一六五二至一六七四年間，兩國的艦隊透過一連串的海上戰爭完善了新的火砲陣形。多虧佩皮斯在英國海軍部的貢獻，英國漸漸在這場貿易戰中占了上風，然而法國也在同時崛起成為新的貿易對手。

儘管歐洲各國間的戰爭戲劇性十足，伊斯坦堡、伊斯法罕（Isfahan）、德里和北京的君主卻不屑一顧。歐洲人可能一批換過一批，但更大的權力平衡已成定局。遲至一六九〇年，當英格蘭的東印度公司試圖插手孟加拉地區的貿易權，蒙兀兒帝國不費吹灰之力就擊潰這群入侵者。該年參與入侵的英國部隊有半數人死於疾病，東印度公司不得不向蒙兀兒帝國屈辱求和。

這是個清楚的教訓，歐洲雖在戰場上擁有主導權，但除非他們能結合微生物戰爭的優勢，否則作用不大。距離、疾病及人口讓亞洲帝國立於不敗之地，歐洲人充其量只能在帝國酒足飯飽後，爭奪餐桌下的殘羹剩飯。

但一切開始風雲變色。每個帝國遲早都會遇到時運不濟、領袖昏庸、決斷失策的時刻，一七〇七年輪到蒙兀兒帝國遭殃了。當時，偉大的奧朗則布（Aurangzeb）在統治了印度近半世紀後崩殂，這名孔雀王朝的在位者晚年不僅與兒子不和，更與實際管理印度各省的羅闍（raja）、納瓦布（nawab）[xix]和小蘇丹鬧翻。因此在他死後，這些過去效忠他的屬下抓準時機，從蒙兀兒帝國獨立出來。隨著帝國四分五裂，各地戰事激增，國家的法律秩序也面臨崩潰，陷於人人自危的境地。

一七二〇年，印度地方貴族相互鉤心鬥角，不僅與遠在德里名義上的皇帝遙相對抗，也將底下的臣民拖下水。在這場權力賽局中，貴族為籌集資金積欠下龐大債務，一七三〇年代就有名貴族抱怨道：「我匍匐在債權人的腳邊，把頭皮都磨破了。」[39]不出所料，各家東印度公司都看準這個外交契機，等不及向納瓦布繼任者提供借貸，對那些借錢購買歐洲軍隊的貴族更是樂見其成。

然而，東印度公司在這段時期也如履薄冰。好處在於，公司只要在內鬥中選對邊站，就能成為未來國王的擁護者，甚至可能贏得對沿海飛地[xx]的管理及徵稅權。壞處在於，各地貴族的戰事擾亂了公司賴以維生的貿易命脈，使他們面臨倒閉威脅。在這個政局動盪的複雜世界裡，頭戴三角帽、口風嚴密的線人悄悄往返於歐洲堡壘和羅闍宮殿間，與雇主進行著相互出賣的危險勾當。

英國政治家和哲學家艾德蒙・柏克（Edmund Burke）曾評論道：「蒙兀兒帝國的諸位王公紛紛謀求獨立，卻也隨之走向毀滅。」[40]沒有任何東印度公司願意親手毀滅自家擁護的王公，然而這正是南印度卡納提克地區（Carnatic）的真實景況。當地的紛爭更加複雜，老謀深算的納瓦布和蘇丹不僅能夠和駐紮在馬德拉斯的英國人打交道，也能與駐紮在朋迪治里（Pondicherry）的法國人套交情，讓兩家東印度公司爭個你死我活。一七四四年，當英法兩國在歐洲

xvii 譯註：此處作者年代標註有誤，將法國東印度公司的成立時間寫成一六七四年。

xviii 譯註：此處譯文引自左岸文化《公司與幕府：荷蘭東印度公司如何融入東亞秩序，台灣如何織入全球的網》的引文。

xix 譯註：羅闍是南亞、東南亞對國王或土邦君主的稱呼，源於梵文。納瓦卜是蒙兀兒帝國似與南亞土邦世襲統治者的尊稱。

xx 譯註：被包圍在他國境內的地區，和本國領土並不接壤。

開戰的消息傳來，兩家東印度公司都決定在卡納提克地區部署兵力，雙方衝突很快就進入白熱化。

這場英法鬥爭為蒙兀兒王朝垮台帶來的外交契機增添新的面向：「在歐洲持續上演的軍事事務革命。假設印度早在一六四〇年代就分崩離析，歐洲可能還未強大到能善加利用這個機會，但到了一七四〇年代，擁有優勢火力的歐洲軍隊已經所向披靡。這些專業部隊規模很少超過三千人，而且多數部隊成員為當地召募的印度士兵。但是一到戰場上，這群配備精良、訓練有素且紀律嚴明的部隊總能擊潰十倍規模的當地士兵，就算印度人派出戰象也無濟於事。一名戰爭中的生還者描述，歐洲部隊宛如『吐出烈焰的火牆』。」[41]

卡納提克戰爭也提高了英法東印度公司的賭注，勝利方不僅能接手卡納提克的沿海貿易，更能徹底掌控當地政局。然而，隨著戰事一再拖延，巨額開銷也壓得兩家公司喘不過氣，兩方都是來印度尋求貿易，因此透過談判結束戰爭才符合商業邏輯。一七五四年，法國東印度公司就積極找尋解決之道，但英國東印度公司仍未善罷甘休。

一百五十年來，歐洲列強互相爭奪貿易權及殖民地，以便將資金投入歐洲戰爭。英國在這方面做得比其他國家都好，一七一八年有位作家就聲稱：「由於英國在世界各處擴張貿易市場，使其成為全球最不容忽視的強國。」[42]但一些英國人反問，如果這是真的，不就與多數共識相違背了嗎？照理講我們不該將印度貿易視為打贏歐洲戰爭的手段，而是將歐洲戰爭當作手段，目的是拓展印度當地貿易。

通常都要等到一兩百年，國家戰略思維才會出現重大轉變，但當時英國就在經歷這樣的轉變。在激烈辯論後，一個不太緊密的商業利益聯盟使英國產生一連串改變，走向新的商業模式。在這個模式下，發動歐洲戰爭只是為了分散法國的注意力，好讓英國不受阻撓地掠奪其殖民地和貿易權。

英國政府向法國的其他歐洲敵國提供資金及人員，英國東印度公司則持續在卡納提克地區與法軍對峙，並將王位授予選定的納瓦布。公司隨後向繼任者索取大量酬金、沒收當地稅收，並將手下安插在貿易機構中，讓每分錢都進到公司口袋。當時印度最富有的地區是孟加拉，一七五六年當親法的孟加拉納瓦布開始給英國製造麻煩，英國東印度公司故技重施，打算重演卡納提克戰爭的伎倆。

但這次納瓦布先發制人，先是掃蕩了英國東印度公司在加爾各答的據點，接著在六月二十至二十一日漆黑悶熱的夜裡，將一百多名囚犯關進一間八人牢房，即臭名朝著的「加爾各答黑洞」。到了清晨，已有超過半數人窒息或中暑而死。於是英國東印度公司派遣勞勃・克萊夫（Robert Clive）為罹難者復仇，克萊夫為人雖不討喜，卻無疑是卡納提克戰爭中的英雄。

克萊夫不僅將納瓦布趕出加爾各答，還加入了反抗納瓦布的孟加拉叛亂。他率領公司手下加入叛軍陣營，形成一支比原先陣容大上二十倍的軍隊。兩軍在普拉西（Plassey）對戰的結果則略顯可笑：「納瓦布的幾名炮兵不小心炸毀了自家大炮，驚動了拖著大炮的戰象。接著，納瓦布的重要盟友臨陣倒戈，納瓦布其餘軍隊也逃之夭夭。」其實這名盟友與英國東印度公司早有密謀，公司承諾戰後將任命他為新任納瓦布。自此，英國東印度公司接管了孟加拉稅收，克萊夫本人也分得十六萬英鎊作為獎賞，以我撰寫此書時的幣值推算，相當於現今的四億美元。[43]

但孟加拉的勝利只是開始。接下來兩年裡，英國和普魯士組成英普聯盟，由普魯士在歐陸牽制法國戰力，英國則仗著海軍優勢伺機奪取加勒比海關鍵島嶼及法屬加拿大。在印度戰場，英軍再次擊敗法國軍力，皇家海軍更兩度擊潰法國艦隊，這項策略取得了空前成功。一七八三年，柏克曾問英國下議院議長「當我（於一七二九年）和年輕的閣下（於一七三五年）出生時，有人會相信在未來這一天，竟然有英國人能支配大蒙兀兒[xxi]的權力、臣民，而我們會在此地議論他們的所作所為嗎？」[44]

六、看不見的拳頭

從葡萄牙占領休達開始，直到一七八三年柏克發表演說之間，西歐國家征服的領土數以百萬平方英里計，土地

xxi 此指蒙兀兒皇帝。

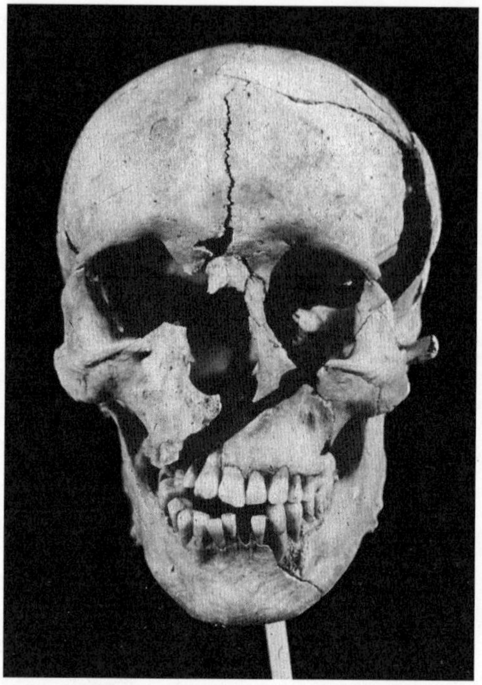

圖4-8 血腥時代：受到八次重擊的「陶頓25號」頭骨（1461年）

上的人民則是數以千萬計。西歐人不僅恢復具有建設性的戰爭，更重塑戰爭形式，他們發動了席捲全世界的戰爭，創造一個嶄新的大型社會。當歐洲的戰火蔓延至大洋彼岸的美洲、亞洲和非洲大陸時，西歐國家的暴力死亡率下降速度之快、幅度之大卻前所未見。

十五世紀也許是千年前羅馬帝國滅亡以來，歐洲大陸最血腥的時期，失業的傭兵恣意蹂躪法國與義大利，英格蘭也因貴族內戰四分五裂。蘭開斯特與約克兩大家族為爭奪英格蘭王位掀起玫瑰戰爭，近五萬兵力在暴風雪中廝殺數小時。在莎士比亞的劇本中，一四六一年陷入瘋狂的亨利六世（Henry VI）[xxii]就曾對此吶喊：「可憐的景象呀！血腥的時代呀！」[45]要是亨利六世看到考古學家在陶頓（Towton）戰場上發現的屍骨，他可能真的會叫破喉嚨。代號「陶頓二十五號」的無名士兵，從其屍骨看來，在遭受一連串襲擊後倒地，而且頭骨受到八次重創。首先是臉部被刺了五刀，都不致命，但一記來自背部的猛擊扯下他的後腦勺，將骨頭碎片打進大腦。士兵向前倒下，但另一記重擊將他掀翻在地，最後一劍則是將他的臉砍成兩半，從眼窩一路劈開至喉嚨（圖4-8）。

但「陶頓二十五號」還不是最倒楣的傢伙，他的戰友「陶頓三十二號」頭部受到十三處外傷，其中一擊還削掉了耳朵。玫瑰戰爭中的國王也未能倖免於難，二〇一三年考古學家透過DNA比對和脊椎側彎的特徵，確認一具出土的骸骨為約克王朝最後一任國王理查三世（Richard III）[xxiii]。一四八五年，理查三世於內戰的最後一場戰役中被綑綁起來，遭利劍刺穿頭部，其後又被人用戟砍傷，死後臀部遭人刺穿並棄屍坑中。

當柏克在一七八三年發表演說時，沒人認為這類暴力會在西歐捲土重來。過去三個世紀以來，歐洲政府亟欲籌集足夠資金打造龐大海陸軍隊、強力新式船艦及大炮，募集大批職業軍官人員，並重新確立自己的地位。伊里亞斯所謂的「文明的進程」就是指理性、秩序且繁榮時代的到來，這樣的時代肯定會讓亨利六世和理查三世大吃一驚。

然而這個進程並非一路順遂，十七世紀就有許多國家治理失敗的案例，這促使霍布斯寫下《利維坦》一書。但在一七八三年，海盜和公路劫匪已不復存在，惡名昭彰的海盜黑鬍子（Blackbeard）在一七一八年身中五槍而亡，公路大盜迪克·特平（Dick Turpin）也在一七三九年被絞死。此外，凶殺率也大幅下降：「一四八〇年每一百名西歐人約有一名遭到謀殺，但到了一七八〇年這個比例卻掉到千分之一。柏克那個時代的英國也許是有史以來世上最安全的地方。」

某種意義上，西歐人正在重演古代歷史事件，與過去的羅馬、孔雀王朝和漢朝一樣，西歐國家正在創造更龐大的利維坦。雖然建立過程同樣殘酷且充滿剝削，但長遠來看，這樣的文明進程降低了暴力死亡率、帶來繁榮，這個成果與古代帝國遙相輝映。敏銳的知識份子意識到這一點，開始藉由內容鏗鏘有力的小冊和學術論文討論「古代與

---

xxii 譯註：蘭開斯特王朝最後一任英格蘭國王，一四五三年亨利六世的精神病間歇發作，約克公爵理查藉機叛亂，雙方掀起了長達三十年的玫瑰戰爭（一四五五—一四八五）。

xxiii 譯註：英格蘭國王，他在博斯沃思原野戰役中戰敗，為玫瑰戰爭和金雀花王朝畫下句點。

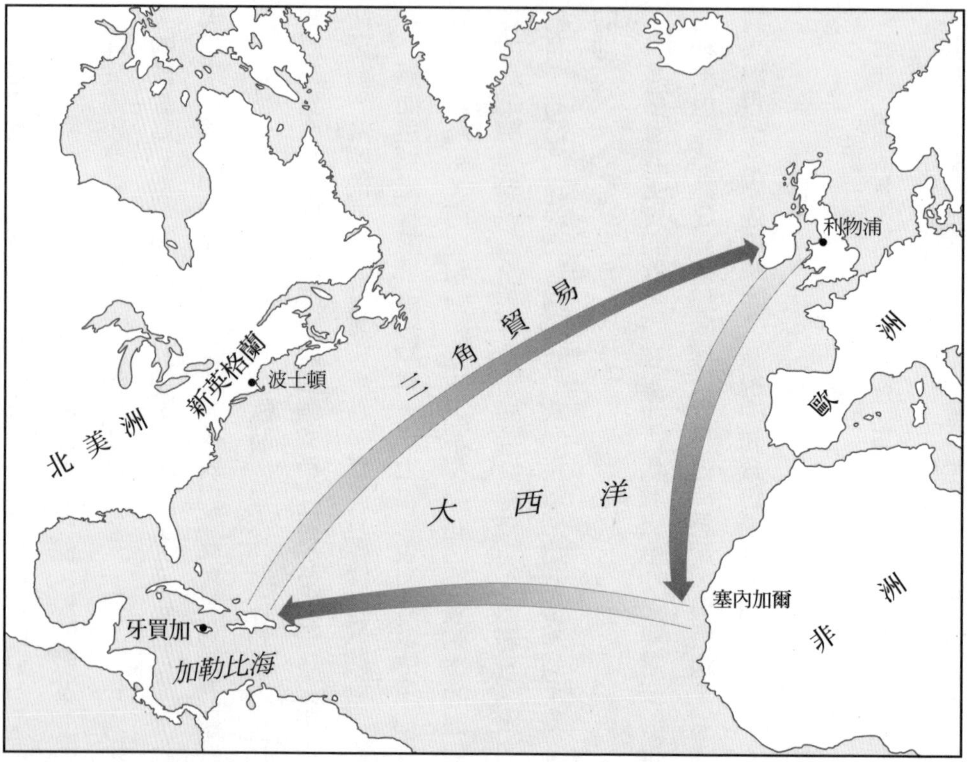

圖4-9　「恰到好處」的海洋：三角貿易為歐洲帶來史無前例的財富，更推動了歐洲市場革命，1200萬名非洲人也被送往美洲成為奴隸。

現代人的戰爭」，爭論當時的西歐人是否超越了古代人的成就，又是在何時超越的。值得一提的是，我在先前出版的《西方憑什麼：五萬年人類大歷史，破解中國落後之謎》（*Why the West Rules – for Now*）以及《文明的度量》（*The Measure of Civilization*）中描述的社會發展指數，提供了可能令他們滿意的答案：「西歐人確實超越了古代人的成就，時間是在一七二〇年。但歐洲人在另一種意義上也超越了羅馬帝國，正如同具有建設性的戰爭，他們並非重建利維坦，而是打造出新的利維坦。」

不同於以往傳統帝國在大陸建立自己的領土主權，西歐人建立的帝國橫跨大洋，他們所創立的嶄新經濟模式為國家帶來規模驚人的財富。光是在英國，其出口額就從一七〇〇年的兩百萬英鎊暴增到十八世紀末的四千萬英鎊。

西歐經濟模式不同於以往的關鍵在於大西洋。自歐洲殖民者征服美洲後，北大西洋成為西歐人眼中「恰到好處的海洋」（Goldilocks Ocean）[xxiv]，範圍大到海岸周遭涵蓋各式各樣的生態及社會，但又小到可供船隻輕鬆往來，在每一個殖民據點進行貿易收取穩定利潤（圖4-9）。

歷史學家通常將此稱為「三角貿易」，商人會先在利物浦載滿一船紡織品和槍枝，航行至塞內加爾換取更有價值的奴隸，接著將奴隸運至牙買加換取售價更高的蔗糖，運回英國獲取豐厚利潤，回國後他們能再次投資購買新的貨品前往非洲。或者，波士頓當地人會將蘭姆酒運至非洲換取奴隸，將奴隸運至加勒比海地區換取糖蜜[xxv]，再把糖蜜銷售至新英格蘭以購買更多蘭姆酒。

歐洲征服美洲後產生完全無法預料的結果，形成了一座橫跨歐美非三洲的整合市場，地理上的分工也使得大西洋每個海岸地區的人民更加富有。三角貿易使各洲的經濟相對來講較占優勢，也鼓勵企業家走向專業化貿易——在非洲捕捉奴隸，在加勒比海和北美南部各州開墾農業莊園，並在歐洲及美洲北部進行各項生產活動。

為確保貿易順利運作，新的經濟模式需要新型態的政府加速推動專業化。西非出現強大的國王，加勒比海和現在的美國南方出現農業莊園主人稱霸的寡頭政治，而在歐洲及現在的美國東北地區，則是有商業菁英人士挑戰專制君主的權威。每項轉變都進一步產生衝突，非洲人會突襲並綁架鄰居，把他們當成奴隸賣掉，美洲墾拓者奪取原住民的土地，而歐洲人則是互相摧毀對方船隻來搶占貿易路線。

在大西洋的新經濟模式所到之處，原先固定、停滯不前的關係都被掃除一空。廉價船運帶給西歐人一個觸手可及的奢侈品國度，到了十八世紀，只要你有錢就能買條麵包，還能買到從遙遠大陸運來的神奇產品，包括茶、咖啡、菸草和蔗糖。此外，他們還能購買歐洲生產的精巧製品，如陶製菸斗、雨傘和報紙。提供這些產品的大西洋經

xxiv 譯註：原文為 Goldilocks，源自童話故事「金髮女孩與三隻熊」的典故，故事中的金髮女孩（Goldilock）挑了一碗不冷不熱、恰到好處的粥，後世以 Goldilocks 一詞形容恰到好處的概念。

xxv 譯註：蔗糖的副產品，原料為甘蔗汁。

濟也創造更多就業機會，因為商人會買下他們能買到的任何帽子、槍枝和毛毯，運到非洲和美洲換取大量利潤，製造商也總是願意付錢請人製造更多產品。

既然到城市打拼能獲得更優渥的工資，男人不再隨著父輩世代務農，有的舉家做起紡織工賺取現金，有的則離開田地進入工廠。細節雖各不相同，但可以肯定的是在十七、八世紀整整兩百年間，歐洲人在雇主手下付出越來越多勞力，工作時間也漸漸延長。歐洲人越是努力工作，就能買到更多茶、糖、報紙等奢侈品，這也意味著有更多黑奴被運至美洲進行生產，更多土地被開墾為農業莊園，更多工廠及店家設立據點。銷量上升使規模經濟得以實現，價格下降則為更多西歐人打開這個充滿商品的世界。

一七七六年，亞當．史密斯在《國富論》中得出結論：「財富真正的源頭不是掠奪、征服和壟斷，而是勞動分工。」他認為這種勞動分工是「出自人類天性中的傾向……互通有無、以物易物。」在追求利益的過程中，人們開始專精於擅長的工作，並將勞動成果換取其他人專精的商品或服務。透過創造這種互通有無的市場，使產品成本降低、品質提高，使每個人更富裕。史密斯指出：「我們的晚餐並非來自屠夫、釀酒人和麵包師傅的善心，而是出於他們對自身利益的考量。」[46]

史密斯解釋道：「人們都希望自身產業能創造最大價值，他們所盤算的只有自身利益。但如同其他場合一樣，這群人都受到看不見的手引導，從而達到並非出自他們本意的目的……人們在追求自身利益的過程中，往往比發自本意的行動更能有效促進社會利益。」[47]其中的涵義顯而易見，政府越是不干涉人民，放任他們互通有無、以物易物，市場中看不見的手就越能發揮作用，使每個人更富裕。

但事實真是如此嗎？五千年來，統治者的最大特權就是掠奪自己治下的富裕臣民，即使是最刻苦勤勉的領袖有時也抗拒不了這種誘惑，但史密斯的世界觀要求統治者下一場賭注。他建議統治者，掠奪臣民的財富可能會在短期內獲得大量利益，但如果只從臣民身上定期獲取小部分財富，經過長時間累積後，統治者的獲利反而更加豐厚。在國王擁有無上權力的西歐國家，尤其是西班牙，這個說法似乎不太可行。但對於英國這類國王權力較小的國家（連國王都沒有的荷蘭尤其如此）[xxvi]，政府更願意碰碰運氣，給予那些互通有無的暴發戶商人自由，藉此運作大西洋經濟。而作為暴發戶起源地的法國，其做法則介於兩者之間。

那些對階級地位特別在意的貴族大可放心，因為這些暴發戶商人一有機會就會透過購買鄉村莊園、戴上貴族假髮改善自身形象。但大西洋經濟的資本化不僅代表貴族階級必須與這群出身卑微的人進行交易，也意味著邀請他們進入上流社會。經濟自由無可避免地導致人民爭取更多政治自由，試圖阻擋這股潮流的國王要不是失去王位（如一六八八年英王詹姆斯二世），就是步上斷頭台（如一六四九年英王查理一世和一七九三年法王路易十六）。

然而，對日漸壯大的富商階級而言，並非每件事都如此美好。王國的傳統治理模式是將收稅、審理爭端和管理市場壟斷的權力下放給當地貴族，這些貴族雖時常斂財，但也確實降低了政府開支。而放任人民互通有無、以物易物，意味著掃除這些陳舊的管理制度，讓看不見的手自由操作。但國家仍需要新的管理者接管法律秩序的維護，這份工作只有中央政府能勝任。確保市場運作良好比想像中更複雜，政府不能採取放任的態度，而是應適時介入，建立一個由公正官員、法官及公務員組成的新式管理層級。道格拉斯．諾斯（Douglass North）、約翰．沃利斯（John Wallis）和巴瑞．溫加斯特（Barry Weingast）三位社會科學家合著了《暴力與社會秩序》（*Violence and Social Orders*）一書，他們將此管理層級下的體系稱為「權利開放的社會秩序」（open-access order）[48]，沒有上述管理層級，權利開放秩序就無法正常運作。

我們不應誇大變化的規模和速度。以二十世紀的標準而言，十八世紀政府仍在初步階段，「高人一等」的貴族階級仍普遍受人敬重，而「民主」一詞不管到哪都是不堪入耳的詞彙，但統治者的確開始重視起大眾利益。然而，爭取代表權的代價意味著更多稅金；相對地，政府也就需要更多管理者控制這筆資金，於是利維坦的管理機制漸漸深入公民社會。一六九〇至一七八二年間，英國堪稱權利開放社會秩序的領頭羊，政府辦事員的數量成長了兩倍，

xxvi 譯註：荷蘭史上曾有兩次沒有國王當政的「無執政時期」；考量到亞當．史密斯的年代，這裡指的應該是第二次（一七〇二—四七年）。

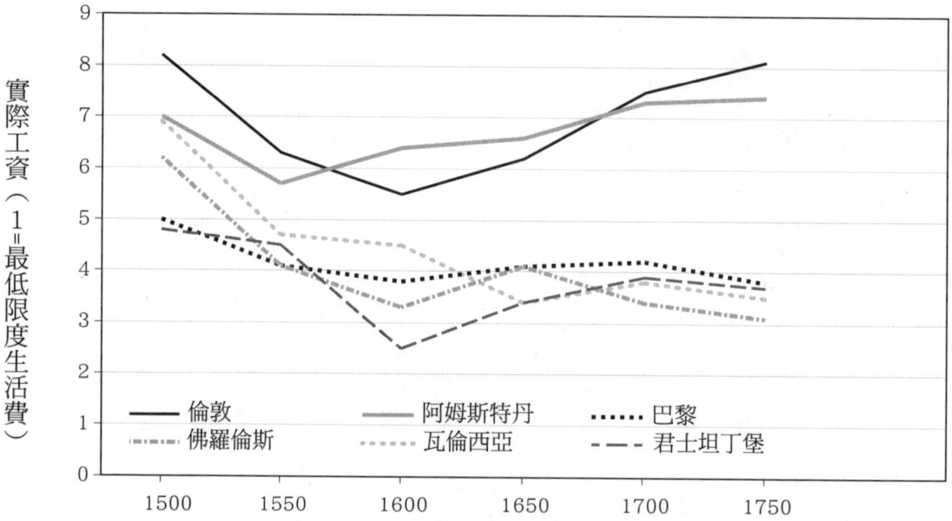

圖4-10 受薪階級的工資：1500-1750年，歐洲西北部和南歐非技術勞工平均收入的差異。

稅收則增長五倍。巴斯伯爵（Earl of Bath）就在一七四三年大聲抗議道：「讓每一位紳士看看法院桌上的議會法吧。這太可怕了，索引的部分更是怵目驚心，好幾個欄位你只看到稅收、稅收和更多稅收。」[49]

儘管新政府的作為引來不少怨聲，但在史密斯的時代一切都改觀了，將賭注押在權利開放社會秩序的政府成為大贏家。從馬德里到君士坦丁堡，保守君主不斷地鞏固皇室、貴族和教會的特權、打壓商人階級。他們限制貿易身分、建立市場壟斷並掠奪臣民商品，導致飢餓、痛苦、物資匱乏，而且經濟增長速度比人民生育率還低落。相比之下，西北歐的統治者更願意讓市場機制自由運作，與商人財主進行交易的同時，對他們的行為睜一隻眼閉一隻眼，得到的回報是遠超人民生育率的高度經濟增長（圖4-10）。

但即使如此，史密斯認為重整內政架構僅僅只是開始，統治者還需要重整各國關係。史密斯承認歐洲政府迫使亞洲、非洲和美洲大陸整合為龐大貿易市場的手段，確實大大增加了世界財富，但他也主張，現在市場已變得如此龐大，因此歐洲國家「應自願放棄殖民地的所有權力，讓當地選出自己的行政官、制訂自己的法律，並按他們認為合適的方式發動戰爭或締造和平」。[50]在亞述、羅馬及其他更早期的帝國，君主除非是瘋了才會放棄自己的省份，並指望透過貿易使其致富。但到了現代，史密斯認為讓殖民地按照自認合適的方式互通有無、以物易物，才能為統治者帶來最大效益。

不過，史密斯自己也坦承：「這樣的做法從來沒有，也永遠不會被世上任何一個國家採納。」[51]然而，在一七七六年，也就是《國富論》出版該年，英屬美洲殖民地發起獨立運動脫離母國——如此一來也讓英國政府不用再費神考慮是否該遵循史密斯的建議。老派政客認為失去殖民地會毀掉英國的大西洋貿易事業，但結果很快就證明他們錯了，史密斯才是對的。英美貿易在一七八九年就恢復到戰前水準，而且持續增長。

到底該如何解釋這個現象？在各種層面上，這在十八世紀末成為最迫切的問題，而且至今仍會被提起，與我在本書中試圖解決的問題也很相似。我一直以來都主張，自人類步入農耕社會的一萬年間，具有建設性的戰爭導致利維坦崛起、大型社會紛紛建立，統治者在穩定利維坦內部、促進經濟成長下，無形中使世界變得更安穩富裕。然而，美國革命的結果卻似乎背離我的主張：「美國由大英帝國分裂出來的行為，根據我前述的定義，相當於某種帶來反效果的戰爭。但這場革命並沒有導致我們在第三章目睹的災難，反而推動英國及新生的美國變得更加富強。」也許美國革命的例子告訴我們，本書的通篇論點都錯得離譜：「讓世界更安穩富裕的真正秘訣，可能是讓每個人自由追求利益，而不是由政府制訂規定並以暴力強制執行。」

這當然是許多十八世紀末的知識份子得到的結論，盧梭就是在這時期挑戰霍布斯的理論，認為政府介入人民生活前，人們生活在一個和平幸福的自然狀態中。美國開國之初的思想家湯瑪斯．潘恩（Thomas Paine）也在其廣為流傳的小書《常識》（*Common Sense*）中向美國人保證：「政府充其量也不過是必要之惡。」[52]以湯瑪斯．傑弗遜（Thomas Jefferson）為首的一群美國革命家試圖將新理論付諸實踐，創立了後來的共和黨。另一方面，以亞歷山大．漢彌爾頓（Alexander Hamilton）為首的革命家則對於「政府本身將變得一無是處，社會將擺脫其桎梏發展繁榮」[53]的觀點提出反擊，組成了後來的聯邦黨。不久後成為美國第二任總統的聯邦黨員約翰．亞當斯（John Adams）就曾告訴傑弗遜：「事實證明，人類是暴力激情下的奴隸，『除了武力、權力和力量外，沒有任何事物能約束這股衝動』。」[54]

史密斯本人則選擇中間路線，他提醒人們去檢視英格蘭於一六五一年通過的《航海法》。法案的主要目的是將競爭對手荷蘭排除在英格蘭的殖民貿易之外，從經濟學角度來看這簡直是場災難，將荷蘭拒於門外只會導致英格蘭的市場萎縮，人民更加窮困。然而，這項法案以戰略角度而言至關重要，因為與日俱增的荷蘭勢力已經威脅到英格蘭的國家命脈。史密斯指出：「由於防禦的重要性遠高於財富，《航海法》或許是英格蘭所有商業法規中最明智的法案。」[55]

《航海法》也凸顯了大西洋經濟與權利開放社會秩序共有的根本問題。政府退出市場才能確保市場好好運作，但政府又必須介入市場，才能以武力穩定秩序、防止外來者搗亂。暴力與商業就像是銅板的正反面，必須先由看不見的拳頭鋪平道路，才能由看不見的手發揮魔力。

美國革命五十年後，經濟體系的難題終於獲得解答，但結論並不是消除世界上所有利維坦，而是建造一個橫跨世界的超級利維坦。這種利維坦與坐寇政權相同，只是更為國際化，以超然的立場公正主持國際間的權利開放秩序，防止任何利維坦干擾看不見的手操作。對商業寬容的西北歐統治者在國內施行什麼策略，對商業寬容的超級利維坦就會在各國間使用相同策略。超級利維坦將充當一名公正的世界警察，為所有人提供安穩生活，讓商業上的自利行為引導人民形成更龐大的貿易市場。作為放棄掠奪與壟斷手段的回報，世界警察將成為這座龐大市場下最有特權的參與者，最終其富裕程度將遠超傳統利維坦。

此時期的戰爭型態再一次達到我在前一章論及的「勝利頂點」。自十五世紀歐洲人重塑具有建設性的戰爭以來，歐洲殖民者征服了世界各地，創造了一個史無前例的龐大市場，但過去帶來無數碩果的征服戰略如今卻帶來災難。歐洲政府若想在具有建設性的戰爭創造下的全球貿易市場變得富強，就必須接受權利開放的社會秩序。但正如史密斯所預見的，沒有任何國家願意真心做到這一點，就算是從獨立戰爭學到最深教訓的英國，仍不放棄擴大對印度的統治。然而，英國政府也確實理解到，他們無須統治北美洲也能獲得好處，只需要控制民意的浪潮。所以，與本章主題非常契合的英國愛國歌曲〈統治吧！不列顛尼亞〉（*Rule, Britannia!*）[56]會出現在一七四〇年，絕非偶然。

英國逐漸朝著世界警察的道路高歌邁進，用看不見的拳頭控制海上航路，以確保看不見的手創造市場經濟。

具有建設性的戰爭和利維坦統治並未變得過時，只是進化為更加強大的新型態。悲哀的是，人們還需要經過一個世代的戰爭殺戮才會學到教訓。

七、戰爭與永久和平

「一七九三年，一支超乎想像的軍事力量誕生了，突然間，戰爭再次回到人民的生活中。」[57]

普魯士大戰略家克勞塞維茨在親歷戰爭後寫下這段話，認為這是十八世紀末的發展帶給後世的影響。一七八七年，美國開國元勳在起草《美國憲法》時刻意以「我們人民」[58]起頭，旨在強調拿起武器反抗英國的是美國人民，而非領取薪餉的軍人及傭兵。相較於大英帝國的財富和高度組織，美國革命者選擇不依靠對參戰猶豫不決的受雇軍隊，而是激發人民的愛國心加入自願軍，這個做法發揮良好成效。權利開放的社會秩序不僅為充滿幹勁的群眾開啟市場和政治，也為他們打開了戰爭的大門，新式軍事事務革命的第一槍就這樣打響了。

人民起初對此並沒有清楚認識，儘管他們本應認知到。許多歐洲觀察家都堅持美國革命並無特別之處，指出美國人民並沒有想像中團結，他們在反抗英國的立場上存在嚴重分歧。如果沒有法國及西班牙艦隊在戰爭後期的干預，以及普魯士軍官斯圖本男爵（Baron von Steuben）對大陸軍（Continental Army）[xxvii]施以軍事訓練，美國革命很可能會以失敗告終。

即使歐洲人承認美國發動了一場新穎的人民戰爭，卻不認為這有多重要。在歐洲國家眼中，革命後的美國只是微不足道的軍事力量。一七九一年，一支擁有人數優勢的美軍在沃巴什河（Wabash River）上游慘遭邁阿密的原住民

xxvii 譯註：北美殖民地的部隊。

擊潰，導致六百名白人士兵捐軀——他們的嘴裡還被塞滿泥土，藉此諷刺美國掠奪土地的野心。如果這就是人民戰爭帶來的成果，那歐洲人大可不必仿效。

美國革命的確讓歐洲人留下深刻印象，但比起作戰方式，他們更關注的是革命軍一再宣稱：「新興共和國已經取代了戰爭的地位。」比多數人熟悉戰場的美國國父華盛頓曾信心滿滿地對一名法國記者表示：「是時候終結騎士精神和狂熱英雄主義的時代了，因為人性化的商業利益取代戰爭的鋪張浪費，以及征服激起的民怨……正如《聖經》所言，『各國不再學習戰事』[xxviii]。」[59]

一七九〇年代中葉，歐洲文學沙龍出現許多世界和平的倡議，泰半受到美國革命的啟發。然而，這些倡議所帶來的影響力，都比不上一本名為《永久和平論》（*Perpetual Peace*）的小書，作者康德堪稱名氣最響亮的歐陸哲學家。康德以禁欲的生活模式聞名，他一日一餐，餐後以笑聲作結，倒不是因為他愛笑，而是因為這對消化有幫助。康德同樣為人熟知的是他論證嚴密的傑出專著，就連其他哲學家起初也認為他那篇幅多達八百多頁的《純粹理性批判》（*Critique of Pure Reason*）晦澀難懂。不過，《永久和平論》既不嚴謹也不縝密，康德甚至還以一則玩笑當作全書開場白。他告訴讀者，書名源自「某家荷蘭旅館招牌上的諷刺銘文，招牌上還畫了一座墳墓」。[60][xxix]

撇開上述黑色幽默，康德的論點是：「永久和平在此時此地可能成真，因為比起權利封閉的君主政體，權利開放的共和國政體更善於經商。此外，就像共和國政體一樣，『如果宣戰前需要經過公民同意，人民會謹慎考慮是否發起這項糟糕的遊戲，這是再自然不過的事』。當共和國宣布放棄戰爭，各共和國『得以且應當基於自身安全考量，要求其他國家共同制訂一份與公民憲法類似的憲章以確保每個人的權利，國家聯盟由此確立』。」戰爭從此將不復存在。

《永久和平論》至今仍深具影響力，是大學課堂讀物的常見教材（有時《薩摩亞人的成年》也會並列其中）。但該書在一七九五年問世時，書中的論點已經站不住腳了，共和主義不僅沒有為當時社會帶來永久和平，反而將歐洲捲入新一波戰爭中。

事件起因於十八世紀末，法王路易十六為削弱英國勢力，不斷提供美國革命家軍事援助，導致國債一路飆升，最終在一七八九年面臨無力償還利息的窘境。因此，路易十六在該年召開三級會議，但增稅的決定引來納稅人抗議，並迅速演變為暴力衝突。革命分子囚禁國王和瑪麗皇后，隨後將他們兩人和一萬六千五百九十二名反革命人士送上斷頭台。路易十六的崩殂堪稱十八世紀最具反諷意味的事件之一。

無比震驚的歐洲列強共同締結反法聯盟，試圖恢復君主制，這舉動也使法國革命分子大吃一驚。革命軍於是在一七九三年號召全國人民應戰，其軍事規模遠超克勞塞維茨的想像。克勞塞維茨描述：「國家的全部力量都投入到戰爭中，人民傾注的資源和努力超越過往限制，如今已沒有什麼能阻撓戰爭的事態了。」[61] 一百萬法國人就這樣走入戰爭行列。

康德也許是對的：「共和國的公民會因為戰爭的危險而再三猶豫。」不過，一旦他們決定發起戰爭，士兵的狂暴程度甚至遠超領取薪餉的軍隊。除了卡羅萊納州的戰役外，美國革命鮮少出現大屠殺，但法國大革命中的狂熱革命軍深信自己是正義的一方，對付內部敵人時更是如此。一七九四年，一名法國軍官在寫給妹妹的信中指出：「我們赴湯蹈火，承受死亡威脅。一名志願兵親手殺死三名婦女，這很殘暴，但為了共和國的安全卻絕對有必要。」[62]

那一年，革命軍將二十五萬鄉間民眾當成反革命分子屠殺殆盡，但他們發現槍枝和斷頭台效率太低，於是將人民綑綁起來扔進河中。一名指揮官發自內心地評論：「我是基於人道原則，在自由的土地上清除這些怪物。」但他也揶揄道：「羅亞爾河儼然成為革命的洪流了。」[63]

然而，面對普魯士、奧地利和俄羅斯訓練有素的軍隊，革命軍顯然無力招架，頗似當初美國革命軍面對英國軍

xxviii 譯註：此句出自聖經以賽亞書 2：4「祂必在各國施行審判，為列邦平息紛爭。他們必將刀劍打成犁頭，把矛槍製成鐮刀。國與國不再刀兵相見，人們不再學習戰事。」(He will judge between the nations and will settle disputes for many peoples. They will beat their swords into plowshares and their spears into pruning hooks. Nation will not take up sword against nation, nor will they train for war anymore.)

xxix 譯註：「永久和平」也有「永遠安息」的意思。

隊和黑森傭兵[xxx]的情景。法國革命軍規模龐大、紀律渙散，而且由於多數反革命軍官遭到砍頭或流放，導致軍官階級領導不力。不過，優良的炮兵部隊保留了一批革命前的非貴族軍官當作主力，使部隊免於軍紀混亂。一七九六年，拿破崙（Napoleon Bonaparte）由這群炮兵軍官中脫穎而出。這位矮小好鬥的科西嘉人找到了如何把人民軍隊變成戰爭兵器的勝利之道。

法國革命者大聲宣揚「不再有政治操弄、軍事藝術，只有火、鋼鐵和愛國情懷」。[64]而拿破崙的天才之處在於將口號變為現實。拿破崙的軍隊放棄了只會拖慢職業軍隊行軍速度的補給線，轉而在當地購買或竊取所需的物資。十七世紀以來，沒有人嘗試過這項做法，因為部隊規模太過龐大，無法在軍隊沿線的農場取得足夠食糧。拿破崙的應變之道是，將軍隊拆散成軍團和單位更小的師，每個軍團或師沿著不同路線行進，在必要情況下也能獨立作戰。但勝利的關鍵在於，這些軍團和師能在發現敵人後迅速集結，使拿破崙掌握壓倒性的軍事力量。

戰場上，拿破崙也遵循著同樣原則。他的部隊無法像舊式部隊那樣發動精心設計的火槍陣攻勢，所以他不要求軍隊這麼做，而是讓散兵排成鬆散的隊形狙擊敵人整齊的防線，大量步兵則在火力掩護下以不規則的陣形衝鋒。接近敵軍時，部隊可以分散成大致陣列進行火槍陣射擊，以數量代替準度，或是用固定的刺刀殺入敵人防線。即使是敵人派出的專業軍隊，面對革命軍的衝鋒也常落荒而逃。

就在康德撰寫《永久和平論》期間，發動人民戰爭的法國軍隊在未深思熟慮的情況下，戰爭目的就由捍衛革命轉為擴大革命成果。拿破崙在一七九六年橫掃義大利北部，一七九八年入侵埃及，一八〇〇年十二月率軍一路攻打到離維也納僅五十英里處。一八〇七年，康德去世三年後，拿破崙占領了康德的家鄉柯尼斯堡（Königsberg）[xxxi]。

歐洲的人民戰爭與美國革命背道而馳。一七八一年，英軍在約克鎮投降後，美國人鑄劍為犁，將兵力投入生產中。革命將領回到他們的農場，而傑弗遜和志同道合的共和黨人則頑強抵制中央集權、稅制、國債、常備軍及利維坦的一切統治手段。

據此，某些美國人堅信他們比腐敗的歐洲人更有美德。然而，每當美國意識到危險時仍會向利維坦靠攏，一七九〇年代當法國入侵的恐懼蔓延全國時就是如此。這證明歐美真正的差異在於政治地理層面。美國在一七八一年後就鮮少面臨生存威脅，因此只要維持微小的軍事力量即已足夠，甚至能針對利維坦的存廢進行辯論。另一方面，歐洲列強則面臨著來自鄰國四面八方的威脅，最微小的弱點都相當致命，共和國若要生存就必須像其他君主國家一樣戰鬥。

在歐美兩大洲，愛國情操高漲只是權利開放的社會秩序興起後的現象之一。然而，當拿破崙意識到這熱情能與共和國體制脫鉤時，法國的人民戰爭開始走向與美國截然不同的道路。一七九九年，一場悄無聲息的政變使拿破崙成為法國君主，一八〇四年他更公開加冕自己為皇帝。從那時起，法國軍隊出征的目的不再是捍衛主權，而是帝國擴張這個老套的理由。華盛頓曾認為商業使戰爭變得多餘，但拿破崙不這麼想，一八〇六年後他更試圖證明情況恰恰相反，打算利用戰爭來壓制商業活動。他要求戰敗國加入法國的「大陸體系」，這個貿易禁令實際上是為了封鎖英國進入歐洲市場的通路，企圖從經濟上拖垮英國。

歐洲要再經歷十年的戰爭，包括歐洲史上一些規模最大的戰役（如一八一三年動員六十萬人的萊比錫之役），才證明拿破崙的想法是錯的。以戰爭壓制商業的唯一辦法，就是透過法國艦隊封鎖英國貿易通路，但由於貿易是如此有利可圖，因此英國總能生產比法國更優良的船艦、訓練更優秀的船員。拿破崙的海上封鎖宣告失敗，而由於英國在全球的貿易得以生存，歐陸國家很快就發現比起英國依賴歐陸，歐陸反而更依賴英國貿易。因此，其他歐陸國家漸漸找到繞過大陸體系的方法，和英國通商。

拿破崙為強化大陸體系所發動的戰爭，很快就使人民戰爭達到勝利頂點。一七九九年以來，拿破崙已證明能透過人民戰爭取得王位，而歐洲朝代悠久的君主漸漸學會以同樣的方式扳倒他。一八〇八年，當拿破崙發動半島戰爭

xxx 譯註：來自黑森—卡塞爾（Hesse-Cassel）的日耳曼傭兵。

xxxi 譯註：今名加里寧格勒，隸屬於俄羅斯。

圖4-11 人民戰爭：1808年5月2日，西班牙起義者與法軍進行游擊戰（guerrilla，原意為「小型戰爭」）。

占領西班牙，打算將其納入大陸體系，法軍在當地陷入人民起義的泥潭中（圖4-11）。西班牙起義者在英國派遣正規軍支援下，往後六年間成功在當地牽制住數十萬法軍。

但拿破崙仍執意強化大陸體系，他在半島戰爭後入侵俄羅斯，使情勢雪上加霜。如第三章所述，正是這次決斷失誤啟發了克勞塞維茨的「頂點論」。克勞塞維茨的祖國普魯士投降法國後，憤恨之情促使他在一八一二年以志願兵身分加入俄軍，後來他意識到自己的反法情緒僅僅是拿破崙做得太過頭造成的巨大效應而已。戰爭的情勢正被逆轉，拿破崙占領莫斯科兩年後，包括俄羅斯在內的第六次反法聯盟占領巴黎，將拿破崙流放至義大利外海孤島上。然而，拿破崙於一八一五年潛回法國重新召集軍隊，並在滑鐵盧戰役迎戰英軍。但這場戰役最終功虧一簣，拿破崙被流放到更偏遠的大西洋小島上。

英國這座新式、權利開放的貿易帝國，最終在拿破崙軍國主義、人民戰爭新舊結合帶來的巨大挑戰中倖存下來。一八二一年，拿破崙逝世於大西洋小島上（有傳聞指出是英國派人毒死他），大英帝國自此成為統治歐洲的巨人。英國在各地充當世界警察的行為是有回報的。儘管派遣英國戰艦巡視航道相當花錢，但這麼做很值得，因為自一七八一至一八二一年間，英國的出口就增漲了兩倍，英國工人成為世界生產力最高的族群。

解決了前所未見的拿破崙戰爭後，英國也成長為一座前所未見的強盛帝國。

八、日不落國

史密斯認為，更龐大的市場使勞動分工更加精細，從而在一個良性循環中提高生產力、利潤以及工資。然而，當任務被分得無比精細，導致最終無法進一步提高效率時，會怎樣呢？

史密斯並沒有太擔心這個問題，因為在此之前從未發生過，但在拿破崙逝世後，歐洲強權的繼任者確實為此相當擔心。英國工人賺取的高額工資使英國產品在價格上不受歐洲市場青睞，英國企業維持業務的唯一途徑，似乎只能透過減少工資來達成。十九世紀初，倫敦人的平均收入就比他們的祖父輩少了百分之十五。贏了與拿破崙的戰爭，但英國人似乎正逐漸失去安穩的日子。

馬爾薩斯（Thomas Malthus）、李嘉圖（David Ricardo）和多位政治經濟學家推論，社會中有一個工資鐵律。勞動分工、帝國擴張和世界警察都可能在一段時間內提高工資，但最終收入總會被壓低至貧窮線左右。有人預言，十九世紀將會是充滿苦難的時代，但這則預言到頭來沒有實現，因為一連串奇特的因素迫使看不見的手和拳頭在新模式下持續運作。

故事要從衣物開始講起，由於衣物是必需品，因此紡織品一直是經濟邁向現代化前的主要生產部門。而因為綿羊適合在潮濕多草的國家繁殖，因此英國人幾個世紀以來都穿羊毛衣物。但隨著英國在亞洲的殖民拓展，英國東印度公司把握商機，將一綑綑色彩鮮豔、價格低廉的棉布運回本土，使亞洲棉布大受歡迎。

羊毛商人對這種競爭感到不滿，於是遊說議會禁止印度棉花，藉此反擊。史密斯個人相當痛恨這類行為，因為這扭曲了市場機制。由於棉花無法在英國生長，製衣商從加勒比海殖民地進口原棉來因應（當時依舊合法），英國工人則接手進行紡織作業，但英國紡織工不像印度工人那麼廉價，品質也沒那麼上乘。在一七六〇年代，每賣出三十件羊毛衣才賣得出一件棉衣，銷量相差甚遠。

棉花生產的瓶頸在於紡紗。這項勞力密集、重複性高的工作需要將棉花纖維捻在一起，製成結實勻稱的棉線。據傳於一七六四年，織工詹姆斯·哈格里夫斯（James Hargreaves）在他的紡車倒在地上時，獲得了改造紡車的靈感。哈格里夫斯表示，注視著紡車側躺在地上轉動使他受到啟發，他發現能夠製造一台機器，將紡錘從垂直方向轉到水平方向，再轉回來，如此反覆轉動就能代替人工捻動纖維的粗活。事實上，一台機器能夠裝上幾十個紡錘，比人工紡紗更有效率。

哈格里夫斯的發明也順帶解決了工資過高的弊端，工人在借助機器的力量下，從而提高了自身生產力。哈格里夫斯的「珍妮紡紗機」在當時廣受歡迎，甚至導致他無法申請專利。一七七九年，薩謬爾·克朗普頓（Samuel Crompton）發明出更優良的紡車「走錠精紡機」，紡出的紗不僅便宜，還比印度製造的更精細。

上述這些發明似乎都離戰爭史很遠，但在我們釐清其中的相關性之前，還必須潛入離戰場更遙遠的地底世界。按當時標準，十八世紀的礦場主人也面臨工資過高的問題。隨著工資提高，英國人生下更多後代；隨著人口增長，人民砍伐森林以開墾農田；隨著木材匱乏，煤礦取代木材用於取暖、烹飪。這些對礦工而言是好消息，於是他們越來越深入礦坑，好挖出更多煤礦，但此舉也導致一七〇〇年許多礦坑相繼發生滲水的災變。對礦場主人而言，支付高價勞力卻無礦可挖是高昂的代價，這就像在高價土地上種植燕麥，但燕麥餵養的幾十匹馬只是用來拉鏈斗[xxxii]，都是白忙一場。這個難題的解答，是一七一二年首次設置在礦坑的蒸汽引擎，這台機器以廉價煤礦取代高昂礦工為動力，堪稱工業奇蹟。蒸汽引擎先是用煤燒水、產生蒸汽，接著讓蒸汽驅動活塞將礦井裡的水抽出，好挖出更多煤礦來當燃煤。

一七八五年，當第一位棉紡廠主將珍妮紡紗機、走錠精紡機和翼錠精紡機結合蒸汽引擎時，煤礦和衣物的發明就這樣擦出了火花。工廠生產力呈現爆炸性成長，紡紗的價格從一七八六年的每磅三十八先令，降到一八〇七年的七先令以下，但銷量增長更快。一七六〇年，英國進口了兩百五十萬磅原棉；到了一七八七年，進口量躍升至兩千兩百萬磅；一八三七年，原棉進口量達到三億六千六百萬磅。隨著工程師在應用上的不斷創新，蒸汽動力也在不同產業發揮功效。長期以來，由於史密斯的經濟改良受到邊際遞減作用影響，英國工資自一七四〇年代以來持續下滑。隨著蒸汽動力的出現，英國工資逐漸穩定，並在一八三〇年後猛然回升。工業革命已然到來。

蒸汽動力粉碎了歐洲貿易的最後一道阻礙。幾個世紀以來，歐洲與東亞間的遙遠距離使兩方僅僅停留在涓涓細流般的貿易上，商人要抵達非洲和亞洲內陸更是難如登天。蒸汽改變了這種狀況，工程師很快就發現蒸汽機能裝上各式輪子，舵輪幫助人們跨越海洋，車輪則幫助火車在軌道上行駛。蒸汽可以在運輸過程代替風力和海浪，正如同在製造業代替勞力一樣。蒸汽可以吞噬空間。

英國人是工業革命的領頭羊，十九世紀的英國作家狄更斯（Charles Dickens）在小說《董貝父子》（*Dombey and Son*）中不僅探討驕傲、偏見和全球商業，也宣稱：「地球是為董貝父子的貿易而生，太陽和月亮是要為他們帶來光明，河流和海洋是要乘載他們的船，彩虹是帶給他們好天氣的承諾。風有時為他們的企業而吹，有時則不。恆星與行星繞著軌道運轉，為了保護以董貝父子為中心的星系不受干擾……西元與耶穌紀元無關，而是代表董貝父子的紀元。」[xxxiii] [65]

狄更斯寫下這些話的時間是一八四六年（請留意，是耶穌紀元，不是董貝父子的紀元）。一八三八年，一艘英國輪船無視逆風和洋流，以前所未聞的十英里時速，在短短十五天內橫跨大西洋。隔年，一艘奇特的輪船由英國駛

xxxii 譯註：即bucket chains，一種用來採礦的設備。

xxxiii 譯註：西元（A.D.）的簡寫為anno Domini，即拉丁語的耶穌紀元。此處狄更斯巧用雙關，將代表耶穌的Domini改為董貝的姓氏（Dombey）。

往中國，這艘船就是史上第一艘鐵甲戰艦復仇女神號（Nemesis），艦上裝備了大炮和火箭彈。這艘船起初看來是如此古怪，就連船長也承認：「正如木材能夠漂浮的特性……讓它成為建造船隻最自然的材料，鐵塊下沉的特性讓它乍看之下不適合用於類似目的。」[66]

復仇女神號航往東亞的起因，是一場格外醜陋的糾紛。歷代中國政府都對西方商人抱有戒心，好幾個世代以來都將他們的貿易限制在澳門和廣州的飛地裡，對商人買賣的商品也大加限制。然而，商人發現無論政府規定為何，中國顧客都渴望購買歐洲商品，尤其是鴉片。由於英國統治下的印度是世上最好的鴉片產地，所以兩方生意往來不輟，直到一八三九年，位在北京的清廷向毒品宣戰。

中國官員嚴加取締英國鴉片商，從他們手中沒收大量鴉片。這些鴉片商於是透過可疑的遊說伎倆，說服倫敦政府要求中國賠償，開放英國在香港建立據點，並給予貿易商和鴉片商進出其他港口的權利。清廷理所當然地拒絕這些請求，因為他們相信歐亞遙遠的距離會是個阻礙，但復仇女神號和一支小型英國艦隊的到來，很快就證明這個假設站不住腳了。

在這場鴉片戰爭中，兩方展現的技術落差著實令人吃驚。一位英國軍官說，中國軍艦看起來「就像中世紀版畫中的人物有了生命、形體和色彩，在我們面前行走移動，沒有意識到幾個世紀以來世界的進展，所有現代的使用方法、發明及改良」。[67] 中國堡壘在入侵者的炮口下土崩瓦解，一八四二年，清廷應允了英國的所有要求。

鴉片戰爭後，載滿西方貨品的輪船在中國沿海城市隨處可見。一八五三年，一支美國海軍艦隊為了建立燃煤補給站而大膽駛入東京灣，還沒開砲就已經嚇倒了日本幕府。這支艦隊的指揮官馬修．培里（Matthew Perry）准將甚至建議美國總統富蘭克林．皮爾斯（Franklin Pierce）併吞台灣，但總統並未接受。不過，這次經驗清楚揭示，沒有任何一個靠海國家在西方面前是安全的。

就這一點而言，不靠海的國家也是如此。正如輪船在大海及河流上暢行無阻，鐵路也不斷向內陸延伸。但在這裡，侵略的先鋒不是歐洲人，而是他們的海外墾殖者。歐洲政府很早就發現，與歐洲相隔數千英里的墾拓者常將命令拋諸腦後。自十六世紀以來，里斯本、馬德里、倫敦和巴黎政府發布了大量關於貿易、茶葉、奴隸和郵票的法規，但巴西、墨西哥、麻薩諸塞州和魁北克的海外墾殖者絲毫不理睬。即使國王的要求相當溫和，像是要求殖民者負擔自身防禦費用，白人墾拓者也經常拒絕，並針對國王的脅迫展開反擊。在英國失去美國後，只能比照美國革命軍的要求滿足加拿大、南非、澳洲和紐西蘭的墾拓者，才能勉強保住這些殖民地。一八〇三年，法國賣掉了最後一塊北美殖民地；一八二五年，西班牙失去了除古巴和波多黎各以外的所有美洲殖民地；至於葡萄牙，各個海外據點在此時早就被一掃而空。

歐洲政府對探索內陸猶豫不決，不僅擔心征服成本，有時還擔憂當地人的權益。相對而言，白人墾殖者的顧忌較少，甚至在《獨立宣言》的墨跡未乾之前，美國人就已經穿越了阿帕拉契山脈。一七七六至九四年，歷次奇卡莫加（Chickamauga Wars）戰役開啟了墾殖者對當地土著長達一世紀的血洗。一八二〇年代，澳洲白人墾殖者走上同樣的道路，先是征服塔斯馬尼亞島，其後一路深入澳洲大陸內部。一八三〇年代，南非的波耳人為了逃避英國管制而自立門戶，在血河（Chickamauga Wars）戰役中，他們射殺了三千名祖魯人，只有三名非裔士兵受傷。一八四〇年代，紐西蘭殖民者與毛利人開戰，美國的觸角也終於由大西洋延伸至太平洋。

當地土著開始大規模撤退，但徹底擊敗他們的是鐵路的興建。一八三〇年代，美國人鋪設的鐵路長度是歐洲所有鐵路的兩倍，這個數字到一八五〇年代成長至三倍。火車將數百萬移民運往美國西部，並運送軍隊所需物資，北美原住民最終被趕至更加偏遠的保留地。一八八〇年代，鐵路還將開普敦礦工載至川斯瓦（Transvaal）挖掘黃金和鑽石，將俄羅斯墾殖者載至撒馬爾罕（Samarkand）。一八九六年，一支進入蘇丹鎮壓伊斯蘭起義的英國軍隊甚至在行軍的沿途中修建鐵路。

西方擴張的最後阻礙，只剩疾病了，但在一八八〇至一九二〇年之間也被西方征服。僅僅在一個世代間，醫生就找到了霍亂、傷寒、瘧疾、昏睡病和黑死病的解方。不過，西方醫學直至一九三〇年代才找到對付黃熱病的方法，一八九八年的美西戰爭中，每十四個死者中就有十三人的死因是黃熱病。

圖4-12 火力差距：1879年拍攝這張照片時，西方與非西方軍隊的火力差距極大。照片中，祖魯王子達布拉曼奇（Dabulamanzi kaMpande，位於照片正中央）和他的手下展示著收集來的雜牌獵槍、狩獵步槍和老式火繩槍。儘管達布拉曼奇擁有十倍於守軍的兵力，但他們很快就被驅逐出羅克渡口（Rorke's Drift）。只有在西方軍官極度無能的情況下，非西方軍隊才能獲勝。

歐美的躍進影響了整個熱帶地區，非洲大陸最為明顯。遲至一八七〇年，幾乎沒有歐洲人會離開非洲海岸，往內陸步行超過一兩天；但到了一八九〇年，輪船和鐵路將成千上萬的歐洲人運往非洲內陸，藥品則使他們適應當地環境。幾個世紀以來，歐洲人獲得象牙、黃金、奴隸及任何商品的唯一途徑，是透過好幾名非洲酋長進行交易，每名酋長都能從中分一杯羹，但現在歐洲人能夠自行掌控貿易了。

然而，一個問題被解決後常伴隨著另一個問題。疫苗和治療瘧疾的奎寧對英美殖民者有效，自然也對法國及比利時探險家有效。到頭來，商人在經歷沙漠、雨林和土著伏擊後，才發現其他歐洲人已經先一步抵達目的地。幾個世紀以前，同樣的景況也在美洲和印度上演，因此這群商人打算遊說政府接管非洲大片土地，將其他歐洲人排除於外。

併吞行動往往只需動用幾百名西方士兵。一七五〇年以來，非洲和亞洲人就不斷努力趕上歐洲的軍事火力。一八〇三年，英軍在印度進行一場難纏的戰鬥，一名英國指揮官承認：「我一生中從未遇過如此慘烈的戰役，也從未如此誠心向上帝祈禱永遠別再碰到這種戰爭。」[68]然而，西方的軍事進展仍未停下腳步。一八五〇年代，膛線步槍開始廣泛流傳，其槍管內的凹槽能使子彈旋轉，增加步槍射程及準度，這項發明帶來毀滅性的結果。

蒸汽動力工廠生產出數以萬計的膛線步槍，每一把都是妥善製造而成，比工業化前的槍枝更不容易遇到啞彈的情況。美國工廠在大規模槍枝生產上尤其突出：「一八五四年，一名工人在麻薩諸塞州春田市的軍械庫中隨機選取了工廠過去十年來生產的十把槍枝，將槍枝零件拆卸後隨意丟進盒子中，最後居然能重新組裝成十把完好如初的槍枝。」英國的觀察家紛紛對此驚異無比，英國沒多久就購入美國槍械，成立恩菲爾德軍械庫（Enfield Armoury）。美國發明家薩謬爾・柯爾特（Samuel Colt）曾告訴英國人：「沒有任何東西是機器不能生產的。」[69]

當兩方都持有步槍且操作熟稔時，如同南北戰爭一般，成千上萬人在幾分鐘內就會在槍林彈雨中倒下。一八六二年九月十七日，這一天仍然是美國軍事史上最血腥的日子，在南北戰爭中的安提坦戰役〔Antietam，但美國南方一般稱之為夏普斯堡（Sharpsburg）〕，有近兩萬三千人受傷或死亡。但在非洲和亞洲，歐洲人鮮少遭到步槍還擊。一八五七年，英國將軍亨利・哈夫洛克（Henry Havelock）率領的縱隊遭到一支龐大的印度起義軍伏擊，敵方遭到殲滅後，他說道：「十分鐘內勝負已定。」[70]這句話也適用於十九世紀中葉從塞內加爾至暹羅的數十起屠殺事件。一八六一年，加特林機槍取得專利權；一八七一年，德拉沃和卡內罕心愛的馬提尼—亨利步槍問世；一八八四年，全自動式馬克沁機槍取得專利權。這些新式槍械大幅拉開了西方國家與其他國家間的火力差距（圖4-12），只有在歐洲軍隊特別無能的情況下，這個差距才會縮小，諸如一八七九年伊散德爾瓦納（Isandlwana）戰爭中英國軍官對付祖魯人，和一八九六年阿杜瓦（Isandlwana）戰役中義大利軍面對衣索比亞人的慘況。

十九世紀末，西方軍隊能到達他們想去的任何地方，西方海軍則享有更多自由。十七世紀以來，歐洲船艦所向

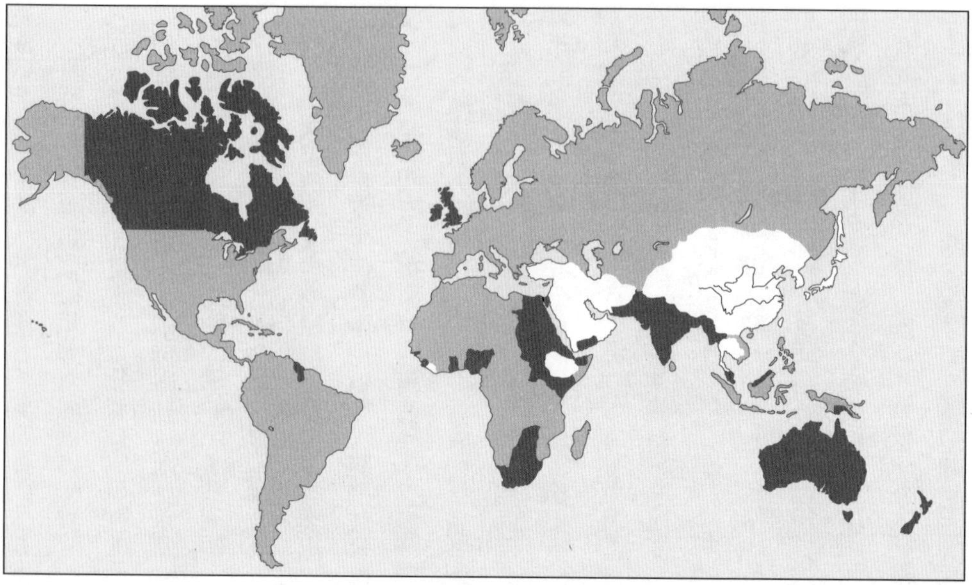

圖4-13 勝利規模：1900年歐洲人已征服了地球表面84%的土地（以淺灰色表示；大英帝國領土以深灰色表示）

披靡，十九世紀問世的鐵甲戰艦和爆裂式炮彈[xxxiv]更是讓任何抵抗都徒勞無功。南北戰爭期間，北軍的「莫尼特號」（Monitor）和南軍的「梅里馬克號」（Merrimack）[xxxv]首次進行鐵甲艦的較量，令當時的旁觀者大開眼界。一八九○年代，戰艦的排水量達到了一萬五千至一萬七千噸，以十六節[xxxvi]的速度航行，並攜帶四門十二英寸的大炮，攻擊範圍涵蓋方圓五英里內的海域。歐洲列強花費大量資金購買這些戰艦，但在一九○六年，英國推出搭載渦輪發動機、十門十二英寸大炮，裝甲厚達十一英寸的「無畏號」（HMS Dreadnought），先前的戰艦立即遭到淘汰。五年後英國以燃油代替燃煤當作戰艦燃料，自那時起，除了我將在第五章提到的唯一例外，西方與其他國家的海軍實力有著天壤之別。

當我還是小男孩時，祖母有一個破舊的地球儀，上面的年代剛好是大英帝國的鼎盛時期。儘管地球儀表面嚴重發泡剝落，卻讓當時的我著迷不已。一九六○年代的英國報紙充斥著民族屈辱和帝國撤退的新聞，但在這個小小的時間膠囊裡，一切都如此不同。代表大英帝國的粉紅色，覆蓋了世界地圖五分之二的土地。早在一八二一年，蘇格蘭最古老的報紙就歡呼道：「在她（大英帝國）的領土

上，太陽永不落下……當她從蘇必略湖沉沒下去，她的眼睛看到恆河河口。」[71]（圖4-13）

總體而言，歐洲人和先前的殖民者統治了世界六分之五的土地，但就連祖母的地球儀都無法捕捉到歐洲在五百年戰爭中的勝利全貌。西方在世界各地的統治是如此根深柢固，以至於歷史學家常認為「帝國」並非恰當的描述。相反的，他們建議應該將十九世紀西方強權視作一個「世界體系」[72]，在這個體系中，由歐洲各國首都統治的正式帝國只是連接整個地球網絡的一部分，而且還不見得是最重要的部分。

史密斯當初設想一個透過自我利益維繫的世界，現實社會雖和他設想的不盡相同，但比起早期帝國確實更加接近。一八五〇年，看不見的手和拳頭正以嶄新的方式相互合作，皇家海軍維持著海上自由，只要有人違反權利開放的秩序，必遭痛懲。一八〇七至一八六〇年間，皇家海軍有效阻止了大西洋奴隸貿易，攔截一千六百艘運奴船，並將船上的十五萬名奴隸送回西非。然而，世界體系是如此龐大，英國根本不可能採行直接統治，英倫群島無疑是體系中心，但首都倫敦當局身為協調者也必須激勵其他正式獨立的國家，以維持整個體系正常運作。

英國推動世界體系的目標非常簡單。一八三九年，英國首相向議會表示：「政府在世界各個地區的最大目標是擴大國家商業貿易。」[73]然而，推動世界體系達到目標的過程卻不簡單，英國領袖必須結合四個截然不同的工具。首先是英國本身。英國擁有世界最大的工業經濟和蓬勃發展的人口，移民國外的人數也占世界首位。英國的皇家海軍實力甚至大過排名前二至四名他國海軍艦隊的總和，維持著移民和進出口的海上通路。但英國不僅出口棉花、鋼鐵或機器，還對外輸出西方富有魅力的軟實力：「向世界輸出商務西裝、三明治和足球，並傳播狄更斯、達爾文和吉卜林的著作及思想。」

xxxiv 譯註：傳統的炮彈本身並不會爆炸，只是彈丸，這裡是指“explosive shell”，炮彈會炸裂，因此殺傷力極大。

xxxv 莫尼特號和梅里馬克號原本都隸屬於北方聯邦（Union）。在梅里馬克號沉沒後，南方邦聯將其殘骸打撈上岸，並改造成鐵甲艦，重新命名為「維吉尼亞號」。

xxxvi 譯註：一節為每小時一點八五二公里。

英國的第二個工具，是位於世界另一頭的印度。英國除了與印度存在巨大的貿易逆差外，早在一八二〇年代，印度就曾為英國支付超過二十萬人的軍隊費用。印度實際上就像是英國的戰略儲備，當英國打算在一七九九年把拿破崙趕出埃及，一八三九年迫使中國市場開放，一八五六年對付波斯沙阿，一八七九年將俄羅斯影響力排除在阿富汗之外，或是一九四二年在阿萊曼（El Alamein）戰役中阻止德軍名將厄文·隆美爾（Erwin Rommel）的部隊，真正執行任務的主力都是印度士兵。

為數約兩千萬人的英國移民，在其他大陸上建立了資源豐富的白人墾殖國家，這是英國的第三個工具。隨著十九世紀到來，這些墾殖國家爆炸性的經濟成長也越發受到重視。到了二十世紀，這些移民的下一代在保衛世界體系方面與印度士兵一樣貢獻良多。

最後，英國的第四個工具是囊括資本、專家、航運、電報、金融服務和投資的蔓生網絡。這個龐大無形帝國的統治範圍更超出地球儀上代表大英帝國的粉紅色區域。阿根廷、智利、波斯等國家變得如此依賴英國的市場及資金，因此常被歷史學家稱為「非正式帝國」（informal empire），只因這些國家雖不直接聽命於英國政客，卻鮮少膽敢違抗英國金融家。到了一八九〇年代，航運和各項服務為英國帶來的資金占商品出口收入的四分之三。

要保持這個精密世界體系的運作平衡，是相當棘手的任務，成功的前提包含亞洲帝國積弱不振、歐洲維持和平（或至少沒有新獨裁者發動人民戰爭，迫使列強組成單一的敵對集團），以及美國持續扮演英國強力夥伴的角色。由於英國無法迫使這些國家扮演他們指定的角色，一切只能取決於炮艦外交、市場壓力和開明利己[xxxvii]的微妙組合達成。

危機依然接踵而至。印度的情況最糟。一八五七年發生一次重大兵變，若非叛軍領導無方，英國勢力早就被徹底驅逐出印度。一八五四至五六年，英國不得不在克里米亞打一場凶險的戰爭，好阻止俄羅斯打破歐洲均勢。而在美國戰場上，戰爭帶來源源不絕的恐慌。一八四四年，關於美加緯度邊界的爭論越演越烈，導致「以北緯五十四度四十分劃界，否則開戰！」[74]竟成為當時總統的競選口號。一八五九年，發生了英國人的豬誤闖美國人馬鈴薯田的烏龍事件，隨後軍隊就被派駐當地，炮艦也前往同一邊界駐防。一八六一年，美國處於南北分裂局面，北軍發現一艘英國船隻竟載著兩位來自南軍的水手，英美衝突一觸即發。

但戰爭從未爆發。先前在一八五八年，英國船員登上美國船隻後就曾引發危機，美國總統布坎南（James Buchanan）為了平息眾怒，特別提醒國會：「地球上從來沒有兩個國家能對彼此帶來如此大的好處或傷害。」[75]國會也同意他的看法。在好好考慮當地情況後，亞洲和歐洲多數政府也得出了相同結論，對絕大多數人而言，信任英國的世界體系比試圖挑戰它更有好處。

九、不列顛治世

英國首相大衛・卡麥隆（David Cameron）曾於二〇一三年表示：「我認為大英帝國的作為有許多值得驕傲之處。」他也補了一句：「不過，除了好事當然也有壞事。」[76]

當時他發言的地點是印度西北的阿姆利則市（Amritsar），在近一個世紀前，那裡有數千名手無寸鐵的印度抗議人士遭到英軍掃射，導致三百七十九人身亡。因此，卡麥隆的話迅速招致各界抨擊，有人認為他的自由主義精神太過頭了，只會顯得侷促不安和自我嫌惡；有人則認為他對帝國主義毫無洞察，而且抱持著懷舊情緒。

首相的每一句話都容易招致批評，這似乎合情合理，但試圖評析歐洲五百年戰爭對後世的影響而不被斥為政治偏見，的確是相當棘手的事。因此，我願意做好最壞的打算，直奔主題，並接受任何指責。對我而言，五百年戰爭是迄今世界上最具有建設性的戰爭（此處的建設性參見我在本書的定義），創造了至今為止最龐大、安全且繁榮的社會或世界體系。一四一五年，世界上多國並立，各大洲都由地區強權所支配。但到了一九一四年，這種馬賽克拼

xxxvii 譯註：開明利己（enlightened self-interest）旨在鼓勵追求自身利益的同時，顧及他人的福祉，要求商人遵守商業倫理。

貼般的世界局勢已不復存在，取而代之的是對全球擁有實質影響力的法國、德國、美國和英國，並由英國主導的世界體系緊密相連。歐洲幾乎稱霸了全世界。

看不見的手和拳頭相互合作，使現代世界體系的運作與過往帝國相比截然不同，但創建現代體系的五百年戰爭仍遵循著廣為熟悉的模式。首先，征服階段提高了暴力死亡率；接著，在多數情況下出現反抗時期，造成更多流血事件。最後，隨著暴力事件減少、經濟結構重整，出現和平繁榮的時代。

各個階段的發生時間取決於所處的大陸。征服浪潮在十六世紀爆發於中南美洲，十七至十九世紀推行至北美洲，十八至十九世紀蔓延至印度，十九世紀中葉席捲中國，十九世紀末則湧向非洲。征服完成後，通常緊接著進入主要反抗階段。

征服的影響與時間同樣充滿變數。在美洲，白人入侵者帶給當地原住民難以言喻的恐怖災難，但他們也盡其所能地還以顏色。不過，正如我在本章前面所描述的，疾病才是最大的殺手。如果依照我的建議，將瘟疫和饑荒的受害者算進戰爭死者中，這數字將會非常驚人。在一五〇〇年至一六〇〇年間，美洲新大陸的原住民人口就銳減了一半，那些將征服美洲稱為「美洲大屠殺」的歷史學家似乎不無道理。[77]

在南亞，東印度公司自一七四〇年代以來的征服行動已經殺死了數十萬人，歐洲方面的損失則通常微乎其微。然而，印度在這段時期的人口約為一億七千五百萬，而且仍在穩定成長，而當時所有槍殺刀砍的慘案也才讓死亡率增加百分之一。有位史家聲稱，英軍在一八五七年的印度兵變中屠殺了約一千萬人，即每二十五名印度人中就有一名死者。但儘管英軍進行報復的野蠻程度足以嚇壞母國人士，但多數專家都認為實際數字應該少個幾十倍。數十萬的死亡人數依然駭人聽聞，但即使在最糟的情況下，每兩百五十名印度人中只有一人遭英軍殺死。

如同歐洲征服美洲那樣，印度人口最大的死因並非直接暴力，而是征服帶來的後果。與美洲不同的是，印度饑荒比疾病更致命。包括一七六九至七〇年的孟加拉大饑荒，以及一八九九年至一九〇〇年的印度大饑荒，總計有高達三千至五千萬印度人餓死。這一百三十年間總計約有十億人在印度生活過，因此若把饑荒歸咎於英國征服者，那麼每二十至三十位印度人中，就有一位死於戰爭帶來的饑荒。

惡劣天候是多數災難的直接因素，特別是聖嬰現象。但一些史家認為，這是由於征服造成的動亂，以及征服者的冷漠愚昧，才使得避無可避的氣候危機變成完全能避免的人為災難。一八五〇年代，這種相互指責的難堪情況持續不斷，但即使是對歐洲最反感的評論家也不得不承認，征服印度造成的傷亡已經比征服美洲輕微許多。

在中國，情況則有所不同。一八四〇至九〇年代間，歐洲的入侵殺死了數十萬中國人，日本入侵中國的死亡人數則相對較低。在這半世紀中，約有七億五千萬人在中國生活過，這意味著戰爭直接導致千分之一的人口死亡。但在中國，死亡人數的高峰始於清朝分崩離析，中國各地叛軍四起的年代。一八四〇至七〇年代間，中國人口驟減了一成，其中大部分是動亂及隨後的饑荒疾病所造成的。

為了還原這段恐怖歷史的全貌，我們也該關注非洲不同殖民地在統治上的巨大差異。歐洲人在某些殖民地鮮少遭遇抵抗，對當地的統治也影響不大，例如法國在西非的大片土地，就宛如毫無實質影響力的帝國，看不見官員和人民的蹤跡，只有遼闊的撒哈拉沙漠。然而，其他地區的情況就可怕多了，最極端的例子當屬一八八四年比利時占領的剛果盆地。比利時國王以殘暴的制度對待沒有繳納足夠橡膠的非洲土著，血腥統治帶來的饑荒疾病，在一九〇八年以前奪取了半數剛果人的性命。

沒人能否認，五百年戰爭使被征服者處於危險的境地。歐洲人如同古羅馬帝國，使所到之處皆成不毛之地，但他們也同時創造了和平的開端。多數情況下，當煙硝最終散去，組織得以由破碎中重建，人民得以在戰爭後重生。這些被征服者意識到自己受到強大的新利維坦統治，而且統治者積極壓制暴力，其手法近似德拉沃與卡內罕在卡菲爾斯坦的作為。

對當時許多西方人而言，這種文明化的使命讓帝國主義成為一項慈善事業。吉卜林在一八九九年就敦促美國「挑起白種人的重擔」：

把你們最優秀的品種送出去，
捆綁起你們的兒子將他們放逐出去，
去為你們的奴隸服務……
挑起白種人的重擔，
堅持著耐心，
掩飾起恐怖威脅，
隱藏起驕傲；
以公開與簡易的語言，
不厭其煩的說清楚。
去為別人謀福利，
去為別人爭利益。[78]

這首詩發表後的幾天內，就引來了民眾的模仿嘲弄。有人戲謔道：「堆起棕色人種的負擔，好滿足你的貪婪；去把黑鬼趕走，他們只會阻礙進步。」[79]今日重讀吉卜林的文字，很難不感到羞愧不安，但以這種方式看待帝國主義的遠不止他一人。從茅利塔尼亞（Mauritania）到馬來亞，有數以千計的官方備忘錄存放在布滿灰塵、發霉的地區辦公室裡，其中記錄了殖民地各級官員對「掩飾恐怖威脅」、「隱藏驕傲」表現出的誠意。一名莫瑞中尉回顧他過去十年來在尼泊爾的綏靖工作，並在一八二四年的報告中寫道：「這些小公國正受到英國無微不至的保護，過著相當安寧的生活。當地少有謀殺案發生，搶劫案更從來沒聽過，當地幾位羅闍對現狀很滿意，他們的臣民在溫和的統治下過得幸福和樂。耕地面積成長了四倍，階梯狀的山坡上種滿農作物。」[80]

但莫瑞或吉卜林真的清楚他們在說什麼嗎？或者，他們只是在撒謊，藉此將帝國剝削臣民利益的行為予以合理化？這個問題很難回答，主要是因為十九世紀的世界體系存在著太多複雜多變的社會。在澳洲，當地原住民幾乎被歐洲人屠戮殆盡；在阿森松島（Ascension Island），英國人到來前沒有任何脊椎生物出現於此；而在中南半島，幾千名法國人轉眼間出現在三千萬名東南亞原住民面前。由於各地複雜的背景，歐洲在澳洲與阿森松島的綏靖工作也會與在中南半島截然不同。

即使是在同一地區，也很難分辨事件發生的始末。一如既往，印度是最著名也最具爭議的案例，東印度公司在此地追求利潤最大化，因此全力以赴進行綏靖工作。蒙兀兒王朝的崩解使公司在一七四〇年代高度活躍，卻也同樣使印度內陸充滿王公貴族的爭鬥。儘管缺乏可靠的統計數據，但所有證據皆表明，隨著法律和秩序的崩潰，暴力死亡率也急遽上升。爭鬥不休的納瓦布和蘇丹雇用了數以千計的非正規騎兵相互廝殺，而許多失去飯碗的士兵變成了流寇，向農民恐嚇取財。十八世紀的印度道路上充斥著公路劫匪，農民則紛紛擁槍自重，據說有些公路劫匪為圖基教徒（thugee）[xxxviii]，是專門勒殺旅行者以祭祀迦梨女神（thugee）[xxxix]的邪教團體。

從流寇轉為坐寇的東印度公司，開始對這些地方流寇施以嚴厲制裁。然而就如同多數坐寇政權，東印度公司的做法是如此暴力且有利可圖，許多評論者不禁懷疑東印度公司才是更糟的一方。一名倫敦的小冊作者感嘆道：「一堆堆的盧比，一袋袋的鑽石，印度人在拷問下透露他們的寶藏地點。城市、城鎮和村莊被洗劫摧毀，地區收入和省分被竊取一空；納瓦布遭到罷黜、謀殺，倖存下來的人則甘願淪為侵略者的奴僕。」[81]

早在一七七三年，英國政府就試圖規範東印度公司，使其成為稱職的坐寇統治者。英國國會規定公司官員「不得答應、收受或直接接受……任何印度王公、權貴、部長或代理人（或任何亞洲人）給予的任何贈品、禮物、捐贈、機會和報酬。」[82]然而，當地官員鮮少遵守這些規範，直到一七八六年，英國議會決定親手制裁違抗者。議會

xxxviii 譯註：印度的地下暗殺教派，常以宗教為名劫路殺人搶奪財物。

xxxix 譯註：印度教女神，濕婆之妻雪山神女的化身。實際上，迦梨的崇拜者只有極少部分參與盜匪行動。

首先彈劾了公司總督華倫・黑斯廷斯（Warren Hastings），指控他犯下諸多輕重罪刑，是印度土地荒蕪的元凶。

英國議員柏克率先提出指控，與西塞羅當初起訴西西里總督維勒斯的情景如出一轍。他大聲疾呼：「我以英國民族的名義彈劾他，他玷汙了英國的古老榮譽。我以印度人民的名義彈劾他，他將當地人的權益踩在腳下，把他們的國家化為沙漠。最後，我以人類天性的名義，以每個時代的名義，以每個階級的名義，彈劾這位人民公敵。」[83]

這還只是柏克的開場白而已。審判繼續進行，伴隨著一則則駭人聽聞事件的揭露，就這麼持續了七年之久。儘管議會握有大量證據，但最終上議院仍宣判黑斯廷斯無罪。不過，這並不表示東印度公司安然無恙。英國已經受夠了這種綏靖方式，於是議會通過另一項法案接管任命總督的權力，為日後以清廉聞名的印度公務員制度創造了崛起舞台。

然而，像每個時代的利維坦一樣，比起在臣民之間建立權利開放的社會秩序，倫敦的英國國會更致力於降低行政成本。一八〇八年一起臭名昭著的案件中，法官在起訴一名惡意毆打、餓死印度僕人的英國墾殖者時，絲毫不在意被告的行為「損害……印度當地人的和平幸福」[84]，反而更在意被告「藐視法官的權力，並做出對法院不敬的行為」。[85]

但無論他們動機如何，這些英國派駐的法官確實逐漸收回了東印度公司粗暴的軍事管理手法，降低印度人生活中受到的暴行。最明顯的結果是全面禁止印度教的殉葬儀式，在這種儀式中，寡婦會在丈夫火葬時自己投身火坑，以示對先夫的忠貞。蒙兀兒王朝的幾位皇帝皆曾立法禁止殉夫自焚，這發揮了一些效果，奧朗則布曾在一六六三年裁定：「在蒙兀兒王朝統御的所有土地上，官員不應再讓婦女被燒死。」[86]但英國於一八二九年下達的全面禁令，才真正根除這項習俗。

十八、十九世紀受過教育的印度人所寫的文件鮮少提及暴力致死率，但其中有不少作者似乎得出結論，認為大英帝國的統治到頭來並非壞事。舉例而言，加爾各答的傑出學者拉莫罕・羅伊（Rammohun Roy）擁抱英國的自由主義、教育和法律，並加入英國根除殉葬儀式的隊伍。羅伊毫不猶豫地批評歐洲人，他在一八二三年斥責英國人對孟加拉人傳授「有用的科學」[87]的速度太過緩慢，並針對一名加爾各答主教提出巧妙反駁。這位主教祝賀他從印度教皈依基督宗教，羅伊回答：「主教大人，我沒有放棄迷信，只是接受了另一種迷信罷了。」[88]但到最後，羅伊認為大英帝國管轄下的印度是最理想的結果，和加拿大的境遇相同。他在一八三二年寫道：「就如同加拿大，印度並無意願與英國切斷聯繫，這樣的聯繫對兩方都有好處，值得留存。」[89]

其他印度人對英國事物的崇拜更深入骨髓。在一八三〇年代，孟加拉青年團體的成員就因擁護思想家湯瑪斯・潘恩[xl]更勝印度教經文，使當地長輩大驚失色。但他們的觀點就像羅伊和莫瑞中尉一樣，仍停留在印象層面。如同古代研究，我們必須仰賴可靠的證據，等到社會歷史學家由艱苦的檔案工作中證明伊里亞斯的主張，意即歐洲人已變得不那麼暴力，或等到體質人類學家將更多受暴力創傷的骨骼證據列入編目，我們才能下定論。但即使如此，文獻的數量依舊相當驚人。儘管吉卜林和莫瑞中尉對殖民統治沾沾自喜，但他們的支持有其道理。一旦征服結束，反抗受到鎮壓，歐洲帝國內部的暴力死亡率通常會下降。

但這也意味著，殖民地和邊境地區始終比歐洲帝國心臟地帶充斥更多暴力。一九〇〇年，每一千六百名西歐人中只有一名死於殺人案，然而當時美國卻仍是每兩百人中就有一人死於暴力。即使在白人墾殖國家內部，城市核心和更荒涼的邊境地區也存在著明顯差異，新英格蘭地區的謀殺案和母國英格蘭地區一樣罕見，但美國西部與南部卻比這兩地危險十倍。根據一則故事，一名美國南方人被北方人問及此事時，答案是：「他認為南方有更多人渴望殺戮。」[90]

戰爭死亡率的下降速度和暴力致死率一樣快。如果我們將所有戰鬥、圍攻和仇殺算進去，一四一五年左右，大約每二十位西歐人就有一人死於暴力；但是到了一八一五年至一九一四年間，歐洲鮮少發生大型戰事。一八五三至五六年，克里米亞的血腥惡戰造成三十萬人死亡；一八七〇至七一年，普法戰爭的死亡人數超過四十萬人；一八七

xl 譯註：潘恩在三十七歲時才從英格蘭移民美國殖民地。

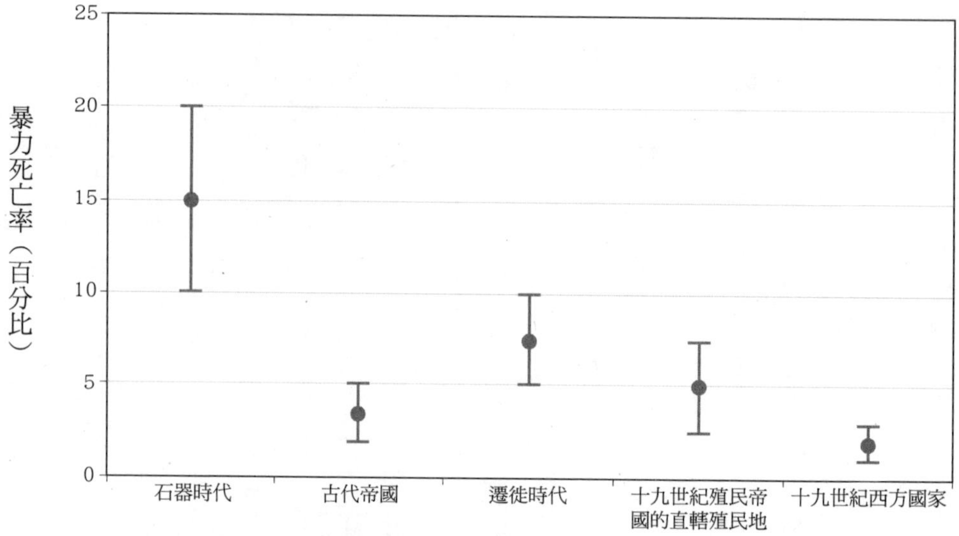

圖4-14 人類社會多數時候都在進步。版本一：暴力死亡率的估計，顯示各個時期的百分比區間和中間點。石器時代社會的暴力死亡率介於10%-20%，古代帝國介於2%-5%，遷徙時代的歐亞大陸介於5%-10%，殖民帝國的直轄殖民地介於205%-7.5%，十九世紀西方國家則是介於1%-3%。

七至七八年，俄土戰爭導致五十萬人死亡。然而，即使將每一場戰事納入計算，一八一五至一九一四年之間，可能只有不到五十分之一的歐洲人死於衝突（實際數字可能更接近百分之一）。

相較於針對非白人國家發起的戰事，白人墾殖國家內部與彼此間的戰爭也同樣罕見。一八六四至七〇年間，美洲的阿根廷、巴西和烏拉圭為阻止巴拉圭擴張，發動可怕的三國聯盟戰爭（War of the Triple Alliance），期間奪走約五十萬人性命。一八六一至六五年，美國南北戰爭造成約七十五萬人死亡。一八九九至一九〇二年間，非洲的第二次波耳戰爭導致起碼六萬人死亡。總體而言，比起本國歐洲人，海外墾殖的歐洲人死於暴力事件的機率更高，但差距不算太大。

五百年戰爭的規模遠遠大於古代帝國的建國戰爭。靠著配備鐵製武器的大規模軍隊，羅馬帝國、漢朝、安息帝國和孔雀王朝統御大陸一方，但遠洋船隻、火器和蒸汽動力卻使歐洲人稱霸世界。古代戰爭產生數千萬人的社會，據我猜測，當時的暴力死亡率介於百分之二到五，但五百年戰爭催生出數億人的龐大社會，歐洲中心地帶的暴力死亡率介於百分之一到三。相對而言，美洲與澳洲白人墾殖國家的暴力死亡率略高，殖民帝國直接統轄的殖民地則更高上許多。

對十九世紀帝國的暴力死亡率進行有意義的統計根本難如登天，諸多因素如資料零散、缺乏學術研究，以及範圍太廣泛複雜（從剛果的人間地獄、米德描述的薩摩亞，到尼泊爾的寂靜前哨站），都是箇中原因。這意味著我在圖4-14第四個時期提供的數字「介於百分之二點五到七點五」，或許是本書中最接近臆測的數字。上述的百分比區間只是想表明，平均而言，受殖民帝國直接統治的非洲、亞洲和大洋洲殖民地比古代帝國時期更暴力，但比遷徙時代的歐亞大陸相對溫和。將來，檔案文獻和骨骼研究能夠提供我們更全面的估計，但我們目前還沒走到那一步。

卡爾加庫斯對羅馬征服戰爭的控訴，同樣適用於歐洲殖民時期——兩者皆讓所到之處變成不毛之地。但另一方面，西塞羅對羅馬帝國的評價也是歐洲殖民的真實寫照——兩者最終都將統治對象納入更龐大的經濟體系中，多數情況下使殖民地變得更富裕。經濟學家戴倫・艾塞默魯（Daron Acemoglu）和政治學家詹姆斯・羅賓森（James Robinson）在他們頗具影響力的近作《國家為什麼會失敗》（*Why Nations Fail*）中提出無可反駁的論述：「歐洲殖民帝國的獲利建立在對獨立政體和當地經濟破壞的基礎上。」[91]然而，正如圖4-15所示，這就是經濟學家稱為創造性破壞[xli]的過程。隨著新經濟體系取代舊體系，一八七〇年以後世界各國的收入和生產力都提升了。當然其中也有例外（比屬剛果就是慘例），而且大部分利益都流向新世界體系的統治者。不過，隨著十九世紀即將結束，五百年戰爭的浪潮連帶使各國經濟水漲船高，使全球比以往更加安全富裕。

一八九八年八月，俄國沙皇尼古拉二世（Nicholas II）根據國際情勢得出看似顯而易見的結論，命令外交部長向宮廷舞會的高官顯要發布一項前所未有的聲明：「維護全體和平，並減少過度軍備以減輕國家重擔，是所有政府應努力實現的理想。」因此，尼古拉二世提議召開國際會議以探討結束戰爭和大規模裁軍的可能性，他將此稱為「下

xli 譯註：由奧地利經濟學家熊彼得（Joseph A. Schumpeter）提出，描述企業家通過不斷創新，打破舊的市場均衡，而產業興衰促使市場朝更有效率的方向發展。

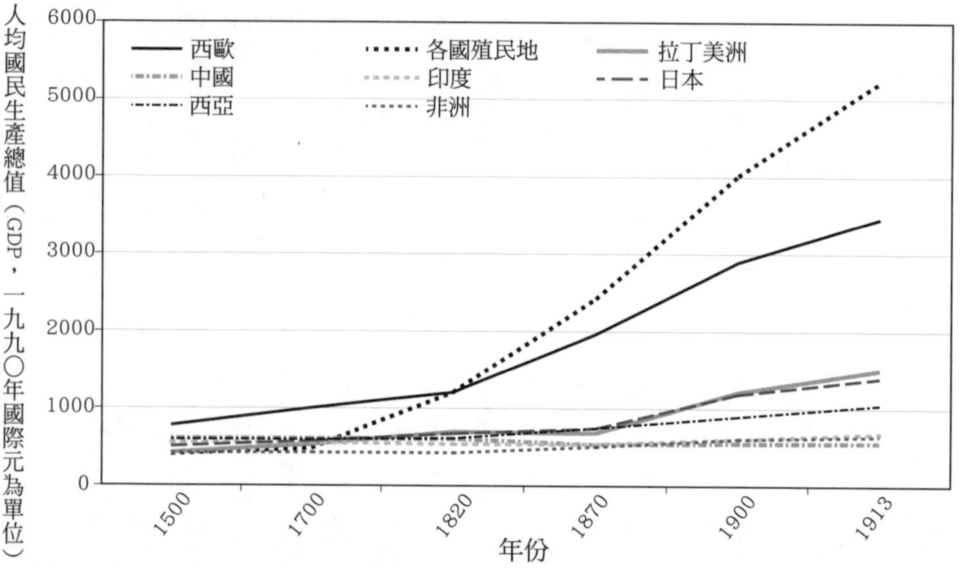

圖4-15 人類社會多數時候都在進步。版本二：經濟學家安格斯・麥迪遜（Angus Maddison）統計出1500-1913年這段期間每人每年的生產力，單位以1990年的「國際元」（international dollar）表示。以國際元作為通貨單位通常能避免計算長期轉換率的問題。

一個世紀的和平序曲」。[92]

沙皇的提議造就普世歡騰。男爵夫人貝莎・馮・蘇特納（Bertha von Suttner）身為國際暢銷書《放下武器》（*Lay Down Your Arms*，也是托爾斯泰的愛書）的作者，同時也是第一位獲得諾貝爾和平獎的女性，稱尼古拉二世為「文化天堂裡的一顆新星」。[93] 一八九九年，在沙皇尼古拉二世誕辰當天，一百三十名外交官來到中立國荷蘭，於海牙近郊鬱鬱蔥蔥、歷史悠久的宮殿召開第一次海牙和平會議，著手解決一切爭端。

經歷長達兩個月的餐會、舞會和法令頒布，各國最終簽署了《海牙公約》，即使公約無法終結戰爭，但至少限制了戰爭的野蠻程度。多國外交官也熱情地同意召開下一次和平會議。一九〇七年，第二次海牙和平會議同樣在那宜人的宮殿召開。會議的成功也使各國計劃在此地重新聚首，時間就訂在一九一四年。

第五章 鋼鐵風暴：歐陸大戰（一九一四—一九八〇年代）

一、宇宙走向混沌

《每日郵報》（*Daily Mail*）從來就不是英國中產階級和知識份子的喉舌，英國首相塞希爾（Robert Gascoyne-Cecil）更在約一九〇〇年戲稱其為「一份由辦公室小弟寫給辦公室小弟員看的報紙」。[1] 但在那一百年前的時代，《每日郵報》是英國最暢銷的大報，報社駐巴黎的編輯諾曼·安傑爾（Norman Angell）更擁有廣大讀者群，就連他自己在一九一〇年發表《大幻覺》（*The Great Illusion*）一書時也沒料到會大獲成功。

安傑爾是個不簡單的人物。他十七歲時放棄就讀昂貴的瑞士寄宿學校，到加州碰運氣，在那裡他先後做過養豬、挖溝渠、牧牛及郵差等工作。後來安傑爾輾轉回到歐洲，隨著年紀步入中年，他成為比康德本人更忠實的康德思想信徒。他的《大幻覺》一書堪稱二十世紀版的《永久和平論》，在書中他問道：「怎麼做才能真正確保各國恪守分際？」他的答案是：「精心設計的相互依存關係，這使任何不正當的侵略行動都將反噬各國自身利益，使侵略

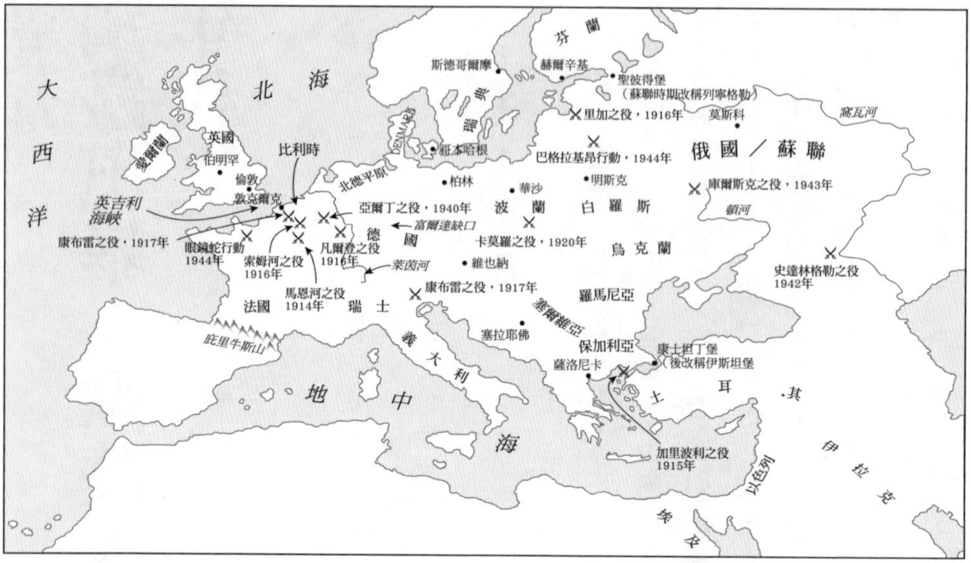

圖5-1 歷次世界大戰：1910-1980年代的歐洲戰事

國不僅在經濟面，而是所有的層面都備受影響。」他總結道，戰爭在這時代已經不再管用了。安傑爾更宣稱：「通過武力取得進步的日子已經過去了。」從現在起「將通過思想取得進步，否則僅只是原地踏步」。[2]

安傑爾和當時許多預言和平的人一樣，發言時機可說是糟糕透頂。那些參與過海牙和平會議，也曾讚美安傑爾著作的歐洲政要，於一九一四年發動了第一次世界大戰，四年間導致一千五百萬人死亡；戰後四年間，歐洲各地爆發的內戰又奪走兩千萬人性命；而在一九三九至一九四五年間，第二次世界大戰爆發，不但戰爭規模堪稱史上最大，死亡人數更高達五千萬至一億人。安傑爾或許是有史以來最糟糕的預言家。

但話說回來，如果安傑爾能親眼目睹《大幻覺》出版百年後的世界，說不定會說自己是有史以來最優秀的預言家。二〇一〇年，世界比過往任何時候更和平繁榮，暴力致死率遠遠低於百分之一，在西歐更低於三千分之一。現代人的平均壽命是過去的兩倍，人民更加豐衣足食，不僅平均身高增加四英寸（譯按：大約十公分），而且收入比起一九一〇年時他們的曾祖輩高出三倍。

二十世紀是最好的時代，也是最壞的時代。偉大的英國史家霍布斯邦（Eric Hobsbawm）稱二十世紀為「極端的年代」，擁有史上最血腥的戰爭和最長遠的和平。安傑爾在《大幻覺》問世後四十年仍筆耕不輟，卻從未解釋過二十世紀這個最矛盾的現象。

解釋此歷史矛盾最簡單的方法，就是堅持世界大體上都按照安傑爾和康德的劇本走，只是湊巧厄運找上門而已。安傑爾有時也會這樣為自己辯白，有鑑於一戰爆發源自於一系列不幸的意外事件，這個說法也不無道理。一九一四年六月二十八日，假如奧匈帝國的斐迪南大公（Franz Ferdinand）打消前往塞拉耶佛的決定（圖5-1），他與妻子就不會遇刺身亡，奧匈帝國也不會對塞爾維亞開戰，俄、德、英、法等歐洲國家也能相安無事。又或者，假如奧匈帝國官方沒有提前公布斐迪南大公巡行塞拉耶佛的路線，沒讓大公乘坐一輛時速僅十英里的敞篷車，沒拒絕讓附近演習的七萬名士兵充當安保人員（僅僅是因為士兵的軍服骯髒），刺客的陰謀鐵定無法得逞。假如保安隊長沒有忘記告訴兩輛前導車司機路線有變；假如他沒有阻止司機，進而拖慢整個車隊速度，使車隊在經過刺客普林西普（Gavrilo Princip）[i]時行駛得更慢；假如隊長將保鑣安置在大公車輛面向人群的一側，而非面向空曠道路的另一側；假如在普林西普掏出手槍那一刻，按住他手的警察沒有遭另一名刺客襲擊……假如上述任何一件事情有不同的發展，斐迪南大公就不會在七月危機中遭暗殺，一戰的第一槍就不會在八月響起，一百萬年輕人就不會在十二月前陣亡。意外往往是一切問題的起因。

戰爭結束後，將人民捲入戰爭的各國政治家紛紛接受這項說法，忙著向後世證明他們並非這場災難的始作俑者。英國戰時首相勞合喬治（David Lloyd George）在他的回憶錄裡聲稱：「各國在一九一四年滑進戰爭這個沸騰的大鍋時，絲毫沒有顯示出擔憂或沮喪的跡象。」[3]一九一四年曾任英國第一海軍大臣的邱吉爾（Winston Churchill）更進一步暗示，戰爭就像一種無人能控制的自然力量，他在一九二一年寫道：「我們必須將當時國家之間的交往當成龐大組織間的交流，其力量時而活躍時而潛伏。這些龐大組織宛如宇宙中的行星，只要接近彼此就會引發磁場反

i 譯註：塞爾維亞民族主義者，塞拉耶佛事件主犯，隸屬於革命組織「青年波士尼亞」。

應，若是星體間靠得太近，就會引發閃電雷鳴。星體間的引力若超過一個限度，行星將脫離所屬軌道互相接近……最終讓宇宙走向混沌。」[4]

然而，在一九一四年一戰爆發前的夏季，這群政治家實際寫下的信件、日記和內閣會議記錄卻顯示截然不同的情況。歐洲各國領袖並非滑進熱鍋或受磁力吸引，現實中的他們頭腦冷酷清晰，精打細算考慮各種風險，最終總結出戰爭才是最佳解方。即使心知戰爭代價高昂，仍有越來越多國家加入戰局：「一九一四年年底鄂圖曼帝國（土耳其）參戰，一九一五年義大利和保加利亞參戰，一九一六年羅馬尼亞參戰，一九一七年美國參戰。一九三九年，即使各國政府未受安傑爾的論調（「戰爭的幻覺」）蒙蔽，他們所引發的二戰仍使數千萬人民死亡。」

我們能否得出結論：「儘管這些政治家受過高等教育、閱歷豐富，實際上都只是被非理性恐懼和仇恨蒙蔽雙眼，無視人民福祉的傻瓜？」綜觀市面上眾多標題如《愚政進行曲》（*The March of Folly*）的歷史類書籍[5]，可以想像多數歷史學家給的答案都是肯定的。但這說法只流於表面印象，二十世紀的領導人與其他時代相比，既不聰明也不愚昧，也不像前四章的歷史人物那樣認為武力能解決問題。二十世紀之所以走向戰爭及和平繁榮，在於五百年戰爭留給後世的影響，遠比安傑爾和後世眾多作家理解的更複雜。

二、未知的未知

在劇作家威廉．吉伯特（William S. Gilbert）和作曲家亞瑟．蘇利文（Arthur Seymour Sullivan）的喜劇《彭贊斯的海盜》（*The Pirates of Penzance*）中，合唱團唱道：「當警察的工作完成時……他們的日子並不美好。」[6]一八七九年該劇登台時，台下的觀眾笑得人仰馬翻，但世界體系的主宰者可能笑不出來。

過去兩個世代以來，英國大部分時候樂意接手且能勝任世界警察的工作，因為截至一八六〇年下旬，英國仍是世界上唯一真正工業化的經濟體。當地工廠能生產出品質更好、更廉價的產品，只要海上自由貿易市場安全無虞，這些商品總能找到買家。其次，英國人能用貿易利潤換取品質好且廉價的食物，供給食物的農民則用利潤購買更多英國商品，讓英國人購買更多食物……如此循環反覆。英國有足夠的資金扮演世界警察，也必需扮演世界警察來維持國家收入。

各國都在世界警察體系下迅速發展，但繁榮程度遠不及英國。英國GDP（國內生產毛額）在一八二〇至七〇年間幾乎增長了兩倍，在世界總GDP中由原本的占比百分之五上升至百分之九（二〇一四年占百分之三）。保持海陸暢通的船隻及基地需要資金，但英國經濟成長速度之快，使這筆交易看來相當划算。英國產值每增加一英鎊只花費六便士，連GDP的百分之三都不到。

但在一八七〇年代後，英國發現警察的工作沒那麼美好了，並不是因為英國扮演世界警察不稱職，而是因為太稱職了。隨著英國利潤不斷累積，繁榮的自由貿易市場也促使資本家將多餘利潤拿來促進他國工業革命，這種投資方式多數時候報酬率最高。這些國家長期仰賴英國提供貸款（多數時候拿來購買英國製機器，並製造能與英國匹敵的商品），在一八七〇年後實現工業化。英國的老對手法國會依循這個工業化模式並不意外，但經歷內戰後的美國（一八六一—六五年）和日本（一八六四—六八年），以及德意志統一戰爭後的德國（一八六四—七一）也相繼建立起中央集權政府，並積極推動工業化（圖5-2）。一八八〇年，英國在世界製造及貿易業的占比仍維持在百分之二十三，到了一九一三年卻下降至百分之十四。

純粹從經濟角度來看，這其實對英國有利，因為隨著世界工業化進程加快，英國能分到的利潤更多。一九一三年，英國在世界製造業及貿易業的占比為百分之十四，雖低於一八七〇年的百分之二十三，實際所得利潤卻高上許多。此外，英國經濟開始往價值鏈上游發展。一七八〇年代後，英國從農業轉向高利潤的工業體系；到了一八七〇年代，英國放棄工業投資，轉往服務業發展，從銀行業、航運業、保險業及國際借貸中獲取豐厚利潤。英國GDP在一八七〇至一九一三年間增長了一倍多，有了這些額外財富，英國及其他工業化國家便能積極拓展權利開放的社會秩序。德國堪稱這方面的領頭羊，於一八八〇年為工人階級引入健保和養老金制度，多數國家都在一九一三年前相

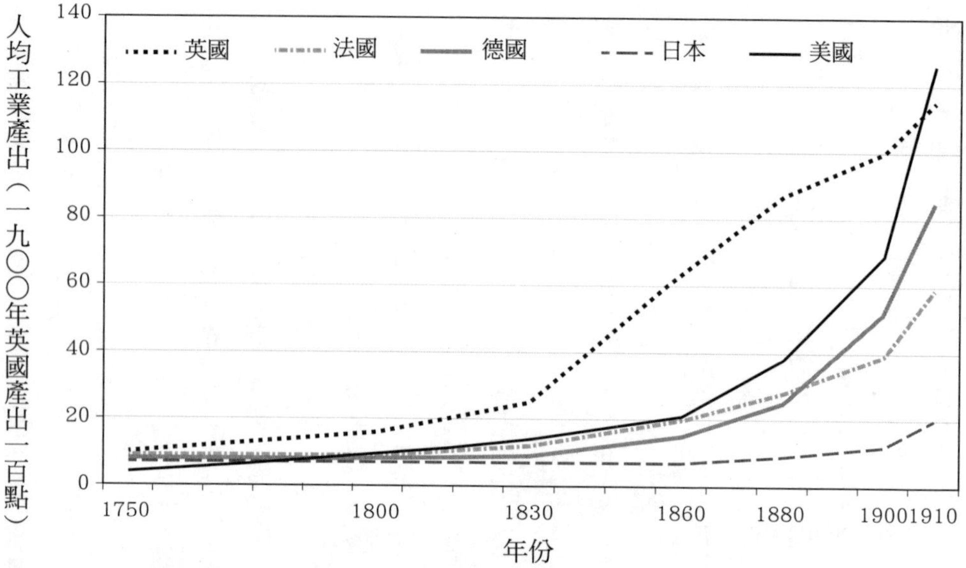

圖5-2 黑暗的撒旦磨坊[ii]：1750-1913年世界五大經濟體的人均工業產出（將1900年的英國工業產出當作100點進行換算）

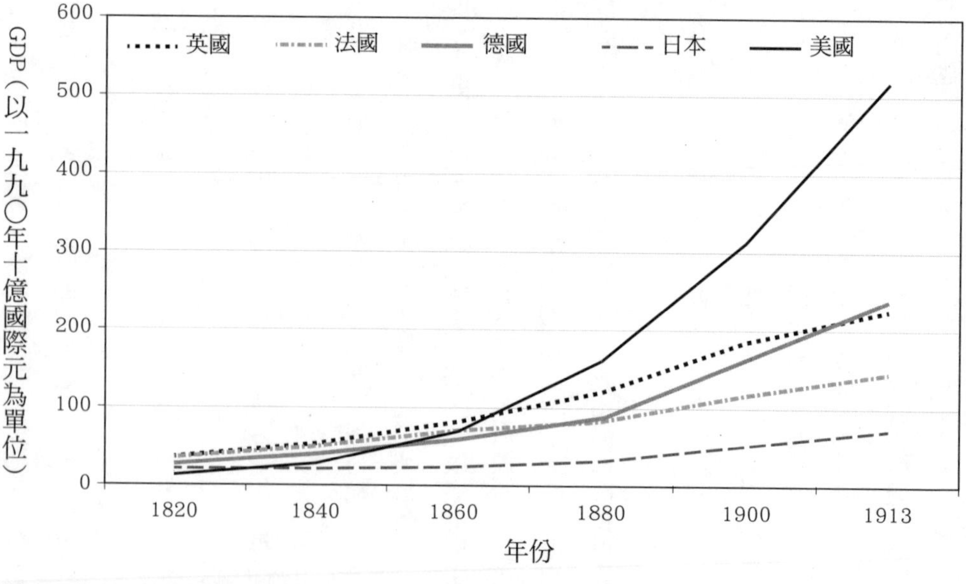

圖5-3 英國以外的多國崛起：1820-1913年世界五大經濟體的比較

繼跟進，而國民義務教育、男性普選權及女性投票權等公民權利也逐漸成為社會常態。

但就戰略而言，經濟上的成功卻相當不利於英國，因為英國的戰略和十七世紀前的古代帝國一樣，已經越過了勝利頂點。美、德兩國經濟分別在一八七二年和一九〇一年超越英國（圖5-3），富強起來的新政府紛紛建立起現代化艦隊以展示實力及威望。英國海軍依舊維持領先地位，在一八八〇至一九一四年間，英國海軍規模及火力成長了三倍多，但在全球軍艦大炮數量的占比卻下降了（圖5-4）。英國頂著世界警察的頭銜，能與任何敵國聯盟抗衡，如今卻再也無法同時威嚇所有的國家。

如果英國是世界警察，新興工業經濟體則如同城市幫派。像現實中的警察一樣，英國必須決定到底要打擊這群幫派，還是與他們進行交易，又或是雙管齊下。英國能針對這些國家發動貿易戰、火力戰，也可以選擇妥協讓步，前兩種方式可能會毀掉使英國致富的自由貿易市場，第三種方式則會使對手勢力大增，從而威脅到世界警察的地位。

首要之務是彌補英美關係。一八二三年，美國盛行的門羅主義（Monroe Doctrine）禁止歐洲列強插手美洲海域內的任何事務，但在一八六〇年代，領導北方聯邦軍的林肯總統卻要時刻擔心英國海軍干預南北戰爭的夢魘成真。但到了一八九〇年代，所有的人都清楚英國的軍事實力大不如前，無法同時維護海上秩序和插手大西洋西岸事務。英國政府認清現實後，與美國政府上演「大和解」戲碼，世界警察自此多了位副手接管美洲秩序。

在東亞海域，英國做了更大的讓步。伴隨著工業化發展，日本是唯一成功抵禦歐洲殖民擴張的非西方國家，在一八九〇年代，日本無疑是東北亞最強盛的工業大國。日本艦隊雖不是世界前六強的艦隊，但有鑑於英國與西太平洋間的龐大距離，英國在一九〇二年得出結論：「在相隔遙遠的東亞地區維持影響力的唯一途徑，就是與日本簽訂

ii 譯註：「黑暗的撒旦磨坊」（Dark satanic mills）一詞出自英國詩人布萊克（William Blake）於一八〇八年所寫長詩《米爾頓》的自序，暗指工業革命下毫無人性的工廠體制。

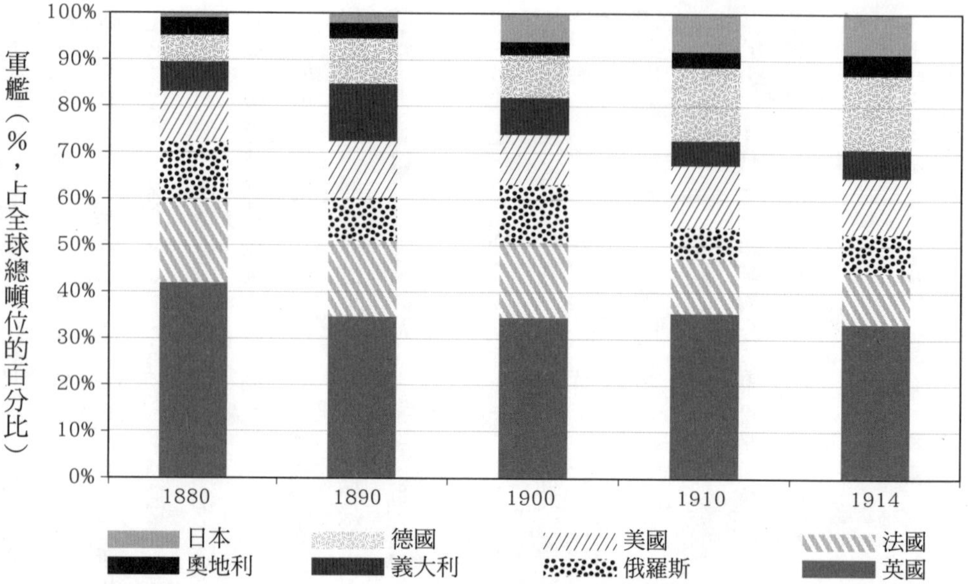

圖5-4 美好不再：1880-1914年，英國這個世界警察的海軍實力與德國、日本和美國相較，呈現逐漸下滑的趨勢。

（同時也是英國史上第一份）正式海軍協議。」

經過整整一百年後，時任美國國防部長的唐諾・倫斯斐（Donald Rumsfeld）在某次記者會上表示：「有些事情是『已知的未知』，也就是說，有些事情我們知道自己不知道。但也有些事情是『未知的未知』，亦即有些事情我們不知道自己不知道。」[7]只要十九世紀仍由單一的世界警察穩定地管理權利開放秩序，多數戰略問題還能被納入「已知的未知」這個範疇。一八五三年俄國威脅到君士坦丁堡的安危，一八五七年印度人發動武裝起義，或一八六一年南方邦聯軍炮轟薩姆特堡（Fort Sumter）之際，他們雖不曉得英國會如何維護世界體系，但清楚世界警察一定會有所動作。然而，到了一八七〇年代，隨著「未知的未知」不斷增加，預測世界警察的動向比以往困難得多，不確定性增加使人們無法預見他們行動的後果。英國的戰略專家深知這一點，但考慮到前述貿易戰等替代方案的嚴重性，他們只能繼續尋找副手。英國的下一步是在一九〇四年與法國簽訂英法協約，將地中海的控制權委託給法國，這樣英國就能集中精力對付最大的「未知的未知」——德國。

德國之所以如此難以了解，是因其地理位置。在英法

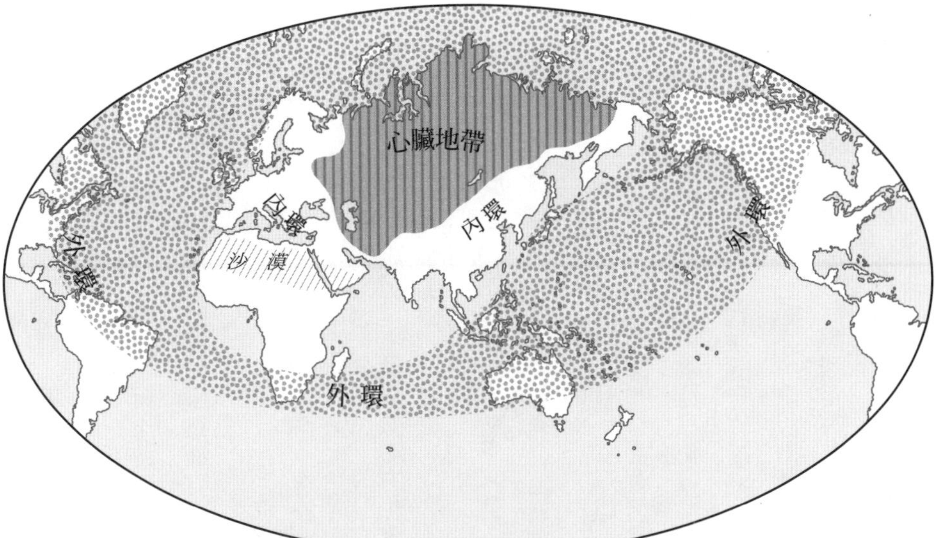

圖5-5 麥金德的世界地圖：心臟地帶、內環與外環。譯按：麥金德的用語大都是「內／外新月帶」（inner/outer crescent），較少用「內／外環」（inner/outer rim）。

兩國達成協議同年，英國地理學家、探險家及擔任倫敦政經學院首任院長的海爾佛．麥金德（Halford Mackinder）發表了一場著名演講。他宣稱，二十世紀的歷史將由三大區域的權力平衡所推動，他的理論核心「心臟地帶」落在「歐亞大陸的廣大區域，也是世界政治的軸心地區，船隻雖無法進入此地，但在古代卻由馬背上的遊牧民族進行統治」（圖5-5）。[8]

麥金德繼續解釋，遊牧民族在十五世紀以前一直稱霸草原心臟地帶，大肆劫掠鄰近的中國、印度、中東及歐洲，此地帶被稱作內環（inner rim），而更遙遠的外環地區（outer rim）影響力最低。直到一五〇〇年後，歐洲人透過航海殖民結合外環地區，到了十八世紀，歐洲靠著外環地區的力量對內環地區發起戰爭，與心臟地帶爭奪當地的掌控權。十九世紀後，外環地區已經強大到能夠侵入心臟地帶，甚至在麥金德發表演講當下，英國部隊正在進軍西藏。掌控外環地區的廣大海域，就等同於掌控內環及心臟地帶，從而掌控全世界。

英國政治家雖不樂意與美國、日本和法國共享外環力量，仍願意與這些外環國家結盟，因為兩方同樣都有外環問題要解決。但德國的情況卻不同，位於內環的德國能輕易進入心臟地帶。在英國看來，德國身為強大、統一的工業經濟體，可能會利用心臟地帶的資源對付外環國家。麥金德擔憂道：「如果德俄結盟，就能透過龐大的大陸資源建造海軍艦隊，世界帝國的崛起將勢在必行。」[9]

不過，在聖彼得堡當局看來，俄國的處境反而更加緊迫：「德國可能在與英法兩國的對抗中占上風，轉而利用外環資源對付心臟地帶。」他們認為風險不在於德、俄兩國結盟，而是德國征服俄羅斯。拿破崙過去曾嘗試這麼做，但因外環與心臟地帶的遙遠距離而宣告失敗。但對德國而言，軍隊只須由內環一路向心臟地帶進逼，成功率高上許多。

不過，柏林政界對此卻有第三種見解。他們認為最大的危險並非德國掠奪外環或心臟地帶的資源，而是後兩者聯合起來壓垮德國。這種情況在十八世紀就發生許多次，德國領導者遂斷定必須不惜一切代價阻止這類結盟發生，這一簡單的戰略也造成了二十世紀德國的悲慘歷史。

上述三種針對德國國際處境的見解，也將歐洲列強的策略部署導向不同方向，但德國起初是握有主導權的一方。德國建國的最大功臣非宰相俾斯麥（Otto von Bismarck）莫屬，他可說是十九世紀最不嚴謹卻最有遠見的外交家，並認知到一八六〇年代的普魯士必須透過戰爭走向統一。普魯士隨後與丹麥、奧地利和法國發生小規模戰役，藉以排除干預勢力，普魯士隨後統一弱小的德意志諸邦，成為內環地區最強大的民族國家。但在德意志統一戰爭後，俾斯麥也意識到一八七〇年代的德國必須放棄戰爭。在此前提下，避免遭心臟地帶和外環勢力壓垮的最佳方式就是打破歐洲均勢，這意味著在中東歐建立和破壞同盟、安撫英國及孤立法國。

俾斯麥在一八八〇年代來回玩弄這些外交伎倆，但隨著英國世界警察的地位弱化，「未知的未知」因素不斷增加，這名老宰相的把戲也越來越難以奏效了。一八九〇年，年輕的威廉二世（Wilhelm II）登基，他在解除俾斯麥職務後開始思考，武力是否為德國面對未知情勢時最穩妥的辦法。他命令將領擬定先發制人的戰略部署，以備不時之需，而德國政治人物則趁機利用戰爭風險轉移選民注意力，讓國民不再關注迅速工業化導致的國內階級衝突。資方和勞方可能相互憎恨，但只要為他們樹立共同的外敵，國內矛盾就能暫時擱一邊。

然而，德國領導階層也認識到，國家當前所冒的風險在俾斯麥時代看來相當瘋狂，因為替代方案糟糕透頂。德國搶奪非洲殖民地和建造艦隊的舉動勢必會激怒英國，但若什麼都不做，到頭來只會被英、俄強權兩面包夾。德國放手的後果，小則被對手趕出海外市場，大則必須兩線作戰。因此，德國必須盡其所能打破這個包圍網，但政策上所有的努力似乎都只讓對手更緊密合作。隨著「未知的未知」不斷增加，戰爭的謠言也壓在所有人的心頭，歐陸國家遂購買更多武器、徵召更多年輕人入伍，讓軍隊長時間維持備戰狀態，儘管這麼做只是讓國際情勢雪上加霜。

一九一二年，威廉二世和他的顧問一致同意，採取激烈手段是他們僅存的選擇。有時，他們會談論建立歐洲合眾國的可能，國家大事自然由德國主導；或者，正如一家維也納報紙在一九一三年聖誕節所刊登的消息，德國領導階層打算建立一個「中歐關稅同盟」，其他西方國家不管願不願意最後都會加入。歐洲將建立一個與美國平等，甚至更加強大的經濟聯盟」。[10]但對英、美兩國而言，這番言論聽來更像開戰演說。

這一切還沒有迫使一九一四年的世界大戰走向無可挽回的地步，六月二十八日斐迪南遇刺的意外本可輕易避免；意外發生後幾週，各國政要本可逐漸找回理智，而非魯莽開戰。事實上，當時多數人都相信歐洲領導階層已經找回理智，債券市場的投資人遲至七月下旬才顯露慌張情緒，而政治家和將軍則仍沉溺於夏季假期中。如果好運站在人類這邊，人民對一九一四年的記憶只會停留在好天氣，而非充斥殺戮的戰場。

倘若世界成功避免一戰爆發，接下來呢？阻止一九一四年的一戰並不會使世界警察重獲新生，因為英國所推行的工業革命已經蔓延至世界各地，英國的世界警察地位只會越加不穩固。此外，「未知的未知」因素也有增無減，新的危機會在一九一四年後再次發生，斐迪南遇刺事件就是接續著一九〇五至一一年的摩洛哥危機[iii]，以及一九一二至一三年的巴爾幹戰爭發生的。倘若二十世紀的每一位外交家都擁有俾斯麥的外交手腕，或許他們有辦法無限期地化解歐陸危機，但現今外交官依舊沒有比過往聰明多少。每場危機都像擲骰子賭博，遲早有位國王或大臣會得出

[iii] 譯註：二十世紀初法、德兩國為了爭奪殖民地摩洛哥而引起的戰爭危機。

結論（時間點最遲不會超過一九二〇年代），總結出面對國家難題且別無他選之際，戰爭就是最佳選項。

正因如此，普林西普在槍殺斐迪南大公一個月後，奧匈帝國向塞爾維亞宣戰，因為德皇保證他已經「考慮過俄國干預的問題，並願意接受全面戰爭的風險」[11]，畢竟當時的德國宰相霍爾韋格（Theobald von Bethmann-Hollweg）也將不宣戰的替代方案視作「自我閹割」[12]的行為。一週後，整個歐洲進入總動員時期，這一切都與「滑入戰爭的熱鍋」或「行星脫離軌道互相吸引」無關，僅僅是世界警察已無力掌控世界罷了。

三、風暴來襲

開戰一個月後，德國宰相霍爾韋格起草的一份文件講述「戰爭的總體目標，是確保德意志帝國東西邊界的永久安穩」。為實現這項目標，「必須削弱法國，使其永遠無法作為大國捲土重來，而且必須盡可能將俄國趕出德國東部邊境，打破俄國對非附庸國的統治。」[13]次要的目標是併吞比利時和法國，並讓以往受到帝俄統治的各地脫離俄國，成為德國的附庸國[iv]，並禁止英國商品進入法國市場。德國的目標是發起一場帶來反效果的戰爭，不僅試圖打破英法俄三國同盟的包圍網，更準備給予世界警察迎頭重擊。

外界目前仍不清楚，德國是否在參戰時就擬定好這項計畫，抑或是為了應對開戰前幾週的可怕傷亡而制訂此策略，但無論真相為何，德國都在承擔龐大且驚人的風險。俾斯麥最壞的預想在一九一四年成真了，開啟戰端的德國暴露在心臟地帶和外環勢力的雙重威脅下。德國總參謀部的總結是：「德軍的唯一希望是利用內環地理優勢及工業組織，趁俄國動員起來前率先剷除掉法國。」

為成功施行此一精明戰略，德國官員徵用了八千列火車，將一百六十萬名士兵和五十萬匹馬運至西部邊境，德軍由此橫掃中立國比利時，馬不停蹄地行軍戰鬥。到了九月七日，先鋒部隊已經越過馬恩河（Marne River），距首都巴黎僅二十英里遠。從地圖上來看，德軍似乎勝券在握，法軍已遭團團包圍且被迫遠離首都，但德軍總參謀長毛奇

（Helmuth von Moltke）隨後將體認到現代戰爭真正的運作模式。作為二十世紀的利維坦，德國召集了一支百萬大軍，但現在軍隊四散分布在一百英里長的戰線上，而參謀總部的溝通方式依舊停留在十九世紀的發明。無線電在那個時代仍相當罕見不牢靠，電話通訊則更糟糕，當時也缺乏偵察機蒐集戰報。

毛奇對一九一四年九月的前線戰況一頭霧水，報告總要花上好幾天才送到他手上，上篇報告提到法軍潰不成軍，下篇報告卻說法軍吹起反攻號角。苦無計策的情況下，毛奇乾脆將某名中校塞進車子送往前線。一名德國軍官日後感嘆道：「要是悲觀的亨茨中校在九月八日的旅途中……撞上一棵樹，或是遭法國散兵射殺，我方就會在兩週後接獲停火的提議，而且能夠在日後的和平協議中予取予求。」[14]但亨茨中校最終抵達了前線，並對當地德軍承擔的風險大為震驚，因此設法說服總部下達撤退命令。

儘管一戰距今過了一個世紀，我們仍和一九一四年的毛奇同樣困惑：「究竟亨茨中校是讓德國的勝利果實化為烏有，還是將德國人由災難中解救出來？」對那些認為勝利在望的人而言，撤退決定讓他們無比錯愕，第一百三十三預備步兵團的指揮官描述道：「撤退命令宛如晴天霹靂，我看到許多人哭了，眼淚淌下他們的臉頰，其他人則感到訝異。」[15]參謀長毛奇當時甚至陷入精神崩潰。

德國的豪賭落得空手而歸，而且沒有替代方案可實行。然而，英法俄的協約國聯盟也好不了多少。協約國的主要計畫正如德國所料，是透過法俄兩線進攻擊潰德國，但到了十月，俄軍已經在戰爭中節節敗退，而法軍則僥倖逃過滅頂之災。協約國確實有個替代方案：「讓英國龐大的海軍艦隊實行海上封鎖，迫使德國軍艦待在港口，並藉機搶奪敵人的海外殖民地。」除了德國的東非殖民地外，這個計畫執行得很順利，當地一名優秀的德國上校在歐洲戰事結束後，仍進行游擊戰負隅頑抗。但不幸的是，替代方案需耗費大量時間，才有辦法餓死德國人和拖垮德國工業。

iv 譯註：指波蘭、白羅斯等國，作者將在後面詳述。

時任英國海軍大臣的邱吉爾，想要倚仗海軍優勢採取強硬手段。儘管其他海軍將領以風險過高為由，拒絕了邱吉爾入侵德國北部的提案，但這位海軍大臣仍堅持兩棲作戰才能迎頭痛擊以德、奧兩國為首的同盟國。協約國先是不顧希臘的中立立場，強行登陸薩洛尼卡（Salonica），但行動毫無進展，其後的伊拉克登陸行動則以協約國投降收尾；最後在加里波利登陸戰，協約國不僅敗給鄂圖曼帝國，也幾乎賠上邱吉爾的政治生涯。到了一九一五年，即使最死忠的海軍至上主義者也必須承認，一戰的勝負將取決於歐陸戰線。

但要如何打贏歐陸戰爭呢？俗諺有云：「將軍總在打上一場戰爭」，但當時歐洲軍事家的戰略思維更加落後。波耳戰爭和日俄戰爭的結果早就證實，軍隊無法在現代火力下生存，而早在一八六〇年代南北戰爭的最後階段，就已表明，挖壕溝的部隊幾乎都能守住陣地。即使如此，協約國軍隊仍在一九一四年集結士兵、舉起軍旗，像拿破崙時代那樣發起衝鋒。開戰初期，協約國就打著「極限進攻」（Offensive à outrance）[v]的口號發起進攻。

開戰三週後，當時仍是年輕法軍中尉的戴高樂（Charles de Gaulle）在比利時領軍衝鋒時中槍，他後來寫道：「敵人的火力精準集中，彈雨和炮火聲每秒都在增強，倖存的士兵平躺在地上，身旁是痛苦尖叫的傷兵和一具具屍體。維持站姿的軍官在從容赴死前仍佯裝鎮定……但這一切都毫無意義，在一瞬間所有的人都明白，世上所有的勇氣都無法抵禦這場炮火。」[16]德國軍官榮格（Ernst Jünger）[vi]在一戰也展現同樣的魯莽果敢，他的戰爭回憶錄《鋼鐵風暴》（*Storm of Steel*）標題便完美詮釋戴高樂眼中的殘酷景象，也是我心目中有史以來最優秀的戰爭回憶錄。

一戰落幕後，人們普遍將戴高樂和榮格之類的人物比擬為「被驢子牽著走的獅子」。當英雄在前線送死，幕後的可笑官僚卻喝著香檳，無從得知也不屑理解前線士兵的恐懼。但現實中，各國領導階層的確如過往統治者一樣，從錯誤中迅速吸取教訓並進行戰略變革。一九一四年十月，由於法國部署了數百萬士兵至長達三百英里的前線，協約軍完全有能力建造由瑞士延伸至北海的壕溝工事，一旦交戰雙方挖好壕溝，接下來的當務之急就是突破防線。

起初，突破防線的方法看似顯而易見。英國指揮官在一九一五年一月得出結論：「突破敵人防線主要取決於高度爆炸物的開支，如果炸藥來源充足，就能在防線上炸開一條路。如果嘗試失敗……就增加大炮數量，或增加每門大炮的彈藥量。」[17]

因此，突破防線的重點落在軍事後援上：「哪一方能最有效地運用經濟體系生產大炮與炮彈，就更有機會贏得勝利。」所有國家的政府都接管了從軍需品、運輸、食品和工資等一切事物，使產能大幅提升。家中的婦女必須進入田野和工廠工作，以取代徵召入伍的男性；食物必須按照配給制供應，生產也必須走向合理化，以便提供軍隊所需物資。這些改變意味著需要更多官僚、稅收和規定。利維坦走向爆炸性成長。

即使如此，交戰雙方仍無法取得決定性突破，一戰戰場上似乎正經歷著第二章提過的紅皇后效應。進攻方面，軍隊攻擊力大幅提高，參戰方製造了數百萬枚炮彈，幾千匹馬在軟硬兼施下被拖到前線（一戰期間德國就損失了一百萬匹馬，比起敵方炮火，更多馬匹是因疲勞挨餓而死）；此外，炮兵也變得更加老練，懂得把近而密集、遠而持續的掩護炮火兩相結合，透過徐進彈幕射擊（creeping barrage）[vii]掩護己方步兵推進。但針對進攻端的每一項改進，防守端都能找到應對之策。防守方面，部隊挖掘多條深達四、五碼的壕溝（譯按：作者在此處的單位miles應是誤植，碼或公尺比英里更合理。四、五碼等於四、五公尺），在前線配置較少人員，並讓部隊輪流看守崗位，確保人員維持緊戒。部隊多數兵力待在敵方炮兵射程外，讓敵軍占領前線，並在敵軍離開炮兵掩護範圍時展開反擊。

早在一九一五年，各國將軍就意識到，先前毛奇面臨的困境正是戰爭問題所在。一旦加入戰鬥，指揮官就無法控制底下軍隊。如果軍隊真的摧毀了敵方防線，總部可能要幾小時後才會收到戰報，屆時早就錯過投入預備部隊，突破防線缺口的機會了。軍事史家基根認為，當時的「將軍如同失去雙眼、耳朵和聲音一樣」。[18]

在這個科學時代，交戰雙方開始投入科技研發，尋求打敗紅皇后效應的方針。一九一五年一月，德國率先在波

v 譯註：此一理念是針對十九世紀防禦性武器不斷加強做出的回應，要求每一場進攻都必須達到極限方能得勝。然而，一戰後期壕溝戰的策略大大削弱這種戰略的效果。

vi 譯註：德國軍人，寫過著名的一戰回憶錄《鋼鐵風暴》。

vii 譯註：炮兵與步兵合作戰術，炮兵在步兵攻擊線前的安全距離延伸射擊，為步兵提供掩護。

蘭釋放催淚瓦斯，然而成效不佳，瓦斯因為天氣太冷而被凍住了。但德軍三個月後在西線戰場上嘗試施放氯氣時，卻收到驚人效果，一陣微風將有毒的綠色雲霧吹入壕溝中，裡面滿是毫無防備的法國及非洲軍隊。氯氣是一種歹毒的殺人方式：「會灼傷肺部，使身體為了修補損害產生過量液體，受害者就在液體中沉溺而死。」雖然氯氣只殺死了大約兩百人（以一戰的血腥程度而言，這數字微乎其微），但一名德國軍官指出，有數千人「像羊群一樣」[19]逃離氯氣。這次潰敗留下了近五英里寬的防線缺口，但遺憾的是，德軍自己也和協約國軍隊同樣吃驚，因此沒能利用缺口推進戰線。次日發動進攻時，氯氣帶來的騷動已經煙消雲散，由於氯氣易於溶解，填補防線缺口的加拿大士兵只需在臉上綁上濕抹布就能中和氯氣。

毒氣充斥著人們對一戰的記憶，曾參戰的英國作家威爾佛．歐文（Wilfred Oven）曾寫道：「若你能聽見，每一次顛簸，血液由腐爛發泡的肺葉汩汩流出，如癌症般可憎，如汙穢的反芻物般苦澀，在無辜的舌頭上長出不治之瘡。」[20]但毒氣最終沒有達到預期功效，毒氣充其量只能用來擾敵，遠不足以改變戰爭結果。一戰中只有不到八十分之一的死者因毒氣窒息，而且只有百分之一的戰爭撫恤金和毒氣有關。

英國則嘗試研發另一種科技，從而促成坦克的誕生。英國科幻小說大師威爾斯（H. G. Wells）早在一九〇三年就寫下《陸地鐵甲艦》（*The Land Ironclads*）這篇短篇小說，而工程師在一九一四年十二月就開始討論履帶式裝甲車的概念。當時內燃機仍處於起步階段，將幾噸重的鋼鐵運過壕溝和彈坑在技術上仍是巨大挑戰，但到了一九一六年九月，將近五十輛坦克已能上場作戰。雖然其中十三輛坦克在開戰前故障，剩餘坦克在推進兩英里後也停滯不前，但坦克依然發揮作用，初登場就嚇得德軍落荒而逃。一九一七年下旬，英國在康布雷（Cambrai）長達五英里的戰線上集結三百二十四輛坦克，在被德軍擋下前推進四英里——這是一戰的一次大規模推進。英國教堂因此敲鐘慶祝，但德軍依舊堅守防線。

其他發明雖沒那麼一鳴驚人，卻無疑更為重要。戰爭開打時，炮兵對那些想用科學改良戰爭工藝的技術人員缺乏耐心。一位下級軍官記得曾有人對他說：「孩子，這是戰爭，我們講求實際。忘掉那些軍事學校的廢話，要是怕天氣冷影響射程，做點微調就行。」[21][viii] 但到了一九一七年，火力控制已經進步神速，這大部分要歸功於戰爭中另一項偉大的技術進步——航空。飛機在一九〇三年前還未問世，一九一一年才開始用於戰爭，但到了一九一八年，已有兩千架飛機在西線戰場上空嗡嗡作響。這些飛機不僅能進行炮火校正、攻擊敵方步兵，甚至能擊落敵機。

然而，偉大的突破性發明還在後頭。一九一六年，絕望的各國將軍打算用盡手段提高敵方傷亡數。德軍於二月進攻凡爾登（Verdun）時，目標不在於突破，而是要讓法國白人士兵血流成河。隨後的九個月間，七十萬人死於幾平方英里的泥濘戰場中。七月英軍沿著索姆河（Somme River）進攻時，也不指望能夠突圍，只是要分散凡爾登的德軍兵力而已。進攻首日中午前，已有兩萬英軍陣亡，隨後的四個月裡又有三十萬英軍死在戰場。

在這場消耗戰中，整體而言德國更勝一籌，殺死的敵軍比己方死亡人數還多，作戰模式也更符合成本效益。根據一項可怕的推算，英國、法國、俄國和最後參戰的美國每殺死一名敵軍士兵就花費三萬六千四百八十五點八五美元，而德國及其盟國殺死每名敵軍士兵僅花費一萬一千三百四十四點七七美元。然而，戰術面的問題影響了德軍效率，開戰當時德國沒有替代方案，現在卻因替代方案太多而苦惱不已。有些將軍力主德軍應集中兵力擊潰俄國，他們指出東線戰場的挑戰不在於突破，那裡有太多機動空間供德軍突破了，真正的挑戰是在東線戰場缺乏公路及鐵路的土地上持續推進。這些將軍暗示，解決這項問題比找到方法突破法軍壕溝輕鬆得多。其他將軍則認為，俄國只是次要敵人，贏得戰爭的唯一辦法是擊潰英法，藉此迫使俄國屈服。

這兩個派別先後占了上風，導致德軍的努力被分散；更糟的是，其他威權人士卻希望在歐洲以外的大陸贏得戰爭。德皇在一九一四年寫道：「我們在土耳其和印度的領事，必須喚醒整個穆斯林世界，對英國這個可恨狡詐、毫

viii 這裡的微調，指的是把掩護炮火的彈道調高一點。（譯按：這裡所講述的是氣象調整大幅改進軍隊射擊準確度，但早期炮兵並不認為有其必要。）

圖5-6 通向綠野之外[xi]：1918年5月27日，德國衝鋒隊潛入法國蓬塔爾西村（Pont-Arcy）

無原則的小店主國家[ix]進行瘋狂反抗。」[22]兩地的聖戰最終毫無進展，但在一九一五年，德國海軍開始推行另一項全球戰略。海軍將領認為，既然英國比德國更依賴進口，何不用潛艇封鎖英國的貿易路線？

經過反覆考量，德國於一九一七年二月下令，無論船上旗幟為何，一律擊沉朝英國行駛的商船。德國領導階層深知這可能導致美國參戰，但在他們看來，美國實際上已經選邊站了。戰前的英國就透過資本及工業製品出口站上世界體系的主導地位，但現在英國每個月都要從美國進口高達二十五億美元的戰爭物資。雪上加霜的是，進口物資的資金多數是英國從紐約市場借來的。德國經濟學家推算，如果他們切斷英國在大西洋的物資援助，英軍頂多只能在戰場撐個七、八個月。經濟學家也指出，挑釁美國的舉動可能使德軍戰敗，但什麼都不做更是毫無翻身機會。然而，德國為規避風險想出了一個嚇人的餿主意，打算提供資金讓墨西哥入侵美國。這是壓垮駱駝的最後一根稻草，一九一七年四月，美國向德國宣戰。

這是決定性的時刻。正當德軍的消耗戰和東線戰場增兵正要奏效之際，美國卻開始提供英法兩國各項軍事援助。一九一七年初，俄國已有三百萬人死亡，平民占了其中三分之一，軍隊也正面臨瓦解。該年三月發起的一場兵變推翻了沙皇（帝俄時代使用儒略曆，所以史稱「二月革命」）；同年十一月，布爾什維克黨（Bolshevik）發動「十月革命」取得政權。俄國陷入內戰，德國則趁機脅迫剛剛上台的布爾什維克政權（譯按：此處為作者筆誤，當時蘇聯尚未成立），迫使其放棄非俄羅斯領土。

俄國喪失這些領土後，東歐國界在一戰後期和一九九一年蘇聯垮台後的景況竟驚人得相似，差別只在一九一八年脫離帝俄統治的波蘭、烏克蘭、白羅斯[xi]和波羅的海三國是由各個德國皇室成員接管攝政。時任德國軍需總監的軍事獨裁者魯登道夫（Erich von Ludendorff）解釋道：「德國的威望要求我們對德國公民，乃至所有的德裔人口提供強而有力的保護。」[23]而這也包括奧匈帝國境內的德裔民眾。此時奧匈帝國大致已成為德國的附庸國。如果魯登道夫打贏一戰，大德意志帝國領土將從英吉利海峽延伸至頓河盆地，英國擔任世界警察的時代也將宣告終結。

帝俄政權崩潰後，東線戰場的五十萬德軍才有餘裕趁著美軍尚未到來，搶先一步投入西線戰事。但更重要的是，俄國內部紛爭也解答了各國在軍事指揮和控制上的根本問題。

我曾多次提到軍事歷史學家漢森關於西方戰爭方式的理論，這種戰爭方式由古希臘傳承至現代歐美國家，透過「步兵壯烈地衝鋒陷陣」[24]打贏勝仗。然而，德國於一九一七年發現了戰略家史蒂芬・畢德爾（Stephen Biddle）稱為「現代體系」（modern system）的戰爭方式，步兵的做法恰恰相反，他們並沒有進行壯烈的衝鋒陷陣，而是「盡量不暴露在敵方火力之下」；不講求集中兵力和造成衝擊，而是「尋找掩護、隱匿處和分散兵力」。[25]

ix 譯註：通常用來指稱英國，當時英國非常倚賴商業和海上貿易，此說法據傳源自拿破崙。
x 譯註：出自英國皇家坦克團的座右銘「從泥土到鮮血，一路通向綠野之外」（"From Mud, through Blood, to the Green Fields Beyond"）。
xi 譯註：舊稱「白俄羅斯」。

這種現代戰爭方式再次推動軍事事務革命，將主動權下放到軍隊各層級的士官和每個「衝鋒隊」（storm troops，德國對新型部隊的稱呼）手中，以善加利用人民戰爭的優勢。這些士兵只要經過適當訓練，就能主動依戰場動向下決定，無須軍官對他們下令前進。小型部隊能夠悄悄穿過無人區，利用彈坑、樹樁和其他殘餘的掩蔽物通過充滿殺戮的戰場（圖5-6）。

衝鋒隊會攜帶輕便但殺傷力強大的武器，即史上第一批衝鋒槍和火焰噴射器。但現代戰爭方式無關乎科技，而在於攻其不備。軍隊不再採取直來直往的密集炮擊，而是先釋放一陣毒氣，時間上足以讓爭先恐後的守軍戴上防毒面具（如同歐文在詩中的描述「毒氣！毒氣！快——宛如一陣狂喜般的折騰摸索，及時帶好笨重的頭罩」[26]），但又不足以讓他們防備接下來發生的事。衝鋒隊隨後潛入壕溝，繞過組織嚴密的守軍向前爬行，並找到指揮所和炮兵陣營。衝鋒隊向這兩處展開猛烈攻擊，藉此截斷敵軍組織，讓敵方軍隊陷入混亂。對多數守軍來說，他們會先聽見背後的射擊聲，接著才會驚覺大事不妙。

此時，第二波德軍已經開始進攻衝鋒隊經過的守軍據點，但只要一切按計畫進行，這麼做根本沒必要。當守軍被團團包圍、得不到上級命令，也不清楚真正的戰事發生在何處時，士兵往往選擇逃跑或放棄抵抗。一位曾領教過德軍新戰術的英國軍官稱這種效果為「戰略癱瘓」[27]，他瞭解到：「攻擊一支軍隊的神經，並順勢瓦解指揮官意志，比轟炸敵方士兵更有成效。」[28]

一九一七年九月，德國首次在拉脫維亞的里加嘗試衝鋒作戰，導致整個俄軍防線分崩離析。六星期後，德軍在義大利的卡波雷托（Caporetto）之役如法炮製，使義大利軍隊陷入前所未有的恐慌，作家海明威（Ernest Hemingway）就曾在流傳後世的《戰地春夢》（*A Farewell to Arms*）中刻劃義軍在那一場戰事後撤退的慘況。更有甚者，當時只是個中尉的二戰德國名將隆美爾（Erwin Rommel）僅靠五名手下，就俘虜了一千五百名義大利士兵。最終有二十五萬義大利人投降，使德奧戰線一口氣向前推進了六十英里。

但這些都還不是重頭戲，德軍於一九一七年底的當務之急是在美軍到來前於西線戰場獲勝。魯登道夫認為德國

圖5-7 異國戰場上永遠屬於英國的某個角落：1918年3月在松格瓦爾（Songueval）陣亡的英國軍人

已別無選擇，只能賭上一切，打破英軍防線，將世界警察的部隊逐回法國海岸的各港口，藉此將法國逼上談判桌。一九一八年三月，魯登道夫最後一次孤注一擲。

作戰僅過兩天，英軍第五軍團（Fifth Army）就潰不成軍，數萬人丟下步槍落荒而逃，頭也不回地將成千上萬的傷亡同袍拋在身後（圖5-7）。德皇讓全國學童放假以表彰這次勝利，但不同於里加和卡波雷托戰役，這一次協約國的守軍找回理智，及時派遣預備隊填補防線缺口。隨著德軍推進速度減緩，魯登道夫下令攻擊另一道防線。五月初，英軍再度面臨危機，上級對士兵發布命令：「我們背水一戰，相信我們是以正義之名作戰，每個人都要奮戰到底……絕不撤退。」[29]

當時依然有許多士兵慌張撤退，但英軍最終擋下了這波攻勢。魯登道夫再次派兵向法國推進，猛烈的攻勢迫使剛抵達歐洲的美軍立刻投入戰場。當時正在撤退的法軍建議美國海軍陸戰隊加入撤退行列，美軍將領卻回以這句不朽名言：「撤退？見鬼了，我們才剛到。」[30]美軍最終扼守住防線，魯登道夫至此難逃戰敗命運。

現在輪到德國屈服於消耗戰壓力了。一九一八年春季，交戰雙方各損失約五十萬人，而可怕的西班牙流感開始在軍隊中肆虐。一九一七至一八年間，H1N1流感病毒可能就是在擁擠的軍營中進一步擴散變種，於一九一九年底殺死了五千萬至一億人口。協約國雖死傷慘重，但兵力缺口能由美軍填補，當時法國有七十萬美軍，還有兩倍軍力正在趕來，反觀德軍卻孤立無援。英法美三國聯盟開始組織新一波龐大攻勢，計劃在德軍防線大後方進行空降，並透過數千輛裝甲坦克突圍（儘管一九一九年的飛機和坦克能否勝任這項任務仍是個問題）。但這些遠大的策畫行動最終都不敵英國最初的替代方案——透過餓死德國人讓德軍屈服，最終結束戰爭。一九一八年秋季，饑荒席捲德國，海陸兩軍發起叛變，布爾什維克主義的支持者則占領城市，德國陷入內戰。

前線的多數德軍紛紛投降，美軍在一天內就俘獲一萬三千兩百五十一人，一九一八年四月至十月期間，德軍縮減了一百萬人。魯登道夫在九月底瀕臨崩潰，先是遭德皇解僱，隨後他也逃亡海外。最終在十一月十一日，西線戰場的槍聲停止了，英國首相勞合喬治告訴國會：「今日上午十一點，有史以來最殘酷、可怖，禍害人類至深的戰爭結束了。我希望我們可以說，在今晨這個決定命運的時刻後，世上不再有戰爭。」[31]

四、沒有勝利的和平

勞合喬治當時的發言，為何會錯得如此離譜？有人指責《凡爾賽條約》（Treaty of Versailles）的條款過於苛刻，使德國日後尋求報復；也有人批評條約過於寬鬆，應該將德國打散成一八七一年統一前的德意志諸邦。其他人則指責美國政府不肯批准條約，或控訴英法兩國濫用條款權利。不過，事實要簡單的多，只有強大的世界警察才能真正維護和平。

一戰期間，德國原先打算瓦解敵對國家聯盟，打擊英國的世界警察實力，但德國並未如願取得一場帶來反效果

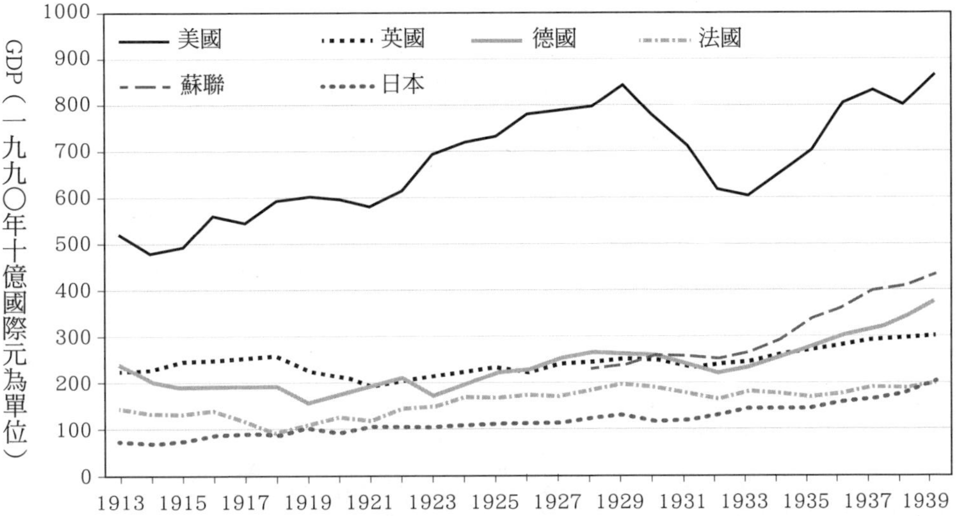

圖5-8 「未知的未知」形狀：1913-1939年世界經濟的瘋狂走勢（1928年以前蘇聯的資訊並不可靠）

的戰爭；但同樣地，一戰對英國而言也並非具有建設性的戰爭，無法幫助英國重回一八七〇年代的榮景。一戰期間，英國本土幾乎未受轟炸，戰後經濟狀況僅次於美國，而且擁有世上最大的海軍艦隊；此外，在併吞德國殖民地後，英國成為統治世界約四分之一土地面積的大帝國。但戰爭勝利的代價也很龐大，自從佩皮斯於一六六一年抱怨「軍隊缺錢使所有的事情都亂了套，海軍尤其如此」[32]後已過了快三百年，但一九一九年的財政窘境與過去相比更加真實。英國國債相當於國民生產毛額的兩倍，雖然和一八一五年拿破崙戰爭後的債務負擔相比輕微得多，但英國過去是世上唯一工業化的國家，一九一九年卻今非昔比。十九世紀的英國GDP飛速成長，能夠穩定償還積欠的債務；但到了二十世紀，英國若打算繼續透過削減開支、增加稅收來償還債務，只會導致經濟衰退。

到了一九二一年，英國失業率超過百分之十一，通貨膨脹率超過百分之二十一，罷工則平白浪費了八千六百萬個工作日。英國經濟自一戰結束以來萎縮了近四分之一（圖5-8），戰後經濟比一九〇六年的情況還糟。大幅削減開支使當時的帝國總參謀長亨利・威爾遜（Sir Henry Wilson）絕望地說：「我們在任何戰區都不夠強大，無論是愛爾蘭、英國、萊茵河、君士坦丁堡、巴統、埃及、巴勒斯坦、美索不達米亞、波斯和印度都是如此。」[33]支付不起艦隊開銷的英國，於一九二二年與美國建立起海軍均勢，自行報廢的艦隊船隻比皇家海軍作戰損失的還多。保守黨領袖承認：「我們不能把世界警察的職權攬在手上。」[34]

另一方面，美國在建造巨型艦隊的同時，國防開支僅占GDP的百分之一，因為美國的出口值在一九二〇年代穩定上升，其他經濟體則在景氣循環間掙扎。到了一九二九年，美國的國外投資總額幾乎達到英國於一九一三年的峰值水準，全球貿易總值達到百分之五十以上。《紐約時報》財經編輯在一九二六年指出：「美國國際地位自一九一四年以來的變化，或許是經濟史上最戲劇性的轉變。」[35]

美國似乎準備好取代英國成為新的世界警察，但大多數美國人卻不這麼想。有人支持傑弗遜的論點，希望「和所有的國家共創和平、發展商業並建立忠貞友誼，而非互相結盟鬥爭」[36]，也有人擔憂美國增加過多開支，而包括美國總統威爾遜（Woodrow Wilson）在內的另一群人則是做著截然不同的美夢。

威爾遜在一九一七年一月告訴參議院，戰鬥的目標必須是「沒有勝利的和平」，因為「勝利代表將和平強加在輸家身上，輸家必須服從贏家所有的條件」。[37]在威爾遜看來，「只有輸贏雙方平起平坐的和平才能持久」，這代表「雙方的保證不能承認或暗示國家在強弱大小上的差異」。與其讓強大的帝國充當世界警察，威爾遜提議建立一個國際聯盟，「這個單一、具壓倒性力量的國際組織，將成為世界和平的寄託。」[38]

這個提議乍看並不新鮮，康德過去就提過類似的論點，威爾遜演講的幾年前，前總統老羅斯福（Theodore Roosevelt）也建議以共同體型態的世界警察取代舊制度，並呼籲：「那些在戰爭及和平時期維持效率的文明國家，應加入一個為了和平與正義而存在的世界聯盟（world league）……透過國際間的聯合軍事力量教訓任何頑抗的國家。」[39]有人甚至幻想建立一支國際空軍，一舉將侵略者炸上談判桌。

然而，一九一九年組成的國際聯盟（League of Nations）與當初的構想背道而馳，在軍事上缺乏懾服他國的力量。國際聯盟確實在遷回難民、穩定貨幣和蒐集統計數據方面取得非凡成就，但聯盟力量卻無法填補世界警察下台後形成的權力真空。許多評論家懷疑，國際聯盟的運作目的就是避免與英國競爭，他們指出，當勞合喬治宣布「我贊成建立國際聯盟」時補充道：「事實上……大英帝國本身就是一個國際聯盟。」[40] 國際聯盟章程主要參考了英國的提案，最初的其中一項行動就是批准英、法兩國在大部分阿拉伯世界的「委任統治」，實際上就是在當地建立殖民地。美國國會對加入國際聯盟一事態度冷淡，認為這只是另一場結盟鬥爭。印度後來的總理尼赫魯（Jawaharlal Nehru）在英國殖民政府管理的印度牢房中寫道：「國際聯盟……非常樂見列強永久統治自身帝國。」[41] 蘇聯領袖列寧（Lenin）則譴責國際聯盟是「發臭的屍體」、「世界強盜的結夥勾當」。[42] 俄國布爾什維克政府在一九一九年宣布，世上只有共產主義能取代世界警察，共產主義將「摧毀資本統治，讓戰爭走入歷史，廢除國家邊界，並將全世界整合為互助合作的共同體」。[43]

但列寧口中的共產主義統治有個問題：「布爾什維克黨人自奪權後就不斷處決人民，而且似乎樂此不疲。」一九一八年八月，列寧在一封致蘇聯政委的信中寫道：「同志！請吊死起碼一百名富農、有錢人和吸血蟲（一定要公開吊死，好讓人民親眼目睹）……讓周圍幾百英里的人民都能目睹、戰慄、知曉並吶喊：『他們正在殺害吸血的富農，而且永不停止……』

列寧敬上。

附註：記得要挑選頑強抵抗的人。」[44]

一九一九年三月，當列寧咒罵國際聯盟是一具發臭屍體，五百多萬人正在帝俄時代結束的廣大國土上掀起內戰，戰況糟得無以復加。內戰最終造成的死傷人數比德軍殺死的還多，若是算上饑荒和疾病等因素，死亡人數可能高達八百萬人。早在一九一八年五月，英、法兩國就決定插手干預俄國境內事務，自西線戰場停戰的十一月十一日那天起，雙方衝突就不斷加深。一九一九年，有二十五萬外國部隊被派往俄國領土服役，部隊成員主要來自英國、捷克、印度、澳洲、加拿大、愛沙尼亞、羅馬尼亞、塞爾維亞、義大利、希臘，甚至還有中國特遣隊。

如果國際聯盟真如列寧所言，是資本主義者的陰謀，列寧和他的心腹老早就被消滅，根本沒機會跳出來譴責聯盟。但正因整起軍事行動沒有世界警察監督，國家聯盟對俄國內戰的軍事干預也在紊亂中瓦解。到了一九二〇年代中期，蘇共成功鞏固統治，成立蘇聯後，除了日軍以外所有的部隊都撤走了，而紅軍此時正全力進攻華沙。若能成功併吞波蘭，蘇聯更打算赤化德國全境，當時德國才剛鎮壓完國內布爾什維克主義支持者掀起的革命。列寧曾誇口要透過紅軍掃除國家邊界，一九二〇年夏季長達數週的共產擴張似乎真有實現的可能，但隨著紅軍物資陷入短缺，波蘭人民團結起來將蘇聯軍隊擊退。到了八月底，波蘭騎兵更在科馬羅（Komarów）戰役中拿下歐洲最後一場大型騎兵戰，兩萬五千名騎兵揮刀衝鋒，如同兩千年來所有騎兵的作戰模式，只是這次戰場上多了機槍掃射和高爆彈的連番轟炸。

隨後幾年間，蘇聯悄悄放棄了世界革命的言論。為了搶奪戰敗國身上的油水，零星戰鬥仍在持續進行，但至少在那段時間裡，世界就算少了世界警察仍穩定運行。國際貿易重獲新生，多數地區在一九二四年的收入又回到十年前的水準，世界終於將戰爭的恐懼拋諸腦後。自一九二一到二七年間，美股的道瓊指數上漲三倍，一九二七至二九年間又上漲了一倍，一九二九年九月三日則來到三百八十一點一七點的高峰。

誰也沒想到，十年後的九月三日，英、法兩國會再次向德國宣戰。

五、世界警察之死

十九世紀的世界體系終於在一九二九年十月的最後一個週末劃下句點。

儘管八十五年來爭論從未停歇，人們至今仍不清楚一切始於何時。金融史學家哈洛．詹姆斯（Harold James）指出：「一九二九年的金融危機相當罕見，這起重大事件對世界歷史造成深遠影響（不僅導致經濟大蕭條，也可能間接引發了第二次世界大戰），而且找不到明顯的原因。」[45]無論原因為何，十月二十三日週三這天，四十億美元的資產憑空蒸發（相當於今日的五百三十億美元），使華爾街的金融交易員紛紛陷入恐慌中；到週四中午前，又有九十億美元市值蒸發。銀行家聯手購買乏人問津的股票鼓舞市場，股市短期內雖止跌反彈，卻又在週一迎來全面崩盤。道瓊指數到週二下午重挫了四分之一，而在一九二九年九月三日市場高峰期買入的一美元股票，到了一九三二年夏季只值十一美分。

自一九二九年九月三日到往後十年間，全球金融面臨崩潰，連帶將維持十九世紀世界體系運作的最後鏈結抹除殆盡。從一八七〇年代開始，或早以前，英國常是缺錢國家的救命稻草，身為世界警察的英國也不介意成為世界信貸業者，但現在世界警察不在了，各國政府只能自求多福。政府紛紛將國家經濟隔離起來，設立關稅壁壘，杜絕競爭和金融危機的蔓延，光是在美國就調高了兩萬三千種進口品關稅來壓低進口，到了一九三二年底，國際貿易已經縮減至一九二九年的三分之一。

這次金融危機也擊垮了英國搖搖欲墜的世界警察形象，英國就和其他國家政府受困於同樣處境，僅能透過關稅壁壘自保，國防開支則一再調降。到了一九三二年，參謀長坦承海軍已無力保衛蘇伊士以東的帝國疆土，承認戰爭將「使英國屬地和附屬國，如印度、澳洲和紐西蘭，長久暴露在遭他國掠奪的風險之下」。[46]

如此觀之，那些承受外來風險的屬地和附屬國會不滿就不足為奇了。白人墾殖國家明確表示，若是戰爭再起，英國不應指望他們會站在同一陣線，而長期以來擔任世界體系核心支柱的印度，也開始走向民族自治。一九三〇年，英國和發起不合作運動的領袖甘地（Gandhi）進行談判；一九三五年，英國向印度各政黨做出重大讓步。

一九三〇年代的經濟崩潰震撼了英國統治階級的核心。某名劍橋大學教授曾於一九一三年寫道：「英國人的美德就是從不懷疑。」[47]但往後二十年間，這種確信卻迅速消退，即使是在統治階層眼中，世界警察的工作也開始變得毫無意義。對英國統治抱持質疑的人士中，最善雄辯的當屬作家喬治．歐威爾（George Orwell）。他自伊頓中學畢業後，到緬甸帝國警察部隊工作五年，這些經歷都使他成為批評大不列顛統治的激進派。然而歐威爾並不孤單，他指出：「印度各地都有英國人暗地裡厭惡自己身處的體制。」歐威爾寫道，有一次他與印度教育局的英國官員在同一間火車包廂過夜，「因為太熱睡不著，我們在交談中度過一夜」：

「我們花了半個小時互相謹慎打探，最後確定能與對方『暢所欲言』。當火車在漆黑的夜色緩慢顛簸行進，我們

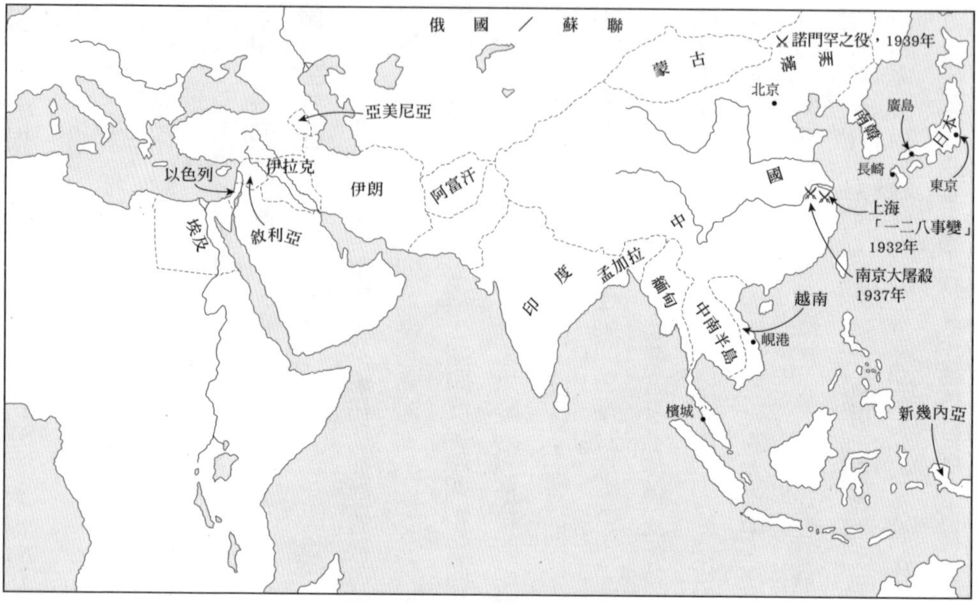

圖5-9　帝國的終局：1931-1983年的亞洲戰事

拎著酒瓶坐在鋪位上，發自內心地用盡各種尖酸話語咒罵大英帝國，幾小時間兩人妙語連珠、形同密友。抒發心情讓我們釋懷，但是……當火車駛入曼德勒[xii]，我們卻懷著罪惡感分道揚鑣，活像一對出軌情侶。」[48]

大英帝國依然有支持者存在，一名支持者在自傳中寫道：「有些英國人感到自責，認為英國對印度的治理糟糕透頂，但這是由於印度人並未對統治者報以熱情。我認為，英國人將印度治理得很妥貼，錯就錯在他們期望底下治理的人民能報以熱情。」[49]

這名支持者就是希特勒（Adolf Hitler），他堅稱自我懷疑無法解決世上的不確定性，武力才是解答。一九三〇年代，隨著民主國家紛紛陷入低迷成長、派系結盟鬥爭、失業和社會動盪，一切似乎都吻合希特勒的主張。在歐洲、東亞和拉丁美洲，政治強人開始崛起成為新勢力，其中右派占大多數。這群掌權者下了同樣的賭注：「世界警察不在後，武力就是解決問題的方法。」

就動用武力這點，蘇聯在各方面都足堪表率。史達林似乎發現了在戰後社會不安中取得成功的秘訣：「越暴力越有效。」史達林處死了數以萬計蘇聯人民，把一百萬人關入古拉格勞改營，將數百萬人流放邊疆，更沒收大量穀物使上千萬人民挨餓。與此同時，封閉而自給自足的蘇聯計畫經濟體系在一九二九至三九年間增長了百分之八十，這使得全球聯繫、權利開放的資本體系相形見絀。英國在這十年間的成長仍維持著體面的百分之二十，反觀法國只增長了百分之三，美國則是百分之二。

史達林受到蘇聯內部暴力的成功所鼓舞，於一九三九年開始將槍口朝外，即使紅軍最優秀的軍官早先都被他槍決了，也阻止不了這名政治強人的決心。史達林先後派兵入侵芬蘭、波羅的海三國、波蘭及中國東北，並在中國東北與野心勃勃的日本正面交戰。自一八七〇年代起，日本就是繁榮發展的商業大國，但一九三〇年代的貿易壁壘卻嚴重打擊日本經濟。日本皇軍中佐石原莞爾指出：「我國正陷入僵局，對於解決人口、糧食等重大問題也毫無頭緒。」唯一的解套之道，就是採用石原的建議：「開發滿洲和蒙古的天然資源，一舉化解日本迫在眉睫的危機。」（圖5-9）[50]

一九三一年，石原莞爾和一群低階軍官在未獲上級指示的情況下秘密策動入侵中國的東三省（舊名滿洲），史稱「九一八事變」。石原起初以為自己會受軍法審判，但隨著入侵行動進展順利，無形的拳頭也沒有落在他們身上，原先仍擔心著「未知的未知」的東京政治家也開始擁抱武力。當國際聯盟要求日軍撤退時，日本索性退出聯盟。

英美政治家對此怒不可遏，但最終仍束手無策。一九一九年，英國政府曾提出未來十年間不必進行大規模戰爭的預算假設，但一九三二年日本入侵上海的消息不僅震驚英國，也使政府不得不放棄這項假設。然而，英國仍對重整軍備躊躇不前，主要是擔心隨後引發的經濟通膨。

日軍五年後再次發動入侵，一舉攻占華北，暴力再次發揮功效。有了新征服的市場增加銷售，以及不斷壯大的軍隊提供武力，日本在一九三〇年代的 GDP 增長超過百分之七十。一位軍需品生產工人回憶道：「我們真的相當忙

xii 譯註：緬甸第二大城。

圖5-10 「戰爭一點也不糟」：1937年遭炸毀的上海火車站內一名燒傷的兒童[xiii]

碌。一九三七年底每個日本人都在不斷工作，我也是第一次有辦法照顧父親。我認為戰爭一點也不糟。」（圖5-10）[51]

在施行境外暴力上，日本比蘇聯更惡名昭彰。一九三七年十二月，日本士兵在攻克中國南京後，強暴、謀殺了近二十五萬軍民。一名士兵供認：「我們輪暴她們，但強暴還不是最糟的，這麼說很不應該，我們總用軍刀刺死那些女人。」[52]日軍還用鐵鉤穿過舌頭將人吊死，這嚇壞了一名來自東京的記者，有位軍官則解釋道：「你和我對中國人的看法截然不同。你可能把他們當人看待，但我當他們是豬，所以能對他們為所欲為。」[53]

早在一九〇四年，當麥金德預測內環、外環和心臟地帶的鬥爭將主導二十世紀時，他已經開始擔憂日本會走向石原莞爾建議的武力治國一途。麥金德推測：「如果中國在日本組織下，起而推翻俄羅斯帝國並征服其領土，這股新勢力將擁有占有軸心區域的俄國尚未取得的優勢，即通往大陸豐厚資源的海岸，使其最終成長為威脅世界自由的黃禍。」[54]

麥金德在一九〇四年發表著名演講時，日本正從外環向內環施壓，與帝俄爭奪滿洲主導權，三十五年後，滿洲已落入日本手裡。不過，無須擔心日本入侵心臟地帶會招致危險，一九三九年夏天，日蘇雙方在諾門罕（Nomonhan）不宣而戰，結果蘇聯坦克在這場艱難戰役中大敗日軍，儘管這無礙於日軍對中國沿海的侵略行動。麥金德認為，征服心臟地帶的前提是掌控沿海地區，而日本似乎正照著麥金德的劇本走。石原莞爾宣稱，在占領滿洲和中國後，「日本人將成為亞洲的統治者，準備向白人種族發起最後的大決戰。」[xiv][55]

這一切都相當令人震驚，但維護戰後現狀的各國最擔憂的仍是德國。一戰後簽訂的《凡爾賽條約》在東歐創造了一個由幾個小國構成的緩衝區，然而德國地理上的戰略問題和契機依然存在。德國仍夾在俄羅斯心臟地帶和英、法外環勢力間，無論是在一九一〇或三〇年代，採用暴力都是合情合理的策略。

早在一九一七年，德皇就曾將歐洲與古老的地中海世界做過比較。他指出西元前二六四至西元前二四一年之間，儘管羅馬在第一次布匿戰爭（Punic War）擊敗迦太基，卻未能真正解決兩國問題；因此二十年後，兩方不得不藉可怕的第二次布匿戰爭來一決勝負。德皇預測，德國和迦太基一樣只需要一名漢尼拔將軍（Hannibal），就能靠著第二次布匿戰爭重新崛起。[56]一九三三年，這名將領出現了。

六、暴風雨

一九三七年，希特勒告訴他的顧問：「德國的問題只能以武力解決。」[57]早在一九二五年，他就在自傳《我的

xiii 譯註：這張照片後來成為中國對外募集抗戰資金的海報。

xiv 譯註：石原篤信「世界最終戰論」，認為西方與東方終須一戰，而東方自然由日本領軍。

奮鬥》（*Mein Kampf*）中力主德國應重新發動第一次世界大戰，但這次要用正確的方式打仗。

希特勒認為，德國於一九一四年擬定的戰略基本無誤。在未來發動的二戰中，德軍同樣先進軍西線，東線則按兵不動，等到推翻英、法外環勢力後，再將矛頭轉向蘇聯。然而，希特勒的思想卻超脫於一九一〇年代德國領袖。一九一七年，魯登道夫主張從萊茵河到窩瓦河，凡是有德國與德裔人口居住的地方都是「大德意志帝國」（Greater Germany）的一部分。但如同歷史學家佛格森所言，希特勒所追求的是建立一個排除其他種族，只由德國與德裔人口組成的「最大德意志帝國」（Greatest Possible Germany）。[58]這將為德意志民族提供「生存空間」（Lebensraum），而留著古代日耳曼人血液的壯實農民將代代繁衍，不受其他種族玷汙。

希特勒認為，勝利的前提是從一戰吸取兩大教訓，並力圖超越。第一個教訓來自英國軍官：「一九一八年英軍發現，若將德軍的衝鋒戰術與英國的大規模坦克攻擊兩相結合，並搭配（在當時技術允許下的）近距離空中支援，就能淘汰過時的壕溝戰。」特立獨行的軍事理論家李德哈特上尉（Basil Liddell Hart）解釋道，這個構想是為了使戰鬥更加流暢，勝利的「首要之務在於『跟進』——利用突破口……深入進行戰略滲透，這些任務由裝甲部隊先於主力部隊獨力完成。」[59]

由於資金缺乏、戰略墨守成規，兩次大戰之間的英、法和美軍並未將這種大膽設想付諸實現，但蘇聯將領卻樂於採納。他們將坦克組織成大型裝甲兵團進行獨立作戰，計畫推動所謂的「縱深作戰」（deep battle）[60]，依照李德哈特的建議推進到敵軍戰線大後方。然而，這群軍官多數在一九三七年遭史達林下令槍斃，繼任者自然會試圖避免任何可能驚動史達林的激進想法。

而由於《凡爾賽條約》的嚴格限制讓德軍別無選擇，德國也成為唯一達到這項作戰方針的國家。因此，後來由記者稱之為「閃電戰」（blitzkrieg）的聯合兵種作戰方式才確立地位。希特勒於一九三〇年代中期向軍隊挹注資金時，德軍領袖已經接受閃電戰，工程師則著手製造坦克、飛機和無線電。比起一九一八年的版本，這些裝置及武器更能承受移動作戰的壓力。德國當時短暫壟斷這項新戰術，希特勒也善用這次機會，趁著其他國家發現前奪取勝利。

閃電戰意味著擁抱風險與混亂，將鋼鐵風暴化為真正的暴風雨。轟炸機和空降部隊會在敵人防線後方製造混亂，對軍民進行無差別攻擊，道路因大量難民而水洩不通。來到前線，在密集炮火和俯衝轟炸機的掩護下，步兵散成小隊搜尋敵人防線空隙，在據點間穿梭或找尋側翼突破口。坦克和卡車湧入這些防線缺口後，真正的戰鬥才正式開打。裝甲縱隊會在敵方陣地數英里後散開發動攻勢，趁著敵方預備隊能夠集中、阻斷並粉碎入侵意圖前，競相攻克敵軍指揮中心。這批先鋒坦克隊最終將因供給不足而停止突破，但第二梯裝甲部隊會接續上前衝鋒，第三梯則在後方伺機而動。連綿攻勢旨在擾亂敵軍部署，直到混亂壓倒一切，敵軍喪失作戰意志為止。

閃電戰一如宣傳中的那樣威力十足，波蘭軍隊甚至在英、法動員起來前就已分崩離析。一九四〇年五月，當一千輛德軍坦克突破前線防禦薄弱的地帶，曾在一戰中頑強抵抗的法國也敗下陣來。三週後，邱吉爾發表了他執政生涯最偉大的演說，以堅定口吻表示：「我們將奮戰到最後。」[61]然而，他的陸軍大臣勞勃．伊登（Robert Anthony Eden）在一間酒店房間秘密召集高級軍官，詢問他們的軍隊是否「能指望在任何情況下持續作戰」之際，答案卻令他大為震驚。其中一名軍官回憶道：「沒有人敢估計願意為國家奮戰的軍士比例。」[62]

英軍持續作戰，但十二個月後，德軍反而是更接近勝利的一方。隨著四千輛德軍坦克開往東線，蘇聯軍隊的崩潰幾乎與法軍一樣迅速，德國參謀部長宣布「俄國人在開戰後八天內就輸了」。[63]坐鎮指揮的史達林大受打擊，逃回他的鄉間莊園，八天後蘇共中央政治局其餘人員前來找他，其中一人寫道：「我們發現他坐在小餐室的扶手椅上，他抬起頭說：『你們來幹嘛？』他露出從未有過的怪異表情，這個問題本身也很奇怪。」[64]他的心腹意識到，史達林本以為這群人打算處決他並向德軍投降。

但蘇聯軍隊依舊與德軍頑抗，因為不是只有在戰場上才會輸掉戰爭，這也是希特勒從一戰中學到的第二個教訓。雖然（或因為）他在一九一八年的壕溝戰中親眼目睹德軍瓦解的慘狀，希特勒同意國內觀點，認為德國從未在戰場上遭受挫敗。[xv] 他確信德國在一戰中戰敗，是因為被叛徒在背後捅了一刀，因此他總結道：「德軍這次必須在戰爭開始前打擊可能的叛亂分子。」希特勒先是在一九三三年逮捕成千上萬共產黨員，接著在一九三四年將極右翼競爭對手集體清算[xvi]，他隨後開始擴大迫害範圍，將矛頭轉向任何在他心中不夠格當德意志民族成員的族群。

一九三八年，希特勒曾私下聲稱「首要之務是驅逐猶太人」。[65] 兩千年前，羅馬帝國曾將猶太人趕離家園，甚至將其故土改名為巴勒斯坦。此後，歐洲人就不時迫害猶太人，但納粹再次顛覆過往。希特勒認為，與土地有著神聖聯繫的德國人與猶太人截然不同，猶太人的漂泊不定和商業貪婪會腐蝕即將建立的千年帝國，因此必須加以剷除。一九三九年德軍入侵波蘭後，隨即開始射殺猶太人；當這項做法不再符合效率和成本時，他們發明出毒氣廂型車。一九四一年七月德軍進攻蘇聯後，旋即圍捕、謀殺所有的猶太人，這可能皆出自希特勒一人的決定。希特勒的心腹認同他的看法，認為歐洲其他「次等人類」（Untermenschen）必須一併剷除，於是策劃切斷各個蘇聯城市的食物供給，導致數千萬人民在該年冬季餓死。

這是一場極端化的全民戰爭，使二戰有別於以往戰事。一戰中也能見到精心策畫的大屠殺（如塞爾維亞、比利時、非洲，最嚴重的是亞美尼亞），但德軍犯下的大規模、蓄意且野蠻罪行，如邱吉爾所言，是「人類一連串黑暗且可悲的罪行中，從未被超越的醜陋暴政」。[66] 儘管希特勒的種族滅絕計畫並未盡數實現，納粹最終仍殺害至少兩千萬平民。

這也是為何我會在本書前言提問：「那該怎麼解釋希特勒？」假如我這本書的論點真的沒錯：「戰爭真的具有建設性，能夠創造更大型的社會以安撫內部、提升經濟，那要怎麼解釋希特勒呢？」他的「最大德意志帝國」將會是自羅馬帝國以來歐洲大陸最龐大的政體，卻也使得多數被征服地區民不聊生，生活陷入更危險的境地——這種情況和具有建設性的戰爭恰恰相反。

如同我在前言中的建議，只要從長遠角度審視歷史，解決「那要怎麼解釋希特勒？」的問題，答案就顯而易見了。從一萬年前人類開始出現「囚籠現象」以來，征服者發動的戰爭不斷導致土地荒蕪，但他們及其後的繼任者面臨著更艱困的抉擇：「要成為坐寇統治者，或是被新的征服者取代，而其後的征服者也面臨著相同難題。」倘若希特勒擊敗英國，邱吉爾預言：「整個世界，包括美國及我們知曉並關心的一切，都將重新陷入黑暗時代的深淵，而德國扭曲的科學發明將令這個時代更漫長險惡。」[67]不過，一切證據皆表明希特勒政權和歷史上其他政權一樣，若不選擇成為坐寇統治者，政權就會滅亡。

希特勒始終了解，贏得歐洲戰事並非他奮鬥的終點。他預測「在未來一到三代間」，東歐將成為德意志民族繁榮成長的地方，但之後帝國必須向外擴張，或許是海外擴張。在一九七〇年代至二〇三〇年代之間的某個時間點，希特勒的繼任者將發起第三次世界大戰，屆時德國將粉碎大英帝國的殘餘力量，並一舉稱霸全世界。[68]

或許，正因納粹領袖始終相信導致一九一八年戰敗的是叛徒而非美國軍援，因此鮮少認知到，納粹長期計畫的真正癥結向來都是美國，而非英國。沒人能解釋為什麼在日本空襲珍珠港幾天後，希特勒會選擇向美國宣戰，而不是期望太平洋戰爭能多少分散美軍對歐洲的關注。希特勒的心腹戈林（Hermann Göring）曾問道：「美國到底代表什麼？」[69]但邱吉爾心知美國參戰代表的意義，「此刻我知曉美國正深陷戰爭中，而且將奮戰至最後。」在聽聞珍珠港事變後他說道：「這場戰爭的贏家到頭來還是我們！」[70]

一九三八年以降，希特勒在對美作戰上始終搖擺不定，他會定期要求德國兵工廠製造能夠飛抵紐約的遠程轟炸機和龐大水上艦隊，與美國爭奪大西洋控制權，但後來礙於更緊迫的問題只能將計畫擱置。假如希特勒在一九四〇至四一年擊敗了英國和蘇聯，他是否會更認真看待對美作戰一事？這只能留待我們自行推論。我認為這種推論的好處在於，一旦我們提出問題，就能理解為何納粹和所有發動具有建設性的戰爭的統治者一樣，不久將被迫做出選擇，若非成為坐寇統治者，就會自取滅亡。

xv 譯註：希特勒是參戰的奧匈帝國士兵。當時德奧盟軍在東線戰場上的確沒有戰敗，因此內心特別不滿。

xvi 譯註：指「長刀之夜」，清除黨內納粹衝鋒隊成員。

假如希特勒真的投入建造遠程轟炸機和艦隊，打算發動一場橫跨大西洋的戰爭，他很快就會面臨日本在太平洋地區碰上的難題。首先，一旦美國找到辦法應對閃電戰，兩方將在後勤方陷入漫長苦戰；其次，即使希特勒奴役了整個歐洲並掌握全部資源，他在這場鬥爭中依舊毫無勝算。

在某些層面上，希特勒的處境頗似一百三十五年前的拿破崙。兩人都試圖將新的人民戰爭力量和舊的帝國思想結合：「以征服歐洲為目標，先是用暴力統一歐洲內環勢力，接著將內環與外環仰賴的商業和權利開放秩序隔絕開來。」我在第四章說過，拿破崙於一八〇五年嘗試這項策略時以失敗收場，因為大西洋經濟產生的龐大財富告訴我們，真正的權力是由看不見的手和拳頭相互合作的成果。由於拿破崙無法像英國那樣將兩者結合起來，他最終將無緣戰勝這個「小店主國家」。一九四〇年左右，希特勒重施此一策略，只是這次更加極端嗜血，而且他所面臨的問題更加嚴峻。希特勒最終步上拿破崙的後塵，分別在英吉利海峽、莫斯科雪地和埃及沙漠戰場吞下敗仗，而這也許並非巧合。希特勒和拿破崙面臨同樣命運，因為兩人都打著同樣的算盤。

即使希特勒擊敗英國，他也只會發現自己正面對美國這個更大、更有活力的權利開放秩序國家。這就像史前時代的狩獵採集者對抗農民，或是沒有國家統治的社會對抗古代帝國一樣，十九和二十世紀的專制政權終究抵擋不了歷史的洪流。

假如納粹控制了整個歐洲，德國不會建造出希特勒口中的千年帝國，而是創造酷似一九四五年後的冷戰情勢。納粹的歐洲極權帝國將會與權利開放的美國各擁核彈對峙，爭奪對拉丁美洲及英、法帝國殖民地的控制權，他們不僅資助政變、發動代理戰爭，也會拉攏敵人盟友。一九七二年的尼克森可能會攏絡日本，藉此分裂德國盟軍，而不是與中國建交以瓦解蘇聯勢力。德國甚至可能迎來我在前言提過的彼得羅夫時刻。

當然，德國與蘇聯政權仍有相異之處。假如希特勒在二戰中獲勝，歐洲帝國的首都將位於柏林而非莫斯科，而且統治範圍將一直延伸至大西洋，而不是止步於鐵幕前。比起史達林及其後的蘇聯領導人，希特勒和他的繼任者更願意承擔核戰風險，而在少了西歐內環勢力的支持下，這場對峙將更加不利於美國。但最終，納粹依然會面臨與蘇聯共產政權相同的核心問題，即如何與一股充滿活力、權利開放秩序的外環勢力相抗衡，並在坐寇統治和自取滅亡間選擇。納粹可能像一九七六年毛澤東死後的中國那樣，認知到開放秩序的好處並加以仿效，抑或像一九八九年的蘇聯那樣，忽視權利開放秩序並走向瓦解。

在本章的最後，我想來好好聊一聊冷戰。以下我將列出諸多理由來解釋我的結論：「那要怎麼解釋希特勒？」的問題事實上並不重要，我對自己的解釋相當滿意。（所謂不重要，是指對於我在本書的立論不重要；對於那些歷經納粹恐怖統治的人，當然重要。）希特勒政權是人類暴行史上的極端案例，納粹打贏二戰將為全人類帶來浩劫，歐洲人將會在未來幾十年活在蓋世太保和死亡集中營的恐懼中，暴力致死率也會回升至幾世紀以來從未見過的高峰。即使如此，納粹仍和過往政權一樣受到鐵律約束，幾十年逐漸延長至好幾世代，在與權利開放秩序的商業、軍事角力中，希特勒的繼任者將被迫在坐寇統治和自取滅亡間抉擇。我大膽猜測，納粹統治的歐洲直到二〇一〇年代仍會處在黑暗時代，祕密警察仍會在半夜上門找麻煩，但暴力致死率將再次穩定下降。希特勒或許能減緩文明的進程，卻無法完全擋下文明的進程。

我們當然曉得，希特勒最後沒有打贏二戰，如果他在一九四二年的史達林格勒之戰部署恰當，或許仍有辦法取得東線戰場主導權。甚至在一九四三年夏季，德軍於庫爾斯克（Kursk）發動史上最大規模的坦克戰時，希特勒仍握有一絲勝算。但那時，同盟國早已找到應對閃電戰的方法，更組織起屬於盟軍的閃電戰。隨著英美同盟將龐大經濟投入全面戰爭，二戰最終壓垮了德國和日本（圖5-11）。幾千架轟炸機日夜不停地轟炸軸心國母國，不僅使軸心國經濟陷入癱瘓，更導致約一百萬平民遇害，其中東京在一夜間就死了十萬人。當德軍在一九四一年入侵蘇聯時，軍隊仍需要六十萬匹馬進行槍枝和物資補給，這大大減緩了行軍速度；相較之下，英美盟軍在一九四四年就已經完全機動化。隨著美軍坦克在諾曼第登陸後發動「眼鏡蛇行動」（Operation Cobra）擊潰德軍防線，蘇聯裝甲部隊則在東線的「巴格拉基昂行動」（Operation Bagration）中殲滅德國中央集團軍，一路推進至德國邊境，現在輪到德國舊式軍隊走向瓦解了。就在軸心國城市紛紛陷入火海之際，希特勒舉槍自盡，日本裕仁天皇則向人民發布有史以來第一次演

圖5-11 瀕臨崩潰：1943年7月在庫爾斯克爆發史上最大規模的坦克戰，此戰讓希特勒擊敗蘇聯的美夢幻滅，圖為一名陷入絕望的德國炮兵。

說，在廣播中承認「戰爭局勢已朝著對日本不見得有利的情勢發展」。[71]就這樣，暴風雨來到尾聲。

七、學會愛上炸彈[xvii]

第二次世界大戰是有史以來最具毀滅性的戰爭。如果我們將德國、蘇聯和日本陣營中所有死於飢餓、疾病和謀殺的人納入統計，二戰最終奪走了世界上五千萬至一億條生命。相比之下，一戰中僅有一千五百萬人死亡，隨後的內戰也只損失了兩千萬人口。二戰是歐洲和東亞多數土地荒蕪的元凶，戰爭前後耗費了約一兆美元（相當於我撰寫本書時二〇一三年的十五兆美元左右，是美國與歐盟整年產值的加總）。然而，二戰與人類史上許多軍事衝突一樣，產生的悖論現象都令人驚詫，終究也躋身為有史以來最具建設性的戰爭之一。

其中緣由在於，二戰的過程掃除了世界警察下台後遺留的混亂局面。當邱吉爾要求英國人民獻出鮮血、辛勞、眼淚與汗水，肯定料想不到這樣的結局。一九四一年八月，早在美國尚未參戰前，邱吉爾就與美國總統小羅斯福（Franklin Delano Roosevelt）秘會後匆忙返國，向內閣吹噓他得到「一個清楚大膽的暗示，戰後美國將和我們聯手維持世界和平，直到建立起更好的秩序」。[72]但這並非事實。二戰期間有一個流行說法：「英國供應時間，俄羅斯提供人員，美國供給資金，最終擊敗希特勒。」然而在一九四三年十一月，當邱吉爾、史達林和羅斯福舉行第一個由同盟國三巨頭發起的德黑蘭會議時，時間這項有利因素已經站在盟軍這邊。現在最要緊的是人員和資金，而邱吉爾發現自己被排擠在外。

英國本想與美國共享世界秩序，如今卻美夢落空。原本還沉湎於戰勝軸心國喜悅中的英國，大夢初醒後才驚覺戰後餘波未平，自己陷入國家史上最嚴重的經濟動盪。英國戰後的負債情況比一九一八年更嚴峻，經濟因為生產力用於戰時需求而遭徹底拖垮，而且糧食供應還得倚賴美國貸款。一九四五年十二月，英國國會針對新的美國紓困條款進行辯論，一名左翼記者在觀察國會兩天後寫道：「這一切都很不真實，甚至相當荒唐且不光彩。國會議員表明了自身立場，但事實是他們都不敢提出令大眾恐懼的事——要是無法從美國那裡獲得香菸、電影和罐頭食品，後果不堪設想。」[73]

國會辯論可能相當荒唐且不光彩，但絕對足夠真實。英國與納粹作戰時就已宣告破產，為了償還債務，英國必須把重點放在出口而非消費上，一九四五年後國內食品配給甚至更加嚴格。一九五〇年，當雞蛋終於能在市面上自由流通時，英國人民歡欣鼓舞。一本日記寫道：「只有英國家庭主婦理解這到底意味著什麼。我們終於能打兩顆蛋來做蛋糕了……這可是十年來頭一遭。」[74]

這時期的英國不僅無力還債，更因各界呼籲將權利開放的社會秩序拓展為高成本福利國家而舉步維艱，很快就

---

xvii 出自電影《奇愛博士》（*Dr. Strangelove*）的英文副標題：How I Learned to Stop Worrying and Love the Bomb。《奇愛博士》是諷刺一九六〇年代美蘇冷戰荒謬政局的黑色幽默電影，由著名導演庫柏力克（Stanley Kubrick）執導。這裡的炸彈指的是核彈。

發現自己無力擔起大英帝國這個奢侈頭銜。早在一九一六年，一名德國將軍曾指揮土耳其軍隊保衛伊拉克，並對抗效忠大英帝國的印度軍隊，他在寄給家裡的信中就寫道：「二十世紀的標誌，肯定是有色人種掀起革命，對抗歐洲殖民帝國主義。」[75]但二戰結束後，他的預言才得以實現。

英國在二戰期間無力抵禦日本入侵，此後就一直未能恢復過往的殖民統治。一九四一年十二月，日軍進攻馬來亞檳城就是相當具有代表性的例子：「日軍先鋒部隊入侵英國防禦工事時，歐洲守軍連槍都沒開就逃之夭夭，任由侵略者對當地盟軍隨意宰割。有幾十名亞洲公務員代替英國實際管理檳城，但只有其中一人獲知撤離消息，然後他就被趕下船，好幫英國指揮官的車子騰出空間。」當時參與撤離的一名年輕英國婦女回想，這是「一件我確信永遠不會被忘記或原諒的事」。[76]

儘管當時有兩百五十萬名印度人自願代表大英帝國而戰，而且只有幾千人轉投入日軍麾下（通常是為了離開戰俘營），英國早已放棄戰後繼續統治印度的幻想。英國最終於一九四七年倉促撤出，到了一九七一年，英國幾乎放棄了蘇伊士以東（精確來說是多佛港以東）所有殖民地的統治權。

一九六二年，前美國國務卿艾奇遜（Dean Acheson）說過一句名言：「曾經的大不列顛帝國殞落，而且找不到自己的角色。」[77]但這不盡真實。身為過去的世界警察，英國相當順利地過渡成下一代接班人的主要支持者，畢竟英國的選擇也不多。在希特勒舉槍自盡一年後，邱吉爾就目睹了「一道鐵幕落在整個歐洲大陸上」。[78]二戰的成效顯然不足以創造一名世界警察，卻在東西半球各塑造出一名新警察。

五百年戰爭期間，歐洲幾乎稱霸了全世界，現在美蘇兩強則稱霸了整個歐洲。在過去，國力強盛的德國必須早晚擔憂外環和心臟地帶聯手夾擊，如今美蘇兩強將歐洲大陸一分為二，德國也被分為東西德，因此這項戰略難題也迎刃而解。單獨來看，一戰更像是帶來反效果的戰爭，戰後削弱了擔任世界警察的英國。但有了一九四五年的後見之明，我們能夠將一戰看作是一場具有建設性的長期戰爭之開端，戰爭最終建立起二十世紀新興強權，足以成為十九世紀英國世界警察的繼任者。許多觀察家在深思熟慮後總結，日後東西半球勢力將再次發起具有建設性的戰爭，確保世上只有一名世界警察存在。

但有一件事阻礙了這項發展：「炸彈的發明」。

原子分裂改變了一切。世界大戰期間，最大規模的炮擊通常能在幾天內向敵方壕溝投擲一萬五千至兩萬噸的高爆炸藥。但投在廣島和長崎的原子彈，其爆炸威力相當於上述炸藥規模，釋放的中子和迦瑪射線能對倖存者造成致命傷害。美國僅用兩顆原子彈就殺死了十五萬人，試想若兩個核武大國發生戰爭，後果將難以想像（美蘇的核彈頭數量在一九八六年達到高峰，共計七萬枚）。果真開戰，毫無疑問將是一場帶來反效果的戰爭，土地在未來數千年內都將荒蕪一片，即使是史達林都承擔不起這樣的後果。

那麼問題來了：「人類該如何應對核戰威脅？」世界可能會畏懼於核戰威力，凝視過深淵後，各國最終選擇鑄劍為犁。廣島和長崎遭轟炸一個月內，物理學家愛因斯坦（Albert Einstein）[xviii]就投書《紐約時報》，表示這是各國唯一的選擇。芝加哥大學委員會認真看待此事，發布了世界政府的指導方針，甚至有人希望國聯的繼任者聯合國能著手消弭戰爭。

但所有的答案都引出同一個問題：「擁核大國意見分裂時，會發生什麼事？」聯合國原子能委員會（Atomic Energy Commission）本打算介入管控各國核彈，但由於美蘇兩強對於檢查議定書未能達成協議，使整個計畫功虧一簣。到了一九四七年，外界漸漸對溝通和解的可能失去信心，蘇聯批評聯合國「與其說是世界組織，不如說是美國組織」。另一方面，美國官員目睹各國代表的可笑行徑，紛紛斥之為「瘋人院」。[79]

另一種可能是，世界因畏懼核戰而擁抱暴力。有些美國人指出，美國同時擁有原子彈和能飛抵敵方城市的轟炸機，蘇聯手上還沒有這兩種武器。與其日後冒著開戰風險，當下先發制人更有效，這個恐怖想法可謂將兩害相權取其輕的邏輯推向極致。邱吉爾甚至設想過一項「難以想像的計畫」（Operation Unthinkable）[80]，正如其名，他打算在

xviii 譯註：猶太裔物理學家，他發現的相對論啟發了原子彈的發明。

圖5-12　等式反轉：1949年8月29日蘇聯第一次原子彈試驗，核彈的西方代號為Joe-1。

美國發動核戰後，指揮二戰剛投降的德軍重新入侵俄羅斯。

這類主張的缺點在於，整整四年間，美國成為世上唯一擁有原子彈的國家，卻沒有足夠的原子彈擊潰蘇聯。美國參謀長聯席會議在一九四八年估算過，如果將全部一百三十三枚原子彈投向蘇聯城市，死亡人數將高達三百萬人，這數字雖驚人，仍不足以粉碎在二戰期間死過兩千五百萬人的蘇聯。直到一九五二年，美國物理學家試爆了一顆熱核彈（又稱氫彈），其爆炸威力相當於七百顆廣島原子彈，至此美國才有能力殲滅數以千萬的蘇聯共產黨人。但到了那時，蘇聯也研發出自己的核彈，而在這方面蘇聯間諜的貢獻不亞於蘇聯科學家（圖5-12）。

然而，新當選的美國總統艾森豪（Dwight Eisenhower）不輕易服輸，他於一九五三年告訴國家安全委員會「沒有必要懼怕敵人的能力」。反之，「現階段我們該好好探究的是，美國是否應投入一切武力對付敵人。」[81] 他委託的研究證實：「在開戰兩小時後，整個俄羅斯將化為煙霧

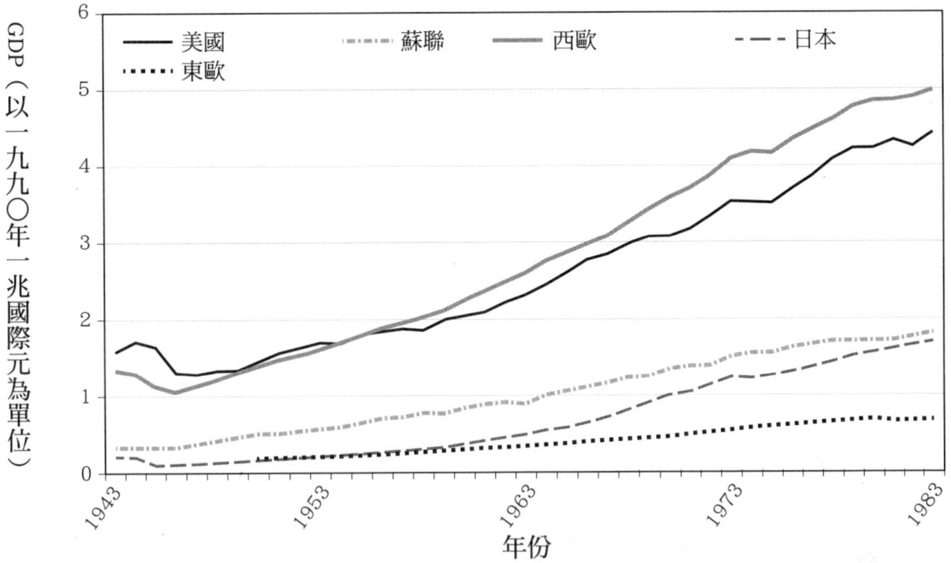

圖5-13 延續好時光：1943-1983年史上最龐大的經濟榮景誕生（東歐在1950年以前的資訊基本上不可靠）

瀰漫、充滿輻射的廢墟。」[82]但另一項研究指出，如果蘇聯轟炸機發起自殺式突擊（這對家園化為輻射廢墟的機組人員來說很合理），他們能在美國城市投下一百枚原子彈，足以殺死約一千一百萬人。

到時北極上空將發生激烈空戰，多數蘇聯轟炸機可能遭到擊落，但艾森豪不贊成這樣的豪賭。一九五四年，蘇聯終於製造出真正的遠程轟炸機，隔年推出氫彈，這使戰爭評估變得更不樂觀。一枚標準氫彈爆炸威力相當於一百萬噸TNT炸藥，足以讓三英里內的所有的人和建築物灰飛煙滅；六英里外，致命的衝擊會將衣服著火的人拋向空中；十一英里外，處在空曠區域的人將遭受二度灼傷和輻射中毒。到了一九五〇年代晚期，蘇聯擁有數百枚氫彈，美國則擁有數千枚。

一九四七年，美國沒有畏懼核戰，也沒有擁抱暴力，而是採用稱為圍堵政策的折衷路線。美國準確認知到自己作為外環勢力，已經將十九世紀英國主導的權利開放秩序拓展至新的境界：「除了北美近三百八十萬平方英里的領土外，美國放棄了對他國的直接統治。」事實上，多數美國人認為他們的母國是以自由為名對抗帝國主義的國家。即使如此，正如歷史學家弗格森在他的著作《巨人：美國帝國如何崛起，未來能否避免衰落？》（*Colossus*）和《帝國：大英帝國世界秩序的興衰以及給世界強權的啟示》（*Empire*）[83]中的敏銳觀察，一九四五年後美國的戰略情勢和十九世紀的英國驚人地相似。

美國如同英國一樣統治各海域（現在包括空域），在世界各地建立軍事基地，並擁有龐大的經濟實力。美國現在的身分是世界盟軍的領袖，而非各省或附庸國的統治者，為了鞏固支持的政黨，美國必須經常依靠發動政變並與當地軍隊合作，而非派出炮艦進行軍事支援。儘管這代表美國支持的政黨至少享有些許自主的空間，得以推動美國不樂見的政策，但若在重要議題上與美國背道而馳，代價往往超出盟軍的承受範圍，一九五六年英、法兩國未經美國許可入侵埃及就是一例。所有的事情都能經過談判調解，但盟軍大體上按照美國的要求行事，這也是為什麼無論美國的敵友都常將戰後世界稱為美利堅帝國。

在這個聯盟（或是帝國）內部，各國迅速走向和平。部分原因在於，美國鮮少允許盟軍相互爭鬥，有鑑於世上多數民主國家都聽命於美利堅帝國，這大體上解釋了稱作民主和平的現象。和平也得以在國界內長存，戰爭奇蹟似地促使人民尊重政府，並反對政治暴力事件，戰後數十年締造了法律秩序的黃金時代：「一九五〇至七四年間，每五千名斯堪地納維亞人中只有一人死於暴力，英國則是四千人中只有一人死於暴力。而美國的凶殺率（四百分之一）雖高於歐洲，但和美國在一九三〇年代的數字相比仍下降了百分之五〇。一九五〇年代可能相對沉悶，但人民真的非常安全。」

此外，國家也相當繁榮。一九四四年七月，在新罕布夏州森林中舉行的盛大集會上，美國人奠定了新的國際經濟秩序基礎，取代一九二九年九月三日到往後十年間逐漸走向崩壞的舊秩序。美國也開始援助歐洲遭二戰蹂躪的經濟，多數資金流向美國戰時盟友，但西德、日本和義大利也獲得大量金援，此時期的自由貿易原則早已超越了十九世紀英國的想像。到了一九五一年，美國已援助歐洲高達兩百六十億美元，約等於美國每年 GDP 的百分之十。美國政策專家勞勃・卡根（Robert Kagan）指出：「在資本主義下，這是解決一個戰略經濟難題的完美解方。」[84]

國與史密斯所說的「屠夫、釀酒人和麵包師傅」沒兩樣，其行為並非發自善心，而是出自對自身利益的考量，因為大量資本在湧入歐洲後，能刺激當地對美國食品、商品的需求。雖然從戰時到和平時期的生產期間，美國經歷短暫而急遽的經濟蕭條，但此後美國經濟就沉浸在史上最龐大廣泛的經濟榮景。一九五〇年，雞蛋的自由流通鼓舞英國民眾；一九六〇年，超過四分之一的英國家庭擁有汽車；一九六五年，超過三分之一的英國家庭擁車。雖然美國人的擁車率是歐洲人的兩倍以上，但歐洲人鮮少埋怨。

每經歷一次世界大戰，利維坦政權都將觸角深入民間社會，以便調動資源取得勝利，掌管由軍火製造、醫院到幼兒照護的一切事項。一九一八年後，多數選民認為政府這麼做是侵犯人民自由，因此新政府急於擺脫高稅率和照顧人民生活的負擔。然而到了一九四五年，許多西歐人（和極少數美國人）改觀了，不再認為「大政府」[xix]是被用來壓迫人民，而是通往自由的工具。大政府贏得了對抗希特勒的戰爭，現在或許能近一步消弭貧窮和不公義。人民選出的政府開始致力於施行國民保健制度、社會保障、國家資助的大學教育、國營企業、不斷上升的累進稅率，並用法律保護過去的邊緣化群體。

隨著美利堅帝國蓬勃發展，多數帝國成員認為這樣的結果還不糟。

八、彼得羅夫時刻

美利堅帝國無須向歐亞大陸心臟地帶逼近，但確實需要保護並擴大整個內環的自由市場，尤其是在西歐。美利堅帝國的圍堵政策容許蘇聯在心臟地帶為所欲為，但共產主義對內環的擴張卻會受到抵制。如果美國當不了世界警察，至少算得上稱職的世界保鑣。

---

xix 譯註：大政府一詞源於凱因斯（John Maynard Keynes）的理論，指政府徵收許多社會資源，藉以主導國家發展。

可想而知，以心臟地帶的視角來看，圍堵政策將內陸國家團團包圍。蘇共中央政治局舉目所及，從斯堪地納維亞到日本都有美國盟軍參與圍堵，美利堅帝國的財富和自由進一步拉攏內環國家加入外環勢力，使共產主義的未來岌岌可危。然而，蘇聯共產倡導者可不打算在意識型態作戰上屈居下風。蘇聯推行的各種五年計畫帶動經濟成長，這在早期任何時代都是驚人的成果。然而，蘇聯征服東歐後長期倚賴武力控制，和過去的沙皇如出一轍。

對心臟地帶的強權而言，武力鎮壓有其存在意義。位處內陸的蘇聯不能像外環帝國那樣靠龐大的跨洋貿易創造經濟榮景，因此在利用高水準生活收買忠誠盟友這方面，美國或十九世紀英國都比蘇聯占盡優勢。一九五三年，也就是史達林逝世那年，古拉格勞改營的囚犯數達到高峰，共關押了兩百五十萬名囚犯。史達林甚至短暫重啟布亨瓦德（Buchenwald）的納粹集中營，於是又有一萬多人死於那裡。根據我們對兩個知名案例的了解，那兩個家庭都是先有一個孩子遭希特勒毒手，然後又被史達林處死。

蘇聯的官方統計不可靠早已遠近皆知，但說來沮喪的是，蘇聯的秘密警察治國策略確實將暴力犯罪率降到極低。不過，蘇聯以此換來的卻是社會民不聊生，維持大規模鎮壓體制所需的龐大開支也扭曲了原先經濟。蘇聯在生活水準上確實有所提升，自一九四六至六〇年間收入增長一倍，但同時期美國的收入增長了兩倍。

除了上述缺點外，蘇聯揮霍資源培養數百萬軍人占領東歐，也使得鐵幕後的美國勢力倍感威脅。由於美蘇超級大國相互猜忌對方意圖（背後都有充分理由），內環勢不可免成為不斷升溫的衝突地點。美蘇兩國在檯面下的鬥爭於冷戰期間沒有停過，動用的間諜和警察並不比催生出的叛亂者和軍隊還少。最後兩方發現，套句馬克思的說法，儘管他們能擬定戰略，卻往往被現實情況牽著鼻子走。美、蘇作為超級大國必須與盟軍密切合作，卻經常受制於小國間的爭端。蘇聯就曾抱怨東德政府硬是將他們拖入危機中，北大西洋公約組織（NATO）在一九四九年經挪威倡議成立[xx]，第一任北約祕書長海斯亭斯．伊斯梅（Hastings Lionel Ismay）就曾戲稱北約為西歐列強的利己陰謀，為的是「排擠俄國人、拉攏美國人，打壓德國人」。[85]

歐亞大陸另一端，結盟政治則更加混亂不堪。先前，毛澤東曾長年對蘇聯大聲疾呼，請其介入國共內戰；這時換成金日成也不斷尋求蘇聯支持入侵南韓。史達林因擔憂激怒美國而再三拖延對中國和北韓的支援。然而在一九四九年，當毛澤東於北京上空升起中華人民共和國的紅旗，史達林發現自己終究抗拒不了將美國趕出太平洋內環的誘惑。一九五〇年，史達林表態支持韓戰。

韓戰前後耗費三年，死了三百萬人，最終在美國威脅對中國發動核戰下才告終。美國在內環重新站穩腳根，卻付出慘痛代價，於是在一九五四年，總統艾森豪提出絕不姑息的新圍堵政策「新面貌」（New Look）。這個命名方式相當古怪，借用了時尚設計師迪奧（Christian Dior）在一九四七年推出的傘裙系列名稱。官方雖刻意對新政策含糊其辭，卻暗示將對任何一地的攻擊施以大規模核武報復。此外，地面部隊人員數量將被大量縮減，只留下啟動核武的人手。北約的歐洲指揮官簡潔明瞭地寫道，我們「所有的計畫都建立在使用原子和熱核武器的防禦基礎上。對我們而言，不是『可能動用核武』，而是再明確不過的『將會動用核武』。」[86]

只要蘇聯明白發動戰爭代表美國將泰半毀滅，但自己卻將屍骨無存的事實，那麼「新面貌」就多少將主動權交還給美國，蘇聯和中國也將有所忌憚（中國在一九六四年成功試爆核彈）。不過，有鑑於冷戰期間美蘇大國總會捲入小國爭端的怪異邏輯，弱小的共產國家自認能承擔更多風險，因為這些領導人心知美國寧可放棄報復，也不願被當作是用核武霸凌小國的惡棍。一九五四年，連艾森豪也不得不承認，他不會對在中南半島發動越戰的胡志明[xxi]施以核武報復。

核武的軍事事務革命速度之快，使任何長久穩定的戰略顯得徒勞。一九四五年，美蘇無所不用其極地挖走希特勒的火箭科學家，讓他們著手研發洲際彈道飛彈（ICBM）。如同電影《太空先鋒》（*The Right Stuff*）[xxii]中飾演蘇俄

xx 譯註：二戰後，以美英法三國為首建立的地區性防衛組織，冷戰期間與華沙公約組織遙相對抗。

xxi 譯註：越南共產主義革命家，為越南勞動黨中央委員會主席。

xxii 譯註：一九八三年由考夫曼（Philip Kaufman）執導的電影，描述美國太空人發起水星計畫的經過。

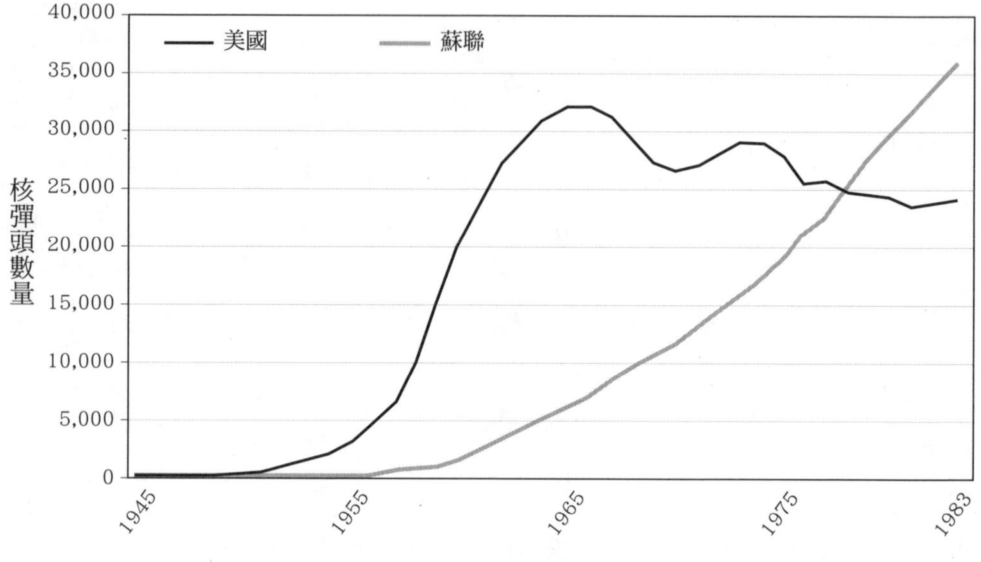

圖5-14　過度擁核：1945-1983年美蘇雙方的核武庫

領導人赫魯雪夫（Nikita Khrushchev）的演員誇口所說：「我們的德國人媲美國的德國人還優秀」[87]，一九五七年，蘇聯以些微差距贏下這場軍備競賽。蘇聯科學家利用首次研發出來的火箭，將一顆一百八十四磅的鋼製球狀太空船「史普尼克號」（Sputnik）發射至行星軌道。球體內裝設了一部無線電發射器，作用只是發出嗶嗶聲響，卻足以讓美國人民陷入絕望，美國國家廣播公司（NBC）提出警告：「現在聽到的聲音將永遠分隔新舊世代。」[88]

但如同這美麗新世界中的大多數事物，蘇聯的領先優勢也稍縱即逝。兩年後，美國研發出洲際彈道飛彈，美蘇雙方在一九六〇年也都掌握了由潛艇發射飛彈的的技術。這就排除了透過第一波攻勢炸掉敵方多數飛彈，從而防止對方反擊的可能性，戰局評估又得重新來過。

一九六〇年代初，美國在核武方面仍以九比一的優勢領先蘇聯（圖5-14）而且美國國防部預測，美國的第一波攻勢將能殲滅一億人，有機會使蘇聯垮台。然而報告繼續陳述，蘇聯對美國及其盟國大城市進行的反擊，將殺死七千五百萬美國人和一億一千五百萬歐洲人，北半球的多數區域將陷入火海。

自此，相互保證毀滅（簡稱貼切地剛好是MAD，意即

「瘋狂」）[xxiii]的時代到來了。大舉報復戰略現在將美、蘇兩強推向毀滅邊緣，「新面貌」政策的吸引力自然也大打折扣，而「未知的未知」也重新回到國際局勢。一九六一年，蘇聯在東西德兩方無休止的意識型態角力中卯足了勁，藉此試探新上任的美國總統約翰．甘迺迪（John F. Kennedy）是否會為了蘇聯封鎖西柏林的事件拿紐約冒險。當美、蘇政治家緊守立場、相互要脅，全世界都深陷恐懼中。最終蘇聯妥協，在東西柏林間建起了圍牆，但次年危機再度加深。赫魯雪夫諷刺地問道：「何不在山姆大叔的褲子上扔一隻刺蝟呢？」[89]隨後將蘇聯飛彈運往古巴。在驚心動魄的十三天對峙中，人類的末日幾乎近在咫尺，這就像一九一〇年代的情景，但這次有確保人類毀滅的末日裝置。

世界驀然驚醒於自己的所作所為。美國陣營的自由民主國家中，數百萬人參與裁減核武運動，高唱反戰歌曲，並大排長龍觀看《奇愛博士》（*Dr. Strangelove*）。支持《薩摩亞人的成年》的民眾認為戰爭一無是處，這樣的思想也迅速傳開來。

但這依然無法解決世界的問題，如同過去每個時代，只要有人認為武力在不得已的情況下是最好的選項（或懷疑別人這麼想），就沒有人敢放下武器。如同人類創造第一把石斧以來的每一項惡毒武器，一旦炸彈被發明出來，就無法被「消除發明」（disinvented，艾森豪的說法）。[90]就算世界上所有的核彈頭都被報廢掉，幾個月內就能夠重新造出來，可以想見禁止核彈將可能是最危險的行為。狡詐的敵人可能會秘密重建核武庫，並在遵守規範的對手有能力製造足夠炸彈加以阻止前，發動毀滅性的第一波攻勢。

一九六〇年代下旬，儘管反戰神曲〈戰爭〉和數十首同類型歌曲取得巨大成功，多數人顯然認同潛在的隱憂。擁核國家中沒有一名選民將票投給宣揚裁軍的政黨，當英國工黨明確承諾將禁止核彈，到了大選時反而以潰敗告終，國會的一名工黨議員稱工黨的宣言是「史上最長的遺書」。[91]

其他頭腦冷靜的人則尋找更實際的解決辦法。有些方案容易達成，如在華盛頓與莫斯科之間安裝熱線（通過倫

xxiii 譯註：對立兩方中若有其中一方使用核武，則兩方都將被毀滅。相互保證毀滅（Mutual Assured Destruction）的簡稱。

圖5-15 搜索並殲滅[xxiv]：美國陸軍第一騎兵師（1st Air Cavalry Division）在南越平定省沿海低地登陸，日以繼夜與越共交戰（攝於1968年1月或2月）。

敦、哥本哈根、斯德哥爾摩和赫爾辛基的中繼站），有些則極為不易，如減少龐大的核彈頭儲備數量。一九六六年，美國停止擴大核武庫，但蘇聯在未來二十年都沒有試圖跟進。正如美國國防部長哈洛·布朗（Harold Brown）所言：「我們建造核武時他們跟進，我們停止建造時他們仍不停手。」[92]

最棘手的部分是在不引發世界末日的情況下，想方設法爭奪內環地區。美國的做法是推出「彈性反應」（Flexible Response）這項新政策，國家領袖現在不會為了一點分歧就威脅殺死數億人，而是根據威脅的程度拿捏回應。但他們要如何給出相應對策？當歐洲帝國紛紛撤出東南亞後，這個定義上的問題瞬間浮上檯面。美國同意不值得動用核武，在東南亞這個遙遠的內環區域建立勢力沒那麼重要，但就職得犧牲美國大兵的性命嗎？甘迺迪上任第一年就抱怨道：「軍隊將前進，人民將歡呼……

然後我們會被告知必須派出更多軍隊，像醉酒一樣無法自拔。」[93]儘管如此，他依然派遣了八千名軍事顧問進入南越，兩年後顧問人數增加一倍。四年後，美國海軍陸戰隊在峴港登陸，到了一九六八年，已有五十萬美軍在越南作戰（圖5-15）。

一旦軍靴踏上陸地，隨後就必須做出一連串決定。拘禁平民以切斷越共補給雖然可靠，但算是相應對策嗎？白宮認為是。轟炸北越呢？有時是。入侵北越呢？不是，因為這可能給予蘇聯插手的理由。對美國總統尼克森（Richard Nixon）而言，轟炸、襲擊越共在中立國柬埔寨的據點是合理決策，但許多美國人對此大為不滿。美國內部掀起一場暴亂，期間國民警衛隊在俄亥俄州射殺了四人。至此，當越戰進入更重大的戰略部署階段，打算建立一條橫跨寮國的堅固防線以阻斷越共補給時，誠如南越將軍高文園所言，即使這項充滿軍事意義的行動能夠「截斷越北前線與後方的聯繫」[94]，沒有總統會點頭答應。

越戰又拖了幾年，最終共有三百多萬人死於這場戰爭。儘管這個起頭不盡人意，北約同樣也打算對歐洲對峙採取彈性反應策略，在歐洲戰場上，戰爭將意味著數場閃電戰。在史上最大的空軍和炮火掩護下，七千輛蘇聯坦克將輕而易舉地擊潰東西德邊境的薄弱防護網，精銳部隊則借助直升機和降落傘，在敵方防線後方一百英里處製造混亂。隨著戰爭進入熱鬥，在最初空襲中倖存下來的北約戰鬥機將一路飛往波蘭，趁著蘇聯裝甲部隊抵達戰場前擊潰第二、第三和第四梯隊。北約步兵部隊則趁著蘇聯坦克的第一波攻勢突破富爾達缺口或穿越北德平原前，留守在這兩處阻擋坦克行進。

北約將軍將希望寄託在一九七三年，埃及和敘利亞進軍以色列的教訓上。阿拉伯士兵雖不像以色列軍隊領導有方、訓練有素，卻憑著拖式（TOW）反坦克飛彈將以色列裝甲部隊打得落花流水。雖然以色列僅花兩週時間就能夠適應、反擊並殲滅阿拉伯部隊，但北約賭他們的軍隊能堅持陣線夠久，久到美軍有時間飛過大西洋，拿起預備的重型裝備，將蘇聯軍隊趕回心臟地帶。

在一九七八年廣為流傳的小說《第三次世界大戰》（*The Third World War*）中，作者約翰．哈克特將軍（John Hackett，曾任駐西德英軍指揮官）設想戰爭發展模式，上述情況泰半吻合他的想法。彈性反應策略在小說中發揮應有功效：「經過十七天常規戰鬥，蘇聯攻勢停滯不前，而隨著美軍到達並鞏固防線，甚至組織起反擊，蘇聯攻勢陡然升級。他們冒險發射一枚帶有核彈頭的SS-17洲際彈道飛彈，飛彈摧毀了英國伯明罕，殺死三十萬人。北約隨即做出相應報復，對明斯克進行核武攻擊，政局不穩的蘇聯政權隨後垮台。」

一九七八年，我碰巧就住在伯明罕，距哈克特在小說設定的原爆點溫森格林地區（Winson Green）僅兩英里遠，可想而知我對他的預言沒半點好感。但就如哈克特所說，現實只可能更糟。北約預計將首先啟用核彈，透過「戰術」裝置（威力相當於半枚廣島原子彈）阻止蘇聯突破，並警告敵軍停止攻擊。如果蘇聯高層無視這項訊息，北約將投下更大的炸彈、炮彈及核彈頭（威力相當於六枚廣島原子彈）。假如蘇聯坦克進入西德六十英里後仍不打算停手，北約軍將不再手下留情。

遺憾的是，蘇聯從來就不打算將氫彈視為警告信號。按蘇聯的計畫，坦克部隊必須在兩週內抵達萊茵河，四週內抵達英吉利海峽和庇里牛斯山。為了實現這項目標，第一梯隊坦克將動用二十八至七十五枚核彈在北約防線鑿出缺口，第二梯隊坦克進行突圍時會另外發射三十四至一百枚核彈。蘇聯料到北約軍隊會還擊，因此讓軍隊全副武裝，隨時準備在充滿化學毒氣和輻射的戰場作戰，迅速集中攻擊後分散陣型。西德將遭受數百枚廣島原子彈等級的爆炸摧殘，大多數人都將死於戰火，同時洲際彈道飛彈會從北極上空呼嘯而過。在莫斯科高層看來，數日的全面戰爭將摧毀兩方陣營家園，而一旦核彈頭用完，常規戰鬥將持續下去，直到其中一方無力再戰為止。

蘇聯官方對勝利抱持樂觀態度（我們現在知道，蘇聯當時的基礎設施和組織很糟，因此官方或許太樂觀了），但實際上沒有人期待全面開戰。因此激烈辯論後，美、蘇超級大國逐漸達成共識，即使彈性反應政策沒有發揮威懾作用，美、蘇冷戰也漸漸走向「低盪」（détente）時期。一九六九年，兩國針對削減核武進行談判，一九七〇年代蘇聯在人權做出讓步，美國則將糧食賣給蘇聯、提供金援，以彌補集體農場和共產主義經濟的陸續失敗，兩方的太空人也開始攜手合作。

事情看來正在好轉，但現實依然擺在眼前。美、蘇作為東西半球軍事大國，擁有足以摧毀人類文明的武力，卻被困在內環勢力的爭鬥中。內環依舊由缺乏穩定和可靠性的代理政權把持，他們都有自己的大業，而且任一方都禁不起失敗。

這場戰略拉鋸戰先是倒向美國，後來則對蘇聯有利。一九七二年，當蘇聯前盟友毛澤東決定向美國陣營靠攏時，尼克森成功發動了一場外交政變。圍繞蘇聯的戰略網縮小了，但僅僅過了一年，新爆發的以阿戰爭就讓美國前功盡棄。阿拉伯石油業者蓄意將油價抬高三倍，美國陣營頓時陷入經濟危機，同為石油出口國的蘇聯則賺進大把鈔票。經濟放緩、維持核武均勢的焦慮以及外界對越戰的譴責，這些問題不斷深化美國困境，也打破美國二十五年來圍堵政策上的戰略共識。保守派提出爭辯，認為恢復經濟成長只能透過削減福利開支和相關機構達成，經濟若不成長，圍堵政策就不會奏效。水門事件引發的醜聞風波，則使美國人民將對蘇聯的憎恨轉移到尼克森頭上。美國的政治僵局使國防政策陷入癱瘓，美軍也漸漸退出越戰，北越自此統一整個越南。

一九七〇年代末期，美國的意識型態角力不管到哪都節節敗退。共產主義份子在非洲和拉丁美洲打贏內戰，甚至贏得選舉，共產思想在歐洲則更深入民心。我有個叔叔是位失業的鋼鐵工人，大概是在一九七六年的聖誕節，他居然給了我一本小紅書（毛語錄）。一九七九年，伊朗的宗教激進份子也來參一腳，在伊朗革命後把美國這個「大撒旦」[xxiv]趕出中亞內環。壓垮駱駝的最後一根稻草則在一九七九年底，蘇聯軍隊入侵阿富汗。如同一個世紀前俄羅斯和英國爭奪此地，阿富汗地區依舊是連接心臟地帶和南亞內環的戰略橋梁。

低盪時期邁向終結，美國瘋狂地重新投入武裝，在歐洲部署殺傷力高的新型巡弋飛彈，並熱切討論能夠輕易擊潰蘇聯防禦系統的軍事科技。一九八二年，以色列軍隊使用美國製電腦化武器系統，突擊了敘利亞十九座蘇聯製地

xxiv 譯註：伊朗革命精神領袖何梅尼（Ruhollah Khomeini, 1979-1989）所提出，指控美國干涉伊朗內政。

對空飛彈基地。以色列成功摧毀十七座基地，並擊落九十二架蘇聯戰機，損失三架己方戰機（或六架，這要看是哪一方估算），這場戰爭也讓多疑的蘇聯高層陷入恐慌。美國宣布研發以雷射當作反彈道飛彈系統的「星戰計畫」（Star Wars）和遠程火箭「突擊破壞者」（Assault Breaker），這種火箭能投下電腦導引的小炸彈，摧毀尚未到達前線的整個裝甲師，不過這些發明數十年後才發揮功效。雖然任何科學家都能向蘇聯高層擔保不必慌張，但在一九八〇年代初莫斯科的狂熱氛圍中，人們早已習慣做好最壞的打算。

當彼得羅夫眼前的演算法顯示美國正在發射飛彈時，他陷入一番痛苦的掙扎，而在事件六週後，美、蘇對峙在一九八三年十一月來到高峰。當時神經兮兮、因糖尿病臥床不起的蘇聯領導人安德洛波夫（Yuri Andropov）確信北約正計劃發動第一波攻勢，並要求蘇聯國家安全委員會（KGB）[xxv]查出證據。盡責的蘇聯特務回報，英美公務員似乎都在辦公室忙到很晚，因此唯一可能的結論是：「美國肯定在計劃利用即將到來的西歐軍事演習作為攻擊掩護。」蘇聯在東德的戰機裝載了核武實彈，所有人員的休假都取消了，連軍事天氣預報也暫停，以免洩露任何蛛絲馬跡。

幸運的是，冷戰中從來沒有人能保守秘密。一名蘇聯國家安全委員會高級官員在接受採訪時回憶道：「當我告訴英國人我們的懷疑時，他們無法相信蘇聯領導人竟會愚蠢狹隘到相信這麼荒誕的事。」[95]關於安德洛波夫是否真的如此愚蠢狹隘，這點眾說紛紜，但美國總統雷根決定派遣後來擔任國家安全顧問的將軍史考克羅（Brent Scowcroft）赴莫斯科，阻止安德洛波夫鑄下大錯。由此可見，美國當時有多害怕蘇聯發動全面戰爭。

數百萬人重新上街遊行，號召禁止核彈，歌手史普林斯汀（Bruce Springsteen）重唱反戰神曲〈戰爭〉。要是當時有人不擔心世界末日到來，肯定沒在關注時事。

然而，三十年過去了，我們依然活得好好的，生活比以往更安全富足。即使人類社會經歷不少苦難，過去一萬年來戰爭如影隨形，終結一切戰爭和人類文明的大戰終究沒有到來。與一九八三年彼得羅夫執起話筒之際相較，到了二〇一三年年中的現在，威脅著世人的核彈數量只剩下二十分之一。在接下來幾年間，會發生足以殺死十億人的龐大戰爭的機率趨近於零。

人類一直以來是如何與危險共存？我們的好運又能維持多久？在我看來，這些都是人們急欲探究的重大課題。不過，答案一直都在我們甚少關注的地方。

xxv 譯註：蘇聯情報機構，另有一譯名為「格別烏」。

第六章
大自然中的血戰：貢貝黑猩猩為何要打仗？

一、殺手猩猩與嬉皮猿

一九七四年一月七日

正午剛過不久，一支以卡薩克拉（Kasekela）為聚居地的作戰小隊悄悄溜過邊界，來到卡哈馬（Kahama）地區。共有八名突襲者小心地躡手躡腳，準備執行殺敵任務。等住在卡哈馬的高迪發現牠們時，一切為時已晚。正在吃水果的高迪從樹上跳開狂奔，但還是被壓制在地。一名敵人把牠的臉按在泥巴裡，其他攻擊者一面怒吼，一面痛毆並撕咬高迪，過程長達整整十分鐘。最後，牠們一陣亂石砸在高迪身上，往森林深處去了。高迪還沒嚥氣，但臉部、胸口、手臂和雙腿的數十個傷口不斷湧出鮮血。牠倒在地上痛苦哀鳴，幾分鐘後爬進樹林。高迪的身影從此再也沒有出現過。

這是科學家第一次發現黑猩猩刻意離開自己的群體，對外發動攻擊，並扔下同類等死。一九六〇年，英國動物學家珍・古德（Jane Goodall）在東非坦尚尼亞的貢貝溪國家公園（Gombe Stream National Park）建立了全世界第一個黑猩猩研究計畫（圖6-1），往後十年也向《國家地理》雜誌的讀者和電視觀眾分享了許多黑猩猩的故事，包括溫和聰

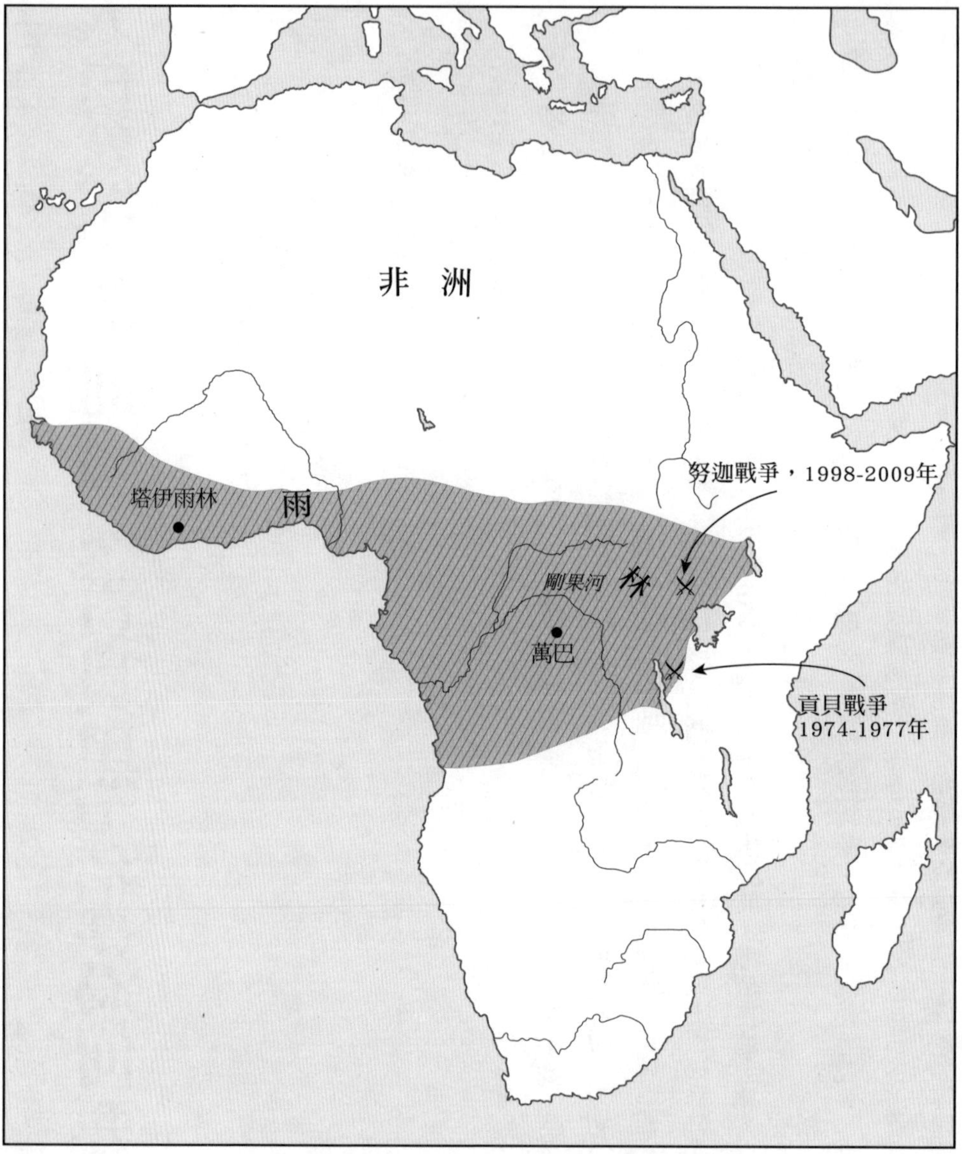

圖6-1 戰爭的搖籃：本章提及的非洲地點

圖6-2 殺手猩猩？1970年代，在荷蘭皇家伯格斯動物園（Arnhem Zoo）的靈長類公園中，左邊四隻黑猩猩正在霸凌、威脅和攻擊最右邊的黑猩猩。

明的「灰鬍子大衛」、古靈精怪的弗洛和愛搗蛋的麥克。這些故事深受觀眾喜愛。但如今，黑猩猩居然被揭開殺手的真面目。

更糟的還在後頭。卡薩克拉的黑猩猩族群往後三年又活活打死了六公一母的卡哈馬黑猩猩。另外有兩隻卡哈馬母猩猩失蹤，很可能已經死亡，還有三隻母猩猩被毆打、強暴，然後遭卡薩克拉族群收編。最後，卡薩克拉族群占領了卡哈馬族群的地盤。當年高迪的死只是這場滅族戰爭的序幕（圖6-2）。

殺手猩猩？一九七〇年代，在荷蘭皇家伯格斯動物園（Arnhem Zoo）的靈長類公園中，左邊四隻黑猩猩正在霸凌、威脅和攻擊最右邊的黑猩猩。

貢貝黑猩猩戰爭的消息震驚了靈長類動物學界。這場戰爭似乎透露出重大的訊息。人類與黑猩猩的DNA相似程度高達百分之九十八，而兩個高度相近的物種出現類似的行為時，通常很有可能是從共同祖先身上遺傳了某項特質。由於我們只需要回溯七百五十萬年（對於演化生物學家而言不是很長的時間）就能找到人類和黑猩猩最近的共同祖先，結論似乎顯示人類天生就有暴力傾向。

一九七〇年代，美國人類學家米德《薩摩亞人的成年》非常流行，「文明催生暴力」的論點獲得廣泛支持。因此毫不意外地，有些人無法接受這項發現。一些學者怪罪帶來消息的人，認為是珍．古德引起了黑猩猩戰爭。她為了讓黑猩猩可以與人類自在相處，曾用香蕉餵食黑猩猩，有些人批評這引起了競食行為，害原本和平的黑猩猩社會流於暴力。

第一章提過美國人類學家沙尼翁（Napoleon Chagnon），他對於亞諾馬米人剽悍行徑的記錄曾引發不小爭議，而黑猩猩戰爭引爆的辯論就像那次一樣激烈；但與沙尼翁不同，珍古德不消多時就證明了自身清白。一九七〇和八〇年代，數十名科學家湧入非洲雨林與猩猩一起生活，他們發展出更加周密且不打擾動物的觀察方式，很快就證明不管人類有沒有餵食，黑猩猩都會發動戰爭。本章開頭的貢貝黑猩猩戰爭及其他相關描述，正是參考了其中一名科學家理查．藍翰（Richard Wrangham）的著作《雄性暴力：人類社會的亂源》（*Demonic Males*），他是珍．古德指導過的研究生，這是他與戴爾．彼德森（Dale Peterson）合著的書。

二、血淋淋的廝殺

就在你讀這本書之際，從西非的象牙海岸共和國到東非的烏干達，到處都有成群的公黑猩猩在地盤邊界來回巡邏，有組織地追捕並攻擊外來的黑猩猩。牠們小心、安靜地移動，甚至不會花時間停下來吃東西。在烏干達最新的研究中，科學家使用了衛星定位裝置來追蹤努迦（Ngogo）黑猩猩族群，觀察牠們在一九九八到二〇〇八年之間進行的數十起突襲和二十一起殺戮行動，這些攻擊以併吞鄰近族群告終（圖6-3）。

這些黑猩猩僅有的武器是拳頭和牙齒，偶爾也會用石頭和樹枝，但即使是年老的黑猩猩，隨便出手也勝過重量級的人類拳擊手，鋒利的犬齒更可長達四英寸。牠們一旦發現敵人就會拚個你死我活，啃咬對方的手指和腳趾，打斷骨頭、撕爛臉。有一回，靈長類動物學家驚駭地目睹攻擊者扯裂受害者的喉嚨，把氣管拉了出來。

《蒼蠅王》似乎說對了：「獸性就是我們的一部分，離我們很近、很近、很近。」但就像所有的新科學領域，大家很快就發現事情更加複雜。我在第一章提到《蒼蠅王》的觀點時，也立刻補充美國人類學家米德在南太平洋島

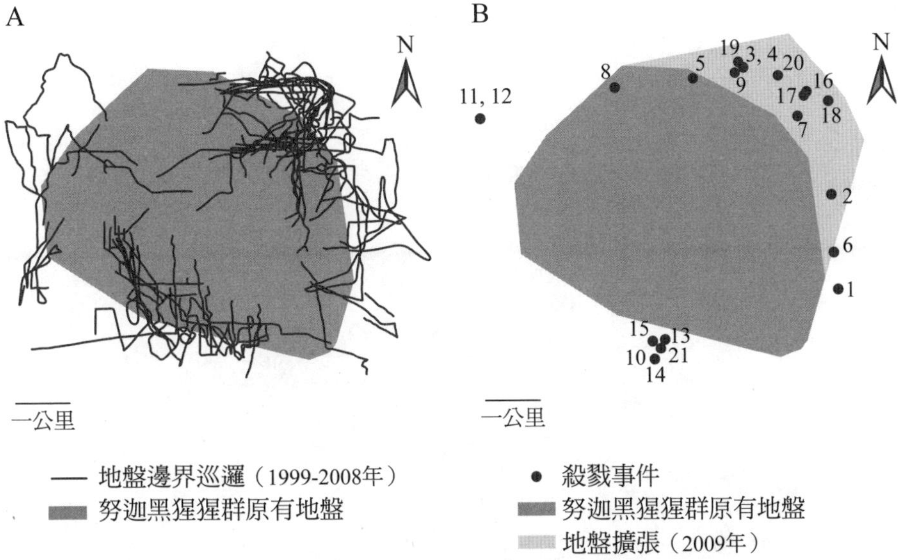

圖6-3 1998-2009年努迦戰爭：努迦黑猩猩入侵鄰近黑猩猩群的地盤發動數十起突襲（左側地圖上的黑線），殺害了21隻黑猩猩，更在前所未有激烈的戰鬥後併吞該地區（右側地圖的陰影部分）。

嶼薩摩亞的見聞，她提供了截然不同的視角。米德相信自己偶然遇見了太平洋上的和平天堂；同樣的，如果我們飛越六百英里，越過遼闊的剛果河，從貢貝來到另一區叫作萬巴（Wamba）的非洲雨林，也彷彿是跟著愛麗絲穿越鏡子，夢遊仙境。

一九八六年十二月二十一日，日本靈長類動物學家伊谷原一在森林中的空地邊緣等待一群猩猩經過，但他驚奇地發現兩群猩猩同時出現了。如果這裡是貢貝，可能五分鐘內就會大事不妙，兩群猩猩互相發出威脅的吼聲，作勢攻擊並揮動樹枝，情況更糟的話甚至會打鬥喪命。

然而，萬巴這裡不是那樣。兩群猩猩只是隔著幾碼坐了下來，互相瞪視。半小時後，其中一群（P群）的一隻母猩猩起身，緩緩走到另一群（E群）的一隻母猩猩面前。過了一會兒，兩隻母猩猩面對面躺下來，張開腿貼緊對方的陰部，並加速來回移動屁股，互相摩擦陰蒂而發出低吟。過不了幾分鐘，兩隻猩猩都狂喘尖叫，緊抱在一起抽搐著。一時之間，兩隻猩猩都歸於安靜，注視著彼此的眼睛，然後精疲力盡地癱軟下來。

圖6-4 嬉皮黑猩猩：在剛果盆地，兩隻母的倭黑猩猩正在進行科學家所稱的陰部摩擦。

此時，兩群猩猩之間的距離也消失了。幾乎所有的猩猩都在分享食物、理毛和交配。牠們公配母、母配母或公配公，不分老少地任意交纏著手、嘴與生殖器。牠們「做愛不作戰」[i]。（圖6-4）

接下來的兩個月裡，伊谷和同事們看到這兩群猩猩再度上演這幕三十多次。他們一次都沒看到貢貝黑猩猩那種暴力行為。不過，這是因為萬巴猩猩不是黑猩猩，至少與貢巴的不是同一種。嚴格說來，兩者同屬不同種，萬巴猩猩是倭黑猩猩（Pan paniscus），而貢貝猩猩就是我們一般所說的那種黑猩猩（Pan troglodytes）。

在外行人眼裡，兩種猩猩根本一模一樣。倭黑猩猩只是體型稍小，四肢較為瘦長，嘴巴和牙齒較小，臉也比較黑，毛髮中分（靈長類動物學家到一九二八年才把倭黑猩猩列為獨立物種）。然而，兩種猩猩的差異有助於解答戰爭有何好處，以及人類在二十一世紀會發生什麼事。

為了避免混淆，科學家通常稱倭黑猩猩為巴諾布猿（bonobo），記者則稱牠們為「嬉皮猿」（hippie chimp），一般黑猩猩就只稱為黑猩猩（chimpanzee），不加特別的形容詞。巴諾布猿和黑猩猩的DNA幾乎一樣，兩者有共同祖先，僅在一億三千萬年前才開始分化（圖6-5）。更驚人的是，兩種猩猩與人類DNA的相近程度也一樣。如果黑猩猩戰爭代表人類可能天生就是殺手，巴諾布猿的雜交派對則顯示我們可能也是天生的歡愛之徒。除了在格勞庇烏山拔劍相向，兩個陣營的領袖阿古利可拉和卡爾加庫斯搞不好也可能扯掉袍子，互相摩擦下體。

但八三年的這幕還是以拔劍相向收場。在我們爬梳背後原因的同時，也將理解人類為何在動手不動口的整整一萬年後，竟然沒有繼續大動干戈，在二十世紀晚期轟掉全世界。背後的解釋也暗示我們將在二十一世紀保持和平紀錄。但這事說來話長，事實上，有三十八億年那麼長。

三、死亡賽局

起初，地球上只有「團塊」（blob）[ii]。

至少這是生物學家給的名稱。團塊有粗糙的膜，包著由碳基分子構成的短鏈，約三十八億年前透過蛋白質和核酸的簡單化學反應而形成。團塊吸收化學物質而生長，長到外膜容不下時就會分裂成多個團塊。每次分裂時，內部的化學物質都知道如何重新結合成新的團塊，因為這個模式就刻在RNA（核糖核酸）裡，蛋白質會接到指令。雖然聽起來不怎麼精采，但這就是生命的起源。

英國生物學家達爾文（Charles Darwin）將演化定義為「累世修飾」（descent with modification）[iii1]。RNA或DNA（去

i 譯註：作者此處刻意化用美國反越戰時期的著名口號「做愛不作戰」（make love, not war）。後面作者用特別用「嬉皮黑猩猩」這個常見別稱來指涉倭黑猩猩，顯然也與嬉皮是反戰人士有關。

ii 譯註：一種非細胞黏菌，學名為*Physarum polycephalum*，「團塊」為其俗稱。

iii 譯註：達爾文所謂的「累世修飾」是指生物的特徵代代相傳、略有改變。

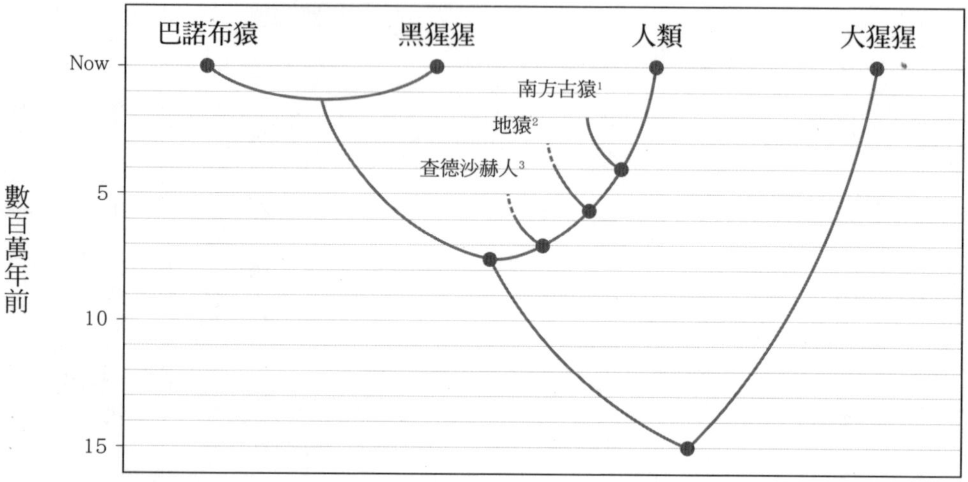

1 譯註：精確譯名應為「南方古猿屬」，又可分為湖濱南猿（Australopithecus anamensis）和阿法南猿（Australopithecus afarensis）。
2 譯註：地猿為俗稱，此處作者的用字是「基盤屬」（Ardipithecus），包括始祖基盤人（Ardipithecus kadabba）與根源基盤人（Ardipithecus ramidus）。
3 譯註：另一個譯名是「查德人猿」。

圖6-5 族譜樹狀圖：1500萬年前，類人猿從我們最近的共同祖先中分化出來。

氧核糖核酸，存在於人類等較複雜的生命體）幾乎完全複製了遺傳密碼，但也會發生隨機的基因突變。大多數基因突變不會有什麼影響，有一些卻是災難，害團塊裂開死亡。也有些基因突變有助於團塊複製，長期下來，更高效的團塊就會在數量上超越低效的團塊。

世界上大概只有演化比戰爭更充滿矛盾。天擇是一種競爭，但合作才會得到最好的結果，於是經過三十八億年的演化，無比複雜的碳基生命形式誕生了，並以各種奇特的方式互相合作和競爭。

三億年來的隨機基因突變產生了可以合作的團塊，合作緊密到可以形成細胞（DNA附近圍繞著更加複雜的碳基分子束）。細胞比團塊更能獲取原始海洋中的能量，而十五億年前，細胞又變得更加複雜。在那之前二十億年，所有生命都是進行複製生殖，出錯是修改基因的唯一途徑，但新出現的細胞卻會互相分享DNA資訊來合作，這就是有性生殖，大幅提升了基因庫的多樣性，也急速推動著演化。六億年前，有些細胞在分享基因資訊時非常徹底，甚至可以將數百萬個細胞結合成多細胞生物（以人類而言，每具身體含有約一千億個細胞）。

這些動物體內的細胞會分工合作，有些變成鰓和胃，以新的方式消化能量，有些變成負責輸送能量的血液，有些則變成甲殼、軟骨和骨頭。四億年前，有些魚的鰓變成肺，鰭變成腳，並開始登陸生活。

魚鰭或腳的細胞並不會與胃或骨頭的細胞競爭，反而會共組為一個生物，讓牠擊敗其他生物而獲得所需能量。這變成一場演化的軍備競賽。幾億年下來，有些細胞變得對光線、聲音、觸碰、味道和氣味特別敏感，分別變成眼睛、耳朵、皮膚、舌頭和鼻子，為動物提供要去哪裡和該做什麼的資訊。神經把這些資訊傳送到通常在動物正面的節點，匯集成小小的腦。

有些動物會意識到自己的皮膚位置和身體範圍，這種意識使牠們具有較高的競爭力，而清楚了解自己有身體意識的動物，競爭力又更高了。當腦部意識到自己寄居在動物個體中，就會產生希望、恐懼和夢想。動物逐漸變成了「我」，心智也隨之誕生。

經過三十億年盲目且缺乏方向的基因演化，生命從最初的團塊變成了詩人、政治家和彼得羅夫，整個過程似乎確實是奇蹟。在達爾文時代之前，人類把這一切都歸功於神的巧手，對此我們也不需意外。但這麼令人嘆為觀止的故事也有黑暗的一面。

大約四億年前，有些魚的嘴裡冒出尖銳的軟骨牙齒，配上強壯的下巴便足以撕裂其他動物的肉。這些原始鯊魚在能量競爭中找到捷徑，藉由獵食來奪取其他動物體內的能量，而如果遇到其他原始鯊魚要爭奪同一塊食物或同一個交配對象，牠們就會打鬥。牙齒的出現讓競爭更激烈了，其他動物則長出防禦鱗片或提升逃跑速度，有的也長出自己的牙齒來還擊，有的長出刺或毒囊，陸上動物則是爪子和利齒。暴力已演化了。

但世界並未因此陷入混亂。面對有還擊能力的對手時，動物不會貿然發動攻擊。擁有利齒和爪子的動物會先露牙、低吼，或羽毛和毛髮變蓬；如果虛張聲勢起不了作用，對手沒有連滾帶爬、或游或飛地逃走，雙方就會更進一步互抵著角或頭部，直到其中一方自覺位居下風而屈服。但這樣的扭打風險很大，通常會造成嚴重傷害。為了避免打鬥，每個物種都演化出精妙的投降訊號，像是匍匐、露出肚皮或後腿，或因恐懼而失禁撒尿。

能解釋這種行為，也就能解釋第一章到第五章提及的大部分人類行為。但在說明之前，我們必須從生物學轉向數學。數學家會問，假設兩隻動物同時遇到美味的食物或交配對象，牠們會打架嗎？影響這個決定的因素有很多，每隻動物的反應也不盡相同。以我養的兩隻狗為例，其中一隻把所有的人都當成朋友，不管遇到誰都會激動地搖尾巴並嗅舔對方。另一隻則認定除了這隻同伴以外，每隻狗都不懷好意。牠會在牽繩的束縛下咆哮暴衝，如果逮到機會，牠會連聞都不聞就先咬再說。

動物的個性和實際的相遇狀況不可勝數，但數學家仍觀察到一定的模式。打鬥對於遺傳有正面影響，這影響可以很直接，像是當一方贏了，就會透過繁衍把基因傳給下一代，傷亡的輸家則從基因庫裡遭淘汰。但更多時候影響相當間接，打贏的一方可能會進食、儲存能量以備繁衍之需，也會贏得地位而連帶提升求偶優勢，也更能威懾對手。輸掉的一方可能會挨餓或在群體中失去位置。

包括人類在內，很少有動物在面臨衝突時會冷靜盤算。事實上，我們常受到某些荷爾蒙左右，它們正是為了協助當機立斷而演化出來的。化學物質會衝進大腦，動物會落荒而逃、搖尾巴靠近對方或動怒發飆，如莎士比亞所說「憤怒的血液在翻攪」[2]。每隻動物所做的選擇都會影響基因延續的機率，經過殘酷的天擇，利於傳播基因的行為將漸漸取代不利的行為。

數學家認為可將這些衝突視為賽局，並在積分表上對動物可能做出的不同行為給分。科學家稱這項活動為「賽局理論」，它雖大幅簡化現實，卻有助於解釋包括人類在內所有的物種是如何在戰鬥、驚嚇和逃跑之間，演化出自己的拿捏之道。

英國演化生物學家理查・道金斯（Richard Dawkins）提過一個例子。在其暢銷著作《自私的基因》（*The Selfish Gene*）中，他假設贏得衝突的動物會為基因競賽獲得五十分，輸家則是零分。受傷會扣一百分，衝突拖得太久也要扣十分，因為這段時間原本可以更有益地運用於進食或交配。

如果兩隻對峙的動物是鴿子（但我們在談數學，所以不是真的鴿子，而是泛指不會打鬥的動物），雙方就不會打起來。但牠們都想爭奪求偶對象、食物和地位，所以會繼續僵持下去，羽毛變蓬，怒瞪對方，直到其中一隻不耐煩地飛走。贏家因此得到五十分，但也因浪費時間扣十分，總計獲得正四十分。撤退的鴿子既沒有贏又浪費時間，因此得到負十分。這種對峙重複個幾千年、幾百萬次以後，鴿子的平均得分是四十減十再除以二，所以是正十五分。

但如果其中一隻是老鷹呢？當然，這也只是比方，用來形容比較好鬥的動物。老鷹不會怒瞪對方或蓬起羽毛，而是發動攻擊，鴿子則會逃走。若老鷹每次都對上鴿子，就能不斷取得五十分，也不會因為浪費時間而失分，這分數遠遠高於鴿子的平均得分（正十五分）。因此，鷹派基因在鴿派群體中傳播開來。

但演化也開始出現矛盾的一面。當老鷹數量增加，就較容易對上同類而非鴿子；兩隻老鷹都會發動攻擊，其中一隻會贏，得五十分（為了簡化，我假設牠沒掛彩），另一隻會受傷，失掉一百分。兩隻老鷹的平均積分是負二十五分。

如此一來，存活的鴿子狀況還好一點，牠們總是會逃跑而分數掛零，比老鷹的負二十五分好多了，於是鴿子的基因又開始傳播回來。道金斯設定的積分系統意味著基因庫會漸漸凝聚出最佳落點，這就是生物學家所謂的演化穩定策略（evolutionarily stable strategy），每十二隻動物裡會有五隻像鴿子，其他七隻偏向鷹派。

實際數量會受到隨機基因突變、運氣和各種外力影響而偏離平衡，唯有死亡賽局會把數字矯正回來。包含人類在內所有的物種都有異數，就像我養的那兩隻狗，但大多數成員都在中間地帶，被死亡賽局的獨特暴力形式輕輕推向穩定的演化策略。

抽象的死亡賽局揭露了動物使用蠻力的潛規則，顯示出人類和其他生物一樣，暴力是一種演化適應（evolutionary adaptation），從數百萬年前的祖先習性代代修正而來。但賽局理論同時也顯露出人類暴力的奇特之處。我們往往會擊斃，而非只是趕跑敵人。比起接受對手投降，非殺死對方不可的贏家會面臨較高的風險，因此從死亡賽局中獲得的平均收益應該比前者更低。逃跑的一方可以重新來過；同樣的，辨識出投降訊號、放走對手的話，也會獲得再戰

圖6-6 六足戰士：兩隻坦尚尼亞的某種螞蟻（學名Plectroctena）正以性命相搏

一次的機會。

所以我們就要問了：「一九七四年，當高迪從樹上逃竄時，卡薩克拉黑猩猩族群為什麼要追牠、壓制牠，把牠活活打死？為什麼要繼續殺害其他的卡哈馬黑猩猩族群成員？為什麼黑猩猩也把致命的暴力行徑當成穩定演化的策略？為什麼人類也是如此？」

四、出外靠朋友[iv]

有部分答案顯而易見。高迪事件與賽局理論的抽象實驗有個關鍵差異：「牠們是八個打一個。高迪當然沒有勝算，對手則毫髮無傷地揚長而去。其中一隻卡薩克拉黑猩猩老到牙齒都快磨光了，但牠在這種狀況下也欣然加入血戰。」

八對一的圍攻是一種奇特的暴力，只可能出現在會締結同盟的動物身上。這種既競爭又合作的關係是經過漫長的演化才誕生。三十五億年前，有些團塊演化到能合作形成細胞，比原始的團塊更有效地爭奪能量。約十五億年前，有些細胞合作密切到可以有性生殖，比無性生殖的細胞產生更多突變和後代。到了六億年前，這種複雜的細胞有的合作更密切了，足以形成多細胞動物，在傳遞基因時擁有更大優勢。但直到過去一億年，某些動物才更進一步合作，形成團體社會。

生物學家把這種生物稱為社會性動物。所有的鳥類和哺乳類動物至少都有低度的社會性，母子間形成強大的連結。但有幾十個物種遠不止如此，牠們會形成永久群體，成員從數十至數十億不等，每位成員都有自己的功能，進而分工合作。只有社會性動物會成群結隊，從事像殺死高迪這樣的活動。

人類是地球上最聰明的動物，具有高度的社會性。海豚、殺人鯨和非人靈長類的社會性也都很高，而且都擁有極佳的智力。但別急著認為智力越高，社會性就越高——想想螞蟻吧，牠們無庸置疑是社會性最高的動物，卻也是最笨的動物。螞蟻的合作程度之高，讓生物學家稱蟻巢為「超個體」，因為數百萬隻螞蟻一起行動，儼然共組為一隻巨大的動物。然而，專家也稱這種超個體是「由本能形成的文明」[3]，因為個別螞蟻的精神生活如此貧乏，匯聚在頭部的神經末梢甚至不能算是大腦，比較適合稱作「神經節」。

目前已知的螞蟻約有一萬種，還有更多有待分類定名。有些蟻種非常和平，有些則爭鬥連連。而就像動物體內的細胞會分化成血液或牙齒，每個蟻巢中也有一些雌蟻會變成負責繁殖的蟻后，有些則變成工蟻，在一些好戰的蟻種裡，有些也長成兵蟻。牠們從來不會細究自己在做什麼，全然在氣味驅使下發動大戰。

螞蟻種類繁多，因此有許多不同的行為模式，但共通點是兵蟻會用觸角輕拍同巢的工蟻來「聞」氣味，觸角的功能類似人類的鼻子。若工蟻早上外出覓食後沒有回來，兵蟻就會感應到牠們的氣味消失，衝出去查看為什麼耽擱了。等到大約五分之一的兵蟻都離巢，其餘五分之四的兵蟻會根據空氣中新的費洛蒙平衡，留在原地作為後備，以防其他蟻群趁虛而入。

如果外出查探的兵蟻發現敵人正在殺害因為覓食而失蹤的工蟻，牠們不會貿然衝上前攻擊，而是會透過更多輕

iv 譯註：原文是"A Little Help from My Friends"，披頭四樂團於一九六七年推出的作品。

拍和嗅聞的動作來觀察局勢，若發現敵方數量較少就會出擊，用大顎腰斬對方（圖6-6），若勢均力敵則會搖動觸角形成對峙。若感應到敵方數量較多，牠們則會逃回巢中。如果雙方數量差距太大，多的一方可能會湧入對方巢中屠殺蟻后和兵蟻，並帶走幼蟻畜養為奴。

生物學家由此得出三大結論。第一，既然某些低智力的蟻種和高智力的類人猿[v]都會發動致命的集體戰爭，某些物種卻不會，就代表暴力不見得需要智力，而且光有智力也不夠。第二，社會性才是集體血戰的必要元素，因為只有社會性的動物會形成團體，攜手攻擊敵人，以壓倒性的優勢置對方於死地。但第三個結論也顯示，單憑社會性不足以催生致命暴力，因為不是每種群居的類人猿和螞蟻都會形成殺戮集團。

如果要讓殺戮變成演化穩定策略的一環，對於動物而言，一定要有其他因素提高致命攻擊的收益，而綜觀螞蟻和類人猿的歷史，關鍵正是地盤。當動物要競奪深具價值的地盤時，殺敵的收益就提高了。在貢貝黑猩猩戰爭中，卡薩克拉的黑猩猩族群每次突襲卡哈馬的地盤時，卡哈瑪黑猩猩都會報復性地突襲回去。如果一九七四年的一月七日那天，卡薩克拉黑猩猩嚇到了高迪且讓牠逃走，高迪一定會加入下一次的反攻。但如果殺了高迪，牠就絕對沒機會了。若殲滅卡哈馬所有的公黑猩猩，更可以侵占其地盤和倖存的母猩猩。

這裡便出現戰爭最大的矛盾。對於社會性夠高、足以成功殺敵的螞蟻和類人猿來說，牠們的地盤性提高了殺敵的收益，但當冰河時期結束，人口成長和農耕逐漸讓幸運緯度帶[vi]的人類社會出現囚籠現象，這種極致的地盤性促使人類展開戰爭；戰爭能帶來好處，而且若留下敵人活口，收穫反而更豐。因此，能辨認投降訊號並收編敵人的社會脫穎而出，變得更安全富裕，有天更變成世界警察級的超級強國。

我會在這章尾聲再談談這個奇妙的結果，但目前，我只想聚焦在幾點：「儘管彼此有些差異，但黑猩猩、巴諾布猿和人類都具有社會性和地盤性，也都擁有共同的祖先（通常稱作proto-Pan，源自希臘文，意思是「始祖猿」）。顯然，這個祖先物種能發展出截然不同的演化穩定策略。七、八百萬年前，黑猩猩和人類因為某些事而走上暴力之路；接著，約一百三十萬年前，又有一些事讓巴諾布猿不再對同類使用暴力（雖然牠們會為了肉而獵殺猴子，而且在一個令人不快的案例中，有人目擊幾隻成年的巴諾布猿在吃幼猿屍體，帶頭的正是母猿）。最後，在過去一萬年裡，人類又發展成在群居時變得較為溫馴。但到底發生了什麼事？」

五、猩球崛起

先來看看黑猩猩和巴諾布猿的分化。DNA顯示牠們從一百三十萬年前開始分化，這時間點遠遠早於人類和始祖猿的分化（七百五十萬年前）。遺憾的是，我們對於黑猩猩和巴諾布猿的分化所知甚少，因為牠們的分化發生在熱帶雨林，不利於化石保存。因此，我們只能研究間接證據。

DNA分析顯示，目前已絕種的始祖猿直到兩百萬年前都還在一座中非雨林出沒，雨林面積與美國本土一樣大。但世事多變，而且後來的五十萬年裡氣候不斷波動，東非有個很大的內陸湖決堤了，湖水朝北方和西方流往大西洋，沿途生成如今雄偉遼闊的剛果河（圖6-7）。由於無法渡河，始祖猿王國一分為二。到了一百三十萬年前，剛果河北方的始祖猿已開始演化為黑猩猩，南方開始演化為巴諾布猿。

剛果河兩側的雨林沒有太大差異，兩邊的猿也都吃水果和種子，若能抓到的話，牠們也都吃猴子。但南方的猿（最終演化為巴諾布猿）飲食變得更加多元，牠們開始吃幼芽嫩葉，身體也因適應而長出切邊較長的牙齒來磨碎植物。對巴諾布猿而言，幼芽嫩葉並沒有比水果、種子和猴子美味，但來源充足，可在正餐之間填飽肚子。幼芽嫩葉是巴諾布猿的「零嘴」[4]，生物人類學家藍翰這樣形容。

v 譯註：類人猿（*Hominoidea*）可簡稱猿，包括人科和長臂猿科的物種，如黑猩猩、大猩猩、猩猩和長臂猿。在分類學上，人類也可算是類人猿的一種。

vi 譯註：「幸運緯度帶」的大致位置請見本書第二章圖二之三。作者曾在另一本著作《人類憑什麼》（*Foragers, Farmers, and Fossil Fuels*）中提到，「幸運緯度帶」是指北緯二十度至三十五度的歐亞大陸和北緯十五度至二十度的美洲大陸。

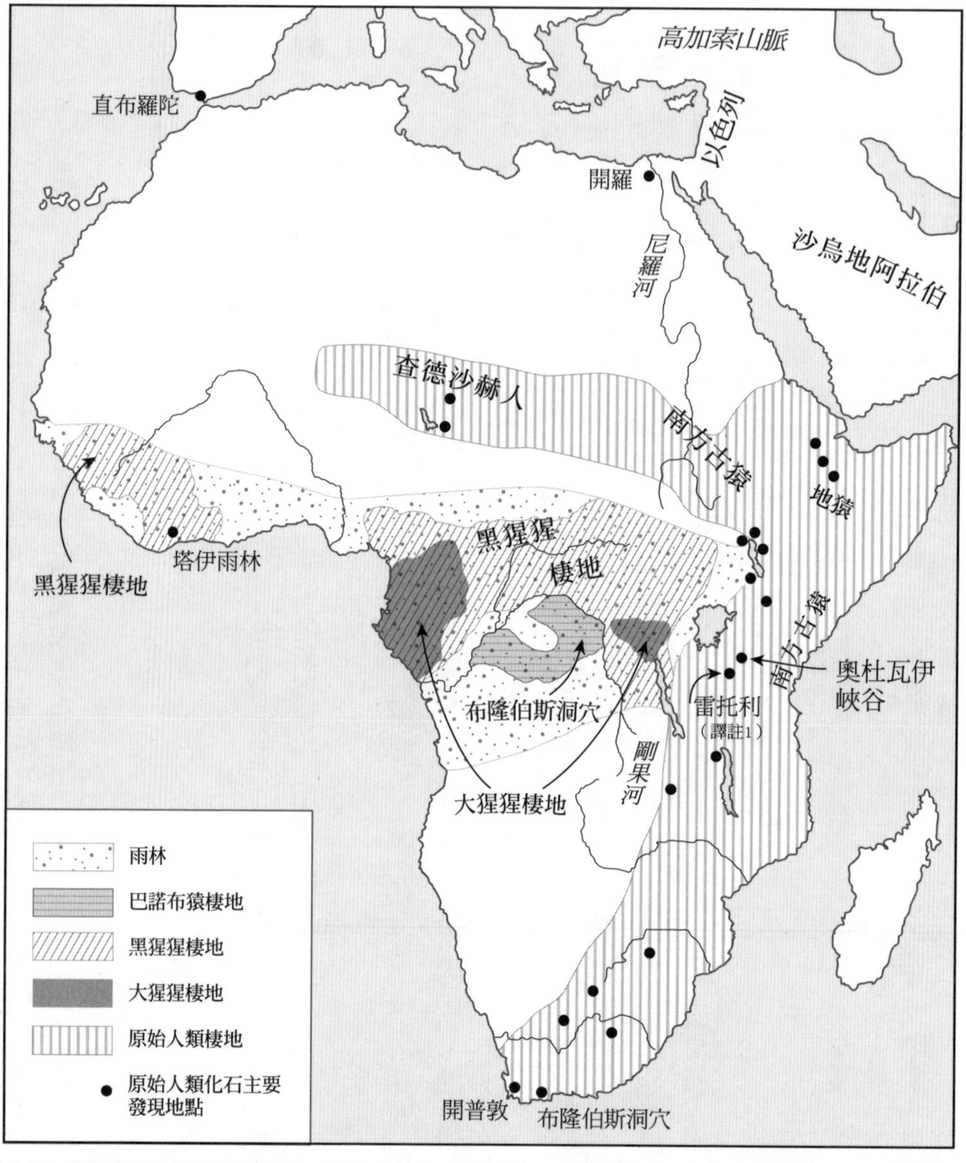

圖6-7 猩球崛起：現代黑猩猩、巴諾布猿和大猩猩的分布範圍，與六百萬年前至一百萬年前的原始人類化石主要發現地點。

為何巴諾布猿會吃這些零嘴，而黑猩猩不會？至今仍眾說紛紜。但藍翰和彼德森在《雄性暴力：人類社會的亂源》裡指出，這是因為也吃幼芽嫩葉的大猩猩在剛果河南方已絕種，北方則還有一些。由於南方的始祖猿沒有幼芽嫩葉的競爭者，任何有利於攝取這種食物的隨機基因突變就會興盛起來。當突變擴散到整個基因庫，南方的始祖猿就開始演化成巴諾布猿。不過，北方的始祖猿仍然與大猩猩（gorilla）[vii]為鄰，而且始祖猿體重不到一百磅，若為了一片葉子挑戰四倍重的大猩猩，絕對沒辦法活到傳遞基因的那刻。因此，如今的黑猩猩並未演化成會吃幼芽嫩葉。

其他靈長類動物學家有不同的解釋，有人認為剛果河南北兩側的氣候或營養食物的分布稍有差異，巴諾布猿較有誘因長出新型態的牙齒以適應新種類的食物，而黑猩猩則否。隨著科技進步且資料漸增，科學家終有一天能解開謎底。但對我們而言，真正重要的不是飲食分化的成因，而是飲食分化的結果，因為儘管聽來離奇，但正是零嘴讓巴諾布猿踏上愛與和平的道路，黑猩猩則邁向暴力的旅程。

巴諾布猿找不到水果等食物時能靠幼芽嫩葉來墊胃，因此可以形成穩定的大團體，通常是十六隻一起行動。黑猩猩則常常找不到充足的水果來餵養大團體，需要分成兩隻到八隻的小組。一九七四年，下場淒慘的高迪當時是獨自行動，這對於黑猩猩很正常，但巴諾布猿很少會這樣。結果就是，巴諾布猿幾乎永遠不會遭到壓倒性攻擊。

但還不只是這樣。黑猩猩覓食時也常以特定方式分組。公猩猩移動比母猩猩快，尤其是懷孕的母猩猩，所以公猩猩往往會加入全是公猩猩的小組，母猩猩只好單獨行動，因為牠們實在太慢了，一天之內走不了多遠，無法找到足夠的食物來養活大夥兒。這些習性與零食吃不完的巴諾布猿形成鮮明對比。巴諾布猿的覓食群不僅大而穩定，公、母猩猩通常數量各半。

此時，黑猩猩地盤的零食匱乏也造成醜陋的結果。六隻一組的黑猩猩經常遇到落單的母猩猩。公猩猩不會每次都強暴母猩猩，但頻率也高得令人心驚。母猩猩在這種情況下不太可能打退攻擊者，反而是公猩猩會為了誰能侵犯

vii 譯註：大猩猩與黑猩猩皆為人科，但前者是大猩猩屬，後者是黑猩猩屬。

母猩猩而互相打鬥。數百萬年來，公黑猩猩已因為吃不到零食而演化出兩種特徵：「鷹派性格與巨大睪丸。由於總是可以強暴母猩猩，選擇打鬥的公猩猩更有機會傳遞基因，而因為母猩猩通常會在單日之內就與好幾隻公猩猩交配，睪丸較大的公猩猩較具繁衍優勢，因為牠們有辦法盡可能排出大量精子，有較高機會成為那個讓母猩猩孕育出受精卵的幸運傢伙。」

類猿人這種演化現象相當古怪，卻重要到生物學家已發展出稱為「精子競爭理論」的分支領域。黑猩猩的睪丸平均重達四分之一磅，而大猩猩的體型是四倍大，睪丸卻只有十六分之一磅。這是因為大猩猩的每隻雄性領袖都獨占一大群母猩猩，不太需要與其他大猩猩的精子競爭。

巴諾布猿的睪丸也很巨大，因為公巴諾布猿與公黑猩猩一樣，注定要不斷競爭，讓擁有多名交配對象的母猩猩懷孕。但不同的是，巴諾布猿的精子競爭可說毫不暴力。由於母猿的數量較多，如果公猿太過強勢地向心儀對象求偶，其他母猿可能會聯合起來對付牠，吼叫、威嚇著趕跑公猿。母黑猩猩有時也會聯手抵抗強暴，但幾乎沒什麼效果。

公巴諾布猿贏得精子競爭的方式不是互相打鬥，而是讓母猿願意接受自己，上上之策似乎是當個乖兒子。母猿會透過同性「人脈」確保兒子交得到女友。在巴諾布猿的世界裡，媽寶通常不是「在室男」。

約一百萬年間，巴諾布猿採取鴿派作為的收益大幅飆升。溫順的巴諾布猿接手了雨林，無論公、母都歷經演化，變得體型更小、更嬌弱，而且體態與性情比黑猩猩好得多。靈長類動物學之父勞勃．葉克斯（Robert Yerkes）如此形容他抓到第一隻的巴諾布猿「猩猩王子」：「在我畢生經驗中，我從未遇過哪隻動物可以媲美猩猩王子，擁有近乎完美的身體，既機警又善於適應，而且性格討喜。」[5]但對於這位把牠抓到美國麻州劍橋市並訓練牠用叉子吃飯的科學家，猩猩王子是否也有同樣的觀感就不得而知了。

六、裸猿

大約七百五十萬年前，黑猩猩和葉克斯的遠祖（人類）分化了。當時，生活在中非雨林邊緣的類人猿開始演化，變得越來越不像始祖猿而像人類，即唯一一種有能力囚禁心中野獸的動物。

食物似乎再次在演化扮演關鍵角色。雨林邊緣的果樹數量減少，漸漸變為混合林和開闊的莽原，類人猿若要住下來，就必須找到新的食物。由於逆境是演化之母，各種基因突變在類人猿的適應過程中大量湧現。人類學家為突變後的物種取了富有異國情調的動聽名字：「雨林以北是查德沙赫人（Sahelanthropus）、以東是地猿（Ardipithecus），還有廣泛分布的各種南方古猿（Australopithecus）。」但我接下來會通稱為「原始人類」（proto-humans）。

一般人會覺得原始人類與其他類人猿的骨頭非常相似，但重大的變化正在發生。數百萬年來，臼齒愈趨大而扁平，覆蓋著厚厚的琺瑯質，便於咬碎乾硬的食物。根據化學分析結果，這類食物是塊根莖及草根，是優質的碳水化合物來源，就算發生乾旱、植物的地上部分枯萎時也能取得，只要類人猿有辦法掘出並咀嚼它們。因此，讓爪子更靈活的基因突變會讓原始人類更胖、更壯，也更擅於戰鬥，於是也更有可能在群體中散播基因。

原始人類曾在柔軟的灰燼和泥地留下腳印，後來硬化成石頭被科學家發現，再加上腳踝的解剖結果，顯示骨頭的變化在四百萬年前就已經發生。原始人類已開始用後腳行走，騰出來的前肢演化為手臂。但仍與現代人不同的是，原始人類只有四英尺高[viii]，也可能沒有頭髮，大部分時間都待在樹林裡。他們不具說話能力，從未或鮮少製作石器，而男性的睪丸應該也還與黑猩猩或巴諾布猿的一樣大。

雖然看起來很像類人猿，但不同的是，基因突變讓原始人類的大腦容量逐漸增加。四百萬年前，南方古猿的大

viii 譯註：大約相當於一百二十一公分。

腦灰質[ix]平均有二十二立方英寸（仍少於現代黑猩猩的二十五立方英寸），但到了三百萬年前，南方古猿的灰質變為二十八立方英寸，後來的一百萬年裡又增長為三十八立方英寸。現今人類的大腦灰質則平均有八十六立方英寸。

腦容量似乎是越大越好，但演化的邏輯沒這麼簡單。大腦運作的代價很高，我們的大腦通常只占體重的百分之二，卻會用掉百分之二十的熱量。唯有當新增的大腦組織能以額外的食物支應所需熱量時，提升腦容量的基因突變才會散播開來。雨林裡很少發生這種事，因為類人猿不需要變成愛因斯坦就能找到葉子和果實。但在乾燥的林地和莽原，智力高低與食物供應是正相關，互相形成良性循環。聰明的林地類人猿挖出塊根莖和樹根後便能負擔更大的腦容量，因此也演化出更聰明的類人猿，而牠們又會想出更佳的獵食方法，獲得的肉類又能為更多大腦灰質提供所需能量。

擁有這般智力後，原始人類立刻著手發明武器。如今我們知道黑猩猩和巴諾布猿一直以來都會用樹枝和石頭來捕食和互毆，但兩百四十萬年前，原始人類就已經發現互擊鵝卵石能製造鋒利的刃面。各種蛛絲馬跡顯示，他們會用這些考古學家所謂的「刮削器」（chopper）削取動物骨頭上的肉，不過目前還沒發現原始人類互削彼此的證據。

傳統上生物學家都認為，三十八立方英寸的大腦加上製造工具的能力是類人猿演化為人屬物種的開端。「人屬」的學名Homo，在拉丁文中意指「人類」，這個屬也包含我們這些「智人」（Homo sapiens）[x]。在類人猿演化為人屬物種後的五十萬年裡，他們的外貌與行為越來越接近我們。歷經幾千個世代的演化（在漫長的演化史中，這無異只是一瞬間），到了約一百八十萬年前，成人的平均身高已竄升逾五英尺[xi]，骨骼變輕，爪子後縮，鼻子變挺。雌雄的體型差異變小了，接近現代人的身形差異。原始人類也永久地從樹上轉移到地面定居。

生物學家稱這些新物種為「匠人」（Homo ergaster），意即「做手工的人」，用以反映他們製作工具和武器的技能。有些作品非常精美，以精挑細選的石頭做成，最後還用木製或骨製「槌子」完成精巧的加工，這一切都需要仔細協調、提前規劃，當然也需要更大的腦容量（一百七十萬年前，灰質已增為五十三立方英寸）。

匠人獲得巨大的腦容量，代價卻非常奇妙：「他們的腸子變小了。」早期原始人類與現代類人猿一樣，胸腔底部向外張開以容納巨大的腸子，但匠人的肋骨較接近現代人（圖6-8），長達數碼的消化道空間變小了。這點讓人類學家匪夷所思。類人猿有巨大的腸子，所以能消化賴以維生的生纖維植物。匠人的腸子變小，代表從食物中吸收的熱量也變少了，但較大的腦容量照理需要較多熱量。這到底是怎麼回事？

我們可以相當確定，理由在於匠人是第一種已知用火煮食的原始人類。食物煮熟後較易消化，因此巨大的腸子、大而扁平的牙齒和有力的爪子都變得累贅，以前的原始人類才需要這些來咀嚼生的塊根莖、根和草類。這些特徵現在都消失了。

藍翰在其巨作《找到火：烹調使我們成為人》（*Catching Fire*）中表示，這是人類暴力演化史上的轉捩點，就像零食之於巴諾布猿。藍翰在雨林中觀察多年，發現黑猩猩每次逮到猴子或找到特別美味的麵包果時，許多隻公黑猩猩就會從周圍冒出來，也常常爆發打鬥。就連天性溫順的巴諾布猿，品嚐猴腦時也常被乞丐般的同類包圍。藍翰說，很難想像這兩種動物要如何把食物留下來烹煮。在這種狀況下，演化成能夠煮食也不會有什麼好處，所以這種演化適應不會擴及群體。藍翰總結道，原始人類之所以開始流行煮食，顯然是出於另一項重大改變：「從黑猩猩或巴諾布猿那種雜交大隊，轉變為一公一母的配偶關係。」

黑猩猩或巴諾布猿覓食時是各自為政，公、母猩猩既是狩獵者也是採集者。但現代人類的狩獵採集模式通常是男人負責狩獵，女人負責採集，接著再一起與子女分享食物。小細節因地而異，但狩獵採集社會大抵都由女人烹飪，男人的任務則是威脅或攻擊偷食賊。這讓偷竊的代價變高了，改變了演化穩定策略。家庭取代軍隊成為社會的

ix 譯註：灰質是大腦最外層的皮質，因顏色較深而得其名。灰質由神經元細胞體組成，掌控大腦的資訊處理功能，是中樞神經系統的重要部分。一般而言，灰質會隨著年紀增加而減少。

x 譯註：人屬（*Homo*）的物種包括：巧人（*Homo habilis*）、直立人（*Homo erectus*）、匠人（*Homo ergaster*）、人屬魯道夫種（*Homo rudolfensis*）以及智人（*Homo sapiens*）。某些人種具有親緣關係，但現今仍存活的物種只有智人。

xi 譯註：大約一百五十二公分。

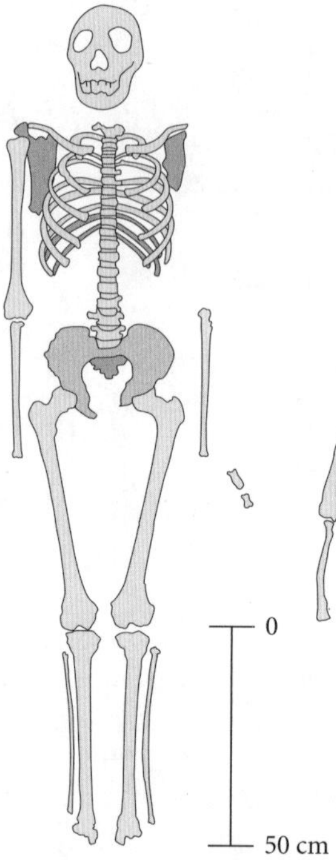

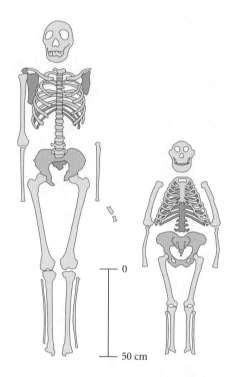

圖6-8 美好身形：左為「圖爾卡納男孩」，年約十歲、死於150萬年前，是截至目前為止發現保存最完整的匠人骨架。右為大名鼎鼎的「露西」，是生活於320萬年前的成年雌性阿法南猿（Australopithecus afarensis）。

基石，具有複雜的共享規則和禮節以照顧年長者、孤兒或單身無依者。

這些改變必定顛覆了原始人類的親密關係。我們的祖先從類人猿那種性生活變成配偶制，原始男性傳遞基因的最佳策略也改變了，不再是殺出一條血路、對女性傾注精液，而是以求偶技巧、養家餬口的能力致勝。如果匠人男性的睪丸仍重達四分之一磅，它們就會像巨大的腸子一樣成為難以負擔的奢侈品。原始男性仍面臨求偶的其他雄性和強暴犯的精子競爭，而且無法像領袖大猩猩一樣，憑著小小的性腺就能坐擁後宮。但到了現代，人類的睪丸已縮小至一點五盎司。

除了巨大的陰囊，另一個頗為噁心的特徵也從原始男性身上消失了。巴諾布猿和黑猩猩的陰莖側面有小小的刺狀突起[xii]，射精前可以先從母猩猩的陰道中掏出其他猩猩留下的精液。巴諾布猿和黑猩猩都有陰莖刺，強烈顯示我們最近的共同祖先也有，而原始人類失去陰莖刺是因為不再有這個需求。原始男性的陰莖超尺寸變得超級巨大；人類陰莖勃起後平均長達六英寸，但黑猩猩和巴諾布猿最多只有三英寸，大猩猩是少得可憐的一點二五英寸。原始女性的回禮是長出小山似的乳房，不像其他類人猿的胸部只有鼴鼠丘的尺寸。

由於這些古怪的身體構造，曾擔任倫敦動物園靈長類保育員的英國動物學家戴斯蒙．莫里斯（Desmond Morris）在名作《裸猿》（*The Naked Ape*）中形容人類是「仍存活的靈長類中最好色的」。[6]（這是五十年前的事，當時靈長類學家尚未發現巴諾布猿的豐功偉業。）不可思議的是，對於人類的乳房和陰莖為何變大，動物學界似乎無法達成共識。美國地理學家兼演化生物學家戴蒙曾冷冷表示：「二十一世紀的科學沒有能力建構出合理的『陰莖長度理論』，是『一樁顯而易見的失敗』。」[7]但直接的猜測是，當動物不再靠著打鬥來求偶，對異性或同性情敵發送性能力的訊號就變得至關重要。而還有什麼方法比炫耀巨大的性器官更好？

到了一百三十萬年前，也就是巴諾布猿和黑猩猩開始分化的時期，原始人類已經演化到與其他類人猿很不一樣了。但這究竟如何影響了互相殘殺的策略卻仍有爭議，因為目前幾乎都找不到化石骨骸來了解多少原始人類被打死、刺死或以其他方式殺死。至今，只有一具距今一百多萬年的屍體帶有致命創傷的痕跡，但也無法確定是蓄意謀殺。只有在過去五十萬年，骨骸變得越來越常見，我們才發現明顯的致命傷口。

不過，由於黑猩猩和現代人類的打鬥方式非常相似，我們還是可以做出相當可信的推測。在兩個物種中，暴力都是年輕雄性的專利，他們往往比雌性或年老的雄性更雄壯、憤怒。有句諺語說，手中有鐵鎚時，每個問題看起來都像釘子。對於年輕的雄黑猩猩和男人而言，身體有著大量肌肉和睪丸素時，許多問題看起來都能靠蠻力解決。靈長類動物學家指出，黑猩猩九成的攻擊都是雄性幹的；警方則指出人類的數據也差不多。無論是黑猩猩或人類，年輕的雄性幾乎是什麼事都能開打，主要導火線是性與名望，其次是有形資源。當牠（他）們湊成一群，數量又超過

xii 譯註：即penile spines。

敵人時，正是最容易起殺機的時刻。

生物演化學家目前還不能證明人類和黑猩猩從始祖猿那兒繼承了致命雄性幫派暴力的習性，但這無疑是最合理的結論。如果這個結論為真，應該也可以得出另一個結論：「從一百八十萬年前開始，匠人的配偶制讓打鬥不再是最佳求偶策略，但這也沒有降低打鬥的價值，它仍是用來應付其他原始人類競爭社群的手段。相較之下，巴諾布猿從一百三十萬年前起就往截然不同的方向演化，母猿的團結讓雄性暴力在各方面的好處都減少了。事實上，配偶制可能降低了原始女性像巴諾布猿那樣的團結程度。」

隨著考古學家出土更多骨骸，細節將會越來越清楚，但目前就能確定的是，原始人類的新演化穩定策略大為成功。人屬物種繁衍生息的順利程度是類人猿前所未見。在十萬年間，人類的祖先擴散到非洲大部分地區，接下來十萬年，他們的放牧範圍逐漸擴大，延伸至今天的英國和印尼。事實上，最早具有暴力痕跡的骨骸正來自爪哇。我們的祖先遷徙至與東非莽原完全不同的環境，大量基因突變也不出所料地出現了。現在幾乎每年都有考古學家或遺傳學家傳來消息，宣布他們又在亞洲或歐洲發現了新的原始人類物種。

原始人類的其中一個變種是海德堡人（Heidelberg Man），是根據最早的德國發現地點而命名。他們在五十萬年前已經演化出與我們幾乎一樣大的腦子，而後來數萬年間，尼安德塔人（Neanderthals，也是根據最早的德國發現地點命名）甚至長出比我們更大的腦子，但因為較扁，有些區域較不發達。上述兩種原始人類中至少有一種會用所謂的談話來溝通，他們顯然也找到了新的殺戮方式，會使用樹脂和其他動物身上取得的肌腱，把矛頭接到木柄上。

考古學家發現不少尼安德塔人骨骸，足以得知他們非常、非常暴力。至少兩個頭顱上留有非致命刺傷的癒合痕跡。尼安德塔人的出土地點常常發現石矛，頭頸部創傷更是屢見不鮮。事實上，與尼安德塔人的骨折模式最相似的創傷，可以在現代的競技表演牛仔身上找到，但由於十萬年前沒有野馬，我們恐怕只能假定尼安德塔人是在打鬥中受傷。這些打鬥可能全是用來對付獵物，但由於他們的獵物有時也包括其他的尼安德塔人（有壓倒性證據顯示他們會同類相食），我們很難不認為腦子很大的尼安德塔人是最暴力的類人猿物種。他們聰明、全副武裝且異常強壯，被兩名頂尖考古學家形容為「結合了摔角壯士的體格與馬拉松跑者的耐力」。[8] 到了西元前十萬年，尼安德塔人的分布範圍已從中亞延伸至大西洋。

但接著，我們出現了。

七、二點七磅的魔法

你的腦袋裡裝著小小的魔法。二點七磅的水、脂肪、血液和蛋白質在顱內搏動，狼吞虎嚥著能量和劈啪作響的電。大自然中沒有任何事物可與這一切比擬。經過四億年演化出來的大腦讓人類和其他動物有所區別，也改變了暴力在生活中的定位。

考古學家和遺傳學家都認為最現代的大腦形式出現在二十萬年前到五萬年前的非洲某處。原始人類的譜系在那段期間冒出許多新的分支，而且都精力旺盛，可能是因為氣候極不穩定，不斷改變著生死賽局的收益。

那是一段瘋狂的旅程：「二十萬年前的世界顯然比現在冷冽，全球平均氣溫比現在低了華氏三度，[xiii] 接著在一段起起伏伏之後，真正的冰河期來臨了。到了十五萬年前，地球氣溫已經比現在低了華氏十四度。厚達一英里的冰河覆蓋著北亞、歐洲和美洲大部分地區，聚積了太多水，以至於海平面比今天低了三百英尺。沒有生物能在冰河上存活，而冰河邊緣遼闊的乾草原也沒好到哪去，肆虐著強風和沙塵暴。就連赤道附近的夏天也很短，水資源稀少，大氣中二氧化碳含量很低，阻礙了植物生長。」

在這段期間，外貌與我們非常相似的人類首次行走於地球上，他們有著高高的半球狀頭顱與扁臉小牙。已出土的化石殘骸和 DNA 研究都證實了這點，顯示第一批智人是在二十萬年前至十五萬年前演化出來。但奇怪的是，儘

xiii 譯註：華氏一度約等於攝氏十七點二度。

管這些類人猿會製作石器工具、狩獵、採集、戰鬥和交配，遺址中的發現卻與尼安德塔人或其他原始人類的沒什麼太大差異。關於這點，原因仍眾說紛紜，但直到世界經過數千年的暖化，接著又進入另一次冰河期，當時的人類才不只是外貌與我們相似，而是行為也變得雷同。

距今十萬年至七萬年的考古遺址開始出現奇怪的玩意。與更早期的原始人類不同，人們開始會妝扮自己。他們會蒐集蛋殼，花數小時切碎、研磨出小圓盤，用尖骨在圓盤中央鑽洞，再把數百個圓盤串成項鍊。他們會互相交換這些飾品，有時還跨越數百英里的距離進行交換。

這些原始人類的行為漸漸脫離「原始」，變得更像「人類」。他們蒐集赭石（一種鐵礦），用在洞穴牆上畫出鮮明的紅線，可能也畫在彼此身上。七萬五千年前，在南非的布隆伯斯洞穴（Blombos Cave），甚至有人在一小塊赭石上草草塗上幾何圖紋，於是這塊赭石不只是目前已知最早的藝術品，也是用來製作其他藝術品的藝術品。

人類開始用手指製作比以前更輕、更精細的小型工具，有些用來當作武器。目前已知最早被雕刻過的骨頭包括魚鉤，最早的石頭刀片（考古學稱為「小型工具」）則是箭鏃和標槍頭。非洲南部海岸洞穴的鳥和魚骨顯示，遠古人類用這些工具來獵殺從前捉不到的動物，不像尼安德塔人雖然剽悍卻不擅於投擲，當然也不會射箭——從尼安德塔人肩膀和手肘關節的骨骸就可發現這點。

但就像尼安德塔人，早期的智人（Homo sapiens）也會同類相食，用石製刀片把肉從肥美的長骨上削下來，也用石槌砸碎骨頭以萃取骨髓與那無上的美味：「奇蹟似的人腦」。考古學家發現一顆顆打爛的頭顱，強烈顯示當時的人類在互相殺戮，但決定性證據的年份是三萬年前。這項證據不是來自支離破碎的骨骸，而是出自著名的畫作。西班牙北部和法國南部的智人開始在洞穴牆上作畫，作品極為美麗。畢卡索首次目睹這些畫時應該說過：「我們無人能及……在阿爾塔米拉（Altamira）[xiv]之後，一切都是墮落。」[9]不過，其中一些壁畫也有黑暗面，赤裸裸地展示人類拉弓互射的場景。

在距今十萬年到五萬年的考古遺址中，偶爾才會發現貌似現代的物件，像是珠寶和藝術品，但距今不到五萬年的遺址幾乎都會發現這種手工藝品。當時的人們開始做新的事情，也找出新的方式來做原本的事情，更發明出各式各樣的方法來做每一件事。從南非的開普敦到北非的開羅，早於西元前五萬年的遺址看起來都很相似，遺址裡的物件及其用途都差不多。晚於西元前五萬年的遺址則彼此差異很大。到了西元前三萬年，單單是尼羅河峽谷就有六種不同地區風格的石器工具。

人類已經創造出文化，運用聰敏的大腦織成符號的網絡，不只是用來溝通複雜的想法（這點可能連尼安德塔人，甚至是匠人都做得到），而是把這些想法長時間保存下來。不像其他動物，智人的思考和生活方式能不斷累積變化，一個想法會延伸至另一個想法，並代代增加。

文化是生物演化的產物，源自我們容量大且敏捷的大腦，但文化本身也會演化。生物演化的驅力是基因突變，因為突變最能取代那些無法熬過數千年甚至數百萬年的基因。不過，文化演化的進程更快，因為不像生物演化，文化演化有其方向。人們遇到問題，腦中的灰質就會開始運作、產生想法。大多數想法就如同大部分基因突變，對世界的影響微乎其微，有些想法則純粹有害，但隨著時間，運作得宜的想法就會勝過成效不彰的想法。

舉例來說，本章稍早提過死亡賽局的假設，當時我用「鴿子」比喻不會戰鬥的動物，「老鷹」則很好鬥，而我現在要用「綿羊」來比喻從眾的動物，「山羊」則不會從眾。想像一下，你是三萬年前尼羅河峽谷的年輕獵人，像山羊一樣充滿自信，發明出一種新型箭矢。我們姑且假設新型箭矢有更長的箭桿，比舊型箭矢更能牢牢插在受傷羚羊的側腹。但讓你震驚的是，綿羊般的同伴竟嗤之以鼻，說既然祖先不需要這種長桿，我們也不需要。

創新和保守就像鴿鷹賽局中的戰鬥和逃跑，各有利弊。創新者要付出代價，因為他們須花時間研發新箭矢、學習如何妥善操作（假設這樣會在賽局中扣掉十分），而或許更糟的是，他們要與傳統作對，於是失去了別人的尊重

xiv 譯註：阿爾塔米拉洞穴位於西班牙北部，是第一個被發現繪有史前人類壁畫的洞穴，專家推估成畫年代是舊石器時代晚期；壁畫顏料多取於礦物質、炭灰、動物血和土壤，也摻和動物油脂，主要題材是野牛、馬、鹿等動物以及人像，色彩濃重，豔麗奪目。

（扣二十分）。其他人可能不想與怪咖合作狩獵，在這種狀況下，就算山羊般的發明家有更好的工藝，可能也會落到獵不到什麼肉的下場（又扣十分），最後他甚至會乾脆放棄，再也不管新發明。

只有得大於失才能避免這種下場。如果他的箭矢真能獵殺更多獵物，他將因為吃得更多而增重（加二十分），也會因為請別人吃羚羊大餐而提升地位（加二十五分）。如此成功的男人可能獲得更多性交機會（再加十分），總結下來有盈無虧（正十五分）。經過幾代，他那匠心獨運、山羊性格的基因可能就會在小小的狩獵採集群體裡傳播開來。但早在那之前，文化改變就會先一步發生了，因為其他群體會抄襲他的箭矢設計，發明者的總積分會漸漸下降，求偶也不再那麼順利，但也許不會跌至谷底，因為現在每個人都吃比較好了。不過，如果這些獵人的新科技太有效率，導致所有的羚羊都被殺光，當然就會啟動另一連串的後果。

這和鴿鷹賽局一樣，玩起來很有趣。我們可以讓故事往各種方向發展，因為賽局中只要收益稍有變動，就會大大影響結果。但重點是，就像鴿鷹賽局，現實生活中綿羊和山羊的賽局也一再上演，每次的結果也都不同。如果在發明家的團體裡，違反傳統的代價很高，那麼新型箭矢就不會流行起來。但如果新型箭矢真的比較好，其他團體的人也會想出這種設計，很快會在其他地方流行起來。屆時，山羊性格的團體就會比綿羊性格的團體獵到更多獵物，迫使後者更換箭矢或改變飲食，或與創新者戰鬥，或如果環境沒有與世隔絕，他們可以直接離開。

這種文化戰爭是人類的專利。雖然有些動物也可算是擁有文化，尤其是黑猩猩，但似乎沒有任何動物有能力累積文化改變。一直以來，文化演化的結果有點像是十五萬年前有性生殖的興起：性加速了基因突變，文化加速創新。兩種機制都大大提升結果的多樣性，讓細胞或人類以更大的規模來合作和競爭。

擁有強大到能夠促成文化演化的大腦，智人征服了世界。一些智人在十萬年前漂離非洲，當時他們的文化還很嬌嫩，而且可能正因如此，這些早期移民只抵達如今的以色列或沙烏地阿拉伯。他們在尼安德塔人附近生活，雖然日子不見得很快樂：「目前所知最早死於矛刺的死亡事件，就發生在十萬年前這些智人身上。」七萬年前展開的第二波移民則具備所有現代人類的行為，在世界上的擴散速度也比早一百六十萬年離開非洲的史前人類快了五十倍。

比起史前人類，這些新移民因為文化而更有優勢。比方說，一些智人在三萬年前抵達西伯利亞時，當地甚至比現在更冷，但他們不必像其他動物等了幾千年才演化出保暖的毛髮，而是發明了骨針、腸線來縫製合身的衣服。可能有些保守人士還是偏好不合身的傳統毛皮，但在接下來的冬天，他們要不是改變主意就是凍死了。

這個過程不僅說明世界上為何有這麼多文化差異（地區條件稍有不同，加上夠好的點子隨機產生，造成無數不同的演化穩定策略），也說明為何有這麼多相似之處（互相競爭的文化往往會在一些致勝策略上不謀而合）。文化是人類適應新環境的最佳工具，更是改造環境的最大力量。事實上，文化對環境的改造太過徹底，以致原始人類都滅絕了。

想想這涉及什麼就令人不安。雖然一方面來說，目前沒有確鑿證據顯示是智人主動造成原始人類滅絕，DNA分析結果也暗示跨物種之間可能有合作。二〇一〇年的尼安德塔人基因組定序更顯示，智人和尼安德塔人翻雲覆雨的次數實在太多，以至於擁有亞洲或歐洲血統的人都有百分之一至四的DNA來自尼安德塔人的祖先，澳洲原住民和新幾內亞人的DNA則有百分之六來自二〇一〇年三月才被發現的原始人類「丹尼索瓦人」（Denisovan）。但另一方面，我們無法得知所謂的翻雲覆雨有多少是強暴，也無法得知砸爛尼安德塔人頭骨的凶手究竟是尼安德塔人還是智人。但不管智人有沒有獵殺對手，可以想像他們的創造力如何讓需要同樣食物的蠢笨親戚難以生存。

不管因果鏈如何，令人沮喪的巧合是，隨著智人的擴散，其他每一種人類都逃走了。兩萬五千年前，尼安德塔人已撤退到直布羅陀和高加索山脈的偏僻洞穴，兩萬年前則已全部消失。其他原始人類物種則在孤島上苦撐到西元前一八〇〇〇年。雖然直到今天都還有人宣稱目擊神祕的喜馬拉雅山雪人，但所有的明確證據都指出，到了兩萬年前，智人是最近一次冰河期巔峰以來唯一存活的人類，從此以後也一直都是。

這還只是文化改造世界的開端。第二章有一兩頁談到，最近的冰河期在大約西元前九六〇〇年結束時，植物是如何瘋狂繁衍，而包括人類在內的動物又如何吃下植物、跟著瘋狂繁衍。對人類以外所有的動物來說，這段好時光只持續了幾代，當族群數量超過食物供給時，饑荒又回來了。但住在幸運緯度帶的人類能靠著文化演化來適應環境，馴養動物及栽培植物來增加食物供給。

第二章談到農業源頭時，我稱之為人類歷史上最重大的轉捩點，一部分是因為擁擠的新農耕景觀讓死亡賽局的輸家更難逃走。這讓地盤性轉變成囚籠現象。螞蟻和猿類因為地盤而有了拚命奮戰的理由，囚籠現象對於人類的影響則更加複雜。事實上，囚籠現象催生了新的演化穩定策略，也就是我一直提到的「具有建設性的戰爭」。戰爭讓那些把敵人殺到放棄抵抗的人獲得報償，但更有甚者，戰爭讓那些接受敵人投降、而非一味殺戮的人獲得報償。文化演化讓殺手變成征服者，統治著規模更大、更安全富裕的社會。

黑猩猩確實會收編某些投降的敵人，就像一九七七年貢貝戰爭結束時，卡薩克拉黑猩猩族群就收編了倖存的卡哈馬母黑猩猩。但黑猩猩缺乏靈活的腦力，無法累積文化演化。世上之所以沒有猿類城市或螞蟻帝國，是因為群體規模若變得太大就會分裂，就像早期地球海洋裡的碳團塊一樣。事實上，卡薩克拉和卡哈馬兩地的黑猩猩最早就是這樣出現的。珍．古德一九六〇年在貢貝設立研究站時，當地僅有一個黑猩猩族群，但到了一九七〇年代早期，這個族群已增長且分裂為二。

相較之下，人類不必在生理方面演化成全新的物種就能自行組織，生活在更大、更複雜的團體中。冰河期後，被關入囚籠的幸運緯度帶越來越競爭了，較大的族群能漸漸勝過小的族群，但若要維繫大型族群的規模，就需要領袖來推動內部合作，讓族群更能和外人競爭。

因此，強大的政府變成人類演化穩定策略的一環。我們再次可以在黑猩猩身上隱約看見人類的行為；若有地位穩固的雄性領袖，黑猩猩會比生活在階層混亂的團體中較少打鬥。就像人類領袖追求自身利益時會從流寇變成坐寇政權，地位穩固的雄性領袖對待弱者時也可能出乎意料地公正，甚至一心只為他人。極端的例子要屬佛萊迪了，牠住在西非的塔伊雨林（族群），是一隻地位難以動搖的雄黑猩猩領袖。在大受歡迎的迪士尼自然紀錄片《黑猩猩》（*Chimpanzee*）中，可以看見佛萊迪餵食和照顧一隻名叫奧斯卡的孤兒寶寶，即使這花掉牠原本要和其他雄猩猩巡邏邊界的時間。但根據這部紀錄片的說法，一切仍很順利，鄰近黑猩猩群的突襲仍被佛萊迪的部隊擋下，原因是牠們的邪惡領袖斯噶沒能成功防止內鬨[xv]。

就像許多偉大的領袖（最有名的可能是美國前總統林肯），佛萊迪也立下團隊合作的榜樣，或許有助於促成敵營的合作。不過，這不代表佛萊迪以後就會成立王朝，讓塔伊雨林中的致命暴力發生率穩定下降。要做到這點，牠和牠的部隊都需要演化成別的動物，而且是像人類這樣有文化演化的動物。雄性黑猩猩領袖無法重組社會，藉此讓後代站在巨人的肩膀上，就像牠們也不會推動軍事事務的改革。只有我們會做這些事情。

正如同第一章到第五章所顯示，這些正是我們一萬年來所做的事情。我們已經創造出大型社會，在軍事事務上不斷革新。防禦工事、金屬武器和盔甲、紀律、雙輪戰車、集結的鐵甲步兵、騎兵、槍炮、戰艦、坦克、飛機、核武器……例子多得舉不完。每一項進步都讓我們能夠發動更殘暴的戰爭，但為了在這些衝突中與對手競爭，大型社會也必須設法讓成員互相合作，於是這些社會也變成據地為王的坐寇政權，邁向內部和平與繁榮。透過這種奇特又矛盾的方式，戰爭已經讓世界變得更安全富裕。

八、和平主義者的兩難

自從德國社會學家愛里亞斯出版《文明的進程》之後，在「現代暴力逐漸消失」的主題上，最傑出的作品應是哈佛大學心理學教授平克的《人性中的良善天使》（*The Better Angels of Our Nature*）。書中用一場賽局來說明西元一五〇〇年後歐洲和北美漸趨和平的現象，平克把賽局稱為「和平主義者的兩難」[10]，基本架構與我提過的鷹鴿賽

xv 我之所以會說「根據這部紀錄片的說法」，是因為藍翰向我表示：「雖然佛萊迪、斯噶以及各自的行為模式都很真實，但這兩隻黑猩猩實際上生活在非洲的不同側，佛萊迪住在象牙海岸，斯噶住在烏干達。」紀錄片製作者做了點藝術上的調動，把兩個故事兜在一起。但儘管內容半真半假，也無損於這個故事的寓意。

局、綿羊與山羊的賽局大致相同。平克假設每次有衝突需要化解時，互相合作可以讓每個人都獲得五分，攻擊並劫掠毫無防備的人可得十分，受害者則因為過程慘痛而丟掉高得誇張的一百分（若你被搶劫過，就會明白這很合理）。不出所料，即使雙方都採取攻擊時會各扣五十分（因為都受傷且沒人如願以償），失去一百分的恐懼仍大到讓每個人都變得很好鬥。每個人都想要透過合作來取得五分，但為了避免被搶劫而扣一百分，最後會勉強接受扣五十分的戰鬥。

但過去幾百年來，人們仍越來越少戰鬥，世界漸漸趨向正五分的收益。就如平克指出，死亡賽局的邏輯意味著唯一可能的解釋是收益漸漸在改變。若不是和平的收益變得太大，就是戰鬥的代價變得太高（或可能兩者都是），結果使用武力後獲得回報的情況越來越少，因此我們越來越不常訴諸武力。

現在正值中年的我們這輩子看過的變化簡直神奇。幾年前，我在義大利西西里主導一項考古挖掘計畫，有天晚餐時出現「打架」的話題。有位參與挖掘的學生是二十歲出頭的壯碩小伙子，他說他無法想像打人是什麼感覺。我以為他在開玩笑，但後來發現餐桌上所有的人都不曾在盛怒下動手。有那麼一會兒，我覺得自己彷彿踏入美國電視劇《陰陽魔界》（*The Twilight Zone*）的劇情裡。我算不上是野孩子，但我在一九七〇年代唸高中時也免不了偶爾打打架。不得不承認，史丹佛大學的學生可能是最接近和平光譜一端的族群，心理學家稱這群人「怪咖」：「西方人、受過良好教育、來自工業化社會、富有和民主派」。[11] 但即使如此，他們仍屬於一股更大的潮流。我們正生活在一個更仁慈、溫柔的時代。

平克認為有五大因素改變了暴力的收益，讓武力變得不太誘人。他首先提到我們的老朋友「利維坦」；政府已變成坐寇政權，會出手懲治侵略者。在他的「和平主義者的兩難」賽局中，即使只是扣十五分的微小懲罰，都會讓收益從贏得戰鬥的正十分掉到負五分，比保持和平的平均正五分還少，所以這很快會讓利維坦的臣民言歸於好。

但平克主張，政府只不過是第一步。商業也提高了和平的收益。如果賽局裡的各方選擇合作而非互鬥，商業將為每人帶來一百分的收益[xvi]。平克說，正一百零五的總分將會襯出正十分的渺小，隨便誰打贏戰爭都能得到正十分，況且戰爭若拖到兩敗俱傷，可能會扣五十分。

平克表示，另一個改變暴力收益的因素是「女性化」（feminization）[xvii]。在每個有記錄的人類社會裡，暴力犯罪和製造戰爭的元凶幾乎都是男性。綜觀歷史，男性及其價值主宰一切，但越來越多女性在過去幾百年來獲得賦權，這浪潮始自歐洲和北美，漸漸擴及世界。雖然人類還沒走得像巴諾布猿那麼遠（牠們的母猿吃定了那些本應凶暴的公猿），但平克說，女性主義已讓男子氣概的評價從帥變成蠢，因此也降低了暴力的收益。他推測，如果暴力收益有八成都是心理收益，那麼，日趨重要的陰柔價值（feminine values）會讓贏得戰鬥的收益從正十分降低到正二分，變得比每個人都保持和平時的正五分低了很多。這將很快讓和平主義變成新的演化穩定策略。

這仍不是全部。平克接著又表示，從十八世紀的啟蒙運動開始，同理心變得越來越重要。「我感受到你的痛苦」可不只是什麼追求靈性的調調，視他人為同類既可以因為幫助他人而提升心理收益，也讓傷害別人的代價變大了。若選擇和平合作能額外獲得值五分的快樂，這區區五分就能讓雙方合作的收益提升為正十分，而任何造成他人痛苦的罪惡感會讓侵略的收益降至正十分。和平、愛與理解終將得勝。

平克最後主張，科學和理性也改變了收益。自從十七世紀的科學革命以來，我們已經學會客觀地看待世界。我們明白了宇宙生成、地球繞著太陽運轉和生命演化的過程。我們已發現希格斯玻色子（Higgs boson）[xviii]，也創造出

xvi 根據我們對歷史上大多數時期的商業規模的了解，一百分可能讓我聽起來太過樂觀，但由於這些賽局中的數字都是假設，似乎不必對此吹毛求疵。

xvii 譯註：在社會學上，「女性化」指社會、組織或團體變得更重視陰柔氣質或傳統上被視為屬於女性的價值，也可以指女性融入原本由男性主導的專業領域。

xviii 譯註：二〇一二年，歐洲核子研究中心（CERN）偵測到希格斯玻色子（Higgs boson）的存在，這種基本粒子有助於解釋宇宙如何生成。此一發現也讓英國物理學家彼得・希格斯（Peter Higgs）與比利時物理學家法蘭西斯・恩勒特（François Englert）共同獲得諾貝爾物理學獎，原因是他們早已正確推論出希格斯玻色子的存在。

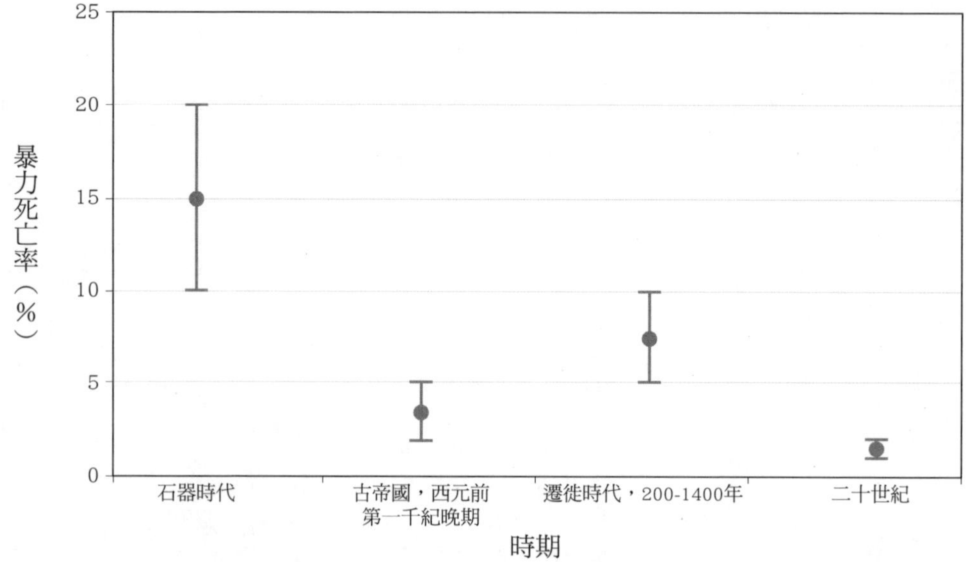

圖6-9 故事的全貌：西元前10000年至西元2000年的暴力死亡率

賽局理論。當人們明白合作比動武更理性，合作的心理收益必定會升高，動武的心理收益則下降。

平克的論點很有說服力，但我認為不只是這樣。我在本書的前言提到，若要了解世界，長期的世界歷史是最強而有力的工具，而我這裡要指出，平克聚焦在過去五百年的西歐和北美，因此並未看見全貌。若放眼數萬年來的世界，就會發現這一切的來龍去脈比平克說的更複雜，同時卻又更簡單。

更複雜的是，過去五百年裡暴力在歐美漸漸消失，但並不是一次性的事件。第一章和第二章已說明古帝國的暴力死亡率也下降了，到了西元前一千年紀的尾聲，暴力死亡率比起再早個一萬年已降至四分之一。接著在二〇〇年到一四〇〇年之間，在擁有大多數世界人口的歐亞大陸幸運緯度帶，暴力發生率又升高了（第三章）。後來又有一波重大的和平時期來臨，也就是平克聚焦的時期（第四章和第五章）。在一九〇〇年以前，因暴力而死的風險早就降得比古帝國的時代還低，而且至今不斷下滑（圖6-9）。

不過，事實也比平克的論點更簡單。若拿暴力減少的遠古和現代來比較，並與暴力增加的中世紀相比，就會發現我們不需要五大因素，用一個因素就能解釋暴力為什麼減少了。本書進行至此，你可能不會太訝異，這個因素就是具有建設性的戰爭。

平克認定：「國家藉由壟斷武力來保護國民不受彼此侵擾，這可能是導致暴力減少的一貫因素。」[12]但現實在我看來更簡單。一萬年來，具有建設性的戰爭向來是暴力變少的原動力，創造出許多由利維坦似的強大政府統治的大型社會，而且為了成功與其他的利維坦競爭，這些社會必須變成坐寇政權來處罰未經授權的暴力。平克提到的另外四個因素，商業、女性化、同理心和理性，永遠都是具有建設性的戰爭帶來和平的結果，而非自成獨立因素。

這在商業的例子中尤其明顯。在古代帝國時期和一五〇〇年之後，被稱作「看不見的手」的市場機制提升了商業合作的利益，但這只是因為另外有個看不見的拳頭已經拉高了動武的代價。不管是古羅馬、中國漢朝、印度孔雀王朝或現代早期的歐洲帝國，看不見的拳頭總是比看不見的手更早出現。當拳頭在二〇〇〇年的歐亞大陸失敗，而且草原遊牧民族征服各個古帝國時，看不見的手也跟著失敗了。只有歐洲船隻和槍炮征服海洋時，全球貿易才起飛，在十九世紀的世界警察時代達到令人目眩的成就。世界警察在二十世紀早期失勢，導致貿易收縮、暴力飆升，而我們將在第七章看到，一九八九年後誕生了新的世界警察，從此驅動商業擴張的新時代。

長期模式相當明朗。利維坦提升了動武的代價，讓和平的收益勝過暴力。環境條件越和平，商業就越容易繁榮，增加合作的收益。

無論古代或現代，同理心和理性主義也同樣都是具有建設性的戰爭造成的結果。十八世紀許多啟蒙學者撰寫小冊，主張普遍的同情心正帶來永久的和平，而因為羅馬學者有類似的想法，他們經常訴諸羅馬的論著來證明自己的觀點。但不管哪個例子，同理心和理性主義都不是減少暴力的原動力。如同第一章和第二章提到，是直到中國漢朝、印度孔雀王朝和古羅馬帝國的誕生戰爭過了巔峰以後，儒家、佛教、斯多葛主義、基督教的非暴力理念才獲得大量追隨者。同樣的，歐洲在五百年戰爭最慘烈的時期過後，才迎來十八和十九世紀屬於同理心和理性主義的時代。這些知識份子的運動證明並解釋了是利維坦創造出更安全的世界，而不是這些運動讓世界變得安全。第三章也說明，當利維坦似的政府在第一千年紀垮台而暴力復返時，沒有任何哲學體系能阻止這個趨勢。

「女性化」更明顯是暴力減少的結果，而非成因。古代帝國時期的暴力之所以減少，和女性賦權根本沾不上邊，十九世紀甚至二十世紀的暴力衰退現象中也很難看見女性賦權的影響，在那之前，是強大的政府讓暴力死亡率降到史上最低。或許唯有當社會安定到暴力死亡率降至百分之二，女性才有足夠的能力挑戰男性侵略。這件事在一七五〇年到一八〇〇年之前從來沒有成功過，但歐洲和其他殖民地的暴力死亡率一降至這個水平，就開始出現女性化的跡象了。

再來看看平克在「和平主義的兩難」賽局中分配的收益。合作是正五分，打贏是正十分，打輸是負一百分，雙方打架時則都是負五十分。我現在要檢視這個賽局的可能發展。利維坦對侵略或攻擊者施加負十五分的處罰，讓合作成為最佳策略，結果就是，具有建設性的戰爭讓暴力減少了，而平克提到的另外四個因素這時候也出現了，對結果有加乘作用。首先，和平刺激了商業發展（西元前二〇〇年以前的幾個古帝國、一七〇〇年以前的現代歐洲明顯有此現象），而只要有一點點紅利，即使那遠遠低於平克主張的一百分商業收益，仍會帶來巨大影響。僅僅十分就可為和平的商業社會帶來正十五分的收益，遠遠勝過次優選項——也就是贏得戰鬥和被利維坦處罰，總結出負五分的收益。平克並沒有為理性設定得分，但的確設計讓同理心能為和平創造者贏得五分。如果我們假設理性和同理心都是五分，保持和平的收益就會升至二十分，而當暴力發生率下降到與一八〇〇年前的歐洲一樣低，女性化的現象就開始出現，讓武力變得越來越不吸引人。

這整個過程取決於利維坦似的政府是否強大到不僅可以處罰臣民，也可以保護他們，因為利維坦與臣民玩的那種死亡賽局也漸漸擴及它與鄰近小國玩的其他遊戲中。利維坦每次贏得具有建設性的戰爭都會獲得正十分，終將主宰鄰近地區且併吞原來的對手。它將變成羅馬帝國般的國度，貿易、同理心等都將更大規模地蓬勃發展。最後，這個政府甚至會變成世界警察。

當然，比起「和平主義者的兩難」等簡化的賽局，現實更為混亂。第五章提到十九世紀的世界警察雖成功維繫國際體系、讓每個人變得更富有，卻也碰到預期之外的回饋圈[xix]。這刺激了新的工業革命，也因此創造出一些對手，暗中削弱世界警察對破壞遊戲規則者的制裁能力。到了一九一四年，好幾個賽局玩家都得出結論，認為動武的收益又回升了，超過和平合作的收益，而這也帶來災難性的結果。接著情況變得更糟，在一九三〇年代，「和平主義者的兩難」赫然變為鷹鴿賽局。受到一戰重創的大多數歐洲國家都不計代價地持續追求和平，這給了希特勒變為鷹派的機會。希特勒差點就贏得一九四〇年的賽局，一九四一年、一九四二年也是一樣，這時英國、蘇聯和美國人連怎麼玩都還沒搞懂。但他們一搞懂，無情的賽局邏輯就只有一種走向，到了一九四五年，同盟國已在希特勒自作自受的暴力賽局中擊敗了他。歐洲和東亞大部分地區已成廢墟，一億人喪生了，而美國握有原子彈。核武器開始讓動武的懲罰變得無限大，收益因此變得面目全非。根據冷酷的賽局規則，即使沒有世界警察來施加制裁，武力也只有在小心翼翼使用時（例如用在叛亂、政變和有限戰爭中）才能得到正向收益，不會受到暴力反擊。只要任一個超級強權採取行動而威脅到另一個的存亡，兩個強權都會輸掉賽局。因此，賽局邏輯淘汰了武力，而蘇聯和美國都遵循這個邏輯，數十年來不斷避免開戰。但就像雷根總統曾說，比起只有一個世界警察，世界上有兩個擁有核武的半球警察時，「就像兩名西部人站在酒館前，用槍指著彼此的頭，而且永遠不會真的開槍。」[13] 如果兩名槍手都過得順心如意，那一切都會完好無礙。

九、度過彼得羅夫[xx]難關

關於暴力的賽局理論雖醜陋，但獲得重大突破的地點竟是在美國加州濱海城市聖塔莫尼卡那樣美麗的地方。一九五〇年代早期，美國政府意識到死亡賽局已出現驚人的轉折，於是發包給美國智庫蘭德公司（RAND

xix 譯註：回饋圈意即相互作用的模式，不管是人與人、人與物、事與事，任何兩樣以上變因互相交錯，都會形成循環的回饋圈。

xx 譯註：本書前言提過蘇聯軍官彼得羅夫的事蹟，他在冷戰期間避免蘇聯和美國擦槍走火，防止了一場可能毀滅世界的核武衝突。

Corporation），要他們客觀、科學地找出避免毀滅世界的方法。蘭德公司的對策是從常春藤大學聯盟挖角一個個傑出的數學家，要他們計算賽局中每一個可能行動的收益。

這些數學家是一群怪咖天才，擅長在黑板上振筆疾書。今日最為人熟知的是約翰・納許（John Nash），他是暢銷書和同名電影《美麗境界》（*A Beautiful Mind*）中的英雄（儘管患有思覺失調症的他並非一般定義下的英雄）。納許已證明可以設定收益，讓強大的競爭對手在不使用武力的情況下，努力實現雙方都滿意的平衡，這就是數學家所稱的「納許均衡」（Nash equilibrium）。這意味著只要賽局玩家保持堅毅的目光與理性，核威懾[xxi]確實應該發揮作用。但納許本人的狀況讓別人對他沒什麼信心。他開始出現幻聽，更因為在男廁不當暴露而遭逮捕，他的安全許可被撤銷，接著變成一位隱士。

幸運的是，對核戰爭與和平做出決策的人雖然不像納許那麼天才，卻較清醒。但在缺乏世界警察的情況下，「未知的未知」又是史上最複雜之際，就算是異常冷靜的美國總統艾森豪很快都開始失眠、因為胃潰瘍喝起牛奶[xxii]，甚至心臟病發送醫。即使是最小的計算錯誤或意外，都可能代表末日到來。理論上，也就是在黑板上重複演算的賽局中，威懾極為合理。但現實上，全世界的命運繫於彼得羅夫之輩的倉促判斷。威懾缺乏穩定性，而沒有穩定性，當然可能就沒有演化穩定策略。

歷史上，唯一可靠的賽局解方始終都是出現贏家，意思是要度過彼得羅夫遇到的難關，就要由西半球（或東半球）的警察打敗另一個警察。冷戰時期的軍備競賽、代理人戰爭、間諜和政變全都是為了找到扭轉局面的關鍵，希望權力平衡漸漸或突然轉變，以便擊敗另一方或防止被另一方擊敗。一九八〇年代早期，許多蘇聯戰略家開始擔心他們會被精準武器[xxiii]擊敗（蘇聯分析家還發明了「軍事事務革命」一詞來形容這項新科技），而他們想的沒錯，儘管不是他們預料的那樣。

美國把戰爭予以電腦化，改變了歐洲的軍事平衡，讓蘇聯也開始探索不使用核武的作戰方式。但事後證明，關於美國在冷戰時期推出的星際大戰反彈道飛彈軍事戰略計畫（Star Wars）、「突擊破壞者」戰術計畫（Assault Breaker）

和各種新式武器，真正的重點在於，對付它們將異常複雜且所費甚鉅。蘇聯經濟可以生產一堆坦克、卡拉什尼科夫自動步槍[xxiv]、核彈頭和洲際彈道飛彈，但一九九〇年代戰局將由電腦和智慧軍武主導，蘇聯當局既無能力也無經費跟上腳步。

戰爭成本激增了，這時間點對蘇聯來說再糟不過。蘇聯在一九七〇年代的成功主要仰賴石油出口，中東戰爭和伊朗革命造成石油價格飛漲，但在一九八〇年到一九八六年之間，石油的價格掉了近八成，蘇聯的可支配收入變得所剩無幾。對蘇聯雪上加霜的是，美國工人的生產力在一九七五至八五年之間上升了百分之二十七，西歐工人的生產力也上升百分之二十三，但蘇聯人民的產值僅增加百分之九，其東歐附庸國家的國民產值也只多了百分之一。集體農場的效率實在太差，幾乎完全沒有提高生產力，於是蘇聯的糧食進口（尤其是從美國和加拿大進口）幾乎增加一倍，而且主要是靠著向美國陣營的西方銀行大幅貸款來支付費用。債務危機接踵而至。

軍事理論大師克勞塞維茨堅稱：「武力是戰爭的『手段』，對敵人強加自身意志則是戰爭的目標。」[14]他因此總結道，如果殺戮似乎是打擊敵人反抗意志的最佳策略，我們就不該猶豫。但如果不是最佳策略，就不該浪費時間殺敵。美國在一九四〇年代晚期推出的遏制策略之所以高明，正是因為認識到這點。美國的決策者通常都排斥鴿派主張，不認為東西半球的警察可以永遠共存，但同時也排斥鷹派的主張，不認為只要更猛烈地發動代理人戰爭就會迎來勝利。美國的決策者採取的是更能發揮美國優勢的中間路線。

美國繼承了英國作為外環強權的衣缽，以及英國作為自由主義大國的角色，提倡自由的市場、選舉和言論。美國戰略家發現，運用自由力量的方法就是發起自由戰爭，把自由當成武器來削弱蘇聯的抵抗意志。美國若要發起自

xxi 譯註：核威攝（nuclear deterrence）是一種軍事戰略，指擁有核武器的國家藉由核武器的極端威力來威脅和嚇阻潛在侵略者。

xxii 譯註：牛奶曾被認為對胃潰瘍有療效，但現在一般都不建議患者喝牛奶。

xxiii 譯註：準武器泛指使用高 確 導引系統，於遠距投射時直接命中目標機 很高的導彈、炮彈和炸彈等武器。

xxiv 譯註：卡拉什尼科夫（Mikhail Kalashnikov）於一九四七年開發出來的自動步槍就是知名的AK-47。

由戰爭，就必須有看不見的拳頭來支撐看不見的手，因此美國政府必須持續打造氫彈、進行代理人戰爭和討好獨裁者，儘管這些作法引發對立且令人唾棄。但一路走來，美國領袖必須記得，炸彈、戰爭和殘暴本身無法帶來勝利，勝利只會出現在蘇聯人民在商店前排隊，或他們在發不動的車子裡罵髒話、在黑市購買美國搖滾歌手史普林斯汀的唱片之際。看不見的手將會一點一點地扼殺共產主義的意志。

這個計畫不是什麼秘密。早在一九五一年，美國社會學家大衛・黎士曼（David Riesman）就在他的短篇小說〈尼龍戰爭〉（The Nylon War）中對這個計畫既嘲諷又讚頌。小說中，美國國防部高層試著說服白宮進行自由戰爭，理由是：「如果蘇聯人民也得以一嚐美國的財富，他們就不會再忍受只給他們坦克和間諜，而非給他們吸塵器的當權者。」[15]總統同意了，美軍在蘇聯空投大量絲襪和香菸，共產主義崩潰了。

現實當然沒這麼簡單，但史達林和繼任者漸漸開始了解絲襪的重要。黎士曼的小說發表一年後，蘇聯領導人史達林對中共外長周恩來（根據會議記錄，是「開玩笑地」）表示：「美國人的主要軍備是尼龍製品、香菸和其他商品……不，美國人不懂怎麼發起戰爭。」[16]但不到十年，蘇聯就發現打贏尼龍戰爭的唯一方法是讓蘇聯的理論家進行反擊，否認美國主張的真實性，並強調資本主義的不公平。由於核武器讓實戰形同自殺，蘇聯從未認真考慮數百位早期統治者選擇的道路：「那些統治者回應經濟衰退的方式是攻擊比他們更繁榮的鄰居、占領富有的省份或貿易路線。但蘇聯領袖讓自由主義的消耗戰繼續拖下去，最終導致蘇聯解體。」

蘇共中央政治局會讓這一切發生，不是因為官員都在狂聽美國歌手的反戰名曲〈戰爭〉，而是因為他們知道武力無法解決蘇聯的問題。侵略西德或南韓不會讓蘇聯變得與美國一樣富裕、富有生產力，只會帶來世界末日。蘇聯大致成功地粉飾太平，時間長達三十年之久，讓許多人民（甚至是外人）以為蘇聯正在蓬勃發展。不過，到了一九八〇年代，這已經不可能了。

此時，對於大多數西歐人民，雞蛋配給政策和一九四〇年代縮衣節食的屈辱已經只是遙遠的回憶，但對東歐人民來說，很容易就會感覺在走回頭路。一位波蘭護士憶及：「要取得洗衣粉之類的基本物資相當困難，我必須用蛋黃洗頭髮，因為沒有洗髮精了……如果我們不知道其他地方怎麼過的，那還另當別論。但我們對其他人的生活有概念。」[17]就算還有人認為蘇聯陣營沒有在經濟戰爭中節節敗退，一九八六年車諾比核災也足以說服他們了。這次事件讓烏克蘭飽受輻射汙染，也暴露出蘇聯政權無法掩飾的無能和欺瞞。

一九八五年，戈巴契夫被任命為蘇聯領導人的幾小時前對妻子坦言：「我們不能再這樣繼續下去了。」[18]非常時期需要非常措施，而戈巴契夫知道蘇聯的抵抗意志正在消退，於是孤注一擲。他將提倡經濟重建和政治透明化政策來重啟經濟成長，同時也不計代價地避免依賴只會招致惡果的武力。

很多美國人都認定這又是死亡賽局中高明的一步棋，高明到他們摸不清蘇聯到底想做什麼。曾任美國國家安全顧問的史考克羅（Brent Scowcroft）日後坦承：「那時我覺得戈巴契夫的動機很可疑……我擔心蘇聯不必對自身的軍事結構做出什麼重要調整，戈巴契夫就可能讓美國走向裁軍。這會讓我們在十年左右的時間裡，就面臨史上最嚴重的軍事威脅。」[19]

有時看似是史考克羅說對了。一九八六年十月，雷根和戈巴契夫在冰島雷克雅維克進行會談時，確實討論起是否要禁止所有的核武。這讓美國國防專家陷入恐慌。蘇聯可能很怕北約組織（NATO）的新型高科技軍備，但美國人知道這些神奇的武器幾乎都還沒準備好，也很擔憂若沒有核威攝，北約在歐洲的傳統武力將很難壓制規模大得多的蘇聯軍隊。無論如何，戈巴契夫沒有要耍誰的意思。事態慢慢明朗，他確實不想靠武力來進行賽局。沒人知道這是怎麼一回事。

「雷根總統和我（在一九八九年一月）上任時，料到後來會怎樣了嗎？」[20]曾當過雷根副手的老布希前總統後來自承，「不，我們沒料到。」如果老布希確實透過某種方法預見一九八九年的發展，並在就職演講中宣稱他會在任期結束前見證蘇聯解體，而且俄羅斯的國界又會變回一九一八年被德國強迫放棄大片領土[xxv]以後的範圍，大家一

xxv 譯註：一九一八年三月三日，蘇維埃政權與以德國為首的同盟國簽訂《布列斯特-立陶夫斯克條約》，被迫放棄大片領土。

圖6-10 值得開懷：戈巴契夫和雷根終結冷戰，十億人得以繼續迎戰生活。

定會認為這位現實主義巨頭、前中情局局長已經完全瘋了。美國花了四十多年不斷暗中策劃、設局和暗殺，一切都是為了打擊蘇聯的意志，但好不容易迎來的終局竟出乎所有人的意料之外。

老布希就任副總統後幾個月，匈牙利官方委員會總結認定一九五六年反蘇聯的「十月事件」[xxvi]是一場「對抗寡頭政治權力體系的人民起義，該體系羞辱了國家」。[21]若是史達林時代，交這種報告根本是想集體自殺，即使是在後兩任最高領導人赫魯雪夫或布列茲涅夫的時代，後果也可能相當嚴重。但戈巴契夫不僅沒有處決任何人，還默許表示同意。

受到激勵的匈牙利人在一九八九年六月舉辦公開追思葬禮，向過去遭蘇聯處決的前總理伊姆雷（Nagy Imre）致敬。總共來了二十萬名哀悼者，但莫斯科依然沒有動靜。匈牙利總理米克洛許（Németh Miklós）沒有與任何人商量，便宣布因預算問題而無法更換與奧地利接壤的邊境鐵絲網，而既然舊的鐵絲網違反健康與安全規定，就必須要捲起來。一個數百英里寬的洞口即將出現在鐵幕上。恐慌中，東德共產黨人要求蘇聯政府介入，獲得的答覆是：「我們無能為力。」[22]

戈巴契夫認為，任何程度的退讓都勝過冒著蘇聯全盤解體的風險來動武。但有些人並不同意，羅馬尼亞的凶殘獨裁者希奧塞斯古（Nicolae Ceausescu）十二月即下令軍隊對示威者開槍。他的國民起身反抗，蘇聯仍無所作為，接著他和妻子就在耶誕節當天都被處決了。

東德共產黨人同樣爭先恐後，做出與希奧塞斯古相反的選擇，推開了柏林圍牆的大門。東德人湧向西邊，西德人往東邊走。形形色色的人在牆上跳舞，或拿槌子敲擊牆體。但仍然什麼事都沒發生。「你怎麼能對走過邊境找其他同胞的德國人開槍呢？」戈巴契夫隔天表示：「政策必須改變了。」[23]

羅馬尼亞的局勢發展顯示戈巴契夫是對的，但到了一九八九年夏天以前，蘇聯可能也沒有獲勝的方法了。對一項政策進行改變，只是為下一項政策帶來難擋的壓力。柏林圍牆倒塌後不到三個月，東德總書記就對戈巴契夫表示兩德想要統一。戈巴契夫回應說，唯有統一後的德國去軍事化和維持中立，此事才可能發生。美國也接到提議，但老布希拒絕撤出在西德的二十五萬駐軍。然而，戈巴契夫仍撤出他在東德的三十萬大軍，而統一後的新德國加入了北約。

事後看來，一旦德國、波蘭、匈牙利、捷克、斯洛伐克、羅馬尼亞和保加利亞都與蘇聯帝國分道揚鑣，其他地方自然也會跟進，像是愛沙尼亞、立陶宛、拉脫維亞、白羅斯、烏克蘭、亞美尼亞、喬治亞、亞塞拜然、車臣、哈薩克、烏茲別克、土庫曼、吉爾吉斯、塔吉克和蒙古。令人驚嘆的是俄羅斯，竟決定要脫離以自己為主體的帝國，

xxvi 譯註：「十月事件」又稱匈牙利革命，發生於一九五六年十月二十三日，起於布達佩斯。這是一場反蘇聯的民主抗暴運動，但最後慘遭鎮壓，以失敗收場。匈牙利再度陷入漫長的獨裁，直到一九八九年匈牙利第三共和國成立，革命參與者才獲得平反，十月二十三日也成為國定紀念日。

宣布退出蘇聯。一九九一年十二月二十五日，戈巴契夫簽署文告，蘇聯正式解體。

戈巴契夫未用暴力進行賽局，獲得了很糟的收益，但唯一明顯的替代方案（動武壓制東歐，並抵制美國想搞垮蘇聯的努力）將得到更糟的回報。俄羅斯已被打敗，被不客氣地擠出內環甚至是大部分中心地帶，但過程中至少沒怎麼開火。一九八三年，彼得羅夫經歷危機之際，有五億條人命危在旦夕。但當冷戰終於結束，實際死亡人數不到三百人。

在具有建設性的戰爭史上，美國已經贏得最大且最出人意料的勝利。新的世界警察出現了。

第七章
世間僅存的最大希望：美利堅帝國（一九八九—？）

一、從這裡到不了那裡

二〇一二年十一月二十六日週一，是現代的奇蹟之日。美國紐約市一整天（從週日晚上十點半到週二早上的十點二十分）都沒有人遭射殺、刺死或以任何方式殺掉。自一九九四年開始全面蒐集資料以來，這種日子就不曾出現過了。一九九四年，紐約每天平均有十四起殺人事件。事實上，上一次沒有暴力死亡事件的奇蹟日要回溯到至少五十年前，當時紐約的相關記錄很零散，而且人口少了五十萬。最重要的是，二〇一二年每兩萬名紐約人只有一名死於暴力，可能是史上最低的數據。

當然，美國不是只有紐約。二〇一二年，芝加哥的謀殺案增加了六分之一，加州聖貝納迪諾（San Bernardino）的殺人事件則暴增百分之五十。在聖貝納迪諾，五成屋主的負債比自己的房價還高，市政府也破產了。該市檢察長建議：「鎖好家門，為槍枝上膛。」[1]二〇一二年接近尾聲之際，有個精神病患者在康乃狄克州西部新鎮（Newtown）

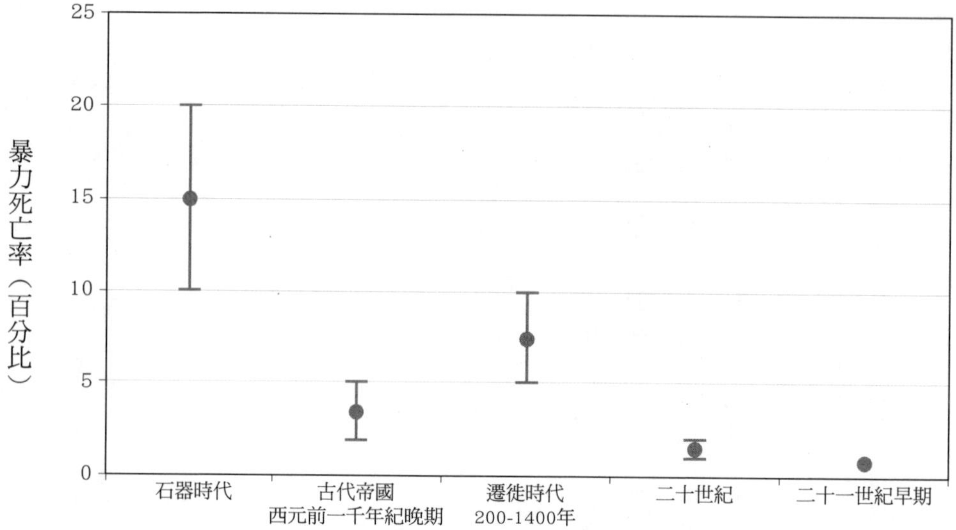

圖7-1 近在咫尺：西元前10000年至西元2013年的暴力死亡率

射殺了二十名學童、六名教職員和自己的母親，接著自殺身亡。不過，儘管有種種噩夢般的例外，紐約還是比新鎮更能代表美國，因為二〇一二年，美國的謀殺率下降了。

事實上，紐約不僅是美國的典型，更是世界的典型。整體來說，他殺案越來越少。二〇〇四年，約一萬三千人中有一人被謀殺，到了二〇一〇年，這個數據已經降至一萬四千五百人中有一人被謀殺。戰爭中的死亡數也有下降趨勢。最大也最血腥的衝突通常是跨國戰爭，但它們幾乎消失了。國家失敗後隨之而來的內戰則持續發生：「二〇一二年，每四百名敘利亞人裡約有一人死於內戰，但統計顯示內戰也正在變少。」

平均而言，在二〇一二年，全球大約每四千三百七十五人裡有一人死於暴力，意味著現今在世的人裡只有百分之零點七會死於暴力，二十世紀則是百分之一到二，古代帝國是百分之二到五，草原遷徙時代的歐亞大陸是百分之五到十，石器時代則高達百分之十到二十（圖7-1）。世界終於變得接近丹麥[i]，而丹麥本身也越來越丹麥。二〇〇九年，丹麥每十一萬一千人裡只有一人被謀殺，代表一生中因暴力而死的風險只有百分之零點零二七。最棒的是，如今全世界的核彈頭數量僅是一九八六年（歌手史普林斯汀重唱〈戰爭〉那一年）的二十分之一。五十年前，美國空軍就屬負責運送核武器的戰略空軍司令部最先進；如今，大多數空軍軍官都認為進入核武部門就別想升官了。

好消息還不只這樣。就像過去數千年常見的那樣，暴力發生率的下降和繁榮的提升密不可分。當美國在一九八九年接手成為公認的世界警察，全球人均GDP只等同五千多國際元[ii]。到了二〇一一年，即擁有完整資料的最近年份，這個數字變成了兩倍。亞洲是受益最大的地區，因為當時中國沿岸、東南亞部分地區和印度一些區域都在經歷各自的工業革命，這些活動刺激出史上最大的農民移民潮，他們湧入城市，導致二十億以上的人口脫離絕對貧窮〔世界銀行（World Bank）對絕對貧窮的定義是每日生活費低於一美元〕。拉丁美洲、非洲和東歐起初分別因為債務危機、愛滋病疫情和共產主義崩潰後的亂象而造成經濟倒退，但二〇〇〇年以後都好轉了。

圖七之一和七之二相當令人驚嘆，顯示全世界不僅越來越安全富裕，各大洲之間的不平等也減少了，變得更加公平。但更令人驚嘆的是這些好消息背後的解釋，亦即本書提出的主張：「具有建設性的戰爭已經讓世界變成更好的地方。」這個觀點相當矛盾、違反直覺且讓人不安；本書前言也提過，我在開始研究長期戰爭史之前也壓根沒想到會是這樣。但考古學、人類學、歷史和演化生物學似乎都提供了決定性的證據。

四億年前，暴力演化成一種從紛爭中勝出的手段，最初是介於想吃其他魚的原始鯊魚和不想被吃掉的魚之間。如今，暴力已是演化上非常成功的一項適應，而且幾乎所有的動物都會使用暴力。有些甚至演化出集體暴力，與地盤有關的紛爭則可能出現致命暴力。戰爭已經誕生了。

人類歷史是演化樹上較短、卻是目前最獨特的分枝。我們除了基因演化，還會自己進行文化演化。為了因應死亡賽局中的收益轉變，我們不會苦等幾千個世代的天擇來改變人類，而會改變自身行為。正因如此，最近一次冰河

i 譯註：本書第一章曾提到，丹麥有良好的政治及經濟體制，在社會學家眼中已成為「神話般的地方」。

ii 這裡用的是一九九〇年的國際元，這是在購買力平價比較中，將不同國家的貨幣轉換為統一貨幣的單位。按當前市場匯率計算，二〇一一年的全球人均GDP較接近一萬兩千美元。

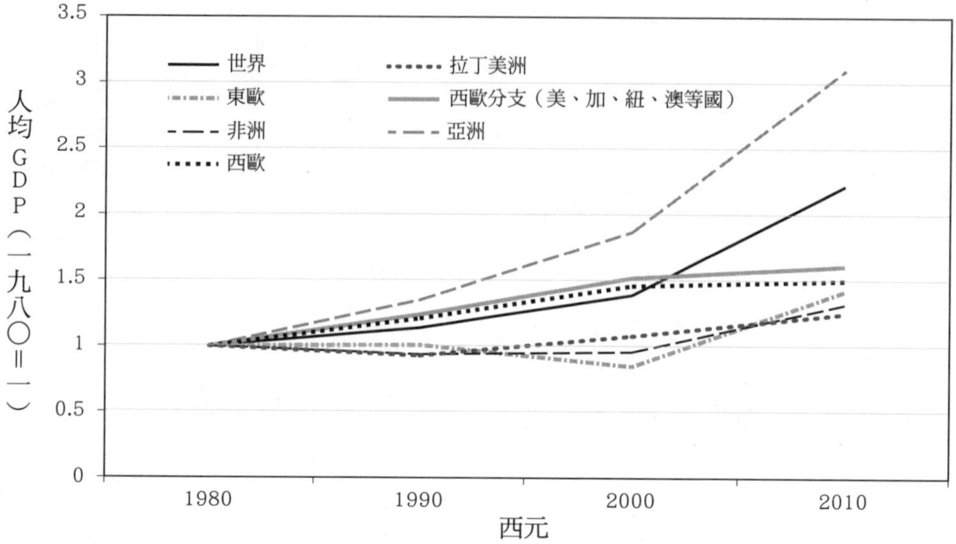

圖7-2 富者越富，貧者越貧：不同地區的財富成長速度（1980-2010）。2010年的全球人均財富是1980年的2.2倍，但亞洲人均財富是3倍。非洲和拉丁美洲在1980年代變得更窮了，1990年代的東歐人也是如此，但這些地方從2000年起都越來越富裕，逐漸接近西北歐及其墾殖國家，如澳洲、加拿大、紐西蘭和美國。

期結束至今，人類發現很多使用暴力的方法；不過，矛盾的是，這些方法出現後，使用更大程度暴力而帶來的收益也降低了。

西元前一萬年之後，全世界漸漸變暖，各種動植物因而開始繁殖，而當糧食供不應求，大多數物種的苦日子就回來了。但幸運緯度帶的人類透過文化演化與農耕來解決問題。農耕有其成本，養活的人口卻大幅增加，人們也因為擠在一起而造就了囚籠現象。對黑猩猩和冰河期的人類而言，地盤性意味著殺死競爭族群就能在死亡賽局中獲得最高收益，但囚籠現象意味著若將戰敗的敵人收編到大型社會中，甚至能獲得更高的收益。「收編」這個詞看似輕描淡寫，過程其實充斥大量劫掠、強暴、奴役和流離失所，但由於征服者變成坐寇政權就會獲得回報，長期下來，所有這些暴力帶來了安定與蒸蒸日上的繁榮。

到了西元前三五〇〇年，許多坐寇政權正漸漸演化成貨真價實的利維坦，有能力提高賦稅並處罰不服管束的臣民。這個過程始於今天名為中東的地區，那裡是農耕的起源地，因而也是囚籠現象的起源地，同時是競爭越演越烈的地方。但往後數千年，幸運緯度帶大部分地區都有同樣的發展。

在舊世界的幸運緯度帶，每個地區的軍事事務革命都歷經差不多的順序。但由於第三章提過的那些因素，尤其是沒有馬匹的緣故，新世界的順序有所不同：「首先出現的是用來抵抗地方性突襲的防禦工事，於是攻擊者也學著圍攻爬不過去的城牆。接著，歐亞大陸出現了青銅，用來製作攻擊型武器和防禦型盔甲。然後軍紀也誕生了，狂暴的年輕人服從軍令，不顧危險展開攻擊，毫不退縮地對抗惡敵。到了西元前一九〇〇年，歐亞大陸的草原牧民已學會馴服馬兒作為雙輪馬車之用，讓他們在戰場上變得迅捷靈活。到了西元前一二〇〇年，地中海附近的戰士已找出反擊手段，但在西元前一千年紀期間，主動權落入大批鐵甲步兵手裡，他們征服了遍布歐亞大陸幸運緯度帶的巨大帝國。」

每一次軍事事務革命都是攻擊和防禦之間的比賽，但正如本書不斷強調，戰爭從來不是演化學家所謂的紅皇后效應（譯按：此效應之定義請參閱本書第二章）。這場比賽讓社會轉型了，所以不會每個人變成在原位跑步。每場軍事事務革命都有賴利維坦變得更強大，而更強大的利維坦都更進一步降低暴力死亡率。

根據美國軍事史學家漢森的理論，獨樹一格的西方戰爭方式源於古希臘，而且讓歐洲戰士得以稱霸世界。但事實並非如此。現實中，幸運緯度帶各個地區的人類總共只發明出一種具有建設性的戰爭方式，催生了更強大的利維坦，也帶來安全和財富。於是西元前一千年紀出現了長安、波吒釐城、特奧蒂瓦坎和羅馬這些安全繁榮的地方。

本書另一個主題是，戰爭中的一切都很矛盾。到了西元前一千年紀尾聲，歐亞大陸具有建設性的戰爭都正在接近克勞塞維茨所謂的勝利頂點，先前造就成功的行為開始帶來災難。古代帝國的擴張使它們與草原的關係越來越糾葛。在這裡，機動性很強的騎師幾乎能隨心所欲地縱橫千里並深入帝國，但開創帝國的強大步兵軍隊終究成功地在乾草原上存活下來。騎兵開始主宰從中國到歐洲的戰場，而幸運緯度帶和大草原一千多年來（約二〇〇年至一四〇〇年）都陷入兩種戰爭的惡劣循環：「每發生一次具有建設性的戰爭，創造了更大也更安全富裕的社會，就會有帶來反效果的戰爭再度毀掉它們。利維坦失去了爪牙，暴力死亡率上升，而且不再像以前那麼繁榮。」

在不遠的將來，體質人類學家研究過的骨骼就會多到能確定這些比率的精確數字，但目前我們只能仰賴第一章到第三裡檢閱過的粗略證據。對於史前時期，我們可用二十世紀石器時代社會來類推，並參考數量很少但不斷增加的骨骼證據。但對於古代帝國和草原遷徙時代，就必須大幅仰賴社會本身的文獻記錄。雖然我在第一章和第二章主張這些文本幾乎能表明古代帝國的暴力死亡率下降了，第三章也表示暴力死亡率在大約二〇〇年後又升高了，但坦白說，目前沒辦法精確知道升高或下降的幅度。

我自己的估算是，古代帝國的暴力死亡風險落在百分之二至五，在無政府的封建時代則上升至百分之五至十，但隨著證據累積，一定會有人證明我的估算有誤。但在我看來，學術研究就該這樣運作。有研究者做出推測，其他研究者出面駁斥這些推測，提出更好的推測來取代。但如果沒有意外，我希望這個公開拋出實際數字的初次嘗試會激起其他人的反駁，讓他們蒐集更好的數據、想出更好的方法來解釋我的錯誤。

關於我們討論的主題，一直要到西元二千年紀中葉才有確實的數據。當時，火器封鎖了歐亞草原的往來道路，而長途航運打開了海洋，因此有許多利維坦，尤其是歐洲的利維坦都再次復甦。槍炮和長途航運在東亞誕生，卻都在西歐獲得改良，並且在西歐打破了具有建設性和帶來反效果的戰爭循環。

為什麼會這樣？正如第四章所述，導致這現象發生的關鍵要素，還是地理，與西方的戰爭方式關係較小。歐洲有許多不斷打仗的小王國，這種政治地理犒賞的是打造精良火器的社會；另一方面，環境地理也讓歐洲人比亞洲人更容易對「新世界」展開探險、劫掠和殖民，因為歐洲到美洲的距離是亞洲到美洲的一半。歐洲人開打五百年戰爭，不是因為他們比其他人更有活力或甚至更邪惡，地理才是他們比別人容易開戰的關鍵。

由於歐洲人透過征服而創造的龐大社會規模改變了賽局規則，五百年戰爭也迫使他們重新改造具有建設性的戰爭。在跨洲帝國時代，歐洲人發現要讓國家財富增加的最佳方法不是劫掠或暴斂橫征暴斂，而是運用國家權力，盡可能讓更多人在越來越大的市場進行自由貿易。

從西北歐開始，激烈的競爭迫使利維坦擁抱權利開放的社會秩序，這讓市場看不見的手和政府看不見的拳頭趨於和諧。一七八〇年代，英國在機緣巧合下展開工業革命，接著成為最早的世界警察，以船隻、金錢和外交官維持世界各地的秩序。但儘管暴力死亡率降至新低、繁榮程度升至新高，就連世界警察也有勝利頂點。不列顛治世製造出太多對手，讓英國無法再勝任世界警察。一九一四年之後，多場史上最慘烈的戰爭導致英國無法繼續當世界警察，直到七十五年後美國成為勝利者，領導著比不列顛治世還大的權利開放秩序，也創造出比不列顛治世更低的暴力死亡率與更多的財富。

這件事的脈絡相當龐大，唯有全盤檢視整個世界的人類歷史，並以本書前言提到的四大視角（個人、軍事史、專業技術、演化論）來看待戰爭，才能看見來龍去脈。我認為光憑這些方法就能顯示戰爭曾帶來的好處，而代價又是哪些。

本書標題是「戰爭憑什麼」，這個問題的答案既矛盾又可怕。戰爭向來能讓人類變得更安全富裕，但手段卻是大屠殺。不過，由於戰爭在某些方面有其好處，我們必須承認這種種苦難和死亡並不是毫無價值。如果能選擇如何從貧窮暴力的石器時代邁向圖7-1和七之二的和平繁榮，我敢說很少人會想透過戰爭來達到目標，但主宰人類歷史的演化並不是受我們的願望所驅動。到頭來，唯有死亡賽局的醜惡邏輯才能左右大局。

觀察這個邏輯從冰河期結束至今的發展，就能清楚看出它下一步會把我們帶到哪裡。人類原本只是一群覓食者，如今卻已透過利維坦而產生了一名世界警察，當然，下一步應該是出現讓暴力收益歸零的世界政府。每個人都應該抵達丹麥般的國度。這本書充斥著駭人聳聽之事，但畢竟還是該有個圓滿結局，事實上，結局的圓滿程度幾乎會媲美第五章開頭提過的安傑爾的《大幻覺》結局。《大幻覺》在一九一〇年面世時，世界上已經九十五年沒有強權大戰了，在那段期間，全球收入變成了兩倍，而至少歐洲的謀殺率已經減半。安傑爾和支持他的人都斷定完全沒有戰爭的世界即將到來。

但現實不是這樣。不過，《大幻覺》這本書還是值得一讀，因為安傑爾出錯的理由也會發生在我們自己的時代。正如第五章所言，十九世紀往丹麥邁進的過程無法持續。世界警察做得越好，就創造出越多對手；創造出越多對手，世界警察就越難做好。圖7-2顯示歷史正在重演。二〇一〇年代，強盛的美國甚至比一八六〇年代的英國更徹底地駕馭世界，但美國似乎正在重演英國過往的經歷。美國政府越能維持全球秩序，潛在對手就變得越強大。「未知的未知」正在激增，賭徒已開始冒險。我們離丹麥越近，丹麥看起來就越遠。

我初次造訪美國的新英格蘭地區時，一名在當地住了一輩子的居民對我說了個老笑話，內容是關於當地居民的壞脾氣。一名（多數版本都是從紐約來的）遊客在昏暗的麻州或緬因州徹底迷路了。他兜了一小時的圈子後停下來問路，一名滿面皺紋的當地人想了想，卻又馬上撤回答案，就這樣講了一條又一條可能的路線。終於，當地人疲憊地搖頭告訴遊客：「你從這裡到不了那裡。[iii]」[2]

這當然是沒用的建議，但看看圖7-2和第五章前幾個表之間的相似處，就會發現若要描述我們生活的世界，「從這裡到不了那裡」可能比安傑爾的樂觀詮釋更為貼切。或許我們面對的不是紅皇后效應，而是龜兔賽跑效應。由於跑得很快，人類已經到達某種境界：「暴力死亡率已下降，繁榮程度已提高。但即使我們漸漸接近丹麥，也永遠不會真正從這裡抵達那裡。兔子往前奔跑，但烏龜永遠都會一點一點往前爬，創造出新的對手、新的「未知的未知」，甚至可能是新的鋼鐵風暴。根本沒有什麼圓滿結局。」

我要在本章指出，安傑爾提出的圓滿結局和新英格蘭人所說的悲慘結局都不太能指引未來的輪廓。安傑爾認為經濟上的互聯互通讓戰爭變得無法想像，但這個想法在一百年前就是錯的，至今也仍然如此。不過，新英格蘭人的說法也不對。我們的確可以從這裡到達那裡。

我們似乎正在創造最糟的世界。一方面，比起世界警察英國正在衰落的一八七〇到一九一〇年代，未來的世界將更不穩定；另一方面，比起美蘇雙方以毀滅性力量威脅全人類的一九四〇到一九八〇年代，世界上的武器將會比那段時期的更加致命。儘管過去四十年來暴力死亡率穩定下降，也儘管二〇一〇年代中期不太可能出現新的世界大戰，未來四十年預計會是有史以來最危險的時期。

但若不要埋首細節，並且用第一章到第六章看待長期暴力史的相同視角，退一步看看未來數十年，不同的重點就會映入眼簾。較為宏觀的視角顯示，無論如何，我們的確可能從這裡到達那裡，即使「那裡」不是我們預期的地方。

二、金星和火星

美國政府長年以來固定出版《國防防務方針》（*Defense Planning Guidance*），這本小冊子是官方對於總體戰略（grand strategy）的立場摘要。歷年出版的《國防防務方針》通常都很乏味，但蘇聯解體後僅兩個月，亦即一九九二年二月，負責草擬新方針的委員會做了一件令人震驚的事：「說實話」。

委員會草擬出來的方針是給世界警察的操作指南，內容承認美國無法「承擔糾正每一項錯誤的責任，但我們將承擔最重要的責任，糾正那些既威脅美國利益，也威脅盟友和朋友的錯誤，也會糾正可能嚴重擾亂國際關係的錯誤」。這代表美國要達成一項重大目標：

「無論是在前蘇聯領土或任何地方，我們的首要目標是防止新對手再次出現，產生類似前蘇聯所造成的威脅。這……需要我們努力防止任何敵對勢力主導西歐、東亞、前蘇聯領土和西南亞等資源豐沛的地區，以免這些地區落入統一控制而產生全球性影響力。」[3]

草案很快就被洩漏給媒體，掀起一場政治風暴。日後將在二〇〇九年成為美國副總統的拜登參議員（Joe Biden）抱怨道，草案裡談的「根本就是美利堅治世」[4]，但那是「行不通的」。受到教訓的國防部修改了草案，讓定稿較不具侵略性，但不管怎麼說，美利堅治世正是美國這二十多年來（包括拜登擔任副總統的那八年）不斷追求的目

iii 譯註：「你從這裡到不了那裡」（You can't get there from here.）是美國新英格蘭地區長期流行的一句話，常用於有人問路，但通往目的地的路上太多障礙物時。之所以流行這句話，有一說是與當地的湖泊地形和道路設計有關。這句英文後來也衍伸出「問題無法解決」的意思。

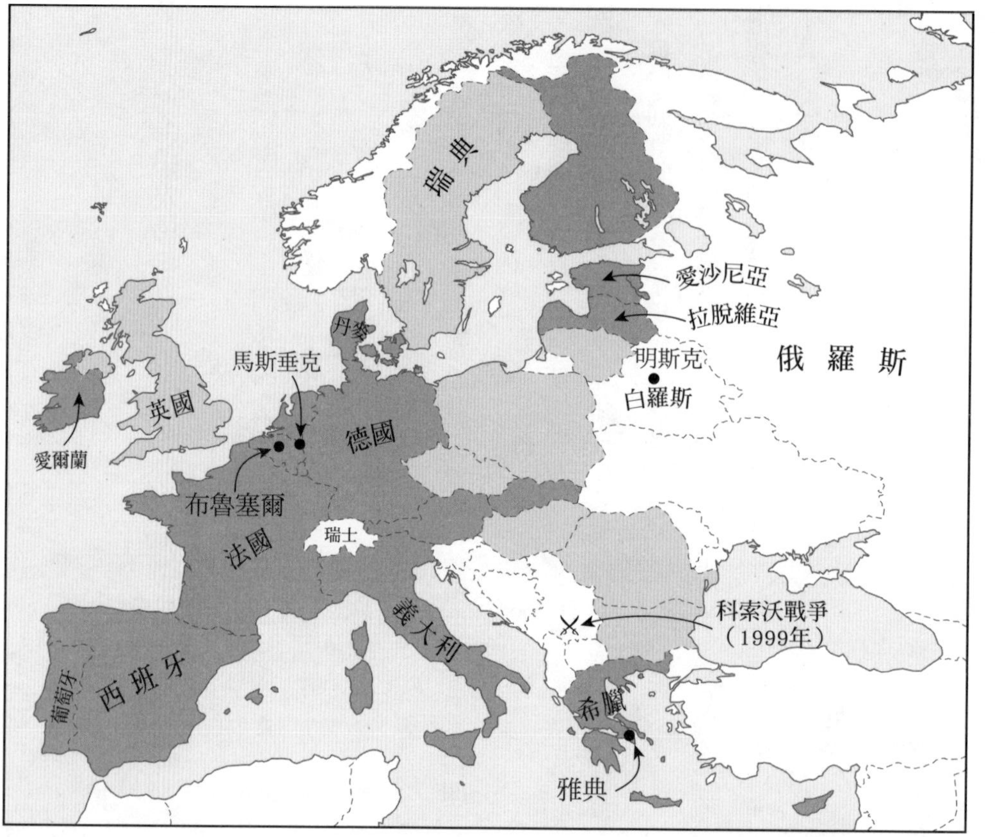

圖7-3 （幾乎）沒有戰爭的世界：本章提及的歐洲地點深灰色國家屬於歐盟和歐元區，淺灰色國家只屬於歐盟（至2014年）。

標。

關於不列顛治世，政治人物應該早就要學到的一課是，美利堅治世可以行得通，而且至少會維持數十年。整體而言，一九八九年至今的美國經驗與十九世紀晚期的英國經驗極為相似，即使有些明顯的例外，也正是這些例外才證明規律的存在。

西歐就是最驚人的明顯例外。一九九二年的《國防防務方針》草案對四大潛在問題地點感到擔憂，以西歐居首。顯然，西歐和英美前後兩任世界警察打交道的經驗實在太相似了。十九世紀晚期，西歐各國經濟在世界警察英國保障下的市場蓬勃發展，而逐漸富裕強大的德國在一八九〇年代成為英國最強勁的對手。二十世紀晚期，由於世界警察美國保障市場，西歐各國經濟再度欣欣向榮。許多政治人物開始擔憂統一後的德國會再度重演歷史劇本，而有這種想法的政治人物，歐洲甚至媲美國更多。一名法國官員還半開玩笑表示：「大家都說，德國沒上軌道是很糟糕的事，但我說『真的嗎？當德國開始上軌道，六個月後通常就會進軍香榭麗舍大道了。』」[5]

但這種事並未發生。相反的，西歐前進的方向乍看之下不僅挑戰我「英美兩大世界強權非常相似」的主張，也挑戰了本書幾乎所有的論點。西歐根本沒有變成世界警察的對手，反而已徹底放棄把武力當作政策工具。真正驚人的事正在發生。史上第一次，大規模的人口（目前是五億人）在並未受迫的情況下，正在集結形成更大、更安全富裕的社會。

這是一場安靜但具有劃時代意義的轉型。為了論述方便，我假設英國算是西歐的一部分，而我人生的頭二十七年（譯按：一九六○到一九八七）都經歷著這轉型過程，卻沒有意識到轉型正在發生。事實上，讓我最想瞬間關掉電視的畫面，莫過於歐洲共同體（European Community）的官員在布魯塞爾的總部裡宣布我應該吃什麼、喝什麼，以及食物會裝在多大的容器裡。

有數百萬人與我一樣對歐洲事物興致缺缺，但我們全都大錯特錯。歐洲共同體（一九九三年改名歐盟）是個從上到下都很無趣的組織。許多舊時的利維坦已運用暴力創造出政治團結，接著再運用政策（必要時也用更多暴力）來創造經濟團結，但此時歐洲扭轉了史上最成功的公式。在一場場委員會會議中，眾多無名英雄織出法律規章的網絡，把成員繫在同一個經濟組織裡，接著開始運用經濟來創造政治團結。一九九四年，前德國央行總裁施萊辛格（Helmut Schlesinger）說明：「最終目標是政治團結……要在歐洲達成任何型態的政治統一，亦即跨國聯邦、跨國聯盟或甚至更緊密的某種聯盟。」在這個議題上，「經濟聯盟只是為了達到最終目標的重要管道。」[6]

這是政治家有史以來嘗試過最無趣又最大膽的把戲。一九九二年《歐盟條約》在荷蘭馬斯垂克（Maastricht）簽署通過，往後十五年，計畫似乎正慢慢奏效。歐洲仍然如馬賽克一般拼貼著許多獨立國家，但從愛爾蘭到愛沙尼亞，歐洲人大都使用同一種貨幣和同一個中央銀行，也都接受同一個歐洲法院和議會的裁決，而且不需要護照就可以跨越國境。至少在二○一○年之前，乏味的建立共識之路似乎確實讓歐洲從這裡往那裡前進。

但就在二〇一〇年，歐元區好幾個國家陷入債務危機：「更精確來說，是高產值的北歐和低產值的南歐之間的國際收支危機。」歐元區國家因而發現，規則導向的聯盟有其局限。舊式利維坦可以使用更多武力來解決問題，像英國一八五〇年派出炮艦到希臘討債，但在新歐洲，不會有德國坦克開入雅典大街來恢復財政秩序。

歐盟執行規則時仰賴的是看不見的市場之手，而非看不見的軍事拳頭，這樣的歐盟似乎在深淵邊緣搖搖欲墜。二〇一一年下旬，瑞銀集團公開表示憂心，認為接下來可能會出現暴力局勢，該集團分析師指出：「現代法定貨幣聯盟瓦解時，幾乎都會出現某種形式的專制政權、軍政府或內戰。」[7]聽起來令人警醒，但直到二〇一三年年中我寫這本書的當下，歐盟的無為政策（讓負債國家有剛好的資金能夠運作，但絕不會多給）雖然飽受批評，但卻是高招，似乎確實有防止災難的效果。儘管失業率、暴力街頭抗議和政治危機激增，但希臘仍在歐元區生存下來；雖然愛爾蘭、葡萄牙、西班牙、義大利和甚至法國都面對越來越多的壓力，但沒有一個國家崩塌。這場危機不僅沒有讓歐洲分裂，甚至還可能成為契機，推動進一步的政治集權。歐洲的行政官員不必對誰開槍，就可能在拿破崙和希特勒失敗的地方獲得成功。

二〇一二年，諾貝爾委員會也承認這一點，把和平獎頒給整個歐盟。這麼做確實有充分的理由，因為歐盟公民互相殘殺的頻率是世上最低；歐盟各國政府已廢除死刑，也放棄歐盟境內的戰爭，甚至也放棄境外的戰爭。歐盟以外的歐洲人有時仍認為武力會帶來正向收益，像俄羅斯就在二〇〇八年對喬治亞展開五日戰爭，但歐盟內部很少人同意這個看法。歐盟共同安全暨防衛政策（EU's Common Security and Defence Policy）承認動武的權利[iv]，但只有英法兩國真的動武過，而且每次都是為了正在崩垮的前殖民地恢復和平。即使看到有軍事行動侵害人權，例如一九九九年的科索沃戰爭[v]，西歐各國政府仍謹慎行動，介入的力道不足，而這常讓盟友美國大感惱怒。二〇一二年，瑞典和白羅斯發生一件荒誕的對峙事件：「一架瑞典民用飛機到白羅斯首都明斯克空投八百多隻泰迪熊，每隻熊都抓著小小的標語：『現在就要言論自由。』[8]白羅斯的反擊是，革職懲處國內多位邊防和空軍將領。」這種新的歐洲戰爭之道可能才是更典型的。

二〇〇三年，民意調查專家發現，只有百分之十二法國人和德國人認為，過去戰爭曾有正當理由；但有百分之五十五美國人這樣認為。二〇〇六年，英國、法國和西班牙受訪者甚至表示好戰的美國人是對世界和平的最大威脅。美國戰略學家卡根（Robert Kagan）斷定：「在當今重要的戰略和國際問題上，美國人來自火星[vi]，而歐洲人來自金星。」[9]

歐洲和美國對於暴力的態度日漸懸殊，已經引起許多議論，但這其實很好理解。歐洲人來自金星是因為美國人來自火星。沒有美國以世界警察之姿保護和平，歐洲鴿派策略就不可能實行；但另一方面，若沒有歐洲鴿派策略，美國就無法繼續勝任世界警察。如果歐盟在過去十五年表現得更為鷹派，美國就會因為對付歐盟而付出代價，像英國一百年前對付德國那樣，造成自身地位漸漸受損。火星和金星需要彼此。

一九四五到八九年之間，西歐參加死亡賽局的最佳策略是，讓自己好戰到可以威懾蘇聯，但又不至於讓美國感到驚恐。但眾人對於好戰程度的最佳落點有不同的看法，這也是法國一九六六年退出北約統一指揮結構系統的部分原因。不過，一九八九年來，西歐完全沒有面臨嚴重的安全危機，而且能仰賴美國來處罰所有的鷹派，因此已經變得比以前更加鴿派。大家對於哪些鷹派需要處罰也有不同的看法，這也多少促成了歐洲的反美主義在二〇〇三年加劇。但結果與一個世紀前的英國政府不同，美國政府從來不必擔憂自身財富和提供的保護正滋養著歐洲對手，也不必擔憂這些對手會來挑戰它擔任世界警察的能力。

歐洲往金星靠近、變得更為鴿派，並未解除英國地緣政治學家麥金德一個世紀前就指出的狀況：「外環、內環

iv 譯註：一九九九年，赫爾辛基高峰會議中首度出現「共同安全暨防衛政策」概念，奠定歐盟建立行動能力的基礎，並於二〇〇一年開始正式發展，意味著歐盟具自主性及軍事行為能力，以備介入動亂地區進行人道救援及維持和平。

v 譯註：「科索沃戰爭」指科索沃試圖從塞爾維亞獨立出來，因而引發的一系列衝突，其中包括南斯拉夫軍隊對科索沃的阿爾巴尼亞人進行的種族清洗。科索沃已於二〇〇八年宣布獨立並獲得百餘國承認，但尚未加入聯合國，至今也不被塞爾維亞承認。

vi 譯註：Mars同時有火星與戰神的意思，言下之意是美國人比較好戰。

和心臟地帶之間依舊存在著緊張關係。」從十七世紀起，英國總體戰略的核心是與更寬廣的世界互動，並防止任何單一力量主宰歐洲大陸。一八四八年，英國外交大臣帕默斯頓子爵（Lord Palmerston）表示：「我們沒有永久的盟友，也沒有不變的朋友。」唯有「我們自身的利益永久不變。」[10] 照這個邏輯，他應該會明白英國為何不加入歐元區、為何將在二〇一七年以前舉辦退出歐盟公投，以及為什麼有時遠遠不像幾個鄰國那麼金星。

東歐人也對金星抱有疑慮。東歐正好位在心臟地帶與內環的分界線上，而且缺乏天然屏障來隔絕強大的鄰國德國和俄羅斯。東歐人也發現數百年來的戰略問題尚未消失。好幾個東歐政府都像英國一樣，往世界警察美國再靠攏一些，試圖緩解他們對於歐盟的恐懼（這種情緒源自於德國對歐盟的主導權）。但力量的矛盾之處就在於此，美國並不希望最好的夥伴都與歐盟變得太疏離，因為這會威脅到美國履行職務時所需的平靜。

西歐並沒有跳脫死亡賽局。相反的，西歐一直都很有技巧地進行賽局，靠著一名會懲罰鷹派的世界警察，獲取屬於鴿派的獎賞。美國也沒有成為流氓國家，同樣很有技巧地進行賽局，獲得來自歐洲鴿派的回報，維持著世界警察的地位。歐盟在二〇一二年獲得諾貝爾和平獎是當之無愧，但諾貝爾委員會二〇〇九年頒發和平獎給美國總統歐巴馬時，其實應該頒給一九四五年後的歷任美國總統，是他們共同讓歐洲實驗成為可能。

三、美國版的波耳戰爭

美國一直在避免創造新對手。在這件事情上，如果西歐是成效最佳的區域，西南亞[vii]可以說是成效最差的區域。自從柏林圍牆倒塌，美國已經在西南亞打過三場戰爭，若把二〇一一年空襲利比亞[viii]算進去的話就是四場，二〇一〇年代不會再打一場就算幸運了。新任世界警察和上一任世界警察面臨的問題在西南亞尤其相似。

儘管百年前的英國與現在的美國所面對的西南亞，在戰略意義上已經大不相同，但面臨的問題還是很相似。在麥金德的時代，對世界警察英國而言最重要的是奧圖曼帝國和波斯帝國，因為它們的擋住了英國要從蘇伊士運河到印度的交通要道（圖7-4）。從高加索到興都庫什山，英國、俄羅斯的探險家和間諜在吉卜林所謂的「大競逐」（the Great Game）[11]中爭奪了數十年。俄羅斯軍隊吞噬了現在是中亞五國[ix]的地區；英國軍隊入侵阿富汗，卻終究以戰敗收場。

大競逐之所以變成今天的版本，關鍵當然是石油。一八五九年，美國賓州小鎮泰特斯維爾（Titusville）鑽開全世界第一口油井後，數十年間美國一直都是石油生產中心，但西南亞也在一八七一年開始鑽井，打頭陣的俄羅斯人很快在亞塞拜然的巴庫（Baku）挖到黑金。西方石油商緊隨在後：「一九〇一年，一名英國投機商人[x]向波斯（今伊朗）購買三分之二的石油開採特許權；一九三三年，美國加州標準石油公司（Standard of California）獲得沙烏地阿拉伯的探油及開採權。一九六〇年代，為了滿足美國、歐洲和日本的需求，石油生產蓬勃發展；到了一九七〇年代中期，波斯灣沿岸每天都因石油從境外吸金逾四億美元。」

西方報紙瘋狂報導許多阿拉伯富豪出手買下歷史建物的豪奢事蹟，但從表面來看，美國為滿足內需而創造了石油自由市場，照理不會在西南亞樹敵。一九六〇年代，就連最富裕的石油生產國都因為中產階級人口太少、教育體系充滿限制且貪腐猖獗，無法產生工業革命或創造多元的現代經濟；因此，不同於二戰後美援在歐洲帶來的影響，這些國家的石油財富並未賦權廣大公民。相反的，大部分石油財富都流到一小撮菁英手裡，他們的高壓、欺詐和無能日益激起怒火。美國急於防止蘇聯控制石油來源，不知不覺竟開始扶植起獨裁政權、軍政府和專制君主。批評者

vii 譯註：這裡所謂的西南亞也可以稱之為西亞，不包括印度，而且與一般所謂中東地區大致上重疊。

viii 譯註：受到「阿拉伯之春」民主運動影響，部分利比亞人在二〇一一年上街抗議，卻遭到當局血腥鎮壓。由於聯合國提議保護平民，北約在三月展開對利比亞的空襲，並以該國獨裁領袖格達費死亡告一段落。

ix 譯註：中亞五國是哈薩克（Kazakhstan）、吉爾吉斯（Kyrgyzstan）、烏茲別克（Uzbekistan）、塔吉克（Tajikistan）、土庫曼（Turkmenistan）。

x 譯註：此處指威廉·諾克斯·達西（William Knox D'Arcy, 1849-1917），他後來也在一九〇九年創立英波石油公司（Anglo-Persian Oil Company），如今已改名為英國石油公司（BP）。

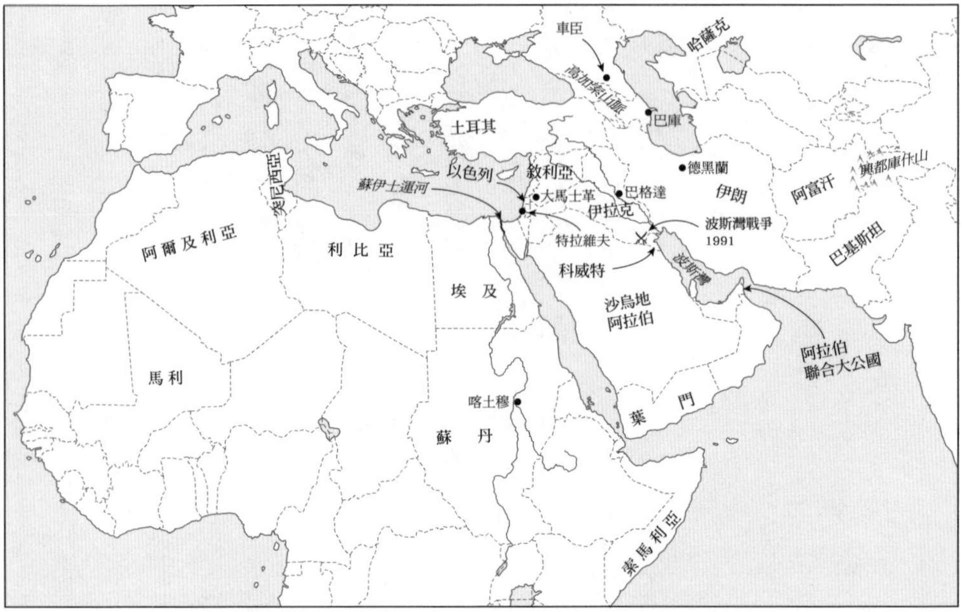

圖7-4 新版大賽局：從阿爾及利亞到阿富汗

經常譴責美國正在管理某種非正式的帝國，就像歐洲在十九世紀和二十世紀初支配著中東。

石油壟斷國家試圖讓人民的不滿化為民族主義和對以色列的憎恨，但諸多毛拉（mullah）和阿亞圖拉（ayatollah）（譯按：前者為伊斯蘭教學人員，後者為伊斯蘭教宗教領袖）更成功地讓怒氣化為對伊斯蘭基本教義的支持——當然，他們也會煽動對以色列的憎恨。鮮少有伊斯蘭主義者認為美國是主要敵人，有些美國人甚至在伊朗人質危機[xi]期間也仍然希望與宗教激進分子做朋友。儘管現在看起來不太可能，但一九七九年《時代週刊》曾將伊朗最高領袖何梅尼（Khomeini）選為年度風雲人物。不過，伊朗革命分子很快發現不與美國為敵就無法打敗美國的傀儡政權，於是一九七九年結束以前，美國就被伊朗貼上「大撒旦」的標籤了。

當世界警察試著應付這個憤怒的新伊斯蘭地區，許多意料之外的結果出現了。在離波斯灣油田很遠的地方，事實證明美援對於阿富汗來說至關重要，讓阿富汗能在一九八〇年代抵抗蘇聯占領。但美國並未贏來善意，不過是創造出一個軍備強大、身經百戰的阿拉伯聖戰軍團。這些人準備要對一切敵人發起聖戰，並利用反共鬥爭留下來的混亂，把阿富汗變成伊斯蘭主義的避風港。

更糟的還在後頭。場景拉回石油國家的心臟地帶，一九九〇年，伊拉克總統海珊入侵科威特後，美國匆匆派遣軍隊到波斯灣保護沙烏地阿拉伯的油井。由於海珊在整個一九八〇年代都忙著攻打革命中的伊朗，也殘暴鎮壓伊拉克境內的伊斯蘭主義者，更嘗試發展核武器，美國的舉動照理應可擄獲阿拉伯民心，但一堆異教徒來到阿拉伯的神聖土地上，只是讓許多穆斯林更加懷疑美國的動機。

由於一九九一年的波斯灣戰爭和後續的嚴厲制裁，伊拉克並未成為美國國防防務方針起草者懼怕的那種西南亞對手。但後來十年間，激進的伊斯蘭教突變的方式為美國戰略學家（和幾乎所有的人）帶來出其不意的打擊。足以撼動穆斯林世界所有的力量，包括石油財富、對阿拉伯統治者的反彈、阿富汗聖戰、沙烏地阿拉伯境內對美國的怒火、對以色列無止境的敵意，全都匯集到蓋達組織首腦賓拉登（Osama bin Laden）一個人身上。二〇〇二年，賓拉登在致美國人的公開信中寫道：

「在你們的指導下，作為你們代理人的（穆斯林）國家每天都在攻擊我們……你們透過國際影響力和軍事威脅，用低得可笑的價格竊奪我們的財富和石油。這絕對是有史以來人類見證過的最大宗竊盜案……你們的軍隊占領我們數個國家，這些國家都遍布你們的軍事基地。你們腐化了我們的土地，為了保護猶太人的安全而圍攻我們視為神聖的一切。」[12]

屆時，賓拉登所屬的蓋達組織已經以所有的穆斯林之名向美國宣戰，也已經在九一一事件中殺害了三千名美國人。

xi 譯註：一九七九年年初，伊朗爆發伊斯蘭革命，親美政權遭推翻，原本流亡海外的何梅尼上台掌權，美伊關係丕變。示威群眾占領美國駐伊朗大使館，挾持六十多名美國外交官和平民，要求美方交出被推翻的伊朗國王巴勒維，整起事件為期長達四百四十四天。雖然美方人質最終獲得釋放，但美伊關係已破裂，雙方斷交至今。

從一九九〇年代晚期開始，世界警察必須對付蓋達組織這種全新對手。在很多方面，它都比一九九二年美國國防防務方針擔心的民族國家對手弱很多。若蓋達組織或其分支握有核武器，可能殺害的人數是九一一事件的一千倍，但若是伊拉克擁有核武器，或出現一個擁核的伊朗，後果會遠遠更加慘烈。西南亞各國政府有稅收和藏匿武器的大量空間，可以庫存數百個核彈頭，而不只是一兩個。想要的話，西南亞各國大可以打造射程遠至歐洲的飛彈。它們只需要幾年的時間和合適的盟友，就可以讓全世界都陷入危機。然而，蓋達組織必須找到支持它的國家才能達到這些目標，否則永遠無法像一個世紀前德國和美國對世界警察英國構成威脅般，對世界警察美國構成同等威脅。

但蓋達組織確實非常像英國世界體系在十九世紀晚期面臨的另一種威脅。當時就和現在一樣，世界警察經常要面對恐怖主義和宗教基本教義派的行動，無政府主義者和伊斯蘭主義者都在一八八〇到一九一〇年代之間享受了早年黃金時期，射殺或炸死了一些獨裁者和總統。英國人所謂「瘋狂的馬赫迪」（即穆罕默德．艾哈邁德，Muhammad Ahmad）在蘇丹建立了屬於那個年代的蓋達組織。一八八三年，他的追隨者殺光了一萬名埃及士兵和率隊的英軍上校，隔天更攻占蘇丹首都喀土穆並殺死另一名英軍少將。直到一八九九年，英國才打倒蘇丹的伊斯蘭主義統治，並在蘇丹駐軍至一九五六年。

賓拉登和瘋狂的馬赫迪有很多共通點，但相較之下又危險許多，因為賓拉登有真正的計畫。他知道蓋達組織永遠無法直接威脅美國的存亡，便精心設計出一個有兩部分的間接方法。第一步驟是使用暴力，顛覆在阿爾及利亞到印尼之間任何被他認定不夠符合伊斯蘭主義的政府（蓋達組織稱之為「近敵」），來創造一個屬於所有忠貞信徒的哈里發國。第二步驟是讓他所謂的「遠敵」美國捲入一場耗費巨資又完全無法理解的戰爭，直到美國忍無可忍，不再支持那些非伊斯蘭主義政權。蓋達組織的二號人物表示：「到時歷史將會出現新的轉折，在真主保佑之下，轉折的方向將背離美國帝國和世界上唯一的猶太政府（譯按：指以色列）。」[13]

但就在我寫作的當下，二〇一三年年中，歷史似乎並沒有發生轉折。蓋達組織不僅沒有顛覆近敵，還因為謀殺美國人還多的阿拉伯人，讓整個中東地區的人對他們又怕又恨。蓋達組織的分支或許能從利比亞和敘利亞的混亂中獲利，但阿富汗、蘇丹和索馬利亞這些原本就有伊斯蘭主義政權的國家，在賓拉登戰爭開始後都已經擺脫伊斯蘭主義政權了。至於那些有伊斯蘭主義者對政府強烈施壓的國家，如阿爾及利亞、馬利、葉門和巴基斯坦，都不是位於具有關鍵戰略地位且石油豐沛的波斯灣地區。唯有巴基斯坦因為擁有核武，對全球秩序造成了真正的威脅。曾任美國總統歐巴馬特別顧問的霍爾布魯克（Richard Holbrooke）常說：「一個穩定的阿富汗不是必要，一個穩定的巴基斯坦才是必要。」[14]

針對蓋達組織對近敵發起的戰爭，美國的總體戰略是宣傳民主改革以削弱伊斯蘭主義的吸引力。美國前總統小布希（George W. Bush）表示：「從大馬士革到德黑蘭都要放出消息，說自由可以是每個國家的未來。在中東心臟地帶建立自由的伊拉克，將成為全球民主革命的分水嶺。」[15]

二〇一一年起，突尼西亞、利比亞、埃及和葉門的暴君紛紛垮台，可以說美國的策略已經被證實真正有效，不過小布希自己也承認：「現代化不同於西化，中東的代議制政府將反映它們自己的文化。」[16]逃離專制統治者的魔掌後，阿拉伯選民選出的始終是伊斯蘭主義者，但目前還不清楚這會帶來什麼後果。在埃及，軍方於二〇一一年背棄了獨裁者，但兩年後又推翻了民選的伊斯蘭主義總統。在利比亞，伊斯蘭主義極端分子趁著內戰開始扎根，這場內戰推翻了獨裁者格達費（Muammar Gaddafi），而極端分子利用從格達費政權洗劫來的武器，把聖戰傳播到馬利。敘利亞則和之前的索馬利亞、黎巴嫩很像，已形成軍閥割據之勢，而有些軍閥就與蓋達組織同樣暴力。整體來說，新興的後阿拉伯之春世界稍顯民主但極不穩定。這個盛行伊斯蘭主義的世界大半都很窮困、治理不善，不信任美國，而且更不信任以色列。很難說到底是小布希或賓拉登會更討厭這樣的後阿拉伯之春世界。

蓋達組織陰謀的第二部分是要把美國捲入一大堆毀滅性戰爭，迫使美國捨棄廣大的伊斯蘭內環地帶，這個部分展開得相當順利。賓拉登的判斷沒錯：「歷經二〇〇一年九一一事件的重創，美國為了除掉他，必定只能入侵阿富汗，這讓美國陷入其打過最久的戰爭。另外，美國也為了打擊恐怖主義而決定入侵伊拉克，雖然這與九一一事件實在沒什麼直接關聯，但美國向伊拉克首都巴格達進軍，完全就是賓拉登希望看到的過度反應。」

不過，賓拉登還是犯了災難性的錯誤。他原本以為打腫臉充胖子的美國一定會把自己搞到破產，不然就是會撤離西南亞。但美國卻堅守路線，殺了賓拉登，也大致達成歐巴馬定義的目標：「擾亂、拆散和擊敗蓋達組織。」[17]然而，美國也付出了代價，被拖進另一連串的問題裡，它們與一個世紀前世界警察英國苦苦應付的問題極為相似。

在很多方面，二〇〇三年美國入侵伊拉克所掀起的戰爭都彷彿是重演波耳戰爭。波耳戰爭發生在一八九九年到一九〇二年之間，是英國與川斯瓦共和國（今南非共和國）及橘自由邦（Orange Free State）之間的戰爭。這兩場戰爭都有一方為了阻止未來的侵略而先發制人，兩場戰爭開始時，批評者也都經常譴責沆瀣一氣的政客與商人；政客只圖自身利益，而商人覬覦天然資源，在南非是黃金與鑽石，在伊拉克則是石油。

然而，把英、美世界警察帶向戰爭的政客卻往往自視為人道主義者而非唯利是圖者。他們認為打仗是為了保護被壓迫者，亦即伊拉克的什葉派和庫德族人、波耳戰爭中的非洲黑人。但不管哪一種詮釋最接近事實，英國和美國動武的決定都在國內引發對立，也讓舊時盟友翻臉變成敵人。

波耳戰爭和伊拉克戰爭最大的差異是開場階段。美國在二〇〇三年擊潰伊拉克軍隊，但一八九九年英國卻屢遭挫敗，成隊士兵穿越開闊地形後遭遇了大炮和步槍的猛烈攻擊。但十八個月以內，英國就調來足以擊潰波耳軍隊的大量兵力。但一百零三年後，當美國軍隊也做同樣的事情時，只發現敵人消失了，並分散成為各地的叛軍勢力。

一九〇〇年的英軍和二〇〇三年的美軍都是為了傳統戰爭而成立，兩支軍隊起初也都發現鎮壓叛亂的行動很不順利。英軍要在廣大綿延的南非草原追逐很小的分隊，也就是波耳人所謂的突擊隊。一位軍官憶及：「我們沒有一刻不盼望接到命令，『上馬！』很多次我們確實也上馬了，但不管我們有多快，永遠都還是不夠快。」[18]百年後，一名美國海軍陸戰隊員懷著類似的心情對新任指揮官表示：「長官，我們巡邏到碰上土製炸彈[xii]為止，接著請求後送傷患，然後歸隊。隔天，這一切都會重新上演。」[19]

英美軍隊都學得很快。雙方的新任指揮官，包括英國的基奇納（Herbert Kitchener）、美國的彼得雷烏斯（David Petraeus）兩位將軍，都設計出反叛亂策略並取得優勢，但英美也都為成功付出了代價，因為對付非正規敵人的手段顯然就是訴諸當時美國副總統錢尼（Dick Cheney）所謂的「黑暗面」[20]，而這在國內和盟國之間都非常不受歡迎。美國監視自己的公民，也無限期拘留反恐戰爭中的囚犯，拒絕給予他們《日內瓦公約》的保障[xiii]。美國刑求一部分俘虜，也把另一部分送到不受任何制約的國家。在這些做法都遭到譴責後，美國甚至還使用遙控駕駛航空器〔譯按：後面作者會針對這種航空器進行詳細定義〕來狙殺目標，持續激起反彈聲浪。但比起英國對付南非人的手段，美國始終不算非常黑暗。基奇納燒掉數千個農場、射殺叛亂分子的牛群，還把他們的家人統統送進集中營。約四分之一的被拘留者死於疾病與飢餓，而且幾乎都是婦孺。

整體來說，雖然美國有些失誤，但對於美國版波耳戰爭的處理比英國對原版波耳戰爭的處理好太多了。美國浪費的人命與資金及招致的痛苦都比較少。赴伊拉克作戰的美軍有大約一百五十萬名，陣亡人數不超過五千，英國派往南非的兵力也大抵相同，陣亡人數卻高達兩萬兩千人，多數死於疾病。在美軍占領期間，大約每三百名伊拉克平民就有一名死於暴力，絕大多數是在教派鬥爭中喪生，死於其他伊拉克人以及外國好戰分子手中，但英國在波耳戰爭中造成的死傷有十倍之多，每三十個南非人就有一個被殺。美國的戰爭也更符合成本效益。償還借貸利息後的最終開支可能約為二點四兆，等同二〇一一年美國GDP的六分之一。但英國為波耳戰爭付出二千一百一十億英鎊，占一九〇二年英國GDP的三分之一。

最終，英國和美國雙雙贏得各自的波耳戰爭，但為了做到這點，它們都必須定義何謂勝利。英國迫使川斯瓦共和國總統保羅·克魯格（Paul Kruger）流亡海外，卻將大部分他過去想要的東西交給由前叛亂分子管理的戰後南非政府。同樣的，美國推翻了伊拉克總統海珊，卻只換來伊拉克人選出與叛軍和伊朗都關係密切的新政府。

xii 簡易爆炸裝置（improvised explosive device, IED）是一種自製炸彈，俗稱土製炸彈。請求後送傷患是指叫來「醫療後送直升機」（Medevac）。

xiii 譯註：美軍在二〇〇三年占領伊拉克後，在伊拉克境內發生一系列虐待伊拉克戰俘的事件，震驚國際社會，也令美國出兵伊拉克的正當性大打折扣。在長達數十年的反恐戰爭中，美國在古巴關達那摩灣的基地也不時傳出虐囚風聲。雖然美國是禁止虐待戰俘的《日內瓦公約》的簽署國，但小布希總統早在二〇〇二年便公開宣布該公約不適用於蓋達組織，其成員也不具「戰俘」地位。

這裡的教訓似乎是，世界警察很容易在資源豐富的內環地帶陷入各自的波耳戰爭，但卻很難從中脫身，那會帶來分歧，而且成本很高。意志堅定的世界警察可能永遠都有能力打贏波耳戰爭，但若經常在打波耳戰爭，世界警察的地位可能也撐不了多久。

英國已學到教訓，避免再進行更多的波耳戰爭，而時間會證明美國是否也和英國一樣。從好的一面來看，蓋達組織及其分支普遍都在敗退，美國對波斯灣石油的依賴也在減少，而由於效能變好、國內生產蓬勃，美國二〇一四年的能源進口量應該會是一九八七年以來最低。但從壞的一面來看，阿富汗戰爭的結局很可能會比伊拉克戰爭更不合美國的意，而且阿拉伯之春已釀成經濟崩潰並破壞了美國的信譽，在美國與敘利亞二〇一三年九月的外交災難期間[xiv]尤其如此。伊朗也快要取得核武器了，而美國前國務卿季辛吉（Henry Kissinger）早在伊拉克戰爭最黑暗的時期便警告過，這件事「將是美國能想像到最糟的戰略夢魘」。[21]在那之後，各種嚴厲制裁、對科學家的暗殺和極其巧妙的網路攻擊已將伊朗逼上談判桌，卻無法消除伊朗已經取得的核進展。

伊朗若真的在導彈上安裝實戰用核彈頭，就是冒著與以色列打仗的風險，可能也會與美國開戰。但伊朗不需要走到那一步，因為光是靠著讓人知道它有能力在短時間內核化，伊朗大概就可以霸凌和勒索鄰國了。美國和西南亞很可能會學著與伊朗共存，就像美國和東北亞目前為止都與擁核的北韓共存一樣。不過，接近核化的伊朗也很有可能會讓富裕的土耳其、沙烏地阿拉伯、阿拉伯聯合大公國等鄰國都爭先恐後步向核化。到時候，以色列或美國，或兩個國家都可能認為，寧願發動一場先發制人的戰爭（所有的波耳戰爭之母），也不想冒著讓中東陷入核戰的風險。

目前，西南亞消耗著美國軍事預算的六分之一。有鑑於恐怖主義的持續威脅、伊斯蘭主義和伊朗核計畫，以及西南亞石油短期內仍將保持重要性，就算美國避免再發生一場波耳戰爭，軍事開支似乎不太可能在短期內減少。如果西南亞仍是美國的主要軍事重點，美國或許還可以承受這樣的代價，但在往後十年所有的不確定性裡，這似乎是最不確定的一點。

四、無可避免的類比

二〇一一年，時任美國國防部長的勞勃・蓋茨（Robert Gates）對西點軍校的學生表示：「在預測未來軍事交戰的性質和地點這方面，我們有完美的記錄——我們從來沒有猜對過。」[22]但這不曾讓軍方人員停止預測，畢竟他們要制訂計畫和採購武器系統。而在一九九〇年代，隨著蘇聯消失，國家間的衝突變少，專家紛紛斷定大型戰爭再也不會出現了。二〇〇一年後，伊拉克和阿富汗的軍事與非軍事衝突屢見不鮮，似乎也證實了這項預測。從今往後，世界上的衝突將只剩下平定叛亂的活動。

因此，我在二〇一二年年初赴美國加州歐文堡（Fort Irwin）參訪美國陸軍國家訓練中心（U.S. Army National Training Center）[xv]，當時就發現自己置身於仿造的中東村莊，內有清真寺和講阿拉伯語的演員。我在尚未完工、大風吹拂的屋頂上參加派對，看著軍隊試圖帶阿富汗長老去開會，卻遇到聖戰士（都是演員）在巷弄間伏擊。炸彈在垃圾桶裡爆炸，爆破聲震耳欲聾。狙擊手從窗戶和山腰上開火。一輛悍馬軍車拋錨了，擋住一個關鍵的交叉路口。整個局面無比嘈雜、塵土飛揚且撲朔迷離（圖7-5），但部隊最終殺出一條生路。

二〇一一年，一個仿造的中東村莊經歷了天翻地覆，地點位於美國加州歐文堡的美國陸軍國家訓練中心。面積與羅德島州一樣大的歐文堡位於莫哈維沙漠（Mojave Desert），是美國軍隊移防海外前的最後一站。逾三十年來，歐文堡一直是美國考量未來交戰的晴雨表。如果我在一九八〇年歐文堡剛建立時就去參訪，我會看見數百輛坦克之間發生遠距離射擊戰，天空滿是戰機，整個步兵營對著死氣沉沉的仿中歐小鎮猛攻。但這一切都在二〇〇五

xiv 譯註：二〇一三年八月，敘利亞內戰傳出政府軍對平民使用化學武器的消息，美國積極呼籲敘利亞交出化學武器。但根據美國時事雜誌《外交政策》（*Foreign Policy*）引述的官方解密資料，美國曾提供情資給前伊拉克總統海珊，協助他在一九八八年用化學武器攻擊伊朗。

xv 再次感謝美軍退役中將艾江山（Karl Eikenberry）和歐文堡美國陸軍國家訓練中心的軍方人員安排這次參訪。

圖7-5 真正的戰爭推演：2011年，一個仿造的中東村莊經歷了天翻地覆，地點位於美國加州歐文堡的美國陸軍國家訓練中心。

年改變了，軍方所考慮的一切，都聚焦在平定叛亂的行動上。除了一個小鎮被留下來紀念舊時光，所有假造的公寓街坊都被拆除，取而代之的是我後來看到立於沙地上的仿清真寺尖塔和伊斯蘭學校。

若我近期內有機會再去一次，莫哈維沙漠中的景象必定又已改變。當世界警察強大到足以讓所有的對手不敢再輕舉妄動，戰鬥的面貌就是平定叛亂。但軍方現在想問的是，這種狀態能維持多久？儘管懷著最大的希望，歐文堡國家訓練中心仍做出最壞的打算，正在把坦克送回中心，也把假中東地景換成各種不同的場景，從閃電戰突進到與歹徒的槍戰都在其中。這些場景可能代表敘利亞至南韓之間任何一處，不過確定的是，軍方已再度開始關注大型戰爭。

雖然世界警察美國在西南亞的處境艱困，但在防止戰略對手出現這方面，成效最差的區域漸漸看起來是東亞。沿著亞洲外環，從日本到印尼雅加達的島鏈（圖7-6），對抗敵手的行動大致都很順利。事實上，外環東亞某些方面的發展一直都與西歐很像。日本和西德都在一九四五年被解除武裝及占領，接著又有部分程度的再軍事化，而且在美國監管下得以進入世界市場。南韓、台灣、香港和新加坡全都跟進，搖身變為經濟巨頭。在一九八〇年代，日本蓬勃發展的速度甚至比西德還快，而且持有極大數量的美國公債債券，但即使如此，美國當時對於自己創造出的日本勁敵仍不表擔憂。

然而，東亞內環向來又是另一回事了。中華人民共和國（以下簡稱中國）控制了數千英里長的內環海岸，更控制了一大片歐亞大陸心臟地帶；假如德國贏了任何一次世界大戰，地位就會與這樣的中國很像。兩千年來，這種環境讓中國成為世界最大的經濟體，但自從工業革命以來，中國就變得相當依賴經由外環進口天然資源並出口成品，每年都有價值五兆美元的貨物經過南海，賦予麻六甲海峽、南沙和西沙群島極為重要的戰略地位。

等到毛澤東於一九四九年掌權時，看來外環地區先後兩任世界警察已用島鏈[xvi]將中國包圍起來了，可能會扼殺中國經濟。一開始，毛澤東尋求激烈的補救措施來因應，在掌權的頭五年派出數百萬人參加韓戰並威脅要侵略台灣，試著藉此鬆動世界警察的控制。但在這兩件事上，毛澤東都在美國核武的恫嚇下打退堂鼓。接著，毛澤東決定不管地緣政治了，純粹以意志來推動中國版工業革命。但在所謂「大躍進」時期農民聽從他的命令放棄農耕，改以土法煉鋼，導致兩千萬人因饑荒餓死。並未退縮的毛澤東又宣布進行文化大革命，慫恿年輕的共產黨員先徹底「破四舊」（包括舊經濟），再建立以毛澤東思想為唯一養分的烏托邦。災難因此再次到來。

到了一九七二年，局勢實在太糟，連毛澤東也覺得必須盡可能大動作地表示他願意接受改變。當時的美國總統尼克森已經設法拉攏中國來對抗蘇聯有一段時間了。到這時，出乎眾人意料的是，毛澤東邀請了曾任反共陣營大將的尼克森前往北京。尼克森浮誇地宣布：「這就是改變世界的一週。」[23]但其實是一九七六年毛澤東死後，中國才變成由一些較為理智的決策者做主。到了一九七〇年代晚期，中國經濟需要以每年百分之八的幅度連續成長數十年，才能避免饑荒雪上加霜。瞭解這點的鄧小平便讓中國進入世界經濟體系。既然中國無法靠武力突破島鏈（中國實際上沒有海軍，而極為落後的中國解放軍在文革期間也幾乎崩毀），就意味著中國要與世界警察打好關係。

xvi 譯註：當時馬來亞仍是英國屬地，是這裡所謂島鏈的一部分。

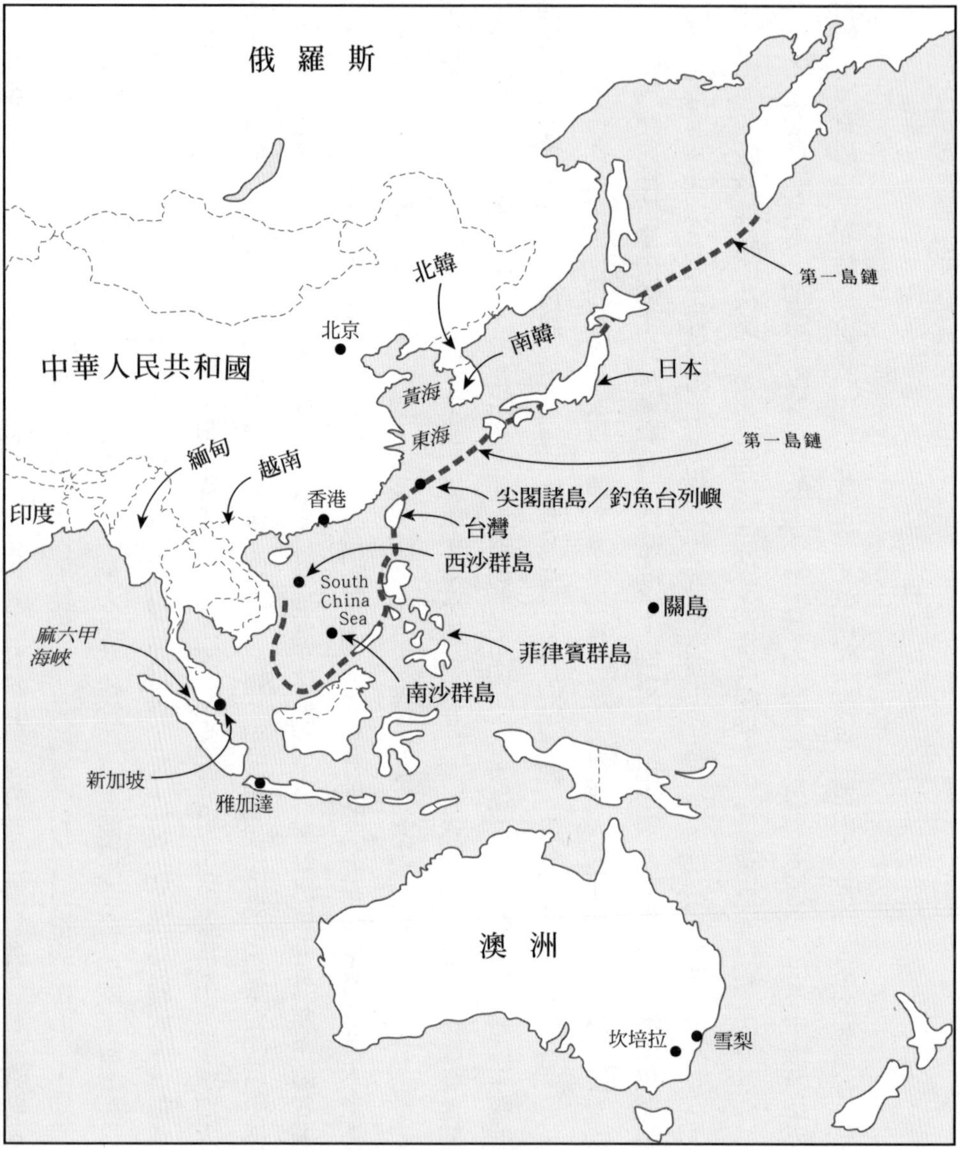

圖7-6 島鏈：北京政府眼中的天下

鄧小平的政策造成環境浩劫與貪腐猖獗，但這些政策也不負眾望。一九九〇年代，高達一億五千萬名農民從貧困的內地逃到沿海工廠，每年都很有效地創造出新的「東方芝加哥」[xvii]。遷入城市的工人收入通常能提高百分之五十，而且他們這些新的城市移民仍需填飽肚子，因此那些留守農地並把糧食賣往城市的農民，每年工資也提高了百分之六。到了二〇〇六年，比起毛澤東三十年前過世時，中國已成為九倍大的經濟體。

但這還只是開端。二〇〇六年，中國每天都多出一萬四千輛上路的新車，也正在建造近五萬三千英里長的公路。官方估計到了二〇三〇年，這些車子和公路會再把四億名農民帶入城市；為了容納他們，新建的住宅數量將高達全世界現存房屋數量的一半。在一九七六和二〇〇六年之間，中國在全球GDP的占比增為三倍以上，從高百分之四點五變成高百分之十五點四。同一段期間，美國的占比萎縮了，雖然仍以高百分之百分之十九點五領先在前，但無庸置疑地，世界警察現在有對手了。

美國讓中國成為這樣一名對手，理由就像十九世紀晚期，英國也曾讓德國、美國成為對手：「英、美兩任世界警察都曾因為這樣而變得更有錢。事實上，中國崛起對美國而言是絕妙的金融生意，因為從中國進口的商品實在非常平價，以至於大多數美國工人在薪資停滯的狀態下，仍獲得生活水準的改善。而由於中國買入價值一兆美元的美國公債，等於把大部分利潤讓美國借回去了，因此美國人的錢從來不會花光，得以繼續從中國進口商品。最後，便宜的中國商品施加了通貨緊縮的壓力，阻止廉價的中國信貸引發猖狂的通貨膨脹。這是雙贏的局面。」

世界警察和這位亞洲朋友之間如此互惠，讓英國歷史學家尼爾．弗格森和德國經濟學家舒拉里克（Moritz Schularick）甚至把它們的關係命名為「中美國」（Chimerica）[xviii][24]，意即中美共同體。不過，這個名字之所以貼切，

xvii 譯註：湖北省武漢市漢口曾在二十世紀初，因商貿、工業發達而被外媒封為中國版芝加哥、東方芝加哥。

xviii 譯註：英國歷史學家弗格森（Niall Ferguson）在《貨幣崛起：金融資本如何改變世界歷史及其未來之路》（*The Ascent of Money*，二〇〇八年出版）中，首創「中美國」（Chimerica）的說法。

是因為它也是「癡心妄想」（chimera），全世界終究會從這個美夢裡醒來。從經濟學和戰略學的觀點看來，每個行動都有勝利頂點，「西方兵聖」克勞塞維茨認為過了頂點之後，「天平逆轉，作用隨之而來。」[25]

二〇〇四年，當《彭博商業雜誌》宣布「中國價格」已經變成「美國產業裡最可怕的四個字」[26]，天平就已經在轉動了，而且在二〇〇八年經濟邏輯再度發威、西方資產泡沫破滅時，天平已完全逆轉。二〇〇九年四月，深淵仍看不見盡頭，全球前二十大經濟體的領袖赴倫敦高峰會共商因應之道。[xix]一位英國承辦人員表示，他們最大的盼望是，某個流傳在眾多會議的笑話有朝一日終能成真：「一九八九年（的天安門事件的危機）以後，資本主義救了中國。二〇〇九年以後，中國救了資本主義。」[27]

但有句俗諺說，許願時要謹慎。中國在拯救資本主義方面的作用讓「中國價格」變成美國實業家和外交官心目中最可怕的四個字。中國已成為金融界的龐然大物，其經濟引力正在把西太平洋拉到以中國為中心的軌道上。二〇〇九年尚未結束，南韓、日本甚至台灣都已經公開向北京示好。中國周遭島鏈的重要紐帶已接近斷裂。

該問的是，這對世界警察來說代表什麼意義？中國的說法是，沒什麼意義。北京當局自二〇〇四年起就不斷形容中國漸增的影響力是「和平崛起」[28]，強調中國正在加入（而非挑戰）美國世界體系，也會接受這個體系的規則。「和平崛起」恐怕還是駭人聳聽，北京於是在二〇〇八年更進一步放軟形象，改稱中國是「和平發展」。[29][xx]中國外交部發言人解釋說，這是悠久的中國戰略文化的一部分，而且深植於儒家思想中。比起動武解決爭端，中國向來憑藉美德，以人道榜樣證明合作會讓每個人都過得更好。

一直以來，美國對自身政策經常有類似聲明。早在一八二一年，美國第六任總統亞當斯（John Quincy Adams）就表示美國以「仁慈同情心的榜樣」[30]著稱全球。但儘管詞藻華美，美國一直都很常訴諸武力，而且綜觀歷史，像中國起飛這種等級的地緣政治變化其實向來都伴隨著大規模暴力。歐洲在十五到十九世紀之間的崛起牽涉為期五百年的戰爭，而一九一四年到一九四五年，經濟引力的中心從歐洲變成北美，也觸發一場鋼鐵風暴。或許這次會不一樣，但如果把西太平洋拉入以中國為中心的軌道上，等於就是從美國的軌道上拉出來，那麼世界警察可能會受到致命打擊，或許就像一九一四年，若德國打贏法國並把它踢出西歐關稅同盟，英國會遭受的下場。

中國領導人既不像儒家學說所言特別高尚，也不像尖刻的批評者講的那般凶殘，他們其實就和全世界歷來的領袖沒有兩樣。但這正是令人擔憂的理由。中國就與其他人一樣，必須參加死亡賽局。從一九八〇年代起，中國在賽局中幾乎都表現不錯，所謂的表現不錯就是當鴿派行得通時就當鴿派，行不通時就成鷹派。中國根本沒用孔子的大道理取代麥金德的理論，套句美國知名記者羅柏・卡普蘭（Robert Kaplan）的話，中國正是「超級現實主義的強權」。[31]

中國明白自身的軍事弱點、外交孤立的處境與戰略上的脆弱性。所以，在毛澤東死後的二、三十年間雖為軍事現代化投入大量資金，但也避免與他國發生衝突。在一九八九到二〇一一年之間，中國政府的軍費支出幾乎增為七倍，而在全球反恐戰爭投注鉅資的美國，國防預算只增長四分之一[xxi]。美國戰略學家魯瓦克表示，今天的中國和一八九〇年代的德國之間存在著「無可避免的類比」。[32]兩國都為了將工業力量化為軍事力量而砸下鉅資；不過，中國在開支上比德國聰明許多。德皇威廉二世打造戰艦隊而直接挑戰了英國，但中國是用不對稱戰略[xxii]來挑戰美國。

中國資金主要投入海軍、礦場和短程彈道飛彈。這些都無法與美國的海洋霸權相抗衡，卻可以使中國周遭的水域變得過於危險，讓美國無法在那裡展開行動。中國的資深國際政治學者時殷弘表示，北京當局「希望拓展中國大

xix 譯註：二〇〇九年，二十國集團（G20）在英國首都倫敦進行高峰會，企圖挽救全球經濟，俗稱「倫敦G20高峰會」。

xx 譯註：事實上，早在二〇〇四年，中國國家主席胡錦濤、國務院總理溫家寶就使用過「和平發展」一詞，宣稱中國將堅持和平發展道路與不稱霸的對外政策。

xxi 若檢視一九九八年到二〇一〇年的期間，也就是中國國防開支的最低點和最高點之間，美國國防開支幾乎變為兩倍，但即使是這樣仍不到中國成長值的三分之一。

xxii 譯註：「不對稱戰略」或「不對稱作戰」指避開對方相對優勢，採取己方相對優勢來作戰。例如兵寡炮少的國家若要以小搏大，可能會靈活運用自身地形以及低成本、低科技的裝備等，使總體防衛效果最大化。

陸在西太平洋的戰略空間，讓美國的戰略武器無法跨越黃海與東海」。[33]中國可能快成功了。美國蘭德公司在二○○九年進行了一場戰爭推演，顯示出中國在二○一三年以前就會有辦法贏得台灣上空的空戰。中國的數千枚飛彈很快就會壓制住台灣的陸基戰機，美國戰機則被迫從遠在飛彈射程外的航空母艦或遙遠的關島執行「超越地平線攻擊」（over the horizon）。中國侵略台灣很可能會成功。

如果中國能靠著經濟引力，以對自身有利的方式化解所有的爭端，這一切都無關緊要。但這種事不會發生，因為戰略就是這麼回事。到了二○一○年，中國不斷增長的力量讓鄰國都非常擔憂，以至於有些國家團結起來對抗巨人。果不其然，當鴿派行為不再收效，中國就變得更加鷹派了。接下來，中國發生一連串與日本、菲律賓、越南甚至印度的對峙。在一個個無人居住的環礁周圍，軍機互相挑釁、護衛艦被高壓水槍驅離、漁民被捕。[xxiii]堪稱中共機關報的《環球時報》警告：「中國對釣魚島做最壞準備。」[34]

二○一一年中旬，環太平洋各國政府都在權衡該怎麼做，我很幸運地受邀到澳洲首都坎培拉參加澳洲戰略政策研究所（Australian Strategic Policy Institute）的會議。[xxiv]從坎培拉的角度來看，困境尤其嚴重。二○○九年，其他西方國家都已經陷入經濟衰退，澳洲卻沒有，主要是因為中國對澳洲煤炭和鐵礦石的持續需求推動了採礦熱潮與大宗商品繁榮。到了二○一一年，澳洲經濟已連續成長二十年，在富裕國家中獨樹一格。根據澳洲戰略政策研究所所長彼得．阿比蓋爾（Peter Abigail，退役陸軍少將）的說法，對許多澳洲人而言，這意味著：「澳洲在未來某個階段，必須在主要經濟夥伴（中國）和主要安全夥伴（美國）之間做出選擇。」[35]

在全球金融危機最黑暗的時期，澳洲已經暗示了自己的選擇。二○○九年，一份國防白皮書宣布：「我國政府的判斷是，美國持續駐軍最能鞏固此區域的戰略穩定。」[36]但正如媒體毫不留情的評論，官方思維相當混亂：「澳洲政府首先強調安全夥伴最重要，接著又在白皮書裡大談如何博取經濟夥伴的青睞。」

我參加的那場會議，召開目的就是要在澳洲政府出版下一份國防白皮書之前解決這團混亂。那是一場開放而熱絡的討論，範圍涵蓋戰略性質、都市化和能源等，但現場始終瀰漫著明顯的不快氣氛。每種選擇似乎都帶來更多成本，而非利益。離開經濟夥伴會毀了澳洲，離開安全夥伴會讓澳洲無法對抗中國。而如果奇蹟中的奇蹟發生，澳洲成功兼顧這一切，持續的採礦熱潮也將扭曲澳洲經濟而毀掉這個國家。

我個人在離開坎培拉時變得比原本還不確定接下來的情勢發展，但檯面下有更多重要的對話在持續運轉。這些對話起初也看似更有決斷；澳洲政府摒棄了模稜兩可的態度，宣布：「澳洲和美國正在尋求以維護共同安全利益的方式，調整各自的軍力部署。」[37] 歐巴馬也在二〇一一年十一月飛往坎培拉，對澳洲國會表示：「無需懷疑，在二十一世紀的亞太地區，美國會全力投入……我們會配置必要資源來維持我們在這個地區強大的駐軍……我們會信守承諾。」[38] 接下來幾個月內，像坎培拉這樣的討論也出現在亞太地區眾島鏈上。各國政府接連仿效澳洲挺直腰桿。一波集體安全協定隨之而來，也有些國家做出重大的政策改變。緬甸背棄了中國，轉身擁抱美國政府（和民主）。日本開始談到再武裝的議題，甚至談到要為尖閣諸島（譯按：台灣稱釣魚台列嶼）與中國打仗。

但這些新的確定性才成形就立刻開始消散。二〇一三年五月，澳洲的新國防白皮書拋棄了近期的強硬談話，大幅削減軍事開支。澳洲雪梨洛威國際政策研究所（Lowy Institute for International Policy）表示：「有鑑於中國人把（先前的）計畫視為挑釁，他們必然會想諷刺澳洲的新戰略是豎起白旗。」[39] 這顯然正是中國人民解放軍得出的結論，而新任副總參謀長戚建國則是對一份黨報指出：「美實力相對下降，主導亞太心有餘而力不足。」[40]

或許我在坎培拉感到迷惑是很正常的事。西太平洋的局勢一點都不明朗，在這個區域，「未知的未知」形成的迷霧比世界上任何地方都濃。然而，這個區域也必須做出最重大的各種決定。一名美國政府內部人員承認：「如果我們誤判中國情勢，接下來三十年，大家只會記得這件事。」[41]

xxiii 中國和日本都宣稱擁有釣魚台列嶼（日本稱尖閣諸島）的領土主權。

xxiv 再次感謝澳洲戰略政策研究所的邀請。

五、突破島鏈

美國若誤判中國情勢，最糟的形式就像一個世紀前英國若誤判德國情勢一樣：「向對方開戰」。對華府專家而言，最容易想像的軍事局面是中國可能會奪取釣魚台列嶼、南沙和西沙群島，或一些類似的孤立土地，可能寄望於美國的軟弱回覆會導致其同盟拋棄美國，讓中國突破島鏈。然而，幾乎沒人認為這個局面真的會發生。二〇一一年，美國期刊《外交政策》（*Foreign Policy*）訪問一群專家，要他們對未來十年內中美發生戰爭的可能性評分，一分是不可能，十分是確定會發生。所有的人給的分數都不超過五分，平均分數只有二點四分。[42] 一般人也都這樣想，因為同一年，美國皮尤研究中心（Pew Research Center）發現，只有百分之二十的美國人認為中國是國際最大的威脅。[43] 不過，這個數字自二〇〇九年至今確實翻了一倍，中國也比其他國家的得分都高；第二名是北韓，有百分之十八的美國人認為它是國際上最大的威脅。

奪島之所以不太可能發生，原因是儘管中國軍力增加，美國仍有壓倒性優勢。針對中國，美軍會發動他們稱為「海空整體作戰」（AirSea Battle）[44] 的反攻。美國有完善的網路戰計畫，將先發動大規模的電子攻擊，癱瘓中國的電網和金融，遮蔽中國衛星並妨礙監測，也干擾其指揮控制系統。巡弋飛彈和彈道飛彈即使飛行了數千英里，也必定會擊中離目標五或十碼內的範圍，在中國的軍用跑道上砸出坑洞，徹底擊潰它的地對空防禦系統。美國也將出動可偵測性極低的匿蹤戰機，如B-2轟炸機和F-22戰鬥機，最後連F-35系列戰鬥機都將深入中國內陸，擊毀飛彈發射台。中國將在數小時內失去主動權，雖然美國海軍將領可能都還是不願航近中國沿岸，但戰機和飛彈仍會擊沉任何蠢到出海的中國船隻，並將輕鬆擊潰島鏈中的任何破口。

北京當局的專家似乎也同意奪島是不智之舉。事實上，他們說真正的安全風險並不是假想的中國攻擊，而是先發制人的美國攻擊。一九五〇年代的兩任美國總統杜魯門與艾森豪都出動坦克到鴨綠江，而且兩次走到核戰邊緣。即使是二〇〇二年底成為中國國家主席、冷靜明理的胡錦濤有時都覺得遭美國圍堵。他在二〇〇一年就曾表示，美國已「增強在亞太地區部署軍力，強化美日軍事同盟，加強與印度戰略合作，與越南改善關係，拉攏巴基斯坦，在阿富汗建立親美政府，加強對台軍售等。從東面、南面、西面三方對我們進行防範和擠壓」。[45]在一些中國將領眼裡，死亡賽局的嚴酷邏輯似乎在鼓勵美國趁還有能力的時候，利用自身的軍事領先地位對日漸壯大的對手無故發動攻擊，多爭取二、三十年的世界警察任期。

然而，未來絕不可能是這樣。世界警察就如同真正的警察，要為殘害無辜大大賠上名聲，尤其是民主的世界警察，名聲更會嚴重受損。另外，若要攻擊的對象恰好又是世界警察的金主，例如中國之於美國的關係，暴打中國就會是個很糟的主意。美利堅治世就如同從前的不列顛治世，既是軍事平衡也是外交和財務平衡，而贏得一場先發制人的戰爭會讓美國受損得幾乎和中國同樣嚴重。

真要說誰可以從這種戰爭中獲利，大概就是俄羅斯了。在一九九二年美國國防防務方針草案擔憂的地區中，俄羅斯排行第四。有十年的時間，美國似乎因為俄羅斯跌下經濟懸崖而遺忘了對俄羅斯復仇主義的憂懼。一九九〇年代，俄羅斯的產量下降百分之四十，實質薪資下降百分之四十五。一九九八年，俄羅斯政府無力償還國家債務，而且生活水準下跌太嚴重，以至於二〇〇〇年俄羅斯人的平均壽命比他們的上上一代還短。俄羅斯死守著世界上最大的核武庫，但連自己的飛彈到底能不能用都不清楚；俄國士兵則是在入侵車臣後用殘酷手法對付該國信奉伊斯蘭教的人民。

但一九九〇年代至今，很多事都改變了。俄羅斯的石油和天然氣出口讓人均GDP在二〇〇二年到二〇一二年間增為兩倍。俄羅斯政府已宣布斥資六千億美元進行潛水艇和飛彈現代化，也從所剩無幾的前蘇聯紅軍中，重整出一支規模較小也較靈活的遠征軍。俄羅斯的威脅性比蘇聯低很多，而如果像世界銀行預估的那樣，石油收益在二〇一五年以後下跌，俄羅斯的威脅性可能還會再降低。但即使如此，假如美國的攻擊把中國推入俄羅斯懷中，那對於世界警察而言將是可能的局面裡最糟的一種。俄羅斯和中國連成的軸線會控制歐亞大陸心臟地帶及大面積內環，這將是麥金德最可怕的噩夢。

	2011	2030	2050
美國	13.6	21.2	38.8
中國	10.8	33.3	66.2
印度	4.8	13.3	43.4

	2012	2030	2060
美國	15.2	23.4	38.0
中國	11.3	30.6	53.9
印度	4.5	13.7	34.7

表7-1 後美國世界？上：普華永道會計師事務所對2011-2050年美國、中國和印度GDP的預測，單位：兆美元（以2011年購買力平價計算）。下：經濟合作暨發展組織對2011-2060年美國、中國和印度GDP的預測，單位：兆美元（以2005年購買力平價計算）

多年來，俄羅斯和中國持續進行鬆散的合作，想阻礙美國在敘利亞、伊朗、巴基斯坦和北韓的計畫。但中俄也在某些方面有紛爭，例如俄羅斯向越南和印度出售軍武、俄羅斯對中國的石油和天然氣供給問題，以及雙方在礦產豐富的哈薩克和蒙古的競爭。這些分歧目前已阻礙了更深入的發展。而美國若打算在戰場上打敗中國，這個作法並無法延長世界警察的任期，反而會在戰略上超過勝利頂點，讓中國只能選擇投靠俄羅斯，美國則為自己帶來一直希望避免的戰略災難。

結論顯然是，儘管二〇〇九年以來有種種武力恫嚇和政策調整，動武的成本對所有的參與者而言都高得令人卻步，收益也低得誇張。很難想像有誰會在二〇一〇年代的東亞發動一場強權戰爭，就像一八七〇年代的歐洲也是如此。當時，世界警察英國開始顯露出控制不住局勢的跡象，但又經過四十年的相對衰退期，才有人願意一路把事態推向臨界點。在那四十年間，英國的經濟成長比對手都慢，而我認為，這就是我們必須擔心的歷史類比。如果二〇一〇年代到二〇五〇年代的發展確實像一八七〇年代到一九一〇年代，接下來這四十年就會是史上最危險的時期。

但當然，沒有人能保證歷史會重演。未來四十年裡，很多事情都可能改變。中國可能會像一九九〇年代的日本那樣，成長陷入停滯。或者，美國可能會因為不斷革新頁岩和瀝青砂的石油和天然氣開採技術，而讓經濟重現蓬勃。拜新的開採技術之賜，一度被視為無利可圖的來源釋放了大量能源供應（不過，環保人士也譴責液壓破碎法的汙染）。有些經濟學家也表示，奈米科技和3D列印的「第三次工業革命」[46]將會讓美國的生產力激增。屆時，美國可能會像過去屢見不鮮的那樣，再次讓批評他的人們大感意外。在一九三〇年代，很多人都不看好美國，但美國卻在一九四〇年代打敗了納粹。一九七〇年代又有一些人不看好美國，但美國在一九八〇年代打敗了蘇聯。誰能說美國不會繼續這種四十年的循環，從二〇一〇年代的不幸中恢復，在二〇二〇年代勝過中國？

但根據目前的趨勢，如此樂觀的預測似乎不太可能成真。中國的成長很可能會在未來十年減緩，但經濟學家大都認為那仍會媲美國經濟擴張的速度更快。比方說，經濟合作暨發展組織（OECD）預測中國的成長會從二〇一三年的百分之九點五掉到二〇三〇年的百分之四，但它也預測美國不會有任何一年的經濟擴張超過百分之二點四。美國國會預算局（The Congressional Budget Office）則更為悲觀，認為美國在二〇二〇年代的年成長最多只能達到百分之二點二五；也有些金融分析師預測，長期來看，美國的平均年成長只能達到百分之一到一點四。

大多數預測都認為中國經濟將在二〇一七年到二〇二七年之間超越美國，英國週刊《經濟學人》則表示可能是二〇一九年，甚至幾乎確定會在二〇二二年以前發生。根據普華永道會計師事務所的說法，在二〇五〇年代，中國GDP將媲美國GDP高上百分之五十；經濟合作暨發展組織的經濟學家則認為這個差距應達百分之七十。而兩邊的專家都同意，屆時，印度的經濟將趕上甚至超越美國（表7-1）。

美國在二〇一〇年代中期具有壓倒性的軍事優勢，部分是因為它不僅擁有比中國更大的經濟體（二〇一二年大約是十五兆美元對十二兆美元，按購買力平價計算），在備戰上的開支比例也大於中國（百分之四點八對二點一）。但這點也在轉變：「中國的軍事投資在一九九一年到二〇〇一年增為兩倍，二〇〇一年到二〇一一年又增為三倍，二〇一〇年代的成長可能會變慢，但美國的軍事開支確實會萎縮。美國找不出辦法處理十六兆七千億美元的龐大債務（等於是每名納稅人欠了十四萬八千美元），政府已在二〇一三年三月全面削減自身開支；二〇一二年的軍事開

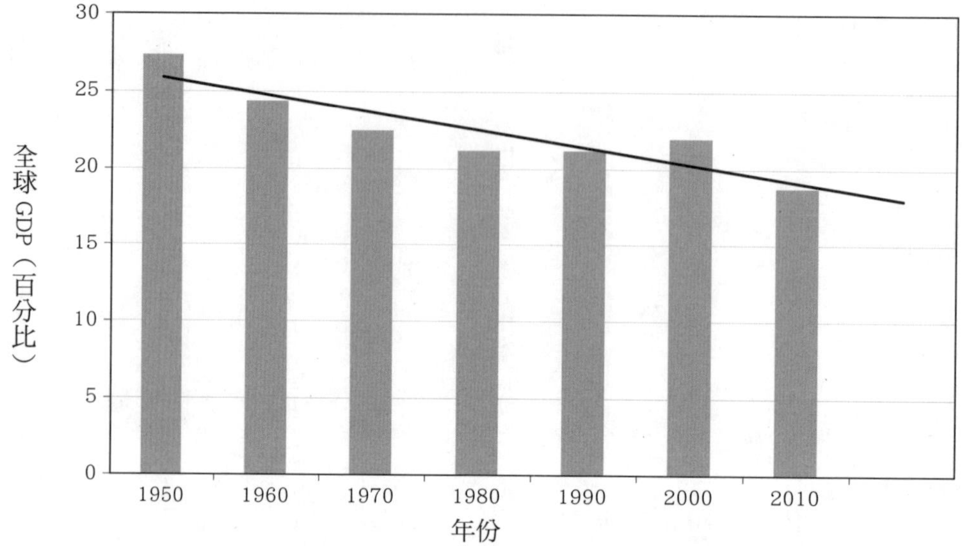

圖7-7 美國相對於世界其他地區的經濟衰退：1950-1970年代逐漸下降，1980-1990年代部分逆轉，2000年以後則急劇下降。

支是六千九百億美元，現在被訂出四千七百五十億美元的上限。到了二〇二三年，實際軍事開支將低於二〇一〇年。」

二〇一二年，中國和美國在軍事預算上的差距是兩千兩百八十億美元（以購買力平價計算）。中國未來要花上數十年才能趕上美國的軍事預算，但即使趕上了，可能也不會消除美軍在士氣、指揮控制和全面效能上的領先地位，那是一個世紀以來美國締造的傑出成績。但或許這不是重點。早在任何個別的外國力量能在一對一的較量中打敗英國海軍之前，英國就已經不是實質的世界警察了。一旦美國負擔不起足以立刻產生恫嚇效果的強大武裝力量，同樣的命運就等待著它。美國智庫布魯金斯研究院（the Brookings Institution）的研究員歐漢倫（Michael O'Hanlon）警告，二〇一〇年代可能會迫使「美國對世界的的基本戰略方法出現劇烈改變……雖然幾乎沒有削弱美國或其武裝力量，但（此一削減）將使我們生活的世界承擔太多風險」。[47]

二〇一〇年，即將卸任的美國參謀長聯席會議主席發出警告：「我們最大的國安威脅就是債務。」[48] 但事實上，這在兩方面而言都太低估問題了。首先，債務只是一種症狀，反映出的深層議題是美國相對經濟衰退（圖7-7）。再者，美國的經濟問題威脅著整個世界的安全，不只是自身的國家安全。

若過去六十年的頹勢在未來四十年繼續下去，美國就會失去世界警察所需的經濟優勢。如同一九〇〇年的英國，美國可能會需要把自己部分轄區託給盟友，而「未知的未知」會激增。對於二〇一〇年代或甚至二〇二〇年代的崛起強權來說，任何冒著與美國開戰風險的舉動簡直都是瘋了，但在二〇三〇年代和二〇四〇年代的崛起強權眼裡，戰爭的收益可能截然不同。如果美國的經濟沒有復甦，二〇五〇年代就會與一九一〇年代有很多共通點，誰也拿不準世界警察是否仍會在戰爭中勝出。

六、如履薄冰的年代

「我們正在進入未知的水域」[49]，美國國家情報委員會（National Intelligence Council）在《二〇三〇全球趨勢報告》中提出警告。該委員會每四年向新當選或連任的美國總統提交一次戰略遠見報告[xxv]，而這是二〇一二年發布的報告。委員會認為，二〇一〇年代真正的問題不只是美國已無法預防新對手的產生，令他們擔憂的是，二十年前國防務方針草案所擔憂的大國政治活動其實只是不確定性的冰山一角而已。

美國國家情報委員會表示，未來數十年內，水面下的深處會慢慢出現七大構造轉變：「全球中產階級人口增加、致命和破壞性科技的取得門檻變低、經濟力量轉移到亞洲和南半球、前所未有且普遍的高齡化、城市化、糧食及水源供應的壓力、美國重新達到能源獨立。」這七大轉變並沒有都牴觸世界警察的利益，但至少應該都會讓它的

xxv 感謝曾任美國國家情報委員會總監顧問的馬修・巴洛斯（Matthew Burrows）、負責大西洋理事會「戰略遠見倡議」（Strategic Foresight Initiative at the Atlantic Council）的班寧・加勒特（Banning Garrett），他們邀請我在二〇一一年七月向所屬單位發表演講，後來也讓我參加數場他們的「矽谷會議」。

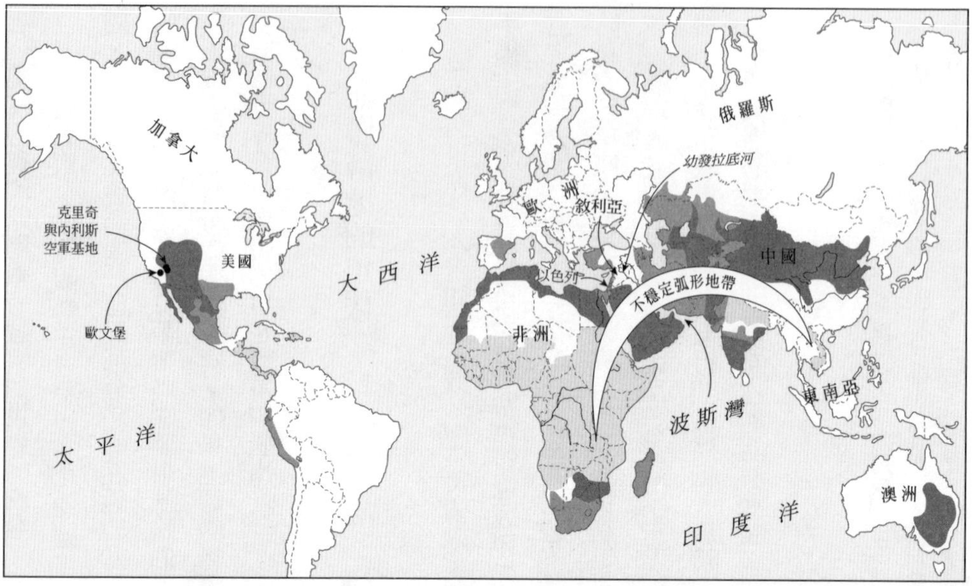

圖7-8 溫度飆升：陰影越深的地區越容易發生旱災。美國、中國和澳洲等富裕國家可以從水源充足的地區引水到乾旱地區，但貧窮國家無法如此，不穩定弧形地帶的內環國家尤其無能為力。如果未來數十年的溫度持續上升，麻煩可能就在眼前。

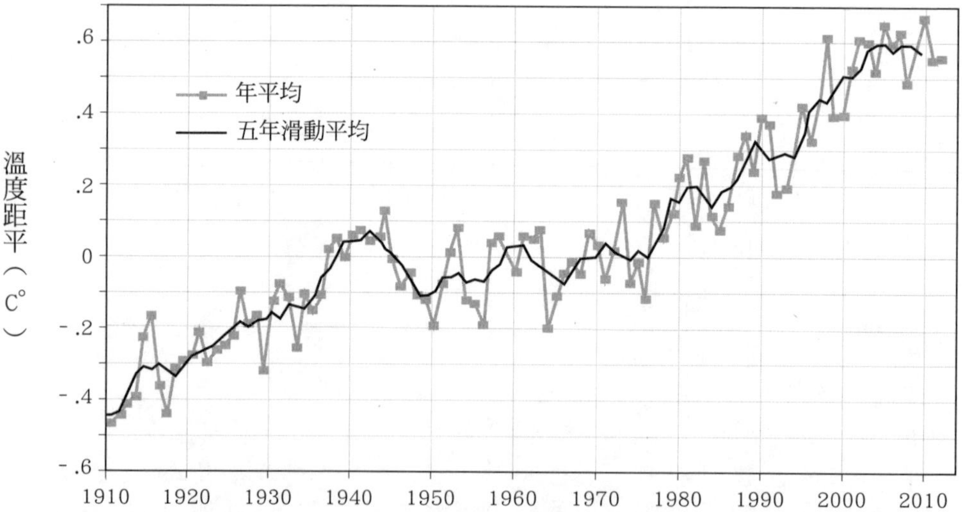

圖7-9 戰略科學：美國航太總署對1910-2010年全球暖化的預估。灰線是年平均溫度，黑線是五年滑動平均溫度，而很多科學家驚訝的是，黑線自從2002年以後就一直持平。

工作變得更棘手。在接近水面的地方，情報委員會則認為有六個「改變局面的關鍵……全球經濟、治理、衝突、區域不穩定、科技和美國角色的問題」。[49]這六個問題可能在任何時候爆發，在幾週內就重塑地緣政治局勢。而情報委員會表示，就在水面上，一波黑天鵝事件[xxvi]甚至會在更短的時間內出現，黑天鵝事件包羅萬象，包括流行病疫情、癱瘓世界電力供應的太陽風暴與歐元崩盤等。

一八七〇年到一九一四年的不穩定時代有其專屬的不確定性，但情報委員會指出，如今我們已多出一項全新的挑戰：「氣候變遷」。人類從一七五〇年以來排放了幾千億噸二氧化碳到大氣中，但光是在二〇〇〇年到二〇一〇年之間的排放量就高達此數值的整整四分之一。二〇一三年五月十日，大氣中的二氧化碳濃度短暫突破百萬分之四百（400 PPM），這是八十萬年來的最高峰。一九一〇到二〇一〇年之間，地球平均氣溫上升了華氏一點五度，而史上最熱的十個年份都出現在一九九八年以後。

氣候變遷的影響目前還算小，但委員會口中的「不穩定弧形地帶」（arc of instability）[51]（圖7-8）已出現最嚴重的影響。這個貧窮、乾旱、政治不穩定但大致擁有豐富能源的地帶傳來的大都是壞消息。浩瀚的幼發拉底河灌溉著敘利亞和伊拉克大部分地區，但數十年來，它的水流量已下降了三分之一；二〇〇六年到二〇〇九年，該流域的地下水位也每年下降一英尺。二〇一三年，埃及甚至暗示若衣索比亞繼續在尼羅河建造大型水壩就要開戰。極端天氣將讓更多乾旱、糧食歉收的情形發生，迫使數百萬人移民，把這個弧形地帶攪得天翻地覆。極端天氣會促成更多波耳戰爭。

不過，最大的不確定性在於，氣候變遷是最徹底的未知：「科學家完全不知道接下來會發生什麼事。」二〇一三年，美國太空總署（NASA）的報告指出：「全球的五年平均滑動溫度十年以來都一直持平。」[52]（圖7-9）這可能是好消息，意思是溫度並不像氣候學家認為的那麼易受碳含量影響，如此一來，全球暖化可能會維持在預估範圍內

xxvi 譯註：黑天鵝（事件）形容的是發生機率極低、易被忽略的事件，具有不可測性、強大的衝擊力道以及後見之明三大特性。

圖7-10 「鐵穹」：2012年11月17日，以色列反飛彈防禦系統射出一枚飛彈，準備要在特拉維夫上空擊落來襲的火箭彈。

較低的幅度，讓二〇三五年的溫度比起一九八五年只高出華氏一度。或者，這也可能是壞消息，意味著碳含量與氣候的關係比從前想像的更容易波動。如果是這樣，在二〇〇二到二〇一二年的持平期過後，溫度將會突然竄升。很少有科學辯論如此具有戰略意義，但美國中央情報局（CIA）因預算削減而被迫在二〇一二年底關閉氣候變遷與國家安全中心（Center on Climate Change and National Security），或許就象徵著更多不確定性即將出現。僅僅幾天後，《二〇三〇全球趨勢報告》就發表了。

不過，儘管陰霾籠罩，美國國家情報委員會對於今天到二〇三〇年之間的前景仍相對樂觀。世界警察可能會面臨不斷增加的財政壓力，但仍有辦法履行職責。委員會認為，雖然「大國可能會被捲入衝突，但我們看不出有任何……引發全面戰火的緊張情勢或雙邊衝突」。[53]再者，死於大國衝突的潛在人數也正在下降。世界上的核彈頭數量已經不足以殺死所有的人：「二〇一〇年代中期若發生全面核戰，罹難人數可能會達到數億，雖然比二戰的死亡人數還多，但又遠遠少於一九八三年彼得羅夫面對世界大戰差點爆發的關鍵時刻時岌岌可危的十多億條人命。隨著二〇一〇年代開展，可能的大屠殺規模應該也會進一步縮小。除中國以外所有的大國都計畫要進行更大程度的核裁軍；美國洛斯阿拉莫斯國家實驗室（LANL）向來都會生產核武器所需的鈽核，但二〇一三年，美國因為財務問題而擱置了新的鈽核生產基地計畫，所以短期內不可能重新開始製造核武。」

核彈頭不但數量變少，體積也變小了。核彈科技已經走過七十多個年頭，在核彈發明的年代[xxvii]，人們還在用飛機投擲炸藥，命中誤差範圍小於半英里就算很幸運了；但擁有百萬噸當量[xxviii]的核彈能夷平整個城市，解決了命中率的問題。然而如今，精準武器的命中誤差範圍不超過數英尺，因此當初那些又大又貴的氫彈（二代核彈）要解決的問題已經不存在了，它們已經被精準的低當量核彈頭或甚至精準導引炸彈大幅取代。

更驚人的是，催生精準導引炸彈的電腦也正在帶來真正有效的反飛彈防禦系統。雖然離成功還有一段距離，而且目前沒有任何防禦能擋下數百顆配有誘餌彈及反制系統的飛彈狂轟濫炸。但自從一九九九年以後，美國陸基中段飛彈防禦系統（Ground-Based Midcourse Defense system）在十六場試驗裡擊中了半數來襲的洲際彈道飛彈。二〇一二年十一月，以色列製「鐵穹」防禦系統（Iron Dome system）的表現甚至更好，擊落了九成從加薩走廊（Gaza Strip）來襲的慢速短程火箭彈（圖7-10）。

在未來十年或二十年，戰爭電腦化會繼續發展，而且至少在初期，與電腦化有關的任何事物都會降低戰爭的血腥程度。當蘇聯在一九八〇年代試著壓制阿富汗的反抗軍，其戰術是發動炮擊並地毯式轟炸他們的村莊，奪走成千

xxvii 譯註：一九四五年，美國新墨西哥州的洛斯阿拉莫斯國家實驗室製造出世界上第一顆原子彈，並於七月在附近的沙漠中完成引爆試驗，八月則對日本投放兩顆原子彈。

xxviii 譯註：核武當量（yield）指核子武器爆炸後釋放的能量。低當量核武雖然威力較小，但換句話說，也讓施放者能確保其摧毀力在政治控制範圍內，因此被視為一種靈活的「戰術核武」，有助於保持對區域侵略的嚇阻力。但也有專家認為，這可能讓決策者較敢於授權軍事指揮官在區域衝突中使用核武，反而升高區域小型核戰風險。

上萬條性命。相較之下，從二〇〇二年以來，美國平定阿富汗叛軍的戰術已漸漸交由「遙控駕駛航空器」來執行。如同精準飛彈，這些俗稱無人機的裝備遠比其他方案更便宜[xxix]；頂級的MQ-9死神（Reaper）無人機成本約為兩千六百萬美元，F-35戰鬥機的預期成本卻高達兩億三千五百萬美元。無人機造成的死亡也較少；無人機在阿富汗和巴基斯坦究竟殺害了多少平民，這個數量的估計已淪為政治皮球，說法從兩三百到兩三千都有，但即使是最高的數字，都還是比其他手段造成的大屠殺（例如運用特種部隊或傳統空襲來對付同一批目標）造成的死亡數低上許多。

到了二〇一一年，頻繁出任務的美國空軍無人機已完成一百萬個飛行時數，光是那一年就進行了兩千趟飛行。無人機的任務通常是以不被目擊或聽見的狀態，在疑犯上方一萬五千英尺的高空徘徊，時間最長達三週。精密的相機〔占MQ-1「掠奪者」（Predator）無人機四分之一的成本〕會記錄目標的一舉一動，透過一系列衛星和中繼站將照片傳回內華達州的克里奇空軍基地（Creech Air Force Base）。在這裡，軍方人員兩兩一組地坐在狹窄但涼爽舒適的拖車裡，連續數小時看著發光的監視器來建構可疑分子的「生活模式」。[54] 二〇一三年，我剛好有機會參觀一輛這樣的拖車[xxx]。

這種任務通常都沒有結果，往往發現可疑分子只是被憤怒或過度警覺的鄰居冤枉的阿富汗老百姓。但如果無人機的相機確實記錄到可疑舉動，地面部隊就會被召來逮捕目標，而且通常在深夜執行任務以降低交火風險。如果機警的叛亂分子被直升機或悍馬戰車的轟鳴聲吵醒後逃跑了（美國空軍還給他們取了「早洩仔」或「漏尿仔」的難聽綽號），無人機就會用肉眼看不見的紅外線雷射來照射他們，讓擁有夜視裝備的部隊在合適的時機逮捕目標。光是行蹤有可能遭無人機掌握，就已經讓聖戰士綁手綁腳了。二〇一二年，一份寫給馬利叛亂分子的建議書發出警語：「最好的計畫是『不使用任何無線通訊器材，保持靜音』以及『避免在開放場所聚集』。」[54] 這讓叛亂分子的軍事行動窒礙難行。

無人機已成為美軍在阿富汗平定叛亂作戰中的耳目，而且在大約百分之一的任務中化為美軍的利齒。空軍隊員受到嚴格的交戰規則約束，但當可疑分子出現明顯有敵意的舉動，例如在卡車後方安裝迫擊炮時，在內華達州的飛行員只要按壓搖桿上的觸發器，就能用精準武器「地獄火飛彈」（Hellfire missile）殺死叛亂分子。至於巴基斯坦和葉門這兩個嚴格來講不算在與美國交戰的地方，美國中情局也另有自己的秘密無人機計畫。這些計畫有不同的交戰規則，使用地面部隊的選項也較少，比起空軍可能更常使用飛彈和炸彈，然而，這兩地的平民傷亡在二〇一〇年和二〇一三年之間大幅下降了。

無人機只是機器人問題的開端[xxxi]，更多問題還在後頭，但由真人進行的傳統戰鬥正逐漸瓦解。二〇〇三年，美國聯合部隊司令部（U.S. Joint Forces Command）在報告中推測：「在二〇一五到二五年之間……聯合部隊在戰術層面上可能會大幅使用機器人」[56]，但目前為止，無人機帶來的問題既沒有擴大得這麼快，也沒有像唱反調的人想的那麼慢。二〇〇六年，俄裔美國歷史學家麥克斯・布特（Max Boot）表示：「令人懷疑的是，未來的電腦是否真有可能聰明到能進行所有的戰鬥」，他因此預測，「機器（只）會被用來進行沉悶、骯髒和危險[xxxii]的工作。」[57]

實際結果可能會落在這些極端狀況之間。過去四十年間，機器逐漸取代最快速且技術最精密的戰鬥類型，而這樣的趨勢會在未來四十年不斷加快。目前，無人機只能等到有人機（manned aircraft）建立空中優勢後才能運作，因為敵人若用戰機、地對空飛彈和訊號干擾器來爭奪空域，移動速度緩慢的無人機就只能坐以待斃。我造訪克里奇空軍基地時得到幾分鐘操作飛行模擬器的機會，而從內華達州的拖車上遙控無人機飛越阿富汗是一種靈魂出竅似的古怪體驗，因為用手移動搖桿後，訊號會透過中繼站和衛星之間的連結繞行世界，等到無人機真正有反應時，中間的

xxix 這裡的術語常引起爭議：空軍傾向使用「遙控駕駛航空器」（Remotely piloted aircraft, RPA）一詞，強調它們仍是航空器且配有駕駛員；陸軍和海軍則稱「無人飛行載具」（unmanned aerial vehicle, UAV）；一般民眾會說「無人機」（drone）。我是一般民眾，因此接下來都會使用「無人機」一詞，雖然它在軍事界泛指一種用於射擊訓練的航空器。

xxx 再次感謝美軍退役中將艾江山安排這次參訪，也感謝內利斯及克里奇空軍基地的人員讓參訪過程變得如此充實。

xxxi 譯註：在廣義定義上，無人機也屬於機器人的一種。

xxxii 譯註：骯髒（Dirty）、沉悶（Dull）與危險（Dangerous）的「3D工作」是討論智慧科技議題時經常出現的概念。

圖7-11 快看，裡面沒人耶！ 2013年，X-47B型無人匿蹤戰機呼嘯著經過喬治布希號航空母艦（USS George H. W. Bush），隨即成為史上第一架降落在航空母艦甲板上的無人機。

時間差可以高達一秒半。若收訊良好或飛行員直接待在戰區的拖車中，時間差可能會縮短。不過，儘管衛星訊號是以光速前進，光速也不是無限大，所以時間差永遠還是會存在。在電影《捍衛戰士》（*Top Gun*）的超音速空戰裡，連千分之一秒都非常要緊，而無人機永遠都無法與有人戰機競爭。

二〇〇九年一份空軍研究指出，若要解決這個問題，可能要改變人類的角色。無人機是靠真人在遠處操控飛行，但人類的角色應該從「圈內人」變成「在圈圈之上」：「意思是，要部署由三架無人機和一架有人機組成的混合隊形，由有人機擔任無人機的聯隊隊長。每架無人機都有自己的任務，包括空對空戰鬥、壓制地面火力及轟炸等，聯隊隊長則會『監控特定決策的執行』。」聯隊隊長可以將無人機切換為手動控制，但是，「由於人工智慧的進步，系統將有能力做出戰鬥決策，並在法律和政策的約束下採取行動，過程中不一定需要投入人力。」[58]

無人噴射戰機已經被測試過了，甚至有一架在二〇一三年七月成功滑行降落在航空母艦的飛行甲板上（圖7-11）——這在真人海軍飛行員必須執行的任務中是最困難的一項，更何況是無人機。空軍認為，到了二〇四〇年代晚期，「科技能讓OODA循環（觀察、定位、決策、行動）的完成時間縮短到百萬分之一秒或十億分之一秒」，但到了那個階段，一個明顯的問題就會浮現：「為什麼『圈圈之上』還要有人類呢？」

這個問題的答案也同樣明顯：「因為人類不信任機器。」如果一九八三年蘇聯相信了彼得羅夫的演算法，我們現在恐怕都不會在這裡；而一九八八年，美軍巡洋艦溫森斯號（USS Vincennes）隊員確實相信了機器的判斷，卻因此擊落一架伊朗客機，造成兩百九十位平民罹難。[xxxiii] 沒人樂見這種事情再發生。普林斯頓大學科學與全球安全研究計畫（Program on Science and Global Security）的一名研究員開玩笑地說：「我們現在連微軟的Windows作業系統都摸不透了，絕對不會瞭解『類人智慧』（humanlike intelligence）那麼複雜的東西。」接著他問道：「為什麼我們該創造出那種東西，還為它裝上武器呢？」[59]

這個問題的答案還是很明顯：「因為未來我們會別無選擇。」聯合國已在二〇一三年呼籲各國暫停研發「致命自主機器人」[60]，由遍及全球的非政府組織發起的「阻止殺手機器人運動」（Campaign to Stop Killer Robots）也越來越受歡迎，但等到極音速戰機在二〇五〇年代發生衝突時，只需要十億分之一秒就能完成OODA循環的機器人將會殺死需要百萬分之一秒的人類，到時候連這些辯論都將不復存在。就像其他的軍事事務革命，製造新武器是因為如果不這樣做，敵人就會捷足先登。

前美國陸軍中校亞當斯（Thomas Adams）表示，隨著武器變得「太快、太小、太多，以及……創造出對人類而言複雜到難以管理的環境」，戰鬥已經漸漸超越「人類領域」。機器人正在「飛快地帶我們去一個地方，我們可能不

---

xxxiii 譯註：一九八八年美軍擊落伊朗客機事件實際上充滿爭議。美國的說法是誤把伊朗客機當成戰鬥機，但伊朗指控美軍是蓄意擊落客機，尤其此事發生在雙方原本就衝突不斷的時期，格外引人關注。美國時任總統雷根雖表示遺憾，但也為誤擊客機的巡洋艦艦長辯護，日後的國防部調查更指責伊朗允許客機飛進衝突地區。一九九六年，美國和伊朗在國際刑事法庭（International Court of Justice）達成和解，但美國拒絕承認任何法律責任或正式道歉，只同意向伊朗支付一點三億美元的賠償金

想去那裡，但恐怕無法避免」。[60]我在內利斯空軍基地聽到一個笑話：「未來的空軍只會有一個人、一隻狗和一台電腦。人的工作是餵狗，狗的工作是阻止那個人碰電腦。」

目前的趨勢顯示，機器人將在二〇四〇年代開始接管人類的戰鬥，世界警察也大概會在那時失去對國際秩序的掌控。一九一〇年代，一名漸趨衰弱的世界警察和許多革命性的新戰爭機器（「無畏號」等級的戰艦、機關槍、飛機、高射速炮、內燃機）結束了一個世紀以來較小、死傷較少的各種戰事，也觸發了一場新的鋼鐵風暴。二〇四〇年代可能也會有一名漸趨衰弱的世界警察與許多革命性的新戰爭機器。

但二〇四〇年代也會與一九一〇年代有相似或甚至更糟的結果嗎？目前仍眾說紛紜。在最詳盡（有些人則認為盡是臆測）的討論中，美國戰略預測家喬治・弗列德曼（George Friedman）已指出，在二〇五〇年以前，以太空為基地且極其精密的人工智慧將主導戰爭。他預測美國的實力將繫於這種巨大的太空站，並受到數十個小型衛星的包圍和保護，大概就如同今天的航空母艦受到驅逐艦和護衛艦的保護。這些繞軌運行的艦隊將維持下方地球的治安，一部分的手段是發射飛彈，但主要是透過蒐集和分析資料、協調一群群超音速無人機並引導地面戰鬥。弗列德曼認為在地面戰鬥中，「關鍵武器將是裝甲士兵，亦即一名從頭到腳包覆著動力裝甲的士兵……可以把他想像成單人坦克，只是他的殺傷力更大。」[62]

二十一世紀戰爭的焦點——克勞塞維茨所謂的「重點突破戰術」（Schwerpunkt）——將是網路戰和動能戰，它們會讓太空艦隊失去判斷能力，下一步則是對發電廠的攻擊，因為這些發電廠會生產機器人所需的大量能源。弗列德曼推測，「二十一世紀的電力之於戰爭，就像二十世紀的石油之於戰爭。」他認為未來會發生「一場最為名副其實的世界大戰，但有鑑於科技在精準度和速度上的進步，這場世界大戰也不算是全面戰爭」。弗列德曼的意思是，平民只會扮演旁觀者的角色，焦慮地看著機器人強化戰士一決勝負。只要有一方開始在機器人戰爭中落敗，馬上就會落入絕望的處境，只剩下投降和被屠殺兩個選項。於是戰爭就會在這時結束，罹難人數既不是彼得羅夫時代可能出現的十億，也不是希特勒時代可能出現的數億，而是比較接近五萬。這個數字只媲美國每年死於汽車車禍的人數稍高一點。

我很想相信這個相對樂觀的腳本。誰不想呢？但過去一萬年來的教訓讓我很難這樣相信。本書第二章首次提到軍事事務革命的概念時，我說太陽底下沒有新鮮事。近四千年前，西南亞的士兵就會運用馬匹來強化人類戰士了。當這些強化後的戰車駕駛兵對上步履蹣跚的未強化戰士，真的可以說是把對方壓在地上打，而戰爭的結果在某方面非常接近弗列德曼的推測。西元前一四〇〇年，某方輸掉戰車戰鬥時，步兵和平民發現眼前毫無希望而言，只能選擇投降或被屠殺。

在西元前一千年紀期間，許多嶄新的強化型態在印度誕生，騎在大象身上的印度人主宰了戰場。在西元第一千年紀的歐亞草原上，人類開始結合大型馬匹形成騎兵。在這兩個例子中，一旦發生戰鬥，步兵和平民就只能在大象或騎兵廝殺時等在一旁，盼望有個好結果。無論是誰輸掉這場由動物強化的戰鬥，還是只能落入絕望的處境。

但就從這裡開始，事態不會照著弗列德曼的推測發展。戰車、大象和騎兵並不會在精準熟練地摧毀敵方的戰車、大象和騎兵後就停手。戰鬥進行至此，失去防禦能力的步兵和平民並不會冷靜盤算與談判投降。相反的，戰爭是無止盡的暴力狂潮。當馬匹和大象的高科技戰鬥結束，而一切塵埃落定以後，敗方不管有沒有投降，往往都會遭到屠殺。使用戰車的時代充斥著暴行，使用大象的時代也非常恐怖，以至於古印度孔雀帝國的阿育王在西元前二六〇年禁絕殺生。至於騎兵的時代（從匈人領袖阿提拉王到蒙古帝國的成吉思汗）比前兩個時代都更糟糕。

這所有的徵兆（尤其是核武方面的徵兆）都顯示二十一世紀的大戰會與這些早期衝突較為相像，而不符合弗列德曼樂觀的描述。美國政治學家保羅・布雷肯（Paul Bracken）認為我們已漸漸邁入「第二次核時代」。一九四〇年代到一九八〇年代的美蘇衝突是「第一次核時代」，那是段可怕但簡單的時期，因為「共同毀滅原則」[xxxiv]帶來了恐怖

[xxxiv] 譯註：「共同毀滅原則」（Mutual Assured Destruction）簡稱M.A.D機制，是一種「同歸於盡」性質的軍事戰略思想，指對立的兩方中若有一方全面使用核武，那麼兩方都會毀滅，因而也創造出「恐怖平衡」。

平衡。相較之下，由於核彈頭數量已大幅減少，第二次核時代目前還沒有那麼可怕。但這個時代卻相當複雜，有著比冷戰時期更多的賽局玩家。他們運用規模較小的軍隊，卻欠缺各方都同意及遵守的規則，就算有也很少。「共同毀滅原則」已經不適用了，因為印度、巴基斯坦、以色列和未來可能核化的伊朗都明白，對區域對手展開第一擊可能會削弱第二擊的發動能力。由於有反飛彈防禦系統和世界警察的擔保，國際秩序目前都還沒有失控，但萬一世界警察在二〇三〇年代或那之後失去公信力，核武擴散、軍備競賽或甚至是先發制人的攻擊可能都會變成合理之舉。

若二〇四〇年代或二〇五〇年代發生大戰，開場階段應該不會由各個大國的電腦、太空站和機器人在某一個區域內進行高科技戰鬥，而會在南半球、西南亞或東亞發生核戰，接著再往外擴散，把全世界都捲進去。第三次世界大戰可能就像前兩次一樣混亂狂暴，但血腥程度有過之而無不及。這場戰爭可能會有大規模的網路、太空、機器人、化學和核武器的強力攻擊，狠狠摧毀敵方的數位反飛彈防禦系統，就像用未來感十足的寶劍劈爛過時的盔甲。盔甲終究會碎裂，而火焰風暴、輻射和疾病會吞噬手無寸鐵的敵人屍體。情況很可能會像過去的許多戰鬥，在災難突然降臨到自己或敵人身上或同時降臨兩方之前，沒有一方真正知道自己是輸是贏。

這樣的場景相當駭人。但如果二〇一〇到五〇年代真的重演一八七〇到一九一〇年代的歷史，也就是世界警察變弱、「未知的未知」激增且武器的毀滅性提升，這個場景就越來越可能成真。

新英格蘭地區居民的那句老話可能是真的，或許我們真的「從這裡到不了那裡」。

除非，「那裡」並不是我們想像中的地方。

七、融為一體

戰略的秘訣是知道自己想去哪裡，唯有這樣才能想出如何到達那裡。兩百多年來，和平倡議者一直用德國哲學家康特的方式想像「那裡」，亦即一個沒有戰爭的世界。他們認為，人類可以有意識地決定放棄暴力來實現那樣的世界。美國人類學家米德堅稱，既然戰爭是人類創造出來的東西，人類也可以不要創造戰爭。反戰名曲〈戰爭〉的作者則暗示站出來大聲疾呼「戰爭沒有任何好處」，就可以終結戰爭。政治學家通常都比較務實，但很多政治學家在思考如何打造更好、更民主包容的制度時，也主張人類可以靠著有意識的決定而從這裡抵達那裡。

無論如何，本書追溯的長期歷史指向截然不同的方向。人類之所以殺戮，是因為殘酷的死亡邏輯獎勵這樣的行為。整體來說，我們做出的選擇都沒有改變賽局的收益，而是賽局的收益改變了我們做出的選擇，這就是為什麼我們無法單純地「決定」終結戰爭。

但長期歷史也顯示出更為樂觀的第二個結論。我們並非被困在紅皇后效應裡，注定重演世界警察帶來反效果的悲劇：「不斷創造出自己的敵人，直到摧毀所有的文明。」紅皇后效應是指為了保持原位而必須不斷奔跑，但過去一萬年來的奔跑不但沒有讓我們待在原地，反而轉化了社會、改變了賽局收益。在未來幾十年內，收益的改變可能會大到導致死亡賽局完全改頭換面。我們正在進入死亡賽局的最終階段。

要解釋這個撲朔迷離的主張，我想跳出戰爭的恐怖，花點時間談談我近期兩本著作的論點，一本是《西方憑什麼：五萬年人類大歷史，破解中國落後之謎》，另一本是《文明的度量》。本書第二章結尾提及，我在這兩本書中以「社會發展指數」來衡量最後一次冰河期結束後，各個社會在一萬五千年來有多成功地取得它們想要的事物。社會發展指數最低是零分，最高是一千分。一千分可能出現在二〇〇〇年那種環境條件下，我的社會發展指數目前也只估計到二〇〇〇年。

拿著這個指數，我在舊作中半開玩笑半認真地問，如果繼續預測下去會發生什麼事呢？任何預測的結果都取決於假設，所以我採取了格外保守的出發點，先假設二十一世紀的發展會以二十世紀的速度持續下去，再問未來將如何成形。即使有這麼充滿限制的假設，結果仍然很驚人：「在二一〇〇年之前，社會發展指數將躍升至五千分。人類從穴居的史前時期演化到今天，從在拉斯科洞穴裡畫著野牛演化到閱讀著這本書，社會發展指數提升了九百分。從現在到二一〇〇年，指數又會再上升四千分。」

關於這個預測，「不可思議」是唯一的形容詞。說到不可思議，這種飛速發展也確實會讓人類的「思維」在下一個世紀產生轉變。電腦化（computerization）不只改變著戰爭也改變著一切，包括人類自身的定位。生物演化賦予人類聰明的大腦，讓我們能創造出文化演化。但文化演化現在已到達一個階段：「人類打造的機器開始對生物演化形成反饋。接下來，死亡賽局將會進入終局，暴力也可能變得無關緊要。」

很難想像還有什麼事情會比戰爭的未來更重要，但在過去一兩年的許多談話中，我注意到科技人和安全分析專家看待世界的方式有巨大的落差。科技人的眼中似乎沒有所謂的過度樂觀，所有的事情都可能發生，事態也會發展得比預期中更好。但在國際安全專家的世界裡，壞的永遠都會更壞，事態也永遠比已知的更可怕。安全分析專家往往不甩科技人的意見，認為他們只會空想、迷失在烏托邦的美夢中，看不見戰略現實永遠都會壓過科技上的胡說八道。科技人則常常嘲笑安全分析師食古不化、死守八股的教條，看不見電腦化將會一掃他們的擔憂。

當然，凡事總有例外。美國國家情報委員會的報告試著融合兩種觀點，就像《數位新時代》（*The New Digital Age*）這本傑作是由前 Google 執行長埃里克．施密特（Eric Schmidt）、美國安全專家杰瑞德．科恩（Jared Cohen）合著。雖然可能很自我矛盾，但我要效法他們的典範，在本節剩下的部分談談科技人的預測，再於下一節檢驗種種安全擔憂是否符合現實。科技與安全視角的結合產生了一種讓人既振奮又擔憂的前景。

科技人的論述奠基於明顯的事實：「現今的電腦已經強大到能夠及時遙控戰機，未來想必能更上一層樓；沒人說得準究竟能再進步多少，但數百位未來學家已盡量做出推測。」毫不意外地，這些推測相當分歧，但至少能確定的是，就像法國凡爾納（Jules Verne）和英國威爾斯兩位科幻小說大師百年前的作品一樣，他們預測的前景也是錯誤百出。但同樣的道理，若不是一次檢查一個推測，而是整體來看的話，無論是現在或一百多年前維多利亞時代晚期的的未來學家，同樣都意識到一系列改變世界的大趨勢，而關於大趨勢，凡爾納和威爾斯說中的大概比沒說中的還要多。

不管是在當代的未來學家之間，或是未來學家和《駭客任務》系列電影的死忠粉絲之間，最大的共識都是人類正在與機器融合。這是相當容易做出的預測，畢竟從一九五八年第一台心律調節器成功植入人體以來，或更廣泛而言，從第一顆假牙或第一條木製假腿裝上人體以來，人類就一直在與機器融合。但二十一世紀的融合更加宏大。人類不只是與機器融合，而是透過機器，人與人也正在融合。

這個論點背後的概念非常簡單。本書第六章花了很大篇幅談論人類腦中的二點七磅魔法；腦中每秒都有一萬兆個電子訊號在兩百二十億個神經元之間來回閃動，這些訊號讓人類擁有獨特的思考方式、儲存大約十兆條構成記憶的資訊，因而造就了現在的我們。目前還沒有機器能媲美這種大自然的奇蹟，但機器的發展相當快速。

半個世紀以來，電腦的運算能力、速度和成本效益每年都在翻倍成長。一九六五年，IBM 公司推出超高效能的 IBM 1130電腦，用售價來換算，每花一美元就只能讓這電腦為使用者獲得每秒千分之一次的運算。到了二〇一〇年，同樣花一美元卻已能買到每秒一百億次的運算。由於電腦效能不斷翻倍，到了二〇一四年，也就是這本書面世時，運算速度將會飆升至每秒一千億次以上。比起五十年前的巨大主機，廉價筆電擁有更大的運算量與更快的運算速度。我們甚至可以製造出寬度只有幾個分子的電腦，這種電腦小到能植入血管，重新編碼產生抗癌細胞。僅僅一個世紀前，這些事情看來簡直像巫術一般。

擔任 Google 工程總監的知名美國未來學家雷．庫茲威爾（Ray Kurzweil）認為，這個趨勢只需要延伸至二〇二九年，就會出現先進掃瞄器能用來勘測腦中每個神經元的位置，也會出現可以同步為細胞編碼的強大電腦。庫茲威爾宣稱，到時候一個人實際上會有兩個自己：一個是舊的、未經改良且隨著時間凋零的生物版本；另一個是新的、不斷變化且以機器為基礎的另類版本。庫茲威爾認為，更棒的是，以機器為基礎的心智之間將能互相分享資訊，就像今天的電腦互相交換檔案這麼簡單。如果電腦持續進步，二〇四五年以前就會出現超級電腦，強大到能負責掃描全世界八十億個心智。碳基或矽基智慧都會在一個全球意識裡合成一體，這個意識擁有史上最所向無敵的思考能力。

庫茲威爾稱這個時刻為「奇點」（Singularity），意思是：「一段科技改變如此之快、影響如此之深的未來時期……以至於科技似乎正在以無限的速度擴張。」[63]

這些都是相當令人驚奇的主張。唱反調的人自然也不少，其中包括頂尖科學家以及與庫茲威爾競爭的未來學家，他們通常都直言不諱。蘇格蘭科幻作家肯恩．麥克勞德（Ken MacLeod）批評「奇點」理論只是「書呆子的末日被提論」[xxxv]（the Rapture for Nerds）[64]，深具影響力的白羅斯裔科技評論家葉夫根尼．莫洛佐夫（Evgeny Morozov）則認為，這一切「有關數位未來的胡說八道」只不過是「網路輝格史觀」[xxxvi]（Cyber-Whig theory of history）[65]——我不太確定這是什麼意思，但顯然不是讚美。二〇一二年，某位神經科學家甚至更直接地在研討會上表示：「這是屁話。」[66]

不過，其他提出評論的人傾向效法丹麥物理學家波耳（Niels Bohr）。波耳曾對同事說：「我們都同意你的理論很瘋狂。我們的分歧在於，是否認為你的理論瘋狂到有可能是對的。」[67]有些人認為庫茲威爾或許還不夠瘋狂。二〇一二年，一份針對預言家的調查發現，預言家認為科技上「奇點」的中位年份是二〇四〇年，比庫茲威爾預測的年份提前五年。二〇〇九年，瑞士洛桑聯邦理工學院（École Polytechnique Fédérale de Lausanne）的神經科學家亨利．馬克蘭（Henry Markram）宣布成立「人腦計畫」（the Human Brain Project），宣稱要用電腦模擬人腦，而他甚至預期在歐盟十億歐元資金的挹注之下，二〇二〇年以前就會到達「奇點」。

不過，若拋開預言來看一下實驗室裡的現況，可能會毫不意外地發現，雖然沒人可以預測詳細的結果，但大趨勢確實持續著，凡事都在電腦化。我在《西方憑什麼》中就談過電腦化了，所以這裡不再贅述，但我確實想列出「腦對腦交流」（brain-to-brain interfacing）在該書二〇一〇年面世以來的幾個進步；「腦對腦交流」是神經科學家的用詞，白話來說就是透過網路的心電感應。

若要透過機器融合不同的心智，首要條件是機器能讀懂人類腦中的電子訊號。二〇一一年，美國加州大學柏克萊分校的神經科學家往這個方向跨出一大步。他們讓自願受試者看一些電影片段，同時測量其視覺皮質中的血流，然後用電腦演算法反推，把數據資料轉回影像。研究者得到的影像相當粗糙、充滿顆粒且頗為混亂，但主導該研究的神經科學家傑克．格蘭特（Jack Gallant）表示：「我們正在打開通往心中電影的一扇窗。」[68]

短短幾個月後，該校的另一支研究團隊讓受試者聆聽人的談話並記錄其腦中的電子活動，接著用電腦把這些訊號譯回文字。這兩個實驗都不太容易進行：「第一個實驗把自願受試者綁在正在運作的核磁造影掃描儀中，要求他們靜躺好幾個小時；第二個實驗只能針對正在經歷腦部手術的病患，先切除一大片顱骨，接著直接把電極植入腦中。」英國牛津大學神經科學教授揚．施諾普（Jan Schnupp）評價這個研究時推斷：「在我們真正能讀心之前，還有很長的路要走。」但他也補充道：「與其說會不會發生，不如說是遲早的問題……可以想像未來十年內，人們真的可能成功讀心。」[69]

透過網路達成心電感應的第二個條件是，電子訊號要能在不同的大腦之間互相傳遞。二〇一二年，美國杜克大學的神經科學家米蓋爾．尼可列利斯（Miguel Nicolelis）透過實驗，讓位於巴西的老鼠控制位於美國北卡羅萊納州的老鼠身體，展示大腦之間可能是如何傳遞訊息。尼可列利斯讓巴西老鼠學會遵循燈光指示壓下槓桿取食，並把電極接在老鼠頭上來蒐集這項大腦活動，再經由網路把訊號傳送到美國老鼠頭上的電極，而未經訓練也沒有燈光指示的美國老鼠壓下了同樣的槓桿，成功取食率達七成。

七成的成功率遠遠稱不上完美，而且老鼠的大腦還比人類的大腦簡單多了，壓下槓桿也不是很有挑戰性的任務。但撇開無數種技術性問題，有件可以確定的事情是，「腦對腦交流」的發展不會停留在「老鼠透過網路移動另一隻老鼠的爪子」的階段。「腦對腦交流」的發展方式可能會迥異於庫茲威爾的預測，他的願景被尼可列利斯稱為「胡吹一氣」。[70]但無論如何，「腦對腦交流」都將繼續發展。事實上，尼可列利斯與庫茲威爾對人類的未來懷抱著同樣的理想，只是想像中的途徑恰好相反。尼可列利斯認為，未來的人類不會把大腦掃描檔上傳電腦，反而會把微

xxxv 譯註：「末日被提論」（the Rapture）是基督教末世論中的概念，意即大災難來臨前，信徒將會「被提」離開這個世界而得救。但不同教派或信眾對於「被提」的細節仍有不同解讀，例如，被提究竟是意義上的比喻，或實際上「被提到空中與主相會」，或究竟什麼樣的信徒才有被提的資格。

xxxvi 譯註：輝格史觀認為人類文明不斷進步，但也經常被批評有「以今論古」的盲點。輝格一詞源自英國威廉三世時代勢力強大的輝格黨。

電腦植入腦中。

既然專家無法對細節形成共識，任意選一個預言來執行也不會帶來好處。無論如何，假裝什麼事都不會發生更不會帶來任何好處。我們最好留意「奈米科技之父」、諾貝爾化學得主理查．史莫利（Richard Smalley）的雋語，我向來稱之為「史莫利法則」：「若科學家說某事可能發生，他們應該低估了所需時間。但若科學家說某事不可能發生，他們應該就是錯了。」[71]無論「腦對腦交流」究竟如何運作，或我們是否喜歡這個概念，它都正在把我們帶往某個地方，我們可能不想去那裡，但恐怕無法避免，就像前幾頁提到的前美國陸軍中校亞當斯也這樣形容戰場上的機器人。

所謂的「那裡」無非是人類演化的新階段。從十萬多年前開始，嚴酷的冰河時期世界中的生存鬥爭創造出某種環境，讓腦容量超大的智人可以勝過較早的原始人類物種並取代他們。儘管這些被取代的原始人類物種已透過有性生殖產生了隨機的基因突變，而且有些變種在無情的天擇壓力下活得很好，仍遭智人淘汰。雖然照理說，原始人類應該不想創造出會讓自己滅絕的怪物，但演化這回事沒有選擇的餘地。

俗話說：「種瓜得瓜，種豆得豆。」十萬年過去了，如今我們所做的事情與原始人類大同小異，只是速度比較快，而且是透過文化演化而非生物演化。在這個日漸暖化的擁擠世界中，我們的生存鬥爭正在創造出擁有巨大腦容量的怪異新變種，運用機器把一個個未經改良的、獨立的純生物心智匯集到某種「超個體」（superorganism）中。年齡、性別、種族、階級、語言、教育程度……隨便你舉例，全部都會溶解在「超個體」中。

關於心智融合這件事，尼可列利斯猜測它只會發展到共享想法、記憶和人格的程度，庫茲威爾則猜測它會發展到個人特質和肉體都不再具有什麼意義的地步。或者，這件事甚至會走得更遠，自覺優越的人類所謂的「人工智慧」將會完全取代效能低又過時的動物智慧。我們無法得知未來，但如果長期歷史足以借鏡，不得不猜測的是，人類的新變種無論如何都會取代較早的人類，就像當初的智人取代了尼安德塔人。

看來，太陽底下還是沒有新鮮事。「腦對腦交流」只是某個老掉牙腳本的最新章節。二十億年前，細菌開始融合成簡單的細胞，簡單的細胞在三億年後開始融合成複雜的細胞，複雜的細胞又在九億年後開始融合成多細胞動物。在每個階段，較簡單的有機體都放棄了某些功能，某種意義上也放棄自由，以便在更大、更複雜的有機體中化為具有專門功能的一部分。細菌不再是細菌而化為細胞；細胞不再是細胞而化為動物，最終獲得意識。如今，我們或許會擺脫獨立的動物個體而化為某個存在的一部分。這個存在遠高於人類的演化位階，就像我們遠高於始祖細胞的演化位階一樣。

用「事關重大」來形容死亡賽局還算是輕描淡寫。兩千年前，古羅馬歷史學家李維（Titus Livius）說了一個故事。在這個故事中，他的城市正值嚴重分裂，窮人稱富人為寄生蟲並起身對抗他們。隨著局勢升溫，知名的元老院議員阿格里帕（Menenius Agrippa）赴叛軍陣營談和。阿格里帕對叛軍說：「從前，人類體內的每個部分並沒有現在這麼和諧，它們都有自己的想法」，像胃部就被其他器官視作整天無所事事，只會坐享其成，「因此它們策劃陰謀，要手別再把食物送往嘴巴，嘴巴也不再接受任何東西，牙齒也不再咀嚼。當這些憤怒的器官試著征服胃部，整個身體都消瘦下來。」[72] 叛軍明白了阿格里帕的意思。

「腦對腦交流」的發展走得越遠，阿格里帕的寓言就越可能成真。「腦對腦交流」甚至可能讓暴力收益歸零。如果這真的發生，人類心中的野獸和基本的動物特質都將消失，而對於融合後的心智來說，無論屆時的「爭端」和「暴力」定義為何，用暴力化解爭端都會像是搬石頭砸自己的腳。

但可能也不會發展出這種局面。假如不同心智融合成「超個體」真的就像不同細胞融合成身體一樣，衝突可能只會演化出新的形式。畢竟，我們自己的身體就是衝突不斷的場所。母體與胎兒會競爭血液和血糖，母體若太過成功會造成胎兒損傷或死亡，胎兒若太過成功會害母體罹患妊娠毒血症或妊娠糖尿病，而且與母體都可能死亡。「超個體」的不同部分之間可能會為了競奪能量而產生類似的衝突。

目前，四十個人裡大約就有一個正在經歷細胞內的衝突；多餘的染色體以身體的化學物質為食，卻拒絕參與基因交換。另外，五百個人裡大約就有一個罹患癌症；某些細胞拒絕停止增生，無視這為身體帶來的代價。為了避免這些痛苦及外來病毒的侵襲，人類的身體已經演化出各種微小防線，「超個體」可能也必須如此，甚至產生類似抗體的東西來殺死入侵者或體內失控的部分。畢竟，大多數人都已經學到教訓，明白機器就像動物一樣容易受到病毒攻擊。

很多事情都只能推測。但能確定的是，「腦對腦交流」正在加速發展，透過機器融合心智也是一樣。過去十萬年來的死亡賽局規則已經到達它們本身的勝利頂點，我們也正步入死亡賽局的終局。若終局進展不順，下場將是無窮無盡的夢魘，若表現得好，「世界沒有戰爭」的悠久夢想可能在二十一世紀結束前就會成真。

八、死亡賽局的終局

克勞塞維茨曾說：「在戰爭中，一切都非常簡單，但最簡單的事情卻相當困難。」[73]死亡賽局的終局也一樣，要表現得好既簡單又難得驚人。

終局之所以簡單，是因為一旦知道「那裡」是哪裡以及戰爭有何好處，理論上要如何從這裡抵達那裡應該就很明顯了。我已經說過「那裡」就是全面電腦化，也說過戰爭的好處就是創造出利維坦和世界警察，使暴力的成本升至令人卻步的程度而成功維持和平。在這些前提下，似乎可以說這個世界需要一名隨時能夠動武以維持和平的世界警察，直到世界警察因為全面電腦化而變成多餘的存在。若沒有世界警察，一八七〇年代到一九一〇年代的歷史必定會重演，而且這回還多了核武。有鑑於美國是目前唯一可能當上世界警察的國家，它真的就如一百五十年前的林肯總統所說，是「世間僅存的最大希望」。[74]如果美國衰敗，全世界都會衰敗。

二〇一三年，也就是我寫到這裡時，美國的政策圈正在進行一場辯論。一派人相信超級強國應該「前傾」[75]，另一派人則相信應該「後撤」[75]。前傾派認為要堅守「主動管理全球安全及促進自由經濟秩序的總體戰略，這個戰略在過去六十年來都為美國帶來極大的好處」[77]；後撤派認為「是拋棄美國的霸權戰略，改採有所節制的戰略的時候了……放棄全球改革並堅持保護小範圍的國安利益……這將有助於保持美國的長期繁榮與安全」。[78]

長期歷史顯示兩派說法都是對的，或至少對了一半——美國必須先前傾，再後撤。本書第四章提到，當十五世紀的歐洲人對全世界發起長達五百年的戰爭，傳統帝國主義者帶頭猛攻殺戮並向被征服的人民徵稅。然而，五百年戰爭的成功產生了大型社會，它們大到讓傳統帝國主義越過了勝利頂點。而在十八世紀之前，權利開放的社會秩序成功地讓看不見的手和看不見的拳頭互相合作，創造出傳統帝國望塵莫及的大量財富與權力，最後也讓英國變成史上第一個世界警察。但世界警察英國很快就過了勝利頂點，原因是它在落實和管理全球的權利開放秩序時太過成功，造就了許多更為富裕強大的對手。

正如第五章所述，世界警察英國過了勝利頂點後，一場鋼鐵風暴因此來臨，一名更強大的世界警察美國也崛起了。如今，新世界警察的成功正在把世界推向我所說的「終極的權利開放社會秩序」。在這種秩序下，看不見的手可能不需要看不見的拳頭。這代表的不只是美國身為世界警察的勝利頂點，也是所有的世界警察勝利的頂點。美國現在是世界上不可或缺的國家，也必須採取前傾戰略，但當它越來越靠近所有世界警察的勝利頂點，就會需要後撤。「美利堅治世」將讓位給「科技治世」（Pax Technologica）[79]——這是我從未來學家卡納夫婦（Parag and Ayesha Khanna）那裡借來的詞彙——我們將不再需要世界警察。

那麼，一切都很簡單啊。但是一等到我們開始問起安全分析專家馬上會想到的那些問題，就會明白最簡單的事情有多麼困難。人類無法光是運用科學就輕鬆解決防禦困境。事實上，在本章探討過的所有構造轉變、改變局面的關鍵和黑天鵝事件中，與機器融合似乎會帶來最多動盪，因為與機器融合的過程將會非常崎嶇。

就在我敲鍵盤寫書的這個當下，我坐著的地方有烏鴉飛過，這裡與有「矽谷心臟」之稱的美國加州聖荷西市僅隔十五英里。我住在聖塔克魯斯山上，最新搬來同一條路的鄰居是打造 Google 眼鏡的工程師。我在上班途中常常遇到自駕車，它們通常都會遵守告示牌上的速限。但若住在二〇一三年聯合國人類發展報告中表現墊底的剛果河或尼羅河流域，我懷疑我會擁有這種鄰居或看見這種車子。聖荷西是世界上最安全富裕的城市，剛果民主共和國的首都金夏沙則是最貧窮危險的城市。而毫不令人驚訝的是，那些已經很安全富裕的地方（尤其是聖荷西）全面電腦化的發展比其他地方都還要快。

「權利開放的社會秩序」因包容而興盛，理由在於市場越大且自由度越高，系統就運作得越好。正因如此，科技人往往深信中長期的全面電腦化將打破藩籬，讓世界變得更加公平。但綜觀歷史，較早採用新事物的人比後來才跟進的人更有優勢，不管是採用農耕、利維坦或化石燃料都是如此。權利開放的社會秩序不會平等地納入每個人，也不是每個人都很熱中於被納入。十八世紀時，殖民美洲的歐洲人把非洲人帶入大西洋的權利開放秩序，但主要是把非洲人當作奴隸；十九世紀時，工業化的歐洲人和美洲人更經常使用槍炮來強迫非洲人和亞洲人進入更大的市場。

很難想像如此粗糙的霸凌手法會在二十一世紀再次出現：「難道富裕的北半球居民會拿槍脅迫貧窮的南半球居民，硬是要掃描他們的大腦嗎？」但短期內，電腦化確實可能讓第一世界和其他地區之間的鴻溝變得更大。隨著電腦化在未來十年或二十年內擾亂各個經濟體，一些人會自覺受到不公平的待遇，衝突將只增不減。在過去，這種不公平感已經激發了伊斯蘭主義暴力，未來則可能產生更多恐怖主義、波耳戰爭和國家失靈問題。

「腦對腦交流」的破壞性影響也不會局限在貧窮的南半球。從一九八〇年代以來，世界上最富裕的那些國家已發生相對輕微的電腦化，加深了國內的不平等。但就中長期而言，透過機器來融合心智應該會讓這種不平等變得毫無意義。不過，一小撮財富菁英與人才很可能會在「腦對腦交流」領域帶頭發展，倘若真的如此，這些新崛起的科技官僚可能會在短期內就凌駕於眾人之上，這在現今社會只有百分之一的人能夠做到。

雖然不確定真假，但有個故事是這樣的：美國小說家費茲傑羅（F. Scott Fitzgerald）曾在派對上宣稱「有錢人與你我不同」，卻招來海明威反嗆，他的話流傳迄今：「是啊，他們錢比較多。」[80] 然而現在，費茲傑羅就要雪恥了。未來幾十年裡，一種新型態的有錢人真的會變得與你我都不一樣。

如同其他事情的預測，未來的有錢人與你我到底多不一樣也眾說紛紜。但依我之見，你得相信美國小說家拉梅茲．納姆（Ramez Naam）想像中的描述；納姆原是奈米科學家，後來成了小說家與美國國家情報委員會的顧問。他的科幻小說《聯結》（*Nexus*）[xxxvii]是我唯一遇過有生物工程附錄的小說。書中表示，二〇三六年的《牛津英語詞典》（*The Oxford English Dictionary*）會納入一些陌生字彙，例如「超人類」（transhuman）的定義是「在一個或多個重要面向上，潛能被提升到超出普通人類最大潛能的人類」；「後人類」（posthuman）則是「被科技大幅改造到超越了超人類狀態而無法再被視為人類的存在」。根據納姆的《牛津英語詞典》，「超人類」是「人類演化的一小步」，「後人類」則是「人類演化接下來的一大步」。[81]

納姆把小說背景設定在二〇四〇年，而富裕的國家屆時不只擁有很多「超人類」，也會擁有少量的第一批「後人類」。納姆也想像未來的衝突會增加。過於理想主義的年輕知識菁英將設法讓所有的人都與後人類的意識聯結起來，像用了迷幻藥般開啟神經感官的最大潛能，再重新發現自身的能動性。保守的世界警察美國會試圖控制科技，保護普通人類原有的生存方式；新興的對手則會試著將後人類化為戰略優勢，中國尤其如此。到了小說的第二部曲《核心》（*Crux*），恐怖分子也跳出來參一腳，運用融合後的心智來進行政治謀殺。世界慢慢步向戰爭，各種人類互相造成慘重的傷亡。

《聯結》和《核心》都只是虛構的故事，卻很精妙地掌握到人類心智與機器融合或透過機器互相融合的混亂，以及未來的選擇有多麼複雜。舉例來說，如果世界警察過於前傾，像是對於事態發展控制得太過火，或到勝利頂點前都還抓著自己的任務不放，就會面臨日益加劇的反對聲浪，也會產生過大的負荷和財政崩潰，很可能恰好招來世界警察本該設法避免的軍事挑戰。太過前傾的戰略絕對會讓世界警察輸掉死亡賽局的終局，而先前的章節之所以大談「西方戰爭之道」，是因為此一理論似乎正好會鼓勵人們過於自信地前傾。由於西方軍隊繼承了古希臘人的軍事

xxxvii 譯註：*Nexus*是美國作家納姆二〇一二年出版的科幻小說，劇情牽涉到一種新型藥物，可以讓人類的大腦與思想聯結在一起。小說的第二部曲和第三部曲分別是*Crux*和*Apex*。

智慧，美國軍事史家漢森很確定地告訴我們：「致命的西方軍隊除了自己以外，幾乎不會畏懼其他任何力量。」[82] 但我認為這種說法不符合長期歷史。事實上，隨著二十一世紀開展，非西方軍隊才是世界警察在未來的最大挑戰。世界警察若要維持秩序則必須靠著明智的判斷和出色的資源管理，而不是憑藉古希臘人流傳下來的軍事智慧。

另一方面，假如前傾得太過火或太久會讓世界警察輸掉死亡賽局的終局，那麼後撤得太過火或太快甚至會讓世界警察輸得更快。假設世界警察擅離職守，接下來幾年可能不會像一八七〇到一九一〇年代那樣危機慢慢加劇，而會像一九三〇年代那樣突然發生浩劫。一九三〇年代是局勢低迷又充斥欺瞞的十年，世界警察英國奄奄一息，美國不太樂意接任，魯莽的對手則賭上一切，用暴力來解決問題。後撤就長期來說是必要之舉，但短期內後撤會帶來大災難。

一切都將取決於「美利堅治世」轉變為「科技治世」的相對時間點，而且如果現在的經濟趨勢繼續下去，一切也取決於世界警察履行職務時會如何應對排山倒海的困難。我稍早指出，美國大致會在二〇一〇年代保持不受動搖的地位，二〇二〇年代可能也是一樣，但隨著二〇三〇、二〇四〇、二〇五〇年代發展下去，美國會發現自己越來越難嚇阻對手。前文也提及大多數未來學家都認為人類與機器融合這件事將在二〇四〇年代達到「奇點」階段。如果這些猜測都沒錯，大概就沒什麼好擔憂了。隨著我們邁向二〇二〇年代並度過那十年，世界將會越來越動盪、分化且緊張，但世界警察依然會很強大，能夠處理這些壓力。進入二〇三〇年代以後，世界警察將開始感到壓力的作用，但反正到時候它已經採取後撤戰略了，因為在「科技治世」中，暴力不再是問題的解決之道。在二〇四〇、五〇年代（正好是世界警察失去應變能力時），這個世界將不再需要世界警察的服務。一切都會很好。

但全面電腦化真的會以這麼合宜的速度發展嗎？再過不到三十年就是二〇四〇年代了，而儘管過去三十年剛發生劇烈的科技轉型，目前看不太出來未來三十年我們就會與機器融合。但未來學家強調，這種誤解是忽視了科技轉型呈指數型成長；科技轉型是倍數成長而非線性成長。未來學家有時會說，你可以想像自己租了一幢夏天渡假小屋，抵達時看到池邊有一朵非常漂亮的百合花，一週後變成兩朵，再過一週變成四朵。你這時很不情願地回到工作崗位，兩個月後才能再次渡假。回到小屋時，迎接你的是一千多朵百合花。之前看到的那四朵已經翻倍翻了八次，你已經看不到底下的池塘了。

為了方便論述，姑且假設在一九八三年（彼得羅夫一念之間並未引爆世界大戰的那年）科技轉型已經到達一整朵百合花的程度，而每朵百合花每六年會繁殖一次。在二〇一三年，亦即我寫這本書之際，百合花已經翻倍五次，變成三十二朵百合花了，遠超過一九八三年的數量，但離填滿池塘還差得遠。不過，二〇二五年以前就會有一百二十八朵，到了二〇四三年（庫茲威爾預測的「奇點」到來的前兩年）則會超過一千朵。池塘可以比喻成我們這些單純只是生物體的未改良人類，而屆時我們已消失在一片百合花底下，這片百合花就是超人類和後人類。

二〇一〇年代中期的三十多朵百合花代表著Google眼鏡、網路和可以操控彼此爪子的老鼠這類玩意兒。這些東西為人類過去五萬年來的生活方式添色不少，但也僅止於此。二〇二〇年代晚期的兩百多朵百合花的總和就是人工智慧，它有時會被誤認為人類，有些人則覺得它像是某種程度的心電感應。二〇三〇年代晚期，有些人幾乎完全生活在虛擬實境裡，但屆時百合花的數量還是遠遠無法蓋滿池塘。百合花數量在二〇三〇年代中期才會真正開始激增，這在統計學上叫做曲線的轉折點。屆時，每年發生的改變比一九八〇到二〇一〇年之間所有的改變加起來都還要多。二〇四〇年代則幾乎是瞬息萬變，世界警察可以退休了。

以上估算成立的前提是，電腦的運算能力會以過去五十年的速度繼續呈現指數型成長。但這樣會打破「史莫利法則」，因為這個法則假定一切都可能發生，但花的時間會比想像中更久。若「史莫利法則」確實也適用於全面電腦化，我們可能仍要很久以後（等到世界警察在二〇四〇年代失勢時）才會結束死亡賽局的終局。我原本假設象徵著科技轉型的百合花每六年會繁殖一次，而就算這個時間只增加一點點，例如變成十年，都會讓百合花數量開始激增的時間點延至二〇六〇年代，也讓任何一種「奇點」遲至二〇八〇年代才來臨。

若世界警察於二〇四〇年代步履踉蹌，在那之後的數十年既不會有美利堅治世，也不會出現科技治世了。比起融入一個「超個體」，史莫利式的世界更可能在二〇五〇年代化為多個互不相容的腦對腦交流網絡，每個網絡都分別被不同的強權主宰。隨著這些網絡競奪著神經方面的市占率，把對手阻擋在不同地區之外，整個局勢會像十九世紀的列強爭搶非洲，只是這次是高科技的版本。屆時，氣候變遷可能會讓「不穩定弧形地帶」產生震盪，而殺手機器人的出現可能會改變權力平衡，因為與機器融合需要基礎設施和能源供給才能辦到，可能會產生一種全新的攻擊目標。若一個國家自認在科技轉型上有暫時的優勢，可能會想運用優勢賭上一把，暴力地對他人強加自身意志；或者，更可能出現的局面是落後的政府會破產，並在敵人鞏固領導地位之前便押上一切展開攻擊。

世界末日即將來臨。

九、未來，戰爭憑什麼？

但我有信心說這不會是故事的結局。我會這麼樂觀是基於長期歷史的啟示。人類雖然還沒成功讓戰爭消失，但那是因為戰爭本來就不可能消失。人類倒是極為擅長因應死亡賽局中不斷變動的刺激。自從出現在地球上以來，人類在大多數時候都是一種充滿攻擊性的暴力動物，因為攻擊和暴力都能獲得收益。但人類在一萬年前創造了具有建設性的戰爭後，至今已透過文化演化而降低了暴力程度，因為這樣甚至會獲得更好的收益。而自從核武在一九四五年誕生，賽局中的刺激以更快的速度變動著，人類也跟著加快因應的速度。結果到了今天，一般人死於暴力的可能性已經比石器時代低了二十倍。

請花點時間想像一下，如果我是在五十年前寫這本書，出版年份不是二〇一四年而是一九六四年，也就是第三次柏林危機[xxxviii]的三年後、古巴飛彈危機[xxxix]的兩年後、毛澤東測試中國第一枚原子彈的幾個月後，同時也是美國海軍陸戰隊登陸南越[xl]的一年前。也想像一下，假如我在一九六四年的書中就預測人類非常善於適應死亡賽局中的變動，以至於蘇聯在二十五年內就會放棄武力、拆毀柏林圍牆，接著自行解體，整個過程不費一槍一彈，更別提核彈了。就算我收斂一點，不要猜測共產中國將會擁抱資本主義並成為世界上第二大的經濟體，我認為評論家仍然不會對我很友善。但我的預測才是對的。而現在，同樣的推論讓我相信，人類在進行死亡賽局的終局時會和進行普通的死亡賽局一樣技巧高超。

正如克勞塞維茨所言，我們要做的事既簡單又困難，因為人類若要贏得死亡賽局的終局，就必須在世界警察垮台之前到達「奇點」。如果我們真的要從這裡抵達那裡，世界警察就必須盡可能一直保持強大，意思是未來四十幾年，美國必須讓軍事開支和備戰狀態保持在可靠的利維坦水準。美國必須隨時準備好威脅對手甚至動武來維持全球秩序，但開銷又不能大到讓美國形成的威脅打破了政治上對於前傾戰略的共識，也不能太過好鬥地濫用優勢以至於疏遠了盟友。若要應付這一切挑戰，美國需要整頓金融制度、維持經濟成長與投資基礎科學，同時也要繼續尋找適任的領袖，他們應該要與帶領美國熬過冷戰時期的領袖擁有同樣的特質。這些事情很簡單，但又很困難。

全面電腦化的速度越快，「美利堅治世」就越有可能在世界警察因衰弱而帶來新的鋼鐵風暴之前轉變成「科技治世」。但即使一切符合「史莫利法則」而發生最糟的狀況，美國也必須隨時準備好「不計任何代價、承擔一切重責、迎向所有的艱苦」——堅守美國前總統甘迺迪在一九六一年就職演講中首創的這個路線。本書在二〇一三年九月進入製程之際，三分之二的美國人都在民調中表示他們反對美國對敘利亞使用任何武力。[83] 但假如美國就像兩次世界大戰之間的英國那樣厭倦了世界警察的角色，美國也並沒有預備計畫。

xxxviii 譯註：「柏林危機」（Berlin Crisis）共有三次，分別發生在一九四八年、一九五八年和一九六一年。在第三次柏林危機中，蘇聯再度要求英、美、法軍隊撤出西柏林但再次遭拒，此事件最後以蘇聯和東德築起「柏林圍牆」作結。

xxxix 譯註：一九六二年的「古巴飛彈危機」被視為美蘇冷戰時期的最高峰和轉折點。蘇聯在古巴境內建立飛彈基地，讓美國備感威脅並採取強硬態度回應。雙方之間的緊張情勢迅速升溫，一度瀕臨核戰邊緣。美蘇高層經過一番激烈的政治角力後，蘇聯最終撤回了古巴的飛彈部署，結束此一危機。

xl 譯註：一九六五年三月八日，三千五百名美國海軍陸戰隊員在南越的峴港登陸，標誌著美軍大規模參與越戰的正式開端，直到一九七三年，美國才從越南撤軍。

整體來說，美國維持全球秩序的努力將直接使許多海外盟友受益，但無可避免的，有時也不會使他們受益——這意味著這些盟友也將在死亡賽局的終局裡發揮重要作用。他們有時會需要對強權說真話，向世界警察表達一些不中聽的意見，其他時候則需要用民主、資金甚至武力來支持世界警察。最重要的是，他們需要以智慧分辨何時該把地域性議題擺在全球戰略之下，認知到自己各個地區加起來也沒有世界大局來得重要。

但最困難的決定可能會落在世界警察的對手身上。這些對手變得越富裕，其舉動就越能影響終局的發展。對一百多年前的世界警察英國而言，德國和美國是正在崛起的的兩大對手。末代德皇威廉二世認為他只能選擇會破壞全球秩序的冒險舉動，美國則找到既可以大致支持世界警察又有利於自身的方法。美國總統老羅斯福在上任前一年曾建議：「溫言在口，大棒在手。」[84]而隨著今天的世界警察崛起中的對手需要更大的棒子，他們的領袖未來必須在羅斯福和威廉二世的路線之間做出選擇。美國可以為對手的和平發展創造空間並嚇阻輕率的侵略來影響對手的選擇，但到頭來，美國的對手越是傾向老羅斯福的路線，世界就越有可能贏得死亡賽局的終局。

有句著名的羅馬諺語是：「汝欲和平，必先備戰。」（Si vis pacem）[84]儘管今天離卡爾加庫斯和阿古利可拉在格勞庇烏山上動手不動口的年代已經過了兩千多年，一切都改變了，這句諺語仍然相當真實。〈戰爭〉這首歌搞錯了，一直以來，戰爭並非毫無是處，儘管這個事實令人不舒服。從石器時代發展至今，人類從一小群的單位變成全球化社會，暴力死亡率也從百分之十至二十演變到低於百分之一，而戰爭是人類唯一找到能造成這些改變的方法。戰爭已經讓世界變得和平繁榮，事實上，和平繁榮的程度之高，以至於戰爭尚未完全消失，卻幾乎已讓自己功成身退。因此，這個矛盾的故事裡最終的矛盾是：「如果我們真的想要一個戰爭毫無是處的世界，就必須認清戰爭仍然有未竟的任務。」

謝辭

在這本書寫作的過程中，慷慨幫助我、支持我的人實在太多太多了。若非獲得史丹佛大學人文與科學學院（School of Humanities and Sciences）與胡佛研究中心（Hoover Institution）的贊助，還有妻子凱西．聖約翰（Kathy St. John）的鼓勵、耐心對待與打氣，這本書絕無可能完成。

在此要感謝以下人士在我寫書的過程中閱讀這本書的草稿並給予評論：Daron Acemoglu, David Berkey, Laura Betzig, Mat Burrows, Eric Chinski, Daniel Crewe, Banning Garrett, Azar Gat, Deborah Gordon, Steve Haber, David Holloway, Parag Khanna, Phil Kleinheinz, Steve LeBlanc, Ramez Naam, Josh Ober, Steve Pinker, Jim Robinson, Walter Scheidel, Kathy St. John, Peter Turchin, Richard Wrangham, Amy Zegart。我再度感謝他們的建議與支持，並且要說一聲抱歉，因為我實在太過固執而無法接受建議，甚或太過愚鈍，無法了解他們的意思。

感謝以下人士邀請我參加一場又一場充滿知識性的會議與研討會：Peter Abigail, Daron Acemoglu, David Armitage, Al Bergesen, Mat Burrows, Banning Garrett, Elhanan Helpman, Mike McCormick, Dick O'Neill, Jim Robinson, Peter Turchin, Norman Vasu。感謝艾江山將軍（Karl Eikenberry）安排我前往加州歐文堡美國陸軍國家訓練中心（National Training Center at Fort Irwin）與內華達州內利斯及克里奇空軍基地（Nellis and Creech Air Force Bases）。在此對以上諸位敬致謝沉，另外也要感謝梁越春少將、馬克．派（Mark Pye）准將，還有國家訓練中心、內利斯基地與克里奇基地的工作人員。

Laura Betzig, George Cowgill, Azar Gat, Steve Haber, David Laitin, Peter Turchin, Richard Wrangham允許我閱讀他們尚未出版的論文

或著作；此外，以下人士不厭其煩，願意讓我與他們長談，話題多少都與本書有關，談話內容也令我覺得十分精采：Jost Crouwel, Jared Diamond, Niall Ferguson, Victor Hanson, Bob Horn, Paul Kennedy, Karla Kierkegaard, Adrienne Mayor, Josh Ober, Richard Saller, Larry Smith, Mike Smith, Hew Strachan, Barry Strauss, Rob Tempio, Barry Weingast。

最後，若是沒有以下幾位的鼓勵，我的書也沒辦法走到正式問世這一步：我的兩位經紀人Sandy Dijkstra, Arabella Stein；我的編輯Eric Chinski（Farrar, Straus and Giroux出版社），與另一位編輯Daniel Crewe（Profile出版社）。他們與他們的團隊就各方面來講都讓我歷經美好的合作體驗。

註釋

作者註：所有網址皆於二〇一三年九月二十二日確認完畢。

前言

1 D. Hoffman 2009, p. 11.

2 這段話經常被認為是托洛斯基所說，但事實上可能只是改述他在一九四〇年六月寫給阿爾伯特・高德曼（Albert Goldman）的信件內容，而且還是誤譯。http://en.wikiquote.org/wiki/Leon_Trotsky#Misattributed

3 Norman Whitfield and Barrett Strong, "War" (1969)。此曲原本是為「誘惑合唱團」（The Temptations）所寫，也被該團收錄在一九七〇年的專輯《迷幻小屋》（*Psychedelic Shack*），但從未以單曲發行。斯塔爾後來在一九七〇年重新錄製此曲，登上暢銷榜第一名

4 Neville Chamberlain, speech from 10 Downing Street, September 30, 1938, reported in the Times, October 1, 1938, www.thetimes.co.uk/tto/archive/。

5 Norman Whitfield and Barrett Strong, "War" (1969).

6 Luttwak 2001, p. 2.

7 Liddell Hart 1967, p. 368。聖保羅曾於《聖經》中表示「為什麼不說，我們可以作惡以成善呢？」（Romans 3:8）而李德・哈特的名言就是根據這句話所玩的文字遊戲。相反的，Google的企業座右銘則是「不作惡」（出自Google Code of Conduct, April 8, 2009, http://investor.google.com/corporate/code-of-conduct.html；最早提出此座右銘的人是保羅・布克海特〔Paul Buchheit〕和阿米特・帕特爾〔Amit Patel〕）。李德・哈特若是地下有知，不知會做何感想？

8 Professor Chris Bobonich, Stanford University, Fall 1999.

9 Richardson 1960, pp. ix-x。這些句子其實是由他的編輯所寫，取自他更迂迴的散文。

10 Thomas Hobbes, Leviathan (1651), chap. 17.

11 Job 41:33-34 (King James Version).

12 Hobbes, Leviathan, chap. 17.

13 Jean-Jacques Rousseau, A Discourse upon the Origin and the Foundations of Inequality Among Mankind (1755), pt. 1.

14 Ronald Reagan, first inaugural address, Washington, D.C., January 20, 1981, www.presidency.ucsb.edu/ws/index.php?pid=43130#axzz1iWuZS4P3

15 Ronald Reagan, "Remarks to Representatives of the Future Farmers of America," July 28, 1988, www.reagan.utexas.edu/archives/speeches/1988/072888c.htm 這段發言常常被誤引為：「最嚇人的九個字是『我來自政府，我來幫忙』。」

16 Ronald Reagan, "Address to the Republican State Central Committee Convention," September 7, 1973, http://en.wikiquote.org/wiki/Ronald_Reagan

17 Tilly 1975, p. 42.

18 Gat 2006, p. 663.

19 Keeley 1996, p. 178.

20 Pinker 2002, p. 56.

21 Pinker 2011, p. xxiv.

22 Tony Iommi, "War Pigs," released on Black Sabbath's album Paranoid (Vertigo, 1970; Warner Brothers, 1971).

23 Kathy St. John, personal communication, October 2008.

24 William Shakespeare, Henry V (1599), 1.1.1..

25 Keynes 1923, p. 80.

26 Keynes to Duncan Grant, December 15, 1917, quoted in Moggridge 1992, p. 279.

27 N. Ferguson 2004, p. 11.

28 Cited in Andrew Roberts 2011, p. 10.

第一章

1 卡爾加克斯這句話譯自塔西佗筆下正式的散文，約九十八年出版。我的翻譯經過節錄，也沒有原文那麼嚴謹，請參閱：Agricola 30。塔西佗指自己只是「在別人回報卡爾加克斯的講話內容後做出總結」，請參閱：Agricola 29。因此，我自己稍微發揮了一下。到底是我的英文版本，還是塔西佗的拉丁文版本比較接近卡爾加克斯的凱爾特語原版，其實無從判斷。

2 羅馬資料常出現「喀里多尼亞」一詞，也就是現在的蘇格蘭。我們不知道當地的古人是否自稱「喀里多尼亞人」。因此，卡爾加克斯在文中稱他們為「北方之士」（帶有幾分奇幻文學家喬治・馬汀（George R. R. Martin）的風味）。此外，塔西佗統稱所有住在英格蘭、威爾士以及蘇格蘭的人為「不列顛人」，但那些地方的古人是否認同這稱號也無從考證。

3 源自普魯士將領毛奇（Helmuth Karl Bernhard von Moltke，通稱「老毛奇」）的話，但原話比較晦澀。請參閱：Hughes 1995, pp. 43-45.

4 請參閱：Tacitus, Agricola 38.

5 請參閱：Cicero, Letters to My Brother Quintus 1.1.34 (60/59 b.c.).

6 請參閱：Tacitus, Germania 14 (a.d. 98).

7 請參閱：Philip of Pergamum, FGrH 95 T1 (30s b.c.). 改譯自：Chaniotis 2005, p. 16。除了這段殘存的文字之外，菲利浦寫的《史書》（*History*）並未保留下來。

8 請參閱：Polybius 10.15.

9 請參閱：Jerusalem Talmud (composed ca. a.d. 200-400), Ta'anit 4:5.

10 請參閱：Crassus, quoted in Plutarch, Life of Crassus 2。出版於一二〇年左右。

11 請參閱：Tacitus, Annals 1.2。塔西佗在一一七年過世時仍未完成這本著作。

12 請參閱：Horace, Odes 4.5.17–19。出版於一三〇年左右。

13 請參閱：Epictetus, Discourses 3.13.9。出版於一〇八年左右。

14 請參閱：Edward Gibbon, History of the Decline and Fall of the Roman Empire (London, 1776), vol. 1, chap. 3.

15 請參閱：Tacitus, Annals 14.17.

16 這名克羅埃西亞人的說法轉引自：Goldhagen 2009, p. 212.

17 請參閱：Hobbes, Leviathan, chap. 17.

18 請參閱：Tacitus, Annals 3.25.

19 請參閱：Cicero, Against Verres 1.40。出版於西元前七〇年。

20 這本書出版於一〇八年左右。Pliny the Elder, Natural History 14.2。出版於七九年。

21 請參閱：Gibbon, Decline and Fall, vol. 1, chap. 3.

22 請參閱：Olson 2000, pp. 6-14.

23 凱撒可能是在寫信給羅馬一位朋友時提及，時間為西元前四七年，轉引自：Plutarch, Life of Caesar 50；另一種稍有差異的說法，請參閱：Suetonius, The Deified Julius 37。

24 請參閱：Uru'inimgina of Lagash, ca. 2360 b.c., trans. in J. Cooper 1986, no. 9.

25 請參閱：Corpus Inscriptionum Latinarum 11.11284 (ca. a.d. 250–260), trans. in MacMullen 1974, p. 43.

26 請參閱：Rodney King, May 1, 1992, www.youtube.com/watch?v=2Pbyi0JwNug&playnext=1&list=PLB87414170217AF6&index=15
27 請參閱：Winston Churchill, speech at the White House, June 26, 1954, published in The New York Times, June 27, 1954, p. 1.
28 請參閱：Philip of Pergamum, FGrH 95 T1 (30s b.c.). Translation modified from Chaniotis 2005, p. 16.
29 請參閱以下這本書的討論：Ricks 2009, pp. 50-51.
30 請參閱：Plutarch, Life of Pompey 28。這本書大約出版於一一〇年。
31 請參閱：Tacitus, Agricola 21.
32 請參閱：Nye 2011, p. 21.
33 出自某位不具名的駐越南美軍軍官，轉引自：Karnow 1986, p. 435.
34 請參閱：Matthew 22:21 (King James Version).
35 請參閱：Paul, Romans 13:1 (King James Version).
36 請參閱：Plato, The Laws 626a。大約出版於西元前三五五年。
37 請參閱：Golding 1954, chap. 8.
38 請參閱：Mead 1928, pp. 14, 16, 19.
39 Ibid., p. 198.
40 請參閱：Mead 1940.
41 請參閱：Chagnon 1997, pp. 11–13.
42 請參閱：Borofsky 2005, p. 4.
43 請參閱：Chagnon 1997, p. 9.
44 請參閱：Ibid., p. 20.
45 請參閱：Mead 1928, p. 10.
46 請參閱：Fa’apua’a Fa’amu, interview with Galea’i Poumele, November 13, 1987, trans. in Freeman 1989, p. 1020, with the original Samoan text at p. 1021n5.
47 請參閱：Diamond 2008, p. 75.
48 請參閱：Williams 1984 (1832), p. 128.
49 請參閱：Ibid., p. 131.
50 請參閱：Fukuyama 2011, p. 14.

第二章

1 這句俗語因為柔伊・艾金斯（Zoë Akins）一九三〇年的戲作名稱（*The Greeks Had a Word For It*）而為世人知曉，後來經改編的電影版《希臘人有一種說法》（*The Greeks Had a Word for Them*）於一九三二年上映，名稱稍有不同，而且電影另外又名《三個百老匯女郎》（*The Three Broadway Girls*）。

2 Herodotus, The Histories 9.62–63。（大約於西元前四三〇年出版）

3 Ibid., 7.210。其實希羅多德是用這段話來描述西元前四八〇年的溫泉關之役（Battle of Thermopylae）。

4 V. D. Hanson 2001, p. 5.

5 V. D. Hanson 1989, p. 9.

6 Keegan 1993, pp. 332–33.

7 Models on Sealing and Investigation (late third century b.c.), trans. in Lewis 1990, p. 247.

8 Ashoka, Major Rock Edict XIII, trans. in Thapar 1973, p. 256.

9 Ashoka, Major Rock Edict XI, trans. in Thapar 1973, pp. 254-55.

10 Ashoka, Major Rock Edict V, trans. in Thapar 1973, p. 252.

11 Ashoka, Pillar Edict VII, trans. in Thapar 1973, p. 266.

12 Ashoka, Kandahar Bilingual Rock Inscription, Aramaic text, trans. in Thapar 1973, p. 260.

13 http://discovermagazine.com/2011/jan-feb/89

14 Pliny the Elder, Natural History 6.20.

15 Ibid., 12.41.

16 R. Lee 1979, p. 390.

17 Caesar, Gallic War 1.1, 11, 18.

18 Carneiro 1970.

19 M. Mann 1986, pp. 39-40.

20 Krepinevich 1994, pp. 30–31.

21 Ecclesiastes 1:9-10 (King James Version).

22 Hopi story, trans. in Lomatuway'ma et al. 1993, pp. 275-97.

23 Lewis Carroll, Through the Looking-Glass, and What Alice Found There (1871), chap. 2.

24 Trans. In Jacobsen 1976, pp. 77-78.
25 Muhammad Ali, interview in Manila, October 1, 1975, quoted in www.nytimes.com/books/98/10/25/specials/ali-price.html
26 Sargon of Akkad (2330 b.c.), trans. in Kuhrt 1995, pp. 55, 53.
27 Mahabharata 4 (47) 31.6-7; 18-20, cited in Drews 1992, p. 125.
28 William Shakespeare, Henry V (ca. 1599), 4.1.
29 Sima Qian, Shiji, trans. in Bloodworth and Bloodworth 1981, p. 74.
30 Arthashastra 2.2.13 and 10.5.54, trans. in Rangarajan 1992, pp. 657, 659.
31 Mahabharata, Shanti Parvan 67.16（編撰於西元前四〇〇年至西元四五〇間；相關討論請參閱：Thapar 1984, pp. 117-18）。
32 Ashoka, Major Rock Edict XIII (ca. 255 b.c.), trans. in Thapar 1973, p. 255.

第三章

1 Vindolanda tablets 2.164 (written around a.d. 100), http://vindolanda.csad.ox.ac.uk/TVII-164
2 Augustus's will (a.d. 14), quoted in Tacitus, Annals 1.11.
3 Clausewitz, "The Culminating Point of the Attack," trans. in Howard and Paret 1976, p. 566.
4 Clausewitz, On War (1832), bk. 7, chap. 5, trans. in Howard and Paret 1976, p. 528.
5 Luttwak 2001, p. 16.
6 Clausewitz, On War, bk. 7, chap. 5, trans. in Howard and Paret 1976, p. 528.
7 Herodotus 1.106.
8 See L. Wright 2006, pp. 297–330.
9 President Dwight D. Eisenhower, news conference, April 7, 1954, www.mtholyoke.edu/acad/intrel/pentagon/ps11.htm.
10 Book of the Former Han 94b, p. 3804 (published a.d. 111), trans. in Lewis 2009, p. 148.
11 Book of the Later Han 70, p. 2258 (published early fifth century a.d.), trans. in Lewis 2009, p. 263.
12 Summers 1982, p. 1.
13 Cassius Dio, Roman History 72.7 (published ca. a.d. 230)。關於狄歐（Cassius Dio）歷史的原始版本已經遺失，只剩下一〇七〇年代拜占庭學者西菲利諾斯（Ioannis Xiphilinos）筆下一份雜亂的摘要有提及。
14 Ammianus Marcellinus, Histories 25.1.12–13 (published ca. a.d. 380).

15 Herodotus 4.64.

16 Ammianus Marcellinus, Histories 31.2.

17 Book of the Later Han 70, p. 2258, trans. in Lewis 2009, p. 263.

18 Toynbee 1957, p. 265.

19 Treaty of Dover, March 10, 1101, trans. in Chaplais 1964, no. 1.

20 Regino of Prüm, Chronicon, bk. 2, entry for 888 (written around a.d. 906), trans. in Kirshner and Morrison 1986, p. 56.

21 Adam Smith, An Inquiry into the Nature and Causes of the Wealth of Nations (1776), bk. 5, chap. 2, art. 3.

22 Ibid., bk. 3, chap. 4.

23 Chronique de Bertrand du Guesclin (late fourteenth century), line 7254. Trans. in Charrière 1839, p. 264.

24 Yang Xuanzhi, Memories of Luoyang (a.d. 547), trans. in Jenner 1981, p. 142.

25 Prince of Gurgan, The Book of Qabus (ca. a.d. 1080), trans. in Morgan 1988, p. 12.

26 Emperor Taizong, Zizhi Tongjian 192, p. 6026, trans. in Wechsler 1979, p. 131.

27 Wei Zhuang, Lament of the Lady of Qin (ca. a.d. 890), trans. in Kuhn 2009, p. 17.

28 Ammianus Marcellinus 31.6.4.

29 Priscus, History, frag. 6 (written ca. a.d. 475).

30 Anonymous, Life of Hypatius 104, trans. in Heather 2006, pp. 309-10.

31 Giovanni da Pian del Carpine, Ystoria Mongalorum (ca. a.d. 1250), trans. in Dawson 1955, pp. 37-38.

32 Giovanni Miniati da Prato, Narrazione e disegna della terra di Prato, quoted in Origo 1957, p. 61.

33 Unnamed chronicler, quoted in Huizinga 1955, p. 23.

34 Kirch 2010, p. 117.

35 Toyotomi Hideyoshi, Sword Collection Edict 2 (1588), trans. in Tsunoda et al. 1964, p. 320.

36 Hassig 1992, p. 146.

37 Cantares mexicanos (sixteenth century), quoted in M. Smith 2003, p. 183.

38 Shakespeare, Henry V, 4.3, 40-60.

第四章

1 Rudyard Kipling, "The Man Who Would Be King," first published in the series Indian Railway Library 5 (Allahabad: A. H. Wheeler, 1888). 我引述的版本是：The Bombay Edition of the Works of Rudyard Kipling (London: Macmillan, 1913), with quotations from vol. 3, pp. 171, 174, 178–79, 186。

2 原文出處是《明實錄》，引自：Veritable Records of the Ming, Hongwu 12/6b (compiled ca. 1400), trans. in Chase 2003, p. 34。

3 Niccolò Machiavelli, Discourses on the First Decade of Titus Livy 2.17 (written ca. 1517, published 1531).

4 Machiavelli, The Art of War 7.1 (written 1519–20, published 1521).

5 Roger Boyle, Earl of Orrery, A Treatise on the Art of War (1677), p. 15, cited in Parker 1996, p. 16.

6 Ogier Ghiselin de Busbecq, letter 3 (1560), cited in Ross and McLaughlin 1953, p. 255.

7 "most of the troops": Lala Mehmed Pasha, memorandum to Grand Vizier Yemishchi Hasan Pasha (ca. 1600), quoted in Imber 2002, p. 284.

8 V. D. Hanson 2001, pp. 19, 20.

9 V. D. Hanson 1989, p. 9.

10 V. D. Hanson 2001, p. 5.

11 Frank 1998, p. 2.

12 Battle participant (1653), cited in Capp 1989, pp. 80–81.

13 Qi Jiguang, Practical Arrangement of Military Training, zaji 6/11b (1571), cited in Chase 2003, p. 165.

14 Alfred, Lord Tennyson, "The Charge of the Light Brigade" (1854).

15 Sinan Pasha (ca. 1450–1500), cited in Inalcik 1969, p. 102.

16 Tahmasp I, Memoirs (1524), cited in Dale 2010, p. 88.

17 Iskandar Beg Munshi, History of Shah 'Abbas the Great (ca. 1620), trans. in Savory 1978, p. 523.

18 Jean Chardin, Travels in Persia, 1673–1677, cited in Dale 2010, p. 113.

19 Colonel Robert Monro, cited in M. Roberts 1965, p. 258.

20 http://blogs.wsj.com/washwire/2008/09/03/steele-gives-gop-delegates-new-cheer-drill-baby-drill/tab/article/

21 Blaise de Montluc, Commentaires (1592), cited in David Bell 2007, p. 36.

22 Richard Brinsley Sheridan, Saint Patrick's Day (1775), 1.2.

23 Philip Saumarez (1747), cited in Herman 2004, p. 261.

24 Samuel Pepys (1677), cited in Coote 2000, p. 271.

25 The Diary of Samuel Pepys, September 30, 1661, www.pepysdiary.com/archive/1661/09/30/
26 Ibid., October 7, 1665, www.pepysdiary.com/archive/1665/10/07/
27 Ibid., June 14, 1667, www.pepysdiary.com/archive/1667/06/14/
28 這句雋語的真實性值得存疑，但即使不是出自路易十四的金口，的確也很像他會講的話。
29 Daniel Defoe, The Complete English Tradesman (1725), vol. 1, chap. 25.
30 Jean-Paul Rabaut Saint-Etienne, cited in David Bell 2007, p. 48.
31 As told by Aztec informants to Bernardino de Sahagún (1530s), cited in Léon-Portilla 2006, p. 85.
32 Letter to Juan de Oñate (1605), cited in Kamen 2003, p. 253.
33 Smith, Wealth of Nations, bk. 4, chap. 7, pt. 1.
34 N. Ferguson 2003, pp. 59–113.
35 Unnamed African chief, cited in T.D. Lloyd 1984, p. 37.
36 Sultan of Gujarat (1509), cited in Pearson 1987, p. 56.
37 Jan Pieterszoon Coen, letter to Directors 17, December 27, 1614, cited in Parker 1996, p. 132.
38 Captain George Cocke, quoted in Pepys, Diary, February 2, 1664, www.pepysdiary.com/archive/1664/02/02/
39 Peshwa Balaji Baji Rao (1730s), cited in L. James 1997, p. 10.
40 Edmund Burke, opening speech in the impeachment of Warren Hastings, London, February 15, 1788, cited in Bond 1859, p. 42.
41 Bengali survivor of the Battle of Buxar (1764), cited in L. James 1997, p. 41.
42 Anonymous author of Magnae Britanniae Notitia; or, The Present State of Great Britain (London, 1718), p. 33, cited in Colley 2009, p. 59.
43 我以平均收入進行估算，估算根據是以下網站：www.measuringworth.com/ppoweruk/。如果改用零售物價指數來估算，那麼克萊夫獲得的獎賞將會降為兩千五百萬美金。
44 Burke, debate on the India Bill, London, December 1783, cited in Parker 1996, p. 117.
45 Shakespeare, Henry VI, Part 3 (1591), 2.6.73.
46 Smith, Wealth of Nations, bk. 1, chap. 1.
47 Ibid., bk. 4, chap. 2.
48 North et al. 2009.
49 William Pulteney, First Earl of Bath (1743), cited in Brewer 1989, p. 91.

50 Smith, Wealth of Nations, bk. 4, chap. 7, pt. 3.

51 Ibid.

52 Thomas Paine, Common Sense (1776), first section. Available at www.gutenberg.org.

53 Alexander Hamilton, "Views on the French Revolution" (1794), cited in Wood 2009, p. 302.

54 Ambassador John Adams to Thomas Jefferson, October 9, 1787, cited in Wood 2009, p. 214.

55 Smith, Wealth of Nations, bk. 4, chap. 2.

56 Lyrics by James Thomson and music by Thomas Arne, first performed in The Masque of Alfred (1740).

57 Clausewitz, On War, bk. 8, chap. 3, trans. in Howard and Paret 1976, p. 591.

58 U. S. Constitution, Preamble (1787), www.archives.gov/exhibits/charters/constitution_transcript.html

59 George Washington to François-Jean de Beauvoir de Chastellux, April 25, 1788, cited in David Bell 2007, p. 74.

60 Immanuel Kant, Perpetual Peace (1795), www.constitution.org/kant/perpeace.htm.

61 Clausewitz, On War, bk. 8, chap. 3, trans. in Howard and Paret 1976, p. 592.

62 Captain Dupuy to his sister, January 25, 1794, cited in David Bell 2007, p. 180.

63 Jean-Baptiste Carrier, December 20, 1793, cited in David Bell 2007, p. 182.

64 Lazare Carnot (1794), cited in Howard 2009, p. 80.

65 Charles Dickens, Dealings with the Firm of Dombey and Son: Wholesale, Retail, and for Exportation (1846), chap. 1.

66 Bernard and Hall 1844, p. 6.

67 Armine Mountain (1842), cited in Fay 1997, p. 222.

68 General Gerard Lake, November 1803, cited in Barua 1994, p. 599.

69 Samuel Colt, report to Parliament (1854), cited in McPherson 1988, p. 16.

70 Henry Havelock, July 12, 1857, cited in E. Stokes 1986, p. 59.

71 Caledonian Mercury, October 15, 1821, p. 4.

72 Darwin 2009.

73 Henry John Temple, Viscount Palmerston, speech to Parliament, August 6, 1839, cited ibid., p. 36.

74 Slogan in James Polk's 1844 presidential campaign, cited in Foreman 2010, p. 25.

75 President James Buchanan, December 1858, cited in Foreman 2010, p. 39.

76 Prime Minister David Cameron, interview at Amritsar, India, February 19, 2013, cited in www.dailymail.co.uk/news/article-2281422/David-Cameron-talks-pride-British-Empire-stops-short-giving-apology-Amritsar-massacre.html
77 Particularly Stannard 1993.
78 Rudyard Kipling, "The White Man's Burden: The United States and the Philippine Islands," McClure's, February 12, 1899.
79 Henry Labouchère, "The Brown Man's Burden," Literary Digest, February 1899, www.swans.com/library/art8/xxx074.html
80 Lieutenant Murray, local commission report on Nepal (1824), cited in L. James 1997, p. 73.
81 Anonymous pamphlet (1773), cited in L. James 1997, p. 49.
82 Regulating Act (1773), cited in L. James 1997, p. 52.
83 Edmund Burke, opening speech in the impeachment of Warren Hastings, London, February 15, 1788, cited in N. Ferguson 2003, p. 55.
84 Calcutta Supreme Court, circular order, July 10, 1810, cited in Kolsky 2010, p. 28.
85 Judge J. Ahmuty, Calcutta, December 3, 1808, cited in Kolsky 2010, p. 27.
86 Aurangzeb, December 1663, cited in Ikram 1964, p. 236.
87 Rammohun Roy (1823), cited in S. Bayly 1999, p. 459.
88 Rammohun Roy, cited in Fernández-Armesto 2010, p. 740.
89 Rammohun Roy (1832), cited in C. Bayly 2004, p. 293.
90 Hackney 1969, p. 908.
91 Acemoglu and Robinson 2012, p. 271.
92 Tsar Nicholas II, August 24, 1898, cited in Sheehan 2008, p. 22.
93 Bertha Felicitas Sophie Freifrau von Suttner (Baroness von Suttner and Countess Kinsky von Wchinitz und Tettau), statement at the First Hague Conference, May 1899, cited in Sheehan 2008, p. 30.

第五章

1 Lord Salisbury (prime minister 1895-1902), quoted in Fyfe 1930, p. 63.
2 Angell 1913 (originally published 1910), pp. 295, 361.
3 Lloyd George 1933, p. 52.
4 Churchill 1931, pp. 27-28.

5 Tuchman 1984.

6 William Gilbert and Arthur Sullivan, The Pirates of Penzance. The opera premiered on December 31, 1879, in New York (perhaps a sign of the times) and came to London in 1880.

7 Secretary of Defense Donald Rumsfeld, February 12, 2002, press briefing, Washington, D.C., www.defense.gov/transcripts/transcript.aspx?transcriptid=2636

8 Mackinder 1904, p. 434.

9 Ibid., p. 436.

10 Walther Rathenau, "Deutsche Gefahren und neue Zielen," Neue Freie Presse (Vienna), December 25, 1913, trans. in Fischer 1974, p. 14.

11 Kaiser Wilhelm II to Alexander Count Hoyos, July 4, 1914, trans. in Herwig 2009, p. 9.

12 Chancellor Theobald von Bethmann Hollweg, cited in Stevenson 2004, p. 34.

13 Kurt Riezler, secret document prepared for von Bethmann Hollweg, September 9, 1914, trans. at www.wwnorton.com/college/history/ralph/workbook/ralprs34.htm

14 亨茨中校於一九一四年九月八日至九日之間造訪第二軍團總部時，這位名為愛德華・馮・艾根-克里格（Captain Edward Jenö von Egan-Krieger）的上尉軍官在場，不過直到他在一九六五年死後，他的回憶錄才出版：Trans. in Herwig 2009, p. 26。

15 Lieutenant Colonel Schmidt, 133rd Reserve Infantry Regiment, September 9, 1914, trans. in Herwig 2009, p. 302.

16 Charles de Gaulle, cited in de la Gorce 1963, p. 102.

17 General John French, minutes, January 1915, cited in Strachan 2003, p. 163.

18 Keegan 1998, p. 321.

19 Lieutenant Teller, April 22, 1915, cited in Corrigan 2003, p. 165.

20 Wilfred Owen, "Dulce et Decorum Est" (1917), lines 21-24.

21 Second Lieutenant Murray Rymer Jones, cited in Hart 2008, p. 20.

22 Kaiser Wilhelm II, July 30, 1914, cited in Strachan 2001, p. 696.

23 von Ludendorff 1920.

24 V. D. Hanson 1989, p. 9.

25 Biddle 2004, pp. 28, 35.

26 Owen, "Dulce et Decorum Est," lines 9-10.

27 Major J. F. C. Fuller, memorandum, "Strategic Paralysis as the Object of the Decisive Attack," May 1918, cited in Watts and Murray 1996, p. 382.

28 Fuller, lecture given in London (1932), cited in Watts and Murray 1996, p. 382 n35.

29 Field Marshal Sir Douglas Haig, "Backs to the Wall" Order, April 11, 1918, cited in Edmonds 1951, p. 305.

30 一般都認為這是勞合・威廉斯上尉（Captain Lloyd Williams）於一九一八年六月三日所說，但也有些資料來源指出是佛德列克・懷斯少校（Major Frederic Wise）:Cited in Keegan 1998, p. 407.

31 Prime Minister David Lloyd George, speech to Parliament, November 11, 1918, cited in Hansard, November 11, 1918, col. 2463.

32 Pepys, Diary, September 30, 1661, www.pepysdiary.com/archive/1661/09/30/

33 Field Marshal Sir Henry Wilson (1921), cited in N. Ferguson 2006, p. 320.

34 Andrew Bonar Law (1922), cited in N. Ferguson 2006, p. 320.

35 Noyes 1926, pp. 436-37.

36 Thomas Jefferson, first inaugural address, Washington, D.C., March 4, 1801, http://en.wikisource.org/wiki/Thomas_Jefferson%27s_First_Inaugural_Address

37 President Woodrow Wilson, speech to the U.S. Senate, January 22, 1917, https://www.mtholyoke.edu/acad/intrel/ww15.htm

38 Woodrow Wilson, speech in London, September 1918, cited in Mazower 2012, p. 128.

39 President Theodore Roosevelt, January 4, 1915, cited in www.theodoreroosevelt.org/TR%20Web%20Book/TR_CD_to_HTML342.html

40 Lloyd George, September 1918, cited in Mazower 2012, p. 128.

41 Nehru 1942, p. 638.

42 Vladimir Lenin, Moscow, March 1919, cited in Mazower 2012, p. 177.

43 Nikolai Bukharin, Moscow, March 1919, cited in Degras 1965, p. 35.

44 Lenin to the Bolsheviks of Penza, August 1918, cited in N. Ferguson 1998, p. 394.

45 H. James 2009, pp. 47-48.

46 British Chiefs of Staff, October 1932, cited in N. Ferguson 2006, p. 321.

47 Goldsworthy Lowes Dickinson (1913), cited in j. Morris 1978, p. 306.

48 Orwell 1937, chap. 9.

49 Adolf Hitler, Mein Kampf (Munich: Eher, 1924).

50 Lieutenant Colonel Ishiwara Kanji (1932), cited in Yasuba 1996, p. 553n30.

51 Anonymous Japanese worker, quoted in Taya Cook and Cook 1992, p. 49.

52 Azuma Shiro, interviewed for the film In the Name of the Emperor (1995), cited in I. Chang 1997, p. 49.

53 Lieutenant Colonel Tanaka Ryukichi, Nanjing, December 1937, cited in N. Ferguson 2006, p. 477.

54 Mackinder 1904, p. 437.
55 Ishiwara (1932), cited in Totman 2000, p. 424.
56 Kaiser Wilhelm II, mentioned in a letter from Admiral Henning von Holtzendorff to Chancellor Georg Michaelis, September 14, 1917, trans. in Lutz 1969, pp. 47-48.
57 Hitler, meeting at the Reich Chancellery, Berlin, November 5, 1937, cited in Evans 2005, p. 359.
58 N. Ferguson 2006, p. 315.
59 Liddell Hart 1965, vol. 1, p. 164.
60 Citino 2004, p. 79.
61 Churchill, speech to Parliament, June 4, 1940, quoted in Churchill 1949, p. 104.
62 Secretary of War Anthony Eden and Brigadier Charles Hudson, secret meeting in York, June 5, 1940, cited in Andrew Roberts 2011, p. 88.
63 General Franz Halder to Louise von Benda, July 3, 1941, cited in Weinberg 2005, p. 267.
64 Anastas Mikoyan, memoirs, June 30, 1941, cited in Bullock 1993, p. 722.
65 Adolf Hitler to Joseph Goebbels, July 25, 1938, cited in Evans 2005, p. 577.
66 Churchill, speech to the House of Commons, May 13, 1940, cited in Churchill 1949, p. 24.
67 Churchill, speech to the House of Commons, June 18, 1940, cited in Churchill 1949, p. 198.
68 Hitler, meeting at the Reich Chancellery, Berlin, November 5, 1937, cited in Evans 2005, p. 359.
69 Hermann Göring, cited in Weinberg 2005, p. 238.
70 Churchill 1950, p. 539.
71 Emperor Hirohito, radio broadcast, August 15, 1945, cited in Frank 1999, p. 320.
72 Churchill, cabinet minutes, August 1941, cited in Mazower 2012, p. 195.
73 Malcolm Muggeridge, Diary, December 16, 1945, cited in Kynaston 2007, p. 133.
74 Vere Hodgson, diary, March 19, 1950, cited in Kynaston 2007, p. 510.
75 General Colmar von der Goltz, letter (1916), cited in Strachan 2003, p. 123.
76 J. A. Quitzow, "Penang Experiences" (January 27, 1942), cited in Bayly and Harper 2004, p. 120.
77 Dean Acheson, speech at West Point Military Academy, December 5, 1962.
78 Winston Churchill, speech at Westminster College, Fulton, Missouri, March 5, 1946, www.nato.int/docu/speech/1946/s460305a_e.htm
79 Undersecretary of State Dean Acheson (1946), cited in Mazower 2012, p. 222.

80 N. Ferguson 2006, p. 592.

81 President Dwight D. Eisenhower, National Security Council meeting, September 24, 1953, cited in E. Thomas 2012, p. 102.

82 Captain William Brigham Moore, Offutt Air Force Base, Nebraska, March 15, 1954, quoted in Rosenberg and Moore 1981, p. 25.

83 N. Ferguson 2004a. Empire: N. Ferguson 2003.

84 Kagan 2012, p. 40.

85 General Hastings Lionel Ismay, 1st Baron Ismay (1949), cited in D. Reynolds 1994, p. 13.

86 Montgomery 1954, p. 508.

87 Kaufman and Wolfe 1980, p. 33。這句話出現在一九八三年的電影《太空先鋒》（*The Right Stuff*，華納電影公司出品）裡，但並非來自於湯姆・沃爾夫（Tom Wolfe）的同名原著小說。

88 NBC broadcast, October 5, 1957, cited in E. Thomas 2012, p. 253.

89 Nikita Khrushchev, April 1962, cited in Fursenko and Naftali 1997, p. 171.

90 Eisenhower, March 1953, cited in Rosenberg 1983, p. 27.

91 Labour MP Gerald Kaufman, June 1983, cited in Marr 2007, p. 450.

92 Secretary of Defense Harold Brown, statement to a joint meeting of the House and Senate Budget Committees, January 31, 1979, cited in Odom 1988, p. 115.

93 President John F. Kennedy, interview with Arthur Schlesinger, October 1961, cited in E. Thomas 2012, pp. 408-9.

94 General Cao Van Vien, April 1972, cited in Summers 1982, p. 119.

95 這句話出自蘇聯國家安全委員會所屬的奧列格・戈爾季耶夫斯基上校，他在一九八二到八五年之間被派駐在倫敦，是一位向英國提供情報的雙面諜：Colonel Oleg Gordievsky, quoted in Sebestyen 2009, p. 88。

第六章

1 Charles Darwin, On the Origin of Species by Means of Natural Selection (London: John Murray, 1859), chap. 4.

2 297 "the mad blood stirring": Shakespeare, Romeo and Juliet (1599), 3.1.4.

3 Hölldobler and Wilson 2010.

4 Wrangham and Peterson 1996, p. 223.

5 Yerkes 1925, chap. 13. 當時葉克斯不知道「猩猩王子」是一隻巴諾布猿。直到一九二八年，巴諾布猿才被認定為一個獨立的物種，他以為自己遇到的是一隻特別溫和的黑猩猩。

6 D. Morris 1967, p. 63. 後續五十年的研究讓《裸猿》已經變得非常過時，不過仍相當值得一讀。

7 Diamond 1992, p. 75.

8 Stringer and Andrews 2012, p. 157.

9 這句話一般都認為是畢卡索說的，但也有人認為真實性值得懷疑，請參閱：Bahn (2005)。畢卡索顯然對於洞穴壁畫不是很有興趣。

10 Pinker 2011, p. 678.

11 Henrich et al. 2010.

12 Pinker 2011, p. 680.

13 Ronald Reagan, March 23, 1983, cited in Gaddis 2005a, p. 225.

14 Clausewitz 1976, p. 75.

15 Riesman 1964 (first published 1951), p. 64.

16 Stalin to Zhou Enlai, August 1952, quoted from a transcript provided to me by David Holloway.

17 Alina Pienkowska, undated interview, cited in Sebestyen 2009, pp. 217–18.

18 Gorbachev 1995, p. 165.

19 Bush and Scowcroft 1998, pp. 13–14.

20 Ibid., p. xiii.

21 Hungarian report, June 1989, cited in G. Stokes 1993, p. 100.

22 Interview on the CNN television series Cold War (1998), episode 23, cited in Gaddis 2005a, p. 241.

23 Gorbachev, interview on the CNN television series Cold War (1998), episode 23, cited in Gaddis 2005a, p. 250.

第七章

1 City attorney of San Bernardino, California, quoted in Friend 2013, p. 29.

2 I owe this insight to Dick Granger, December 1983.

3 Zalmay Khalilzad and Scooter Libby, February 18 draft of the 1992 Defense Planning Guidance, www.gwu.edu/~nsarchiv/nukevault/ebb245/index.htm

4 Senator Joseph Biden, quoted in Washington Post, March 11, 1992, p. A1, www.yale.edu/strattech/92dpg.html

5 Unnamed French official, quoted in Financial Times, October 17, 2002, and cited in Kagan 2003, p. 63.

6 Helmut Schlesinger (1994), cited in Deo et al. 2011, p. 16.

7 Deo et al. 2011, p. 1.

8 Quoted from Belarusian News Photos, August 2012, www.bnp.by/shvedy-dejstvitelno-sbrosili-na-belarus-plyushevyx-medvedej-na-parashyutax.

9 Kagan 2003, p. 3.

10 Lord Palmerston, speech to the House of Commons, reported in Hansard, March 1, 1848, col. 122.

11 Rudyard Kipling, Kim (London: Macmillan, 1901), chap. 12.

12 Osama bin Laden, "Letter to America," mid-November 2002, cited in www.guardian.co.uk/world/2002/nov/24/theobserver.

13 Ayman al-Zawahiri, Knights Under the Prophet's Banner (2001), cited in L. Wright 2006, p. 46.

14 Special Adviser Richard Holbrooke, cited in Sanger 2012, p. 132.

15 President George W. Bush, speech at the U.S. Chamber of Commerce, November 6, 2003, http://georgewbush-whitehouse.archives.gov/news/releases/2003/11/20031106–2.html

16 Ibid.

17 President Barack Obama, speech at the White House, March 27, 2009, www.whitehouse.gov/the_press_office/Remarks-by-the-President-on-a-New-Strategy-for-Afghanistan-and-Pakistan/.

18 Major F. M. Crum (First Battalion, King's Royal Rifles), Memoirs of an Unconventional Soldier (1903), cited in Citino 2002, p. 60.

19 Unnamed U.S. marine to Brigadier General Larry Nicholson, February 2009, quoted in Chandrasekaran 2012, p. 4.

20 Vice President Dick Cheney, interview on Meet the Press, NBC, September 16, 2001, available at www.youtube.com/watch?v=X56PBAEkzYg

21 Henry Kissinger to Michael Gerson, September 2005, cited in Woodward 2006, p. 409.

22 Secretary of Defense Robert Gates, speech at West Point, February 25, 2011, www.defense.gov/speeches/speech.aspx?speechid=1539.

23 President Richard Nixon, toast at a dinner in Shanghai, February 27, 1972, cited in D. Reynolds 2000, p. 329.

24 Ferguson and Schularick 2007.

25 Clausewitz, On War, bk. 7, chap. 5, trans. in Howard and Paret 1976, p. 528.

26 Business Week, December 6, 2004, p. 104.

27 Foreign Secretary David Miliband, interview with Guardian, cited in "May the Good China Preserve Us," Economist, May 21, 2009, www.economist.com/node/13701737

28 Zheng 2005.

29 Dai 2010.

30 John Quincy Adams, speech to the House of Representatives, July 4, 1821, http://fff.org/explore-freedom/article/john-quincy-adams-foreign-policy-1821/

31 R. Kaplan 2012, p. 196.

32 Luttwak 2012, p. 56.

33 Shi Yinhong, professor of international relations at Renmin University, May 28, 2013, cited in www.nytimesxom/2013/05/29/world/asia/china-to-seek-more-equal-footing-with-us-in-talks.html?ref=world&_r=1&

34 Global Times, January 11, 2013, www.globaltimes.cn/content/755170.shtml

35 Abigail 2012, p. 74.

36 Commonwealth of Australia 2009, p. 43.

37 Hawke and Smith 2012, p. 53.

38 Barack Obama, speech to the Australian Parliament, Canberra, November 17, 2011, www.whitehouse.gov/the-press-office/2011/11/17/remarks-president-obama-australian-parliament.

39 Rory Medcalf, director of the international security program of the Lowy Institute, Sydney, May 7, 2013, http://thediplomat.com/2013/05/07/breaking-down-australias-defense-white-paper-2013/

40 Lieutenant General Qi Jianguo, "An Unprecedented Great Changing Situation," Study Times, January 21, 2013, trans. by James Bellacqua and Daniel Hartnett at www.cna.org/sites/default/files/research/DQR-2013-U-004445-Final.pdf

41 Unidentified American diplomat, quoted in Sanger 2012, p. xix

42 www.foreignpolicy.com/articles/2011/02/22/the_future_of_war

43 http://people-press.org/files/legacy-pdf/692.pdf

44 Krepinevich 2010; van Tol et al. 2010.

45 Hu Jintao, comments in 2001 in private discussions, trans. in Gilley and Nathan 2003, pp. 235–36.

46 Rifkin 2011.

47 O'Hanlon 2013, pp. 30, v.

48 Admiral Michael Mullen, interview with CNN, August 25, 2010, www.cnn.com/2010/US/08/27/debt.security.mullen/index.html

49 National Intelligence Council 2012, pp. v, 3.

50 National Intelligence Council 2008, p. 61.

51 Ibid.

52 Hansen et al. 2013, p. 1.

53 National Intelligence Council 2012, p. xii.

54 Unclassified briefing by Colonel James Hecker, 432nd Air Wing, Creech Air Force Base, Nevada, March 5, 2013.

55 Quoted in Byman 2013, p. 40.

56 Joint Forces Command 2003, p. 5.

57 Boot 2006, p. 442.

58 U.S. Air Force 2009, p. 41.

59 Mark Gubrud, research associate at Princeton University's Program on Science and Global Security, interview with Mother Jones, May 3, 2013, www.motherjones.com/politics/2013/05/campaign-stop-killer-robots-military-drones

60 United Nations 2013.

61 Adams 2011, p. 5.

62 G. Friedman 2009, pp. 202, 211.

63 Kurzweil 2005, pp. 5, 24.

64 MacLeod 1998, p. 115.

65 Evgeny Morozov, www.newrepublic.com/article/books-and-arts/magazine/105703/the-naked-and-the-ted-khanna#

66 Unnamed neuroscientist, Swiss Academy of Sciences meeting, Bern, January 20, 2012, www.nature.com/news/computer-modelling-brain-in-a-box-1.10066

67 Niels Bohr to Wolfgang Pauli, Columbia University, 1958, cited in Economist, August 24, 2013, p. 71.

68 Jack Gallant, professor of neuroscience at the University of California, Berkeley, September 2011, quoted at www.sciencedaily.com.releases/2011/09/110922121407.htm

69 Jan Schnupp, professor of neuroscience at Oxford University, February 1, 2012, quoted at www.dailymail.co.uk/sciencetech/article-2095214/As-scientists-discover-translate-brainwaves-words-Could-machine-read-innermost-thoughts.html

70 Miguel Nicolelis, professor of neuroscience at Duke University, February 18, 2013, quoted at www.technologyreview.com/view/511421/the-brain-is-not-computable/

71 Richard Smalley, October 2000, quoted in washingtonmonthly.com/features/2000/0010.thompson.html

72 Livy, History of Rome 2.32 (translation mine).

73 Clausewitz, On War, bk. 1, chap. 7, trans. in Howard and Paret 1976, p. 119.

74 President Abraham Lincoln, second annual message to Congress, December 1, 1862, www.presidency.ucsb.edu/ws/?pid=29503

75 Brooks et al. 2013, p. 142.

76 Posen 2013, pp. 117–18.

77 Brooks et al. 2013, p. 42.

78 Posen 2013, pp. 117–18.

79 Khanna and Khanna 2012.

80 F. Scott Fitzgerald and Ernest Hemingway (possibly 1936), as discussed at www.nytimes.com/1988/11/13/books/l-the-rich-are-different-907188.html

81 Naam 2013a, p. 23.

82 V. D. Hanson 2001, p. 24.

83 www.cnn.com/2013/09/09/politics/syria=poll=main/index.html

84 Theodore Roosevelt (then governor of New York) to Henry L. Sprague, January 26, 1900, www.loc.gov/exhibits/treasures/images/at0052as.jpg

85 羅馬諺語，出處不詳。羅馬文學中保留的最接近說法是："Qui desiderat pacem, praeparet bellum"；出處請參閱：Vegetius, On Military Matters (ca. A.D. 400)。

延伸閱讀

世界上有太多戰爭史的書籍和論文了，再活個十幾回都讀不完，這裡只會列出對我的思想影響最大的作品。當學者的樂趣就是有人花錢請我讀有興趣的書，所以儘管我多次縮減清單，延伸書目仍然高達數百本。

但在如此龐大的學術研究中，我想特別挑出十幾部作品，沒有它們我可能永遠不會動筆寫這本書：Azar Gat’s War in Human Civilization (2006)，這本書無疑開啟了長期戰爭史的專業研究；Jared Diamond’s Guns, Germs, and Steel (1997) and Robert Wright’s Nonzero (2000)，兩者巧妙示範了如何結合演化和歷史；Richard Wrangham and Dale Peterson’s Demonic Males (1996)，至今仍是探討靈長類和人類暴力的最佳書籍；Lawrence Keeley’s War Before Civilization (1996)，為史前戰爭研究揭開新頁；Steven Pinker’s Better Angels of Our Nature (2011)，是探討現代暴力的傑作；Edward Luttwak’s Strategy (2001) and Rupert Smith’s Utility of Force (2005)，融合了克勞塞維茨的理論與現代戰爭史；Kenneth Chase’s Firearms (2003)，是一本常遭忽視的比較軍事史經典之作；Paul Kennedy’s Rise and Fall of the Great Powers (1987) and Niall Ferguson’s Empire (2003)，兩者皆以宏觀的視野看待過去數百年的戰爭；最後，John Keegan’s Face of Battle (1976)，在我眼裡是迄今最優秀的戰場經驗歷史著作。

由於文本眾多，而我探討的主題幾乎都具有爭議，言之有物的同時勢必會牴觸某些專家的判斷。每次遇到特別有爭議或有違主流專家意見的地方，我都會這麼說明。可惜篇幅有限，沒辦法每處都列出詳盡書目。

我的延伸閱讀書目包括適合一般讀者的研究、學術文獻回顧和針對特定重點的詳細研究。我盡可能引述本身就含有很多參考書目的近期英文著作。除了報紙短文以外，我都會引述作者的姓氏和出版年份，完整資訊則放在後面的參考書目。

我已於二〇一三年九月二十二日確認過以下所引用的每一個網址。

前言

一九八三年九月二十六日的事件，我的參考書籍是：D. Hoffman 2009, pp. 6-11。我們仍然不知道當年的蘇聯飛彈究竟是瞄準哪裡，部分原因是很多俄國飛彈現在仍瞄準著同樣的目標。感謝大衛．哈洛威（David Holloway）與我討論這事件。

一九八〇年代若發生核戰的可能傷亡：Daugherty et al. 1986; B. Levi et al. 1987/88. U.S.。戰爭推演：Bracken 2012, pp. 82-88。

關於歐洲的反核運動氛圍，請參閱：Thompson and Smith 1980。關於我學生時代英國的出色描寫，請參閱：Sabin 1986。關於一九八六年的核儲備，請參閱：Norris and Kristensen 2006, p. 66。

「兩害相權取其輕」的論述：Pinker 2011, pp. 507-8, 557。

《文明的進程》：Elias 1982 (1939)。他殺數據可參閱Eisner 2003；進一步闡述：Spierenburg 2008；範圍擴大到美國的分析：Roth 2009。

《文明前的戰爭》：Keeley 1996。進一步發展請參閱：LeBlanc and Register 2003 and Gat 2006, pp. 3-145。挑戰這些史前時代死亡率的估計，請參閱：Brian Ferguson 2013。

《致命衝突之統計》：Richardson 1960。這本書的作者認為人類從一八二〇年起變得較不好戰，有好幾名學者對此提出複雜的反駁，但我覺得沒什麼說服力。關於這些爭論，請參閱：Wilkinson 1980。

死亡資料庫：由於現在有太多死亡資料庫（我不知道的一定更多），我把死亡資料庫分成四類：戰爭、種族滅絕、恐怖主義和他殺。這不是很嚴謹的分類，因為這些分類互有重疊，其定義也因研究者而異，例如魯道夫．拉梅爾（Rudy Rummel）將納粹對東歐平民的屠殺歸為種族滅絕，但大多數資料庫都視之為戰爭死亡。由於定義上的差異，以及這些證據本身的模糊與空白，各個資料庫的數據不盡相同。

戰爭造成的死亡：Brecke 1999, 2002; Cederman 2003; Clodfelter 1993; Eck and Hultman 2007; Eckhardt 1992; Ganzel and Schwinghammer 2000; Gleditsch et al. 2002; Hewitt et al. 2008; Human Security Centre 2005, 2006; Human Security Report Project 2007, 2008, 2009, 2011, www.hsrgroup.org/; Lacina 2009; Lacina et al. 2006; Levy 1983; Peace Research Institute of Oslo, www.prio.no/CSCW/Datasets/Armed-Conflict/Battle-Deaths; Sarkees 2000; Singer and Small 1972; Sorokin 1957; Steckel and Wallis 2009; Stockholm International Peace Research Institute 2012; Uppsala Conflict Data Project, www.prio.no/CSCW/Datasets/Armed-Conflict/UCDP-PRIO, with discussion in Themnér and Wallensteen 2012; M. White 2011, http://users.erols.com/mwhite28/; Q. Wright 1942。

種族滅絕造成的死亡：Harff 2003, 2005; One-Sided Violence Dataset, www.pcr.uu.se/research/ucdp/datasets/; Rummel 1994, 1997, 2002, 2004。

恐怖主義造成的死亡：National Consortium for the Study of Terrorism and Responses to Terrorism, www.start.umd.edu/gtd/。

他殺造成的死亡：Eisner 2003; Krug et al. 2002; Spierenburg 2008; Roth 2009。

整體的暴力程度：Global Peace Index, www.visionofhumanity.org/；極端案例請參閱：Gerlach 2010。

資料庫分析和分析的類別：Chirot and McCauley 2006; Dulic 2004; Lacina and Gleditsch 2005; Levy and Thompson 2011; Long and Brecke 2003; Obermeyer et al. 2008; Adam Roberts 2010; Roberts and Turcotte 1998; Spagat et al. 2009。

二〇〇一年起，關於阿富汗死亡數據的爭議：http://atwar.blogs.nytimes.com/2012/08/21/calculating-the-human-cost-of-the-war-in-afghanistan/。

《人類文明進程中的戰爭》：Gat 2006。Sex at Dawn：Ryan and Jethá 2010，該一起對照閱讀的是回應之作Sex at Dusk：Saxon 2012——這兩本書的論辯都非常激烈。The End of War：Horgan 2012。War, Peace, and Human Nature：Fry 2013。Winning the War on War：Goldstein 2011。Better Angels：Pinker 2011。World Until Yesterday：Diamond 2012。

《利維坦》和相關批評：Parkin 2007。有關同一時代法國人對於利維坦政府的討論，請參閱：David Bell 2007, pp. 52-83。

戰爭與國家：Tilly 1975, 1985。

與美國南北戰爭有關的五萬本書：Keeley 1996, p. 4。

希特勒和納粹利維坦：Evans 2005; Mazower 2008。

帝國主義類型的清單：N. Ferguson 2004, pp. 7-13。

第一章

格勞庇烏山之戰：這裡需要一段很長的說明。首先，我們無從得知格勞庇烏山之戰在哪裡發生。不過，與肯尼斯．聖約瑟夫（St. Joseph 1978）以降的大多數歷史學家的想法一樣，我認為戰爭或許發生在英國亞伯丁郡（Aberdeenshire）本納希山（Bennachie，是一座死火山）的山坡上。

戰時確切發生過的事情也無從考證，書中所有細節都是基於真實事件或古代文獻中的記載而寫，但我們無法確定其中有多少實際發生過，更不用說準確的日期了（關於羅馬戰鬥敘述中修辭的複雜程度，請參閱：Lendon 1999）。總的來說，本書參考了塔西佗在九八年左右出版的《阿古利可拉傳》（*Agricola*）中第二十九至三十八卷，至於喀里多尼亞人戰術以及武器的細節，則是通過其他羅馬資料來補足，特別是塔西佗所寫的《阿古利可拉傳》第十一卷和《日耳曼紀》（*Germania*）第四卷、史特拉坡的《地理學》（Strabo, *Geography* 4.5.2, 7.1.2）、西西里的狄奧多羅斯（Diodorus of Sicily 5.30.5），以及凱撒大帝的《高盧戰記》（Julius Caesar, *The Gallic War* 5.14）。另外，我還借鑑了大量關於羅馬戰術的現代文獻（相關的精采論述請參閱：Goldsworthy 1996, 2003, and 2006），還有描述古代戰術如何發揮作用的現代模型（Sabin 2000 and 2007），以及其他關於格勞庇烏山之戰的分析：W. S. Hanson 1987, pp. 129-39, and Campbell 2010。

鮮有現代學者參與過騎兵衝鋒戰，而古時記載又過於籠統，所以我在描述傭兵進攻時，借鑑了邱吉爾目睹英國軍團最後一次大規模騎兵衝鋒戰後寫下的記錄，那場戰爭發生於一八九八年的昂杜曼（Omdurman）。

書中描述卡爾加庫斯在出戰前披上鎖子甲，雖然羅馬作家屢次記錄不列顛人作戰時沒有盔甲，但好幾個羅馬時代前的墳墓都出現了鎖子甲（Mattingly 2006, p. 48），所以到了八三年，喀里多尼亞人的首領很有可能時身穿鎖子甲作戰。

塔西佗對羅馬帝國主義的觀點很複雜，這已經是比較委婉的說法（Sailor 2011 and Woolf 2011）。他娶了阿古利可拉的女兒，不斷讚揚阿古利可拉傳播了羅馬文明，並批評圖密善國王放棄阿古利可拉在不列顛征服的領土。與此同時，塔西佗用理想化的敘述方式把帝國以外人民都當成非常純樸，藉以強調羅馬的墮落，把羅馬將不列顛人納入帝國的過程稱為奴隸制，還為卡爾加庫斯寫了一篇激動人心的演講詞。

有關羅馬的整體狀況，大量細節請參閱：Cambridge Ancient History (2nd edition, published 1989-2000)；相關概述請參閱：Woolf 2012；古代戰爭和政府的演變之完美描述請參閱：Gat 2006, pp. 3-322。台拉維夫顱骨：Cohen et al. 2012。秘魯骸骨：Arkush and Tung 2013。還有一些精采的論文請參閱：The Routledge Handbook of the Bioarchaeology of Human Conflict (Knüsel and Smith 2013)。

野蠻人的日常暴力：Caesar, Gallic Wars 6.16-24; Tacitus, Germania 13-15; Strabo, Geography 4.4。對日耳曼人而言，盾牌和長矛便是羅馬人的托加袍：Tacitus, Germania 13。柳編神像：Caesar, Gallic Wars 6.16。

有學者主張羅馬作家扭曲了被征服人民的形象：Mattingly 2006 and 2011；也有學者認為維多利亞時期人們對帝國的觀點深深影響了羅馬考古學：Hingley 2000 and 2005。

羅馬征服前的西方社會：Wells 1999。沼澤屍體（綽號「沼澤裡的彼特」）：Brothwell 1986。人祭、人頭等：K. Sanders 2009。阿爾肯恩格：www.sciencedaily.com/releases/2012/08/120814100302.htm。

羅馬、暴力和地中海東部：Chaniotis 2005; Eckstein 2006, pp. 79-117。

盜匪：Shaw 1984. Pirates: de Souza 1999。

代恩伯利要塞：Cunliffe 1983。鰭峰：www.dailymail.co.uk/sciencetech/article-1378190/Iron-Age-mass-grave-reveals-slaughter-women-children.html。

關於死亡、奴役及羅馬戰爭的代表作：Harris 1979。Epirus, 167 b.c.：Livy 45.33-34。掠奪城市：Polybius 10.15（描述西元前二〇九年的事件）。凱撒大帝在高盧：Goldsworthy 2006, pp. 184-356。高盧戰爭的死亡人數：Plutarch, Life of Julius Caesar 15; Pliny the Elder, Natural History 7.92。六六至七三年猶太戰爭中的死傷數：Josephus, Jewish War 6.420。一三二至三五年第二次猶太戰爭中的死傷數：Cassius Dio 69.14。古代可信的統計數字很少，總傷亡人數很可能嚴重誇大。但是，實際數字絕對足以支撐卡爾加庫斯的觀點。

關於西元前一世紀的羅馬暴力事件已有詳細分析，請參閱：Lintott 1968; Nippel 1995; Riggsby 1999; and Harries 2007。愛里亞斯對於羅馬帝國的研究：Elias 1992, pp. 222-29。

羅馬貴族自我改變：Gleason 1995; Harris 2004。羅馬和平：Woolf 1993。Parchami 2009 比較了羅馬、不列顛和美國和平、本書最後幾章也有類似對比，只是更集中討論帝國的理論而非結果。海盜數量下降：Braund 1993。

關於維勒斯諸多逆行倒施的行徑：Cicero, Against Verres（西元前七〇年出版）。

羅馬經濟增長：Bowman and Wilson 2009; Scheidel and Friesen 2009; Scheidel 2010, 2012。海上貿易：Harris and Iara 2011。感謝 Richard Saller, Walter Scheidel, Rob Stephan, John Sutherland, and Peter Temin 的相關討論。有關我對此話題所提出的各種證據及延伸觀點，請參閱：I. Morris 2013, pp. 66-80。

羅馬國王的實際作為：Millar 1977。關於卡里古拉、尼祿、提貝里烏斯與圖密善所犯下的種種不義之舉這本書有許多圖片可參考：Suetonius, The Twelve Caesars (published ca. a.d. 120)。

不斷移動的盜匪和據地為王的坐寇：McGuire and Olson 1996; Olson 2000。流氓與政府的差異：Tilly 1985. Diamond 2012, pp. 79-118，仔細敘述了政府如何修改法律和鎮壓暴力。

烏魯卡基那的法律：J. Cooper 1986, pp. 70-78。

羅德尼．金：Report of the Independent Commission on the Los Angeles Police Department (1991), www.parc.info/client_files/Special%20Reports/1%20-%20Chistopher%20Commision.pdf。羅德尼．金遭毆打的影片：www.youtube.com/watch?v=0w-SP7iuM6k&feature=related。

龐培：Seager 2002。

二〇〇六年至二〇〇九年間伊拉克的傷亡人數：準確數字備受爭議，但大多數資料來源的採計模式都一致。我採用的數據出自伊拉克聯軍傷亡統計（http://icasualties.org/）及伊拉克死亡統計（www.iraqbodycount.org/database/）。

硬實力、軟實力和巧實力：Nye 2011。

希臘城市的暴力程度下降：van Wees 1998。毆打奴隸：Old Oligarch 1.10。雅典和五世紀的城市：I. Morris 2009。聯邦共同體：Mackil 2013與我的分析有所不同，但其敘述最為貼切。關於托勒密八世和阿塔羅斯三世，本書敘述源自：Gruen 1984, pp. 592-608 and 692-709；而最為重要的文獻翻譯於：Austin 1981, nos. 214 and 230。

《蒼蠅王》：Golding 1954；關於高汀與太平洋：Carey 2010, p. 110。

《薩摩亞人的成年》：Mead 1928。

關於「抬起五角大廈」的口號可參閱這本值得一讀的小說：Norman Mailer, Armies of the Night (1968)。

亞諾馬米：Chagnon 1997。自一九九七年起，沙尼翁和艾許（Timothy Asch）還推出了二十二部有關亞諾馬米的出色影片：www.anth.ucsb.edu/projects/axfight/updates/yanomamofilmography.html。謀殺與繁衍：Chagnon 1988。厄瓜多的瓦拉尼族中，暴力程度甚至高於亞諾馬米，行凶者比愛好和平者還多：Beckerman et al. 2009。

對沙尼翁的批評：Tierney 2000, 2001。有關大屠殺的指控：www.bbc.co.uk /news/world-latin-america-19413107; www.bbc.co.uk/news/world-latin-america-19460663。Borofsky 2005 盡力表現得不偏不倚，而 Dreger 2011 則有力地反駁了 Tierney 的批評。有一部影片影射部分批評沙尼翁的人與亞諾馬米兒童發生非法性行為：José Padilha, Secrets of the Tribe (2010)。關於沙尼翁所謂「兩個危險族派——亞諾馬米人和人

類學家」之描述，請參閱：Chagnon 2013。

對米德的批評：Freeman 1983, 1989, 1999。也有不少人為她辯護，例如：Shankman 2009。

將田野調查視為藝術表演：Faubion et al. 2009，這本書另外也參考了其他幾個例子。

二十世紀的死亡率：參閱本書前言的資料來源。石器時代社會的暴力精采論述：Keeley 1996, LeBlanc and Register 2003, and Gat 2006。Fry 2013 有幾篇論文，特別是 B. Ferguson 2013，堅持 Keeley, LeBlanc and Register, and Gat 的觀點有誤，但我並不認同。Nivette 2011 列出了主要的人類學研究，強調其中的差異以及暴力程度一般偏高。幾項研究小規模社會戰爭的跨文化調查（Otterbein 1989; Ross 1983 and 1985）發現，那些社會中有八五至九○%都長年發生戰爭。不同考古發現的精采討論請參閱：Arkush and Allen 2006。

新幾內亞司機：Diamond 2008；訴訟過程：Baltar 2009, www.stinkyjournalism.org /latest-journalism-news-updates-149.php#。案件最終駁回：戴蒙的個人通訊紀錄，二○一二年二月三日。

《狗兒的秘密生活》：E. M. Thomas 1993。《無害的人》：E. M. Thomas 1959。死亡率：Knauft 1985, p. 379, table E；這個表顯示百分之一點三桑族族人和百分之一點三底特律市人口死於暴力事件（桑族的數據為一九二○至五五年；美國數據為一九八○年）。桑族案例的討論：McCall and Shields 2008。《上帝也瘋狂》：Ster Kinekor, 1980（南非語版）；20th Century Fox, 1984（全球發行的英文版）。

小規模社會與西方社會接觸後引發的暴力事件：B. Ferguson 1992, 1995, and 2013，另參考了早期論文。

薩摩亞人丘堡：Best 1993〔少數放射性碳定年法結果顯示為更早期，例如有指薩摩亞村落Luatuanu'u為1500±80BP；但這本書指出早年日期與丘堡並無明確關係（p. 433）〕。薩摩亞與東加的戰爭傳說：Ella 1899。薩摩亞與東加的考古學：Kirch 1984。棍棒和戰爭獨木舟：Krämer 1995, p. 391。

退伍軍人出身考古學者的經典之作：Wheeler 1958。希臘庫庫納里斯遺址：Schilardi 1984。

冰人：最初發現的資料，Spindler 1993；箭頭：Pertner et al. 2007；致命一擊：Nerlich et al. 2009, Gostner et al. 2011；冰人身上發現紅血球：Janko et al. 2012；儀式葬禮理論：Vanzetti et al. 2010。

烏鴉溪：Zimmerman and Bradley 1993; Willey 1990; Willey et al. 1993。聖陵：Potter and Chuipka 2010; www.sciencenews.org/view/feature/id/64465/title/Massacre_at_Sacred_Ridge。

《政治秩序的起源》：Fukuyama 2011。

第二章

普拉蒂亞之役：Lazenby 1993 的敘述十分詳盡。Briant 2002, pp. 535-42，討論普拉蒂亞人的觀點。

西方的戰爭之道：V. D. Hanson 1989 and 2001; Keegan 1993。

對早期文明的簡明扼要敘述：Scarre and Fagan 2007。
新世界國家：Smith and Schreiber 2005, 2006，另參考了其他資料。
特奧蒂瓦坎的人祭和軍國主義：Sugiyama 2005。羅馬角鬥士：Futrell 2006。羅馬角鬥士骸骨：Kanz and Grossschmidt 2006。瓦里葬禮：news.nationalgeo graphic.com/news/2013/06/130627-peru-archaeology-wari-south-america-human-sacrifice-royal-ancient-world。有關中美洲戰爭最佳討論中，Ross Hassig (1992, p. 60) 自問自答道：「世上有特奧蒂瓦坎和平嗎？」「大概沒有。」
安息帝國：Curtis and Stewart 2007。
關於中國漢朝的一般敘述：Lewis 2007。漢朝戰爭：Lewis 1990。中國統一：Hsu 1965; Lewis 1999。西漢酷吏尹賞：Loewe 2006, pp. 166-67。中國漢朝的和平：Loewe 1974; Loewe and Wilson 2005; Lewis 2000, 2007。
佚失的《政事論》重新問世：Shamasastry 1967, p. vi。凶殺：Arthashastra 4.7；審理傷害案件時必須遵循的法規：3.19；醫生：2.36.10；虐待動物：3.10.30-34；暴力罪行類型：4.10-11；吐痰和嘔吐：3.19.2-4 (= Rangarajan 1992, pp. 427-30, 435, 329, 292, 438-39, 437)。口述問題：Thapar 1973, pp. 218-25; Mukherjee 2000, pp. 159-64。
有關印度的希臘資料，現存資料的譯文可參閱：www.sdstate.edu/projectsouthasia/upload/Megasthene-Indika.pdf。
守法的印度人：Megasthenes frag. 27（記錄於：Strabo 15.1.53-56）；沒有破壞或屠殺：frag. 1 and 33 (Diodorus of Sicily 2.36; Strabo 15.1.40)；腳掌前後長反：frag. 29 (Strabo 15.1.57)；狗：frag. 12 (Strabo 15.1.37)。
阿育王設立的城市官員：Major Rock Edict V。阿育王設立的鄉村官員：Pillar Edict IV。親赴視察：Major Rock Edict VIII。阿育王治國：Thapar 1973。阿育王及佛教：Seneviratna 1994。
關於孔雀王朝的特質，可參照以下著作的不同敘述：Mookerjee 1966, Mukherjee 2000, and Thapar 2002, pp. 174-208。相關考古學：Allchin 1995, pp. 187-273; Chakrabarti 1999, pp. 262-318。
漢朝生活水平：Hsu 1980; Wang 1982。
三楊莊：Kidder et al. 2012。羅馬的絲綢服飾：Pliny, Natural History 6.20。
孔雀王朝的經濟增長：Megasthenes frag. 1 (Diodorus of Sicily 2.36); Thapar 2002, pp. 188-89; Allchin 1995, pp. 200-221, 231-37; J. Marshall 1951, pp. 26, 87-110。
孔雀王朝的經濟：Saletore 1973。生活水平：Allchin 1995。比嗒：J. Marshall 1911-12。塔克西拉：J. Marshall 1951。塔克西拉的第二層地層為孔雀王朝時期。
印度奇蹟：Megasthenes frags. 1, 16, and 59（引自：Diodorus of Sicily 2.36; Pliny, Natural History 8.14.1; Aelian, History of Animals 16.2）。羅馬與印度的貿易：Tomber 2008; Pliny, Natural History 6.26, 12.41。穆吉里斯莎草紙：Rathbone 2001。羅馬帝國的國內生產總值：Scheidel and Friesen 2009 估

計為兩百億塞斯特斯。羅馬軍費：Duncan-Jones 1994。穆吉里斯的挖掘工程：Cherian et al. 2007; www.hindu.com/2011/06/12/stories/2011061254420500.htm。

農業的起源之最清晰描述：Diamond 1997；最完整描述可參閱：G. Barker 2006。獵人高的追隨者：R. Lee 1979, pp. 390-91。關於艾杜伊和赫爾維蒂部落，值得參考的資料：Goldsworthy 2006, pp. 184-204。

隔絕：Carneiro 1970。囚籠：M. Mann 1986, pp. 46-49。也有人提出相反意見，認為人類從狩獵轉向耕作期間，暴力事件也隨之下降：Keith Otterbein 2004。不過，證據似乎與這種說法相反。

羅馬人把敵人釘在十字架上：Appian, Civil Wars 1.120 (published ca. a.d. 150)；這本書講述了西元前七一年斯巴達克斯（Spartacus）的追隨者遭集體釘死的情況。Maslen and Mitchell 2006 解釋了這可怕的施行方式。Zias and Sekeles 1985 描繪了一世紀某個實際受害者，發現他其中一隻腳還插著根鐵釘。

一九九一年波斯灣戰爭的死傷數：Keaney and Cohen 1998。一九七〇年代開始的軍事事務變革：Martinage and Vickers 2004. Krepinevich 1994, Knox and Murray 2001, and Boot 2006。上述著作都以過去七世紀為歷史脈絡來討論軍事事務變革。

石器時代的戰爭：Q. Wright 1942, pp. 62-88, and Turney-High 1949；這兩本書對於儀式化戰爭的觀點極具代表。一如往常，將相關內容梳理得極為清楚的包括：Keeley 1996, LeBlanc and Register 2003, and Gat 2006。美國西南部原住民前往其他部落洗劫的狀況：LeBlanc 1999。

紅皇后效應：Van Valen 1973; Ridley 1993。

最早城市的防禦工事可參閱以下著作。耶利哥：Bar-Yosef 1986; McClellan 2006。梅爾辛：Garstang 1956。烏魯克：Liverani 2006。

烏魯克、特爾布拉克和哈布巴喀畢拉之間的關係：Rothman 2001。特爾布拉克的戰鬥：http://news.nationalgeographic.com/news/2007/09/070907-syria-graves.html。埃及早期：Wengrow 2006。

馬尼拉之戰：www.youtube.com/watch?v=D_y7FiCryb8。蘇美的戰爭與社會：Kuhrt 1995, pp. 29-44。阿卡德國王薩貢：Liverani 2003。

印度河的文明和瓦解：Rita Wright 2009。

馴化馬匹和發明雙輪戰車：Anthony 2009; Outram et al. 2009。

戰車戰爭：Chakravarti 1941, pp. 22-32; Drews 1988, 1992; Shaughnessy 1988。

美國公視節目「新星」（Nova）的科學紀錄片《打造法老的戰車》（*Building Pharaoh's Chariot*，http://video.pbs.org/video/2331305481/）於二〇一三年首映，內容非常精采。馬匹的重量：Piggott 1983, p. 89。

早期的弓箭：Brown et al. 2012; Lombard 2011。

所羅門的戰車：1 Kings 10:29。奴隸價值：Exodus 21:32。西臺帝國文獻：Instructions of Kikkuli (Nyland 2009)。戰車數量：Drews 1992, pp. 106n6 and 133-34。

西元前一六〇〇年後肥沃月灣的戰爭規模及國家勢力：Hamblin 2006; Spaliger 2005; van de Mieroop 2007, pp. 119-78, 2011; pp. 151-239。
有關戰車時代的和平與繁榮，請參閱：Akkermans and Schwartz 2003, pp. 327-59; Kemp 2012; Cline 2010; von Falkenhausen 2006。
直刃長劍的類型：D. H. Gordon 1953。西元前兩千年紀的歐洲戰爭：Harding 2000, pp. 275-85; Kristiansen 2002; Kristiansen and Larsson 2005, pp. 212-47。對於新型長劍的應用地點有許多不同觀點，我參考的著作是：Drews 1992, pp. 192-208, and Harding 2000。
青銅時代社會的崩潰：Drews 1992; Cline 2013。貿易量下降：S. Murray 2013。我先前的著作量化了西元前一二〇〇年希臘人口和生活水平的下降幅度，那誠然是個極端的案例：I. Morris 2007。
採用鋼鐵：Snodgrass 2006, pp. 126-43。
亞述和以色列重整國家：Kuhrt 1995, pp. 385-546; van de Mieroop 2007, pp. 195-231。
騎兵的起源：Anthony 2009; Anthony and Brown 2011。
亞馬遜民族：Herodotus 4.110-17; Mayor，即將出版。塞西亞女戰士：Guliaev 2003。
關於提格拉-帕拉薩三世的主要史料，可參閱：Tadmor and Yamada 2011。歐亞大陸西部的帝國：Morris and Scheidel 2009; Cline and Graham 2011。
儘管古代文獻中有大量戰爭紀錄，但對於軍隊的實際作戰方式卻還是有數不盡的爭議。有關亞述，請參閱：Archer 2010; G. Fagan 2010; Nadali 2010; Scurlock 1997。有關波斯，請參閱：Briant 1999; Tuplin 2010。有關希臘，請參閱：V. D. Hanson 1989; van Wees 2004; Kagan and Viggiano 2013。有關馬其頓，請參閱：Ham- ilton 1999; A. Lloyd 1996。有關共和時期的羅馬，請參閱：Keppie 1984; Goldsworthy 2003。有關布匿戰爭：Goldsworthy 2000; Miles 2011。
國家規模：計算方法五花八門，為保持一致，我用這本著作為基礎，使用同一組數據：Taagepera 1978, 1979。
古代中國的戰爭：Lewis 1990, 1999; di Cosmo 2011; Sawyer 2011。長平之戰：Sima Qian, Shiji 73, pp. 2333-35, trans. in B. Watson 1993, pp. 122-24。「始皇帝」：Portal 2007。清朝和漢朝的法律：Hulsewé 1955, 1985。
古代印度的戰爭：Chakravarti 1941; Dikshitar 1987; Thapliyal 2010。裝甲步兵：Arthashastra 9.2.29, trans. in Rangarajan 1992, p. 644。戰象：Kistler 2007。
恆河流域國家的崛起：Allchin 1995, pp. 99-151; Chakrabarti 1999; Eltsov 2008; Erdosy 1988; Raychaudhuri 1996, pp. 85-158; Thapar 1984。
社會發展指數：I. Morris 2010, 2013。

第三章

文德蘭達要塞的信件：Bowman and Thomas 1994; http://vindolanda.csad.ox.ac.uk/：天氣，nos. 234, 343；啤酒，no. 190；襪子，no. 346；食物，

nos. 301, 302。這些信件的相關討論：Bowman 1994。駐阿富汗美軍的電子郵件及部落格發文：Burden 2006; Tupper 2010。

圖密善的嫉妒：Tacitus, Agricola 39-40。羅馬的戰略形勢：Luttwak 1976, pp. 51-126。

羅馬於西元九年戰敗：Wells 2003；《古代戰爭》（*Ancient Warfare*）雙月刊二〇〇九年特刊裡收錄了不少精美插畫。卡爾克里澤博物館暨公園（Museum and Park Kalkriese）：www.kalkriese-varusschlacht.de/。

克勞塞維茨軍事思想的導論請參閱：Howard 2002。

羅馬帝國不同距離的運輸成本：http://orbis.stanford.edu/。

中國邊疆：C. Chang 2007; Hsieh 2011。懸泉：www.dartmouth.edu/~earlychina/research-resources/conferences/changsha-bamboo-documents.html，其中少量文獻還沒有翻譯，本書參考了 Hsieh 2011, pp. 221-38。

草原遊牧民族：Beckwith 2009 and Golden 2011 簡短地概述了相關歷史，J. D. Rogers 2012 敘述了遊牧民族的形式。Dani and Masson 1992 (vols. 2-4), Harmatta 1994, Litvinsky 1996, and Sinor 1990 的討論更為深入。Di Cosmo 2002b and Hildinger 2001 著重在軍事方面，E. Murphy 2003 and Jordana et al. 2009 則針對高度暴力提出基本證據。

亞述騎兵：Dalley 1985。亞述衰落：Liverani 2001; Melville 2011。西元前五九〇年代，謀殺塞西亞領袖：Herodotus 1.106。

當代不對稱戰爭：Burke 2011, Coll 2004, Clarke 2007, and Joint Chiefs of Staff 2012 很有幫助。「清除」賓拉登：Coll 2004, pp. 369-584; L. Wright 2006, pp. 297-330。

西元前五一三年，大流士大帝缺乏騎兵：Herodotus 4.136。

漢朝騎兵：C. Chang 2007, pp. 177-81。漢武帝的戰爭：Loewe 1986, pp. 152-79。

與草原遊牧民族打交道的策略：Barfield 1989; di Cosmo 2002a。

美國中情局的收買策略：Woodward 2003, pp. 139-50。中情局賄賂阿富汗部隊指揮官來看守托拉波拉山區：Burke 2011, p. 69。

西方戰爭方式：參閱本書第二章的資料來源。

波斯人轉用騎兵：Tuplin 2010。漢朝騎兵：Chang 2007, pp. 177-81. Shakas, Yuezhi, and Kushans: Liu 2001; Mukherjee 1981, 1988。貴霜騎射手的雕像：Lebedynsky 2006, p. 62。

羌族戰爭：Lewis 2007, pp. 147-51, 253-64。

日耳曼社會：Todd 1992; Wells 1999。薩爾馬特族女性：Herodotus 4.117。

哥德人遷移：Heather 1996, pp. 11-50。奧理略和馬科曼尼戰爭：Birley 1987。

薩珊騎兵：Farrokh 2005, 2009。

二〇〇至四〇〇年間，羅馬軍隊的演變：Elton 2007; Rance 2007。各方對於羅馬帝國晚期的兵力爭論不休，請參閱：Treadgold 1995, pp.

55-57。

二世紀的瘟疫：McNeill 1976, pp. 93-119; Stathakopoulos 2007。氣候變遷：McCormick et al. 2012。

中國漢朝的衰落：Beck 1986。漢朝以後的中國：Dien 1990, 2007; Lewis 2009a。

羅馬的三世紀危機：Duncan-Jones 2004; Scheidel 2002; Witschel 2004。

薩珊王朝：Daryaee 2009; Dignas and Winter 2007. Satavahana: R. K. Sharma 1999。據我所知，目前並沒有書籍對二〇〇至六〇〇年間歐亞大陸所有帝國發生過的危機進行比較研究，但Christian 1998, pp. 209-303 從遊牧民族的角度出發，進行了非常有用的調查。

西元一年至一四〇〇年的國家規模：為了保持一致，本書採取 Taagepera 1979 所列出的國家規模，他的數據省略了部分時期，而且對南亞的分析不足，因此我透過以往出版的地圖進行了測量。

湯恩比：McNeill 1989。透過科學尋求大草原歷史的規律：Turchin 2003, 2006, 2009, 2010; Turchin and Nefedov 2009。

軍事事務革命的倒退：Bloch 1961 and Ganshof 1961 已非常過時，但仍有其價值，以下為針對他們的批評。Herlihy 1970 搜集了不少第一手史料，Halsall 2003 則敘述了西歐的軍事情況。

關於黑斯廷斯戰役的最經典敘述：Howarth 1981。中世紀毫無紀律的軍隊：Morillo 2006。

歐洲中世紀戰爭：Contamine 1984; Verbruggen 1997, 2004。Bachrach 2006, 2011 指出在西歐，騎兵從來都無關重要，但這種觀點並不常見。

查士丁尼：Maas 2005; O'Donnell 2008。七世紀危機：Haldon 1997; Howard- Johnston 2010。穆斯林出征和哈里發國：H. Kennedy 2004, 2007。查理曼：Barbero 2004; McKitterick 2008。

西歐的多重依賴關係：Bloch 1961, pp. 211-18。關於貴族貴族昂蓋朗・德・庫西：Tuchman 1978, pp. 246-83。

將歐洲描述為封建社會的批評：E. Brown 1974; S. Reynolds 1994。

對西歐以外封建主義的爭論：中國，Graff 2002a, pp. 37, 256; Lewis 2009a, pp. 54-85。印度，R. S. Sharma 1985, 2001; Chattopadhyaya 2010。阿拔斯哈里發國，M. Gordon 2001; H. Kennedy 2001。拜占庭：Haldon 1993; Treadgold 1997。整個歐亞大陸西部，Wickham 2005。

羅馬後期和中世紀歐洲的暴力程度：Tuchman 1978 是很好的讀物；另外也可以參考：Halsall 1998; Canning et al. 2004, pp. 9-89; W. Brown 2010; McGlynn 2010; Shaw 2011。

六、七世紀的中國：Twitchett 1979; Graff 2002a, pp. 92-204; Lewis 2009b。

騎兵和大草原的關係：Skaff 2012。陰山之戰：Graff 2002a, pp. 183-89; 2002b。

八八三年的長安：Kuhn 2009, pp. 16-17。唐朝的衰亡：Somers 1979。

最早期的火藥武器：Needham 1986; Chase 2003, pp. 30-33; Lorge 2008, pp. 32-44。

匈人的圍攻戰：Heather 2006, pp. 300-312。匈人圍攻尼科波利斯：Poulter 1995。蒙古人的圍攻戰：T. May 2007, pp. 77-79。蒙古人圍攻巴格

達：T. May 2007, pp. 130-34。蒙古人圍攻襄陽和樊城：Lorge 2005, pp. 83-87。
塔倫之戰：Sarkar 1960, pp. 32-37。中世紀的印度騎兵：Bhakari 1980, pp. 55-61。
數量遞增的遊牧帝國：Di Cosmo 1999, Chaliand 2004
印度河戰爭：T. May 2007, p. 123。第二次匈人戰爭：Amitai-Preiss 1995, pp. 179-201。
遊牧民族殺敵人數：M. White 2011, pp. 59-153；這本書的幾個章節敘述了草原遊牧民族殺死的敵方人數，以及對他們進行反擊的帝國。該書作者批評近代歷史學家低估了殺戮規模，他的觀點正確，但其中一些估計的死亡數字似乎過高，例如七五五至七六三年間唐朝滅亡時的三千六百萬人，以及成吉思汗時期的四千萬人。
帖木兒：Manz 1989。
西歐謀殺率：Eisner 2003；我參考的另一份資料：Spierenburg 2008, pp. 1-42。
卡達菲：Ellis Peters的二十一本著作，從A Morbid Taste for Bones (London: Macmillan, 1977) 到 Brother Cadfael's Penance (London: Headline, 1994)。
農耕在幸運緯度帶以外的傳播之詳細描述：G. Barker 2006。
囚籠現象傳遍太平洋地區：Kirch 1984；這本書使用了 Kirch 2010, pp. 126-27 中修訂版年表。夏威夷具有建設性的戰爭：Kirch 2010; Kolb and Dixon 2002。Sahlins 2004 描述了十八世紀夏威夷發生的大戰，強調該戰爭與西元前五世紀發生於希臘的伯羅奔尼薩戰爭十分相似。
納瓦荷人的戰爭：McNitt 1990; Trafzer 1990。
日本戰爭與國家的組成：Berry 1989; Farris 1996; Ferejohn and Rosenbluth 2010; Friday 2003; Ikegumi 1997; Turnbull 2002, 2012。最後，這本史詩小說與根據小說改編而成的電視劇也很有參考價值：James Clavell, Shogun (1975); Shogun (NBC, 1980)。故事背景設定在十七世紀初。豐臣秀吉入侵朝鮮：Swope 2009。拆毀城堡及禁書：Parker 1996, pp. 144-45。
非洲國家的組成：Ehret 2002。大辛巴威：Pikirayi and Vogel 2001。
歷史上的自然實驗：Diamond and Robinson 2010。
阿茲特克的武器：Hassig 1988; Pohl 2001。馬匹在新世界絕跡：Haynes 2009。西元前一〇〇〇年左右安地斯地區的銅器鑄造：Kolata 1993, pp. 61-62。西潘王：Alva and Donnan 1993。
歐亞大陸的人媲美洲原住民理智：V. D. Hanson 2001, pp. 170-232。美洲原住民文化比歐亞大陸的愛好和平：P. Watson 2012。
中美洲曆法：Aveni 2001; Hassig 2001。培高田地和灌溉：Sanders et al. 1979, pp. 252-81。
解讀馬雅文字：Coe 2012。馬雅戰爭：Webster 1999。阿茲特克榮冠戰爭：比較 Keegan 1993, pp. 110-11 以及 Hassig 1992, pp. 145-46。
歐亞大陸軸：Diamond 1997, pp. 360-70。生物群落：Ricklefs 2001. Turchin et al. 2006 and Laitin et al. 2012；這些著作試圖使用其他制度甚至是語

言的傳播數據來驗證戴蒙的理論，結果表明歐亞大陸軸在許多方面都非常重要。

弓箭傳至阿拉斯加：B. Fagan 2012, p. 63。傳至墨西哥：Hassig 1992, p. 119。

迪奧狄華肯：請看第二章的參考資料；有關該城市的衰亡，請參閱：Cowgill 2013。托爾特克人：Diehl 1983; Smith and Montiel 2001。阿茲特克：M. Smith 2003。阿茲特克社會的暴力程度：Carrasco 1999。中美洲戰爭與國家的組成：Brown and Stanton 2003; Eeckhout and Le Fort 2005; Hassig 1988, 1992; Sherman et al. 2010; Webster 1999。

美國西南部：Cordell and McBrinn 2012。美國西南部的戰爭：LeBlanc 1999; Rice and LeBlanc 2001. Cahokia: Pauketat 2004。

科曼契帝國：Hämäläinen 2008（pp. 243 and 352 是與蒙古人的類比）。

有關阿金科特，請參閱 J. Barker 2007; Keegan 1976, pp. 79-116 的敘述極為精采（pp. 106-7描繪了讓人難以置信的屍堆），不可少的還有莎士比亞的《亨利五世》，英國演員肯尼斯．布萊納（Kenneth Branagh）主演兼執導的一九八九年電影版也是史上最優秀的戰爭影片作品。當時確切的傷亡情況備受爭議，請參閱：Reid 2007, pp. 275-76。

休達：Boxer 1969, pp. 15-19。

第四章

將一四一五至一九一四年歸納為同一時期的書籍並不多，但有幾項優秀研究涵蓋了此一時期的大部分內容，或將此時期視作漫長歷史中的一部分。我在寫作本書時特別受益於以下著作：Chase 2003, Cipolla 1965, Headrick 2010, P. Kennedy 1987, Lorge 2008, McNeill 1982, Parker 1996, C. Rogers 1995, and Simms 2013。關於大英帝國的標準參考書：The Oxford History of the British Empire, vol. 1-3。

卡菲爾斯坦：Rudyard Kipling，"The Man Who Would Be King"。首次發表於 Indian Railway Library 系列之五（Allahabad：A. H. Wheeler，1888），此後多次再版，並被 John Huston 改編為令人難忘的同名電影〔譯按：一般中譯為《大戰巴墟卡》〕，由 Michael Caine 和 Sean Connery 主演（Allied Artists，1975）。

布魯克：Runciman 1960。哈倫：Macintyre 2004。

早期中國火器：Chase 2003，pp. 30-55; Lorge 2008, pp. 69-75。大足石窟：Lu et al. 1988。滿州火炮：Needham et al. 1986, pp. 111-26, 147-92。

早期印度火器：Khan 2004。波斯火炮：Woods 1999, pp. 114-20。牛津插畫家手稿上畫的小型火炮：Hall 1997, pp. 43-44。

有許多關於歐洲火藥崛起的出色研究：Hall 1997, P. Hoffman 2011, and Lorge 2008；以上研究與我的自己的詮釋都有重大歧異。

西方的戰爭之道：Lynn 2003 針對 Hanson 的論點提出進一步反駁。

《火器：一七〇〇年前的世界史》：Chase 2003。

恐怖伊凡：De Madariaga 2006。中國造船業：Needham 1971。鄭和航海行程：Dreyer 2006。歐洲造船業：Gardiner and Unger 2000。探索之

旅：Fernández-Armesto 2006。航海家亨利：Russell 2000。海盜戰爭：Earle 2003。傳入亞洲的歐洲槍炮：Chase 2003; Lorge 2008。戰勝草原遊牧民族：Perdue 2005。

鄂圖曼帝國、薩法維王朝和蒙兀兒帝國：Dale 2010; Hathaway 2004; Streusand 2010。

薩法維興盛時期：Floor 2000。蒙兀兒興盛時期：Richards 1994。鄂圖曼興盛時期：Inalcik and Quataert 1994。

一六〇〇年長江三角洲的生產力：Allen et al. 2011。南印度和孟加拉：Parthasarathi 2011, pp. 68-78。新世界的作物：C. Mann 2011。

亞洲工資的證據：Pamuk 2007及參考資料。針對印度的辯論：Parthasarathi 2011, pp. 37-46; Broadberry and Gupta 2006; R. Allen 2007。

阿拔斯一世：Blow 2009。一五九三年遭斬首：Dale 2010, p. 93。

明朝文獻中記載的暴力事件：Robinson 2001。明朝暴力事件統計：Tong 1991。

明清改朝換代：Struve 1993。死亡總人數：M. White 2012, pp. 223-30；不過，這位學者估計的死亡人數為兩千五百萬人，實在太驚人了。

歐洲滑膛槍、操練、火槍陣射擊和訓練：Parker 1996 and C. Rogers 1995。

近年來，有些歷史學家淡化了歐洲軍事改革的新穎特性（例如：P. Wilson 2009, pp. 186-87），或者歐洲領先於其他文化的軍事規模（例如：Black 1999），但我認為他們的論點不太有說服力。

新式海軍戰略：De Glete 1999。

七雙備用絲襪：David Bell 2007, p. 39。

英國海軍、佩皮斯和金融：J.D. Davies 2008。

部長間的戰爭：Duffy 1987。伯靈頓伯爵次子屍首分離：Hainsworth and Churches 1998, p. 125。

金融方案：Bonney 1999；西歐以外的方案我是參考：Yun-Castalilla et al. 2012。

一七二〇年金融危機的詳細記述：N. Ferguson 2008, pp. 119-75。

葡萄牙帝國：Boxer 1969。西班牙帝國：Kamen 2003。

印加人骸骨上的彈孔：Murphy et al. 2010。哥倫布大交換：Crosby 1972, 2003; C. Mann 2011。美洲人口銳減：C. Mann 2005。粒線體DNA是人口減少一半的評估依據：O'Fallon and Fehren-Schmitz 2011。

詹姆斯鎮食人事件：Horn et al. 2013。

一七五〇年前的印度：Asher and Talbot 2006。

英國在印度的戰事：Judd 2010; S. Gordon 1993。有位學者認為印度馬拉塔帝國（Maratha）的部隊效率和英軍相比毫不遜色（R. Cooper 2003），但我認為這無法解釋為何印度部隊會戰敗。

陶頓戰役：Boylston and Knüsel 2010。理查三世：www.dailymail.co.uk/news/article-2273535/500-years-grisly-secrets-Richard-IIIs-lost-grave-revealed-Kingdiscovered-car-park-stripped-tied-suffered-humiliation-wounds-death.html。

一五〇〇至一七五〇年之間，歐洲的綏靖策略：Elias 1982 (1939); Spierenburg 2008; Pinker 2011。西歐的市場經濟和社會轉變的詳盡記錄：Braudel 1981-84。歐洲人工作更久：De Vries 2008。

大西洋經濟：Findlay and O'Rourke 2007。被運至美洲的非洲人數量：Inikori and Engermann 1992。戰爭、政治和交易：Tracy 1991。貿易成長：Findlay and O'Rourke 2007, pp. 227-364。統計數字：pp. 260, 314。

亞當・史密斯：Phillipson 2010。

英國十七世紀晚期的轉變：Pincus 2010。權利開放的社會秩序：North et al. 2009；另一本書也發展出相似理論：Acemoglu and Robinson 2012。十八世紀英國的自由權和政府：Brewer 1989。

歐洲工資：R. Allen 2001, 2003。

早期美國共和黨：Wood 2009。

十八世紀大英帝國：C. Bayly 1989; P.J. Marshall 1998-2000。

人民戰爭：David Bell 2007。美國人民：Wood 1991。在諸多關於美國獨立戰爭的精采論述中，我個人偏好的是：Middlekauff 2007 and Ferling 2009。十八世紀討論永久和平的哲學家：David Bell 2007, pp. 52-83。

法國大革命：Blanning 1996。大屠殺：Broers 2008。拿破崙戰爭：Rothenberg 2006。海上戰役：Mostert 2008。

即使霍布斯邦的「年代四部曲」現在看來顯得過時，前三部（分別發表於一九六二年、一九七五年和一九八七年）講述十九世紀的著作仍是堪稱經典的歷史巨著。

工業革命：R. Allen 2009; Wrigley 2010。

鴉片戰爭：Fay 2003。

科技轉變和帝國主義：Headrick 2010。

白人墾殖國家：Duncan Bell 2007; Belich 2009。

歐洲軍隊與他國的龐大差距：Callwell 1909親身經歷的記述堪稱經典。David 2006描述英國歷史經歷；Porch 2000警告其中可能有誇大不實。

描述南北戰爭的文獻不勝枚舉。戰爭前後背景的描述可參閱：McPherson 1988；關於這場內戰的獨到見解可參閱：Keegan 2009。

伊散德爾瓦納：David 2004, pp. 124-58。阿杜瓦：Jonas 2011。

西方與其他地區的海軍實力差距：Herwig 2001。

十九世紀英國及世界體系：N. Ferguson 2003; Darwin 2009。

死亡總人數主要參閱：M. White 2011，還有這本書的參考資料。人口數可參閱：Maddison 2003。在新世界，疾病造成的死亡率：請參閱以上資料。美洲大屠殺：Stannard 1993。Misra 2008 指出有一千萬人在印度兵變時喪生，但多數學者估計的數字遠低於一千萬人（可參閱：David 2006）。饑荒和印度死亡率：Fieldhouse 1996。Davis 2001 嚴厲指責英國是饑荒的元凶。剛果：Hochschild 1998。

大眾對吉卜林「白種人的重擔」的反應：Gilmour 2002。

印度陷入無政府狀態，隨後東印度公司出手制裁：Washbrook 1999。印度的暴力犯罪：Fisch 1983, Yang 1985, and Singha 1998 記載法庭針對東印度公司的嚴厲制裁。比起東印度公司抑制暴力行為的整體貢獻，近期研究（例如：Kolsky 2010 and T. Sherman 2010，後者將故事延續至二十世紀）更關注英國對印度人的暴力對待。除了印度，有一位學者還關注澳洲、肯亞和加勒比海等地區：Wiener 2008。

加爾各答的學者拉莫罕・羅伊：Sen 2012。

歷史學家對大英帝國的評價天差地遠。據我所知，評價最差的是：Gott 2011。

歐洲暴力事件減少：Spierenburg 2008。美洲暴力事件：Roth 2009。戰爭傷亡人數：M. White 2011。

十九世紀經濟成長：Frieden 2006, pp. 13-123。

圖4-15：資料參見：Maddison 2003。

海牙會議：Sheehan 2008, pp. 22-26。

第五章

《大幻覺》：Angell 1910（該書不斷擴增再版；我使用的是一九一三年的第四版，和多數歷史學家相同）。關於安傑爾：Ceadel 2009。

二十世紀是極端的時代：Hobsbawm 1994。

塞拉耶佛暗殺事件：Dedjer 1966仍是該事件的標準學術分析；D. Smith 2009 對事件進行了重新詮釋。

一九一四年的傷亡情況：Stevenson 2004, pp. 75-76。

關於一九一四年開戰決定的精采分析，請參閱：Hamilton and Herwig 2003, McMeekin 2011, Stevenson 2004, pp. 3-3, and Strachan 2001, pp. 1-102。關於可能避免戰爭的方式：Beatty 2012。

《愚政進行曲》：Tuchman 1984。

英國GDP：Maddison 2010。新興工業和海上軍事實力的增長：Broadberry 1998; P. Kennedy 1987, pp. 194-249; Trebilock 1981。一八六〇年代美國和德國的戰爭比較：Förster and Nagler 1999。英國世界體系在十九世紀末的金融中心地位：Cain and Hopkins 2000。

圖5-1：參見Bairoch 1982。圖5-2：參見Maddison 2003。圖5-3：參見P. Kennedy 1987，表二十。

英國干預南北戰爭：H. Fuller 2008; Foreman 2010。大和解：Perkins 1968。英國和美國海軍：O'Brien 1998。英國海上同盟：Sumida 1989。

地理和戰略：Mackinder 1904 and Kearns 2009。

一八七一年前的德國：Sheehan 1989; C. Clark 2006。俾斯麥：Lerman 2004。現在看來雖過時，仍值得一讀的俾斯麥傳記是：A. J. P. Taylor 1967。一八九〇年後的德國：P. Kennedy 1980; C. Clark 2009。德國戰略構想：Fritz Fischer 1967, 1974，這位作者的論述引發一場激烈爭辯，針對德國是否打算於一九一四年征服世界，大家各抒己見。針對這場辯論提出精確見解的是：Strachan 2001, pp. 52-54。關於一八七〇至一九一四年世界大勢的發展，請參閱：Mulligan 2010。

一九一四年夏季的債券市場：N. Ferguson 1998, pp. 186-97。

一九〇五至一三年的危機：Jarausch 1983。

一戰的總體進程：參考書目非常多，我最鍾意的要屬Strachan 2003的簡短記述、Stevenson 2004的中篇研究，以及Strachan 2001描述一戰第一年的概況。

關於德國總參謀部提出的施里芬計畫（Schlieffen Plan），請參閱：Zuber 2011；並且該與史學季刊《歷史上的戰爭》（*War in History*）上曾進行過的激烈辯論一起閱讀，最先引發爭辯的論文是：Zuber 1999。關於東線戰場的經典著作：Stone 1975 and Showalter 1991。

德國的「九月計畫」：Fischer 1967; N. Ferguson 1998, pp. 168-73。

一九一四年德軍在馬恩河戰敗：Herwig 2009。

海上戰爭：Strachan 2001, pp. 374-494; Massie 2003。非洲：Strachan 2001, pp. 495-643; Paice 2010。

一九一四年的戰鬥模式：Howard 1985。《鋼鐵風暴》：Jünger 2003，譯自一九六一年德文版。榮格於一九二〇年首次發表《鋼鐵風暴》，但在後期版本中大幅修改過。關於「被驢子牽著走的獅子」的說法，堪稱經典的是：A. Clark 1962。一戰中對軍事的學習：Doughty 2008; Lupfer 1981; W. Murray 2011, pp. 74-118; Travers 2003。

戰時經濟：Broadberry and Harrison 2005; Chickering and Förster 2000。

馬匹：皇家國家劇院（Royal National Theatre）改編了莫波格（Michael Morpurgo）一九八二年的小說《戰馬》（*War Horse*），於二〇〇七年首次公演，令觀眾留下異常深刻的印象。史匹柏（Steven Spielberg）改編執導，在二〇一一年上映的同名電影則沒那麼令人驚艷。

指揮和控制：Sheffield 2001; Sheffield and Todman 2008。科技作戰方式：Travers 1992; Echevarria 2007。毒氣造成的死傷人數：Corrigan 2003, pp. 173-74。坦克：Childs 1999。空戰：M. Cooper 1986。

損耗戰：Harris and Marble 2008。每殺死一人花費的代價：N. Ferguson 1998, p. 336。

聖戰：Aksakal 2011。潛艇戰：Halpern 1994。大西洋物資援助：Burk 1985。

俄羅斯帝國垮台：Figes 1997。

現代系統：Biddle 2004。衝鋒隊：Gudmundsson 1995（Griffith 1996 認為英軍比德軍更早習得滲透戰的精髓）。《戰地春夢》：Hemingway

1929。德軍在一九一八年的進攻：Zabecki 2006; Hart 2008。盟軍反擊：Boff 2012。

一九一九年英國的計畫：J.F.C. Fuller 1936，pp. 322-36。關於德國於一戰投降的相關論辯：N. Ferguson 2004, Dollery and Parsons 2007, and A. Watson 2008。H1N1流感病毒及德軍崩潰：Barry 2004; Price-Smith 2009, pp. 57-81。

兩次大戰之間的世界：P. Kennedy 1987, pp. 275-343; N. Ferguson 1998, pp. 395-432; Frieden 2006, pp. 127-72。一九一八年後英國的金融解方：Boyce 1987; N. Ferguson 2001, pp. 45-47，125-27。

美國總統威爾遜和國家聯盟：R. Kennedy 2009; Mazower 2012, pp. 116-53。

俄國內戰：Figes 1997, pp. 555-720; Lincoln 1999。大衛・連（David Lean）在一九六五年翻拍巴斯特納克（Boris Pasternak）的小說《齊瓦哥醫生》（*Doctor Zhivago*），由奧瑪・雪瑞夫（Omar Sharif）和茱莉・克莉絲蒂（Julie Christie）主演，該片讓我留下不可磨滅的印象。

波蘇戰爭：N. Davies 2003。

一九二九年股價重挫引發金融危機：H. James 2009, pp. 36-97。

大英帝國內部信心遭受打擊，經典論述請參閱：J. Morris 1978, pp. 299-318。

蘇聯動用的暴力：Conquest 2007; Naimark 2010; Snyder 2010。蘇聯經濟：Davies et al. 1994。石原莞爾：Peattie 1975。日軍侵華：Mitter 2013。南京暴行：I. Chang 1997。一九三九年日俄戰爭：S. Goldman 2012。

二戰的總體進程：參考文獻非常多；Max Hastings 2007, p. 559提到「相關標題的目錄僅僅是作者想展示文采罷了。」我聽從了他的告誡，以下列出我近期最鍾意的中篇調查，例如：Beevor 2012, Evans 2009, Hastings 2011, and Andrew Roberts 2011; Weinberg 2005 提供相關細節。N. Davies 2006對於戰爭後果的混亂程度之描寫相當精采。

希特勒思想的演變：Kershaw 2000。

閃電戰的發展：Muller 1996, W. Murray 1996, and Gat 2000，這三位作者都明確指出英國人的固執己見並不像李德哈特或富勒等坦克專家宣稱的那麼嚴重。針對閃電戰如何運作，Guderian 1992 (1937) 堪稱經典著作，雖然作者古德里安並沒有在書中用到閃電戰一詞。閃電戰一詞似乎是由《時代》雜誌某名記者在一九三九年創造的（古德里安在英譯本中表示，他的想法來自李德哈特的著名段落，但並未在德文原文中提到這件事，顯然是後來根據李德哈特的建議而加入，請參閱英譯本：Guderian 1992, p. 16。

法國陷落：E. May 2001。一名捲入戰爭的男性冒險記述下他目擊的情況，用字遣詞主觀但強而有力：Bloch 1999 (1946)。

為何德國幾乎打贏二戰：Mercatante 2012。

希特勒對國家內部敵人動用暴力：這方面的文獻非常龐大，但Evans 2005的分析是很好的起頭。一戰中的大屠殺：Hull 2005; Kramer 2007。大德意志帝國：N. Ferguson 2006, p. 315。飽受饑荒所苦的蘇聯城市：Weinberg 2005, p. 267。

同盟國如何贏得勝利：Overy 1995。二戰中學到的教訓：W. Murray 2011, pp. 119-261。同盟經濟：Harrison 1998; Herman 2012針對美國的論

述相當值得一讀。

如果希特勒打贏二戰：小說家特別喜歡針對這點加以著墨（尤其是：R. Harris 1992 and Sansom 2012）。

英美共同主導世界的設想：Ryan 1987。美國對歐洲的看法：Harper 1996。蘇聯對歐洲的看法：Applebaum 2012。

英國在亞洲殖民地的崩潰：Bayly and Harper 2004。

關於冷戰總體進程的簡短但精采的敘述：D. Reynolds 2000, Gaddis 1997 and 2005a。Leffler and Westad 2010 提供豐富細節；美國有線電視新聞網（CNN）長達二十四集的電視紀錄片《冷戰》（*The Cold War*，1998）提供精采的片段及採訪。歐洲外的冷戰局勢：Westad 2005; Brands 2010。

關於核彈，不可不讀的大作包括：Rhodes 1987, 1996, and 2007。

世界政府：Baratta 2004；聯合國：Mazower 2012。

美國核武政策：Rosenberg 1983; Jervis 1990; Freedman 2003。蘇聯核武政策：Garthoff 1958; Holloway 1994; Fursenko and Naftali 2006。歐洲核武政策：Heuser 1997。一百萬噸炸藥的威力：Freedman 2003, p. xiii。圍堵政策：Gaddis 2005b。

民主和平：Doyle 1983 借用康德的《永久和平論》作為二十世紀民主國家鮮少發生戰爭的哲學記述，但該理論在政治學家間仍有爭議（Kinsella et al. 2005）。西方謀殺率：Eisner 2003，表一; Roth 2009，圖一之一。關於總體論述，可參閱：Spierenburg 2008, pp. 165-205; Roth 2009, pp. 435-68。

富裕的美國及歐洲：De Grazia 2006。擁車率的數字，可參閱：Sandbrook 2005, p. 121; Patterson 1996, p. 71。

圖5-13：資料參閱 Maddison 2003。麥迪遜的「西歐」是西歐二十九座國家的數值總和，「東歐」是東歐七座國家的數值總和。麥迪遜合併了東西德的數值；我將整個德國視為西歐的一部分，這代表我在圖5-9低估了東歐的表現（儘管這樣的改變對圖表形狀沒有太大影響）。東歐在一九五〇年以前的資訊不可靠。

蘇聯經濟衰退：Applebaum 2003, 2012。布亨瓦德集中營：M. White 2012, p. 390。家庭中的兩個孩子先後遭到希特勒和史達林的毒手：Snyder 2010, p. 149。蘇聯謀殺率：Pridemore 2007, p. 121。蘇聯經濟成長：Spufford 2010 提供奇特且吸引人的記述。

Lowe 2012 在比較戰後東西歐局勢上相當傑出。

一九六二年的傷亡數字估計：N. Friedman 2000, pp. 284-85。

圖5-14：資料參見Norris and Kristensen 2006; Kristensen and Norris 2012, 2013。

柏林危機：Kempe 2011。古巴飛彈危機：Fursenko and Naftali 1998。和平行動：Wittner 2009。《奇愛博士》電影：Columbia Pictures, 1964。

越南：在越南檔案館開放前撰寫的研究報告中，Karnow 1997 最為傑出。開放後撰寫的研究報告中，Nguyen 2012 的論文非常優秀。戰略：Summers 1982; Krepinevich 1986。

一九六〇至八〇年歐洲可能發生的戰爭模式：Dinter and Griffith 1983。N. Friedman 2000, pp. 271-442 在總體戰略上論述優異；Hoffenaar et al. 2012 提及諸多軍隊計畫。第三次世界大戰：Hackett et al. 1978。我從他們一九八三年的戰爭計畫中記錄下蘇聯將使用的核武數量（N. Friedman 2000, pp. 424-25）。

《評論》（*Commentary*）和《外交事務》（*Foreign Affairs*）兩本期刊版面記載美國多數民眾對低盪情勢的辯論。一九七〇年總體上的情況：N. Ferguson et al. 2010。

阿富汗：Feifer 2009。中國外交轉向：Lüthi 2008; Macmillan 2008。美國一九八〇年軍事擴增：Zakheim 1997。一九八三年十一月蘇聯領導人安德洛波夫差點發動戰爭：Rhodes 2007, pp. 154-67。

第六章

關於演化和人類行為的經典理論著作：E. O. Wilson 1975；我認為最有趣的歷史應用：Diamond 1997 and Robert Wright 2000。

關於類人猿和人類的戰爭，奠定理論基礎之作是：Wrangham and Peterson 1996；關於類人猿和人類的政治問題，請參閱：De Waal 1982。

貢貝戰爭：Goodall 1986, pp. 503-16; Wrangham and Peterson 1996, pp. 5-18。人類和黑猩猩基因的相似度，可參閱：Chimpanzee Sequencing and Analysis Consortium 2005（百分之九十八的相似度數據掩蓋了幾個技術性問題）。人類和黑猩猩在七百多萬年前從共同祖先開始分化：Landergraber et al. 2012。

關於珍・古德遭受的批評，請特別參閱：Power 1991與Wrangham 2010的討論。Wrangham 1974指出，珍古德的團隊其實是第一批強調餵食行為會對黑猩猩造成干擾的人。關於查岡的爭議，請見第一章的延伸書目。

一九七〇年代起觀察到的黑猩猩戰爭：Wrangham 2010; M. Wilson 2013。努迦戰爭：Mitani et al. 2010。一些靈長類學家和人類學家持續質疑黑猩猩戰爭的實際狀況，例如Sussman and Marshack 2010; B. Ferguson 2011。

關於極端的黑猩猩暴力，請參閱：De Waal 1986; Goodall 1991。De Waal 1982對暴力有更透徹的洞察。

萬巴雨林的遭遇：Idani 1991; Wrangham and Peterson 1996, pp. 209-16。巴諾布猿（倭黑猩猩，Pan paniscus）：De Waal 1997; Furuichi and Thompson 2008。巴諾布猿的陰部摩擦：Fruth and Hohmann 2000。

生命的起源和單細胞生物：近年來有很多相關著述，例如Dawkins 2004就相當奇妙、精采，但仍然難以超越Margulis and Sagan 1987。Dawkins 1989, Dennett 1995, and Coyne 2009是我最喜愛的生物演化原理的論述。Christian 2004 and Robert Wright 2000將生物學和人類歷史連結起來。關於意識的演化，可參閱：Dennett 1991; Hofstadter 2007。

賽局理論：Poundstone 1992引人入勝地描述了該領域的歷史，將von Neumann and Morgenstern's daunting Theory of Games and Economic Behavior (1944)稱為「20世紀最具影響力但最少人閱讀的著作」。若讀者對軍事應用感興趣，Schelling 1960可能是最佳入門作品。

關於演化穩定策略，Maynard Smith 1982是最佳論述，Dawkins 1989, pp. 68-87有極為清晰的摘要。關於人類暴力的異數，可參閱：Raine 2013。

關於人類暴力的心理基礎，請參閱：Anderson and Bushman 2002。

關於在黑猩猩攻擊中數據的重要性，請參閱：Wilson et al. 2012。

關於社會性動物，請參閱：De Waal and Tyack 2003。賽局理論對社會性的演化也很有想法，Axelrod 1984即是經典之作；Shultz et al. 2011則探討了靈長類動物的社會性。關於合作和競爭，請參閱：Bowles and Gintis 2010。

螞蟻：Hölldobler and Wilson 1990; D. Gordon 2000。超個體：Hölldobler and Wilson 2008。軍隊螞蟻：Gotwald 1995。螞蟻溝通：D. Gordon 2010。地盤性：Wrangham and Peterson 1996。

巴諾布猿吃同類屍體：Fowler and Hohmann 2010。

關於現代類人猿演化的化石證據，請參閱：Klein 2009, pp. 112-26。目前唯一發現的黑猩猩化石來自肯亞最東端較為乾燥的氣候環境，這部分可參閱：McBrearty and Jablonski 2005。

關於剛果河形成的年代：J. Thompson 2003, with Caswell et al. 2008, p. 11。

黑猩猩和巴諾布猿DNA的分化：Caswell et al. 2008。剛果河是基因流動的阻礙：Eriksson et al. 2004。

關於黑猩猩和巴諾布猿飲食分化的原因，請參閱：Wrangham and Peterson 1996, pp. 220-30, Potts 2004, Furuichi 2009, and Hohmann et al. 2010。如果想知道環境變遷對靈長類暴力的影響有多快速，Sapolsky 2006提供了更多與狒狒有關的證據。

黑猩猩強暴：演化學家和女性主義者長期以來都在爭論強暴行為究竟是不是一種演化適應，讓競爭力低落的男性用來散播基因或作為壓迫手段。我並不意外的是，根據Muller and Wrangham 2009，答案似乎是以上皆是。

關於黑猩猩精子競爭，請參閱：Diamond 1992, pp. 72-75; Boesch 2009則著重探討母黑猩猩為了自己的繁殖目的，而發展出一些方法來利用公黑猩猩的性慾和侵略性。關於大猩猩，請參閱：Fossey 1983; Harcourt and Stewart 2007。關於精子競爭理論，請參閱：Birkhead 2002。

巴諾布猿之間極少有性暴力：Hohmann and Fruth 2003。母巴諾布猿合作的重要性：Furuichi 2011。在控制巴諾布猿的性競爭方面，母猿扮演著重要角色：Surbeck et al. 2011。

關於猩猩王子，請參閱：Yerkes 1925；這位學者在耶魯大學建立了知名的靈長類實驗室，但猩猩王子在他一九二五年離開耶魯、轉往哈佛大學任職之前就死了。

關於人類演化泛論，Klein 2009的論述很注重細節；Stringer and Andrews 2012的插圖相當精美。我們對於查德沙赫人（Sahelanthropus）、始祖地猿（Ardipithecus）、南方古猿（Australopithecus）的知識都進步得很快，更別提好幾個新發現的屬了，這部分可參閱：White et al.

2009, Dirks et al. 2012, Haile-Selassie et al. 2012, and Berger et al. 2013。關於南方古猿的大腦，請參閱：http://meeting.physanth.org/program/2013/session16/bienvenu-2013-the-endocast-of-sahelanthropus-tchadensis-the-earliest-known-hominid-7-machad.html。

牙齒、塊根莖、根：Lee-Thorp et al. 2012。雙足運動：Klein 2009, pp. 271-78。代價高昂的大腦細胞：Aiello and Wheeler 1995; Fish and Lockwood 2003。過去三百萬年的大腦成長：McHenry and Coffing 2000。猿類使用工具：Roffman et al. 2012; Sanz et al. 2013。

早期的智人（Homo）：Aiello and Antón 2012。匠人（Homo ergaster）和直立人（Homo erectus）：Antón 2003。關於匠人經歷的氣候和演化：Magill et al. 2012。關於大腦的研究，請參閱：Rightmire 2004。

早期用火：Berna et al. 2012。

煮食和配偶制：Wrangham 2009。巴諾布猿獵殺猴子：Surbeck and Hohmann 2008。

有關人類乳房和陰莖的所有討論：Yalom 1998; Hickman 2012。陰莖、睪丸和乳房尺寸：Diamond 1992, pp. 72-76。

原始人類暴力的骨骼證據：Wu et al. 2011（www.pnas.org/content/suppl/2011/11/14/1117113108.DCSupplemental/pnas.201117113SI.pdf#nameddest=ST）；表三有五十三個案例。另外也可參閱：Walker 2001。

石器時代人類的暴力模式：Keeley 1996; Gat 2006。與黑猩猩暴力的相似性：Wrangham and Glowacki 2012。年輕的成年人類與黑猩猩都有雄性幫派，兩者之間的相似性：Wrangham and Wilson 2004。黑猩猩通常對其他群體的成員抱持敵意，但de Waal 1989描述了猿類和平化解衝突的策略。黑猩猩死亡率：Hillet al. 2001; M. Wilson 2013。雄性與暴力：Ghiglieri 1999。

原始人類的足跡抵達非洲之外，詳盡的回顧可參閱：Klein 2009, pp. 279-372。發現新物種：Meyer et al. 2012。海德堡人的溝通：Martinez et al. 2012。石製矛頭：Wilkins et al. 2012。

關於尼安德塔人，請參閱：Mithen 2005。關於戳刺的傷口，請參閱：Walker 2001, p. 585提及的兩個案例（Shanidar 3 and St. Césaire 1）。石製武器：Lazuén 2012。骨頭的創傷模式：Berger and Trinkaus 1995。同類相食：Klein 2009, pp. 574-76。

現代大腦：J. Allen 2009; Pinker 1997。

冰河時期及其尾聲：N. Roberts 1998; Mithen 2003。

關於真正的現代人類的演化，請參閱：Klein 2009, pp. 615-751。Shea 2011則探討比五萬年前更早的智人行為有何多變性和現代性。

關於文化演化及其與生物演化的關係，我在自己的另一本著作有更詳盡的論述：The Measure of Civilization (I. Morris 2013, pp. 6-24, 252-63)。撰寫此書時，我尚未拜讀Whiten 2011 and Whiten et al. 2011，但它們對於人類文化如何演變及其與其他猿類文化的關係都有寶貴的分析。在此我也要特別說明，文化演化是美式說法，英國人通常會說「社會演化」。

黑猩猩文化：Wrangham 2006; Boesch 2012。巴諾布猿文化：Hohmann and Fruth 2003。

十萬年前的致命矛刺（以色列Skhul考古遺址的九號骨骸）：Walker 2001, p. 585。

人類文化的多元演化：Foley and Mirazón Lahr 2011。

尼安德塔人的基因組：Green et al. 2010。丹尼索瓦人的DNA：Rasmussen et al. 2011。尼安德塔人的滅絕：Finlayson 2010。

黑猩猩之間牢固的權力階級：De Waal 1982。

關於佛萊迪、奧斯卡和斯噶三隻黑猩猩，可觀賞二〇一二年的迪士尼自然紀錄片Chimpanzee，導演是Alastair Fothergill and Mark Linfield。

和平主義者的兩難：Pinker 2011。

賽局理論和一九五〇至六〇年代的核策略：Poundstone 1992; Freedman 2003, pp. 165-78。數學家納許：Nasar 1998。

一九八〇年代北約和蘇聯的戰爭目標：Odom 1988; Heuser 1998。

短篇小說〈尼龍戰爭〉：Riesman 1951。

關於冷戰的最後階段仍有爭議，但除了本書第五章的參考資料，以下作品也有助於從俄國的角度看待危機：Gaidar 2007; Grachev 2008; Sebestyen 2009。

第七章

紐約的他殺事件：www.cnn.com/2012/11/28/justice/new-york-murder-free-day/index.html。芝加哥：www.huffingtonpost.com/2013/01/28/chicago-homicide-rate-201_n_2569472.html。聖貝納迪諾：Friend 2013。新鎮：www.nytimes.com/2012/12/16/nyregion/gunman-kills-20-children-at-school-in-connecticut-28-dead-in-all.html。美國的他殺率：www.fbi.gov/about-us/cjis/ucr/crime-in-the-u.s/2012/preliminary-semiannual-uniform-crime-report-january-june-2012。

二〇〇四年全球數據：Geneva Declaration on Armed Violence and Development, www.genevadeclaration.org/fileadmin/docs/Global-Burden-of-Armed-Violence-full-report.pdf。二〇一〇年全球數據：United Nations Office on Drugs and Crime, www.unodc.org/unodc/en/data-and-analysis/homicide.html。二〇一二年全球暴力死亡率：World Health Organization, www.who.int/violence_injury_prevention/violence/en/。敘利亞內戰：www.cnn.com/2013/01/02/world/meast/syria-civil-war/index.html。跨國戰爭的頻率：Uppsala Conflict Data Program and Peace Research Institute of Oslo, www.pcr.uu.se/research/ucdp/datasets/ucdp_prio_armed_conflict_dataset/。內戰的下降趨勢：Hegre 2013, drawing on Peace Research Institute of Oslo data。

關於核彈頭數量，請參閱：Kristensen and Norris 2012a, 2012b。關於世界末日，Bulletin of the Atomic Scientists的「末日時鐘」（Doomsday Clock）是相當著名的指標，它將世界末日喻為午夜，每年都會評估並標示出距離午夜的時間。但這個指標不太準確，在我寫作此際，末日時鐘顯示離午夜只剩五分鐘，比古巴危機那年更接近世界末日。

進入核武部門就別想升官了：Panel discussion at Nellis Air Force Base, Nevada, March 5, 2013。

關於人均GDP，請參閱：Maddison 2010，圖7-2就是採用這些數據，而且根據世界銀行的數據（http://data.worldbank.org/indicator/NY.GDP.

PCAP.CD）把二〇〇九到二〇一〇的資料補齊，並且以Maddison的計算方式，把單位換算成一九九〇年的國際元。

美國身為世界警察的問題：Ikenberry 2011。前後兩任世界警察美國和英國的異同：N. Ferguson 2003, 2004a。

關於一九九二年美國國防防務方針草案，請參見https://nsarchive2.gwu.edu/nukevault/ebb245/。關於《紐約時報》流出政府機密文件和相關反應，請參見一九九二年三月八日的報導：www.nytimes.com/1992/03/08/world/us-strategy-plan-calls-for-insuring-no-rivals-develop.html。

一九八九年以來的美國外交關係：Herring 2011, pp. 899-964。美國和歐洲：R. Kagan 2002。

歐盟和美國的GDP：Maddison 2010。

關於歐洲整合、財政整合和瑞銀集團報告，請分別參閱：Gillingham 2003; H. James 2012; Deo et al. 2011。關於德國政策，《經濟學人》在二〇一三年六月十五日有一篇很精闢的德國特別報告；《金融時報》在二〇一三年五月十五日也有一篇針對歐盟未來的特別報告。經濟合作暨發展組織（OECD）的經濟展望網頁也有助於瞭解後來的事件：www.oecd.org/eco/economicoutlook.htm。

關於歐洲去軍事化，請參閱：Sheehan 2008。關於共同安全暨防衛政策，請參閱：Deigh- ton 2011和http://eeas.europa.eu/cfsp/index_en.html，以及Catherine Ashton二〇一三年五月七日在史丹佛大學午餐時發表的評論。

白羅斯事件：www.nytimes.com/2012/08/02/world/europe/in-belarus-a-teddy-bear-airdrop-vexes-lukashenko.html?_r=1&ref=europe。

關於二〇〇三年和二〇〇六年的民意調查，請分別參見Sheehan 2008; www.guardian.co.uk/world/2006/jun/15/usa.iran。

歐洲的戰略現實：R. Kaplan 2012。美國施壓要英國留在歐盟：www.independent.co.uk/news/world/politics/barack-obama-piles-pressure-on-david-cameron-over-eu-exit-8458116.html。「大競逐」：Hopkirk 1990。

石油和西亞：Yergin 1991。

一九七〇年代中期的石油開支：Yergin 1991, pp. 792-93。

關於美國和伊朗，請參閱：Milani 2011。關於何梅尼被《時代雜誌》選為年度風雲人物，請參閱該雜誌一九八〇年一月七日的報導：www.time.com/time/specials/packages/article/0,28804,2019712_2019694_2019594,00.html，《時代雜誌》也收到逾一萬四千封抗議信件。關於賓拉登和蓋達組織，L. Wright 2006是很傑出的著作。

關於波耳戰爭，Pakenham 1979始終是最佳論述。關於伊拉克戰爭有很多文獻，Ricks 2006 and 2009是最佳入門。

美國刑求俘虜：Greenberg 2005。無人機奪命：Cavallaro et al. 2012; http://openchannel.nbcnews.com/_news/2013/02/04/16843014-justice-department-memo-reveals-legal-case-for-drone-strikes-on-americans?lite。

美國在伊拉克的傷亡：www.defense.gov/news/casualty/pdf。伊拉克平民的傷亡：www.iraqbodycount.org/analysis/numbers/ten-years/。關於波耳戰爭的代價，可參閱：Pakenham 1979，與英國GDP的比較請見Maddison 2010。

美國石油進口減少：U.S. Energy Information Administration, www.eia.gov/forecasts/steo/report/us_oil.cfm。進口量在二〇〇五年以一千兩百五十萬

桶達到巔峰，一九八七年則是六百萬桶。

放慢伊朗核計劃：Sanger 2012, pp. 141-240; www.foreignpolicy.com/articles/2013/11/19/stuxnets_secret_twin_iran_nukes_cyber_attack。伊朗的核選項：Bracken 2012, pp. 155-60。

關於大型戰爭的終結，可參閱：Hammes 2006。Gray 2005則簡述這類預測並提出批評。

歐文堡的中東村莊：www.good.is/posts/picture-show-iraq-in-the-mojave/。

美國對日本經濟成長感到焦慮：Vogel 1980。

南海的五兆美元交易：Luttwak 2012, p. 206。

毛澤東主義的經濟災難：Diktötter 2010; MacFarquhar and Schoenhals 2006。

中國的經濟成長和脆弱性：Fenby 2012; Beardson 2013; Shambaugh 2013。開採資源的細節出自Economy 2004, p. 64; 二〇三〇年以前的成長預估出自Economy 2007。

中國是美國的軍事對手：在大量的近期文獻中，我發現特別有參考價值的是：R. Kaplan 2012 and Luttwak 2012。

和平崛起：Zheng 2005。和平發展：Dai 2010。

中國的戰略文化：Yan 2011; Ye 2010。儒家政治：Jiang 2013。

關於一九八九年至二〇一一年的軍事開支，請參閱斯德哥爾摩和平研究院（SIPRI）的軍事開支資料庫：http://milexdata.sipri.org。中國軍隊：Department of Defense 2012, 2013。

中國和德國的類比：Luttwak 2012, pp. 56-67。

美國蘭德公司的戰爭推演：Shlapak et al. 2009。

澳洲戰略政策研究所（ASPI）的會議記錄可參閱：www.aspi.org.au/publications/publications_all.aspx。二〇〇九年的澳洲國防白皮書：www.defence.gov.au/whitepaper/。相關反應：Lyon and Davies 2009。

美國和亞洲的樞紐：Clinton 2011。

中美戰爭的風險預估：www.foreignpolicy.com/articles/2011/02/22/the_future_of_war。美國皮尤研究中心（Pew Research Center）的民調：http://people-press.org/reports/pdf/692.pdf。中美關係的分析：Feldman 2013。

關於海空整體作戰，請參閱：Krepinevich 2010; van Tol et al. 2010，相關爭論請見http://thediplomat.com/the-naval-diplomat/2013/08/19/airsea-battle-vs-offshore-control-can-the-us-blockade-china。美國的網路戰計畫：www.guardian.co.uk/world/interactive/2013/jun/07/obama-cyber-directive-full-text。

中國的戰略選項：Tellis and Tanner 2012; Bracken 2012, pp. 195-211。

一九八九年之後的俄國：M. Goldman 2008。軍事現代化：www.reuters.com/article/2012/07/30/us-russia-putin-navy-idUSBRE86T1D320120730; www.foreignpolicy.com/articles/2012/09/05/building_a_better_bear。收益下滑：www.worldbank.org/en/country/russia/overview。

頁岩開採技術革新：M. Levi 2013。第三次工業革命：Rifkin 2011。

二〇一〇至六〇年經濟成長的預估：OECD, www.oecd.org/eco/outlook/lookingto2060.htm; Congressional Budget Office, www.cbo.gov/publications/43907。較低的預估：www.economist.com/blogs/buttonwood/2012/11/economic-outlook; Pricewater-houseCoopers, www.pwc.com/en_GX/gx/world-2050/assets/pwc-world-in-2050-report-january-2013.pdf; Economist, www.economist.com/blogs/graphicdetail/2013/06/daily-chart-0。

中國和美國的軍事預算：http://milexdata.sipri.org。

到二〇三〇年的全球趨勢：National Intelligence Council 2012。不穩定弧狀地帶：National Intelligence Council 2008。

二氧化碳水平：http://co2now.org。潛在後果：L. Smith 2010；www.sciencemag.org/site/special/climate2013/。

幼發拉底河：“Less Fertile Crescent,” Economist, March 9, 2013, p. 42, www.economist.com/news/middle-east-and-africa/21573158-waters-babylon-are-running-dry-less-fertile-crescent。埃及和衣索比亞：www.reuters.com/article/2013/06/10/us-ethiopia-egypt-nile-war-idUSBRE95911020130610。

二〇〇三至一二年的平均溫度：Hansen et al. 2013; “A Sensitive Matter,” Economist, March 30, 2013, pp. 77-79, www.economist.com/news/science-and-technology/21574461-climate-may-be-heating-up-less-response-greenhouse-gas-emissions。

美國中情局（CIA）關閉氣候變遷與國家安全中心：http://eenews.net/public/Greenwire/2012/11/19/1。

核彈頭數量：Kristensen and Norris 2012, 2013。擱置鈽核生產基地計畫：www.lasg.org/press/2013/NWMM_22Feb2013.html。陸基中段飛彈防禦系統：www.mda.mil/system/gmd.html。「鐵穹」：http://nation.time.com/2012/11/19/iron-dome-a-missile-shield-that-works/#ixzz2Ci0JS7Us。

關於無人機計畫，我在二〇一三年三月五日參訪內華達州的克里奇空軍基地時學到很多。關於無人機的歷史，可以觀賞美國公視電視節目「新星」製作的影片《無人機的崛起》（*The Rise of the Drones*）：www.pbs.org/wgbh/nova/military/rise-of-the-drones.html，也可以參閱：Byman 2013, Cronin 2013 in Foreign Affairs 92.4 (July/ August 2013)，這兩篇論文呈現了輿論中的主要爭點。

關於MQ-9和F-35無人機的單位成本，請分別參閱：www.dod.mil/pubs/foi/logistics_material_readiness/acq_bud_fin/SARs/DEC%202011%20SAR/MQ-9%20UAS%20REAPER%20-%20SAR%20-%2031%20DEC%202011.pdf; www.defense-aerospace.com/article-view/feature/141238/**f_35-lot-5-unit-costs-exceed-$223m.html。

關於無人機造成的平民傷亡及不同的估計，請參閱www.propublica.org/article/everything-we-know-so-far-about-drone-strikes。巴基斯坦的傷亡：http://natsec.newamerica.net/drones/pakistan/analysis; www.thebureauinvestigates.com/2013/07/22/get-the-data-the-pakistan-governments-secret-document/。

關於機器人戰爭，Singer 2009是很好的入門著作。官方報告：Joint Forces Command 2003, U.S. Air Force 2009。呼籲暫停研發「致命自主機器人」：United Nations 2013; www.hrw.org/news/2013/05/28/us-take-lead-against-lethal-robotic-weapons。「阻止殺手機器人運動」：www.

stopkillerrobots.org。關於美國致命無人機政策的近期（二〇一二年十一月）論述：www.dtic.mil/whs/directives/corres/pdf/300009p.pdf。

二〇五〇年的戰爭：G. Friedman 2009。

「第二次核時代」：Bracken 2012。

社會發展指數：I. Morris 2010, 2013。

結合科技和安全觀點：National Intelligence Council 2008, 2012; Schmidt and Cohen 2013。

大腦和「奇點」：Kurzweil 2005, 2013。預測調查：http://fora.tv/2012/10/14/Stuart_Armstrong_How_Were_Predicting_AI。「人腦計畫」：www.humanbrainproject.eu; www.wired.com/wiredscience/2013/05/neurologist-markam-human-brain/all/。

關於「奇點」理論所遭受的批評，特別值得參閱：Morozov 2013。Kurzweil 2013, pp. 266-82則對一些反對意見有所處理。

加州大學柏克萊分校的電影實驗：www.sciencedaily.com/releases/2011/09/110922121407.htm; www.youtube.com/watch?v=nsjDnYxJ0bo。柏克萊加州大學的回譯實驗：www.plosbiology.org/article/info:doi/10.1371/journal.pbio.1001251。老鼠心電感應：www.nature.com/srep/2013/130228/srep01319/full/srep01319.html; http://singularityhub.com/2013/03/11/brains-of-two-rats-linked-half-way-across-the-world/。

人類的「超個體」：Robert Wright 2000。

關於體內的器官競爭，Ridley 1996, pp. 11-34的說明非常清晰。

政策辯論：Brooks et al. 2013; Posen 2013。

「科技治世」：Khanna and Khanna 2012。

電腦化和財富不平等：http://krugman.blogs.nytimes.com/2012/12/08/rise-of-the-robots/?_r=0; Cowen 2013。

《聯結》和《核心》：Naam 2013a, 2013b。

國家圖書館出版品預行編目(CIP)資料

戰爭憑什麼：從靈長類到機器人的衝突與文明進程 / 伊安.摩里士(Ian Morris)著 ; 袁曼端, 高振嘉, 王立柔譯. -- 初版. -- [新北市] : 黑體文化出版：遠足文化事業股份有限公司發行, 2022.11
面； 公分. -- (黑盒子 7)
譯自 : War! what Is It good for? : conflict and the progress of civilization from primates to robots.
ISBN 978-626-96474-2-2(平裝)

1.CST：戰爭 2.CST: 軍事史 3.CST: 世界史

592 111013822

特別聲明：
有關本書中的言論內容，不代表本公司／出版集團的立場及意見，由作者自行承擔文責。

黑體文化 讀者回函

黑盒子7

戰爭憑什麼：從靈長類到機器人的衝突與文明進程

War! What Is It Good For?: Conflict and the Progress of Civilization from Primates to Robots

作者・伊安・摩里士（Ian Morris）、｜譯者・袁曼端、高振嘉、王立柔｜審定・陳榮彬｜責任編輯・林敬銓、龍傑娣｜封面設計・林宜賢｜出版・黑體文化｜總編輯・龍傑娣｜社長・郭重興｜發行人・曾大福｜發行・遠足文化事業股份有限公司｜電話：02-2218-1417｜傳真・02-2218-8057｜客服專線・0800-221-029｜客服信箱・service@bookrep.com.tw｜官方網站・http://www.bookrep.com.tw｜法律顧問・華洋國際專利商標事務所・蘇文生律師｜印刷・中原造像股份有限公司｜初版・2022年11月｜初版二刷・2023年6月｜定價・650元｜ISBN・978-626-96474-2-2